-132-

CHIMIE

TERMINALES

W0239881

A. Cunnington
Professeur au lycée Pothier (Orléans)

P. Lebrun
Professeur au lycée Benjamin-Franklin (Orléans)

B. Lugan
Professeur au lycée Pothier (Orléans)

C. Mesnil
Professeur au lycée Hoche (Versailles)

R. Vogel
Inspecteur Pédagogique Régional

HATIER

PROGRAMME - CLASSES DE TERMINALES C ET E

Objectifs généraux

1 - Reprendre, pour les compléter, les notions fondamentales vues dans les classes antérieures en chimie organique et en acidobasicité.

2 - Montrer l'importance pratique de la chimie.

A. CHIMIE ORGANIQUE

I - Les alcools

1.1. Existence des trois classes d'alcools, nomenclature.

1.2. Préparation par hydratation d'un alcène. Obtention de l'éthanol par fermentation.

1.3. Quelques propriétés des alcools :
- réaction avec le sodium,
- déshydratation de l'éthanol,
- oxydation des alcools primaires et secondaires : groupe carbonyle C=O des aldéhydes et des cétones ; caractère réducteur des aldéhydes ; passage aux acides.

1.4. Un exemple de polyalcool : le glycol ; formule, principe de sa préparation, utilisations.

II - Les acides carboxyliques

2.1. Formule des acides carboxyliques, exemples.

2.2. Réactions d'estérification et d'hydrolyse. Saponification des esters.

2.3. Passage aux fonctions dérivées anhydride d'acide et chlorure d'acyle. Intérêt en ce qui concerne la synthèse des esters.

2.4. Passage aux amides.

III - Polymères synthétiques

3.1. Réactions de polymérisation ; formule des polymères suivants : polyéthylène, polychlorure de vinyle, polystyrène, nylon 6-6, polyéthylène téréphtalate.

3.2. Obtention d'un monomère, le chlorure de vinyle.

B - CHIMIE GÉNÉRALE

I - Acides et bases en solution aqueuse

1.1. L'eau, solvant ionisant : produit ionique.

1.2. Les solutions aqueuses d'acide chlorhydrique et d'hydroxyde de sodium : pH de ces solutions.

1.3. Définition des couples acide-base, exemples.
Définition de la constante K_a ; applications : classification des couples acides-bases, domaines de prédominance de la forme acide et de la forme basique.
Cas particulier des acides forts et des bases fortes.

1.4. Réactions acide-base dans les cas suivants :
- acide faible-base forte,
- acide fort-base faible,
- acide fort-base forte.

1.5. Application au dosage par pH-métrie.

II - Cinétique chimique

2.1. Définition de la vitesse de formation d'un corps.

2.2. Étude qualitative de l'influence des concentrations et de la température.

2.3. Catalyse : définition et exemples.

2.4. Un exemple de mécanisme réactionnel : les réactions en chaîne, rôle des radiations.

PROGRAMME - CLASSE DE TERMINALE D

Objectifs généraux

1 - Reprendre, pour les compléter, les notions fondamentales vues dans les classes antérieures en chimie organique et en acidobasicité.

2 - Montrer l'importance pratique de la chimie.

3 - Donner des bases de chimie en vue des sciences et techniques biologiques.

A. CHIMIE ORGANIQUE

I - Notions élémentaires de stéréochimie

1.1. Rappels : possibilité de rotation autour d'une liaison C—C. Planéité des doubles liaisons.

1.2. Notion de configuration, de conformation ; cas du cyclohexane.

1.3. Carbone asymétrique, énantiomérie ; chiralité ; activité optique.

II - Les alcools

2.1. Existence des trois classes d'alcools, nomenclature.

2.2. Préparation par hydratation d'un alcène. Obtention de l'éthanol par fermentation.

2.3. Quelques propriétés des alcools :
- réaction avec le sodium,
- déshydratation de l'éthanol,
- oxydation des alcools primaires et secondaires ; groupe carbonyle C=O des aldéhydes et des cétones ; caractère réducteur des aldéhydes ; passage aux acides,
- passage aux phosphates d'alkyle.

2.4. Exemples de polyalcools :
- glycol : formule, principe de sa préparation,
- glycérol : formule.

III - Les amines

3.1. Existence des 3 classes d'amine.

3.2. Quelques propriétés des amines :
- caractère basique,
- caractère nucléophile : réaction avec les dérivés halogénés (réaction d'Hofmann), passage aux amides.

IV - Les acides carboxyliques

4.1. Formule des acides carboxyliques, exemples.

4.2. Réactions d'estérification et d'hydrolyse. Saponification des esters.

4.3. Passage aux fonctions dérivées anhydride d'acide et chlorure d'acyle. Intérêt en ce qui concerne la synthèse des esters.

4.4. Passage aux amides.

V - Acides α-aminés

5.1. Formule générale et exemples : représentation de Fischer et nomenclature de configuration D et L ; chiralité et activité optique.

5.2. Exemple de plusieurs formes : non ionique et ionique ; zwitterion (ou amphion).

5.3. Liaison peptidique ; passage aux protéines.

5.4. Importance des protéines en biochimie ; cas des enzymes.

B - CHIMIE GÉNÉRALE

I - Acides et bases en solution aqueuse

1.1. L'eau, solvant ionisant ; produit ionique.

1.2. Les solutions aqueuses d'acide chlorhydrique et d'hydroxyde de sodium : pH de ces solutions.

1.3. Définition des couples acide-base, exemples.
Définition de la constante K_a ; applications : classification des couples acide-base, domaines de prédominance de la forme acide et de la forme basique.
Cas particulier des acides forts et des bases fortes.

1.4. Réactions acide-base dans les cas suivants :
- acide faible-base forte,
- acide fort-base faible,
- acide fort-base forte.

1.5. Application au dosage par pH-métrie.

II - Cinétique chimique

2.1. Définition de la vitesse de formation d'un corps.

2.2. Étude qualitative de l'influence des concentrations et de la température.

2.3. Catalyse : définition et exemples.

2.4. Un exemple de mécanisme réactionnel : les réactions en chaîne, rôle des radiations.

 ISBN : 2-218-02030-0

S O M M A I R E

Première partie : Réactions acide/base

Deuxième partie : Chimie organique

Troisième partie : Cinétique chimique

Nous tenons à remercier ici de nombreux utilisateurs des livres de chimie de notre collection qui nous ont fait part de leurs suggestions et critiques. Celles-ci, alliées aux exigences des nouveaux programmes, font que le présent manuel a fait l'objet de nombreux remaniements dans la forme et dans le fond, souvent en termes de réduction et de simplification.

Depuis septembre 1987* il est demandé d'évaluer un certain nombre de capacités, classées en trois grandes rubriques ***A, B, C.***

A. **Posséder des connaissances spécifiques aux sciences physiques.**
   1. **Des connaissances scientifiques.**
   2. **Des connaissances de savoir-faire (expérimental et théorique).**

B. **Utiliser des connaissances et des savoir-faire non spécifiques aux sciences physiques (outils linguistiques et mathématiques entre autre).**

C. **Pratiquer une démarche scientifique :**
- **observer et analyser,**
- **choisir et élaborer un modèle physique,**
- **organiser les étapes de la résolution,**
- **porter un jugement critique.**

Il est clair qu'un livre de cours privilégie les capacités ***A*** dans la partie cours (***A1*** surtout), qu'à travers les exercices qu'il propose il entraîne à ***B*** et que les capacités ***C*** sont développées par des activités expérimentales vécues et non seulement lues. De nombreux exercices dans la mesure où ils nécessitent une organisation des étapes de résolution ont été codés C.

UTILISATION DU LIVRE

Les connaissances essentielles à mémoriser après l'étude d'un chapitre sont condensées dans une rubrique marquée **L'ESSENTIEL.**
Nous n'y avons vraiment laissé que le « noyau dur » à mémoriser impérativement et à comprendre (capacité A1).

Un **EXERCICE RÉSOLU** par chapitre a été choisi de manière à développer les capacités A2. L'ensemble de ces exercices résolus couvre le champ de difficultés à voir en chimie de terminales C, D, E. Il faudrait essayer de le faire sans aide d'abord et comparer ses résultats et son raisonnement à celui qui est proposé.

Un **SECOND EXERCICE** « BAC », également résolu, s'appuie sur un vrai sujet de baccalauréat et propose une rédaction sobre telle qu'elle peut être exigée idéalement le jour de l'examen.

Les **EXERCICES** proposés couvrent **exhaustivement** tous les sujets donnés depuis 1983. Chaque exercice est codé selon la grille de capacités et une solution est proposée en fin de livre pour un exercice sur trois environ. Si l'exercice est très difficile nous fournissons parfois quelques étapes de la démarche. Nous n'avons jamais reproduit les informations que l'on peut trouver dans le tableau périodique considérant que c'est un outil autorisé permanent.

Des **TRAVAUX PRATIQUES** au nombre d'une dizaine ont fait leur apparition dans ce livre pour marquer l'importance de cet aspect de l'enseignement de la chimie qui, dans l'esprit des olympiades de la chimie, doit s'ouvrir sur le monde domestique, les méthodes modernes, une démarche méthodologique rénovée et une réflexion expérimentale approfondie. Certains sujets de travaux pratiques déjà vus en 1re S, n'ont pas été extraits des chapitres. Mais là aussi toutes les informations expérimentales indispensables à la réussite des expériences ont été indiquées.

Nous avons conservé 9 DOCUMENTS.

Ces **DOCUMENTS** sont souvent appelés dans plusieurs chapitres (nomenclature en chimie organique, tableaux des potentiels d'électrodes, classification périodique, tableaux des solubilités).
D'autres documents sont typiquement des outils de travail expérimental, analyse des résultats d'un grand nombre de mesures de la même grandeur (capacité C) ou de compréhension de techniques modernes de la chimie (spectroscopie de masse, ou infrarouge).
Le document **« substances dangereuses »** permet de fixer quelques précautions élémentaires en cours de manipulation et de comprendre certains étiquetages normalisés.

L'*U*nion *I*nternationale de *C*himie *P*ure et *A*ppliquée préconise certaines règles de nomenclature que nous avons respectées.
L'*UICPA* impose également les définitions de diverses grandeurs (forces électromotrices de piles, potentiel d'oxydoréduction).
Ces définitions sont conformes aux conventions utilisées dans d'autres domaines des sciences physiques.
Le cours de chimie de la section D est un peu plus étoffé que celui des sections C et E. Les parties spécifiques à la section D sont les chapitres 8 (stéréochimie), 10 (amines), 14 (α-aminoacides) et sont signalisées par un bandeau orange en bas des paragraphes ou des pages.
Cependant, un élève de C ou E, dans son cours de sciences naturelles, a besoin de connaissances sur les α-amino-acides, chaînons des protéines et un peu de stéréochimie. Les amines sont présentées dans le cours sur les acides et bases en C, D, E. C'est pourquoi il nous est apparu artificiel de réaliser deux livres différents.
Les parties spécifiques aux sections C et E sont le chapitre 12 sur les polymères, mais ceux-ci, étudiés en première S, ne sont pas étrangers aux élèves de D. Il n'y avait pas non plus de raison majeure d'écrire deux livres distincts.

Nous remercions bien vivement l'Éditeur pour les améliorations techniques qu'il nous a offertes, M. Jean Riby photographe avec qui nous faisons équipe depuis 78, et l'équipe « fabrication » de la librairie.

Les Auteurs.

* *La liste des capacités à évaluer en sciences physiques et chimiques, est parue au bulletin officiel spécial n° 3 du 9 juillet 1987. A partir de juin 1988 les baccalauréats doivent s'appuyer sur cette grille de capacités.*

1

RÉACTION ACIDE / BASE

L'eau dans tous ses états. Elle est en permanence le siège de réactions chimiques entre ses molécules d'une part et les ions ou les molécules des corps dissous d'autre part.

1 PRODUIT IONIQUE DE L'EAU

L'eau est un corps chimique essentiel sur terre. Elle permet, par dissolution, les transferts de matière :
C'est le solvant de la vie.
Les composés ioniques dissous dans l'eau sont complètement dissociés en ions et chaque ion est hydraté.
Des corps moléculaires, tels que le chlorure d'hydrogène, s'y dissolvent en s'ionisant.
D'autres, tels que l'éthanol, s'hydratent en se dissolvant, mais ne s'ionisent pas.

A pH D'UNE SOLUTION AQUEUSE

1/ DÉFINITIONS

1. Concentration

Dans une solution de volume V mesuré en litre, qui contient une quantité de matière n_B mesurée en mole d'une espèce chimique B, la concentration en quantité de matière mesurée en mole par litre, notée c_B ou [B], est donnée par l'expression suivante :

$$[B] = c_B = \frac{n_B}{V}$$

[B] est appelée aussi concentration molaire ou concentration.

2. Définition du pH

Les ions hydronium existent en solution aqueuse. Ils se forment par exemple lors de la réaction de dissolution du chlorure d'hydrogène dans l'eau :

$$HCl_{(g)} + H_2O \longrightarrow Cl^-_{(aq)} + H_3O^+_{(aq)}$$

Les solutions aqueuses peuvent avoir des concentrations en ion hydronium extrêmement différentes (de quelques unités à moins de 10^{-14} mol·l^{-1}). On utilise une échelle logarithmique, appelée échelle de pH, pour mesurer la concentration des ions hydronium.

Pour des solutions aqueuses suffisamment diluées, le pH est par définition :

$$\mathbf{pH = -lg\,[H_3O^+_{(aq)}]}$$

En toute rigueur, pour que la grandeur sous le logarithme soit un nombre, il faudrait écrire

$$pH = -\lg \frac{[H_3O^+_{(aq)}]}{c_0} \quad \text{avec} \quad c_0 = 1 \text{ mol}\cdot l^{-1}$$

« lg » est le symbole normalisé du logarithme à base 10.

La relation de définition est équivalente à :

$$[H_3O^+_{(aq)}] = 10^{-pH}$$

2/ UTILISATION DU pH

1. Variations du pH et concentrations

A cause de l'échelle logarithmique, lorsque le pH augmente d'une unité, la concentration en ions hydronium est divisée par dix. Inversement, lorsque le pH diminue d'une unité, la concentration en ions hydronium est multipliée par dix.

De faibles variations de pH correspondent à de fortes variations relatives de la concentration des ions hydronium.
Le pH et la concentration en ions hydronium correspondante varient en sens inverse.

Exemples :

pH = 2,0 $\quad [H_3O^+_{(aq)}] = 1{,}0 \times 10^{-2}$ mol·l^{-1}

pH = 3,0 $\quad [H_3O^+_{(aq)}] = 1{,}0 \times 10^{-3}$ mol·l^{-1}

2. Détermination de la concentration en ions hydronium à partir de la mesure du pH

Illustrons ce problème par un exemple.

Des élèves, en travaux pratiques, mesurent le pH d'une même solution au pHmètre. Ils trouvent des valeurs comprises entre 3,4 et 3,6.

Si l'on effectuait d'autres mesures, elles auraient de très grandes chances de se trouver dans cet intervalle. On exprime cela en disant que le pH a pour valeur 3,5 à 0,1 unité près.

Calculons les concentrations en ions hydronium $[H_3O^+_{(aq)}]$ correspondantes **(fig. 1).**

pH	3,4	3,5	3,6
$[H_3O^+_{(aq)}]$ $(mol \cdot l^{-1})$	$4{,}0 \times 10^{-4}$	$3{,}2 \times 10^{-4}$	$2{,}5 \times 10^{-4}$

1.

La valeur de $[H_3O^+_{(aq)}]$ est de $3{,}2 \times 10^{-4}$ $mol \cdot l^{-1}$ avec un intervalle de confiance de $(4{,}0 - 2{,}5) \times 10^{-4}$ $mol \cdot l^{-1}$ soit $1{,}5 \times 10^{-4}$ $mol \cdot l^{-1}$, correspondant à la plage des mesures observées.

La moitié de cet intervalle de confiance peut être appelée incertitude ou incertitude absolue et s'écrit $\Delta [H_3O^+_{(aq)}]$. Ici :

$$\Delta [H_3O^+_{(aq)}] = \frac{(1{,}5 \times 10^{-4})}{2} = 7{,}5 \times 10^{-5} \ mol \cdot l^{-1}$$

Nous pouvons dire que la précision ou incertitude relative est de :

$$\frac{\Delta [H_3O^+_{(aq)}]}{[H_3O^+_{(aq)}]} = \frac{7{,}5 \times 10^{-5}}{3{,}2 \times 10^{-4}} \approx 0{,}25 = 25 \ \%$$

Ce dernier résultat ne dépend pas des valeurs du pH si le pH est mesuré à 0,1 unité près.

Quand le pH est mesuré à 0,05 unité près, la précision n'est encore que de 12 %. Ceci ne doit pas nous étonner si nous nous souvenons que lorsque le pH augmente d'une unité, la concentration en ions hydronium est divisée par dix.

Usuellement, le pH est mesuré à 0,1 unité près.

Lorsque l'on mesure un pH à 0,1 unité près, la concentration des ions hydronium est alors déterminée avec une très mauvaise précision (25 %).

3/ MESURE DU pH

1. Mesure au pHmètre

a. Principe

On réalise une pile électro-chimique avec deux électrodes plongées dans la solution dont on veut mesurer le pH **(fig. 2).**

L'une d'entre elles est une électrode indicatrice du pH, généralement, c'est une électrode de verre.

L'autre électrode est une électrode de référence.

La force électromotrice de la pile ainsi constituée est une fonction affine du pH. Ce **pHmètre** mesure cette force électromotrice lue sur un cadran directement gradué en pH.

On se reportera au document « Mesure du pH » pour comprendre les réglages et le principe de fonctionnement d'un pHmètre avec ses électrodes.

b. Résultats

La détermination du pH exige des mesures soignées et un bon appareillage.

Les résultats indiqués dans ce livre ont été obtenus dans ces conditions. En travaux pratiques, on peut mesurer le pH à 0,1 unité près. Si l'appareil a un affichage digital, on ne conserve qu'un chiffre après la virgule.

2. Papier pH

L'ordre de grandeur d'un pH est souvent déterminé à partir de papier pH.

Rappelons la méthode usuelle dite « à la touche ». Un agitateur de verre propre et sec est plongé dans la solution, puis mis en contact avec le papier pH. La couleur de celui-ci dépend du pH de la solution utilisée. On compare avec la palette colorée témoin **(fig. 3)** pour déterminer le pH de la solution étudiée.

L'intervalle de confiance des mesures peut aller de 1 à 0,2 unité de pH, suivant le type de papier utilisé.

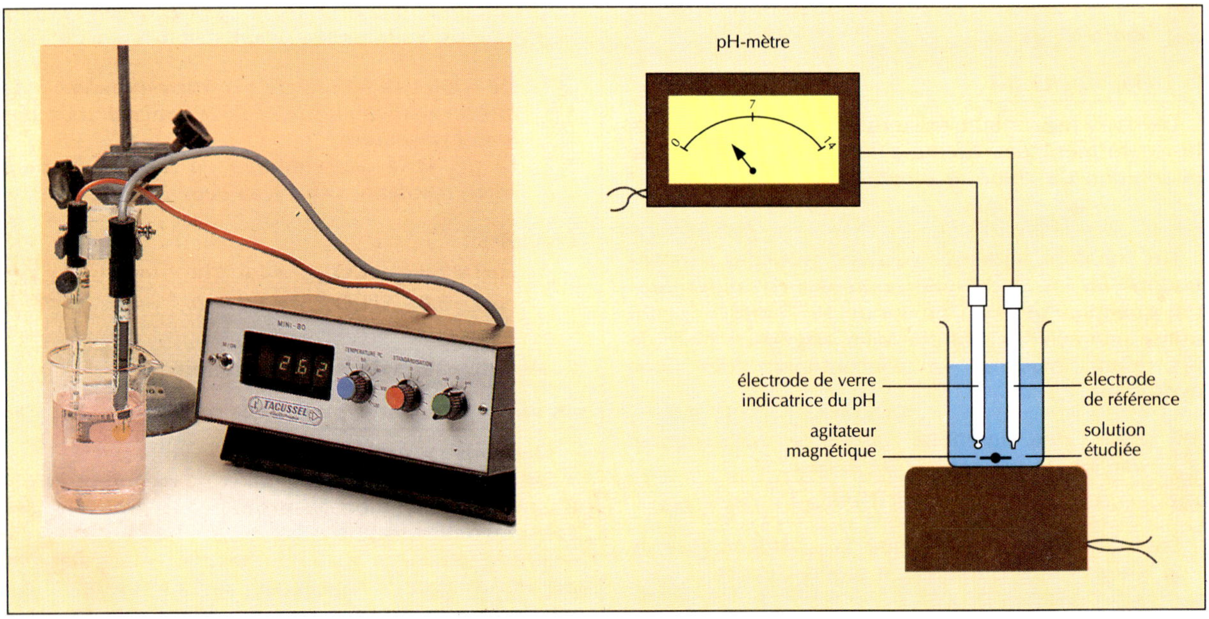

2. *Mesure électrique du* pH.

Remarques pratiques

Il faut laisser la boîte de papier pH fermée pour que le papier ne soit pas souillé par les vapeurs éventuelles. On utilise le dispositif prévu pour laisser le papier libre lors du déplacement ou pour le bloquer. On doit éviter de plonger le papier pH dans la solution étudiée pour ne pas la souiller.

3. *Détermination pratique du* pH *à l'aide de papier* pH : *méthode à la touche.*

B IONISATION DE L'EAU

1/ DISSOCIATION DE L'EAU

Deux types d'expériences ne peuvent être interprétées qu'en supposant que l'eau est partiellement dissociée en ions. Il s'agit de la mesure du pH *et de la conductibilité de l'eau pure.*

1. Conductibilité électrique de l'eau pure

a. Expériences

Réalisons le montage de la **figure 4.** Nous utilisons successivement de l'hexane, de l'eau distillée puis une solution de chlorure de sodium. Nous ne changeons que le liquide. Un rinçage à la propanone peut s'avérer nécessaire entre chaque expérience. Dans le cas où la cuve est en matière plastique, on rince de préférence à l'alcool. Les autres conditions expérimentales sont inchangées : hauteur de liquide, température, tension...

Les intensités des courants permettent de comparer les aptitudes de chacun de ces liquides à conduire le courant (conductibilité électrique).

b. Résultats

Avec un ampèremètre ordinaire intercalé dans le circuit, on ne décèle le passage d'un courant que dans le cas de la solution aqueuse de chlorure de sodium.

Avec un galvanomètre (ampèremètre très sensible), on constate le passage d'un courant de faible intensité dans l'eau distillée.

Même avec le galvanomètre, on ne décèle aucun courant dans l'hexane.

c. Interprétation

La bonne conductibilité de la solution aqueuse de chlorure de sodium est due à la présence, en concentration importante, des ions sodium $Na^+_{(aq)}$ et des ions chlorure $Cl^-_{(aq)}$ dispersés dans l'eau.

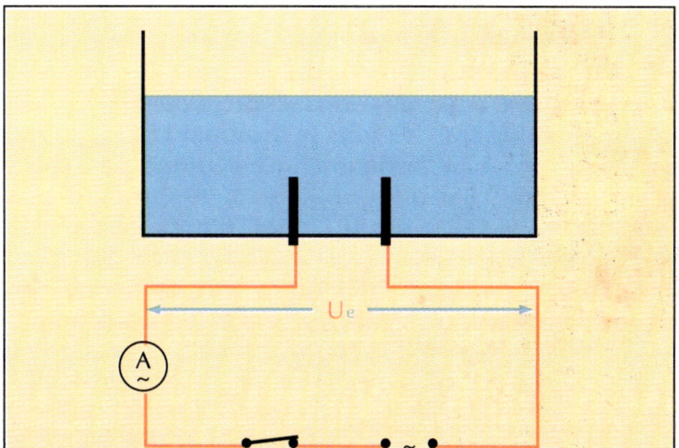

4. *Principe de mesure des conductibilités des solutions. Le montage électrique est destiné à comparer les aptitudes des différents liquides à conduire le courant. La tension efficace et le niveau de remplissage ne doivent pas être modifiés lorsque l'on change de liquide. L'aptitude à conduire le courant dépend beaucoup de la concentration des porteurs de charges libres dans les liquides considérés.*

La faible conductibilité de l'eau s'explique par l'existence d'ions en faible concentration : ces ions proviennent d'une dissociation partielle des molécules d'eau selon l'équation-bilan :

$$H_2O + H_2O \rightleftarrows H_3O^+_{(aq)} + OH^-_{(aq)}$$

L'hexane, liquide pur, formé de molécules non dissociées, ne conduit pas le courant électrique.

2. pH de l'eau

a. Résultats

On mesure les pH de l'eau distillée et de l'eau du robinet. On trouve des valeurs de pH comprises entre 5 et 8, suivant la provenance de l'eau. Ce pH est de l'ordre de 5 pour l'eau distillée.

Avec de l'eau très pure, on a pu déterminer un pH égal à 7,0 à 25 °C. Le pH de l'eau pure varie un peu avec la température.

L'obtention d'une eau très pure nécessite un grand nombre de précautions expérimentales. Il est exclu de réaliser une telle mesure au laboratoire du lycée. Le pH de l'eau pure a été obtenu par le calcul grâce à des mesures de conductibilité. L'utilisation du pHmètre est irréalisable car le fait de tremper les électrodes de mesure dans l'eau pure y introduit une quantité d'impuretés suffisante pour fausser complètement la mesure.

b. Interprétation

L'eau du robinet et même l'eau distillée contiennent des impuretés en quantité suffisante pour modifier le pH d'un échantillon à l'autre. Pour l'eau distillée, l'impureté responsable de l'abaissement du pH à 5,5 est le dioxyde de carbone de l'air qui peut facilement se dissoudre dans l'eau et l'acidifier légèrement.

Dans l'eau pure (pH = 7,0), il y a donc

$$1{,}0 \cdot 10^{-7}\ \text{mol} \cdot \text{l}^{-1}$$

d'ions hydronium $H_3O^+_{(aq)}$. L'eau étant neutre au point de vue électrique, on doit admettre pour expliquer l'existence des ions hydronium, que l'eau est dissociée suivant la réaction :

$$H_2O + H_2O \rightleftarrows H_3O^+_{(aq)} + OH^-_{(aq)}$$

Il se forme ainsi des ions hydroxyde $OH^-_{(aq)}$, en même quantité que les ions hydronium $H_3O^+_{(aq)}$. Ceci est en accord avec la neutralité électrique de l'eau : pour un litre d'eau pure, il y a 10^{-7} mol d'ions hydronium $H_3O^+_{(aq)}$ et 10^{-7} mol d'ions hydroxyde $OH^-_{(aq)}$.

En supposant que l'eau pure ne contienne, en dehors des molécules d'eau, que des ions hydronium à la concentration de $1{,}0 \cdot 10^{-7}$ mol·l^{-1}, la charge électrique d'un m^3 d'eau serait de 10 coulombs environ. Pour décharger cette eau il faudrait donc y faire circuler un courant de 10 ampères pendant une seconde !

c. Conclusion

La mesure du pH et l'étude de la conductibilité électrique d'une eau très pure s'interprètent par l'existence d'ions hydronium $H_3O^+_{(aq)}$ et hydroxyde $OH^-_{(aq)}$ provenant de la dissociation partielle des molécules d'eau.

3. Structure des ions de l'eau

L'ion H_3O^+ est tétraédrique **(fig. 5)**. En solution aqueuse, il est entouré de molécules d'eau, on dit qu'il est hydraté. Pour représenter sa structure réelle compliquée, on utilise la notation $H_3O^+_{(aq)}$, ou plus conventionnellement, la notation simplifiée $H^+_{(aq)}$. C'est cet ion hydraté que l'on appelle **ion hydronium** (ou ion hydrogène). L'ion H_3O^+ non hydraté s'appelle ion oxonium.

L'**ion hydroxyde** OH^- est lui aussi hydraté : on le note $OH^-_{(aq)}$.

4. Faible dissociation de l'eau pure

Si l'on s'intéresse à l'équation-bilan de dissociation de l'eau,

$$H_2O + H_2O \rightleftarrows H_3O^+_{(aq)} + OH^-_{(aq)}$$

on remarque qu'une des deux molécules d'eau s'est dissociée en ion H^+ et en ion OH^-. L'autre molécule d'eau a fixé l'ion H^+ pour donner l'ion H_3O^+. Les ions sont alors hydratés ($H_3O^+_{(aq)}$ et $OH^-_{(aq)}$).

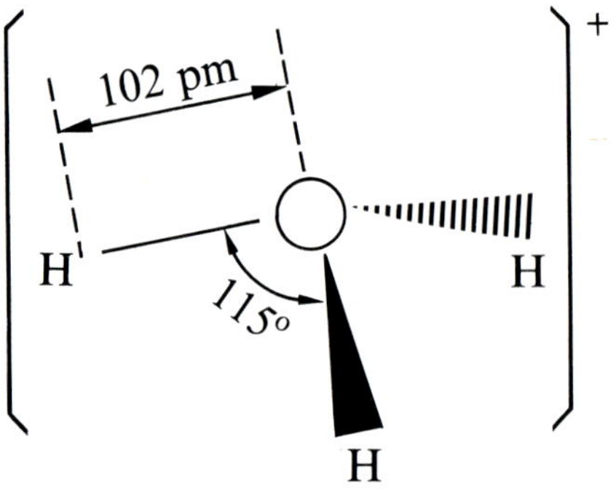

5 a. *Structure tétraédrique de l'ion* H_3O^+. *Représentation schématique.*

5 b. *Modèle moléculaire de l'ion* H_3O^+.

La formation d'un ion $H_3O^+_{(aq)}$ et d'un ion $OH^-_{(aq)}$ correspond donc à la dissociation d'une molécule d'eau.

Calculons la proportion des molécules d'eau dissociées dans l'eau pure à 25 °C et donc à pH = 7,0 :

$$[H_3O^+_{(aq)}] = [OH^-_{(aq)}] = 1{,}0 \times 10^{-7}\ \text{mol} \cdot \text{l}^{-1}$$

La masse molaire de l'eau est 18 g·mol⁻¹. La quantité de matière de molécules d'eau contenue dans un litre d'eau (1 000 g) est :

$$\frac{1\,000}{18} \approx 55\ \text{mol} \quad \text{donc} \quad [H_2O] \approx 55\ \text{mol} \cdot \text{l}^{-1}$$

Le rapport du nombre de molécules dissociées au nombre total de molécules est égal au rapport des concentrations :

$$\frac{10^{-7}}{55} \approx 1{,}8 \cdot 10^{-9}$$

Il y a donc environ deux ions $H_3O^+_{(aq)}$ et deux ions $OH^-_{(aq)}$ pour plus d'un milliard de molécules d'eau.

2/ PRODUIT IONIQUE DE L'EAU

1. Définitions

Dans une solution aqueuse quelconque dans laquelle se trouvent des ions ou des molécules autres que $H_3O^+_{(aq)}$, $OH^-_{(aq)}$ et H_2O, les concentrations $[H_3O^+_{(aq)}]$ et $[OH^-_{(aq)}]$ diffèrent de 10^{-7} mol·l⁻¹. Nous admettrons que le produit des concentrations des ions hydronium et des ions hydroxyde reste constant à une température donnée (la théorie permet de l'établir), quelle que soit la solution aqueuse.

$$[H_3O^+_{(aq)}] \cdot [OH^-_{(aq)}] = K_e(T)$$

Cette constante $K_e(T)$ qui dépend de la température de la solution est appelée constante d'autoprotolyse de l'eau.

A 25 °C le pH trouvé égal à 7,0 pour l'eau pure est en accord avec la valeur de K_e.

$$K_e\,(25\ °C) = 1{,}0 \times 10^{-14}$$

On définit aussi la notation **pK_e = −lg K_e.**

Pour des solutions assez diluées, la constante d'autoprotolyse de l'eau est définie de la façon suivante :

$$K_e = \frac{[H_3O^+_{(aq)}]}{c_0} \times \frac{[OH^-_{(aq)}]}{c_0}$$

avec $c_0 = 1$ mol·l⁻¹.

K_e, définie ainsi, n'a pas d'unité.

Habituellement, on n'écrit pas c_0.

2. Influence de la température

Le produit ionique de l'eau K_e varie avec la température : il augmente quand la température croît **(fig. 6).**

Température (°C)	$10^{14} \cdot K_e$	pK_e	pH de l'eau pure
0	≈ 0,1	≈ 15	7,5
25	1,0	14,0	7,0
60	≈ 10	≈ 13	6,5

6.

Dans la suite des expériences envisagées, sauf indication contraire, la température des solutions étudiées est 25 °C.

3/ ACIDITÉ ET BASICITÉ D'UNE SOLUTION AQUEUSE

Une solution aqueuse est neutre au sens acido-basique si elle contient autant d'ions hydronium que d'ions hydroxyde.

En conséquence, à 25 °C :

$$[H_3O^+_{(aq)}] = [OH^-_{(aq)}] = 1{,}0 \times 10^{-7}\ \text{mol} \cdot \text{l}^{-1}$$

pH = 7,0

Une solution aqueuse est acide si elle contient plus d'ions hydronium que d'ions hydroxyde.

A 25 °C :

$$[H_3O^+_{(aq)}] > 1{,}0 \cdot 10^{-7}\ \text{mol} \cdot \text{l}^{-1} > [OH^-_{(aq)}]$$

pH < 7,0

Une solution aqueuse est basique si elle contient moins d'ions hydronium que d'ions hydroxyde.

A 25 °C :

$$[H_3O^+_{(aq)}] < 1{,}0 \cdot 10^{-7}\ \text{mol} \cdot \text{l}^{-1} < [OH^-_{(aq)}]$$

pH > 7,0

Ceci est résumé sur le schéma de la **figure 7.**

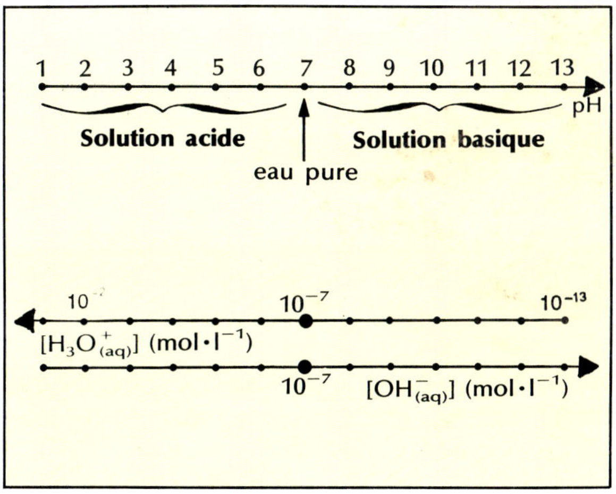

7. Acidité et basicité d'une solution aqueuse à 25 °C.

L'ESSENTIEL

La concentration en quantité de matière, notée c_B ou [B] et mesurée en $mol \cdot l^{-1}$, d'une substance dissoute B est :

$$[B] = c_B = \frac{n_B}{V}$$

n_B est mesurée en mol, V en litre, [B] en $mol \cdot l^{-1}$.

Pour des solutions aqueuses suffisamment diluées, le pH est par définition :

$$\mathbf{pH = -lg\,[H_3O^+_{(aq)}]}$$

La relation de définition est équivalente à $[H_3O^+_{(aq)}] = 10^{-pH}$.

Une mesure de pH à 0,1 près permet la détermination de $[H_3O^+_{(aq)}]$ avec une précision de 25 %.

Le pH et la concentration en ions hydronium correspondante varient en sens inverse.

Dans une solution aqueuse les concentrations des ions hydronium et des ions hydroxyde sont liées par la relation définissant la constante d'autoprotolyse de l'eau :

$$\mathbf{[H_3O^+_{(aq)}] \cdot [OH^-_{(aq)}] = \mathit{K}_e(T)}$$

$$K_e\,(25\ °C) = 1{,}0 \times 10^{-14}$$
$$pK_e = -lg\ K_e = 14{,}0 \text{ à } 25\ °C$$

- Une solution aqueuse est **neutre** au sens acido-basique si elle contient autant d'ions hydronium que d'ions hydroxyde.

$$pH = 7{,}0 \text{ à } 25\ °C$$

- Une solution aqueuse est **acide** si elle contient plus d'ions hydronium que d'ions hydroxyde.

$$pH < 7{,}0 \text{ à } 25\ °C$$

- Une solution aqueuse est **basique** si elle contient moins d'ions hydronium que d'ions hydroxyde.

$$pH > 7{,}0 \text{ à } 25\ °C$$

EXERCICES RÉSOLUS

PRÉCISION D'UN RÉSULTAT

1 **1.** Calculer la concentration molaire en ions hydronium d'une solution de pH = 2,6.
2. Même question pour une solution de pH = 2,60.
3. Compléter le tableau suivant concernant des solutions aqueuses à 25 °C.

pH	2,7		4,65		
$[H_3O^+_{(aq)}]$ mol·l^{-1}		$1{,}12 \cdot 10^{-6}$			$3{,}8 \cdot 10^{-3}$
$[OH^-_{(aq)}]$ mol·l^{-1}				$1{,}88 \cdot 10^{-4}$	

SOLUTION

Cet exercice a pour but de montrer qu'il faut donner les résultats avec la même précision que celle utilisée dans l'énoncé.

1. $$[H_3O^+_{(aq)}] = 10^{-pH} = 10^{-2,6}$$

La calculatrice indique $2{,}511\,886 \cdot 10^{-3}$.
Le pH de départ étant fourni avec 2 chiffres significatifs, il faut adopter le résultat :

$$\mathbf{[H_3O^+_{(aq)}] = 2{,}5 \cdot 10^{-3}\ mol \cdot l^{-1}}$$

2. Ici le pH est donné avec 3 chiffres significatifs (ce qui nécessite un très bon matériel et beaucoup de soin dans les mesures effectuées).
On donnera comme résultat :

$$[H_3O^+_{(aq)}] = 2{,}51 \cdot 10^{-3}\ mol \cdot l^{-1}$$

3.

pH	2,7	5,95	4,65	10,3	2,4
$[H_3O^+_{(aq)}]$ mol·l^{-1}	$2{,}0 \cdot 10^{-3}$	$1{,}12 \cdot 10^{-6}$	$2{,}24 \cdot 10^{-5}$	$5{,}32 \cdot 10^{-11}$	$3{,}8 \cdot 10^{-3}$
$[OH^-_{(aq)}]$ mol·l^{-1}	$5{,}0 \cdot 10^{-12}$	$8{,}93 \cdot 10^{-9}$	$4{,}47 \cdot 10^{-10}$	$1{,}88 \cdot 10^{-4}$	$2{,}6 \cdot 10^{-12}$

DILUTION D'UNE SOLUTION

2 On prépare une solution A de permanganate de potassium $KMnO_4$ en dissolvant une masse $m = 3{,}00$ g de ce corps dans un volume $V = 500$ cm^3 de solution.
1. Quelle est la concentration c des ions permanganate dans cette solution?
2. On verse le volume $V_1 = 10{,}0$ cm^3 de cette solution A dans un bécher et on ajoute un volume $V_2 = 50{,}0$ cm^3 d'eau distillée et un volume $V_3 = 5{,}0$ cm^3 d'acide sulfurique. Quelle est la concentration c' des ions permanganate dans la solution contenue dans le bécher?

SOLUTION

1. La masse molaire du permanganate de potassium déduite des masses molaires des éléments constituants trouvés page 302 est :

$$M(KMnO_4) = M(K) + M(Mn) + 4\,M(O)$$
$$= 39{,}1 + 54{,}9 + 4 \times 16{,}0$$
$$= 158{,}0\ g \cdot mol^{-1}$$

• La quantité de matière de permanganate dissoute est :

$$n(KMnO_4) = \frac{m}{M} = \frac{3{,}00}{158{,}0} = 1{,}90 \times 10^{-2}\ mol$$

Ce résultat est arrondi à 3 chiffres significatifs.

• La concentration en permanganate de potassium de la solution préparée est :

$$c = \frac{n(KMnO_4)}{V} = \frac{1{,}90 \times 10^{-2}}{0{,}500}$$
$$c = 3{,}80 \times 10^{-2}\ mol \cdot l^{-1}$$

• Le permanganate de potassium est totalement dissocié en solution aqueuse en ions permanganate MnO_4^- et potassium K^+. La concentration en ions permanganate dans la solution A est donc :

$$[MnO_4^-] = c = 3{,}80 \times 10^{-2}\ mol \cdot l^{-1}$$

2. Le volume V_1 de solution A de concentration c en ions permanganate en contient une quantité $n_1 = cV_1$.
La concentration en ions permanganate dans le volume $V_1 + V_2 + V_3$ de solution contenue dans le bécher est donc :

$$c' = c\,\frac{V_1}{V_1 + V_2 + V_3} = 3{,}80 \times 10^{-2} \times \frac{10{,}0}{65{,}0}$$
$$c' = 5{,}84 \times 10^{-3}\ mol \cdot l^{-1}$$

Ce résultat est arrondi, sans approximation intermédiaire, à 3 chiffres significatifs.

Dans le rapport, dit de dilution, $\frac{V_1}{V_1 + V_2 + V_3}$, les volumes doivent être exprimés avec la même unité, le cm^3 par exemple.

EXERCICES

3 **A_1-B_3** Le pH d'une solution aqueuse est 2,5. Cette donnée numérique implique habituellement que le pH est compris entre 2,45 et 2,55, c'est-à-dire à plus ou moins la moitié de l'unité du dernier chiffre indiqué. En déduire les limites entre lesquelles est comprise la concntration molaire en ions hydronium.

4 **A_1-B_3** Un volume $V = 1{,}500$ l de solution aqueuse de chlorure de sodium contient 175,5 g de chlorure de sodium.
1. Quelle est la concentration en quantité de matière de cette solution?
2. Déterminer la concentration des ions sodium et chlorure présents dans cette solution.

5 **A_1-A_2-B_3** On réalise une solution de chlorure de sodium à 5,00 $g \cdot l^{-1}$. Le chlorure de sodium est alors totalement dissocié en ions.
1. Quelle est la concentration en ions chlorure dans cette solution?
2. Quel volume de cette solution doit-on mélanger à de l'eau distillée pour avoir un volume $V = 100{,}0$ cm^3 d'une solution de concentration $c = 5{,}00 \cdot 10^{-2}$ $mol \cdot l^{-1}$ en ions chlorure? Comment mesureriez-vous un tel volume? Décrire brièvement la pratique de cette opération de dilution.

6 **A_1-B_3** Quelle masse d'hydroxyde de sodium faut-il dissoudre dans 500 cm^3 d'eau distillée pour obtenir une solution de concentration 0,20 $mol \cdot l^{-1}$?

7 **A_1-A_2-B_3** Quel volume de chlorure d'hydrogène gazeux, mesuré à 25 °C sous une pression de 1,00 bar, a-t-on dissous dans de l'eau distillée pour obtenir un volume de solution $V = 500$ cm^3 de concentration $c = 2{,}00 \times 10^{-2}$ $mol \cdot l^{-1}$.
Dans ces conditions, le volume molaire est

$$V_m = 24{,}4 \ l \cdot mol^{-1}$$

8 **A_1-B_1** A 60 °C une solution aqueuse a un pH de 6,8. La solution est-elle acide ou basique?

9 **A_1-B_1** A 0 °C, le pH de l'eau pure est égal à 7,5. Préciser si elle est acide, neutre ou basique.

10 **A_1-B_3** Le rouge de méthyle est un indicateur coloré qui est rouge pour $pH < 4{,}4$ et jaune pour un $pH > 6{,}2$.
On considère une solution aqueuse dont la concentration en ions $OH^-_{(aq)}$ est de $5 \cdot 10^{-5}$ $mol \cdot l^{-1}$. Quelle sera la couleur de cet indicateur dans une telle solution?

11 **A_2-B_3-C_1** A 37 °C le produit ionique de l'eau est égal à $2{,}4 \cdot 10^{-14}$. Le pH du sang chez l'être humain est égal à 7,38 à cette température. Le sang est-il une solution acide, neutre ou basique?

12 **A_1-B_3** Le jus de citron a un pH égal à 2,3.
Calculer la concentration des ions hydronium et hydroxyde dans cette solution.
Déterminer la quantité de matière en ions hydronium contenus dans un verre ($V = 150$ cm^3) de jus de citron.

13 **A_1-B_3-C_1** L'hydroxyde de calcium a pour formule $Ca(OH)_2$.
En solution aqueuse, il est entièrement dissocié en ions calcium et en ions hydroxyde. On considère une solution contenant 0,74 g d'hydroxyde de calcium par litre.
1. Recenser les espèces présentes en solution.
2. Déterminer leur concentration.
3. En déduire le pH de cette solution.

14 **A_1-B_3-C_1** Le « sel de Mohr » est un *composé ionique* de formule $FeSO_4$, $(NH_4)_2SO_4$, $6\,H_2O$. On prépare 500 cm^3 d'une solution en dissolvant dans de l'eau $m = 39{,}2$ g de « sel de Mohr ».
1. Quelles sont les espèces présentes dans cette solution.
2. Calculer leur concentration.

15 **A_1-B_3** On prépare 500 cm^3 d'une solution en dissolvant $5 \cdot 10^{-2}$ mole de sulfate de fer (II) : $FeSO_4$, $7\,H_2O$ et $5 \cdot 10^{-2}$ mole de chlorure de fer (II) : $FeCl_2$, $2\,H_2O$.
1. Quelle masse de chaque composé utilise-t-on?
2. Déterminer la concentration des espèces ioniques présentes dans la solution.

16 **A_2-B_3** La composition, en $g \cdot l^{-1}$, des principaux ions contenus dans l'eau de Contrexéville est la suivante :

Ca^{2+} : 0,451; Mg^{2+} : 0,066; K^+ : 0,003;
Na^+ : 0,008; HCO_3^- : 0,386; Cl^- : 0,006;
SO_4^{2-} : 1,058; NO_3^- : 0,001.

1. Quelle est la concentration molaire de chaque espèce dans cette eau?
2. On ajoute 3,000 g de chlorure de sodium à 100 cm^3 de cette eau. Déterminer la nouvelle concentration en ions sodium et chlorure.

17 **A_2-B_2** La solubilité du chlorure de sodium est de 360 $g \cdot l^{-1}$ à 20 °C et de 390 $g \cdot l^{-1}$ à 100 °C.
On verse 20 g de chlorure de sodium dans un bécher contenant de l'eau à 20 °C. Après agitation pour favoriser la dissolution qui est athermique, on ajuste le volume de la solution à 100 cm^3.
1. La solution obtenue est-elle saturée? Pourquoi?
2. Déterminer la concentration des ions chlorure.
3. Quelles masses de chlorure de sodium doit-on ajouter pour saturer la solution si celle-ci est maintenue à 20 °C, à 100 °C?

18 **B_3-C_1** On mélange 100 cm^3 d'une solution de sulfate de sodium Na_2SO_4 de concentration $c_1 = 0{,}1$ $mol \cdot l^{-1}$ et 200 cm^3 d'une solution de chlorure de sodium NaCl de concentration $c_2 = 0{,}2$ $mol \cdot l^{-1}$
1. Déterminer la concentration des espèces présentes dans la solution finale S.
2. On désire obtenir une nouvelle solution S' dont la concentration en ions sodium soit de 0,1 $mol \cdot l^{-1}$ Quel volume d'eau doit-on ajouter?

T.P

Mesure du pH

Le but de ce T.P. est de mesurer le pH de diverses solutions et d'utiliser la technique de dilution d'une solution dans un rapport donné.

1. Dilution d'une solution

a. Exemple

On dispose d'une solution, appelée solution mère, fabriquée en dissolvant c mol d'une substance A par litre de solution (la concentration apportée de cette solution est c mol·l^{-1}).

On a besoin d'un volume $V = 100{,}0$ cm^3 de solution diluée de la substance A à $c/10$ mol·l^{-1}.

b. Principe de la dilution

La quantité de matière de substance A apportée dans le volume V de solution diluée est $n_A = V \times c/10$. Cette quantité de matière peut être apportée par un volume V' de solution mère : $n_A = V' \times c$.

$$V \times c/10 = V' \times c \quad \text{soit} \quad V' = V/10 = 10{,}0 \text{ cm}^3$$

Ces 10,0 cm^3 sont dilués avec de l'eau distillée, de façon à obtenir un volume final de 100,0 cm^3.

Pour obtenir un volume V de solution de concentration c/x, à partir d'une solution mère de concentration c, on utilise un volume $V' = V/x$ de la solution mère, et on complète le volume à V en ajoutant de l'eau distillée.

c. Matériel utilisé

— *Pipette jaugée*

Une pipette jaugée permet de délivrer un volume bien déterminé de liquide.

Utilisation : la pipette est rincée avec le liquide à prélever. On aspire le liquide pour ajuster le niveau du liquide au trait de jauge supérieur. On laisse couler le liquide dans le récipient jusqu'au trait de jauge inférieur*. La pipette est tenue verticale, la pointe touchant la paroi intérieure du récipient incliné à 45° **(fig. 1).**

— *Fiole jaugée*

Le volume de liquide contenu dans la fiole jusqu'au trait de jauge est déterminé avec une très bonne précision **(fig. 2).**

d. Mode opératoire

Précaution : la solution mère doit être préservée : on utilise une réserve secondaire. On rince un récipient (bécher, erlenmeyer, ...) avec un peu de solution mère. On y verse ensuite une quantité suffisante de solution mère. Tous les prélèvements sont ensuite effectués dans cette réserve secondaire.

Reprenons l'exemple. On prélève à la pipette 10,0 cm^3 de solution mère et on les verse dans une fiole jaugée de 100,0 cm^3. On ajoute de l'eau distillée pour que le volume final soit de 100,0 cm^3.

Pour ajuster le niveau au trait de jauge, il est nécessaire d'utiliser une pipette contenant de l'eau distillée. Il est très important ensuite de boucher la fiole et d'homogénéiser le mélange.

** Dans le cas d'une pipette à un trait, on laisse couler complètement le liquide sans souffler le liquide qui reste par capillarité.*

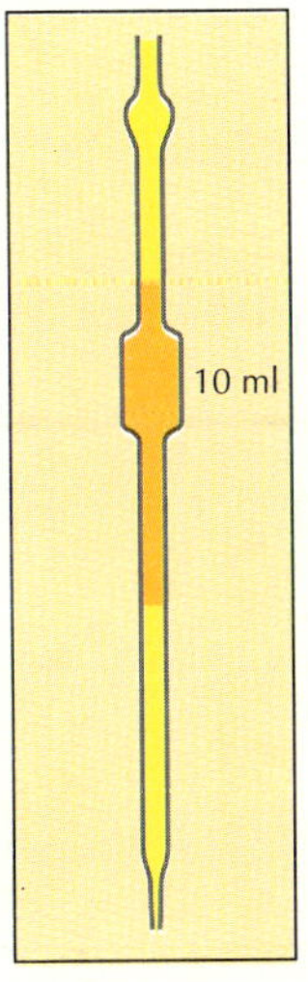

1. *Pipette jaugée.*

2. *Fiole jaugée.*

2. Mesures du pH de divers liquides

a. Liquides de la vie courante

On mesure le pH au pH-mètre de divers liquides tels que ceux de la **figure 3.** Comparer les résultats.

Nature des solutions	Jus de citron	Vinaigre	Jus de raisin	Jus d'asperges
pH moyen	2	3	4	5,5
Nature des solutions	Lait	Salive	Eau de mer	Eau savonneuse
pH moyen	6,5	7	8,5	9

3. pH *de divers liquides.*

b. pH de solutions chimiques

On utilise des solutions mères de chlorure d'hydrogène, d'acide éthanoïque, d'ammoniac, d'hydroxyde de sodium, de concentration apportée $1{,}00 \cdot 10^{-1}$ mol·l^{-1}. Mesurer les pH.

Réaliser par dilutions successives des solutions à $1{,}00 \cdot 10^{-2}$, $1{,}00 \cdot 10^{-3}$ mol·l^{-1}. Mesurer les pH.

Les résultats sont conservés pour une exploitation ultérieure. Classer les solutions suivant leur pH.

Production de chlorure de sodium : le chlorure de sodium est la matière première pour la fabrication du dichlore, du chlorure d'hydrogène et de l'hydroxyde de sodium.

2

CHLORURE D'HYDROGÈNE ET HYDROXYDE DE SODIUM

Le chlorure d'hydrogène et l'hydroxyde de sodium sont fabriqués à partir du chlorure de sodium que l'on trouve en abondance dans la nature.
Ce sont des composés industriels permettant de rendre acides ou basiques des solutions.
Le chlorure d'hydrogène et l'hydroxyde de sodium sont des composés très solubles dans l'eau et qui agissent sur l'équilibre d'autoprotolyse de l'eau.

sommaire

A DISSOCIATION

1/ SOLUTION DE CHLORURE D'HYDROGÈNE

1. Dissolution

L'expérience du jet d'eau montre que le chlorure d'hydrogène gazeux se dissout facilement et rapidement dans l'eau **(fig. 1).** En effet, la petite quantité d'eau, introduite initialement dans le ballon, dissout un volume conséquent de chlorure d'hydrogène. La pression dans le ballon diminuant fortement, l'eau est aspirée violemment, formant un jet qui finit de dissoudre le chlorure d'hydrogène, s'il en reste.

Une solution saturée est obtenue par dissolution de 20 moles de chlorure d'hydrogène par litre d'eau à 15 °C, sous la pression ordinaire. La solution commerciale est obtenue par dissolution de 12 moles de chlorure d'hydrogène par litre.

La dissolution du chlorure d'hydrogène dans l'eau est, de plus, accompagnée d'un dégagement de chaleur.

La solution de chlorure d'hydrogène est aussi appelée **acide chlorhydrique.**

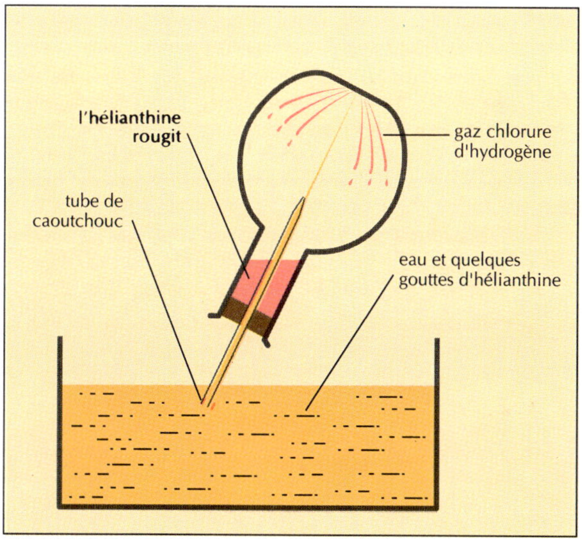

1. *Expérience du jet d'eau.*

2. Concentration apportée

La concentration apportée c d'une substance est le quotient de la quantité de matière n de la substance dissoute par le volume V de la solution obtenue, sans préjuger d'une réaction éventuelle de cette substance dans la solution.

3. Données expérimentales

Les pH de solutions de chlorure d'hydrogène pour quelques valeurs de la concentration apportée c en chlorure d'hydrogène, concentration supposée connue à 1 % près, sont indiqués dans le tableau de la **figure 2.**

c (mol·l^{-1})	$1{,}00 \cdot 10^{-2}$	$1{,}00 \cdot 10^{-3}$	$1{,}00 \cdot 10^{-4}$
pH	2,0	3,0	4,0

2.

La valeur du pH met en évidence l'existence d'ions hydronium en grand nombre dans la solution, car le milieu est acide.

On caractérise la présence d'ions chlorure dans ces solutions par le précipité blanc de chlorure d'argent $AgCl_{(s)}$ obtenu en ajoutant quelques gouttes d'une solution de nitrate d'argent.

Le chlorure d'hydrogène est donc dissocié en ions hydronium et en ions chlorure.

4. Interprétation

Nous allons montrer en calculant la concentration du chlorure d'hydrogène que celui-ci est complètement dissocié en solution aqueuse selon la réaction :

$$HCl_{(g)} + H_2O \longrightarrow H_3O^+_{(aq)} + Cl^-_{(aq)}$$

Espèces présentes en solution

Ce sont $H_3O^+_{(aq)}$, $OH^-_{(aq)}$, $Cl^-_{(aq)}$ et éventuellement, des molécules $HCl_{(aq)}$ non dissociées.

Relations entre les concentrations

Produit ionique de l'eau

$$[H_3O^+_{(aq)}]\,[OH^-_{(aq)}] = K_e = 1{,}0 \cdot 10^{-14}$$

Neutralité électrique de la solution

La solution contient des ions hydronium de charge $+e$, des ions chlorure de charge $-e$ et des ions hydroxyde de charge $-e$. La solution est neutre électriquement et contient donc autant de charges positives que de charges négatives.

Calculons les quantités de matières des espèces chargées, présentes en solution :

$$n\,(H_3O^+_{(aq)}) = [H_3O^+_{(aq)}] \times V$$
$$n\,(OH^-_{(aq)}) = [OH^-_{(aq)}] \times V$$
$$n\,(Cl^-_{(aq)}) = [Cl^-_{(aq)}] \times V$$

V étant le volume de la solution.

La quantité de matière de charges élémentaires positives contenues dans les ions hydronium de la solution est égale à la quantité de matière des ions hydronium car ces ions portent chacun une charge élémentaire positive[1].
Le raisonnement est le même pour les ions hydroxyde et les ions chlorure qui portent chacun une charge élémentaire négative.

Écrivons que la quantité de matière $n(+)$ de charges élémentaires positives est égale à la quantité de matière $n(-)$ des charges élémentaires négatives :

$$n(+) = n(H_3O^+_{(aq)});\; n(-) = n(OH^-_{(aq)}) + n(Cl^-_{(aq)})$$
$$\text{soit } n(H_3O^+_{(aq)}) = n(OH^-_{(aq)}) + n(Cl^-_{(aq)})$$
$$\text{ou } [H_3O^+_{(aq)}] \times V = [OH^-_{(aq)}] \times V + [Cl^-_{(aq)}] \times V$$

En simplifiant par V, la neutralité électrique se traduit par la relation :

$$[H_3O^+_{(aq)}] = [Cl^-_{(aq)}] + [OH^-_{(aq)}]$$

Conservation de l'élément chlore

L'élément chlore provient du chlorure d'hydrogène que l'on a dissous dans l'eau. Nous avons vu qu'il existait dans la solution des ions chlorure $Cl^-_{(aq)}$. Il peut rester des molécules de chlorure d'hydrogène $HCl_{(aq)}$ non dissociées en solution aqueuse.

L'élément chlore est alors réparti sous forme d'ions chlorure $Cl^-_{(aq)}$ et de chlorure d'hydrogène non dissocié $HCl_{(aq)}$, soit

$$[Cl^-_{(aq)}] + [HCl_{(aq)}] = c$$

Calculs

Le raisonnement est fait avec la solution de concentration apportée $c = 1{,}00 \cdot 10^{-2}$ mol·l^{-1}.

La valeur du pH mesuré (2,0) permet de calculer la concentration en ions hydronium :

$$[H_3O^+_{(aq)}] = 1{,}0 \cdot 10^{-2} \text{ mol·l}^{-1}$$

La mesure du pH est faite à 0,1 près. Ce résultat est donc donné à 23 % près (voir page 8).

Le produit ionique de l'eau permet de calculer la concentration en ions $OH^-_{(aq)}$.

$$[OH^-_{(aq)}] = \frac{K_e}{[H_3O^+_{(aq)}]} = \frac{1{,}0 \cdot 10^{-14}}{1{,}0 \cdot 10^{-2}}$$

$$\text{d'où } [OH^-_{(aq)}] = 1{,}0 \cdot 10^{-12} \text{ mol·l}^{-1}$$

La neutralité électrique permet d'écrire :

$$[Cl^-_{(aq)}] = [H_3O^+_{(aq)}] - [OH^-_{(aq)}]$$
$$[Cl^-_{(aq)}] = 1{,}0 \cdot 10^{-2} - 1{,}0 \cdot 10^{-12} \approx 1{,}0 \cdot 10^{-2} \text{ mol·l}^{-1}$$

Cette valeur est calculée avec la même précision que pour $[H_3O^+_{(aq)}]$ (à 23 % près), soit avec un intervalle de confiance de $0{,}23 \times 10^{-2}$ mol·l^{-1}.

La conservation de l'élément chlore permet d'écrire :

$$[HCl_{(aq)}] = c - [Cl^-_{(aq)}]$$
$$[HCl_{(aq)}] = 1{,}00 \cdot 10^{-2} - 1{,}0 \cdot 10^{-2} \approx 0 \text{ mol·l}^{-1}$$

Ce dernier résultat est encore donné avec un intervalle de confiance de $0{,}23 \times 10^{-2}$ mol·l^{-1}.

Nous avons fait un calcul qui montre que la concentration du chlorure d'hydrogène est pratiquement nulle à la précision de nos mesures. Cependant, d'autres méthodes confirment avec une très bonne précision que la dissociation du chlorure d'hydrogène est totale en solution aqueuse[2].

Conclusion

Le chlorure d'hydrogène est totalement dissocié en solution aqueuse selon la réaction :

$$HCl_{(g)} + H_2O \longrightarrow H_3O^+_{(aq)} + Cl^-_{(aq)}$$

5. Influence de la concentration

a. Avec les concentrations apportées étudiées, la mesure du pH montre que :

$$[H_3O^+_{(aq)}] \approx c \quad \text{ou} \quad pH \approx -\lg c$$

Dans ce domaine de concentrations, on peut négliger les ions hydronium apportés par la dissociation de l'eau devant ceux apportés par le chlorure d'hydrogène **(fig. 3).**

b. Pour une solution de chlorure d'hydrogène de concentration apportée $c = 0{,}100$ mol·l^{-1}, on mesure pH ≈ 1,1. Cette valeur est légèrement supérieure à celle attendue (1,0). La concentration en ions hydronium est de 0,100 mol·l^{-1}, mais la relation $pH = -\lg [H_3O^+_{(aq)}]$ n'est plus rigoureuse.

c. Avec des concentrations apportées plus faibles (10^{-6}, 10^{-7}, 10^{-8} mol·l^{-1}) en chlorure d'hydrogène, (en supposant que l'on puisse préparer de telles solutions, avec de l'eau parfaitement pure) la concentration des ions hydronium provenant de la dissociation de l'eau n'est plus négligeable devant celle des ions hydronium que peut apporter le chlorure d'hydrogène.

Le pH reste inférieur à 7 et tend asymptotiquement vers 7 quand la concentration apportée c tend vers 0.

En particulier, pour une concentration en chlorure d'hydrogène de 10^{-8} mol·l^{-1}, le pH n'est pas égal à 8!

---

1. *Dans le cas d'un ion baryum Ba^{2+}, par exemple, la quantité de matière $n(+)$ de charges élémentaires positives contenue dans les ions baryum est le double de la quantité de matière des ions baryum. Ceci parce que chaque ion baryum porte deux charges élémentaires positives :*

$$n(+) = 2\,n\,(Ba^{2+})$$

2. *On voit ici l'intérêt de la notion de concentration apportée d'une substance. La concentration apportée de chlorure d'hydrogène dans une solution concerne ce qui a été dissous (le gaz chlorure d'hydrogène, HCl), alors que la solution n'en contient plus, le chlorure d'hydrogène s'étant intégralement transformé en ions hydronium $H_3O^+_{(aq)}$ et en ions chlorure $Cl^-_{(aq)}$.*

On peut résumer graphiquement **(fig. 3)** la relation entre le pH et lg *c* où *c* est la concentration apportée du chlorure d'hydrogène. La relation linéaire, $pH = -\lg c$, trouvée dans le cas de l'exemple étudié, se révèle valable de $c = 0{,}03$ à $c = 10^{-6}\ mol \cdot l^{-1}$.

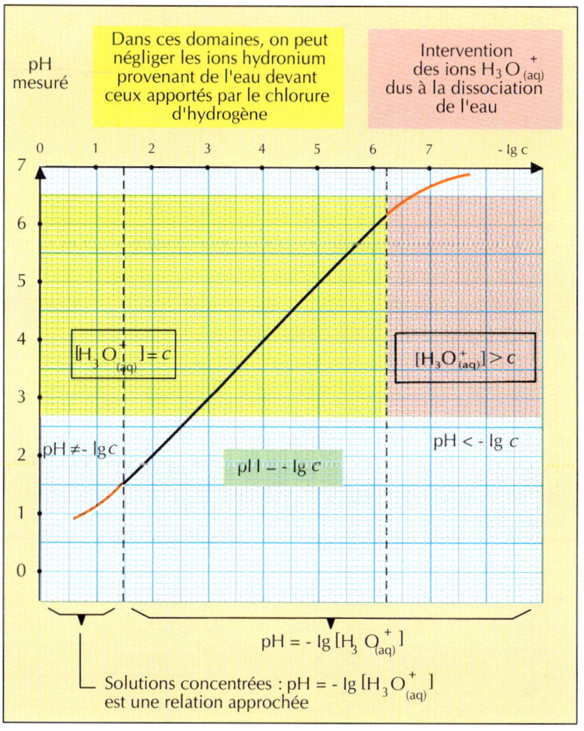

3. *Représentation graphique de* pH *en fonction de* lg *c pour le chlorure d'hydrogène dissous*

2/ SOLUTION D'HYDROXYDE DE SODIUM

1. Dissolution

L'hydroxyde de sodium pur est un solide à l'aspect blanc, appelé **soude** dans le langage courant. L'étude aux rayons X du solide indique la présence d'ions sodium Na^+ et d'ions hydroxyde OH^- dans le cristal. Dans celui-ci, il y a autant d'ions hydroxyde que d'ions sodium. La neutralité électrique est ainsi respectée. Des pastilles d'hydroxyde de sodium, laissées à l'air libre, deviennent humides **(fig. 4)**, quelques instants plus tard. On dit alors que l'hydroxyde de sodium est *déliquescent*. L'hydroxyde de sodium absorbe l'humidité de l'air, il est très avide d'eau. Après quelques heures les pastilles disparaissent, il n'y a plus qu'un liquide. Il s'est formé une solution très concentrée d'hydroxyde de sodium (lessive de soude).

L'hydroxyde de sodium est très soluble dans l'eau. Sa dissolution s'accompagne d'un dégagement de chaleur important.

2. Données expérimentales

A 25 °C, les pH des solutions d'hydroxyde de sodium pour quelques valeurs de la concentration apportée *c* sont indiquées dans le tableau de la **figure 5.**

4. *Déliquescence des pastilles de soude à l'air libre*

$c\ (mol \cdot l^{-1})$	$1{,}00 \cdot 10^{-2}$	$1{,}00 \cdot 10^{-3}$	$1{,}00 \cdot 10^{-4}$
pH	12,0	11,0	10,0

5.

Les valeurs du pH montrent que des ions hydroxyde ont été libérés dans la solution, car les solutions sont basiques. Un test de flamme montre en outre la présence d'ions sodium **(fig. 6).**

L'hydroxyde de sodium libère des ions sodium et des ions hydroxyde dans les solutions aqueuses. Il s'y dissocie.

3. Interprétation

Nous allons montrer par un calcul des concentrations que l'hydroxyde de sodium est complètement dissocié en solution aqueuse.

Espèces présentes en solution

Ce sont $H_3O^+_{(aq)}$, $OH^-_{(aq)}$, $Na^+_{(aq)}$ et éventuellement, des entités $NaOH_{(aq)}$ non dissociées.

Relations entre les concentrations

Produit ionique de l'eau

$[H_3O^+_{(aq)}]\,[OH^-_{(aq)}] = K_e = 1{,}0 \cdot 10^{-14}$

6. *Mise en évidence des ions sodium à la flamme*

Neutralité électrique de la solution

La solution contient des ions hydronium de charge $+e$, des ions sodium de charge $+e$ et des ions hydroxyde de charge $-e$. La solution est neutre électriquement et contient donc autant de charges positives que de charges négatives, ce qui se traduit par la relation :

$$[H_3O^+_{(aq)}] + [Na^+_{(aq)}] = [OH^-_{(aq)}]$$

Conservation de l'élément sodium

Il est réparti sous forme d'ions sodium $Na^+_{(aq)}$ et éventuellement d'hydroxyde de sodium non dissocié $NaOH_{(aq)}$, soit :

$$[Na^+_{(aq)}] + [NaOH_{(aq)}] = c$$

Calculs

Le raisonnement est fait avec la solution de concentration apportée $c = 1{,}00 \cdot 10^{-3}$ mol·l^{-1}.

La mesure du pH permet de calculer la concentration en ions hydronium :

$$[H_3O^+_{(aq)}] = 1{,}0 \cdot 10^{-11} \text{ mol} \cdot \text{l}^{-1}$$

Le produit ionique de l'eau permet de calculer la concentration en ions $OH^-_{(aq)}$.

$$[OH^-_{(aq)}] = \frac{K_e}{[H_3O^+_{(aq)}]} = \frac{1{,}0 \cdot 10^{-14}}{1{,}0 \cdot 10^{-11}}$$

d'où $$[OH^-_{(aq)}] = 1{,}0 \cdot 10^{-3} \text{ mol} \cdot \text{l}^{-1}$$

Cette concentration comme celle des ions hydronium est calculée à 23 % près, car le pH est mesuré à 0,1 près.

La neutralité électrique permet d'écrire :

$$[Na^+_{(aq)}] = [OH^-_{(aq)}] - [H_3O^+_{(aq)}]$$

$$[Na^+_{(aq)}] = 1{,}0 \cdot 10^{-3} - 1{,}0 \cdot 10^{-11} \approx 1{,}0 \cdot 10^{-3} \text{ mol} \cdot \text{l}^{-1}$$

La conservation de l'élément sodium permet d'écrire :

$$[NaOH_{(aq)}] = c - [Na^+_{(aq)}]$$

$$[NaOH_{(aq)}] = 1{,}00 \cdot 10^{-3} - 1{,}0 \cdot 10^{-3} \approx 0 \text{ mol} \cdot \text{l}^{-1}$$

Le calcul précédent montre que la concentration de l'hydroxyde de sodium est nulle, aux incertitudes près des mesures que nous avons faites.

D'autres méthodes confirment, avec une plus grande précision, que l'hydroxyde de sodium est complètement dissocié en solution aqueuse.

Conclusion

> ***L'hydroxyde de sodium est totalement dissocié en solution aqueuse selon la réaction :***
>
> $$NaOH_{(s)} \rightarrow Na^+_{(aq)} + OH^-_{(aq)}$$

4. Influence des concentrations

Pour les solutions d'hydroxyde de sodium étudiées, de concentration apportée c, on trouve que :

à 25 °C, $\mathbf{pH = 14 + \lg c}$

Compte tenu de remarques analogues à celles faites pour la solution de chlorure d'hydrogène, on peut résumer graphiquement la relation pH = f(lg c) **(fig. 7).**

3/ ROLE DE L'EAU

1. Hydroxyde de sodium

L'hydroxyde de sodium est un composé ionique solide. Sa dissolution dans l'eau nécessite :

— premièrement, la destruction de la structure du cristal par les molécules d'eau qui séparent les ions de ce cristal,

— deuxièmement, l'hydratation des ions obtenus.

La destruction de la structure du cristal nécessite toujours une absorption d'énergie pour détruire la cohésion de ce composé solide.

L'hydratation des ions est toujours accompagnée d'un dégagement d'énergie.

La dissolution de l'hydroxyde de sodium dans l'eau est exothermique car la destruction du cristal absorbe moins d'énergie que l'hydratation n'en dégage. Le surplus d'énergie se retrouve sous forme de chaleur.

Tous les composés ioniques dissous sont, comme l'hydroxyde de sodium, entièrement dissociés en solution aqueuse.

Cette propriété est très importante pour les problèmes. Tous les composés ioniques en solution sont dissociés en leurs ions, et la concentration apportée en ions se déduit alors facilement de la concentration apportée en composé ionique. Les ions dissous peuvent ensuite réagir avec les autres substances en solution.

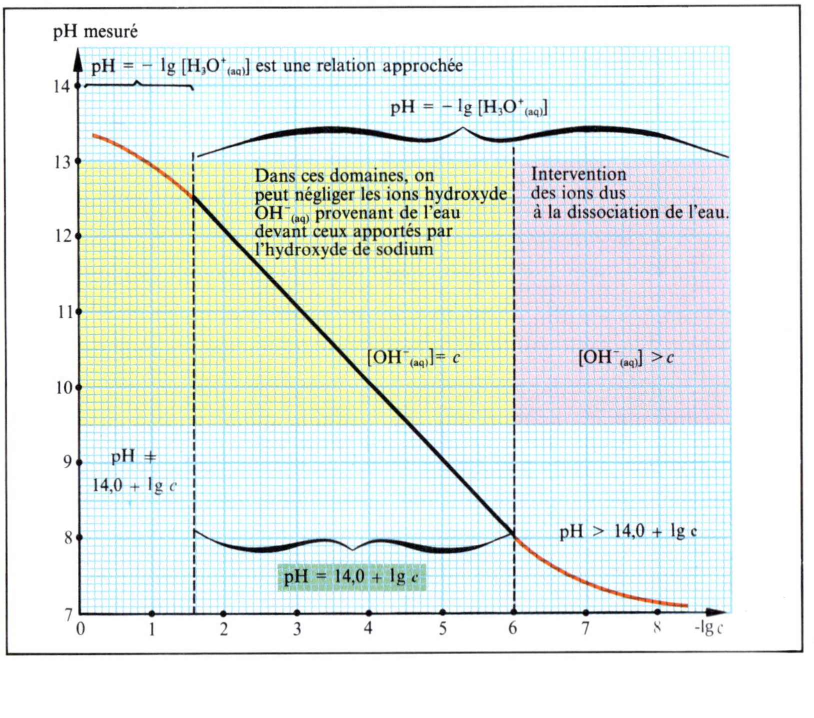

7. *Relation du* pH *en fonction de* lg *c pour l'hydroxyde de sodium dissous.*

■ ***On dit que l'eau est un solvant dissociant des composés ioniques.***

2. Chlorure d'hydrogène

Le chlorure d'hydrogène est un gaz de formule HCl. Après dissolution dans l'eau, il est transformé entièrement en ions hydronium et en ions chlorure.
La dissolution des molécules de chlorure d'hydrogène dans l'eau nécessite la rupture de la liaison covalente de chaque molécule de gaz puis l'hydratation des ions obtenus.

L'énergie libérée par l'hydratation des ions est plus importante que l'énergie permettant de rompre les molécules de chlorure d'hydrogène. La dissolution est alors exothermique.

Dans le cas de la dissolution du chlorure d'hydrogène l'eau a dissocié les molécules de ce gaz pour les transformer en ions. L'eau peut dissocier en ions d'autres molécules (par exemple, H_2SO_4, HNO_3, $(CH_3)_3CBr$, ...).

■ ***L'eau est un solvant ionisant.***

B PROPRIÉTÉS DUES AUX IONS

Cette partie est consacrée à quelques rappels des connaissances acquises dans les années antérieures.
Les solutions d'hydroxyde de sodium et celles de chlorure d'hydrogène contiennent des ions, et conduisent donc facilement le courant **(fig. 8)**.

1/ SOLUTION DE CHLORURE D'HYDROGÈNE

1. Réactions de précipitation

Les réactions de précipitation avec les solutions de chlorure d'hydrogène sont dues aux ions chlorure. Les chlorures sont solubles dans l'eau à l'exception du chlorure d'argent (AgCl), du chlorure de mercure (I) (calomel) (Hg_2Cl_2) et du chlorure de plomb ($PbCl_2$). On peut donc avoir les réactions **(fig. 9)** :

$$Cl^-_{(aq)} + Ag^+_{(aq)} \longrightarrow AgCl_{(s)}$$
$$2Cl^-_{(aq)} + Pb^{2+}_{(aq)} \longrightarrow PbCl_{2(s)}$$
$$2Cl^-_{(aq)} + Hg^{2+}_{2(aq)} \longrightarrow Hg_2Cl_{2(s)}$$

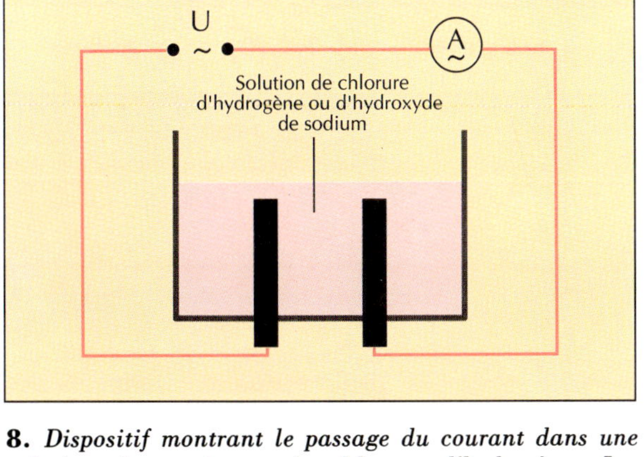

8. *Dispositif montrant le passage du courant dans une solution de soude ou de chlorure d'hydrogène. Les solutions aqueuses de chlorure d'hydrogène et d'hydroxyde de sodium sont ioniques car elles conduisent le courant électrique*

Remarque
Le chlorure d'argent formé peut se dissoudre ensuite dans une solution d'ammoniac, qu'il faut mettre en assez grande quantité, car l'ammoniac (NH_3) réagit d'abord avec les ions hydronium contenus dans la solution.

2. Oxydoréduction

a. Ions hydronium

L'ion hydronium est l'oxydant du couple d'oxydoréduction $H_3O^+_{(aq)}/H_{2(g)}$. Il faut donc faire réagir un réducteur plus fort que le dihydrogène sur ce couple pour qu'il y ait formation de dihydrogène. Le potentiel standard d'oxydoréduction du couple de ce réducteur doit être inférieur à celui du couple $H_3O^+_{(aq)}/H_{2(g)}$ (0,00 V). Par exemple, le fer, le zinc et le plomb, tous à l'état métallique, conviennent. Des solutions diluées de chlorure d'hydrogène réagissent avec le fer et le zinc. Il se forme du dihydrogène gazeux dans chaque cas. Le fer se transforme en ion fer (II) ($Fe^{2+}_{(aq)}$). Le zinc donne des ions zinc ($Zn^{2+}_{(aq)}$).

a. b. c.

9. *Mise en évidence des ions chlorure avec les précipités de* AgCl (a); $PbCl_2$ (b); Hg_2Cl_2 (c).

La réaction est peu visible avec le plomb car du chlorure de plomb insoluble se forme sur le plomb et le protège d'une attaque en profondeur par les ions hydronium.

Demi-équations électroniques

$$2H_3O^+_{(aq)} + 2e^- \longrightarrow H_{2(g)} + 2H_2O$$
$$Fe^{2+}_{(aq)} + 2e^- \longrightarrow Fe_{(s)}$$
$$Zn^{2+}_{(aq)} + 2e^- \longrightarrow Zn_{(s)}$$

Bilans

$$2H_3O^+_{(aq)} + Fe_{(s)} \longrightarrow H_{2(g)} + Fe^{2+}_{(aq)} + 2H_2O$$
$$2H_3O^+_{(aq)} + Zn_{(s)} \longrightarrow H_{2(g)} + Zn^{2+}_{(aq)} + 2H_2O$$

b. Ions chlorure

L'ion chlorure est le réducteur du couple $Cl_{2(g)}/Cl^-_{(aq)}$ dont le potentiel standard d'oxydoréduction vaut 1,36 V. Ce potentiel est inférieur à celui du couple $MnO^-_{4(aq)}/Mn^{2+}_{(aq)}$ (1,51 V). Les ions chlorure peuvent donc être oxydés par les ions permanganate pour former du dichlore. Un dégagement de dichlore peut être mis en évidence avec un papier imbibé d'indigo que le dichlore décolore. Par ailleurs, la solution aqueuse se trouble à cause de la formation de dioxyde de manganèse solide qui apparaît simultanément.

2/ SOLUTION D'HYDROXYDE DE SODIUM

1. Réactions de précipitation

Les ions hydroxyde des solutions d'hydroxyde de sodium réagissent avec de nombreux ions métalliques (voir les tableaux de solubilité page 296), ce qui permet de réaliser des tests pour les identifier. Le tableau de la **figure 10** résume l'action des solutions d'hydroxyde de sodium sur quelques ions métalliques.

2. Oxydoréduction

Les solutions d'hydroxyde de sodium peuvent subir une électrolyse. Dans l'électrolyseur, le courant est assuré par les ions sodium attirés par la cathode et les ions hydroxyde attirés par l'anode.

a. Possibilité de réaction aux électrodes

Les réductions possibles à la cathode sont :

$$Na^+_{(aq)} + e^- \longrightarrow Na_{(s)}$$
$$2H_2O + 2e^- \longrightarrow H_{2(g)} + 2OH^-_{(aq)}$$

A l'anode l'oxydation possible est celle des ions hydroxyde :

$$4OH^-_{(aq)} \longrightarrow O_{2(g)} + 2H_2O + 4e^-$$

b. Interprétation

Le bilan des transformations revient à **la décomposition de l'eau.**

Les transformations dans l'électrolyseur sont :

à l'anode :

$$4OH^-_{(aq)} \longrightarrow O_{2(g)} + 2H_2O + 4e^-$$

à la cathode :
(avec un transfert de $4e^-$)

$$4H_2O + 4e^- \longrightarrow 2H_{2(g)} + 4OH^-_{(aq)}$$

c. Bilan

$$4OH^-_{(aq)} + 4H_2O \longrightarrow O_{2(g)} + 2H_2O + 2H_{2(g)} + 4OH^-_{(aq)}$$

soit $$2H_2O \longrightarrow O_{2(g)} + 2H_{2(g)}$$

Ions	Ag^+	Fe^{2+}	Fe^{3+}	Cu^{2+}	Zn^{2+}	Al^{3+}
Action d'une solution **diluée** d'hydroxyde de sodium	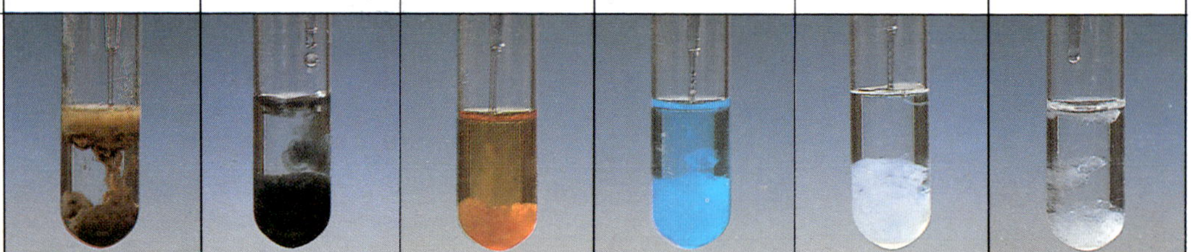					
Précipités formés	$AgOH + Ag_2O$	$Fe(OH)_2$	$Fe(OH)_3$	$Cu(OH)_2$	$Zn(OH)_2$	$Al(OH)_3$
Action d'une solution **concentrée** d'hydroxyde de sodium	pas de « redissolution »	pas de « redissolution »	pas de « redissolution »	pas de « redissolution »	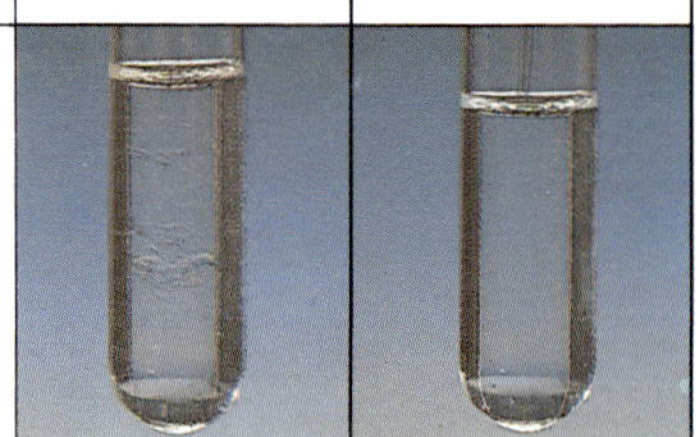	
Précipités formés					Évolution : formation de $Zn(OH)_4^{2-}$ soluble	Évolution : formation de $Al(OH)_4^-$ soluble

10. *Réactions de précipitation d'hydroxydes métalliques avec quelques cations.*

Les deux derniers précipités peuvent se « redissoudre » dans un excès d'hydroxyde de sodium.

ESSENTIEL

• Le **chlorure d'hydrogène** est un gaz **très soluble** dans l'eau. Sa dissolution est rapide et se fait avec un dégagement de chaleur. Il s'agit d'une réaction chimique : $\mathbf{HCl_{(g)} + H_2O \longrightarrow H_3O^+_{(aq)} + Cl^-_{(aq)}}$. La dissociation est totale et la formule donnant le pH des solutions de chlorure d'hydrogène de concentration apportée c est : $\mathbf{pH = -lg\ c}$ pour des solutions ni trop concentrées, ni trop diluées (10^{-6} mol·l^{-1} < c < 3×10^{-2} mol·l^{-1}).

• L'**hydroxyde de sodium,** solide blanc constitué des ions hydroxyde et sodium, est **très avide d'eau.** La dissolution se fait avec dégagement de chaleur et l'**hydroxyde de sodium** est **complètement dissocié** en solution aqueuse.

La formule donnant le pH des solutions d'hydroxyde de sodium de concentration c est : $\mathbf{pH = 14 + lg\ c}$ pour des solutions ni trop concentrées, ni trop diluées.

• **L'eau est un solvant dissociant** qui permet de **disperser les ions en solution** aqueuse. C'est aussi un **solvant ionisant pour certains corps moléculaires.**

• Les solutions aqueuses d'hydroxyde de sodium et de chlorure d'hydrogène sont des solutions ioniques : elles conduisent le courant électrique.

• Les **ions chlorure** des solutions de chlorure d'hydrogène forment des **précipités** avec les ions **argent,** mercure (I) et plomb.

• Le **fer** et le **zinc, réducteurs,** réagissent avec les ions hydronium oxydants de la solution de chlorure d'hydrogène pour donner un dégagement de **dihydrogène.** Les ions métalliques formés sont respectivement les ions fer (II) et l'ion zinc.

• Les ions hydroxyde donnent des précipités d'hydroxydes avec des ions métalliques tels que Ag^+, Fe^{2+}, Fe^{3+}, Cu^{2+}, Al^{3+} et Zn^{2+}.

EXERCICES RÉSOLUS

1 On dissout du chlorure d'hydrogène dans de l'eau pure de façon à obtenir un volume $V_1 = 200$ cm^3 d'une solution S_1 d'acide chlorhydrique de concentration c_1. Son pH est égal à 1,5.

1. Écrire l'équation-bilan de la réaction qui se produit lors de la dissolution du chlorure d'hydrogène.

2. Déterminer le volume V_{HCl} de chlorure d'hydrogène gazeux nécessaire (sachant que le volume molaire dans les conditions de l'expérience est $V_M = 24$ l·mol^{-1}) ainsi que la concentration c_1 de la solution S_1.

3. On mélange $V'_1 = 10{,}0$ cm^3 de la solution S_1 et $V'_2 = 5{,}0$ cm^3 d'une solution S_2 d'acide nitrique, HNO_3, de concentration $c_2 = 1{,}0 \times 10^{-2}$ mol·l^{-1}. On obtient une solution S_3 de volume 15,0 cm^3. Sachant que l'acide nitrique est totalement ionisé en solution aqueuse et que le fait de mélanger les deux acides ne modifie pas leurs propriétés, déterminer la concentration en ions hydronium dans la solution S_3. En déduire son pH.

SOLUTION

1. $$HCl_{(g)} + H_2O \xrightarrow{\text{totale}} H_3O^+_{(aq)} + Cl^-_{(aq)}$$
$$\quad n_1 \qquad\qquad\qquad\qquad n_1$$

2. En négligeant les ions H_3O^+ provenant de l'autoprotolyse de l'eau devant ceux apportés par la dissolution du chlorure d'hydrogène on a :

$$c_1 = \frac{n_{1\,HCl}}{V_1} = \frac{n_{1\,H_3O^+}}{V_1} = 10^{-pH}$$

Or $n_{1HCl} = \dfrac{V_{HCl}}{V_M}$ par définition,

donc $\quad V_{HCl} = n_{1\,HCl} \times V_M = 10^{-pH} \times V_1 \times V_M$

A. N. :

$$V_{HCl} = 10^{-1,5} \times 200 \times 10^{-3} \times 24 = 1,5 \times 10^{-1}\ l$$

et $$c_1 = 3,2 \cdot 10^{-2}\ mol \cdot l^{-1}$$

3. $$\underset{n_1}{HCl_{(g)}} + H_2O \longrightarrow \underset{n_1}{H_3O^+_{(aq)}} + \underset{n_1}{Cl^-_{(aq)}}$$

$$\underset{n_2}{HNO_3} + H_2O \longrightarrow \underset{n_2}{H_3O^+_{(aq)}} + \underset{n_2}{NO^-_{3\,(aq)}}$$

L'acide nitrique étant entièrement ionisé, à partir d'une quantité de n_2 moles d'acide nitrique apportée on obtient donc une quantité de n_2 moles d'ions hydronium et n_2 moles d'ions nitrate $NO^-_{3\,(aq)}$.

Les ions $Cl^-_{(aq)}$ et $NO^-_{3\,(aq)}$ sont des ions inertes : ils ne subissent qu'une dilution lors du mélange.

$$[Cl^-_{(aq)}] = \frac{c_1 V'_1}{V'_1 + V'_2} \quad \text{et} \quad [NO^-_{3\,(aq)}] = \frac{c_2 V'_2}{V'_1 + V'_2}$$

La solution S_3 est une solution acide car elle est un mélange d'acides entièrement ionisés, donc $[OH^-_{(aq)}] \ll [H_3O^+_{(aq)}]$.

La neutralité électrique de la solution S_3 permet d'écrire :

$$[H_3O^+_{(aq)}] = [Cl^-_{(aq)}] + [NO^-_{3\,(aq)}] + [OH^-_{(aq)}]$$

soit, en tenant compte de la remarque précédente

$$[H_3O^+_{(aq)}] \approx [Cl^-_{(aq)}] + [NO^-_{3\,(aq)}] = \frac{c_1 V'_1 + c_2 V'_2}{V'_1 + V'_2}$$

A. N. :

$$[H_3O^+_{(aq)}] = \frac{3,2 \cdot 10^{-2} \times 10 \cdot 10^{-3} + 1,0 \cdot 10^{-2} \times 5 \cdot 10^{-3}}{10 \cdot 10^{-3} + 5 \cdot 10^{-3}}$$

$$[H_3O^+_{(aq)}] \approx 2,5 \cdot 10^{-2}\ mol \cdot l^{-1}$$

Par définition, $pH = -\lg [H_3O^+_{(aq)}] = 1,6$.

BAC

Nous traiterons dans ce chapitre deux questions extraites d'exercices de baccalauréat. Ces questions sont indépendantes.

2 Il existe dans un laboratoire une bouteille d'acide chlorhydrique possédant une étiquette sur laquelle est écrit : Acide chlorhydrique, masse volumique 1 190 $kg \cdot m^{-3}$, pourcentage en masse d'acide pur 37 %, masse molaire du chlorure d'hydrogène HCl 36,5 $g \cdot mol^{-1}$.

On en extrait 4,15 cm^3 et on complète à 500 cm^3 avec de l'eau distillée. Montrer que cette solution d'acide est à 0,100 $mol \cdot l^{-1}$.

(d'après Lille; 86)

SOLUTION

Soit S la solution contenue dans la bouteille. Calculons la masse m de chlorure d'hydrogène contenue dans un litre de solution S. D'après la masse volumique un litre de l'acide a une masse de 1 190 g et contient $\dfrac{1\,190 \times 37}{100} = 440,3$ g de chlorure d'hydrogène.

Calculons la quantité de matière n de chlorure d'hydrogène apportée par le volume V extrait :

$$n = \frac{m \times V}{1\,000 \times M} = \frac{440,3 \times 4,15}{1\,000 \times 36,5} = 0,050\ mol$$

Cette quantité de matière se retrouve dans les 500 cm^3 de la nouvelle solution S_1. Par définition :

$$c = \frac{n_{HCl}}{V} = \frac{0,050}{500 \cdot 10^{-3}} = 0,100\ mol \cdot l^{-1}$$

Ce résultat correspond bien à la concentration annoncée.

3 Soit une solution S_1 d'acide chlorhydrique de concentration molaire $1,0 \cdot 10^{-1}\ mol \cdot l^{-1}$. Le pH-mètre affiche sensiblement pH = 1,0 à 25 °C. On veut préparer, à partir de S_1, deux solutions S_2 et S_3 ayant respectivement pour concentration $1,0 \cdot 10^{-2}\ mol \cdot l^{-1}$ et $1,0 \cdot 10^{-3}\ mol \cdot l^{-1}$.

1. Quel est le matériel utilisé? Comment procède-t-on?

2. Quel est le pH de chacune des solutions S_2 et S_3? Justifier.

(d'après Caen; 85)

SOLUTION

1. Le matériel utilisé est le suivant : béchers; pipette jaugée de 10 ml; fiole jaugée de 100 ml.

On verse la solution S_1 dans un bécher. On en prélève, à l'aide de la pipette, 10,0 ml que l'on met dans la fiole jaugée. On ajoute de l'eau distillée afin d'atteindre le trait de jauge; on obtient S_2.

Il faut boucher puis agiter par retournement afin d'homogénéiser la solution.

2. Calculons la quantité de matière n en ions hydronium apportés par le volume prélevé $V = 10,0$ ml.

$$n = c \times V = 10^{-1} \times 10 \cdot 10^{-3} = 1,0 \cdot 10^{-3}\ mol$$

Cette quantité de matière se trouve répartie dans le volume V_2 de solution S_2 (en négligeant l'autoprotolyse de l'eau)

$$c_2 = \frac{n}{V_2} = \frac{10^{-3}}{100 \times 10^{-3}} = 10^{-2}\ mol \cdot l^{-1}$$

$$pH_{S_2} = -\lg c_2 = 2,0$$

On procède de la même façon pour obtenir S_3 à partir de S_2. On obtient

$$c_3 = 1,0 \cdot 10^{-3}\ mol \cdot l^{-1} \quad \text{et} \quad pH_{S_3} = -\lg c_3 = 3,0$$

ACIDES ENTIÈREMENT DISSOCIÉS. DILUTION

4 A_2 Une solution aqueuse d'acide nitrique HNO_3 de concentration $c = 5,0 \times 10^{-3}$ mol·l^{-1} a un pH = 2,3. Montrer que l'acide nitrique est un acide totalement dissocié.

5 A_2-B_3 A 10 cm^3 d'une solution de chlorure d'hydrogène, on ajoute 40 cm^3 d'eau. On obtient une solution de pH = 2,7. Quelle est la concentration de la solution de chlorure d'hydrogène initiale?

6 A_2-B_3 Quel volume d'eau distillée doit-on ajouter à un volume $V = 40$ cm^3 d'une solution $2,0 \times 10^{-2}$ mol·l^{-1} de chlorure d'hydrogène pour obtenir une solution de pH = 2,4?

7 A_2-B_3 Quel volume d'acide chlorhydrique commercial dont la concentration est de 12 mol·l^{-1} faut-il ajouter à de l'eau distillée pour obtenir 1 litre de solution de pH = 2?

8 A_2-B_3 On dissout 2,0 cm^3 de chlorure d'hydrogène gazeux (volume mesuré dans les conditions où le volume molaire vaut 22,4 l·mol^{-1}) dans 500 cm^3 d'eau. Déterminer le pH de la solution ainsi obtenue.

9 A_2-B_3-C_1 On mélange un volume $V_1 = 20$ cm^3 d'acide chlorhydrique de $pH_1 = 3,1$ avec un volume $V_2 = 10$ cm^3 d'acide chlorhydrique de pH = 2,3. Déterminer le pH de la solution finale (voir la remarque dans l'exercice résolu concernant le mélange de 2 acides).

10 A_2-B_3-C_1 Dans 100 cm^3 d'une solution de chlorure d'hydrogène de pH = 2,1 on dissout un volume V de chlorure d'hydrogène (volume mesuré dans les conditions de température et de pression pour lesquelles le volume molaire est de 24,0 l·mol^{-1}). Cette dissolution s'effectue sans variation de volume de la solution initiale. Le pH final est de 1,4 (pH mesuré lorsque la température de la solution a repris sa valeur initiale). Déterminer V.

11 A_2-B_3 A 20 cm^3 d'une solution de chlorure d'hydrogène de pH = 3,0 on ajoute 20 cm^3 d'une solution aqueuse de chlorure de sodium de concentration $c = 1,0 \cdot 10^{-2}$ mol·l^{-1} (entièrement dissocié en ions $Na^+_{(aq)}$ et $Cl^-_{(aq)}$).
1. Calculer la concentration des espèces chimiques présentes dans la solution.
2. En déduire la valeur du pH.
3. Vérifier l'électroneutralité de la solution obtenue.

12 A_1-A_2-B_3-C_1 On dissout $1,0 \cdot 10^{-2}$ mole de chlorure d'hydrogène dans un litre d'eau à 25 °C.
1. Comment peut-on mettre en évidence expérimentalement les ions majoritaires présents dans la solution obtenue.
2. Le pH de la solution est égal à 2,0.
En déduire les concentrations des espèces chimiques présentes dans la solution.
Exploiter ces résultats pour montrer que la réaction chimique entre l'eau et le chlorure d'hydrogène est totale.

(d'après Toulouse; 81-D)

BASES ENTIÈREMENT DISSOCIÉES. DILUTION

13 A_2 Une solution aqueuse d'hydroxyde de sodium de concentration $c = 1,0 \times 10^{-3}$ mol·l^{-1} a un pH = 11,0. Montrer que l'hydroxyde de sodium peut être considéré comme entièrement dissocié en solution aqueuse.

14 A_2-B_3 On ajoute 40 cm^3 d'eau à 60 cm^3 d'une solution d'hydroxyde de sodium. La solution obtenue a un pH = 9,1. Déterminer la concentration de la solution d'hydroxyde de sodium initiale.

15 A_2-B_3 Quel volume V d'eau distillée doit-on ajouter à un volume $V_0 = 50,0$ cm^3 d'une solution d'hydroxyde de sodium de concentration $c = 0,050$ mol·l^{-1} pour avoir une solution de pH = 11,8.

16 A_2-B_3 Afin d'obtenir une solution de pH = 11,7 on ajoute des pastilles d'hydroxyde de sodium à un volume $V = 300$ ml d'eau distillée (on supposera que la dissolution s'effectue sans variation de volume). Quelle masse d'hydroxyde de sodium a-t-on ajoutée?

17 A_1-A_2-B_3 A 50 cm^3 d'une solution de chlorure de sodium de concentration $c = 5,0 \cdot 10^{-2}$ mol·l^{-1} on ajoute 50 cm^3 d'une solution d'hydroxyde de sodium de même concentration. Déterminer la concentration des espèces en solution et en déduire le pH de la solution obtenue.
On rappelle que le chlorure de sodium est entièrement dissocié en ions $Na^+_{(aq)}$ et $Cl^-_{(aq)}$.

18 A_2-B_3-C_1 L'hydroxyde de calcium, $Ca(OH)_2$, est soluble dans l'eau à raison de 1,9 g·l^{-1} à 25 °C : on obtient alors une solution saturée en hydroxyde de calcium.
1. Quelle est la concentration de l'hydroxyde de calcium dissous?
2. Le pH d'une telle solution étant de 12,7, montrer que l'hydroxyde de calcium est entièrement dissocié en solution aqueuse.

Réacteur de synthèse de l'ammoniac. L'ammoniac et l'ion ammonium en solution aqueuse forment un couple acide/base.

3

COUPLES ACIDE-BASE

Dans le chapitre précédent, nous avons étudié le chlorure d'hydrogène et l'hydroxyde de sodium qui se dissolvent dans l'eau et s'y dissocient suivant une réaction totale.
Nous allons étudier, dans ce chapitre, des acides et des bases tels que l'acide éthanoïque et l'ammoniac, dont la réaction avec l'eau n'est que partielle, et donne lieu à des équilibres chimiques.

sommaire

A ACIDE ÉTHANOÏQUE EN SOLUTION AQUEUSE

L'acide éthanoïque est soluble dans l'eau en toutes proportions. Pur, c'est un liquide très corrosif vis-à-vis des tissus vivants, et donc dangereux. Il est présent en faible quantité dans le vinaigre et lui donne son goût acidulé.

1/ IONISATION

Nous avons vu que le chlorure d'hydrogène se dissocie totalement en solution aqueuse selon le bilan :

$$HCl + H_2O \longrightarrow H_3O^+_{(aq)} + Cl^-_{(aq)}$$

Nous allons montrer que :

- l'acide éthanoïque de formule CH_3CO_2H se dissocie selon une réaction analogue dont le bilan est :

$$CH_3CO_2H_{(aq)} + H_2O \longrightarrow CH_3CO^-_{2\,(aq)} + H_3O^+_{(aq)}$$

- les molécules de cet acide ne sont pas toutes dissociées.

1. Mesure du pH

On mesure le pH de deux solutions aqueuses de chlorure d'hydrogène et d'acide éthanoïque de même concentration c.

- Les mesures **(fig. 1)** montrent que les solutions sont acides et que lors de la dissolution, des ions hydronium se sont formés. Comme dans le cas du chlorure d'hydrogène, il y a eu formation d'ions chargés négativement. Ce sont les ions éthanoate de formule $CH_3CO_2^-$. La réaction (1) s'est donc produite :

$$CH_3CO_2H_{(aq)} + H_2O \longrightarrow CH_3CO^-_{2\,(aq)} + H_3O^+_{(aq)} \quad (1)$$

- Les valeurs des pH de la **figure 1** montrent que la concentration des ions dans la solution d'acide éthanoïque est vingt-cinq fois plus faible que dans la solution de chlorure d'hydrogène. La réaction (1) où les ions hydronium sont produits, est une réaction limitée.

	Solution aqueuse d'HCl $1{,}0\cdot10^{-2}$ mol·l^{-1}	Solution aqueuse d'acide éthanoïque $1{,}0\cdot10^{-2}$ mol·l^{-1}
pH	2,0	3,4
$[H_3O^+_{(aq)}]$ mol·l^{-1}	$1{,}0\cdot10^{-2}$	$10^{-3,4} = 4{,}0 \times 10^{-4}$

1. *Concentration des ions H_3O^+ dans les solutions d'HCl et d'acide éthanoïque.*

2. Concentration des espèces

Nous allons calculer les concentrations des différentes espèces en solution.

a. Espèces présentes en solution

La réaction (1), limitée, produit des ions éthanoate ($CH_3CO^-_{2\,(aq)}$) et hydronium. Des molécules d'acide éthanoïque non dissociées restent en solution.

Des ions hydroxyde proviennent de l'autoprotolyse de l'eau.

$$H_2O + H_2O \rightleftarrows OH^-_{(aq)} + H_3O^+_{(aq)}$$

La solution aqueuse contient donc :

— des ions : $H_3O^+_{(aq)}$, $CH_3CO^-_{2\,(aq)}$, $OH^-_{(aq)}$,
— des molécules : H_2O, $CH_3CO_2H_{(aq)}$.

b. Relations entre les concentrations

— *Produit ionique de l'eau*

$$[H_3O^+_{(aq)}]\,[OH^-_{(aq)}] = K_e = 1{,}0\cdot10^{-14} \quad (a)$$

Il ne change pas et est égal au produit des concentrations en ions H_3O^+ et OH^-.

— *Neutralité électrique de la solution*

La somme des concentrations des espèces de charge $+e$ ($H_3O^+_{(aq)}$) est égale à la somme des concentrations des espèces de charges $-e$ ($OH^-_{(aq)}$ et $CH_3CO^-_{2\,(aq)}$.

D'où l'équation :

$$[H_3O^+_{(aq)}] = [CH_3CO^-_{2\,(aq)}] + [OH^-_{(aq)}] \qquad \text{(b)}$$

— *Conservation de la matière* CH_3CO_2

Les groupes d'atomes CH_3CO_2, issus de l'acide éthanoïque CH_3CO_2H, et mesurés par la concentration initiale de cet acide se retrouvent, d'une part dans l'acide non dissocié de concentration $[CH_3CO_2H_{(aq)}]$ et d'autre part dans les ions éthanoate $CH_3CO_2^-$ de concentration $[CH_3CO^-_{2\,(aq)}]$.

La conservation de la quantité de matière de ce groupe d'atomes (que l'on appelle de façon schématique, conservation de la matière CH_3CO_2) s'écrit :

$$[CH_3CO_2H_{(aq)}] + [CH_3CO^-_{2\,(aq)}] = c \qquad \text{(c)}$$

c. Calculs

La mesure du pH permet de calculer la concentration en ions hydronium :

$$[H_3O^+_{(aq)}] = 10^{-pH} = 10^{-3,4}$$
$$[H_3O^+_{(aq)}] = 4,0 \cdot 10^{-4}\ mol \cdot l^{-1}$$

Le produit ionique de l'eau (a) permet de calculer la concentration en ions $OH^-_{(aq)}$.

$$[OH^-_{(aq)}] = \frac{K_e}{[H_3O^+_{(aq)}]} = \frac{1,0 \cdot 10^{-14}}{4,0 \cdot 10^{-4}}$$

D'où $\quad [OH^-_{(aq)}] = 2,5 \cdot 10^{-11}\ mol \cdot l^{-1}$

L'équation de neutralité électrique (b) permet d'obtenir la concentration d'ions $CH_3CO^-_{2\,(aq)}$:

$$[CH_3CO^-_{2\,(aq)}] = [H_3O^+_{(aq)}] - [OH^-_{(aq)}]$$

D'après les résultats des calculs précédents, on voit que la concentration des ions hydroxyde est négligeable devant la concentration des ions hydronium, donc :

$$[CH_3CO^-_{2\,(aq)}] \approx [H_3O^+_{(aq)}] \approx 4,0 \cdot 10^{-4}\ mol \cdot l^{-1}$$

Nous pouvons maintenant évaluer la concentration des molécules d'acide en solution par l'équation de conservation de la matière CH_3CO_2 (c) :

$[CH_3CO_2H_{(aq)}] = c - [CH_3CO^-_{2\,(aq)}]$

$[CH_3CO_2H_{(aq)}] = 1,0 \cdot 10^{-2} - 4,0 \cdot 10^{-4}$

$[CH_3CO_2H_{(aq)}] \approx 1,0 \cdot 10^{-2}$ à quelques % près.

On en déduit que l'acide éthanoïque en solution aqueuse, à la concentration $c = 1,0 \cdot 10^{-2}\ mol \cdot l^{-1}$ est très peu dissocié.

d. Conclusion

A 4 % près, la concentration des molécules d'acide éthanoïque non ionisées est égale à celle des molécules apportées dans la solution **(fig. 2).**

En solution aqueuse et à la concentration étudiée, les molécules d'acide éthanoïque dissociées en ions hydronium et en ions éthanoate sont peu nombreuses en proportion des molécules apportées.
On dit que l'acide éthanoïque est un acide faible.

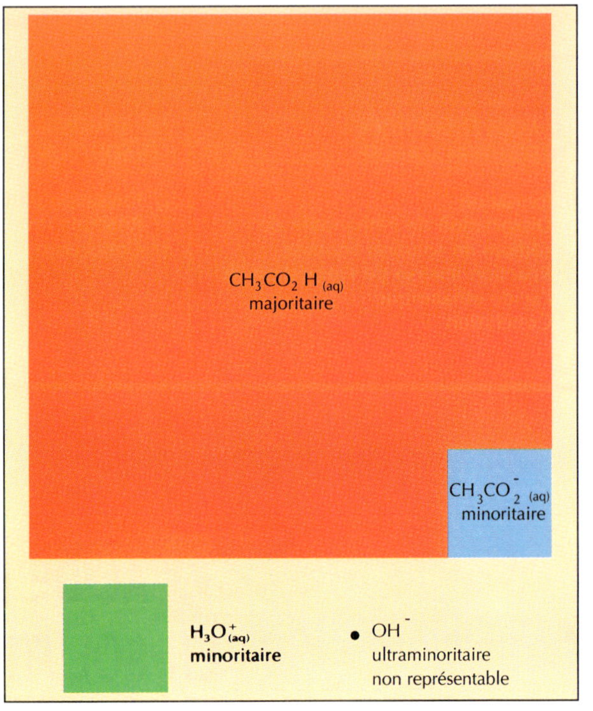

2. *Représentation symbolique des concentrations des espèces chimiques présentes dans une solution $c = 0,010\ mol \cdot l^{-1}$ d'acide éthanoïque. Les aires colorées sont proportionnelles aux concentrations. Le point représentant $[OH^-]$ a une aire volontairement exagérée.*

3. Espèces majoritaires, minoritaires, ultra-minoritaires

D'après les calculs précédents, on voit que l'acide éthanoïque est l'espèce de concentration la plus élevée[1]. On dit que **l'acide éthanoïque** constitue **l'espèce majoritaire (fig. 2).**

Les ions **hydronium** et les ions **éthanoate** ont une concentration faible devant celle de l'acide éthanoïque[2] : ce sont des **espèces minoritaires.**

Les ions **hydroxyde** ont une concentration négligeable devant celles de tous les autres corps : l'ion hydroxyde constitue **l'espèce ultra-minoritaire.**

4. Influence de la dilution

On peut maintenant évaluer l'influence de la dilution sur la réaction d'ionisation (1) de l'acide éthanoïque.

La mesure du pH d'une solution d'acide éthanoïque de concentration $c' = 1,0 \cdot 10^{-3}\ mol \cdot l^{-1}$ donne $pH = 3,9$.

En reprenant les calculs précédents pour les concentrations on trouve :

$$[CH_3CO^-_{2\,(aq)}] = [H_3O^+_{(aq)}] = 1,3 \cdot 10^{-4}\ mol \cdot l^{-1}$$

et $\quad [CH_3CO_2H_{(aq)}] = 8,7 \cdot 10^{-4}\ mol \cdot l^{-1}$.

1. *Sans compter l'eau qui est le solvant.*
2. *Le rapport de la concentration des ions hydronium (ou des ions éthanoate) et de celle de l'acide éthanoïque est inférieur à 1/10.*

A la concentration de $1{,}0 \cdot 10^{-3}$ mol·l^{-1}, environ 13 % des molécules d'acide éthanoïque sont dissociées, contre 4 % à la concentration de $1{,}0 \cdot 10^{-2}$ mol·l^{-1}.

Lorsque l'on dilue une solution d'acide éthanoïque, la proportion des molécules d'acide éthanoïque dissociées augmente.

La dilution fait avancer la réaction d'ionisation (1) de l'acide éthanoïque.

$$CH_3CO_2H_{(aq)} + H_2O \longrightarrow CH_3CO_{2\,(aq)}^- + H_3O^+_{(aq)} \qquad (1)$$

5. Étude conductimétrique

L'étude de la conductibilité d'une solution d'acide éthanoïque va apporter une autre preuve de la faible dissociation de cet acide.

a. Définitions

La conductibilité électrique est l'aptitude d'un matériau à conduire le courant électrique.

La grandeur mesurable qui caractérise cette aptitude s'appelle conductivité électrique **(fig. 3).**

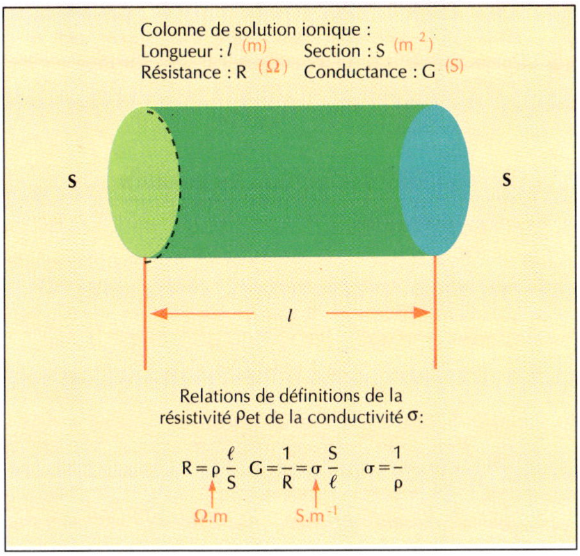

3. *Conductance et résistance d'un volume cylindrique de solution ionique.*

b. Expérience

On veut comparer les conductivités électriques des trois liquides : eau distillée, solutions d'acide éthanoïque et de chlorure d'hydrogène de même concentration apportée ($1{,}0 \cdot 10^{-2}$ mol·l^{-1}). On utilise le montage de la **figure 4** et on mesure l'intensité du courant qui traverse ces trois solutions. L'intensité dépend du liquide.

Si l'on prend soin de garder le même montage, avec les mêmes électrodes, la même tension efficace U_e, le même écartement des électrodes, la même profondeur d'immersion et le même niveau de liquide, le rapport des intensités des courants de passage est égal au rapport des conductivités.

Avec les résultats de la **figure 5***, on remarque que l'intensité du courant traversant la solution aqueuse de chlorure d'hydrogène est 27 fois plus grande que celle du courant traversant la solution d'acide éthanoïque. Il en est de même des conductivités. La conductivité de la solution de chlorure d'hydrogène est donc 27 fois plus importante que celle de la solution d'acide éthanoïque de même concentration $c = 1{,}0 \cdot 10^{-2}$ mol·l^{-1}.

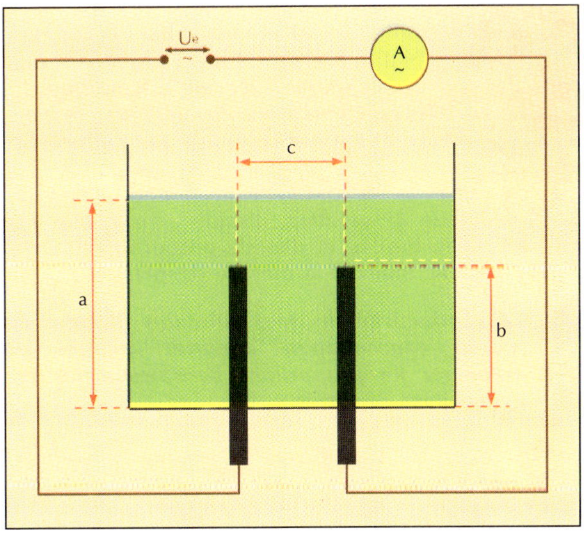

4. *Montage électrique pour comparer les conductivités électriques de solutions aqueuses.*
La tension efficace U_e *et les cotes* a, b, c *doivent rester inchangées quand on change de liquide.*

Liquide	Intensité relative
Eau distillée	$\approx 10^{-2}$
Solution CH_3CO_2H $1{,}0 \cdot 10^{-2}$ mol·l^{-1}	1
Solution HCl $1{,}0 \cdot 10^{-2}$ mol·l^{-1}	27

5.

c. Explications

La conductivité électrique d'une solution aqueuse est proportionnelle à la concentration des ions présents dans la solution, et dépend un peu de leur nature.

La concentration des ions dans l'eau distillée est très faible, ce qui explique sa faible conductivité.

La solution de chlorure d'hydrogène conduit le courant électrique grâce aux ions hydronium et aux ions chlorure. La solution d'acide éthanoïque conduit le courant électrique grâce aux ions hydronium et aux ions éthanoate. On peut montrer que les ions chlorure et les ions éthanoate conduisent le courant électrique avec pratiquement la même efficacité.

La différence importante de conductivité entre les deux solutions ne peut donc s'expliquer que par une grande différence de concentration des ions dans chaque solution.

* *Pour faire des mesures précises, il est préférable de procéder dans l'ordre suivant : eau distillée, solution d'acide éthanoïque puis solution de chlorure d'hydrogène.*

En effet, dans la solution à $1,0 \cdot 10^{-2}$ mol·l^{-1} d'acide éthanoïque, nous avons :

$$[CH_3CO^-_{2(aq)}] \approx [H_3O^+_{(aq)}] = 4,0 \cdot 10^{-4} \text{ mol} \cdot l^{-1}$$

Dans la solution de chlorure d'hydrogène à $1,0 \cdot 10^{-2}$ mol·l^{-1} nous avons :

$$[Cl^-_{(aq)}] = [H_3O^+_{(aq)}] = 1,0 \cdot 10^{-2} \text{ mol} \cdot l^{-1}$$

La concentration des ions contenus dans la solution de chlorure d'hydrogène est 25 fois plus élevée que celle des ions de la solution d'acide éthanoïque.

Le rapport des concentrations des ions et le rapport des conductivités sont sensiblement les mêmes (25 et 27).

La mesure de la conductivité permet donc de confirmer que la solution d'acide éthanoïque est ionisée partiellement, et dans la proportion donnée par les calculs utilisant la mesure du pH.

La conductivité de deux solutions d'acides de même concentration apportée permet de comparer les proportions dans lesquelles ces acides sont dissociés.

2/ DISSOCIATION DE L'ÉTHANOATE DE SODIUM EN SOLUTION AQUEUSE

Cette étude nous permettra d'envisager la réaction inverse de l'ionisation de l'acide éthanoïque :

$$CH_3CO^-_{2(aq)} + H_3O^+_{(aq)} \longrightarrow CH_3CO_2H_{(aq)} + H_2O \quad (2)$$

1. Ionisation

Par des mesures conductimétriques, on montre que l'éthanoate de sodium en solution aqueuse est complètement dissocié en ions éthanoate et en ions sodium.

On peut le vérifier sommairement en comparant les conductivités de solutions de chlorure de sodium et d'éthanoate de sodium de même concentration.

Le chlorure de sodium en solution est complètement dissocié en ions chlorure et en ions sodium. Les ions sodium et éthanoate conduisent aussi efficacement le courant, et les conductivités des solutions de chlorure de sodium et d'éthanoate de sodium à même concentration sont voisines. Ces deux faits confirment que **la dissociation de l'éthanoate de sodium est totale en solution aqueuse.**

On peut écrire le bilan de cette ionisation :

$$CH_3CO_2Na_{(s)} \longrightarrow CH_3CO^-_{2(aq)} + Na^+_{(aq)}$$

Pour préparer des solutions de concentration initiale connue en ions éthanoate, nous pouvons utiliser la dissolution d'éthanoate de sodium : une solution préparée avec une quantité de matière c d'éthanoate de sodium dans un litre contient donc c mol·l^{-1} d'ions éthanoate, la dissociation de ce corps dans l'eau étant totale.

2. pH d'une solution d'éthanoate de sodium

Les solutions aqueuses d'éthanoate de sodium sont basiques. La mesure du pH, délicate, est pour une solution de concentration $c = 2,0 \cdot 10^{-2}$ mol·l^{-1}, de 8,4 environ[1].

On peut en déduire les concentrations des ions hydroxyde et des ions hydronium, par l'équation

$$[H_3O^+][OH^-] = K_e = 1,0 \cdot 10^{-14}$$

$$[H_3O^+_{(aq)}] = 10^{-8,4} = 4,0 \cdot 10^{-9} \text{ mol} \cdot l^{-1}$$

$$[OH^-_{(aq)}] = 2,5 \cdot 10^{-6} \text{ mol} \cdot l^{-1}$$

Les ions sodium n'agissent pas sur l'équilibre d'autoprotolyse de l'eau :

$$H_2O + H_2O \rightleftarrows H_3O^+_{(aq)} + OH^-_{(aq)}$$

Mais des ions éthanoate réagissent sur l'eau pour donner des ions hydroxyde et captent un ion H^+ à l'eau : l'eau donne donc des ions hydroxyde. Il se forme par conséquent des molécules d'acide éthanoïque selon la réaction :

$$CH_3CO^-_{2(aq)} + H_2O \longrightarrow CH_3CO_2H_{(aq)} + OH^-_{(aq)} \quad (3)$$

La proportion des ions éthanoate ayant réagi selon la réaction (3) est faible car seule une quantité de $2,5 \cdot 10^{-6}$ mol d'ions hydroxyde s'est formée pour $2,0 \cdot 10^{-2}$ mol d'ions éthanoate (cf. calcul, paragraphe 3).

L'ion éthanoate est une base car il peut fixer des ions H^+. On dit que l'ion éthanoate est une base faible car la réaction (3) est limitée.

$$\mathbf{CH_3CO^-_{2(aq)} + H_2O \rightarrow CH_2CO_2H_{(aq)} + OH^-_{(aq)}} \quad \mathbf{(3)}$$

3. Concentrations des espèces en solution

a. Espèces présentes

La réaction (3) et la réaction d'autoprotolyse de l'eau ont lieu simultanément.

La solution aqueuse contient donc :

— des ions : $H_3O^+_{(aq)}$, $CH_3CO^-_{2(aq)}$, $OH^-_{(aq)}$, $Na^+_{(aq)}$;

— des molécules : H_2O, CH_3CO_2H.

b. Relations entre les concentrations

— *Produit ionique de l'eau*

Il est invariable et s'écrit :

$$[H_3O^+_{(aq)}][OH^-_{(aq)}] = K_e = 1,0 \cdot 10^{-14} \quad (a)$$

— *Neutralité électrique de la solution*

La somme des concentrations des espèces de charge $+e$ ($H_3O^+_{(aq)}$, $Na^+_{(aq)}$) est égale à la somme des concentrations des espèces de charges $-e$ ($OH^-_{(aq)}$ et $CH_3CO^-_{(aq)}$). Il s'ensuit que :

$$[Na^+_{(aq)}] + [H_3O^+_{(aq)}] = [CH_3CO^-_{2(aq)}] + [OH^-_{(aq)}] \quad (b)$$

— *Conservation de la matière* CH_3CO_2

Cette conservation s'écrit :

$$[CH_3CO_2H_{(aq)}] + [CH_3CO^-_{2(aq)}] = c \quad (c)$$

— *Conservation de la matière* Na

La concentration actuelle en ions sodium est égale à la concentration initiale en ions sodium car ces ions ne participent à aucune réaction

$$[Na^+_{(aq)}] = c \quad (d)$$

1. *Dans des conditions idéales, car la présence d'impuretés abaisse la valeur du* pH. *Il est difficile d'obtenir un* pH *supérieur à* 7,8.

c. Calculs des concentrations

Nous avons déjà calculé :

$$[H_3O^+_{(aq)}] = 4{,}0 \cdot 10^{-9}\ mol \cdot l^{-1}$$
$$[OH^-_{(aq)}] = 2{,}5 \cdot 10^{-6}\ mol \cdot l^{-1}$$

L'équation de neutralité électrique (b) permet d'écrire :

$$[CH_3CO^-_{2\,(aq)}] = [Na^+_{(aq)}] + [H_3O^+_{(aq)}] - [OH^-_{(aq)}] \quad (e)$$

D'après les résultats précédents, on voit que les concentrations des ions hydroxyde et des ions hydronium sont négligeables devant celle des ions sodium donc :

$$[CH_3CO^-_{2\,(aq)}] \approx [Na^+_{(aq)}] = c = 1{,}0 \cdot 10^{-2}\ mol \cdot l^{-1}$$

La conservation de la matière CH_3CO_2 permet d'écrire :

$$[CH_3CO_2H_{(aq)}] = c - [CH_3CO^-_{2\,(aq)}] \quad (1)$$

En remplaçant $[CH_3CO^-_{2\,(aq)}]$ par son expression dans l'équation (e), on obtient :

$$[CH_3CO_2H_{(aq)}] = c - [Na^+_{(aq)}] - [H_3O^+_{(aq)}] + [OH^-_{(aq)}]$$

or $[Na^+_{(aq)}] = c$

$$[CH_3CO_2H_{(aq)}] = [OH^-_{(aq)}] - [H_3O^+_{(aq)}]$$
$$[CH_3CO_2H_{(aq)}] = 2{,}5 \cdot 10^{-6} - 4{,}0 \cdot 10^{-9}$$
$$[CH_3CO_2H_{(aq)}] \approx 2{,}5 \cdot 10^{-6}\ mol \cdot l^{-1}$$

Ce dernier résultat confirme que les ions éthanoate ont peu réagi.

L'acide éthanoïque et les ions hydroxyde sont donc formés en égale quantité. Celle-ci est faible devant celle des ions éthanoate.

3/ RÉACTION INVERSE DE L'IONISATION DE L'ACIDE ÉTHANOÏQUE

Nous allons montrer qu'il y a consommation des ions éthanoate par réaction sur les ions hydronium.

$$CH_3CO^-_{2\,(aq)} + H_3O^+_{(aq)} \longrightarrow CH_3CO_2H_{(aq)} + H_2O \quad (2)$$

1. Expérience

On mélange un volume $V = 20{,}0\ cm^3$ d'une solution S d'éthanoate de sodium de concentration $c = 2{,}0 \cdot 10^{-2}\ mol \cdot l^{-1}$, à un volume $V = 20{,}0\ cm^3$ d'une solution S' de chlorure d'hydrogène de même concentration.

La mesure du pH de la solution finale S_f, une fois le mélange fait, donne pH = 3,4.

2. Interprétation

La quantité de matière n d'ions ydronium de la solution S est de :

$$n(H_3O^+_{(aq)}) = [H_3O^+_{(aq)}] \times V = 4{,}0 \cdot 10^{-9} \times 0{,}020$$

soit $n(H_3O^+_{(aq)}) = 8{,}0 \cdot 10^{-11}$ mol

Pour la solution S' on trouve de même n' :

$$n'(H_3O^+_{(aq)}) = 2{,}0 \cdot 10^{-2} \times 0{,}020 = 4{,}0 \cdot 10^{-4}\ mol$$

La quantité de matière totale n_i d'ions hydronium contenus dans les deux solutions S et S', est :

$$n_i(H_3O^+_{(aq)}) = 4{,}0 \cdot 10^{-4} + 8{,}0 \cdot 10^{-11} \approx 4{,}0 \cdot 10^{-4}\ mol$$

Dans la solution finale S_f, pH = 3,4 d'où :

$$[H_3O^+_{(aq)}] = 4{,}0 \cdot 10^{-4}\ mol \cdot l^{-1}$$

La quantité de matière n_f d'ions hydronium dans la solution finale est :

$$n_f(H_3O^+_{(aq)}) = 4{,}0 \cdot 10^{-4} \times 0{,}040 = 1{,}6 \times 10^{-5}\ mol$$

La quantité de matière d'ions hydronium dans la solution finale est inférieure à celle des ions hydronium apportés par les solutions de départ. Des ions hydronium ont donc été consommés.

Les ions sodium et chlorure étant sans action sur l'équilibre ionique de l'eau, on doit admettre que des ions hydronium ont été consommés par la réaction sur les ions éthanoate :

$$CH_3CO^-_{2\,(aq)} + H_3O^+_{(aq)} \longrightarrow CH_3CO_2H_{(aq)} + H_2O \quad (2)$$

4/ CONCLUSION

Quand les concentrations d'un système chimique ne varient pas[2], ce système est dit en équilibre chimique.

Le système chimique comportant des ions éthanoate et hydronium, des molécules d'acide éthanoïque et d'eau, n'évolue plus quand les quantités d'ions éthanoate et hydronium produits par la réaction (1), pendant une durée donnée, sont les mêmes que les quantités de ces mêmes ions consommés par la réaction inverse (2), pendant cette même durée.

Dans ces conditions, l'équilibre chimique est dit réversible[3].

La réaction d'ionisation de l'acide éthanoïque donne lieu à un équilibre chimique réversible en solution aqueuse.

$$\mathbf{CH_3CO_2H_{(aq)} + H_2O \underset{(2)}{\overset{(1)}{\rightleftarrows}} CH_3CO^-_{2\,(aq)} + H_3O^+_{(aq)}}$$

L'état d'équilibre chimique réversible peut être obtenu, soit en partant des réactifs de la réaction (1) (molécules d'acide éthanoïque et d'eau), soit en partant des réactifs de la réaction (2) (ions éthanoate et hydronium). Cet état d'équilibre s'interprète comme l'interaction des deux réactions opposées (1) et (2) qui ont lieu simultanément.

1. *Il ne faut toutefois pas remplacer dans cette expression, $[CH_3CO^-_{2(aq)}]$ par sa valeur approchée c, on obtiendrait $[CH_3CO_2H_{(aq)}] = 0$, ce qui n'est pas la réalité. En règle générale, il faut établir l'expression rigoureuse d'une concentration avant de calculer sa valeur approchée.*
2. *Dans le cas où les réactions ne sont pas excessivement lentes.*
3. *On peut dire également équilibre chimique dynamique.*

B AMMONIAC EN SOLUTION AQUEUSE

L'ammoniac gazeux, de formule NH_3, *est très soluble dans l'eau. L'expérience du jet d'eau illustre la rapidité de la dissolution de ce gaz* **(fig. 6).** *Les solutions d'ammoniac sont basiques, elles rosissent la phénolphtaléine.*

1/ IONISATION PARTIELLE

Comme l'acide éthanoïque, l'ammoniac dissous donne un équilibre chimique réversible (4).

$$NH_{3\,(aq)} + H_2O \underset{b}{\overset{a}{\rightleftarrows}} NH^+_{4\,(aq)} + OH^-_{(aq)} \qquad (4)$$

Il y a formation d'ions hydroxyde et d'ions ammonium. On a toujours l'équilibre d'autoprotolyse de l'eau :

$$H_2O + H_2O \rightleftarrows H_3O^+_{(aq)} + OH^-_{(aq)} \qquad (5)$$

Le produit ionique de l'eau reste constant. Il y a donc disparition d'ions hydronium, ce qui se traduit par l'équation suivante :

$$NH_{3\,(aq)} + H_3O^+_{(aq)} \rightleftarrows NH^+_{4\,(aq)} + H_2O \qquad (6)$$

6. *La dissolution de l'ammoniac dans l'eau est rapide. L'eau du cristallisoir contient du bleu de thymol. Les couleurs de l'indicateur montrent que la solution aqueuse d'ammoniac est basique.*

Le pH d'une solution d'ammoniac de concentration $c = 0{,}10\ mol \cdot l^{-1}$ est de 11,1, ce qui confirme que dans la solution les concentrations sont telles que :

$$[H_3O^+_{(aq)}] < 10^{-7}\ mol \cdot l^{-1} < [OH^-_{(aq)}]$$

Une étude expérimentale semblable à celle faite pour l'acide éthanoïque justifie l'existence de l'équilibre chimique réversible (4).

1. Comparaison avec l'eau

La solution aqueuse d'ammoniac est bien meilleure conductrice de l'électricité que l'eau pure. Elle contient donc beaucoup plus d'ions que l'eau pure.

L'équation (4) montre l'origine des deux ions responsables de cette conductivité.

2. Calcul des concentrations

Le pH d'une solution d'ammoniac de concentration $c = 0{,}10\ mol \cdot l^{-1}$ vaut 11,1.

a. Espèces présentes en solution

Il s'agit* de $H_3O^+_{(aq)}$, $OH^-_{(aq)}$, $NH_{3\,(aq)}$ et $NH^+_{4\,(aq)}$.

b. Relations entre les concentrations

— *Produit ionique de l'eau*

Le produit des concentrations en ions H_3O^+ et OH^- est constant :

$$[H_3O^+_{(aq)}]\,[OH^-_{(aq)}] = K_e = 1{,}0 \cdot 10^{-14} \qquad (a)$$

— *Neutralité électrique de la solution*

La somme des concentrations des espèces de charge $+e$ (ici $H_3O^+_{(aq)}$ et $NH^+_{4\,(aq)}$) est égale à la somme des concentrations des espèces de charge $-e$ (ici $OH^-_{(aq)}$). D'où :

$$[H_3O^+_{(aq)}] + [NH^+_{4\,(aq)}] = [OH^-_{(aq)}] \qquad (b)$$

— *Conservation des atomes d'azote*

Ces atomes se retrouvent dans les molécules d'ammoniac et dans les ions ammonium. On a donc :

$$[NH_{3\,(aq)}] + [NH^+_{4\,(aq)}] = c \qquad (c)$$

c. Calculs

La mesure du pH permet de calculer la concentration en ions hydronium :

$$[H_3O^+_{(aq)}] = 10^{-pH} = 10^{-11{,}1}$$
$$[H_3O^+_{(aq)}] = 7{,}9 \cdot 10^{-12}\ mol \cdot l^{-1}$$

Le produit ionique de l'eau (a) permet de calculer la concentration en ions $OH^-_{(aq)}$.

$$[OH^-_{(aq)}] = \frac{K_e}{[H_3O^+_{(aq)}]} = \frac{1{,}0 \cdot 10^{-14}}{7{,}9 \cdot 10^{-12}}$$

D'où $$[OH^-_{(aq)}] = 1{,}3 \cdot 10^{-3}\ mol \cdot l^{-1}$$

L'équation de neutralité électrique (b) permet d'obtenir la concentration en ions $NH^+_{4\,(aq)}$:

$$[NH^+_{4\,(aq)}] = [OH^-_{(aq)}] - [H_3O^+_{(aq)}]$$

* *En dehors de l'eau.*

La concentration des ions hydronium est négligeable devant la concentration des ions hydroxyde donc :

$$[NH^+_{4\,(aq)}] \approx [OH^-_{(aq)}] = 1{,}3 \cdot 10^{-3}\ mol \cdot l^{-1}$$

La conservation de la quantité de matière des atomes d'azote s'écrit :

$$[NH_{3\,(aq)}] = c - [NH^+_{4\,(aq)}]$$
$$[NH_{3\,(aq)}] = c - [OH^-_{(aq)}] + [H_3O^+_{(aq)}]$$
$$[NH_{3\,(aq)}] \approx c - [OH^-_{(aq)}] = 1{,}0 \cdot 10^{-1} - 1{,}3 \cdot 10^{-3}$$
$$[NH_{3\,(aq)}] \approx 1{,}0 \cdot 10^{-1}\ mol \cdot l^{-1}$$

d. Conclusion

A un pour cent près, la concentration des molécules d'ammoniac apportées initialement est égale à celle des molécules présentes dans la solution.

La réaction (4) d'ionisation de l'ammoniac

$$NH_{3\,(aq)} + H_2O \underset{b}{\overset{a}{\rightleftarrows}} NH^+_{4\,(aq)} + OH^-_{(aq)} \quad (4)$$

est donc très limitée dans la solution de concentration $c = 1{,}0 \cdot 10^{-1}\ mol \cdot l^{-1}$.

La solution aqueuse d'ammoniac contient une espèce majoritaire : les molécules d'ammoniac. Les ions ammonium et les ions hydroxyde sont des espèces minoritaires. Les ions hydronium constituent une espèce ultra-minoritaire.

3. Influence de la dilution

Le tableau de la **figure 7** donne les pH de solutions d'ammoniac à des concentrations diverses ainsi que le pourcentage de molécules d'ammoniac ionisées en ions ammonium.

$c\ (mol \cdot l^{-1})$	0,10	0,050	0,010	0,005	0,001
pH	11,1	11,0	10,6	10,5	10,1
% d'ionisation	1,3	1,8	4,0	5,6	12,6

7. *Pourcentage d'ionisation de l'ammoniac en fonction de la dilution.*

Le pourcentage d'ionisation des molécules d'ammoniac augmente lorsque la concentration de ces solutions diminue.
La dilution fait avancer la réaction d'ionisation de l'ammoniac.

2/ RÉACTION INVERSE

Nous allons montrer que la réaction (4 b) a lieu en sens inverse de la réaction (4 a). Pour étudier la réaction (4 b), il faut mettre en présence une solution de concentration initiale connue en ions ammonium (solution de chlorure d'ammonium), et une solution de concentration connue en ions hydroxyde (solution d'hydroxyde de sodium).

1. Ionisation du chlorure d'ammonium en solution aqueuse

Par des mesures conductimétriques, on montre que le chlorure d'ammonium dissous dans l'eau est entièrement dissocié. Si l'on dissout du chlorure d'ammonium de telle sorte que la concentration initiale en chlorure soit c, la concentration finale en ions ammonium de cette solution est pratiquement égale à c.

Nous pouvons écrire le bilan de cette dissociation :

$$NH_4Cl_{(s)} \longrightarrow NH^+_{4\,(aq)} + Cl^-_{(aq)}$$

Nous pouvons donc préparer des solutions de concentration connue en ions ammonium en dissolvant le chlorure d'ammonium, la dissociation de ce chlorure étant totale.

2. Action de l'hydroxyde de sodium concentré

Si l'on chauffe une solution de chlorure d'ammonium à laquelle on a ajouté de l'hydroxyde de sodium concentré, il y a un dégagement d'ammoniac gazeux **(fig. 8)**. En approchant un agitateur trempé dans une solution de chlorure d'hydrogène, il y a formation de fumées blanches de particules solides de chlorure d'ammonium selon la réaction :

$$NH_{3\,(g)} + HCl_{(g)} \longrightarrow NH_4Cl_{(s)}$$

Le chauffage permet d'extraire, de la solution, l'ammoniac formé par l'action des ions hydroxyde sur les ions ammonium :

$$NH^+_{4\,(aq)} + OH^-_{(aq)} \longrightarrow NH_{3\,(aq)} + H_2O$$

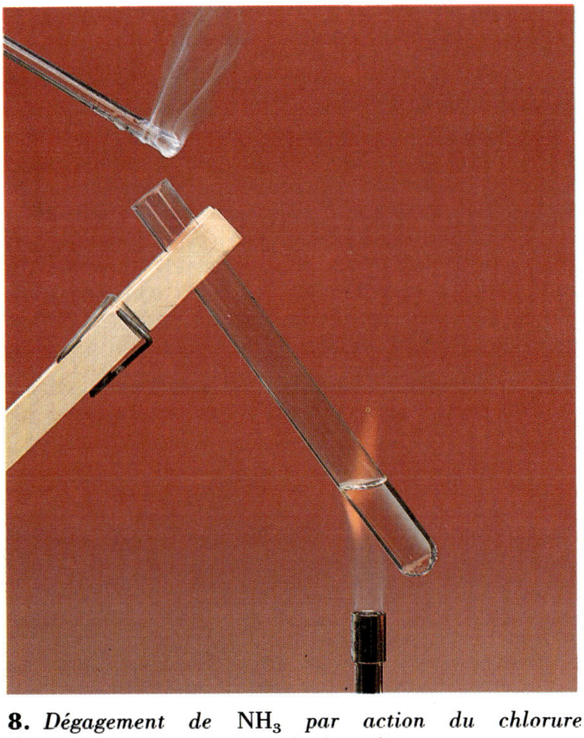

8. *Dégagement de NH_3 par action du chlorure d'ammonium sur l'hydroxyde de sodium.*

En revanche, en chauffant une solution de chlorure d'ammonium, on ne peut pas mettre en évidence de dégagement d'ammoniac gazeux **(fig. 9).**

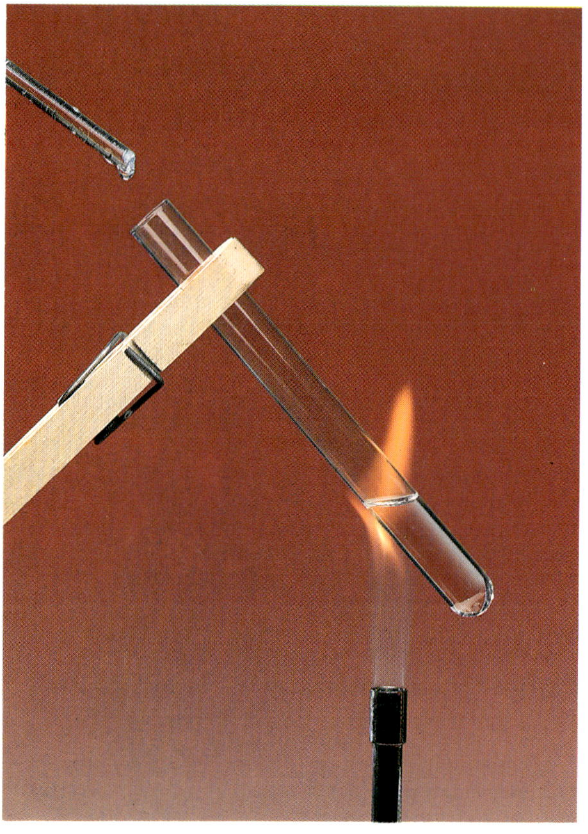

9. *Le chauffage d'une solution de chlorure d'ammonium ne produit pas d'ammoniac.*

3. Action de l'hydroxyde de sodium

Le pH de la solution aqueuse de chlorure d'ammonium à 0,20 mol·l^{-1} est de 5,1 environ.

On mélange un volume *V* de solution 0,20 mol·l^{-1} d'hydroxyde de sodium avec un volume *V* de solution 0,20 mol·l^{-1} de chlorure d'ammonium **(fig. 10).** Le pH de la solution obtenue après le mélange est de 11,1.

On interprète cette expérience de la même façon que celle de la page 31 réalisée avec l'éthanoate de sodium en considérant qu'il y a eu consommation d'une partie des ions hydroxyde ajoutés à la solution de chlorure d'ammonium selon la réaction :

$$NH^+_{4\,(aq)} + OH^-_{(aq)} \longrightarrow NH_{3\,(aq)} + H_2O$$

3/ CONCLUSION

***L'ammoniac dissous donne avec l'eau un équilibre chimique réversible* (4).**

$$NH_{3\,(aq)} + H_2O \underset{b}{\overset{a}{\rightleftarrows}} NH^+_{4\,(aq)} + OH^-_{(aq)} \qquad (4)$$

L'état réversible obtenu en partant des réactifs de la réaction* (4 a) *(molécules d'ammoniac et d'eau), ou en partant des réactifs de la réaction* (4 b) *(ions ammonium et hydroxyde) s'interprète comme l'interaction de réactions chimiques opposées* (4 a) *et* (4 b) *qui ont lieu simultanément.

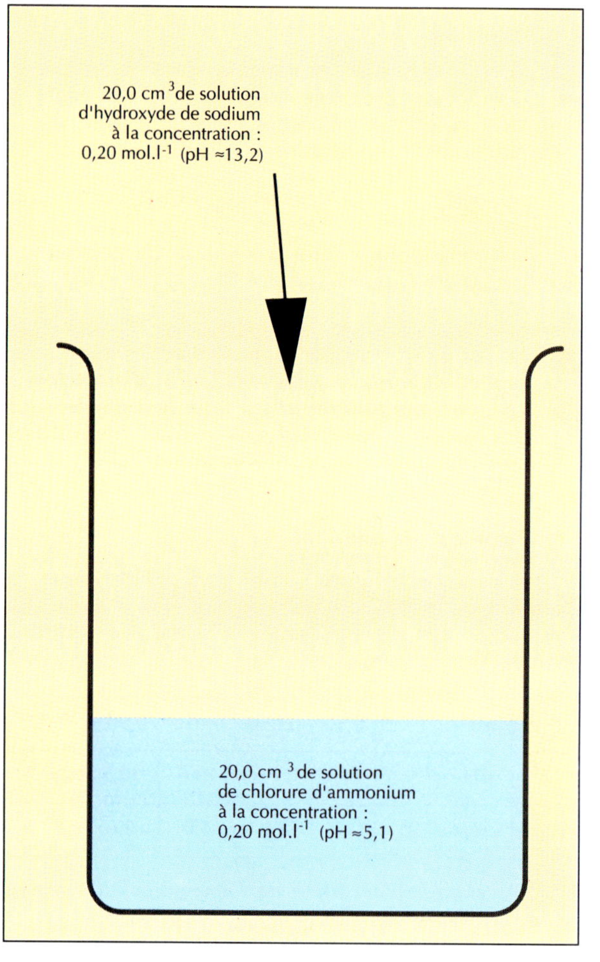

10. *Mélange d'hydroxyde de sodium et de chlorure d'ammonium.*

C COUPLES ACIDE-BASE

1/ DÉFINITION DE BRÖNSTED

1. Acide

Un acide est une molécule ou un ion susceptible de donner un proton* H^+.

2. Base

Une base est une molécule ou un ion susceptible d'accepter un proton H^+.

3. Couple acide-base

Les deux définitions précédentes sont complémentaires. A tout acide A la définition associe une base B selon le schéma :

$$A \rightleftarrows B + H^+$$

L'acide A et la base B correspondant à ce schéma sont dits conjugués, ils constituent un couple acide-base.

Le symbole $\rightleftarrows$ traduit ici la possibilité formelle de passage de A à B et, réciproquement, de B à A; il ne s'agit pas d'un équilibre chimique.

4. Remarques

- Le proton n'existe pas à l'état libre (en dehors des accélérateurs de particules), ce qui donne un caractère formel à la définition. Cette définition ne suppose pas non plus la présence d'un solvant.

- Le schéma $A \rightleftarrows B + H^+$ ne représente pas une équation de réaction chimique. Nous verrons plus loin que la véritable réaction chimique résulte de la compétition entre deux couples antagonistes.

- Le schéma $A \rightleftarrows B + H^+$ respecte la conservation des charges électriques bien que celles-ci n'apparaissent pas explicitement sur A ou B. On écrit également les schémas des couples acide-base des deux façons suivantes :

$$AH \rightleftarrows A^- + H^+ \quad \text{et} \quad BH^+ \rightleftarrows B + H^+$$

Ces deux écritures font apparaître la conservation des charges et rassemblent la majorité des couples acide-base.

* *Il s'agit en fait d'ions hydrogène, tous isotopes confondus.*

5. Exemples

Les molécules que nous avions jusque-là appelées acides répondent à cette définition. Nous en déduisons leur base conjuguée.

$$A \rightleftarrows B + H^+$$
$$\text{Acide} \rightleftarrows \text{Base} + H^+$$
$$CH_3CO_2H \rightleftarrows CH_3CO_2^- + H^+$$
$$HCl \rightleftarrows Cl^- + H^+$$
$$HNO_3 \rightleftarrows NO_3^- + H^+$$

Parmi les acides carboxyliques on peut également citer :

$$\text{Acide} \rightleftarrows \text{Base} + H^+$$
$$HCO_2H \rightleftarrows HCO_2^- + H^+$$

Acide méthanoïque — Ion méthanoate

$$CH_2ClCO_2H \rightleftarrows CH_2ClCO_2^- + H^+$$

Acide monochloroéthanoïque — Ion monochloroéthanoate

Le dioxyde de carbone existe en solution aqueuse essentiellement sous une forme moléculaire CO_2 associée à des molécules d'eau. C'est alors un acide que l'on écrit CO_2, H_2O et dont la base conjuguée est l'ion hydrogénocarbonate HCO_3^-.

L'ion éthanolate $C_2H_5O^-$ (obtenu par action du sodium sur l'éthanol rigoureusement anhydre, **figure 11**) est la base conjuguée de l'éthanol considéré comme un acide (voir le chapitre sur les alcools).

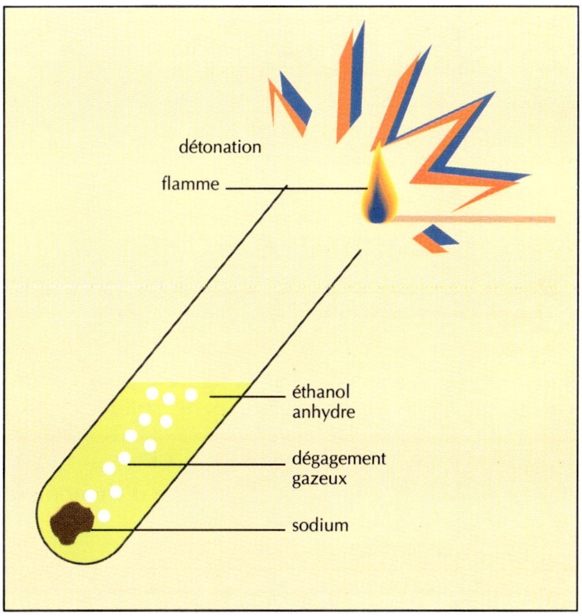

11. *Action de l'éthanol anhydre sur le sodium : du dihydrogène se dégage.*

L'ammoniac NH_3, les amines RNH_2 sont des bases : l'ion ammonium NH_4^+, les ions alkylammonium RNH_3^+ en sont les acides conjugués (voir le chapitre sur les amines).

Exemples :

$$A \rightleftarrows B + H^+$$

$$C_2H_5OH \rightleftarrows C_2H_5O^- + H^+$$

Éthanol — Ion éthanolate

$$\text{Acide} \rightleftarrows \text{Base} + H^+$$

$$NH_4^+ \rightleftarrows NH_3 + H^+$$

Ion ammonium — Ammoniac

$$CH_3NH_3^+ \rightleftarrows CH_3NH_2 + H^+$$

Ion méthylammonium — Méthylamine

$$C_2H_5NH_3^+ \rightleftarrows C_2H_5NH_2 + H^+$$

Ion éthylammonium — Éthylamine

L'ion hydronium est un acide dont l'eau est la base conjuguée. L'ion hydroxyde est une base dont l'eau est l'acide conjugué.

$$A \rightleftarrows B + H^+$$

$$H_3O^+ \rightleftarrows H_2O + H^+$$

$$H_2O \rightleftarrows OH^- + H^+$$

Un corps qui peut être **à la fois acide et base** (dans deux couples différents) est dit **amphotère** (adjectif) on l'appelle aussi **ampholyte** (nom).

L'hydroxyde de sodium est complètement dissocié, en solution aqueuse, en ions sodium $Na^+_{(aq)}$ et en ions hydroxyde $OH^-_{(aq)}$. L'hydroxyde de sodium libère donc en solution aqueuse la base ion hydroxyde $OH^-_{(aq)}$ et un ion sodium $Na^+_{(aq)}$ non réactif. La base à considérer lorsque l'on utilise des solutions d'hydroxyde de sodium est l'ion hydroxyde $OH^-_{(aq)}$. C'est également la base à considérer lorsque l'on utilise des solutions d'hydroxyde de potassium ou de calcium.

2/ RÉACTION ACIDE-BASE

1. Transfert du proton H^+

La réaction entre les molécules de gaz, chlorure d'hydrogène et ammoniac de la **figure 8** peut s'écrire en spécifiant les ions constituant le solide formé :

$$NH_{3\,(g)} + HCl_{(g)} \rightleftarrows NH_4^+ + Cl^-$$

Chlorure d'ammonium solide

Il y a transfert d'un proton issu de la molécule de chlorure d'hydrogène à la molécule d'ammoniac. On retrouve les couples acide-base NH_4^+/NH_3 et HCl/Cl^-.

Il s'agit d'une réaction acide-base.

2. Définition

La réaction acide-base est un transfert de proton de l'acide d'un couple à la base d'un autre couple.

3. Réactions acide-base en solution aqueuse

Le solvant est souvent le corps privilégié qui participe au transfert de proton. L'autoprotolyse de l'eau est un exemple de réaction acide-base. Les réactions suivantes sont toutes des réactions acide-base.

$$\text{Acide } 1 + \textit{Base } 2 \rightleftarrows \text{Base } 1 + \textit{Acide } 2$$

$$H_2O + H_2O \rightleftarrows OH^-_{(aq)} + H_3O^+_{(aq)}$$

$$CH_3CO_2H_{(aq)} + H_2O \rightleftarrows CH_3CO^-_{2\,(aq)} + H_3O^+_{(aq)}$$

$$HCl_{(g)} + H_2O \longrightarrow Cl^-_{(aq)} + H_3O^+_{(aq)}$$

$$C_2H_5OH_{(aq)} + H_2O \longleftarrow C_2H_5O^- + H_3O^+$$

La dernière réaction est analogue à la suivante :

$$C_2H_5OH_{(aq)} + OH^-_{(aq)} \longleftarrow C_2H_5O^- + H_2O$$

puisqu'il revient au même de voir disparaître des ions hydronium H_3O^+ ou apparaître des ions hydroxyde* OH^-.

4. Analogie avec l'oxydo-réduction

Nous pouvons établir une analogie avec la définition des couples d'oxydo-réduction :

$$\text{Oxydant} + ne^- \rightleftarrows \text{Réducteur}$$

$$\text{Acide} \rightleftarrows \text{Base} + H^+$$

L'oxydo-réduction traite de transferts d'électrons; la définition acide-base de Brönsted traite des transferts de protons.

Les réactions acide-base font intervenir des couples acide-base avec transfert de proton de l'acide d'un couple à la base de l'autre couple.

Les réactions d'oxydo-réduction font intervenir des couples oxydo-réducteurs avec transfert d'électrons du réducteur d'un couple à l'oxydant de l'autre couple.

* *Le produit* $[H_3O^+_{(aq)}]\cdot[OH^-_{(aq)}]$ *étant constant, une disparition d'ions hydronium entraîne une apparition d'ions hydroxyde.*

L'ESSENTIEL

• Un **acide** est une espèce chimique qui peut céder un proton H^+.
Une **base** est une espèce chimique qui peut capter un proton H^+.
A tout acide A, on associe une base B selon le schéma suivant :

$$\underset{\text{Acide}}{A} \rightleftarrows \underset{\text{Base}}{B} + H^+$$

L'acide A et la base B correspondant à ce schéma forment un **couple acide-base,** on dit qu'ils sont conjugués.

• **Une réaction acide-base** résulte d'un transfert d'un proton de l'acide d'un couple à la base d'un autre couple selon le bilan suivant :

$$\textit{Acide}\ 1 + \text{Base}\ 2 \rightleftarrows \textit{Base}\ 1 + \text{Acide}\ 2$$

• Dans les solutions aqueuses, **l'eau** intervient dans l'un des couples suivant les schémas :

$$\underset{\text{acide}}{H_2O} \rightleftarrows OH^-_{(aq)} + H^+ \quad \text{et} \quad H_3O^+_{(aq)} \rightleftarrows \underset{\text{base}}{H_2O} + H^+$$

• **L'acide éthanoïque** réagit avec **l'eau** selon une réaction acide-base (1), et donne un équilibre chimique réversible.

$$CH_3CO_2H_{(aq)} + H_2O \underset{b}{\overset{a}{\rightleftarrows}} CH_3CO^-_{2\,(aq)} + H_3O^+_{(aq)} \qquad (1)$$

En solution aqueuse, l'acide éthanoïque, selon la réaction (1 a), ne forme qu'un faible pourcentage d'ions éthanoate.

L'acide éthanoïque est un acide faible

La base conjuguée de l'acide éthanoïque, l'ion éthanoate, ne réagit que partiellement avec l'eau selon la réaction (1 b).

L'ion éthanoate est une base faible.

• L'ammoniac et l'ion ammonium forment un couple d'acide et de base faibles, en solution aqueuse. La réaction avec l'eau (2) donne un **équilibre chimique réversible :**

$$NH_{3\,(aq)} + H_2O \underset{b}{\overset{a}{\rightleftarrows}} NH^+_{4\,(aq)} + OH^-_{(aq)} \qquad (2)$$

Les couples acide-base suivants sont à connaître :

$A \rightleftarrows B + H^+$

Acide $\rightleftarrows$ Base $+ H^+$

$H_2O \rightleftarrows OH^-_{(aq)} + H^+$

$H_3O^+_{(aq)} \rightleftarrows H_2O + H^+$

$CH_3CO_2H \rightleftarrows CH_3CO_2^- + H^+$

$HCl \rightleftarrows Cl^- + H^+$

$HNO_3 \rightleftarrows NO_3^- + H^+$

$HCO_2H \rightleftarrows HCO_2^- + H^+$

Acide méthanoïque — Ion méthanoate

$A \rightleftarrows B + H^+$

Acide $\rightleftarrows$ Base $+ H^+$

$CH_2ClCO_2H \rightleftarrows CH_2ClCO_2^- + H^+$

Acide monochloro-éthanoïque — Ion monochloro-éthanoate

$NH_4^+ \rightleftarrows NH_3 + H^+$

Ion ammonium — Ammoniac

$CH_3NH_3^+ \rightleftarrows CH_3NH_2 + H^+$

Ion méthylammonium — Méthylamine

$C_2H_5NH_3^+ \rightleftarrows C_2H_5NH_2 + H^+$

Ion éthylammonium — Éthylamine

EXERCICES RÉSOLUS

1 Une solution aqueuse de méthanoate de sodium, entièrement dissocié en ions méthanoate et sodium, de concentration $c = 5{,}0 \times 10^{-2}$ mol·l^{-1} a un pH égal à 8,2.

1. Recenser les différentes espèces en solution.

2. Déterminer leur concentration molaire.

3. Effectuer un classement, d'après leurs concentrations, en espèces majoritaires, minoritaires ou ultra-minoritaires.

SOLUTION

Dans la solution aqueuse les équations-bilans des différentes réactions chimiques s'écrivent :

$$HCO_2Na_{(s)} \xrightarrow{H_2O} HCO^-_{2\,(aq)} + Na^+_{(aq)}$$

$$2H_2O \rightleftarrows H_3O^+_{(aq)} + OH^-_{(aq)}$$

$$HCO^-_{2\,(aq)} + H_3O^+_{(aq)} \rightleftarrows HCO_2H_{(aq)} + H_2O$$

1. Recensement des espèces susceptibles d'exister en solution :

$HCO^-_{2\,(aq)}$, $Na^+_{(aq)}$, $H_3O^+_{(aq)}$, $OH^-_{(aq)}$, $HCO_2H_{(aq)}$

2. La connaissance du pH permet de déterminer la concentration en ions hydronium :

$$[H_3O^+_{(aq)}] = 10^{-pH} = 10^{-8,2}$$

$$\mathbf{[H_3O^+_{(aq)}] = 6{,}3 \cdot 10^{-9}\ mol \cdot l^{-1}}$$

Le produit ionique de l'eau à 25 °C étant égal à 10^{-14} :

$$[OH^-_{(aq)}] = \frac{K_e}{[H_3O^+_{(aq)}]} = \frac{10^{-14}}{10^{-8,2}} = 10^{-5,8}$$

$$\mathbf{[OH^-_{(aq)}] = 1{,}6 \cdot 10^{-6}\ mol \cdot l^{-1}}$$

L'électroneutralité de la solution s'écrit :

$$[Na^+_{(aq)}] + [H_3O^+_{(aq)}] = [HCO^-_{2\,(aq)}] + [OH^-_{(aq)}]$$

$$[HCO^-_{2\,(aq)}] = [Na^+_{(aq)}] + [H_3O^+_{(aq)}] - [OH^-_{(aq)}]$$

$[H_3O^+_{(aq)}]$ est négligeable devant $[OH^-_{(aq)}]$.

$$[HCO^-_{2\,(aq)}] \simeq [Na^+_{(aq)}] - [OH^-_{(aq)}]$$

or $[Na^+_{(aq)}] = c = 5{,}0 \times 10^{-2}$ mol·l^{-1} car le méthanoate de sodium est entièrement dissocié en solution aqueuse.

$$[HCO^-_{2\,(aq)}] = [Na^+_{(aq)}]$$

$$\mathbf{[HCO^-_{2\,(aq)}] \simeq 5{,}0 \cdot 10^{-2}\ mol \cdot l^{-1}}$$

Conservation de la matière :

$$[HCO_2H_{(aq)}] + [HCO^-_{2\,(aq)}] = c$$

$$[HCO_2H_{(aq)}] = c - [HCO^-_{2\,(aq)}]$$

$$[HCO_2H_{(aq)}] = c - [Na^+_{(aq)}] + [OH^-_{(aq)}]$$

Comme $[Na^+_{(aq)}] = c$

$$[HCO_2H_{(aq)}] = [OH^-_{(aq)}]$$

$$\mathbf{[HCO_2H_{(aq)}] = 1{,}6 \cdot 10^{-6}\ mol \cdot l^{-1}}$$

3. Classement des espèces d'après leurs concentrations :

majoritaires : $HCO^-_{2\,(aq)}$ et $Na^+_{(aq)}$

minoritaires : $HCO_2H_{(aq)}$ et $OH^-_{(aq)}$

ultra-minoritaire : $H_3O^+_{(aq)}$

BAC

2 **1.** Quelle masse m d'acide benzoïque ($C_6H_5CO_2H$) doit-on dissoudre dans de l'eau distillée pour obtenir $V = 200$ cm^3 d'une solution de concentration égale à $c_1 = 1{,}0 \times 10^{-1}$ mol·l^{-1} en acide benzoïque*?

2. Le pH de cette solution étant de 2,6, calculer les concentrations des différentes espèces en solution.

3. L'acide benzoïque est-il un acide entièrement dissocié ou un acide faible? Justifier la réponse.

4. On prélève $V_1 = 10{,}0$ cm^3 de cette solution et on lui ajoute $V_2 = 5{,}0$ cm^3 d'une solution d'hydroxyde de sodium de concentration $c_2 = 1{,}0 \times 10^{-1}$ mol·l^{-1}. Le pH du mélange obtenu est égal à 4,2. Calculer les concentrations des différentes espèces en solution.

Données : $M_{(C)} = 12$ g·mol^{-1}, $M_{(O)} = 16$ g·mol^{-1}, $M_{(H)} = 1$ g·mol^{-1}.

(Caen; 82-D)

SOLUTION

1. $c_1 = \dfrac{n}{V} = \dfrac{m}{MV}$ en appelant M la masse molaire de l'acide benzoïque.

On en déduit que la masse cherchée est :

$$m = c_1 \times M \times V$$

A.N. : $M = (72 + 5 + 12 + 32 + 1) = 122$ g·mol^{-1}

$$m = 1{,}0 \times 10^{-1} \times 122 \times 200 \times 10^{-3} = 244 \times 10^{2}\ g$$

$$m = 2{,}44\ g.$$

On doit donc dissoudre 2,44 g d'acide benzoïque dans de l'eau pure pour obtenir 200 cm^3 de solution de pH = 2,6 et de concentration $c_1 = 1{,}0 \times 10^{-1}$ mol·l^{-1} en acide benzoïque.

* *Dans ce sujet on suppose que l'on peut réaliser cette dissolution. En réalité l'acide benzoïque est peu soluble dans l'eau.*

2. $C_6H_5CO_2H + H_2O \rightleftarrows C_6H_5CO^-_{2\,(aq)} + H_3O^+_{(aq)}$

$$2H_2O \rightleftarrows H_3O^+_{(aq)} + OH^-_{(aq)}$$

La connaissance du pH permet de calculer $[H_3O^+_{(aq)}]$.

$$[H_3O^+_{(aq)}] = 10^{-pH} = 10^{-2,6}$$

$$\mathbf{[H_3O^+_{(aq)}] = 2{,}5 \cdot 10^{-3}\ mol \cdot l^{-1}}$$

Le produit ionique de l'eau étant K_e :

$$[OH^-_{(aq)}] = \frac{K_e}{[H_3O^+_{(aq)}]} = \frac{10^{-14}}{10^{-2,6}} = 10^{-11,4}$$

$$\mathbf{[OH^-_{(aq)}] = 4{,}0 \cdot 10^{-12}\ mol \cdot l^{-1}}$$

L'électroneutralité de la solution s'écrit :

$$[C_6H_5CO^-_{2\,(aq)}] + [OH^-_{(aq)}] = [H_3O^+_{(aq)}]$$

$$[C_6H_5CO^-_{2\,(aq)}] = [H_3O^+_{(aq)}] - [OH^-_{(aq)}]$$

$$\mathbf{[C_6H_5CO^-_{2\,(aq)}] = 2{,}5 \cdot 10^{-3}\ mol \cdot l^{-1}}$$

La conservation de la matière conduit à l'égalité :

$$[C_6H_5CO_2H_{(aq)}] + [C_6H_5CO^-_{2\,(aq)}] = c_1$$

$$[C_6H_5CO_2H_{(aq)}] = c_1 - [C_6H_5CO^-_{2\,(aq)}]$$

$$= c_1 - [H_3O^+_{(aq)}]$$

$$[C_6H_5CO_2H_{(aq)}] = 1{,}0 \times 10^{-1} - 2{,}5 \times 10^{-3}$$

$$\mathbf{[C_6H_5CO_2H_{(aq)}] = 9{,}75 \cdot 10^{-2}\ mol \cdot l^{-1}}$$

3. La comparaison des concentrations en ions benzoate $C_6H_5CO_2^-$ et en molécules d'acide benzoïque $C_6H_5CO_2H$ permet de conclure que l'acide benzoïque n'est que très partiellement dissocié en solution aqueuse : **c'est donc un acide faible.**

Remarque : si cet acide était fort, on aurait

$$pH \approx -\lg c_1$$

soit $pH \approx 1$, ce qui ne correspond pas au pH mesuré.

4. $C_6H_5CO_2H + H_2O \rightleftarrows C_6H_5CO^-_{2\,(aq)} + H_3O^+_{(aq)}$

$$NaOH_{(s)} \xrightarrow{H_2O} Na^+_{(aq)} + OH^-_{(aq)}$$

$$2H_2O \rightleftarrows H_3O^+_{(aq)} + OH^-_{(aq)}$$

Les espèces en solution sont :

$C_6H_5CO_2H_{(aq)}$; $C_6H_5CO^-_{2\,(aq)}$; $H_3O^+_{(aq)}$; $OH^-_{(aq)}$; $Na^+_{(aq)}$

D'après la valeur du $pH = 4{,}2$ on en déduit :

$$[H_3O^+_{(aq)}] = 10^{-pH} = 10^{-4,2} = 6{,}3 \cdot 10^{-5}\ mol \cdot l^{-1}$$

$$[OH^-_{(aq)}] = \frac{K_e}{[H_3O^+_{(aq)}]} = 10^{-9,8}$$

$$\mathbf{[H_3O^+_{(aq)}] = 6{,}3 \cdot 10^{-5}\ mol \cdot l^{-1}}$$

$$\mathbf{[OH^-_{(aq)}] = 1{,}6 \cdot 10^{-10}\ mol \cdot l^{-1}}$$

L'ion sodium ne subit qu'une dilution :

$$[Na^+_{(aq)}] = \frac{c_1 \times V_2}{V_1 + V_2} = \frac{1}{3}\ c_1 = \frac{1}{3} \cdot 1{,}0 \times 10^{-1}\ mol \cdot l^{-1}$$

$$\mathbf{[Na^+_{(aq)}] = 3{,}3 \cdot 10^{-2}\ mol \cdot l^{-1}}$$

L'électroneutralité de la solution qui contient les espèces suivantes : $C_6H_5CO_2H_{(aq)}$, $C_6H_5CO^-_{2\,(aq)}$, $Na^+_{(aq)}$, $H_3O^+_{(aq)}$, $OH^-_{(aq)}$ s'écrit :

$$[Na^+_{(aq)}] + [H_3O^+_{(aq)}] = [C_6H_5CO^-_{2\,(aq)}] + [OH^-_{(aq)}]$$

$$[C_6H_5CO^-_{2\,(aq)}] \simeq [Na^+_{(aq)}]$$

$$\mathbf{[C_6H_5CO^-_{2\,(aq)}] = 3{,}3 \cdot 10^{-2}\ mol \cdot l^{-1}}$$

La conservation de la matière s'écrit :

$$[C_6H_5CO_2H_{(aq)}] + [C_6H_5CO^-_{2\,(aq)}] = \frac{c_1 \times V_1}{V_1 + V_2}$$

$$[C_6H_5CO_2H_{(aq)}] = \frac{0{,}1 \times 10}{15} - 3{,}3 \cdot 10^{-2}$$

$$= \frac{20 \times 10^{-2}}{3} - 3{,}3 \cdot 10^{-2}$$

$$\mathbf{[C_6H_5CO_2H_{(aq)}] = 3{,}3 \cdot 10^{-2}\ mol \cdot l^{-1}}$$

EXERCICES

DISSOCIATION PARTIELLE D'UN ACIDE FAIBLE

3 **A_2-B_3** Les pH de solutions d'acide éthanoïque de concentrations $5{,}0 \times 10^{-2}$ et $5{,}0 \times 10^{-3}$ $mol \cdot l^{-1}$ sont respectivement 3,0 et 3,5. Calculer le pourcentage de molécules d'acide éthanoïque transformées en ions éthanoïque dans chacune des solutions. Conclure.

4 **A_2-B_3** Une solution d'acide chloroéthanoïque, de formule CH_2ClCO_2H, de concentration $c = 1{,}0 \times 10^{-1}$ $mol \cdot l^{-1}$ a un pH de 1,95. Déterminer la concentration des espèces en solution sachant que la base conjuguée de cet acide est l'ion chloroéthanoate $CH_2ClCO_2^-$. Comparer ces résultats à ceux obtenus avec une solution d'acide éthanoïque de même concentration dont le pH est 2,9.

5 **A_2-B_3-C_2** Le phénol C_6H_5OH donne en solution aqueuse l'équilibre chimique :

$$C_6H_5OH_{(aq)} + H_2O \rightleftarrows C_6H_5O^-_{(aq)} + H_3O^+_{(aq)}$$

La solubilité du phénol dans l'eau est de $9{,}4\ g \cdot l^{-1}$ à 25 °C. Le pH d'une solution saturée de phénol dans l'eau est 5,45.

Déterminer le pourcentage de molécules de phénol transformées en ions phénolate $C_6H_5O^-_{(aq)}$.

6 **A_2-B_3** Une solution d'acide méthanoïque (HCO_2H) de concentration $c = 1{,}0 \times 10^{-2}$ $mol \cdot l^{-1}$ a un pH de 2,9.

1. Montrer que l'acide méthanoïque est un acide faible.

2. Quelle est la base conjuguée de l'acide méthanoïque?

3. Calculer le pourcentage de molécules d'acide méthanoïque transformées en sa base conjuguée.

4. Effectuer le classement des espèces présentes dans la solution en espèces majoritaires, minoritaires et ultra-minoritaires.

7 **A_2-B_1-B_3** On mesure le pH d'une solution aqueuse d'acide éthanoïque de concentration $1,0 \times 10^{-1}$ mol·l^{-1}.
On trouve pH = 2,9 à 25 °C.
1. Recenser les espèces en solution et calculer leurs concentrations.
2. Quel est le pourcentage d'acide éthanoïque transformé en ions éthanoate?
3. On qualifie l'acide éthanoïque « d'acide faible ». Quel est le sens de ce qualificatif?
4. On prélève 10,0 ml de cette solution et on la dilue à un litre. Le pH vaut lors 3,9. Reprendre les deux premières questions et conclure.

COMPARAISON ACIDE ENTIÈREMENT DISSOCIÉ/ACIDE FAIBLE

8 **A_2-B_3-C_1** La mesure à 25 °C du pH de deux solutions aqueuses de même concentration c, l'une de chlorure d'hydrogène, l'autre d'acide méthanoïque donne respectivement pH = 2,0 et pH = 2,9.
1. Déterminer la concentration initiale c de ces solutions.
2. Recenser les espèces présentes dans la solution d'acide méthanoïque et déterminer leurs concentrations.
3. Justifier les deux affirmations suivantes :
— le chlorure d'hydrogène est un acide entièrement dissocié en solution aqueuse;
— l'acide méthanoïque est un acide faible en solution aqueuse.

9 **A_2-B_3** **1.** Dans 100 cm^3 d'eau, on fait tomber une goutte $\left(\text{volume } = \frac{1}{20} \text{ cm}^3 = 0,05 \text{ cm}^3\right)$ d'une solution aqueuse de chlorure d'hydrogène de concentration c. On obtient une solution S_1 de pH = 3,0.
a. Calculer la concentration c_1 de la solution S_1.
b. En déduire la valeur de la concentration initiale c.
2. En répétant la même opération par addition d'une goutte d'une solution aqueuse d'acide éthanoïque de concentration c à 100 cm^3 d'eau, on obtient une solution S_2 de pH = 3,9.
a. Déterminer la concentration c'_2 de la solution S_2.
b. Calculer la concentration de chaque espèce présente dans S_2.
c. Justifier la différence de pH des solutions S_1 et S_2.

10 **A_2-B_2-B_3** Une solution aqueuse d'acide benzoïque de $C_6H_5CO_2H$ de concentration $c = 1,0$ mol·l^{-1} a le même pH qu'une solution aqueuse d'acide nitrique HNO_3 de concentration $c' = 8,0 \cdot 10^{-3}$ mol·l^{-1}. Ce pH est égal à 2,1.
1. Montrer que l'acide nitrique est entièrement dissocié.
2. Montrer que l'acide benzoïque est un acide faible.
3. Calculer le pourcentage d'acide benzoïque transformé en ion benzoate $C_6H_5CO^-_{2\,(aq)}$ dans cette solution.
4. Écrire l'équation-bilan de l'action de l'eau sur l'acide benzoïque.

ACTION DES IONS HYDRONIUM SUR UNE BASE FAIBLE

11 **A_2-B_3-C_2** A la température de 25 °C on mélange 20 cm^3 d'une solution aqueuse de chlorure d'hydrogène de concentration $c_1 = 1,0 \cdot 10^{-1}$ mol·l^{-1} à 40 cm^3 d'une solution aqueuse d'éthanoate de sodium de concentration $c_2 = 1,0 \cdot 10^{-1}$ mol·l^{-1}. Le pH du mélange est 5,0. Déterminer la concentration des espèces chimiques présentes dans la solution.

12 **A_2-B_3-C_2** On considère un litre de solution d'éthanoate de sodium de concentration $c_1 = 1,0 \times 10^{-2}$ mol·l^{-1}. Son pH est égal à 8,4 à 25 °C.
1. Calculer la concentration des espèces présentes.
2. On ajoute à la solution précédente 1 cm^3 d'acide chlorhydrique concentré, de concentration

$$c_2 = 5,0 \text{ mol} \cdot \text{l}^{-1}.$$

Quelle est la quantité de matière en ions hydronium ajoutés?
3. Le pH de la solution ainsi obtenue est 4,8. Calculer les nouvelles concentrations des espèces

$$H_3O^+_{(aq)},\ CH_3CO^-_{2\,(aq)},\ CH_3CO_2H_{(aq)}$$

(On supposera que le volume, qui n'a augmenté que d'un millième, est resté pratiquement constant.)
4. Écrire l'équation-bilan de la réaction des ions hydronium sur les ions éthanoate.

IONISATION PARTIELLE D'UNE BASE FAIBLE

13 **A_2-B_3** On se propose d'étudier le comportement, en solution aqueuse, de l'ammoniac NH_3 et de la mono-éthylamine $C_2H_5NH_2$.
1. Quel est le caractère de ces deux produits? A quels couples acido-basiques appartiennent-ils? Écrire les équations-bilans des équilibres existant dans leurs solutions aqueuses.
2. Des mesures de pH de solutions aqueuses de concentration $c = 1,0 \times 10^{-2}$ mol·l^{-1} donnent pH = 10,6 pour NH_3 et pH = 11,4 pour $C_2H_5NH_2$.
En déduire les concentrations des différentes espèces présentes dans ces solutions et grouper les résultats dans un tableau.

Solutions	Espèces majoritaires	Espèces minoritaires	Espèces ultra-minoritaires

14 **A_2-B_3** On prépare un litre de solution aqueuse en dissolvant 0,20 mole de méthylamine de formule CH_3NH_2. Le pH est égal à 12.
1. Écrire l'équation traduisant la réaction qui se produit avec l'eau.
2. Donner le nom de l'acide conjugué de la méthylamine.
3. Calculer les concentrations de toutes les espèces présentes dans la solution.

4. Quel est le pourcentage de molécules de méthylamine ionisées?

15 **A_2-B_3** Une solution aqueuse de diéthylamine $(C_2H_5)_2NH$, de concentration $c = 1{,}0 \times 10^{-2}$ mol·l^{-1} a un pH égal à 11,55.
1. Calculer la concentration des différentes espèces chimiques présentes dans la solution (l'acide conjugué de la diéthylamine est l'ion diéthylammonium $(C_2H_5)_2NH_2^+$).
2. Quel est le pourcentage de molécules de diéthylamine ionisées?

ACTION DES IONS HYDROXYDE SUR UN ACIDE FAIBLE

16 **A_2-B_3-C_2**
A 100 cm^3 d'une solution $2{,}0 \times 10^{-2}$ mol·l^{-1} de chlorure d'ammonium on ajoute 100 cm^3 d'une solution aqueuse d'hydroxyde de sodium de concentration $2{,}0 \times 10^{-2}$ mol·l^{-1}. Le pH du mélange obtenu est égal à 10,6.
1. Calculer la concentration des espèces en solution.
2. Une solution aqueuse d'ammoniac de concentration $c = 1{,}0 \times 10^{-2}$ mol·l^{-1} a un pH égal à 10,6.
Montrer que les concentrations en NH_3 et NH_4^+ sont les mêmes que précédemment.
Justifier à l'aide de ces résultats la notion d'équilibre chimique.

COMPARAISON ENTRE BASE ENTIÈREMENT IONISÉE ET BASE FAIBLE

17 **A_1-B_2** On donne les résultats expérimentaux suivants :

base	hydroxyde de sodium		ammoniac	
concentration molaire (mol·l^{-1})	0,10	0,010	0,10	0,010
pH	13,0	12,0	11,1	10,6

1. Définir le pH d'une solution aqueuse. En quoi les résultats précédents permettent-ils de différencier la base entièrement ionisée et la base faible?
2. Quelle influence la dilution croissante d'une solution a-t-elle sur l'ionisation de ces deux bases?

EXERCICES RÉCAPITULATIFS

18 **A_2-B_2-B_3-C_2** Cinq béchers contiennent chacun 50 ml d'une solution différente. Les cinq solutions, chacune de concentration molaire 0,010 mol·l^{-1}, sont les suivantes :
— solution de chlorure de sodium A;
— solution d'hydroxyde de sodium (ou soude) B;
— solution de chlorure d'hydrogène (ou acide chlorhydrique) C;
— solution d'acide éthanoïque (ou acétique) D;
— solution d'éthanoate de sodium (ou acétate de sodium) E.

L'étiquette posée sur chaque bécher n'est plus lisible. Pour identifier les solutions, on mesure le pH de chacune d'entre elles.

1. Compléter le tableau suivant avec les lettres A, B, C, D et E. Justifier votre choix.

numéro du bécher	1	2	3	4	5
pH	12	8,4	2	3,4	7
solution					

2. Faire le bilan des concentrations molaires des espèces chimiques présentes dans le bécher numéro 4.
Calculer la fraction α des molécules d'acide éthanoïque dissociées par rapport aux molécules introduites.

3. On mélange la solution du bécher numéro 5 avec celle du bécher numéro 4. On obtient ainsi 100 ml de solution. Le pH de la solution obtenue est mesuré. On trouve pH = 3,55.
Faire le bilan des concentrations molaires des espèces présentes dans cette solution. Calculer la nouvelle fraction α' caractérisant la dissociation ionique de l'acide éthanoïque.
Comparer α et α' et interpréter les résultats obtenus.

(Nantes; 82-C)

19 **A_1-B_2-C_1** **1.** Rappeler les définitions :
a. d'un acide;
b. du pH d'une solution aqueuse.

2. Donner un exemple d'acide totalement dissocié en solution aqueuse.

3. A propos de solutions aqueuses de monoacides dont les concentrations sont comprises entre 10^{-1} et 10^{-5} mol·l^{-1} on énonce les affirmations suivantes :
a. Dans le cas d'un acide entièrement dissocié, la connaissance de la concentration de la solution est suffisante pour en déduire le pH.
b. Plus on dilue un acide faible, plus son comportement se rapproche de celui d'un acide entièrement dissocié.
c. Entre deux acides, celui dont la solution a le pH le plus faible est le plus dissocié.
Justifier ou réfuter les affirmations ci-dessus.
La justification sera faite en trois ou quatre lignes au maximum puis illustrée par un exemple numérique si vous pensez que l'affirmation est vraie.
La réfutation sera aussi justifiée en quelques lignes et sera appuyée par un contre-exemple numérique si vous pensez que l'affirmation est fausse.
Pour trouver ces exemples vous pourrez utiliser vos connaissances concernant les acides entièrement dissociés et les données ci-dessous concernant l'acide méthanoïque :

$c = 1{,}0 \times 10^{-1}$ mol·l^{-1}; pH = 2,4;
$c = 1{,}0 \times 10^{-3}$ mol·l^{-1}; pH = 3,4.

(D'après Lille; 87-CE)

Transport d'acide sulfurique. Les acides et les bases sont des produits corrosifs et dangereux.

4

CONSTANTE D'ACIDITÉ

Lorsque l'on dissout un acide ou une base faible dans l'eau, il s'établit un équilibre chimique.
Les concentrations de l'acide, de la base conjuguée et des ions hydronium ne sont pas indépendantes les unes des autres. Nous allons étudier dans ce chapitre les relations liant ces concentrations.

sommaire

A CONSTANTE D'ACIDITÉ D'UN COUPLE ACIDE-BASE EN SOLUTION AQUEUSE

1/ CONSTANTE D'ACIDITÉ

Pour tout couple acide-base A/B en solution aqueuse diluée donnant lieu à l'équilibre chimique

$$A_{(aq)} + H_2O \rightleftarrows B_{(aq)} + H_3O^+_{(aq)}$$

on peut démontrer la relation suivante* :

$$\boldsymbol{K_A = \frac{[B_{(aq)}][H_3O^+_{(aq)}]}{[A_{(aq)}]}} \qquad \text{(a)}$$

K_A est la constante d'acidité du couple acide-base. Elle ne dépend que de la température. Les concentrations sont celles que l'on obtient quand l'équilibre chimique est réalisé.

Faisons apparaître le pH qui est la grandeur mesurable. La relation (a) peut s'écrire de la façon suivante : $[H_3O^+_{(aq)}] = K_A \dfrac{[A_{(aq)}]}{[B_{(aq)}]}$.

En prenant le cologarithme de cette expression on obtient la relation avec colg x = −lg x = px :

$$pH = pK_A + \lg \frac{[B_{(aq)}]}{[A_{(aq)}]} \qquad \text{(b)}$$

Les relations (a) et (b) sont équivalentes.

Ces relations montrent une dépendance entre les concentrations des ions hydronium, de la base et de l'acide en solution aqueuse. Nous allons vérifier la relation (b) sur quelques exemples.

2/ ÉTUDE EXPÉRIMENTALE SUR UN EXEMPLE

Nous utilisons des mélanges d'acide éthanoïque et d'éthanoate de sodium pour vérifier la relation (b) et déterminer la constante d'acidité du couple acide éthanoïque/ion éthanoate soit :

$$pH = pK_A + \lg \frac{[CH_3CO^-_{2\,(aq)}]}{[CH_3CO_2H_{(aq)}]} \qquad \text{(c)}$$

1. Préparation des mélanges

Nous disposons (**fig. 1**, p. 44) de solutions d'acide éthanoïque et d'éthanoate de sodium de même concentration ($c = 1{,}0 \times 10^{-2}$ mol·l^{-1}). Réalisons plusieurs mélanges de ces deux solutions en utilisant des volumes différents V_a de la solution d'acide éthanoïque et V_b de la solution d'éthanoate de sodium tels que le volume de chaque mélange reste constant : $V_a + V_b = V_m = C^{ste}$ (par exemple 50 cm^3).

2. Concentrations des substances apportées dans les mélanges réalisés

La concentration $c = 1{,}0 \times 10^{-2}$ mol·l^{-1} de la solution d'acide éthanoïque indique qu'elle a été préparée en dissolvant $1{,}0 \times 10^{-2}$ mol d'acide pur dans l'eau pour obtenir un litre de solution finale.

* *Cette démonstration n'est pas au programme.*

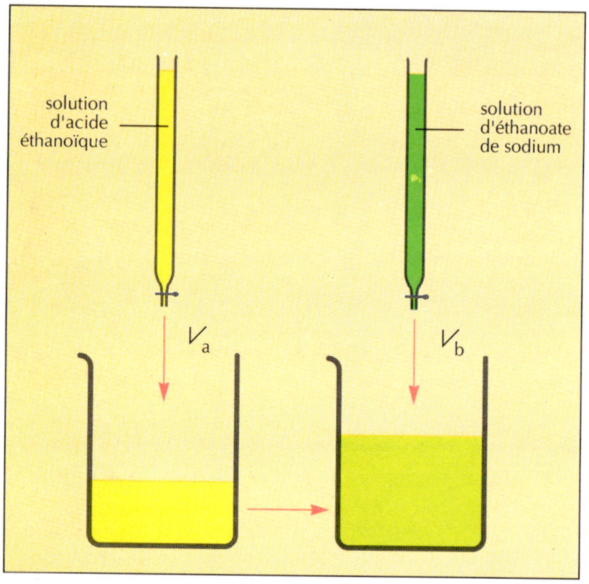

1. *On utilise des burettes pour verser les volumes V_a d'acide éthanoïque et V_b d'éthanoate de sodium dans le bécher.*

Un volume V_a d'acide éthanoïque peut être préparé en apportant une quantité de matière n_a d'acide éthanoïque dans de l'eau. n_a est égal à cV_a, si l'on a une solution aqueuse de volume final V_a.

De même pour le volume V_b d'éthanoate de sodium, il faudrait une quantité de matière d'éthanoate de sodium $n_b = cV_b$.

Le mélange obtenu précédemment à partir d'un volume V_a d'acide éthanoïque et V_b d'éthanoate de sodium peut être préparé différemment. On peut dissoudre en effet dans de l'eau, les quantités de matière n_a d'acide éthanoïque et n_b d'éthanoate de sodium pour un volume final égal à $V_a + V_b$.

Les concentrations des substances apportées dans le mélange sont donc :

pour l'acide éthanoïque : $a = \dfrac{cV_a}{V_a + V_b}$;

pour l'éthanoate de sodium : $b = \dfrac{cV_b}{V_a + V_b}$.

Le premier effet du mélange réalisé consiste en une diminution, par dilution, des concentrations initiales des substances apportées.

3. pH des mélanges

Les pH mesurés dans les différents mélanges sont compris entre 3,95 et 5,8 **(fig. 2).** Ces pH sont différents de ceux des solutions d'acide éthanoïque ou d'éthanoate de sodium et du pH de l'eau pure.

Il y a donc eu réaction chimique par transfert de proton entre les couples de l'eau et le couple acide éthanoïque-ion éthanoate suivant les équilibres :

$$CH_3CO_2H_{(aq)} + H_2O \rightleftarrows CH_3CO^-_{2\,(aq)} + H_3O^+_{(aq)} \quad (1)$$

et

$$H_2O + H_2O \rightleftarrows H_3O^+_{(aq)} + OH^-_{(aq)} \quad (2)$$

4. Concentration des espèces

a. Espèces en solution

Nous avons introduit dans l'eau de l'acide éthanoïque et de l'éthanoate de sodium dissocié en ions sodium et en ions éthanoate. Les ions hydronium et hydroxyde sont toujours présents en solution aqueuse. Les espèces en solution sont donc : $CH_3CO_2H_{(aq)}$, $CH_3CO^-_{2\,(aq)}$, $Na^+_{(aq)}$, $H_3O^+_{(aq)}$ et $OH^-_{(aq)}$

2. *Courbe représentant le* pH *en fonction de* $\lg([CH_3CO_2^-]/[CH_3CO_2H])$.

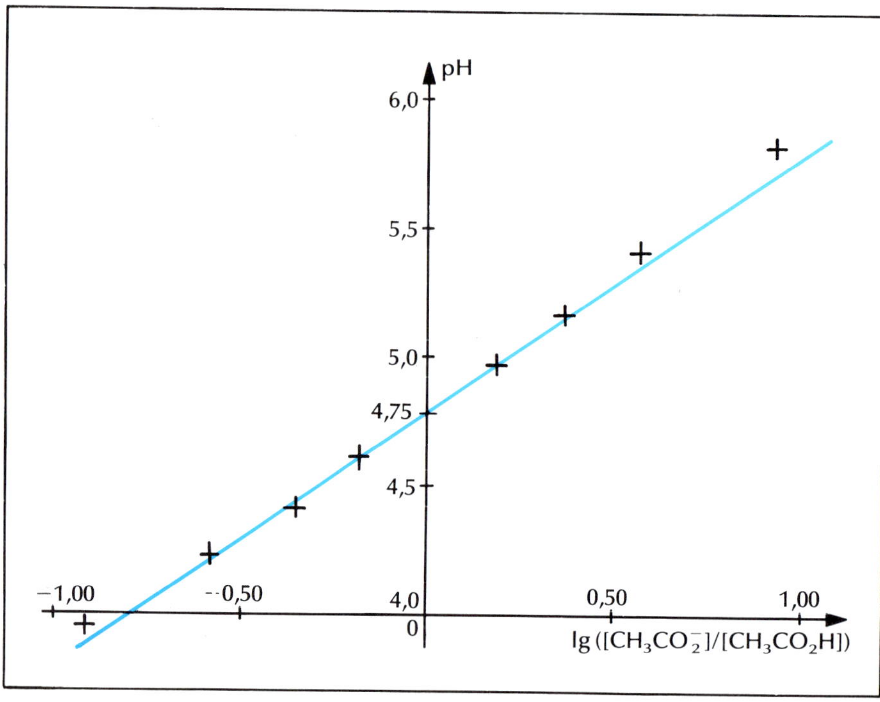

pH	$\lg \dfrac{[CH_3CO^-_{2\,(aq)}]}{[CH_3CO_2H_{(aq)}]}$
3,95	−0,91
4,2	−0,58
4,4	−0,37
4,6	−0,18
4,75	0,00
4,95	0,18
5,15	0,37
5,4	0,58
5,8	0,95

b. Relations entre les concentrations

Produit ionique de l'eau

$$[H_3O^+_{(aq)}] \times [OH^-_{(aq)}] = K_e = 1,0 \times 10^{-14} \quad (d)$$

Neutralité électrique de la solution

La somme des concentrations des espèces de charge +e ($H_3O^+_{(aq)}$, $Na^+_{(aq)}$) est égale à la somme des concentrations des espèces de charge −e ($OH^-_{(aq)}$ et $CH_3CO^-_{2\,(aq)}$). D'où :

$$[Na^+_{(aq)}] + [H_3O^+_{(aq)}] = [CH_3CO^-_{2\,(aq)}] + [OH^-_{(aq)}] \quad (e)$$

Conservation de la matière CH_3CO_2

Cette conservation s'écrit :

$$[CH_3CO_2H_{(aq)}] + [CH_3CO^-_{2\,(aq)}] = a + b \quad (f)$$

Conservation de la matière Na

La concentration réelle des ions sodium est égale à la concentration apportée en ions sodium :

$$[Na^+_{(aq)}] = b$$

c. Calculs

L'équation de neutralité électrique (e) permet d'écrire :

$$[CH_3CO^-_{2\,(aq)}] = [Na^+_{(aq)}] + [H_3O^+_{(aq)}] - [OH^-_{(aq)}]$$

soit $\mathbf{[CH_3CO^-_{2\,(aq)}] = b + [H_3O^+_{(aq)}] - [OH^-_{(aq)}]}$

La conservation de la matière CH_3CO_2 (f) permet d'écrire :

$$[CH_3CO_2H_{(aq)}] = a + b - [CH_3CO^-_{2\,(aq)}] \quad (g)$$

En remplaçant $[CH_3CO^-_{2\,(aq)}]$ par son expression dans l'équation (g), on obtient :

$$\mathbf{[CH_3CO_2H_{(aq)}] = a - [H_3O^+_{(aq)}] + [OH^-_{(aq)}]}$$

La mesure du pH pour chaque mélange permet de calculer la concentration des ions hydronium et des ions hydroxyde. La connaissance des volumes V_a et V_b permet de calculer les concentrations a et b. On peut alors en déduire les concentrations finales de l'acide éthanoïque et des ions éthanoate. Les résultats sont regroupés dans le tableau de la **figure 3.**

On remarque que la concentration de l'acide éthanoïque est pratiquement toujours égale à la concentration apportée de cette substance :

$$[CH_3CO_2H_{(aq)}] = a - [H_3O^+_{(aq)}] + [OH^-_{(aq)}]$$

Dans notre exemple, nous constatons que $a \gg [H_3O^+_{(aq)}]$ et $a \gg [OH^-_{(aq)}]$.

On en déduit $[CH_3CO_2H_{(aq)}] \approx a$.

De même la concentration des ions éthanoate est pratiquement toujours égale à la concentration apportée de cette substance :

$$[CH_3CO^-_{2\,(aq)}] = b + [H_3O^+_{(aq)}] - [OH^-_{(aq)}]$$

Dans notre exemple, $b \gg [H_3O^+_{(aq)}]$ et $b \gg [OH^-_{(aq)}]$.

On a donc $[CH_3CO^-_{2\,(aq)}] \approx b$.

Autrement dit, la mise à l'équilibre de la réaction :

$$\mathbf{CH_3CO_2H_{(aq)} + H_2O \rightleftarrows CH_3CO^-_{2\,(aq)} + H_3O^+_{(aq)}}$$

est suffisante pour déplacer l'équilibre ionique de l'eau et fixer le* pH*. Elle se révèle insuffisante pour modifier notablement les concentrations d'acide éthanoïque et de base éthanoate par rapport aux concentrations calculées à partir des substances apportées.

Lorsque l'on mélange des solutions d'acide et de base conjugués, les concentrations des ions hydronium et des ions hydroxyde sont souvent négligeables devant celles de l'acide, et de la base conjuguée. Dans tout exercice utilisant de telles solutions il faut cependant établir les relations rigoureuses pour déterminer la concentration de chaque espèce, puis faire éventuellement des approximations simplificatrices.

5. Vérification de la relation (c)

a. Traçons le graphe représentant le pH en fonction de $\lg([CH_3CO^-_{2\,(aq)}]/[CH_3CO_2H_{(aq)}])$. Nous nous attendons à trouver un segment de droite de coefficient directeur 1,0.

b. C'est effectivement un segment de droite dans le domaine étudié **(fig. 2).** Le coefficient directeur de cette droite est $\dfrac{5,8 - 3,75}{2} = 1,02 \approx 1,0$.

Ceci vérifie bien la relation (c).

V_a (cm^3)	45	40	35	30	25	20	15	10	5
V_b (cm^3)	5	10	15	20	25	30	35	40	45
pH	3,95	4,2	4,4	4,6	4,75	4,95	5,15	5,4	5,8
a (mol·l^{-1})	$9,0\times10^{-3}$	$8,0\times10^{-3}$	$7,0\times10^{-3}$	$6,0\times10^{-3}$	$5,0\times10^{-3}$	$4,0\times10^{-3}$	$3,0\times10^{-3}$	$2,0\times10^{-3}$	$1,0\times10^{-3}$
$b = [Na^+_{(aq)}]$ (mol·l^{-1})	$1,0\times10^{-3}$	$2,0\times10^{-3}$	$3,0\times10^{-3}$	$4,0\times10^{-3}$	$5,0\times10^{-3}$	$6,0\times10^{-3}$	$7,0\times10^{-3}$	$8,0\times10^{-3}$	$9,0\times10^{-3}$
$[H_3O^+_{(aq)}]$ (mol·l^{-1})	$1,1\times10^{-4}$	$6,3\times10^{-5}$	$4,0\times10^{-5}$	$2,5\times10^{-5}$	$1,8\times10^{-5}$	$1,1\times10^{-5}$	$7,1\times10^{-6}$	$4,0\times10^{-6}$	$1,6\times10^{-6}$
$[OH^-_{(aq)}]$ (mol·l^{-1})	$9,0\times10^{-11}$	$1,6\times10^{-10}$	$2,5\times10^{-10}$	$4,0\times10^{-10}$	$5,6\times10^{-10}$	$9,0\times10^{-10}$	$1,4\times10^{-9}$	$2,5\times10^{-9}$	$6,3\times10^{-9}$
$[CH_3CO_2H_{(aq)}]$ (mol·l^{-1})	$8,9\times10^{-3}$	$7,9\times10^{-3}$	$7,0\times10^{-3}$	$6,0\times10^{-3}$	$5,0\times10^{-3}$	$4,0\times10^{-3}$	$3,0\times10^{-3}$	$2,0\times10^{-3}$	$1,0\times10^{-3}$
$[CH_3CO^-_{2\,(aq)}]$ (mol·l^{-1})	$1,1\times10^{-3}$	$2,1\times10^{-3}$	$3,0\times10^{-3}$	$4,0\times10^{-3}$	$5,0\times10^{-3}$	$6,0\times10^{-3}$	$7,0\times10^{-3}$	$8,0\times10^{-3}$	$9,0\times10^{-3}$

3. pH *de mélanges en proportion variable d'acide éthanoïque et d'éthanoate de sodium.*

Par conséquent la relation suivante, qui lui est équivalente, est également vérifiée.

$$K_A = \frac{[CH_3CO^-_{2\,(aq)}]\,[H_3O^+_{(aq)}]}{[CH_3CO_2H_{(aq)}]} \qquad \text{(h)}$$

La courbe de la **figure 2** nous permet de déterminer graphiquement la valeur du pK_A pour le couple acide éthanoïque/ion éthanoate. Cette valeur du pK_A est égale à la valeur du pH de l'intersection du segment de droite obtenu avec l'axe des pH.

Dans l'expérience réalisée à 25 °C, on trouve p$K_A \approx 4{,}75$ soit $K_A \approx 1{,}8 \times 10^{-5}$.

La valeur précise est p$K_A \approx 4{,}756$ à 25 °C.

Des expériences similaires, toujours réalisées à 25 °C, et pour d'autres concentrations c inférieures à 10^{-1} mol·l^{-1}, donnent un résultat semblable.

3/ CAS LIMITES

Nous allons montrer que la loi reste encore valable avec la même constante K_A dans le cas d'une solution aqueuse d'acide éthanoïque seul.

1. Solution aqueuse d'acide éthanoïque

Nous avons déjà calculé les concentrations des espèces dans la solution aqueuse d'acide éthanoïque de concentration $c = 1{,}0 \times 10^{-2}$ mol·l^{-1} dans le chapitre 3, page 28. Nous avions trouvé :

$$[H_3O^+_{(aq)}] = 10^{-3,4} = 4{,}0 \times 10^{-4} \text{ mol·l}^{-1};$$
$$[OH^-_{(aq)}] = 10^{-10,6} = 2{,}5 \times 10^{-11} \text{ mol·l}^{-1};$$
$$[CH_3CO_2H_{(aq)}] \approx 10^{-2} \approx 1{,}0 \times 10^{-2} \text{ mol·l}^{-1};$$
$$[CH_3CO^-_{2\,(aq)}] = 10^{-3,4} = 4{,}0 \times 10^{-4} \text{ mol·l}^{-1}$$

Servons-nous de ces concentrations pour vérifier la relation (h) pour le couple acide éthanoïque/ion éthanoate.

$$\frac{[CH_3CO^-_{2\,(aq)}]\,[H_3O^+_{(aq)}]}{[CH_3CO_2H_{(aq)}]} = \frac{10^{-3,4} \times 10^{-3,4}}{10^{-2}} = 10^{-4,8}$$

On retrouve pratiquement la valeur attendue.

2. Solution aqueuse d'éthanoate de sodium

Si l'on admet la validité de la relation (h) pour l'éthanoate de sodium seul en solution aqueuse, le pH d'une telle solution peut être calculé théoriquement à partir de la valeur de la constante d'acidité K_A et de la concentration c. Pour $c = 0{,}010$ mol·l^{-1}, on trouve pH = 8,4. Les valeurs mesurées du pH pour les solutions d'éthanoate de sodium à cette concentration sont cependant inférieures car le pH des solutions aqueuses d'éthanoate de sodium est très sensible aux impuretés, nous le verrons plus en détail lors de l'étude de la réaction entre l'acide éthanoïque et l'hydroxyde de sodium page 82. Ces impuretés existent dans l'eau qui a servi à réaliser la solution, il s'agit principalement du dioxyde de carbone dissous provenant de l'air **(fig. 4)**. Des impuretés peuvent également exister dans les cristaux d'éthanoate de sodium qui ont été utilisés pour préparer la solution, comme les ions fer qui agissent à la manière d'acides et qui sont souvent présents dans les cristaux d'éthanoate de sodium, même d'une grande pureté.

La loi concernant la constante d'acidité K_A est vérifiée dans les solutions d'éthanoate de sodium, mais la détermination de la constante K_A avec ces solutions demande un protocole expérimental assez complexe.

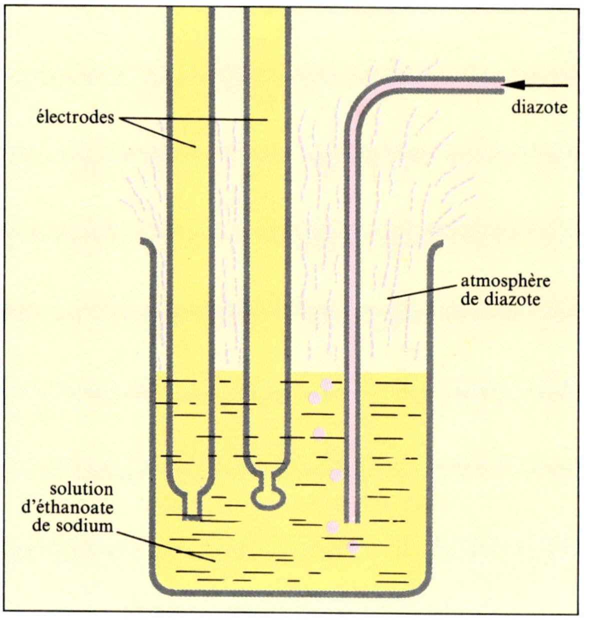

4. *Le dioxyde de carbone provenant de l'air est l'impureté la plus gênante. Pour limiter son action, il faut empêcher l'air d'entrer en contact avec l'eau et les solutions utilisées.*
Fabrication d'une eau très pure
On fait bouillir de l'eau distillée pour chasser le dioxyde de carbone dissous. On laisse refroidir cette eau en y faisant lentement barboter du diazote provenant d'une bouteille (à défaut on peut utiliser du dioxygène).
Une fois l'eau refroidie, on peut la conserver quelques temps dans le récipient bouché.
Fabrication de la solution
On place dans une fiole jaugée la quantité nécessaire de cristaux d'éthanoate de sodium. On chasse l'air de la fiole avec un courant de diazote, et on utilise l'eau précédemment purifiée.
Mesure du pH
On le mesure au pH-*mètre, en faisant lentement barboter du diazote dans la solution. Le* pH *mesuré est alors plus proche du* pH *calculé théoriquement. Il reste encore inférieur au* pH *théorique.*

4/ CONSTANTE D'ACIDITÉ DU COUPLE ION AMMONIUM/AMMONIAC

Nous allons vérifier la relation (h') définissant la constante d'acidité K_A du couple ion ammonium/ammoniac, et nous allons déterminer cette constante d'acidité.

$$K_A = \frac{[NH_{3\,(aq)}]\,[H_3O^+_{(aq)}]}{[NH^+_{4\,(aq)}]} \qquad \text{(h')}$$

On utilise la même méthode expérimentale que pour le couple acide éthanoïque/ion éthanoate. Nous allons donc vérifier la relation équivalente (c') :

$$pH = pK_A + \lg \frac{[NH_{3\,(aq)}]}{[NH^+_{4\,(aq)}]} \qquad (c')$$

Les concentrations sont celles qui sont obtenues quand l'équilibre chimique est réalisé.

1. Solutions utilisées

Chlorure d'ammonium : $c = 1{,}0 \times 10^{-2}\ mol \cdot l^{-1}$. Le chlorure d'ammonium est complètement dissocié en solution aqueuse en ion ammonium ($NH^+_{4\,(aq)}$) acide faible, et en ion chlorure ($Cl^-_{(aq)}$) indifférent.

Ammoniac : $c = 1{,}0 \times 10^{-2}\ mol \cdot l^{-1}$.

2. Mélanges réalisés

On utilise différents volumes V_a de la solution de chlorure d'ammonium et différents volumes V_b de la solution d'ammoniac tels que :

$$V_a + V_b = V_m = C^{ste}$$

3. Concentrations des substances apportées

En suivant un raisonnement analogue à celui de la page 44, on a :

pour le chlorure d'ammonium : $a = \frac{cV_a}{V_a + V_b}$;

pour l'ammoniac : $b = \frac{cV_b}{V_a + V_b}$.

4. Concentrations des espèces en solution

En faisant un calcul similaire à celui de la page 45 on trouve :

$$[Cl^-_{(aq)}] = a; \quad [NH_{3\,(aq)}] = b + [H_3O^+_{(aq)}] - [OH^-_{(aq)}];$$
$$[NH^+_{4\,(aq)}] = a - [H_3O^+_{(aq)}] + [OH^-_{(aq)}]$$

La connaissance du pH et des concentrations apportées permet de calculer les concentrations des ions ammonium et de l'ammoniac.

5. Résultats

Ils sont exposés **figure 5.**

V_a (cm^3)	45	40	35	30	25	20	15	10	5
V_b (cm^3)	5	10	15	20	25	30	35	40	45
a ($mol \cdot l^{-1}$)	$9{,}0 \times 10^{-3}$	$8{,}0 \times 10^{-3}$	$7{,}0 \times 10^{-3}$	$6{,}0 \times 10^{-3}$	$5{,}0 \times 10^{-3}$	$4{,}0 \times 10^{-3}$	$3{,}0 \times 10^{-3}$	$2{,}0 \times 10^{-3}$	$1{,}0 \times 10^{-3}$
b ($mol \cdot l^{-1}$)	$1{,}0 \times 10^{-3}$	$2{,}0 \times 10^{-3}$	$3{,}0 \times 10^{-3}$	$4{,}0 \times 10^{-3}$	$5{,}0 \times 10^{-3}$	$6{,}0 \times 10^{-3}$	$7{,}0 \times 10^{-3}$	$8{,}0 \times 10^{-3}$	$9{,}0 \times 10^{-3}$
pH	8,30	8,65	8,90	9,10	9,25	9,45	9,60	9,85	10,2
$[H_3O^+_{(aq)}]$ ($mol \cdot l^{-1}$)	$5{,}0 \times 10^{-9}$	$2{,}0 \times 10^{-9}$	$1{,}30 \times 10^{-9}$	$7{,}9 \times 10^{-10}$	$5{,}6 \times 10^{-10}$	$3{,}5 \times 10^{-10}$	$2{,}5 \times 10^{-10}$	$1{,}4 \times 10^{-10}$	$6{,}3 \times 10^{-11}$
$[OH^-_{(aq)}]$ ($mol \cdot l^{-1}$)	$5{,}0 \times 10^{-6}$	$5{,}0 \times 10^{-6}$	$7{,}9 \times 10^{-6}$	$1{,}30 \times 10^{-5}$	$1{,}8 \times 10^{-5}$	$2{,}8 \times 10^{-5}$	$4{,}0 \times 10^{-5}$	$7{,}1 \times 10^{-5}$	$1{,}6 \times 10^{-4}$
$[NH_{3\,(aq)}]$ ($mol \cdot l^{-1}$)	$1{,}0 \times 10^{-3}$	$2{,}0 \times 10^{-3}$	$3{,}0 \times 10^{-3}$	$4{,}0 \times 10^{-3}$	$5{,}0 \times 10^{-3}$	$6{,}0 \times 10^{-3}$	$7{,}0 \times 10^{-3}$	$7{,}9 \times 10^{-3}$	$8{,}8 \times 10^{-3}$
$[NH^+_{4\,(aq)}]$ ($mol \cdot l^{-1}$)	$9{,}0 \times 10^{-3}$	$8{,}0 \times 10^{-3}$	$7{,}0 \times 10^{-3}$	$6{,}0 \times 10^{-3}$	$5{,}0 \times 10^{-3}$	$4{,}0 \times 10^{-3}$	$3{,}0 \times 10^{-3}$	$2{,}1 \times 10^{-3}$	$1{,}2 \times 10^{-3}$

5. pH *de mélanges en proportion variable de chlorure d'ammonium et d'ammoniac.*

6. Graphe

On trace pH en fonction de $\lg \dfrac{[NH_{3\,(aq)}]}{[NH^+_{4\,(aq)}]}$.

Le graphe **(fig. 6)** est un segment de droite de coefficient directeur 1,0; ce qui vérifie bien les relations (h′) et (c′).

Le graphe permet de déterminer le pK_A du couple ion ammonium/ammoniac. On trouve $pK_A = 9{,}2$ soit

$$K_A = \frac{[NH_{3\,(aq)}]\,[H_3O^+_{(aq)}]}{[NH^+_{4\,(aq)}]} = 10^{-9{,}2} = 6{,}3 \cdot 10^{-10}$$

La valeur théorique de ce pK_A est de 9,25 à 25 °C.

Avec les deux exemples rencontrés, nous voyons que le pK_A dépend du couple acide-base étudié.

5/ GÉNÉRALISATION

Pour tout couple acide-base A/B, en solution aqueuse diluée donnant lieu à l'équilibre chimique :

$$A + H_2O \rightleftarrows B + H_3O^+_{(aq)}$$

on peut écrire la relation suivante entre les concentrations des espèces à l'équilibre :

$$K_A = \frac{[B_{(aq)}]\,[H_3O^+_{(aq)}]}{[A_{(aq)}]}$$

K_A = constante d'acidité du couple.

$$pH = pK_A + \lg \frac{[B_{(aq)}]}{[A_{(aq)}]}$$

Ces relations sont vérifiées pour des solutions suffisamment diluées, et même si la solution contient d'autres molécules ou d'autres ions.

La relation $[H_3O^+_{(aq)}] \cdot [OH^-_{(aq)}] = K_e$ est donc toujours vérifiée.

La constante d'acidité K_A est caractéristique de chaque couple acide-base.

6/ APPLICATION : ESPÈCES PRÉDOMINANTES EN FONCTION DU pH

On considère des solutions aqueuses contenant l'acide et la base conjuguée d'un couple acide-base A/B dont on connaît le pK_A.

$$A_{(aq)} + H_2O \rightleftarrows B_{(aq)} + H_3O^+_{(aq)}$$

Comparons les concentrations de l'acide $[A_{(aq)}]$ et de la base $[B_{(aq)}]$ selon le pH*.

Pour tout couple acide-base en solution suffisamment diluée, nous avons la relation :

$$pH = pK_A + \lg \frac{[B_{(aq)}]}{[A_{(aq)}]} \quad \text{et} \quad \lg \frac{[B_{(aq)}]}{[A_{(aq)}]} = pH - pK_A$$

* *Pour fixer expérimentalement le pH on ajoute des acides ou des bases convenablement choisis. Ces espèces chimiques n'étant pas précisées, pour le calcul, l'équation de neutralité électrique ne peut ni ne doit être écrite.*

6. *Courbe représentant le pH en fonction de* $\lg([NH_{3\,(aq)}]/[NH^+_{4\,(aq)}])$.

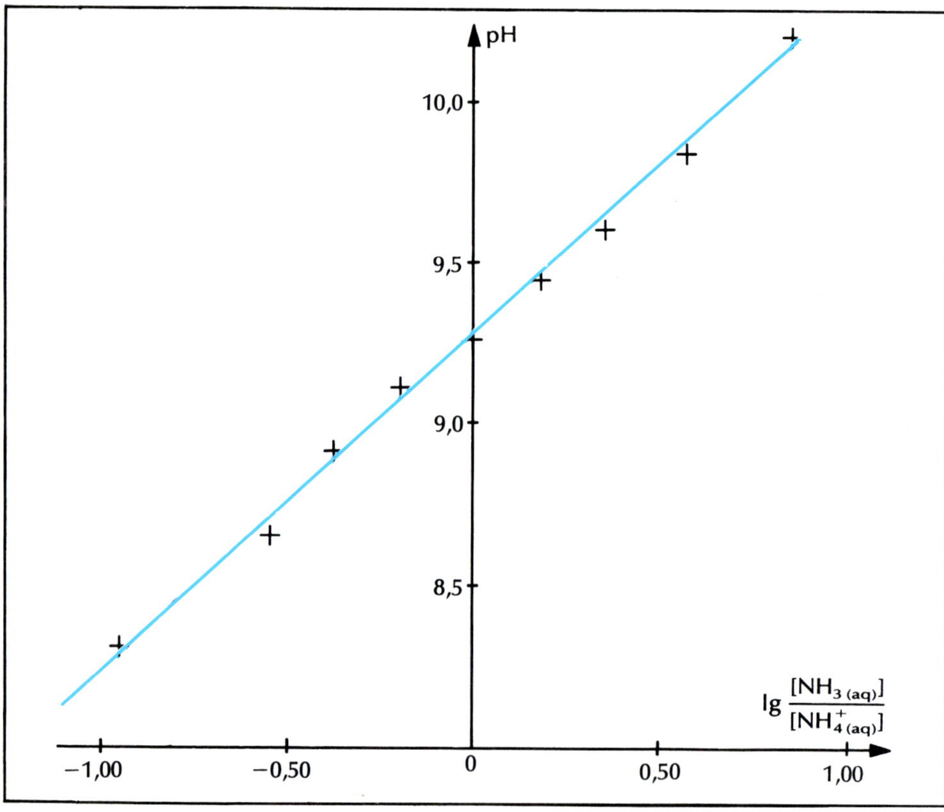

pH	$\lg \dfrac{[NH_{3\,(aq)}]}{[NH^+_{4\,(aq)}]}$
8,30	−0,95
8,65	−0,60
8,90	−0,37
9,10	−0,18
9,25	0,00
9,45	0,18
9,60	0,37
9,85	0,58
1,02	0,87

1. Les concentrations de l'acide et de la base sont égales

$\frac{[B_{(aq)}]}{[A_{(aq)}]}=1$ donc $\lg\frac{[B_{(aq)}]}{[A_{(aq)}]}=0$ et $pH-pK_A=0$

soit

$\mathbf{pH=pK_A}$ **pour** $\mathbf{[A_{(aq)}]=[B_{(aq)}]}$

2. La concentration de l'acide est supérieure à celle de la base : A prédomine

$[A_{(aq)}]>[B_{(aq)}]$; $\frac{[B_{(aq)}]}{[A_{(aq)}]}<1$ donc $\lg\frac{[B_{(aq)}]}{[A_{(aq)}]}<0$

Autrement dit, $pH-pK_A<0$ et

$\mathbf{pH<pK_A}$ **pour** $\mathbf{[A_{(aq)}]>[B_{(aq)}]}$

3. La concentration de l'acide est inférieure à celle de la base : B prédomine

$[A_{(aq)}]<[B_{(aq)}]$; $\frac{[B_{(aq)}]}{[A_{(aq)}]}>1$ donc $\lg\frac{[B_{(aq)}]}{[A_{(aq)}]}>0$

Par conséquent, $pH-pK_A>0$ et

$pH>pK_A$ pour $[A_{(aq)}]<[B_{(aq)}]$

4. La concentration de l'acide est au moins dix fois supérieure à celle de la base (A majoritaire, B minoritaire)

$\frac{[B_{(aq)}]}{[A_{(aq)}]}<\frac{1}{10}$; $\lg\frac{[B_{(aq)}]}{[A_{(aq)}]}<-1$ donc $pH-pK_A<-1$

$pH<pK_A-1$ pour $\frac{[B_{(aq)}]}{[A_{(aq)}]}<\frac{1}{10}$

5. La concentration de l'acide est au moins dix fois inférieure à celle de la base (B majoritaire, A minoritaire)

$\frac{[B_{(aq)}]}{[A_{(aq)}]}>10$; $\lg\frac{[B_{(aq)}]}{[A_{(aq)}]}>1$ donc $pH-pK_A>1$

$pH>pK_A-1$ pour $\frac{[B_{(aq)}]}{[A_{(aq)}]}>10$

La **figure 7** résume ces divers cas.

7. *Espèces chimiques prédominantes en fonction du* pH *pour un couple acide-base en solution dans l'eau.*

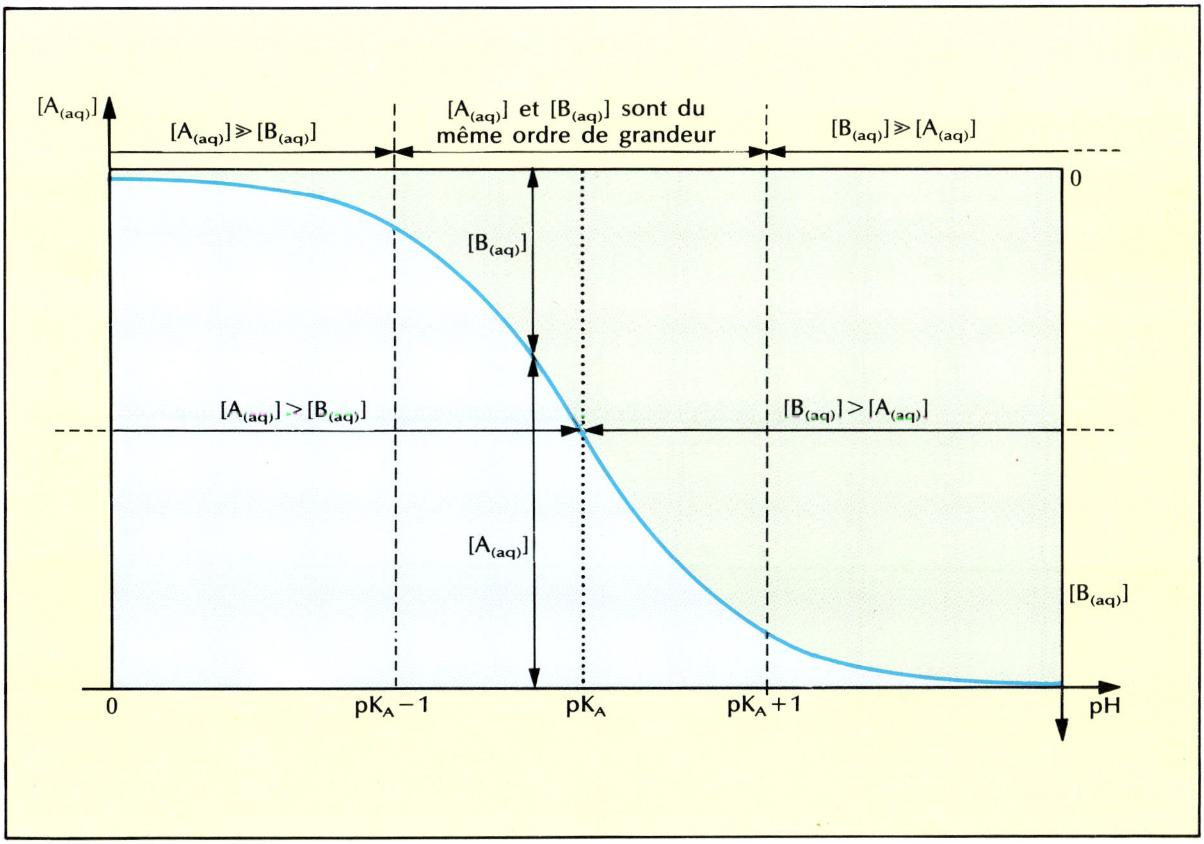

B CLASSIFICATION DES COUPLES ACIDE-BASE EN SOLUTION AQUEUSE

1/ DÉFINITION DE LA FORCE D'UN ACIDE OU D'UNE BASE

Un acide est d'autant plus fort qu'il libère plus facilement un proton (appelé aussi ion hydrogène).
Une base est d'autant plus forte qu'elle capte plus facilement un proton.
Plus l'acide d'un couple est fort, plus sa base conjuguée est faible et inversement.

2/ COUPLES FORMÉS D'UN ACIDE FAIBLE ET D'UNE BASE FAIBLE

Il y a une réaction équilibrée avec l'eau entre l'acide et la base conjuguée :

$$A_{(aq)} + H_2O \rightleftarrows B_{(aq)} + H_3O^+_{(aq)}$$

L'acide et la base conjuguée sont faibles.

Pour de telles réactions, on peut déterminer une constante d'acidité :

$$K_A = \frac{[B_{(aq)}]\,[H_3O^+_{(aq)}]}{[A_{(aq)}]}$$

Classement

On peut classer les couples acide-base faibles en solution aqueuse selon la valeur de leur pK_A, ou de leur K_A.

Si un acide A_1 est plus fort qu'un acide A_2, à la même concentration apportée, l'acide A_1 sera plus dissocié que l'acide A_2. Donc $K_{A_1} > K_{A_2}$ et $pK_{A_1} < pK_{A_2}$.

Le pK_A d'un acide est d'autant plus petit que la force de l'acide est grande. Un acide qui libère facilement ses protons est associé à une base qui les capte difficilement. La base conjuguée est d'autant plus faible que la force de l'acide est grande. La **figure 8** résume ces constatations.

Ainsi, en comparant leurs pK_A réciproques, on peut affirmer que l'acide éthanoïque (4,75) est un acide plus fort que l'ion ammonium (9,2). L'ion éthanoate est alors une base plus faible que l'ammoniac.

Les indicateurs colorés sont des acides ou des bases faibles tels que leurs formes acide et base conjuguée ont des couleurs différentes. Lorsque l'une des espèces de l'indicateur coloré est majoritaire, elle impose sa couleur. Chaque indicateur coloré est donc caractérisé par une constante d'acidité.

Dans le tableau de la **figure 9** les principaux indicateurs sont indiqués en gras. Dans la colonne des bases, on trouve le nombre de protons mis en jeu dans l'équilibre acide-base considéré.

8. *Évolution des forces des couples acide-base faibles selon la valeur de K_A ou de pK_A.*

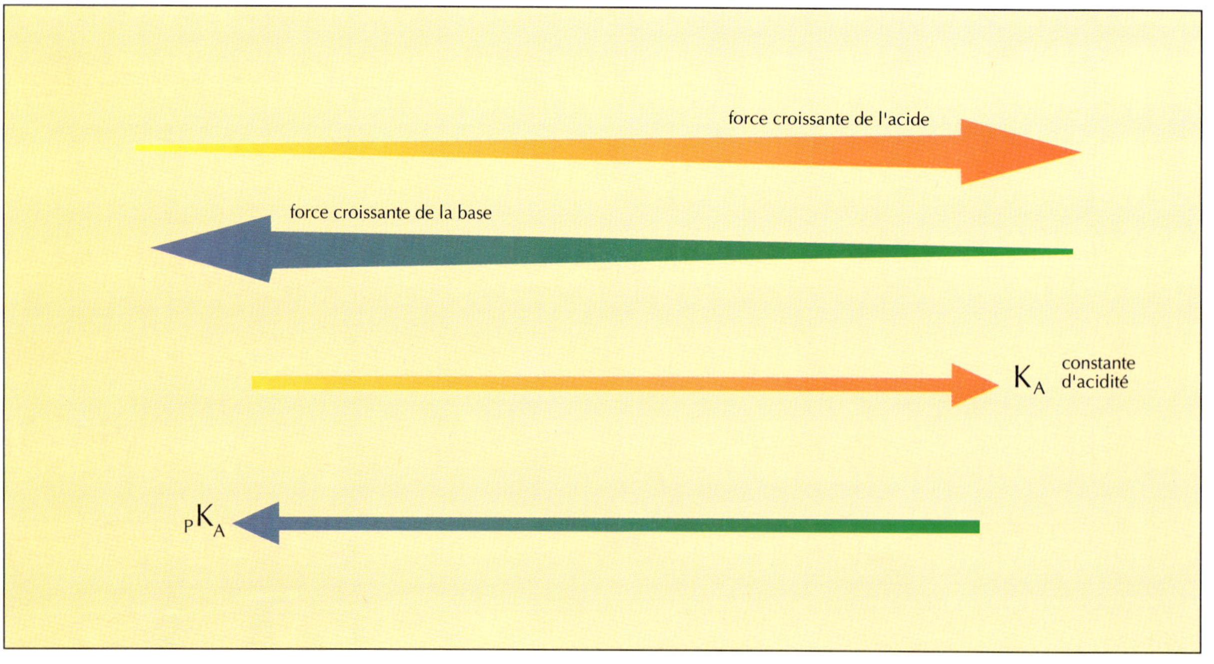

ACIDES	pK_A	BASES
acides forts		**bases indifférentes**
H_2SO_4 *(acide sulfurique)*		HSO_4^-
HCl *(chlorure d'hydrogène)*		Cl^-
HNO_3 *(acide nitrique)*		NO_3^-
réaction totale sur l'eau		pas de réaction sur l'eau
H_3O^+		**H_2O**
CCl_3CO_2H *(acide trichloro-éthanoïque)*	0,5	$CCl_3CO_2^-$
$H_2C_2O_4$ *(acide oxalique)*	1,25	$HC_2O_4^-$ *(ion hydrogéno-oxalate)*
CCl_2HCO_2H *(acide dichloro-éthanoïque)*	1,35	$CCl_2HCO_2^-$
bleu de thymol	1,6	(I)
H_3PO_4 *(acide phosphorique)*	2,15	$H_2PO_4^-$ *(dihydrogénophosphate)*
$^+H_3N—CH_2—COOH$	2,35	$^+H_3N—CH_2—CO_2^-$ *(amphion de glycine)*
$CClH_2CO_2H$ *(acide chloro-éthanoïque)*	2,85	$CClH_2CO_2^-$
HF *(fluorure d'hydrogène)*	3,2	F^-
hélianthine	3,5	(I)
HCO_2H *(acide formique)*	3,75	HCO_2^-
acides faibles		**bases faibles**
bleu de bromophénol	4,2	(II)
$C_6H_5CO_2H$ *(acide benzoïque)*	4,2	$C_6H_5CO_2^-$
$HC_2O_4^-$	4,3	$C_2O_4^{2-}$ *(oxalate)*
$C_6H_5NH_3^+$ *(ion anilinium)*	4,6	$C_6H_5NH_2$ *(aniline)*
CH_3CO_2H *(acide acétique)*	4,75	$CH_3CO_2^-$
vert de bromocrésol	4,9	(II)
$CO_2 + H_2O$ (CO_2, H_2O) *(acide carbonique)*	6,4	HCO_3^- *(ion hydrogénocarbonate)*
$H_2PO_4^-$	7,2	HPO_4^{2-} *(ion hydrogénophosphate)*
bleu de bromothymol	7,3	(II)
phénolphtaléine	8,7	(II)
bleu de thymol	9,2	(I)
NH_4^+	9,25	NH_3
$^+H_3N—CH_2—CO_2^-$	9,8	$NH_2—CH—CO_2^-$
C_6H_5OH *(phénol)*	9,9	$C_6H_5O^-$
HCO_3^-	10,4	CO_3^{2-} *(carbonate)*
$C_2H_5NH_3^+$ *(ion éthylammonium)*	10,8	$C_2H_5NH_2$ *(éthylamine)*
$(C_2H_5)_3NH^+$ *(ion triéthylammonium)*	10,9	$(C_2H_5)_3N$ *(triéthylamine)*
jaune d'alizarine	11,0	
$(C_2H_5)_2NH_2^+$ *(ion diéthylammonium)*	11,1	$(C_2H_5)_2NH$ *(diéthylamine)*
HPO_4^{2-}	12,4	PO_4^{3-} *(phosphate)*
équilibre avec l'eau		équilibre avec l'eau
H_2O	pK_A	**OH^-**
acides indifférents		**bases fortes**
CH_3OH		CH_3O^-
C_2H_5OH		$C_2H_5O^-$
NH_3		NH_2^-
pas de réaction sur l'eau		réaction totale sur l'eau

force croissante de l'acide

force croissante de la base

9. *Classement des pK_A des principaux indicateurs colorés en rapport avec certains couples acide-base.*

3/ COUPLES ACIDE-BASE DONT L'ACIDE EST FORT

Le terme « fort » associé à acide prend ici un sens particulier, distinct du sens comparatif précédent.

1. Définition

Un *acide fort* réagit totalement sur l'eau selon l'équation-bilan :

$$A_{(aq)} + H_2O \longrightarrow B_{(aq)} + H_3O^+_{(aq)}$$

Exemple : $HCl_{(aq)} + H_2O \longrightarrow Cl^-_{(aq)} + H_3O^+_{(aq)}$.
Un acide fort est donc plus fort que l'acide $H_3O^+_{(aq)}$.

2. Base conjuguée

La *base conjuguée* d'un acide fort ne réagit pas sur l'eau, elle ne déplace pas l'équilibre ionique de l'eau.

Elle est dite indifférente.

La base conjuguée d'un acide fort est *plus faible* que H_2O, base conjuguée de $H_3O^+_{(aq)}$.

3. Nivellement des acides forts en solution aqueuse

Quel que soit l'acide fort, en solution aqueuse, il donne totalement, mole à mole, l'acide ion hydronium $H_3O^+_{(aq)}$.

Cet ion $H_3O^+_{(aq)}$ est donc l'acide le plus fort existant dans l'eau après la réaction de dissolution.

On ne peut classer entre eux des acides forts dans l'eau : on ne peut en effet mesurer des constantes d'acidité pour ces acides par suite de leur dissociation totale. On dit qu'il y a nivellement de la force de ces acides dans l'eau.

4/ COUPLES ACIDE-BASE DONT LA BASE EST FORTE

1. Définition

Une *base forte* réagit totalement sur l'eau **(fig. 10)** selon l'équation-bilan :

$$B_{(aq)} + H_2O \longrightarrow A_{(aq)} + OH^-_{(aq)}$$

Exemple :

$$C_2H_5O^-_{(aq)} + H_2O \longrightarrow C_2H_5OH_{(aq)} + OH^-_{(aq)}.$$

Une base forte est donc *plus forte* que la base ion hydroxyde $OH^-_{(aq)}$.

2. Acide conjugué

L'*acide conjugué* d'une base forte ne réagit pas sur l'eau, il ne déplace pas l'équilibre ionique de l'eau.

Il est dit indifférent.

L'acide conjugué d'une base forte est *plus faible* que l'acide H_2O, conjugué de $OH^-_{(aq)}$.

Exemple : l'éthanol est un acide indifférent dans l'eau.

3. Nivellement des bases fortes en solution aqueuse

Quelle que soit la base forte en solution aqueuse, elle donne totalement, mole à mole, la base ion hydroxyde $OH^-_{(aq)}$.

Cet ion $OH^-_{(aq)}$ est donc la base la plus forte existant dans l'eau après la réaction de dissolution.

On ne peut classer entre elles des bases fortes dans l'eau : on ne peut en effet mesurer des constantes d'acidité pour de tels couples complètement dissociés. On dit qu'il y a nivellement de la force de ces bases dans l'eau.

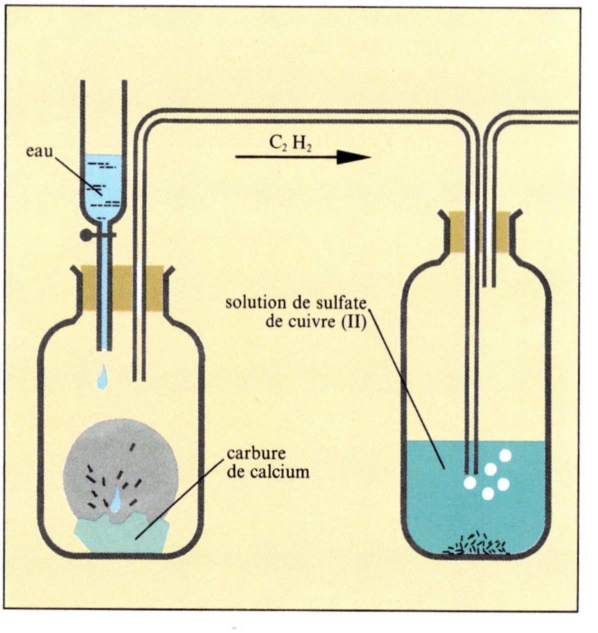

10. *Hydrolyse du carbure de calcium. Celui-ci contient les ions calcium* Ca^{2+} *et les ions acétylènure* C_2^{2-}. ***L'ion acétylènure est une base forte*** *qui réagit totalement avec l'eau pour donner de l'acétylène. La solution de sulfate de cuivre (II) purifie l'acétylène formé* $C_2^{2-} + 2\,H_2O \longrightarrow C_2H_2 + 2\,OH^-$. *Des impuretés noires apparaissent dans la solution.*

L'ESSENTIEL

• Pour un couple acide-base en solution aqueuse qui donne lieu à un équilibre chimique :

$$A_{(aq)} + H_2O \rightleftarrows B_{(aq)} + H_3O^+_{(aq)}$$

Les concentrations de l'acide et de la base lorsque l'équilibre chimique est atteint sont liées à celle des ions hydronium par la relation :

$$K_A = \frac{[\text{Base}_{(aq)}] \cdot [H_3O^+_{(aq)}]}{[\text{Acide}_{(aq)}]}$$

K_A est la **constante d'acidité** du couple acide-base. Cette relation peut s'écrire sous la forme équivalente :

$$\text{pH} = \text{p}K_A + \lg \frac{[\text{Base}_{(aq)}]}{[\text{Acide}_{(aq)}]}$$

• La proportion de l'acide et de la base dépend du pH.

$\text{p}K_A - 1$	$\text{p}K_A$	$\text{p}K_A + 1$	→ pH
[Acide] > [Base]		[Base] > [Acide]	

[Acide] ≫ [Base]	[Acide] du même ordre de grandeur que [Base]	[Acide] ≪ [Base]	→ pH
$\text{p}K_A - 1$	$\text{p}K_A$	$\text{p}K_A + 1$	

• Les couples acide-base donnant un équilibre chimique avec l'eau peuvent être classés avec leur $\text{p}K_A$.

L'acide est **d'autant plus fort** et la base d'autant plus faible que **le $\text{p}K_A$ est petit.**

L'acide est **d'autant plus faible** et la base d'autant plus forte que **le $\text{p}K_A$ est grand.**

• Les acides réagissant totalement avec l'eau donnent l'ion $H_3O^+_{(aq)}$. Ils sont dits **acides forts** et leur base conjuguée est indifférente car elle ne réagit pas avec l'eau. L'acide le plus fort pouvant exister dans l'eau est l'ion $H_3O^+_{(aq)}$. Les acides forts dissous dans l'eau sont plus forts que l'acide $H_3O^+_{(aq)}$. On ne peut pas définir K_A.

• Les bases réagissant totalement avec l'eau donnent l'ion $OH^-_{(aq)}$. Elles sont dites **bases fortes** et leur acide conjugué est indifférent car il ne réagit pas avec l'eau. La base la plus forte pouvant exister dans l'eau est l'ion $OH^-_{(aq)}$. Les bases fortes dissoutes dans l'eau sont plus fortes que la base $OH^-_{(aq)}$. On ne peut pas définir K_A.

← FORCE CROISSANTE DES ACIDES ←

	$H_3O^+_{(aq)}$	H_2O
Acides forts réaction totale avec l'eau	**Acides faibles** équilibre avec l'eau	**Acides inertes** pas de réaction avec l'eau
	→ $\text{p}K_A$	
Bases inertes pas de réaction avec l'eau	**Bases faibles** équilibre avec l'eau	**Bases fortes** réaction totale avec l'eau
	H_2O	$OH^-_{(aq)}$

→ FORCE CROISSANTE DES BASES →

EXERCICES RÉSOLUS

1 Déterminer les volumes V_a d'une solution aqueuse d'acide éthanoïque de concentration

$$c_a = 2{,}0 \times 10^{-1}\ \text{mol} \cdot \text{l}^{-1}$$

et V_b d'une solution aqueuse d'éthanoate de sodium de concentration

$$c_b = 4{,}0 \times 10^{-1}\ \text{mol} \cdot \text{l}^{-1}$$

à mélanger pour obtenir 0,75 litre de mélange de pH = 5,4.
Le pK_A du couple acide éthanoïque/ion éthanoate est pris égal à 4,8.
L'éthanoate de sodium est entièrement dissocié en ions $CH_3CO_{2\,(aq)}^-$ et $Na_{(aq)}^+$.

SOLUTION

• **L'équilibre chimique** réalisé dans la solution est :

$$CH_3CO_2H_{(aq)} + H_2O \rightleftarrows CH_3CO_{2\,(aq)}^- + H_3O_{(aq)}^+$$

• **Les espèces chimiques** en solution sont :

$$CH_3CO_{(aq)}^{2-},\ H_3O_{(aq)}^+,\ OH_{(aq)}^-,\ Na_{(aq)}^+,\ CH_3CO_2H_{(aq)}$$

• **La mesure du pH permet de déterminer la concentration des ions hydronium :**

$$\text{pH} = 5{,}4$$

donc $[H_3O_{(aq)}^+] = 4{,}0 \times 10^{-6}\ \text{mol} \cdot \text{l}^{-1}$

• **Le produit ionique de l'eau permet de calculer la concentration des ions hydroxyde :**

$$[H_3O_{(aq)}^+] \times [OH_{(aq)}^-] = K_e = 1{,}0 \times 10^{-14}$$

$$[OH_{(aq)}^-] = \frac{1{,}0 \times 10^{-14}}{4{,}0 \times 10^{-6}} = 2{,}5 \times 10^{-9}\ \text{mol} \cdot \text{l}^{-1}$$

• Les nouvelles concentrations des substances apportées dans la solution sont :

en acide éthanoïque $a = \dfrac{c_a V_a}{V_a + V_b}$

en éthanoate de sodium $b = \dfrac{c_b V_b}{V_a + V_b}$

• **La neutralité électrique de la solution s'écrit :**

$$[H_3O_{(aq)}^+] + [Na_{(aq)}^+] = [CH_3CO_{2\,(aq)}^-] + [OH_{(aq)}^-] \quad (1)$$

L'ion $Na_{(aq)}^+$ est un ion indifférent, il ne réagit pas sur l'eau.
Sa concentration est donc $[Na_{(aq)}^+] = b$.
L'équation (1) s'écrit :

$$[CH_3CO_{2\,(aq)}^-] = [Na_{(aq)}^+] + [H_3O_{(aq)}^+] - [OH_{(aq)}^-]$$

$[H_3O_{(aq)}^+]$ et $[OH_{(aq)}^-]$ sont négligeables devant $[Na_{(aq)}^+]$ pour des volumes V_a et V_b du même ordre de grandeur (et même pour un rapport de 1 à 1 000).

$$[CH_3CO_{2\,(aq)}^-] \approx [Na_{(aq)}^+]$$

donc $\boxed{[CH_3CO_{2\,(aq)}^-] \approx b}$

• **La conservation de la matière** s'écrit :

$$[CH_3CO_2H_{(aq)}] + [CH_3CO_{2\,(aq)}^-] = a + b$$

$$[CH_3CO_2H_{(aq)}] = a + b - [CH_3CO_{2\,(aq)}^-]$$

$$= a + b - b$$

donc $\boxed{[CH_3CO_2H_{(aq)}] \approx a}$

• La constante d'acidité du couple est

$$K_A = \frac{[CH_3CO_{2\,(aq)}^-] \times [H_3O_{(aq)}^+]}{[CH_3CO_2H_{(aq)}]}$$

soit $\dfrac{[CH_3CO_{2\,(aq)}^-]}{[CH_3CO_2H_{(aq)}]} = \dfrac{K_A}{[H_3O_{(aq)}^+]}$

$$\frac{K_A}{[H_3O_{(aq)}^+]} \approx \frac{b}{a} = \frac{c_b V_b}{c_a V_a}$$

d'où $\dfrac{V_b}{V_a} = \dfrac{K_A \times c_a}{[H_3O_{(aq)}^+] \times c_b}$

Remplaçons K_a, c_a, c_b et $H_3O_{(aq)}^+$ par leurs valeurs

$$\frac{V_b}{V_a} = \frac{10^{-4{,}8}}{10^{-5{,}4}} \times \frac{2{,}0 \times 10^{-1}}{4{,}0 \times 10^{-1}}$$

$$\frac{V_b}{V_a} = 10^{0{,}6} \times \frac{1}{2} = \frac{4}{2} = 2$$

d'où $V_b = 2V_a$ et comme $V_a + V_b = 0{,}75$ l il s'ensuit

$3V_a = 0{,}75$ l $\boxed{V_a = 0{,}25\ \text{l} \quad V_b = 0{,}50\ \text{l}}$

Il faut donc mélanger 0,25 l de solution d'acide éthanoïque et 0,50 l de solution d'éthanoate de sodium.

BAC

2 Toutes les solutions sont supposées à la température de 25 °C.
1. Une solution S_1 d'hydroxyde de sodium (soude) a un pH égal à 12,0.
Calculer la concentration molaire des différentes espèces en solution.
2. Une solution S_2 de chlorure d'ammonium a un pH égal à 5,6 pour une concentration molaire $c = 1{,}0 \cdot 10^{-2}\ \text{mol} \cdot \text{l}^{-1}$.
a. Préciser les couples acide-base en équilibre dans cette solution.
b. Calculer les concentrations molaires des différentes espèces en solution.
c. Déterminer le pK_A du couple dont l'acide est l'ion ammonium.

3. on dispose d'une solution S_3 d'ammoniac de concentration molaire $c' = 1{,}0 \cdot 10^{-1}$ mol·l⁻¹.
Quel volume de cette solution faut-il ajouter à 20,0 cm³ de la solution S_2 de chlorure d'ammonium pour obtenir une solution de pH égal à 9,2?

(Aix-en-Provence; 86-D)

SOLUTION

1. L'hydroxyde de sodium se dissocie totalement en solution aqueuse suivant la réaction d'équation :

$$NaOH_{(s)} + H_2O \longrightarrow Na^+_{(aq)} + OH^-_{(aq)} + H_2O$$

L'équilibre d'autoprotolyse de l'eau a toujours lieu :

$$2\,H_2O \rightleftarrows H_3O^+_{(aq)} + OH^-_{(aq)} \qquad (1)$$

Les espèces présentes dans la solution sont donc :

$$Na^+_{(aq)},\quad OH^-_{(aq)},\quad H_3O^+_{(aq)}$$

La connaissance du pH permet de calculer $[H_3O^+_{(aq)}]$

$$[H_3O^+_{(aq)}] = 10^{-pH} = 10^{-12}\ \text{mol}\cdot\text{l}^{-1}$$

D'après le produit ionique de l'eau :

$$[OH^-_{(aq)}] = \frac{K_e}{[H_3O^+_{(aq)}]}$$

$$[OH^-_{(aq)}] = \frac{10^{-14}}{10^{-12}} = 10^{-2}\ \text{mol}\cdot\text{l}^{-1}$$

L'électroneutralité s'écrit :

$$[Na^+_{(aq)}] + (H_3O^+_{(aq)}] = [OH^-_{(aq)}]$$

soit $\quad [Na^+_{(aq)}] \approx [OH^-_{(aq)}] = 10^{-2}\ \text{mol}\cdot\text{l}^{-1}$

2. a. Le chlorure d'ammonium est entièrement dissocié en solution aqueuse selon la réaction d'équation

$$NH_4Cl_{(s)} + H_2O \longrightarrow NH^+_{4\,(aq)} + Cl^-_{(aq)} + H_2O$$

Les ions ammonium réagissent partiellement avec l'eau selon l'équation :

$$NH^+_{4\,(aq)} + H_2O \rightleftarrows NH_{3\,(aq)} + H_3O^+_{(aq)}$$

Les couples acide-base mis en jeu sont donc :

$$NH^+_{4\,(aq)}/NH_{3\,(aq)} \quad \text{et} \quad H_3O^+_{(aq)}/H_2O$$

b. Dans la solution S_2, compte tenu de (1), les espèces présentes sont les suivantes :

$$NH^+_{4\,(aq)},\ Cl^-_{(aq)},\ H_3O^+_{(aq)},\ OH^-_{(aq)},\ NH_{3\,(aq)}$$

Le pH de la solution S_2 vaut 5,6 donc

$$[H_3O^+_{(aq)}] = 10^{-5,6} = 2{,}5 \cdot 10^{-6}\ \text{mol}\cdot\text{l}^{-1}$$

D'après le produit ionique de l'eau

$$[OH^-_{(aq)}] = 4{,}0 \cdot 10^{-9}\ \text{mol}\cdot\text{l}^{-1}$$

L'électroneutralité de la solution s'écrit :

$$[NH^+_{4\,(aq)}] + [H_3O^+_{(aq)}] = [Cl^-_{(aq)}] + [OH^-_{(aq)}]$$

Or $Cl^-_{(aq)}$ est un ion indifférent :

$$[Cl^-_{(aq)}] = c = 1{,}0 \times 10^{-2}\ \text{mol}\cdot\text{l}^{-1}$$

On en déduit

$$[NH^+_{4\,(aq)}] = [Cl^-_{(aq)}] + [OH^-_{(aq)}] - [H_3O^+_{(aq)}]$$
$$\approx [Cl^-_{(aq)}] = 1{,}0 \times 10^{-2}\ \text{mol}\cdot\text{l}^{-1}$$

La conservation de la matière se traduit par :

$$[NH_{3\,(aq)}] + [NH^+_{4\,(aq)}] = c$$

soit $\quad [NH_{3\,(aq)}] = c - [NH^+_{4\,(aq)}]$

$$[NH_{3\,(aq)}] = c - [Cl^-_{(aq)}] - [OH^-_{(aq)}] + [H_3O^+_{(aq)}]$$
$$= c - c + [H_3O^+_{(aq)}] - [OH^-_{(aq)}]$$
$$[NH_{3\,(aq)}] \approx [H_3O^+_{(aq)}] = 2{,}5 \cdot 10^{-6}\ \text{mol}\cdot\text{l}^{-1}$$

c. La constante d'acidité permet d'écrire :

$$pH = pK_A + \lg \frac{[NH_{3\,(aq)}]}{[NH^+_{4\,(aq)}]}$$

soit

$$pK_A = pH - \lg \frac{[NH_{3\,(aq)}]}{[NH^+_{4\,(aq)}]} = 5{,}6 - \lg \frac{2{,}5 \cdot 10^{-6}}{10^{-2}}$$

$$pK_A = 5{,}6 - \lg 2{,}5 \cdot 10^{-4}$$

$$pK_A = 5{,}6 + 3{,}6 = 9{,}2$$

3. On réalise un mélange d'acide et de base conjugués.

Calculons les nouvelles concentrations des substances apportées dans le mélange, en appelant V' le volume cherché :

pour le chlorure d'ammonium : $\quad a = \dfrac{cV_2}{V' + V_2}$

pour l'ammoniac : $\quad b = \dfrac{c'V'}{V' + V_2}$.

L'ion chlorure étant indifférent $[Cl^-_{(aq)}] = a$.

La solution contient les espèces suivantes :

$$Cl^-_{(aq)},\ NH^+_{4\,(aq)},\ H_3O^+_{(aq)},\ OH^-_{(aq)},\ NH_{3\,(aq)}$$

La connaissance de la valeur du pH et de K_e permet d'exprimer

$$[H_3O^+_{(aq)}] = 10^{-9,2}\ \text{mol}\cdot\text{l}^{-1}$$

et $\quad [OH^-_{(aq)}] = 10^{-4,8}\ \text{mol}\cdot\text{l}^{-1}$

L'électroneutralité de la solution permet de déterminer

$$[NH^+_{4\,(aq)}] = [Cl^-_{(aq)}] + [OH^-_{(aq)}] - [H_3O^+_{(aq)}] \approx a + 10^{-4,8}$$

La conservation de la matière s'écrit :

$$[NH_{3\,(aq)}] + [NH^+_{4\,(aq)}] = a + b$$

donc $\quad [NH_{3\,(aq)}] = a + b - [NH^+_4] = a + b - a - 10^{-4,8}$

$$[NH_{3\,(aq)}] = b - 10^{-4,8}$$

En supposant que $10^{-4,8}$ soit négligeable devant a et b on peut écrire $[NH^+_{4\,(aq)}] \approx a$ et $[NH_{3\,(aq)}] \approx b$.
On veut obtenir une solution de $pH = pK_A = 9{,}2$ ce qui implique que :

$$[NH_{3\,(aq)}] = [NH^+_{4\,(aq)}]$$

d'après $pH = pK_A + \log \dfrac{[NH_{3\,(aq)}]}{[NH^+_{4\,(aq)}]}$.

On obtient l'égalité $a = b$ soit $cV_2 = c'V'$

$$V' = \frac{cV_2}{c'}$$

A.N. : $\quad V' = \dfrac{1{,}0 \cdot 10^{-2}}{1{,}0 \cdot 10^{-1}} \times 20{,}0 = 2{,}0\ \text{cm}^3$.

(On pourra vérifier que l'approximation précédente était légitime.)

ACIDE FAIBLE EN SOLUTION AQUEUSE

3 $\mathbf{A_2}$-$\mathbf{B_3}$ Le pH d'une solution aqueuse d'acide éthanoïque de concentration $c = 5{,}0 \times 10^{-2}$ mol·l^{-1} est 3,0.
Déterminer les concentrations de toutes les espèces chimiques présentes en solution. Quelles sont les espèces majoritaires, minoritaires et ultra-minoritaires?
En déduire la valeur du pK_A du couple acide éthanoïque/ion éthanoate.

4 $\mathbf{A_2}$-$\mathbf{B_3}$ Mêmes questions pour une solution de phénol, de formule C_6H_5OH, de concentration

$$2{,}0 \times 10^{-2} \text{ mol·l}^{-1}$$

dont le pH est 5,8.

5 $\mathbf{A_2}$-$\mathbf{B_3}$ Mêmes questions pour une solution de chlorure de triéthylammonium, $(C_2H_5)_3NHCl$ de concentration 0,10 mol·l^{-1}, dont le pH est 5,9. Le chlorure de triéthylammonium est totalement dissocié en solution aqueuse en ions $(C_2H_5)_3NH^+$ et Cl^-.

6 $\mathbf{A_2}$-$\mathbf{B_3}$ Mêmes questions pour une solution d'acide méthanoïque de concentration $5{,}0 \times 10^{-3}$ mol·l^{-1}, dont le pH est 3,0.

7 $\mathbf{A_2}$-$\mathbf{B_3}$ Mêmes questions pour une solution de chlorure d'ammonium de concentration $c = 5{,}0 \times 10^{-2}$ mol·l^{-1}, de pH = 5,3.

BASE FAIBLE EN SOLUTION AQUEUSE

8 $\mathbf{A_2}$-$\mathbf{B_3}$ Une solution aqueuse d'éthylamine $C_2H_5NH_2$ de concentration $3{,}0 \times 10^{-2}$ mol·l^{-1} a un pH de 11,6.
Quelles sont les espèces chimiques présentes en solution? Déterminer leurs concentrations. Quelles sont les espèces majoritaires, minoritaires et ultra-minoritaires? Déterminer une valeur du pK_A et de la constante d'acidité du couple ion éthylammonium/éthylamine.

9 $\mathbf{A_2}$-$\mathbf{B_3}$ Une solution aqueuse de phénate de sodium C_6H_5ONa (totalemnt dissocié en ions phénate $C_6H_5O^-$ et sodium Na^+) a un pH de 11,1. Sachant que le pK_A du couple phénol/ion phénate est de 9,9, en déduire :

1. Les concentrations des espèces chimiques en solution;

2. Le caractère majoritaire, minoritaire ou ultra-minoritaire de ces espèces;

3. La masse de phénate de sodium dissoute dans un litre de solution.

10 $\mathbf{A_2}$-$\mathbf{B_3}$ Une solution aqueuse d'ammoniac de concentration $c = 1{,}0 \times 10^{-3}$ mol·l^{-1} a un pH = 10,1.

1. Déterminer les concentrations des espèces chimiques présentes en solution et leur caractère majoritaire, minoritaire ou ultra-minoritaire.

2. En déduire la constante d'acidité et le pK_A du couple NH_4^+/NH_3.

MÉLANGE ACIDE FAIBLE-BASE FAIBLE CONJUGUÉS

11 $\mathbf{A_2}$-$\mathbf{B_2}$-$\mathbf{B_3}$ On mélange 10,0 cm^3 d'une solution aqueuse de chlorure d'ammonium $1{,}0 \times 10^{-2}$ mol·l^{-1} et 20,0 cm^3 d'une solution aqueuse d'ammoniac $2{,}0 \times 10^{-2}$ mol·l^{-1}. Le pH de la solution obtenue est 9,85.
Calculer les concentrations en l'acide et la base conjugués dans cette solution ainsi que le pK_A du couple. Démontrer tous les résultats intermédiaires et expliquer les approximations faites.

12 $\mathbf{A_2}$-$\mathbf{B_3}$ Quels volumes de solutions d'acide méthanoïque HCOOH de concentration $2{,}0 \times 10^{-2}$ mol·l^{-1} et de méthanoate de sodium HCOONa de concentration $3{,}0 \times 10^{-2}$ mol·l^{-1} doit-on mélanger pour obtenir un litre de solution de pH = 4,1? Le pK_A du couple est 3,75. On admettra que le méthanoate de sodium est totalement dissocié en solution aqueuse en ions méthanoate et sodium.

13 $\mathbf{A_2}$-$\mathbf{B_3}$-$\mathbf{C_2}$ L'acide phosphorique H_3PO_4 peut libérer successivement trois protons par réaction sur l'eau.

1. Écrire les équations des ionisations successives dans l'eau de cet acide. On les notera 1, 2 et 3 et on précisera les couples acide-base.

2. Quels volumes de solutions de même concentration $c = 2{,}0 \times 10^{-2}$ mol·l^{-1} de dihydrogénophosphate de sodium, NaH_2PO_4, et d'hydrogénophosphate de sodium, Na_2HPO_4, doit-on mélanger pour avoir 100,0 cm^3 d'un mélange de pH = 7,0? (Solution utilisable pour faire le tarage d'un pH-mètre.) On admettra que ces deux composés sont totalement dissociés en solution aqueuse, respectivement l'un en ions dihydrogénophosphate $H_2PO_4^-$ et ions sodium Na^+, l'autre en ions hydrogénophosphate HPO_4^{2-} et en ions sodium Na^+. Le pK_A du couple $H_2PO_4^-/HPO_4^{2-}$ est 7,2.
On considérera d'abord qu'il n'existe pas en solution d'acide phosphorique non dissocié, H_3PO_4, ni d'ions phosphate, PO_4^{3-} à ce pH.

3. Utiliser les constantes des couples 1 et 3 (les pK_A sont $pK_{A_1} = 2,15$ et $pK_{A_3} = 12,4$) pour évaluer, à partir des concentrations en ions dihydrogénosphosphate et hydrogénophosphate calculés à la question **2**, les concentrations en acide phosphorique et en ions phosphate. L'hypothèse faite à la question **2** est-elle justifiée à ce pH?

14 **A₂-B₃-C₂** Quels volumes de solutions de carbonate de sodium, Na_2CO_3 (totalement dissocié en solution aqueuse en ions carbonate CO_3^{2-} et en ions sodium) de concentration $4,0 \times 10^{-2}$ mol·l⁻¹ et d'hydrogénocarbonate de sodium (totalement dissocié en solution aqueuse en ions hydrogénocarbonate HCO_3^- et en ions sodium) de concentration $1,5 \times 10^{-2}$ mol·l⁻¹ doit-on mélanger pour obtenir 50,0 cm³ de solution de pH = 10,5?
On négligera la propriété basique de l'ion hydrogénocarbonate à ce pH, et on ne considérera que le couple HCO_3^-/CO_3^{2-}, de $pK_A = 10,2$.

CONCENTRATIONS RELATIVES EN ACIDE ET BASE CONJUGUÉS A UN pH FIXÉ

15 **A₂-B₃** Soit un litre d'une solution d'acide éthanoïque de concentration $1,0 \times 10^{-2}$ mol·l⁻¹. Le pK_A du couple acide éthanoïque/éthanoate est 4,75. Par des additions convenables de base ou d'acide, sans variation de volume, on peut fixer le pH de la solution aux valeurs 3,0; 5,0; 7,0; 9,0 et 11,0.
Déterminer pour chaque valeur du pH le rapport des concentrations en l'acide et la base conjugués, puis ces concentrations. Conclusion?

16 **A₂-B₃-C₁** On considère un volume de 500 cm³ d'une solution de carbonate de sodium Na_2CO_3, de concentration $5,0 \times 10^{-2}$ mol⁻¹. Le carbonate de sodium est totalement dissocié en ions carbonate CO_3^{2-} et sodium Na^+ en solution aqueuse. Les ions carbonate donnent les équilibres chimiques :

$$HCO_3^- + H_2O \rightleftarrows H_3O^+ + CO_3^{2-} \quad pK_{A_2} = 10,2$$
$$CO_2 + 2H_2O \rightleftarrows HCO_3^- + H_3O^+ \quad pK_{A_1} = 6,4$$

Par des additions convenables d'acide ou de base on peut fixer le pH, sans provoquer de variation de volume de la solution, aux valeurs 4,0; 6,0; 8,0; 10,0 et 12,0.

1. Déterminer pour chacune de ces valeurs du pH les concentrations en ions carbonate, hydrogénocarbonate HCO_3^- et en dioxyde de carbone dissous, $CO_{2\,(aq)}$. On donnera d'abord les rapports $[HCO_3^-]/[CO_3^{2-}]$ et $[CO_2]/[HCO_3^-]$. Reporter ces valeurs le long d'un axe gradué en valeurs de pH. Conclusion?

2. Pour quels pH a-t-on :
$[HCO_3^-] = [CO_3^{2-}]$ et $[CO_2] = [HCO_3^-]$?
Déterminer alors les concentrations en ces trois espèces.

INDICATEUR COLORÉ

17 **A₁-A₂** Définition d'un indicateur coloré. Qu'appelle-t-on zone de virage d'un indicateur coloré?
Une solution S est étudiée à l'aide de trois indicateurs colorés. Les renseignements et résultats sont les suivants :

INDICATEUR COLORÉ	ZONE DE VIRAGE	COLORATION		
		milieu pH = 1	milieu pH = 13	solution S
Phénolphtaléine	8,0 à 10,0	incolore	rose violacé	incolore
Bleu de bromothymol	6,2 à 7,6	jaune	bleu	jaune
Hélianthine	3,1 à 4,4	rouge	jaune	jaune

Quel est le caractère de la solution S et les limites que l'on peut attribuer à son pH? Citer un exemple de solution « saline » correspondant au caractère de la solution S.

18 **A₂-B₃** On mélange à volumes égaux deux solutions, l'une d'acide méthanoïque, l'autre contenant des ions méthanoate, à mêmes concentrations de l'ordre de 10^{-1} à 10^{-2} mol·l⁻¹.
Quelques gouttes de bleu de bromophénol (indicateur coloré dont la zone de virage est entre pH = 3,0 et pH = 4,6) donnent à la solution la teinte sensible. Sans utiliser d'autres données que celles de l'énoncé, montrer que l'on peut déterminer l'ordre de grandeur du pK_A du couple HCO_2H/HCO_2^-.

EXERCICES DE BACCALAURÉAT

19 **A₂-B₃** On considère une solution S d'acide monochloroéthanoïque CH_2ClCO_2H de concentration $1,0 \times 10^{-1}$ mol·l⁻¹. On prélève :
— 500 cm³ de S et on ajoute de l'eau pour obtenir un litre d'une solution appelée A.
— 200 cm³ de S et on ajoute de l'eau pour obtenir un litre d'une solution appelée B.
— 100 cm³ de S et on ajoute de l'eau pour obtenir un litre d'une solution appelée C.
1. Quelles sont les concentrations des solutions A, B, C? Classer ces solutions qualitativement par pH décroissant.
2. Indiquer les espèces chimiques susceptibles d'être trouvées dans ces solutions. Sachant que le pH de la solution A est 2,1, calculer les différentes concentrations des espèces chimiques de A; calculer la constante d'acidité K_A et le pK_A du couple acidobasique : $CH_2ClCO_2H/CH_2ClCO_2^-$

3. Sachant que le pK_A du couple $CH_3CO_2H/CH_3CO_2^-$ est de 4,75, comparer la force des deux acides.

(Orléans-Tours; 81-CE)

20 **A₁-A₂-B₃** L'acide méthanoïque (acide formique) est un acide organique de formule HCOOH; sa base conjuguée est l'ion méthanoate (formiate).
1. Écrire l'équation de la réaction correspondant à sa mise en solution dans l'eau; donner l'expression

littérale de sa constante d'acidité K_A; calculer K_A sachant que $pK_A = 3,75$.

2. On prépare une solution d'acide méthanoïque dont le pH est 2,6.
Calculer la quantité de matière d'acide qui a été dissoute par litre de solution.

3. L'acide éthanoïque (acétique) a pour $pK_A = 4,75$. Comparer les forces respectives de l'acide éthanoïque et de l'acide méthanoïque en solution dans l'eau, ainsi que celles de leurs bases conjuguées.

(Orléans-Tours; 81-D)

21 A_2-B_3 On réalise différentes solutions en mélangeant à chaque opération une solution aqueuse d'acide éthanoïque (acide acétique) de volume V_A et une solution aqueuse d'éthanoate de sodium (acétate de sodium) de volume V_B.
Les solutions d'acide éthanoïque et d'éthanoate de sodium utilisées pour ces mélanges ont pour concentration $c = 1,0 \times 10^{-1}$ mol·l^{-1}.
Les valeurs du pH de ces solutions pour différents volumes V_A et V_B sont indiquées dans le tableau suivant :

V_B (ml)	10	10	10	10	10	20	30	40	50
V_A (ml)	50	40	30	20	10	10	10	10	10
pH	4,1	4,2	4,3	4,5	4,8	5,1	5,3	5,4	5,5

1. Montrer que $\frac{[CH_3COO^-]}{[CH_3COOH]} = \frac{V_B}{V_A}$.

2. Représenter graphiquement le pH en fonction de $\lg \frac{[CH_3COO^-]}{[CH_3COOH]}$.
Échelle :
— 10 cm sur l'axe horizontal correspondant à une unité de $\lg \frac{[CH_3COO^-]}{[CH_3COOH]}$.
— 10 cm sur l'axe vertical correspondant à une unité de pH.

3. Montrer que l'équation de la droite obtenue peut se mettre sous la forme

$$pH = A + B \lg \frac{[CH_3COO^-]}{[CH_3COOH]},$$

A et B étant deux constantes. Les calculer.

(Orléans-Tours; 82-CE)

22 A_2-B_3-B_4 Trois solutions aqueuses ont un pH identique de valeur égale à 2,7. La première est une solution de concentration $5,0 \times 10^{-3}$ mol·l^{-1} d'acide monochloroéthanoïque.
La seconde est une solution de concentration $2,5 \times 10^{-2}$ mol·l^{-1} d'acide éthanoïque.
La troisième est une solution de concentration $2,0 \times 10^{-3}$ mol·l^{-1} d'acide chlorhydrique.

1. Calculer la concentration des ions H_3O^+ dans ces solutions. A partir de ce résultat, classer ces trois acides par force croissante en justifiant, le plus simplement possible, cette classification.

2. Calculer le pK_A de l'acide monochloroéthanoïque.

3. Le comparer au pK_A de l'acide éthanoïque (4,8). Conclure.

(Grenoble; 82-CE)

23 A_2-B_3 Une solution aqueuse décimolaire d'acide méthanoïque (ou formique) a un pH égal à 2,4 à 25 °C.

1. a. Calculer les concentrations molaires des espèces chimiques présentes en solution.
b. Calculer la constante d'acidité K_A de cet acide.

2. La constante d'acidité de l'acide éthanoïque (ou acétique) étant de $10^{-4,75}$ à la même température que précédemment, quel est celui des deux acides précédents, à la même température, qui est le plus fort? Donner brièvement la raison de votre choix.
Le produit ionique de l'eau est de 10^{-14} à 25 °C.

(Lille; 83-CE)

24 A_2-B_3-C_1 Le couple acide monochloroéthanoïque-ion monochloroéthanoate

$$CH_2ClCOOH/CH_2ClCOO^-$$

est caractérisé par un pK_A égal à 2,9.

1. On a préparé une solution aqueuse d'acide monochloroéthanoïque de pH égal à 2,1. Calculer les concentrations molaires des espèces chimiques que l'on trouve dans cette solution.

2. Déduire des résultats précédents la concentration molaire de cette solution d'acide monochloroéthanoïque.

3. Quel volume d'eau faut-il ajouter à 100 cm^3 de la solution précédente pour obtenir une solution de pH égal à 2,9?

(Montpellier; 83-CE)

25 A_2-B_3-C_1 **1.** On considère deux litres d'une solution A d'acide propanoïque $CH_3—CH_2—CO_2H$ contenant 7,4 g de cet acide. Le pH de cette solution est 3,1. En déduire le pK_A du couple

$$CH_3—CH_2—CO_2H/CH_3—CH_2—CO_2^-$$

2. A partir de la solution A on souhaite réaliser une solution de pH = 5 et de volume 1,5 l. Pour cela, on mélange un volume V_A de la solution précédente à un volume V_B d'une solution de propanoate de sodium de concentration initiale $c_B = 1,0 \cdot 10^{-1}$ mol·l^{-1}.
En prenant $pK_A = 4,9$, valeur approchée du résultat de la première question, calculer V_A et V_B.

(Lyon; 83-CE)

26 A_2-B_3-C_1 **1.** Voici les pK_A de différents couples acide/base :

$CH_3CO_2H/CH_3CO_2^-$	4,75
$CH_2ClCO_2H/CH_2ClCO_2^-$	2,9
$CCl_3CO_2H/CCl_3CO_2^-$	0,7

Quel est l'acide le plus fort? Quel est l'acide le plus faible? Quelle est la base la plus forte?

2. On prend 100 cm^3 d'une solution de méthanoate de sodium (HCO_2Na) dont la concentration est $1,0 \cdot 10^{-1}$ mol·l^{-1} et on ajoute 50 cm^3 d'acide chlorhydrique de concentration $1,0 \cdot 10^{-1}$ mol·l^{-1}. Le pH de la solution est 3,8.
a. Préciser la nature et la concentration des espèces chimiques en solution.
b. En déduire le pK_A du couple HCO_2H/HCO_2^-.

(Lyon; 83-D)

27 **A_2-B_3-C_1** **1.** Quelle masse m d'éthanoate de sodium anhydre faut-il dissoudre dans 100 cm^3 d'acide chlorhydrique de concentration molaire 0,10 $mol \cdot l^{-1}$ pour obtenir une solution de pH = 2,0? On admet que cette addition ne modifie pas le volume de la solution.
Données : pK_A de l'acide éthanoïque = 4,75.
2. On dissout la même masse m de chlorure de sodium dans 100 cm^3 de la même solution chlorhydrique. Que peut-on dire du pH du mélange obtenu? Justifier.

(Nice-Corse; 83-D)

28 **A_1-A_2** L'acide méthanoïque a pour $pK_A = 3,8$.
Les affirmations suivantes sont-elles justes ou fausses?
Justifier la réponse dans chaque cas, sans calcul, mais en écrivant éventuellement des équations de réaction et en rappelant des définitions.
1. Une solution d'acide méthanoïque a un pH plus faible qu'une solution d'acide chlorhydrique de même concentration molaire.
2. L'acide éthanoïque de $pK_A = 4,75$ est plus faible que l'acide méthanoïque.
3. Une solution de méthanoate de sodium est neutre.
4. Un mélange, à concentrations molaires égales de méthanoate de sodium et d'acide méthanoïque, a un pH constant quand on le dilue deux fois.

(Toulouse; 83-D)

29 **A_2-B_3** On fait barboter un courant d'ammoniac NH_3 dans 100 cm^3 d'une solution aqueuse A de chlorure d'ammonium* de concentration molaire égale à 0,10 $mol \cdot l^{-1}$. Quand la dissolution est terminée, on obtient une solution B; le pH de la solution B est égal à 8,6.
Le volume de la solution B est le même que celui de la solution A.
1. Faire l'inventaire des diverses espèces chimiques présentes dans la solution B. Calculer leurs concentrations molaires (sauf celle de NH_3).
2. Le pK_A du couple NH_3/NH_4^+ est 9,2. Calculer la concentration molaire en NH_3 dans la solution B.
Quel volume d'ammoniac a-t-on dissous dans la solution A pour obtenir la solution B (volume molaire à utiliser ici : 22,4 $l \cdot mol^{-1}$)?

* *Le chlorure d'ammonium cristallisé a pour formule* NH_4Cl.

(Limoges; 83-D)

30 **A_2-B_3** On dissout du cyanure de potassium solide KCN dans de l'eau pour obtenir une solution de concentration $c = 1,0 \times 10^{-2}$ $mol \cdot l^{-1}$ et de pH = 10,6 à 25 °C.
La dissociation dans l'eau du cyanure de potassium est totale et l'ion potassium $K^+_{(aq)}$ est indifférent.
1. L'ion cyanure est-il :
— un acide fort?
— un acide faible?
— une base forte?
— une base faible?
Justifier la réponse, par exemple en comparant cette solution avec les solutions suivantes :
chlorure d'hydrogène (HCl) $1,0 \times 10^{-2}$ $mol \cdot l^{-1}$: pH = 2,0;
acide éthanoïque (CH_3COOH) $1,0 \times 10^{-2}$ $mol \cdot l^{-1}$: pH = 3,4;
éthanoate de sodium (CH_3COONa) $1,0 \times 10^{-2}$ $mol \cdot l^{-1}$: pH = 8,4;
hydroxyde de sodium (NaOH) $1,0 \times 10^{-2}$ $mol \cdot l^{-1}$: pH = 12,0.
2. Calculer les concentrations molaires des espèces chimiques autres que H_2O présentes dans la solution.
3. Calculer la constante d'acidité K_A et le pK_A du couple HCN/CN^-.

(Rouen; 83-D)

31 **A_1-A_2-B_3-C_1** *N.B* : Toutes les solutions aqueuses envisagées sont à la température de 25 °C.
L'acide benzoïque de formule C_6H_5COOH est un acide faible dont le pK_A vaut 4,2.
1. Après avoir défini un acide, rappeler la différence entre un acide fort et un acide faible.
2. Écrire l'équation traduisant l'action de cet acide sur l'eau.
3. Une solution aqueuse d'acide benzoïque de concentration molaire c_1 inconnue a un pH égal à 3,1.
a. Mis à part l'eau, quelles sont les espèces chimiques présentes en solution?
b. Exprimer, puis calculer, les concentrations molaires de ces espèces chimiques.
c. Quelle masse d'acide benzoïque faut-il utiliser pour préparer 1 litre de la solution?
4. On mélange un volume V_2 d'une solution de benzoate de sodium de concentration molaire c_2 à un volume V_1 de la solution d'acide benzoïque précédente, et l'on obtient une solution de pH égal à 4,2.
Énumérer les espèces chimiques présentes dans la solution; donner en les justifiant les expressions littérales des concentrations molaires de ces espèces.
Quel volume V_2 de solution de benzoate de sodium peut-on utiliser dans le cas où

$c_2 = 5,0 \times 10^{-2}$ $mol \cdot l^{-1}$ et $V_1 = 400$ cm^3?

(Lyon; 84-D)

32 **A_2-B_3** Influence de la dissolution de CO_2 atmosphérique sur le pH de l'eau distillée.
Lorsque de l'eau distillée est mise en présence d'air atmosphérique, le dioxyde de carbone s'y dissout et réagit comme un monoacide faible suivant l'équation :

$$CO_{2\ dissous} + 2H_2O \rightleftarrows HCO_3^- + H_3O^+$$

La constante d'acidité du couple $(CO_2)_{dissous}/HCO_3^-$ est :

$$\frac{[HCO_3^-]\,[H_3O^+]}{[(CO_2)_{dissous}]} = 4,27 \times 10^{-7}$$

Le pH de la solution ainsi obtenue est 5,55.
1. On demande de faire le bilan des espèces chimiques présentes dans la solution et de calculer les concentrations molaires.
2. En déduire, en mole, la quantité de molécules de CO_2 initialement dissoutes par litre d'eau.
3. On se pose la question de savoir si la présence du couple $(CO_2)_{dissous}/HCO_3^-$ intervient dans la mesure du pH d'une solution chlorhydrique.
Soit une solution chlorhydrique, de concentration molaire c_0 fabriquée avec cette eau; le pH de cette solution est 2.
a. Citer les espèces en solution.

b. Calculer le rapport $\frac{[HCO_3^-]}{[(CO_2)\text{ dissous}]}$ dans la solution chlorhydrique.
c. En déduire la valeur de c_0.
d. Conclusion.

(Paris; 83-CE)

33 **A₂-B₃-C₁** Trois solutions aqueuses ont le même pH égal à 2,5. La première contient $5{,}9 \cdot 10^{-3}$ mole par litre d'acide chloro-2 propanoïque ($CH_3—CHCl—CO_2H$), la seconde $1{,}2 \cdot 10^{-1}$ mole par litre d'acide chloro-3 propanoïque ($CH_2Cl—CH_2—CO_2H$) et la troisième $3{,}2 \cdot 10^{-3}$ mole par litre d'un monoacide de formule AH.
1. L'acide AH est-il fort ou faible?
2. Calculer pour chacune des deux solutions d'acide chloropropanoïque les concentrations molaires des deux espèces acide et base conjuguées.
3. Calculer la constante d'acidité de l'acide chloro-2 propanoïque puis celle de l'acide chloro-3 propanoïque. En déduire les pK_A de ces deux acides. Quel est le plus fort?
4. Le pK_A de l'acide propanoïque a pour valeur 4,9. Donner deux conclusions relatives à l'influence de la substitution halogénée sur la force d'un acide carboxylique.

(Besançon; 85-D)

34 **A₂-B₃-C₁** Soit le couple acide-base

$$CH_2ClCO_2H/CH_2ClCO_2^-$$

dont le $pK_A = 2{,}9$.
1. Sur un axe gradué en pH définir le domaine de prédominance de CH_2ClCO_2H et de $CH_2ClCO_2^-$. Justifier la réponse. (Une espèce A est majoritaire sur une espèce B si $\frac{[A]}{[B]} > 10$.)
2. Une solution de concentration molaire c d'acide monochloroéthanoïque a un pH = 2,1. Calculer les concentrations molaires des différentes espèces chimiques en solution. En déduire la concentration initiale de l'acide.
3. On veut préparer une solution de pH = 2,9 en ajoutant à 50,0 ml d'une solution d'acide monochloroéthanoïque de concentration molaire $5{,}0 \cdot 10^{-2}$ mol·l^{-1}, x ml d'une solution de monochloroéthanoate de sodium $1{,}0 \cdot 10^{-1}$ mol·l^{-1}. Calculer x.

(Bordeaux; 86-CE)

35 **A₁-B₂** **1.** Rappeler les définitions :
a. d'un acide
b. du pH d'une solution aqueuse
c. d'un acide fort en solution aqueuse
d. de la constante d'acidité d'un couple acide-base.
2. A propos de solutions aqueuses de monoacides dont les concentrations sont comprises entre 10^{-1} et 10^{-5} mol·l^{-1}, on énonce les affirmations suivantes :
a. Dans le cas d'un acide fort, la connaissance de la concentration de la solution est suffisante pour en déduire le pH.
b. Plus on dilue un acide faible, plus son comportement se rapproche de celui d'un acide fort.
c. Entre deux acides, celui dont la solution a le pH le plus faible, est le plus fort.
Justifier ou réfuter les affirmations ci-dessus.
La justification sera faite en 3 ou 4 lignes au maximum, puis illustrée par un exemple numérique si vous pensez que l'affirmation est vraie.
La réfutation sera aussi justifiée en quelques lignes et sera appuyée par un contre-exemple numérique, si vous pensez que l'affirmation est fausse.
Pour trouver ces exemples, vous pourrez utiliser vos connaissances concernant les acides forts et certaines des données ci-dessous qui concernent l'acide méthanoïque.
Acide méthanoïque : K_a : $1{,}8 \times 10^{-4}$
concentration $1{,}0 \cdot 10^{-1}$ mol·l^{-1} : pH 2,4
concentration $1{,}0 \cdot 10^{-3}$ mol·l^{-1} : pH 3,4.

(Lille; 87-CE)

36 **A₂-B₃** On veut préparer 100 ml d'une solution de pH égal à 4,8 en mélangeant un volume V_A d'acide éthanoïque de concentration molaire $c_A = 2{,}0 \cdot 10^{-1}$ mol·l^{-1} et un volume V_B d'éthanoate de sodium de concentration $c_B = 5{,}0 \cdot 10^{-1}$ mol·l^{-1}.
Données :
pK_A du couple $CH_3CO_2H/CH_3CO_2^-$; $pK = 4{,}75$.
Produit ionique de l'eau à 25 °C; $K_e = 1{,}0 \times 10^{-14}$.
1. Démontrer l'expression $\frac{[CH_3CO_2^-]}{[CH_3CO_2H]} = \frac{c_B V_B}{c_A V_A}$.
Discuter la validité de cette expression.
2. Calculer V_A et V_B.
3. On ajoute 900 ml d'eau à la solution précédente. Le pH reste égal à 4,75. Quelle propriété est ainsi mise en évidence? Justifier cette propriété.

(Aix-Marseille; 86-CE)

37 **A₂-B₃** Le pH d'une solution aqueuse (S_1) d'acide fluorhydrique HF est égal à 2,65. Le pK_A du couple acide-base HF/F^- vaut 3,18. On appelle coefficient d'ionisation α de l'acide fluorhydrique le rapport du nombre de moles d'acide fluorhydrique ionisé sur le nombre de moles d'acide fluorhydrique mis en solution. Soit c_0 la concentration apportée de l'acide fluorhydrique.
1. Calculer les valeurs numériques de c_0 et α pour cette solution (S_1).
2. On met un ml de la solution (S_1) dans une fiole jaugée et on complète à deux litres avec de l'eau distillée. On obtient ainsi une solution (S_2).
a. Calculer la concentration c'_0 de (S_2).
b. On ajoute quelques gouttes des indicateurs colorés suivants dans (S_1) et (S_2).

Indicateurs colorés	dans (S_1)	dans (S_2)
rouge de bromocrésol	jaune	orangé
vert de bromocrésol	jaune	vert
bleu de bromothymol	jaune	jaune

En déduire le domaine possible des valeurs du pH ainsi que celles de $[H_3O^+]$ et du coefficient α de la solution (S_2). Que peut-on dire de l'ionisation de l'acide fluorhydrique quand on passe de la solution (S_1) à la solution (S_2)?

Indicateurs colorés	couleur de la forme acide	zone de virage	couleur de la forme basique
rouge de bromocrésol	jaune	5,2 - 6,8	rouge
vert de bromocrésol	jaune	3,8 - 5,4	bleu
bleu de bromothymol	jaune	6 - 7,6	bleu

(Amérique Centrale; 87-CE)

38 **A_2-B_3-C_1** Le couple NH_4^+/NH_3.

1. A 25 °C le pH d'une solution aqueuse S_0 d'ammoniac de concentration $c_0 = 1{,}0 \times 10^{-1}$ mol·l^{-1} est égal à 11,1.

a. Écrire l'équation-bilan de la réaction ayant lieu entre l'ammoniac et l'eau.

Calculer les concentrations molaires des différentes espèces chimiques présentes dans la solution (à l'exception de l'eau).

b. En déduire la valeur de la constante d'acidité K_A du couple NH_4^+/NH_3. Vérifier que la constante pK_A de ce couple est égale à 9,2.

2. A un litre de cette solution S_0 on ajoute du chlorure d'ammonium solide. On admettra que le volume de la solution ne varie pas. Le pH de la solution S_1 obtenue est égal à 9,2.

Comparer les concentrations molaires $[NH_4^+]$ et $[NH_3]$ dans S_1.

3. On ajoute une même quantité de chlorure d'ammonium solide d'une part à un litre de S_0 (on obtient une solution S_0'), d'autre part à un litre de S_1 (on obtient une solution S_1'); les volumes restent constants.

a. Dans quel sens varie le pH de chacune des solutions S_0 et S_1?

b. Dans un cas le pH varie de 0,1 unité, dans l'autre de 1,3 unité de pH.

Quel est le pH de S_0'? Quel est le pH de S_1'? Justifier brièvement votre réponse.

4. Au laboratoire on dispose de chacune des solutions suivantes :

A : solution aqueuse d'acide chlorhydrique

B : solution aqueuse d'ammoniac

C : solution aqueuse de chlorure d'ammonium

D : solution aqueuse d'hydroxyde de sodium (soude).

Toutes ces solutions ont même concentration ($c_0 = 0{,}10$ mol·l^{-1}).

On doit réaliser un volume $V = 30{,}0$ cm^3 d'une solution tampon de pH = 9,2 à partir de deux des 4 solutions A, B, C, D.

Indiquez une méthode de votre choix.

(Paris-Créteil-Versailles; 87-D)

39 **A_2-B_3-C_1** Les deux questions sont indépendantes.

Cinq béchers contiennent respectivement un même volume V de solutions différentes mais de même concentration égale à $c = 10^{-2}$ mol·l^{-1}.

Pour identifier chaque solution, on mesure le pH en numérotant le bécher correspondant.

N° bécher	1	2	3	4	5
pH	5,6	7	10,6	11,3	12

1. Chaque solution a été préparée par dissolution dans l'eau pure de l'un des cinq produits suivants :

— chlorure de sodium,

— chlorure d'ammonium,

— méthanamine (ou méthylamine),

— hydroxyde de sodium,

— ammoniac.

Identifier en justifiant (avec le minimum de calculs) la solution se trouvant dans chaque bécher. Pour cela on écrira l'équation-bilan de la réaction chimique s'étant produite avec l'eau au cours de la préparation de la solution; de plus on utilisera :

$K_A = 6{,}3 \times 10^{-10}$ pour le couple ion ammonium/ammoniac.

$K_A = 2{,}6 \times 10^{-11}$ pour le couple ion méthylammonium/méthanamine.

2. On mélange le contenu des deux béchers contenant l'un : la solution de chlorure d'ammonium, l'autre : la solution d'ammoniac. Le pH final est de 9,2.

Retrouver à partir de ces deux données la valeur du K_A du couple ion ammonium/ammoniac.

(Amiens; 87-D)

40 **A_2-B_3** Toutes les solutions sont à 25 °C.

1. Une solution aqueuse (A) d'un acide carboxylique R—COOH de concentration molaire $c_1 = 4{,}5 \times 10^{-3}$ mol·l^{-1} a un pH de 3,3.

a. Déterminer les concentrations molaires des espèces chimiques présentes dans la solution aqueuse (A).

b. En déduire la valeur de la constante d'acidité K_a du couple acide-base R—COOH/R—COO$^-$.

c. En utilisant les valeurs numériques du tableau ci-dessous, identifier le couple acide-base associé à la solution aqueuse (A).

Acide méthanoïque/ion méthanoate

$HCOOH/HCOO^-$ $K_a = 1{,}7 \times 10^{-4}$ p$K_A = 3{,}8$

Acide éthanoïque/ion éthanoate

CH_3COOH/CH_3COO^- $K_a = 1{,}8 \times 10^{-5}$ p$K_A = 4{,}7$

Acide propanoïque/ion propanoate

$C_2H_5COOH/C_2H_5COO^-$ $K_a = 1{,}4 \times 10^{-5}$ p$K_A = 4{,}9$

Acide benzoïque/ion benzoate

$C_6H_5COOH/C_6H_5COO^-$ $K_a = 6{,}3 \times 10^{-5}$ p$K_A = 4{,}2$.

2. On souhaite préparer 50 cm^3 d'une solution aqueuse de pH = 4,2; pour cela, on mélange;

— V_1 cm^3 de la solution initiale (A) d'acide carboxylique R—COOH de concentration molaire $c_1 = 4{,}5 \times 10^{-3}$ mol·l^{-1}.

— V_2 cm^3 d'une solution aqueuse (C) de carboxylate de sodium R—COONa de concentration molaire $c_2 = 3{,}0 \times 10^{-3}$ mol·l^{-1}.

a. En utilisant les approximations usuelles, sans les justifier, calculer V_1 et V_2.

(Paris-Créteil-Versailles; 88-CE)

Dosage à l'équivalence.

5

RÉACTION ACIDE FORT-BASE FORTE

La réaction entre une solution d'acide fort et une solution de base forte est en fait une réaction entre les ions hydronium et les ions hydroxyde contenus dans ces solutions.
Cette réaction, déjà étudiée en classe de Seconde, permet de doser soit les ions hydronium, soit les ions hydroxyde d'une solution aqueuse.

s o m m a i r e

A RÉACTION ENTRE LES SOLUTIONS DE CHLORURE D'HYDROGÈNE ET D'HYDROXYDE DE SODIUM

Nous choisissons d'étudier comme solution d'acide la solution de chlorure d'hydrogène (acide chlorhydrique) et comme solution de base forte, la solution d'hydroxyde de sodium (soude).

1/ SOLUTIONS UTILISÉES

Le chlorure d'hydrogène est un acide fort. Il est complètement dissocié en solution aqueuse. Les solutions de chlorure d'hydrogène ne contiennent que les ions hydronium et les ions chlorure comme espèces majoritaires. Les ions hydroxyde sont, dans cette solution, une espèce ultra-minoritaire **(fig. 1).**

Dans ces solutions les ions chlorure ne réagissent pas chimiquement.

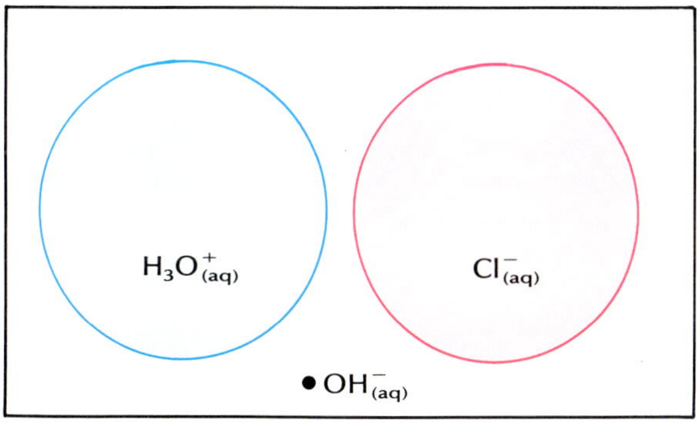

1. *Représentation symbolique des concentrations des espèces chimiques d'une solution d'acide chlorhydrique. Les aires colorées sont proportionnelles aux concentrations. Le point représentant les ions hydroxyde est exagéré.*

Une solution de chlorure d'hydrogène est une solution d'acide fort qui ne contient en majorité comme espèce acido-basique que les ions hydronium, acide conjugué de l'eau.

Les solutions aqueuses d'hydroxyde de sodium sont des solutions de base forte. Elles contiennent les ions sodium et les ions hydroxyde comme espèces majoritaires, et les ions hydronium comme espèce ultra-minoritaire **(fig. 2).** Les ions sodium ne réagissent pas chimiquement.

Une solution d'hydroxyde de sodium est une solution de base forte qui ne contient en majorité comme espèce acido-basique que les ions hydroxyde, base conjuguée de l'eau.

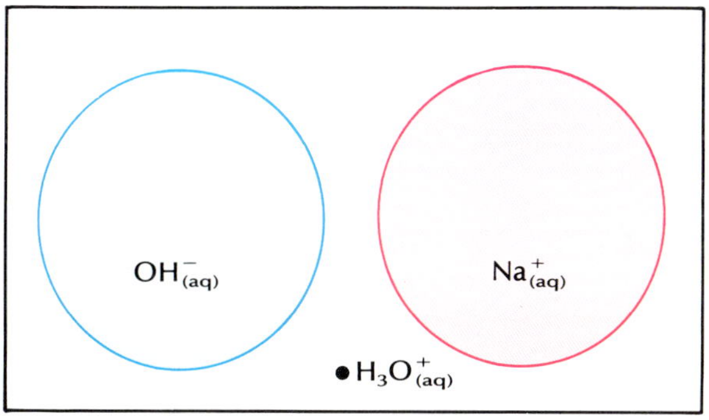

2. *Représentation des concentrations des espèces chimiques d'une solution d'hydroxyde de sodium. Le point représentant les ions hydronium est exagéré.*

Lorsque l'on mélange une solution aqueuse de chlorure d'hydrogène à une solution aqueuse d'hydroxyde de sodium, on met en présence, en quantité notable, les ions hydroxyde et les ions hydronium.

Les ions hydronium et hydroxyde réagissent entre eux selon la réaction acide-base :

$$\underset{\text{acide 1}}{H_3O^+_{(aq)}} + \underset{\text{base 2}}{OH^-_{(aq)}} \rightleftarrows \underset{\text{base 1}}{H_2O} + \underset{\text{acide 2}}{H_2O} \qquad (1)$$

2/ EFFET THERMIQUE

Si l'on mélange rapidement deux volumes égaux de solutions aqueuses de chlorure d'hydrogène et d'hydroxyde de sodium de concentration initiale égale à 1 mol·l^{-1}, on observe une élévation de température d'environ 7 °C **(fig. 3).**

Le mélange d'une solution aqueuse de chlorure d'hydrogène et d'une solution aqueuse d'hydroxyde de sodium s'accompagne d'un effet thermique important. Il y a dégagement de chaleur, environ 57 kJ par réaction, en solution, d'une mole de chlorure d'hydrogène et d'une mole d'hydroxyde de sodium.

Le dégagement de chaleur a pour effet une élévation de la température de la solution.

L'expérience montre que l'effet thermique ne dépend ni de l'ion sodium ni de l'ion chlorure. Cet effet est le même en utilisant par exemple des solutions aqueuses de bromure d'hydrogène et d'hydroxyde de potassium, car on ne change que les espèces inertes au sens acide-base. Les réactifs $H_3O^+_{(aq)}$ et $OH^-_{(aq)}$ sont les mêmes dans les deux cas. L'effet thermique est bien dû à la réaction chimique (1).

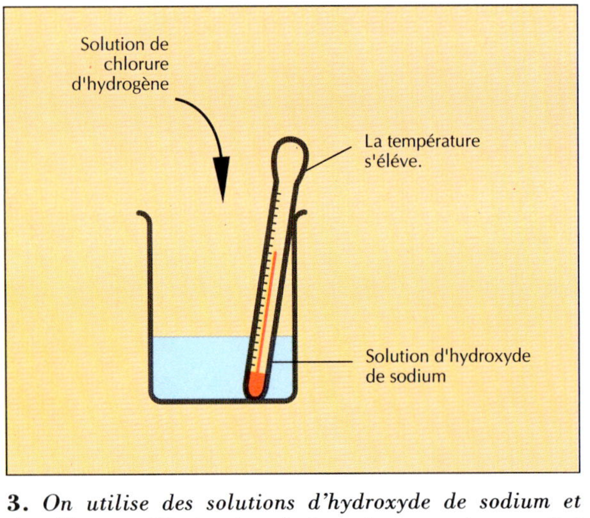

3. *On utilise des solutions d'hydroxyde de sodium et de chlorure d'hydrogène à la même température (ici 18 °C) et de même concentration 1,00 mol·l^{-1}. On les mélange à volumes égaux rapidement. La température finale (ici 25 °C) est d'environ 7 °C supérieure à la température initiale des solutions utilisées. Il est préférable d'utiliser un petit thermomètre à mercure pour cette expérience.*

3/ COURBE DE VARIATION DU pH

1. Expérience

La solution aqueuse de chlorure d'hydrogène de concentration initiale c_a et de volume V_a est placée dans le bécher **(fig. 4).**

Une solution aqueuse d'hydroxyde de sodium de concentration apportée c_b se trouve dans la burette.

On verse progressivement un volume V_b de cette solution dans le bécher.

On détermine, au pHmètre, le pH de la solution initiale, puis le pH après chaque addition de solution d'hydroxyde de sodium.

Un agitateur magnétique homogénéise le contenu du bécher après chaque addition d'hydroxyde de sodium. L'agitation doit être suffisante pour bien mélanger les solutions, mais pas trop vigoureuse pour éviter la dissolution d'impuretés contenues dans l'air, telles que le dioxyde de carbone, qui acidifieraient la solution aqueuse.

Nous prenons, par exemple $c_a = c_b = 0{,}010$ mol·l^{-1} et $V_a = 20{,}0$ cm^3.

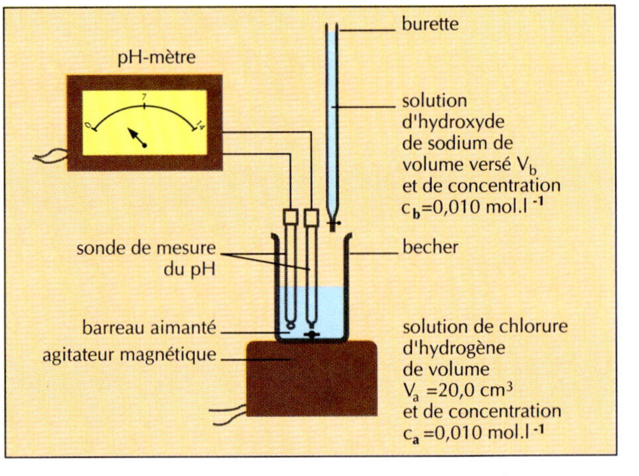

4. *Dispositif expérimental de mesure du* pH *au cours de la réaction.*

2. Résultats

La courbe représentant le pH en fonction du volume de solution d'hydroxyde de sodium versé, est donnée par la **figure 5.** La courbe se décompose en trois parties.

a. Près du point de départ, le pH varie d'abord très peu, et reste nettement inférieur à 7,0.

b. On observe ensuite une brusque variation (« un brusque saut ») du pH.

c. Enfin, le pH reste sensiblement constant (il tend asymptotiquement vers une valeur constante nettement supérieure à 7,0).

3. Équivalence : définition

On étudie la réaction chimique en plaçant les réactifs dans des solutions aqueuses séparées. On mélange progressivement les solutions.

Il y a équivalence lorsque les réactifs ont été mélangés dans les proportions indiquées par les coefficients de l'équation-bilan symbolisant la réaction.

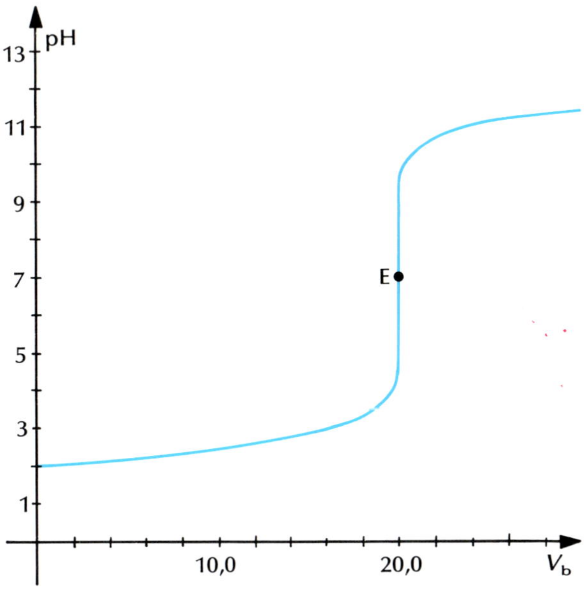

5. *Variation en fonction de V_b du pH du mélange obtenu avec un volume $V_a = 20{,}0\ \text{cm}^3$ de la solution de chlorure d'hydrogène et un volume V_b croissant de solution d'hydroxyde de sodium. Les concentrations sont de $0{,}010\ \text{mol}\cdot\text{l}^{-1}$ au départ.*

L'équivalence de la réaction (1) :

$$OH^-_{(aq)} + H_3O^+_{(aq)} \rightleftarrows H_2O + H_2O \qquad (1)$$

est obtenue lorsque les quantités de matières apportées d'ions hydronium, $n_{app}(H_3O^+_{(aq)})$, et d'ions hydroxyde $n_{app}(OH^-_{(aq)})$, sont égales.

Le volume V_a de solution apportée de chlorure d'hydrogène de concentration initiale c_a fournit une quantité $n_{app}(H_3O^+_{(aq)}) = c_a \cdot V_a$ d'ions hydronium $H_3O^+_{(aq)}$.

Le volume V_b de solution apportée d'hydroxyde de sodium de concentration initiale c_b versée fournit une quantité $n_{app}(OH^-_{(aq)}) = c_b \cdot V_b$ d'ions hydroxyde $OH^-_{(aq)}$.

A l'équivalence :

$$n_{app}(H_3O^+_{(aq)}) = n_{app}(OH^-_{(aq)})$$

$$\boxed{c_a \cdot V_a = c_b \cdot V_b}$$

Dans le cas étudié, $c_a = c_b$. Cela implique que $V_a = V_b$ à l'équivalence.

Nous voyons que *le saut de pH* de la courbe de la **figure 5** a lieu lorsque $V_a \approx V_b$, c'est-à-dire *pratiquement à l'équivalence.*

La première partie de la courbe est telle que $V_b < V_a$, c'est-à-dire avant que l'équivalence ne soit réalisée.

La troisième partie est telle que $V_b > V_a$, c'est-à-dire après que l'équivalence a été réalisée.

4/ CARACTÈRE DE LA RÉACTION

Nous allons montrer sur un exemple portant sur chaque partie de la courbe de la **figure 5** que la réaction entre les ions hydronium et les ions hydroxyde est pratiquement totale.

1. Avant l'équivalence

Prenons par exemple, $V_b = 12{,}0\ \text{cm}^3$. Le pH de la solution obtenue est de 2,6.

Calculons les quantités apportées d'ions hydronium et d'ions hydroxyde.

$$n_{app}(H_3O^+_{(aq)}) = c_a \cdot V_a$$
$$c_a = 0{,}010\ \text{mol}\cdot\text{l}^{-1}; \qquad V_a = 20{,}0\ \text{cm}^3$$

d'où

$$n_{app}(H_3O^+_{(aq)}) = 0{,}010 \times 20{,}0 \times 10^{-3}\ \text{mol}$$
$$n_{app}(H_3O^+_{(aq)}) = 2{,}0 \times 10^{-4}\ \text{mol}$$

Il faut faire attention aux unités, les volumes doivent être exprimés en litres pour obtenir des moles. Si on exprime les volumes en cm^3 on obtient des millimoles.

$$n_{app}(OH^-_{(aq)}) = c_b \cdot V_b$$
$$c_b = 0{,}010\ \text{mol}\cdot\text{l}^{-1}; \qquad V_b = 12{,}0\ \text{cm}^3$$

d'où

$$n_{app}(OH^-_{(aq)}) = 0{,}010 \times 12{,}0 \times 10^{-3} = 1{,}2 \times 10^{-4}\ \text{mol}$$

Calculons les quantités de matière réelles d'ions hydronium $n_{Fin}(H_3O^+_{(aq)})$ et d'ions hydroxyde $n_{Fin}(OH^-_{(aq)})$ contenus après la réaction dans la solution du bécher.

La mesure du pH permet de calculer la concentration en ions hydronium :

$$[H_3O^+_{(aq)}] = 10^{-pH} = 10^{-2{,}6}$$
$$[H_3O^+_{(aq)}] = 2{,}5 \times 10^{-3}\ \text{mol}\cdot\text{l}^{-1}.$$

On en déduit la quantité de matière :

$$n_{Fin}(H_3O^+_{(aq)}) = [H_3O^+_{(aq)}] \times (V_a + V_b)$$
$$n_{Fin}(H_3O^+_{(aq)}) = 2{,}5 \times 10^{-3} \times (20{,}0 + 12{,}0) \times 10^{-3}$$

soit $n_{Fin}(H_3O^+_{(aq)}) = 8{,}0 \times 10^{-5}\ \text{mol}.$

Le produit ionique de l'eau permet de calculer la concentration en ions $OH^-_{(aq)}$.

$$[OH^-_{(aq)}] = \frac{K_e}{[H_3O^+_{(aq)}]} = \frac{1{,}0 \cdot 10^{-14}}{2{,}5 \cdot 10^{-3}}$$

d'où $\quad [OH^-_{(aq)}] = 4{,}0 \times 10^{-12}\ \text{mol}\cdot\text{l}^{-1}.$

Pour la quantité de matière :

$$n_{Fin}(OH^-_{(aq)}) = [OH^-_{(aq)}] \times (V_a + V_b)$$
$$n_{Fin}(OH^-_{(aq)}) = 4{,}0 \cdot 10^{-12} \times (20{,}0 + 12{,}0) \times 10^{-3}$$

soit $\quad n_{Fin}(OH^-_{(aq)}) = 1{,}28 \times 10^{-13}\ \text{mol}$

Les ions hydroxyde ont donc pratiquement tous réagi car il n'en reste plus que $1{,}28 \times 10^{-13}$ mol, quantité très faible par rapport aux $1{,}2 \times 10^{-4}$ mol d'ions hydroxyde apportés.

La quantité de matière d'ions hydroxyde ayant réagi est donc pratiquement égale à $1{,}2 \times 10^{-4}$ mol.

La quantité de matière $n_{consommés}(H_3O^+_{(aq)})$ d'ions hydronium ayant réagi est :

$$n_{consommés}(H_3O^+_{(aq)}) = n_{app}(H_3O^+_{(aq)}) - n_{Fin}(H_3O^+_{(aq)})$$

soit

$$n_{consommés}(H_3O^+_{(aq)}) = 2,0 \times 10^{-4} - 8,0 \times 10^{-5}$$
$$n_{consommés}(H_3O^+_{(aq)}) = 1,2 \times 10^{-4} \text{ mol}$$

Les quantités de matière d'ions hydronium et d'ions hydroxyde ayant réagi sont les mêmes.

Nous vérifions donc indirectement que la réaction a bien eu lieu entre les ions hydronium et les ions hydroxyde.

Les ions hydroxyde, en défaut par rapport aux ions hydronium, ont été pratiquement tous consommés. **On peut donc admettre que la réaction est totale.**

2. Après l'équivalence

Prenons par exemple, $V_b = 30,0$ cm^3. Le pH de la solution obtenue est de 11,3.

Le calcul des quantités de matière d'ions hydronium et d'ions hydroxyde avec les mêmes notations donne :

$$n_{app}(H_3O^+_{(aq)}) = 2,0 \times 10^{-4} \text{ mol}$$
$$n_{app}(OH^-_{(aq)}) = 3,0 \times 10^{-4} \text{ mol}$$
$$n_{Fin}(H_3O^+_{(aq)}) = 2,5 \times 10^{-13} \text{ mol}$$
$$n_{Fin}(OH^-_{(aq)}) = 1,0 \times 10^{-4} \text{ mol}$$
$$n_{consommés}(H_3O^+_{(aq)}) = 2,0 \times 10^{-4} \text{ mol}$$
$$n_{consommés}(OH^-_{(aq)}) = 2,0 \times 10^{-4} \text{ mol}$$

Les ions hydronium ont donc pratiquement tous réagi car il en reste seulement $2,5 \times 10^{-13}$ mol sur $2,0 \times 10^{-4}$ mol d'ions hydronium apportés.

Comme les quantités de matière d'ions hydronium et d'ions hydroxyde ayant réagi sont les mêmes, nous vérifions, encore une fois, que la réaction a eu effectivement lieu entre les ions hydronium et les ions hydroxyde. Nous constatons que les ions hydronium sont en défaut par rapport aux ions hydroxyde : c'est logique car les ions hydronium ont été pratiquement tous consommés dans cette réaction totale.

3. A l'équivalence

Nous allons démontrer que la solution obtenue à l'équivalence est une solution de chlorure de sodium.

Calculons les concentrations des différentes espèces en solution.

- **Nature des espèces en solution**

La solution aqueuse contient les ions $H_3O^+_{(aq)}$, $OH^-_{(aq)}$, $Na^+_{(aq)}$ et $Cl^-_{(aq)}$.

- **Neutralité électrique**

La somme des concentrations des espèces chargées positivement est égale à la somme des concentrations des espèces chargées négativement.

$$[Na^+_{(aq)}] + [H_3O^+_{(aq)}] = [Cl^-_{(aq)}] + [OH^-_{(aq)}] \quad \text{(a)}$$

- **Conservation de l'élément chlore**

L'élément chlore se retrouve entièrement sous forme d'ions chlorure, car le chlorure d'hydrogène est un acide fort. La quantité de matière $n(Cl^-_{(aq)})$ en ions chlorure est égale à la quantité de matière apportée n_a de chlorure d'hydrogène.

$$n(Cl^-_{(aq)}) = n_a = c_a V_a$$

En divisant par le volume de la solution $V_a + V_b$, on obtient la concentration des ions chlorure.

$$[Cl^-_{(aq)}] = c_a \frac{V_a}{V_a + V_b} = c$$

- **Conservation de l'élément sodium**

L'élément sodium se retrouve entièrement sous forme d'ions sodium $Na^+_{(aq)}$. On calcule la concentration en ions sodium de la même façon.

$$[Na^+_{(aq)}] = c_b \frac{V_b}{V_a + V_b}$$

- **Calculs**

A l'équivalence, $c_a V_a = c_b V_b$, donc :

$$[Cl^-_{(aq)}] = [Na^+_{(aq)}] = c$$

En tenant compte de l'équation de neutralité électrique, on obtient :

$$[H_3O^+_{(aq)}] = [OH^-_{(aq)}]$$

Donc

$$[H_3O^+_{(aq)}] = [OH^-_{(aq)}] = \sqrt{K_e} = 1,0 \times 10^{-7} \text{ mol} \cdot \text{l}^{-1}$$

Si on dissolvait dans de l'eau pure du chlorure de sodium en concentration initiale c on obtiendrait exactement les mêmes espèces en solution avec les mêmes concentrations*.

La solution obtenue à l'équivalence est une solution aqueuse de chlorure de sodium. Son pH est égal à 7,0 à 25 °C.

- **Remarque**

On peut encore calculer les variations des quantités de matière des réactifs. On trouve :

$$n_{app}(H_3O^+_{(aq)}) = 2,0 \times 10^{-4} \text{ mol}$$
$$n_{app}(OH^-_{(aq)}) = 2,0 \times 10^{-4} \text{ mol}$$
$$n_{Fin}(H_3O^+_{(aq)}) = 4,0 \times 10^{-9} \text{ mol}$$
$$n_{Fin}(OH^-_{(aq)}) = 4,0 \times 10^{-9} \text{ mol}$$
$$n_{consommés}(H_3O^+_{(aq)}) = 2,0 \times 10^{-4} \text{ mol}$$
$$n_{consommés}(OH^-_{(aq)}) = 2,0 \times 10^{-4} \text{ mol}$$

Ces résultats montrent le caractère total de la réaction (1) à l'équivalence.

4. Détermination expérimentale du point d'équivalence

Le point d'équivalence, E, est le point de la courbe pH = f(V_b) obtenu pour $V_b = V_{b,e}$, volume de réactif versé à l'équivalence. Ce volume $V_{b,e}$ est déterminé avec une bonne précision à partir de la courbe. Une faible variation de V_b autour de $V_{b,e}$ entraîne une forte variation du pH, car la pente de la courbe autour du point d'équivalence est très forte. Ceci permet aussi d'expliquer que de faibles quantités d'impuretés acides ou basiques (dont l'effet s'ajoute alors à ceux des ions hydronium et des ions hydroxyde utilisés dans la réaction) puissent modifier facilement le pH de la solution obtenue à l'équivalence.

- **Remarque**

Le point d'équivalence est un point d'inflexion : la courbe traverse sa tangente en ce point **(fig. 6).**

* *Le* pH *mesuré expérimentalement est généralement inférieur à* 7,0, *car les impuretés agissent très facilement sur le* pH *de cette solution (voir détermination expérimentale du point équivalent).*

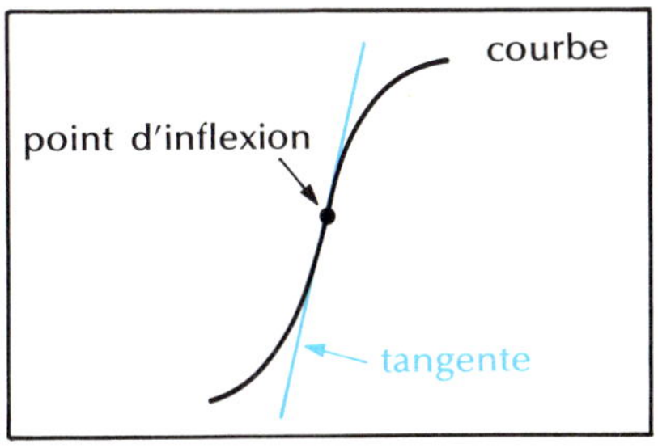

6. *Au point d'inflexion la tangente traverse la courbe.*

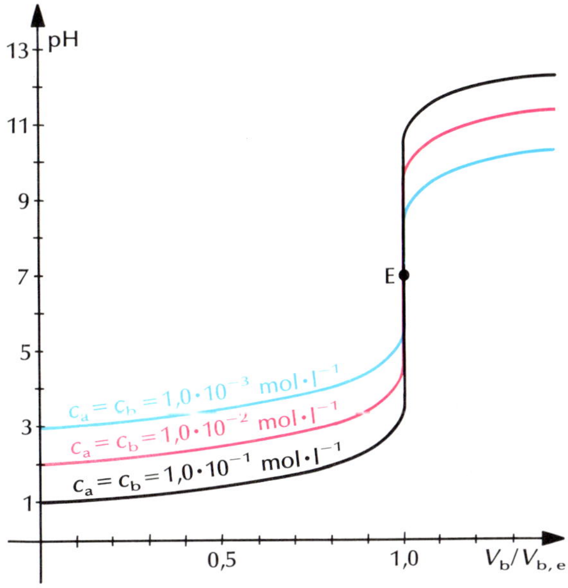

7. *Variation en fonction de* $V_b/V_{b,e}$, *du* pH *du mélange obtenu avec un volume* $V_a = 20,0$ cm^3 *de la solution de chlorure d'hydrogène et un volume* V_b *croissant de solution d'hydroxyde de sodium de mêmes concentrations* $c_a = c_b$. $V_{b,e}$ *est le volume* V_b *à l'équivalence.*

5/ INFLUENCE DES CONCENTRATIONS

L'amplitude de la brusque variation du pH autour de l'équivalence diminue lorsque les concentrations des solutions utilisées sont plus faibles **(fig. 7).**

Les parties des courbes avant et après l'équivalence subissent chacune alors des translations d'ensemble vers la valeur pH = 7 (une unité de pH quand les concentrations sont divisées par dix).

B APPLICATION AUX DOSAGES

Un dosage est la détermination de la concentration d'une substance dans un mélange. On peut utiliser une réaction chimique (réaction support du dosage) qui fait intervenir cette substance. Ici, on s'intéresse au dosage des ions hydronium et des ions hydroxyde.

La réaction support utilisée est la réaction (1).

$$OH^-_{(aq)} + H_3O^+_{(aq)} \rightleftarrows H_2O + H_2O \quad (1)$$

1/ UTILISATION DE LA COURBE DE VARIATION DU pH

On trace la courbe de variation du pH en fonction du volume V_b versé d'hydroxyde de sodium. La relation à l'équivalence $c_a V_a = c_b V_{b,e}$ entre le volume V_a de la solution de chlorure d'hydrogène de concentration apportée c_a et le volume $V_{b,e}$ (volume V_b à l'équivalence) de la solution d'hydroxyde de sodium de concentration apportée c_b, permet de déterminer l'une des concentrations connaissant l'autre.

- **Exemple**

On dose une solution de chlorure d'hydrogène par une solution d'hydroxyde de sodium selon le mode opératoire de la **figure 8.**

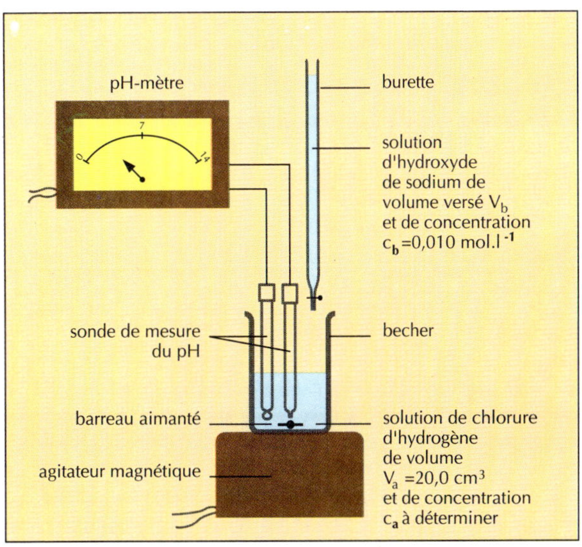

8. *Dosage de* $V_a = 20,0$ cm^3 *d'une solution de chlorure d'hydrogène de concentration* c_a *à déterminer par une solution d'hydroxyde de sodium de concentration* $c_b = 1,0 \times 10^{-2}$ mol·l^{-1} : *dispositif expérimental.*

On obtient la courbe de la **figure 9.**

$$V_{b,e} = 14{,}3 \text{ cm}^3$$

A l'équivalence, les quantités de matière d'ions hydronium $H_3O^+_{(aq)}$ apportés par la solution de chlorure d'hydrogène, $c_a V_a$, et d'ions hydroxyde $OH^-_{(aq)}$ apportés par la solution d'hydroxyde de sodium, $c_b V_{b,e}$, sont égales.

$$c_a V_a = c_b V_{b,e}$$

d'où :

$$c_a = \frac{c_b V_{b,e}}{V_a}$$

$$c_a = \frac{0{,}100 \times 14{,}3}{20{,}0} = 7{,}2 \cdot 10^{-2} \text{ mol} \cdot \text{l}^{-1}$$

A noter que, dans les équations, **les volumes doivent être exprimés avec la même unité,** le cm^3, par exemple.

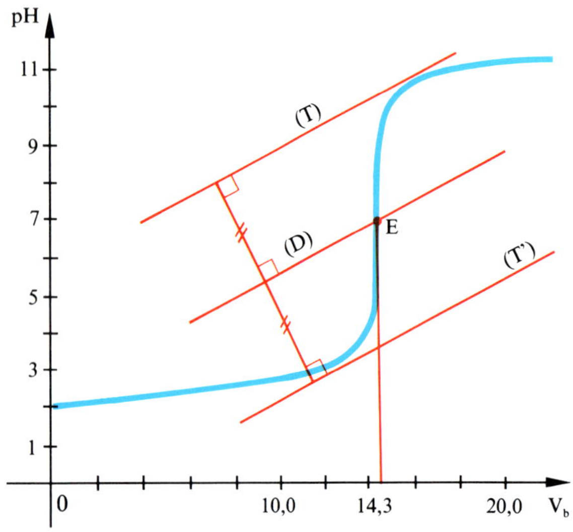

9. *Variation du pH en fonction de V_b. Pour déterminer le point équivalent on peut utiliser la méthode dite des tangentes parallèles. On prend deux parallèles (T) et (T') tangentes à la courbe en deux points situés, l'un peu avant l'équivalence, l'autre peu après l'équivalence. La parallèle (D) équidistante à (T) et (T') coupe la courbe de variation du pH au point E. Cette méthode n'est rigoureuse que si la courbe est symétrique par rapport au point équivalent. Le volume $V_{b,e}$ est obtenu avec une très bonne précision.*

Le pH mesuré ainsi est approximativement le pH à l'équivalence (pH_e) : il est généralement inférieur à 7. Cela peut tenir à une action du dioxyde de carbone, mais aussi à une mauvaise réponse de l'électrode de verre en milieu basique pour un pH supérieur à 10.

Si les solutions utilisées pour ce type de dosage ont des concentrations très différentes, la courbe n'est pas symétrique par rapport au point équivalent. Si $V_{b,e}$ est bien déterminé, pH_e ne peut l'être par cette méthode dans ce cas.

2/ DOSAGE VOLUMÉTRIQUE AVEC INDICATEUR COLORÉ

Les indicateurs colorés acido-basiques sont des substances qui changent progressivement de couleur dans un petit domaine de pH appelé zone de virage de l'indicateur. Cette zone est de l'ordre de deux unités pH, en général.

Chaque indicateur coloré a sa zone de virage autour d'une valeur particulière* du pH **(fig. 10).**

Si la zone de virage d'un indicateur coloré est située dans le saut de pH à l'équivalence, on peut utiliser cet indicateur pour déterminer le volume équivalent $V_{b,e}$ **(fig. 11).**

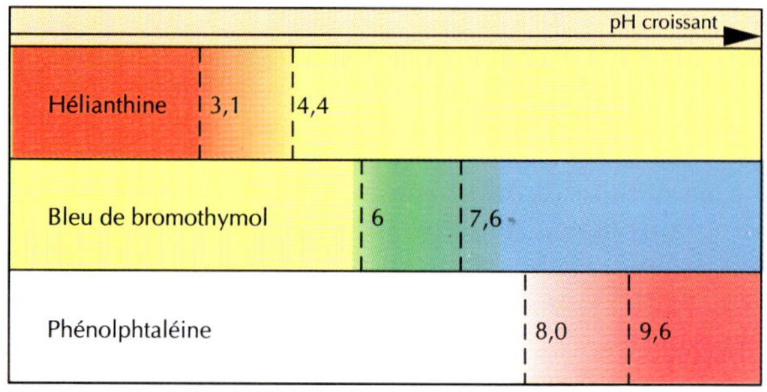

10. *Zones de virage des principaux indicateurs colorés. La couleur obtenue dans la zone de virage est appelée « teinte sensible ».*

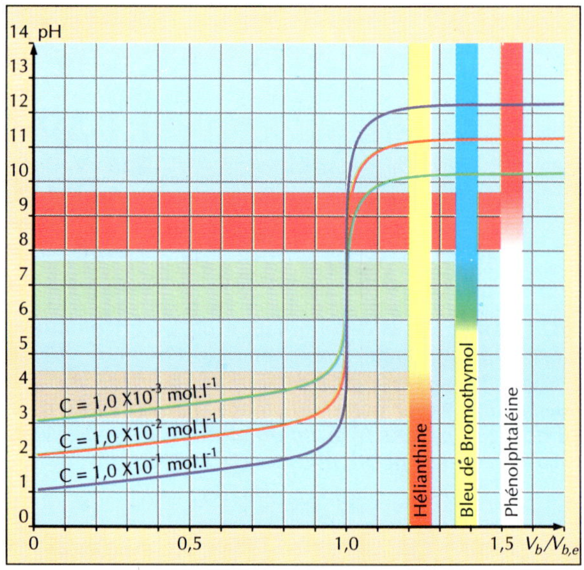

11. ***Choix de l'indicateur coloré pour déterminer le volume équivalent $V_{b,e}$.***

Les concentrations de chlorure d'hydrogène et d'hydroxyde de sodium sont les mêmes pour chaque courbe. $V_a = 20{,}0 \text{ cm}^3$.

- $c_a = c_b = 1{,}0 \times 10^{-1} \text{ mol}^{-1}$: *la zone de variation très rapide du pH se situe entre pH = 3 et pH = 10. Les trois indicateurs ont leur zone de virage dans le saut de pH à l'équivalence : tous ces indicateurs conviennent.*
- $c_a = c_b = 1{,}0 \times 10^{-3} \text{ mol} \cdot \text{l}^{-1}$: *la zone de variation est très réduite. Seul le bleu de bromothymol dont la zone de virage est à peu près centrée sur le pH à l'équivalence convient pour déterminer $V_{b,e}$. L'hélianthine vire trop tôt. La phénolphtaléine vire trop tard.*

* *Voir le document « Indicateurs colorés ».*

L'ESSENTIEL

• La réaction entre une solution d'acide fort et une solution de base forte se résume à la **réaction acide-base** (1) entre les ions hydronium et les ions hydroxyde :

$$H_3O^+_{(aq)} + OH^-_{(aq)} \longrightarrow H_2O + H_2O \qquad (1)$$

Cette réaction s'accompagne d'un effet thermique important. Lorsque l'on ajoute progressivement une solution de base forte à une solution d'acide fort la réaction est pratiquement totale.

• A l'équivalence les quantités de matière apportées d'ions hydronium et d'ions hydroxyde sont égales.

• La courbe de variation du pH a les caractéristiques suivantes **(fig. 12)** :

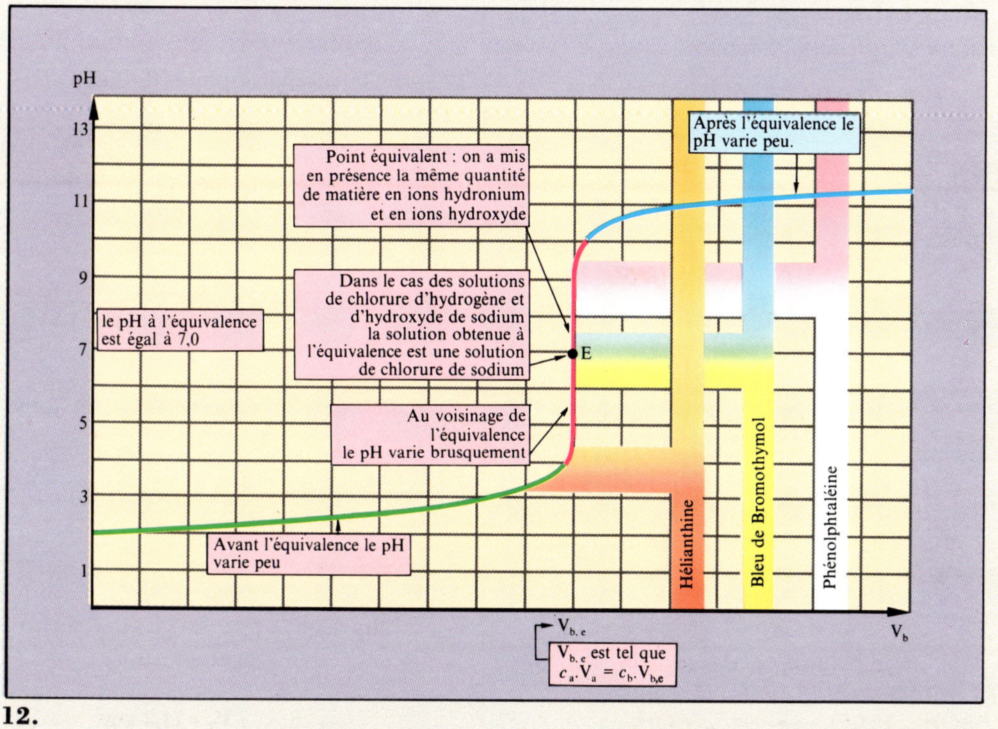

12.

Parmi les trois indicateurs colorés présentés, le bleu de bromothymol est le seul à avoir sa zone de virage qui encadre le pH du point équivalent. Il permet, quelle que soit la concentration, de déterminer avec précision le volume équivalent. Pour les autres indicateurs cela dépend des concentrations utilisées.

A l'équivalence : $c_a \cdot V_a = c_b \cdot V_{b,e}$. La détermination de $V_{b,e}$ permet de calculer l'une des concentrations c_a ou c_b connaissant l'autre et V_a.

EXERCICES RÉSOLUS

1 On mélange un volume $V_1 = 30{,}0\ \text{cm}^3$ d'acide chlorhydrique de concentration $c_1 = 1{,}00 \times 10^{-2}$ $\text{mol}\cdot\text{l}^{-1}$ et un volume V_2 d'une solution d'hydroxyde de sodium de concentration $c_2 = 1{,}50 \times 10^{-2}\ \text{mol}\cdot\text{l}^{-1}$. La solution obtenue a un pH très inférieur à 7.

1. Exprimer les concentrations des différentes espèces chimiques en solution en fonction de V_2.

2. Déterminer le volume V_2 lorsque pH = 2,5.

3. Quel est le volume V_3 de la solution d'hydroxyde de sodium nécessaire pour obtenir l'équivalence? Quel est alors le pH de la solution?

SOLUTION

1. Calculons les nouvelles concentrations des substances apportées dans le mélange

- en acide chlorhydrique

$$c' = \frac{c_1 V_1}{V_1 + V_2} = \frac{10^{-2} \times 30}{30 + V_2} \quad \text{(avec } V_2 \text{ en cm}^3\text{)}$$

- en hydroxyde de sodium

$$c'' = \frac{c_2 V_2}{V_1 + V_2} = \frac{1{,}5 \cdot 10^{-2} \times V_2}{30 + V_2}$$

Dans la solution d'acide chlorhydrique nous avons des ions hydronium et des ions chlorure d'après la réaction :

$$HCl + H_2O \longrightarrow H_3O^+_{(aq)} + Cl^-_{(aq)}$$

Dans la solution d'hydroxyde de sodium, les ions sodium et hydroxyde sont présents d'après

$$NaOH_{(s)} + H_2O \longrightarrow Na^+_{(aq)} + OH^-_{(aq)}$$

Lorsque l'on mélange ces deux solutions, les ions $Na^+_{(aq)}$ et $Cl^-_{(aq)}$ étant inertes, la réaction d'équation

$$H_3O^+_{(aq)} + OH^-_{(aq)} \longrightarrow 2\,H_2O$$

se produit.

Sachant que la réaction d'autoprotolyse de l'eau a toujours lieu, nous avons donc en solution les espèces suivantes : $Cl^-_{(aq)}$, $Na^+_{(aq)}$, $H_3O^+_{(aq)}$, $OH^-_{(aq)}$.

Les ions $Na^+_{(aq)}$ et $Cl^-_{(aq)}$ ne subissant qu'une simple dilution ont pour concentration :

$$\mathbf{[Na^+_{(aq)}] = c'' = \frac{1{,}5 \cdot 10^{-2} \times V_2}{30 + V_2}}$$

et

$$\mathbf{[Cl^-_{(aq)}] = c' = \frac{30 \cdot 10^{-2}}{30 + V_2}}$$

L'électroneutralité de la solution s'écrit :

$$[Na^+_{(aq)}] + [H_3O^+_{(aq)}] = [Cl^-_{(aq)}] + [OH^-_{(aq)}]$$

d'où $\quad [H_3O^+_{(aq)}] = [Cl^-_{(aq)}] - [Na^+_{(aq)}] + [OH^-_{(aq)}]$

$$[H_3O^+_{(aq)}] = \frac{30 \cdot 10^{-2} - 1{,}5 \cdot 10^{-2} V_2}{30 + V_2} + [OH^-_{(aq)}]$$

Le pH étant très inférieur à 7, $[OH^-_{(aq)}] \ll [H_3O^+_{(aq)}]$ donc

$$\mathbf{[H_3O^+_{(aq)}] \approx \frac{10^{-2}(30 - 1{,}5 V_2)}{30 + V_2}}$$

D'après le produit ionique de l'eau :

$$[OH^-_{(aq)}] = \frac{K_e}{[H_3O^+_{(aq)}]} = \frac{10^{-14}(30 + V_2)}{10^{-2}(30 - 1{,}5 V_2)}$$

$$[OH^-_{(aq)}] = 10^{-12} \times \frac{30 + V_2}{30 - 1{,}5 V_2}$$

donc

$$\mathbf{[OH^-_{(aq)}] = 10^{-12} \times \frac{30 + V_2}{30 - 1{,}5 V_2}}$$

2. Si pH = 2,5, la concentration en ions hydronium est :

$$[H_3O^+_{(aq)}] = 10^{-2{,}5} = 10^{-2} \times \frac{30 - 1{,}5 V_2}{30 + V_2}$$

soit $\quad \dfrac{30 - 1{,}5 V_2}{30 + V_2} = 10^{-0{,}5} = 0{,}316$

$$30 - 1{,}5 V_2 = 0{,}316\,(30 + V_2) = 9{,}49 + 0{,}316 V_2$$

$$30 - 9{,}49 = 1{,}5 V_2 + 0{,}316 V_2 = 1{,}816 V_2$$

$$20{,}51 = 1{,}816 V_2$$

$$\mathbf{V_2 = 11{,}3\ cm^3}$$

3. Pour obtenir l'équivalence il faut que :

$$n_{[H_3O^+_{(aq)}]} = n_{[OH^-_{(aq)}]}$$

soit

$$c_1 V_1 = c_2 V_3$$

$$V_3 = \frac{c_1}{c_2} V_1$$

A. N. : $\quad \mathbf{V_3 = \dfrac{1 \cdot 10^{-2}}{1{,}5 \cdot 10^{-2}} \times 30 = 20{,}0\ cm^3}$

Il faut verser 20,0 cm^3 de solution d'hydroxyde de sodium pour obtenir l'équivalence acido-basique. On a alors

$$[Na^+_{(aq)}] = [Cl^-_{(aq)}] = \frac{30 \cdot 10^{-2}}{50} = 6{,}0 \times 10^{-3}\ \text{mol}\cdot\text{l}^{-1}$$

L'équation d'électroneutralité revient à écrire

$$[H_3O^+_{(aq)}] = [OH^-_{(aq)}] = \sqrt{K_e}$$

donc

$$[H_3O^+_{(aq)}] = 10^{-7}\ mol \cdot l^{-1} \quad \text{et} \quad \mathbf{pH = 7,0}$$

BAC

2 On prélève $V_1 = 20,0\ cm^3$ d'une solution d'acide chlorhydrique de concentration $c_1 = 1,00 \times 10^{-2}$ $mol \cdot l^{-1}$ et on ajoute à l'aide d'une burette un volume V_2 d'une solution d'hydroxyde de sodium de concentration $c_2 = 0,80 \times 10^{-2}\ mol \cdot l^{-1}$ jusqu'à l'équivalence acido-basique.

1. Écrire l'équation-bilan de la réaction.

2. Répondre aux questions suivantes en les justifiant :

a. Quelle est la valeur du pH de la solution acide de départ?

b. Quel est le volume V_2 de solution d'hydroxyde de sodium versé?

c. Quelle est la valeur du pH à l'équivalence?

(Besançon; juin 83-D)

SOLUTION

1. Dans la solution d'acide chlorhydrique on trouve les ions $H_3O^+_{(aq)}$ et $Cl^-_{(aq)}$: les ions Cl^- sont inertes (ils n'ont aucune action sur les ions de l'eau).
Dans la solution d'hydroxyde de sodium, les ions Na^+ et OH^- coexistent mais les ions sodium sont chimiquement inertes.
Lorsque l'on mélange les deux solutions, la réaction qui se produit a pour équation-bilan

$$\mathbf{H_3O^+_{(aq)} + OH^-_{(aq)} \longrightarrow 2\,H_2O}$$

Simultanément coexiste l'équilibre d'autoprotolyse de l'eau

$$2\,H_2O \rightleftarrows H_3O^+_{(aq)} + OH^-_{(aq)}$$

2. a. En solution aqueuse l'acide chlorhydrique est un acide fort, entièrement dissocié. Le pH est donné par la relation :

$$pH = -\lg c_1 = -\lg 10^{-2} = 2,0$$

$$\mathbf{pH = 2,0}$$

b. A l'équivalence $n_{OH^-_{(app)}} = n_{H_3O^+_{(app)}}$ soit $c_1V_1 = c_2V_2$.

$$V_2 = \frac{c_1}{c_2} \times V_1$$

A. N. : $$V_2 = \frac{1,0 \cdot 10^{-2}}{0,8 \cdot 10^{-2}} \times 20 = 25\ cm^3$$

$$\mathbf{V_2 = 25\ cm^3}$$

c. Si $n_{OH^-_{(fin)}} = n_{H_3O^+_{(fin)}}$

alors $$[OH^-_{(aq)}] = [H_3O^+_{(aq)}] = \sqrt{K_e}$$

soit $$\mathbf{pH = 7,0}$$

EXERCICES

ACIDES FORTS - BASES FORTES - MÉLANGES

3 **A_2** On dissout une masse $m = 2,00$ g d'hydroxyde de sodium dans un volume $V = 200\ cm^3$ d'acide chlorhydrique dont la concentration est $c_a = 1,00 \times 10^{-1}\ mol \cdot l^{-1}$.
En supposant que la dissolution s'effectue sans changement de volume, calculer le pH de la solution obtenue.

4 **A_2-B_3** On mélange deux solutions de volume égal : l'une d'hydroxyde de sodium de concentration c_b et l'autre de chlorure d'hydrogène de concentration c_a. On obtient un mélange de volume $V = 1,000$ litre que l'on évapore lentement. Quelle masse de cristaux obtient-on si $c_a = c_b = 1,00\ mol \cdot l^{-1}$?

5 **A_2-B_3** Un bécher contient un volume V_1 d'une solution d'acide sulfurique de concentration c_1 inconnue que l'on dose par une solution d'hydroxyde de sodium de concentration c_2 en présence de phénolphtaléine.
Celle-ci change de teinte pour un volume V_2 de solution d'hydroxyde de sodium.
1. Quel est le changement de couleur observé?
2. On donne
$V_1 = 20,0\ cm^3$, $V_2 = 16,0\ cm^3$, $c_2 = 1,00 \times 10^{-2}\ mol \cdot l^{-1}$
Déterminer c_1.
3. On fait évaporer lentement la solution contenue dans le bécher. Quels sont le nom et la formule du solide obtenu? Quelle masse en obtient-on?
4. Quel était le pH de la solution d'acide sulfurique utilisée? On suppose que l'acide sulfurique est un diacide entièrement dissocié.

6 **A_2-B_3** Dans 1,00 litre d'eau on dissout, sans variation notoire de volume, 1,20 litre de chlorure d'hydrogène et 8,00 g d'hydroxyde de sodium. Déterminer le pH de la solution obtenue. (On donne $V_M = 24,0\ l \cdot mol^{-1}$.)

7 **A_2-B_3** On prélève 1,00 cm^3 d'une solution concentrée d'acide chlorhydrique et on complète à 100,0 cm^3 avec de l'eau distillée afin d'obtenir une solution A.
Pour doser cette solution, on en utilise un volume $V_A = 20{,}0$ cm^3. L'équivalence est obtenue lorsque l'on a versé $V_B = 25{,}0$ cm^3 d'une solution d'hydroxyde de sodium de concentration $c_B = 1{,}00 \cdot 10^{-1}$ $mol \cdot l^{-1}$. Déterminer la concentration de la solution concentrée d'acide chlorhydrique.

8 **A_2-B_3-C_2** L'hydroxyde de calcium est peu soluble dans l'eau pure : sa solubilité est de $2{,}7 \cdot 10^{-2}$ $mol \cdot l^{-1}$ à 25 °C.
On considère $V_B = 20{,}0$ cm^3 d'une solution saturée d'hydroxyde de calcium.
1. Déterminer la concentration des ions en solution.
2. En déduire le pH de cette solution.
3. Quel volume V_a d'une solution d'acide chlorhydrique de concentration c_a doit-on ajouter à cette solution pour obtenir une solution finale de pH = 7,0?
On donne $c_a = 1{,}00 \times 10^{-1}$ $mol \cdot l^{-1}$.

9 **A_2-B_3-C_1** On dissout 80,0 g d'hydroxyde de sodium et 58,5 g de chlorure de sodium dans de l'eau et on complète avec de l'eau distillée pour obtenir 1,0000 l de solution S.
1. Calculer les concentrations des espèces en solution.
2. On prélève 10,0 cm^3 du mélange que l'on dose avec une solution de chlorure d'hydrogène. Il faut $V_b = 15{,}0$ cm^3 de solution chlorhydrique de concentration c_a pour obtenir l'équivalence. Déterminer c_a.
3. Calculer les concentrations des ions Na^+ et Cl^- dans le mélange à l'équivalence.

10 **A_2-B_3-C_2** Une solution **A** a été préparée en mélangeant :
20,0 ml d'acide chlorhydrique à la concentration $c_1 = 2{,}00 \cdot 10^{-2}$ $mol \cdot l^{-1}$;
10,0 ml d'acide nitrique à la concentration $c_2 = 1{,}50 \cdot 10^{-2}$ $mol \cdot l^{-1}$;
5,0 ml d'acide sulfurique à la concentration $c_3 = 1{,}20 \cdot 10^{-2}$ $mol \cdot l^{-1}$;
5,0 ml de solution d'hydroxyde de sodium à la concentration $c_4 = 5{,}0 \cdot 10^{-2}$ $mol \cdot l^{-1}$;
10,0 ml de solution saturée d'hydroxyde de calcium à la concentration $c_5 = 2{,}70 \cdot 10^{-2}$ $mol \cdot l^{-1}$.
1. Quel est le pH de la solution **A**?
2. On veut obtenir, à partir de la solution **A**, une solution **B** de pH = 7,0.
Déterminer le volume V d'acide chlorhydrique ou d'hydroxyde de sodium à rajouter à la solution **A** pour obtenir la solution **B**.
3. Déterminer la concentration des espèces en présence dans la solution **B**.

Remarque : les acides et les bases utilisés pour préparer ce mélange sont tous forts.

11 **A_2-B_2-B_3-C_2** On mélange 50,0 cm^3 d'une solution de chlorure d'hydrogène de concentration $2{,}0 \times 10^{-3}$ $mol \cdot l^{-1}$ et 25,0 cm^3 d'une solution d'hydroxyde de sodium de concentration $1{,}0 \times 10^{-3}$ $mol \cdot l^{-1}$. On trouve pH = 3,0.
1. Que peut-on dire de la réaction entre les ions hydronium apportés par la solution de chlorure d'hydrogène et les ions hydroxyde apportés par la solution d'hydroxyde de sodium?
2. Calculer les concentrations des espèces en solution.
3. Montrer qu'il reviendrait au même de mélanger des solutions de chlorure d'hydrogène et de chlorure de sodium. Quelles devraient être les concentrations de ces solutions avant mélange si l'on prenait 50,0 cm^3 de la solution de chlorure d'hydrogène et 25,0 cm^3 de la solution de chlorure de sodium?

12 **A_2-B_3** Reprendre la question 3. de l'exercice précédent en utilisant un mélange de volumes égaux de solutions de chlorure d'hydrogène et de chlorure de sodium.

13 **A_2-B_2-B_3-C_2** A un volume $V_1 = 20{,}0$ cm^3 d'une solution de chlorure d'hydrogène de concentration

$$c_1 = 1{,}00 \times 10^{-2} \ mol \cdot l^{-1}$$

on ajoute un volume $V_2 = 20{,}0$ cm^3 d'une solution d'hydroxyde de sodium de concentration

$$c_2 = 2{,}00 \times 10^{-2} \ mol \cdot l^{-1}$$

Le pH est 11,7.
1. Calculer les concentrations des espèces présentes en solution.
2. En déduire le caractère total de la réaction qui a eu lieu. Commenter.

14 **A_2-B_3** Pour déterminer la concentration d'une solution d'acide nitrique (entièrement dissocié en solution aqueuse), on en prend un volume de 50,0 cm^3 que l'on dose par une solution exactement décimolaire ($1{,}00 \times 10^{-1}$ $mol \cdot l^{-1}$) d'hydroxyde de sodium en présence de phénolphtaléine. La coloration rose apparaît pour un volume versé de 12,7 cm^3.
1. Quelle est la concentration de la solution d'acide nitrique dosée?
2. Quelles sont les concentrations en ions sodium et nitrate dans la solution à l'équivalence?

15 **A_2-B_2-B_3-B_4** *Dosage* pH-*métrique*
On verse progressivement un volume V_b d'une solution d'hydroxyde de sodium dans 50,0 cm^3 d'une solution de chlorure d'hydrogène de concentration $1{,}00 \times 10^{-2}$ $mol \cdot l^{-1}$. La valeur du pH mesuré en fonction du volume V_b est donnée dans le tableau suivant.

V_b (cm^3)	0	5,0	10,0	20,0	30,0	40,0	45,0	47,0
pH	2,0	2,1	2,2	2,4	2,6	2,9	3,05	3,15
$V_{(b)}$ (cm^3)	49,0	50,0	51,0	52,0	53,0	54,0	55,0	56,0
pH	3,3	3,4	3,6	3,95	5,6	8,1	9,5	10,0
$V_{(b)}$ (cm^3)	57,0	58,0	59,0	60,0	62,0	65,0	70,0	80,0
pH	10,25	10,4	10,55	10,65	10,8	10,95	11,1	11,25

Tracer la courbe de variation du pH en fonction de V_b.
Déterminer la concentration de la solution d'hydroxyde de sodium utilisée dans le dosage.
Quelle est la valeur du pH à l'équivalence?
Interpréter.

16 **A_1-A_2-B_3** Un bécher contient 10,0 cm^3 d'une solution d'acide chlorhydrique $1{,}00 \cdot 10^{-1}$ $mol \cdot l^{-1}$. On ajoute à cette solution de la soude $1{,}00 \cdot 10^{-1}$ $mol \cdot l^{-1}$

à l'aide d'une burette et on mesure régulièrement le pH.

1. Écrire l'équation de la réaction chimique.

2. Donner l'allure de la courbe représentant la variation du pH en fonction du volume de soude versé.

3. Pour quel volume de soude atteint-on l'équivalence? Quelle est alors la valeur du pH?

(Reims; juin 83-D)

17 **A_2-B_3-C_1** On prélève 10,0 ml d'une solution aqueuse de chlorure d'hydrogène HCl, de concentration molaire inconnue. On la dose avec une solution de base forte contenant 4,48 g d'hydroxyde de potassium KOH par litre de solution. On constate qu'il faut verser 12,5 ml de cette solution pour atteindre l'équivalence acido-basique.

1. Calculer la concentration molaire en ions H_3O^+ de la solution acide.

2. Quelles seraient les concentrations molaires des espèces présentes si on mélangeait 20,0 ml de cette solution d'acide chlorhydrique avec 16,0 ml de la solution d'hydroxyde de potassium?

(Paris-Créteil; sept. 84-D)

18 **A_2-B_3-C_1** Dans un bécher contenant 100 ml d'acide chlorhydrique, on verse, à l'aide d'une burette, une solution d'hydroxyde de sodium de concentration molaire $1{,}00 \cdot 10^{-1}$ mol·l^{-1}.

Le tableau ci-dessous indique pour différentes valeurs du volume V en ml de la solution de base versée, les valeurs correspondantes du pH :

V_{ml}	0	1,5	3,0	5,0	7,0	7,5	8,0	8,5	8,7	9,0	9,3
pH	2,1	2,2	2,3	2,4	2,7	2,8	3,0	3,4	3,7	7,1	10,0

V_{ml}	9,5	10,0	10,5	11,0	13,0	15,0	17,0
pH	10,4	10,8	11,0	11,2	11,4	11,6	11,7

1. Construire le graphique pH = f(V) sur une feuille de papier millimétré qui sera jointe à la copie.

2. Préciser sur le graphique, en le justifiant, le point d'équivalence.

Quelle est la concentration molaire de la solution d'acide chlorhydrique utilisée?

3. A 100 cm^3 de la solution d'acide chlorhydrique étudiée, on ajoute 5,0 cm^3 de la solution d'hydroxyde de sodium déjà employée.

Par une méthode laissée à votre choix, déterminer les concentrations molaires des espèces chimiques présentes dans le mélange.

(Toulouse; sept. 84)

19 **A_2-B_3** **1.** Dans de l'eau pure on dissout de l'acide nitrique puis on ajoute de l'eau de sorte que le volume final soit de 200 cm^3. Le pH de la solution S_1 ainsi obtenue est 1,5.

Écrire l'équation-bilan de la réaction qui se produit lors de la dissolution. Déterminer la masse d'acide nitrique que l'on a dissous pour obtenir cette solution.

2. On mélange les solutions aqueuses suivantes dans les proportions indiquées :

- 10,0 cm^3 de solution S_1
- 5,0 cm^3 d'acide chlorhydrique $2{,}0 \times 10^{-1}$ mol/l
- 25,0 cm^3 d'hydroxyde de sodium, $2{,}0 \times 10^{-2}$ mol/l.

On obtient une solution S_2.

a. Écrire l'équation-bilan de la réaction qui se produit lors du mélange.

b. Calculer et comparer la quantité de matière d'ions hydronium apportés par les deux solutions acides et la quantité de matière d'ions hydroxyde apportés par la solution d'hydroxyde de sodium, lors du mélange. En déduire la concentration molaire en ions hydronium dans la solution S_2. Cette solution est-elle acide ou basique?

c. Quels sont les ions présents dans la solution S_2? Calculer leurs concentrations molaires.

N.B. : toutes les solutions sont étudiées à 25 °C.

(Amiens; juin 85-D)

20 **A_2-B_3-C_1** On admet que les solutions étudiées ci-après sont à la température de 25 °C, et le volume molaire d'un gaz est alors de 24,5 l·mol^{-1}.

1. Dans 0,500 l d'eau pure on fait arriver du chlorure d'hydrogène jusqu'à ce que le pH soit égal à 1,4. Calculer la concentration molaire des différents ions présents dans cette solution (en admettant que le volume reste encore égal à 0,500 l). En déduire le volume de chlorure d'hydrogène dissous.

2. Quel volume d'eau faudrait-il ajouter à la solution précédente pour avoir une solution de pH = 2,0?

3. A 20,0 cm^3 de cette solution d'acide chlorhydrique de pH = 2,0 on ajoute 5,0 cm^3 d'une solution d'hydroxyde de sodium de concentration molaire inconnue c. Le pH de ce mélange M est alors égal à 2,4.

a. Calculer les concentrations des espèces chimiques présentes dans ce mélange M.

b. En déduire la valeur de c.

c. Quel est le pH de la solution d'hydroxyde de sodium utilisée?

d. Quel volume de la solution d'hydroxyde de sodium faut-il ajouter au mélange M pour obtenir l'équivalence?

(Sports Études; nov. 86)

21 **A_2-B_3-C_1** **1.** On prélève un volume $V_a = 10{,}0$ ml d'une solution A d'acide chlorhydrique et on dose avec une solution B contenant 3,20 g d'hydroxyde de sodium par litre. On constate qu'il faut verser un volume $V_b = 12{,}5$ ml de solution basique pour obtenir l'équivalence.

Calculer la concentration molaire en ions hydronium c_a de la solution d'acide chlorhydrique.

2. Quelles sont les concentrations molaires des espèces chimiques en solution si on mélange un volume $V_1 = 20{,}0$ ml de la solution A et un volume $V_2 = 12{,}5$ ml de la solution B.

T.P

Réalisation de solutions titrées

Le but de ce T.P. est de réaliser, à partir de solutions du commerce, des solutions d'acides forts (chlorure d'hydrogène, par exemple) de concentrations apportées précises et définies à l'avance.

1. Principe de fabrication

On veut réaliser une solution de chlorure d'hydrogène de concentration apportée

$$c_1 = 1{,}00 \text{ mol}\cdot\text{l}^{-1}$$

Le volume de cette solution à préparer est de 100,0 cm^3.

• La solution commerciale d'acide chlorhydrique concentrée a une concentration apportée en chlorure d'hydrogène de l'ordre de 11 à 12 $mol\cdot l^{-1}$.

On fabrique 200 cm^3 d'une solution [0] d'acide chlorhydrique en diluant dix fois la solution concentrée. Cette solution [0] a une concentration apportée un peu supérieure à 1 $mol\cdot l^{-1}$.

• La solution [0] est dosée par une solution d'hydroxyde de sodium de concentration apportée parfaitement connue. Soit c_0 la concentration apportée de la solution [0], déterminée par le dosage.

Prenons comme exemple $c_0 = 1{,}14 \text{ mol}\cdot\text{l}^{-1}$.

• Pour réaliser la solution [1] de volume $V_1 = 100{,}0$ cm^3 à la concentration $c_1 = 1{,}00 \text{ mol}\cdot\text{l}^{-1}$, on dilue la solution [0].

2. Fabrication de la solution [0]

Il s'agit de diluer dix fois la solution du commerce. Pour obtenir un volume V de solution de concentration c/x, à partir d'une solution mère de concentration c, on utilise un volume $V' = V/x$ de la solution mère, et on complète le volume à V en ajoutant de l'eau distillée (voir T.P. 1).

Ici $V = 200{,}0$ cm^3, $x = 10$ et donc $V' = 20{,}0$ cm^3.

a. Précautions

La solution très concentrée du commerce, est corrosive et peut être très dangereuse, à la fois par contact avec la peau, ingestion ou inhalation des vapeurs.

• Il ne faut donc pas aspirer l'acide du commerce avec la pipette à la bouche. On utilise, pour l'aspiration, une poire spéciale (propipette). Si l'on n'en dispose pas, on peut utiliser une seringue de volume suffisant, reliée à la pipette par un tube plastique **(fig. 1).**

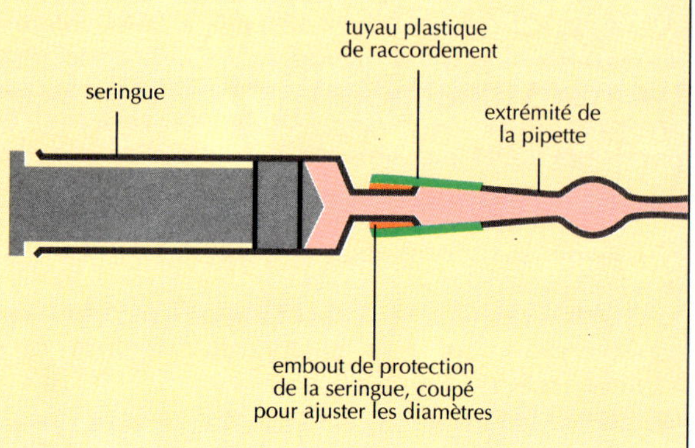

1.

• La dissolution d'un acide concentré dans l'eau produit de la chaleur. Ce dégagement de chaleur provoque l'ébullition de l'eau si l'on verse l'eau dans l'acide concentré. Cette ébullition a pour effet secondaire de produire des projections d'acide. Il faut donc verser l'acide concentré dans l'eau, et non l'inverse, pour éviter des projections dangereuses lors du mélange.

Pour diluer dix fois l'acide du commerce, on réalise une pré-dilution : on verse le volume V' (20,0 cm^3) nécessaire d'acide dans de l'eau distillée, de façon à obtenir un volume (100 à 150 cm^3) inférieur au volume final V.

On obtient alors une solution de chlorure d'hydrogène suffisamment diluée, pour que l'on puisse y ajouter de l'eau sans danger de projections. On complète ensuite, grâce à une fiole jaugée, la solution au volume V (200,0 cm^3) avec de l'eau distillée.

• La verrerie jaugée ou graduée ne doit pas chauffer, sinon celle-ci se dilate et ne reprend pas exactement ses dimensions initiales après refroidissement (phénomène d'hystérésis). La pré-dilution doit donc se faire en dehors de la fiole jaugée.

b. Mode opératoire

Réaliser une réserve secondaire de l'acide du commerce.

Prélever 20,0 cm^3 de la solution du commerce de la réserve secondaire avec la pipette surmontée de la seringue (ou de la poire d'aspiration).

Verser ces 20,0 cm^3 d'acide concentré dans un erlenmeyer (à défaut dans un bécher) contenant déjà 100 à 120 cm^3 d'eau distillée. Mélanger. Refroidir à température ambiante.

Verser le contenu de l'erlen dans la fiole jaugée de 200 cm^3. Rincer l'erlen avec un peu d'eau distillée, et verser l'eau de rinçage dans la fiole jaugée.

Compléter à 200,0 cm^3 dans la fiole jaugée avec de l'eau distillée.

Remarque : La dilution que l'on vient de réaliser ne nécessite pas une précision extrême car on va ajuster la concentration de cette solution à une valeur précise, après en avoir déterminé la concentration par dosage.

Les opérations suivantes nécessitent plus de précision.

3. Dosage de la solution [0]

a. Principe

On peut doser la solution [0] avec la méthode du cours : un volume connu de la solution [0] est versé dans le bécher, puis dosé avec une solution d'hydroxyde de sodium de concentration parfaitement connue.

On peut également placer un volume connu V_b de solution d'hydroxyde de sodium dans le bécher, et verser la solution d'acide à la burette **(fig. 2)**. La **figure 3** montre la courbe de variation du pH. L'équivalence est obtenue à pH = 7,0. A l'équivalence, le saut de pH est important, et permet de déterminer celle-ci avec une grande précision. Pour un dosage avec indicateur coloré on peut utiliser le bleu de bromothymol (virage du bleu au jaune) ou le rouge de méthyle (virage du jaune au rouge). Nous allons doser la solution [0] de cette manière car par la suite

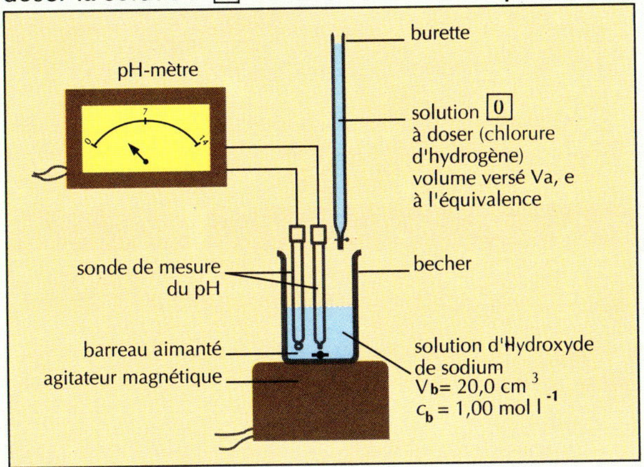

2.

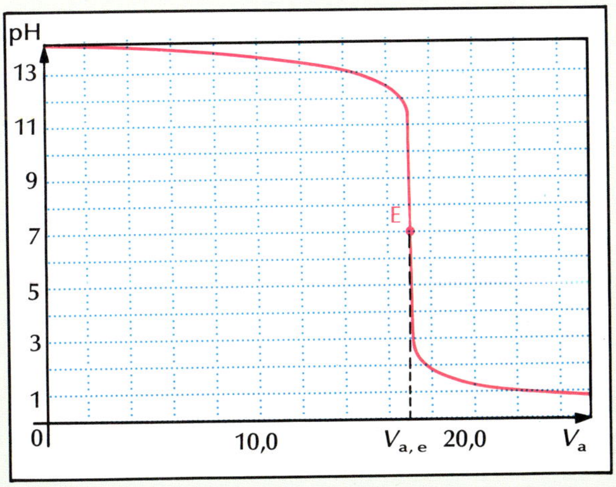

3.

on a besoin d'utiliser cette solution dans la burette. On évite ainsi des manipulations inutiles et des pertes de produits.

b. Mode opératoire

Préparation

Rincer avec un peu de la solution d'hydroxyde de sodium le flacon destiné à recevoir la réserve secondaire d'hydroxyde de sodium. Constituer la réserve secondaire.

Rincer la burette avec un peu de la solution [0].

Remplir la burette et ajuster le niveau de liquide au zéro ou à une graduation bien déterminée.

Dosage rapide

On utilise une solution d'hydroxyde de sodium de concentration apportée $c_b = 1{,}00 \text{ mol} \cdot l^{-1}$.

Rincer une pipette de 20 cm³ avec la solution d'hydroxyde de sodium de la réserve secondaire.

Prélever un volume $V_b = 20{,}0 \text{ cm}^3$ de solution d'hydroxyde de sodium et le placer dans le bécher.

Ajouter quelques gouttes de rouge de méthyle.

Verser d'un seul coup à la burette 15 cm³ de la solution [0], puis verser cm³ par cm³ jusqu'au virage de l'indicateur. Noter les volumes versés avant et après l'équivalence. Dans notre exemple, on trouve que le virage de l'indicateur a lieu entre 17 et 18 cm³.

Dosage précis

Recommencer le dosage, en versant d'un seul coup les 17 cm³ (par exemple), puis chercher l'équivalence en versant goutte à goutte la solution [0], jusqu'au virage de l'indicateur. Noter le volume $V_{a,e}$ de solution [0] à l'équivalence.

Détermination de la concentration c_a de la solution [0]

A l'équivalence, les quantités de matière apportées de chlorure d'hydrogène et d'hydroxyde de sodium sont égales.

$$c_a \cdot V_{a,e} = c_b \cdot V_b \implies c_a = c_b \cdot V_b / V_{a,e}$$

On trouve $V_{a,e} = 17{,}5 \text{ cm}^3$, dans l'exemple pris au début, soit $c_a = 1{,}14 \text{ mol} \cdot l^{-1}$.

4. Fabrication de la solution [1]

Pour réaliser la solution [1] de volume $V_1 = 100{,}0$ cm³ à la concentration $c_1 = 1{,}00 \text{ mol} \cdot l^{-1}$, il faut apporter une quantité de matière n_1 de chlorure d'hydrogène telle que $n_1 = c_1 \cdot V_1$.

Ici $n_1 = 1{,}00 \times 0{,}1000 = 0{,}100$ mol.

Cette quantité de matière de chlorure d'hydrogène apporté est contenue dans un volume V_0 de la solution [0] tel que $n_1 = c_0 \cdot V_0$ soit $V_0 = n_1 / c_0$.

Dans notre exemple $V_0 = 0{,}100/1{,}14 = 8{,}772 \times 10^{-2}$ l, soit $V_0 = 87{,}7 \text{ cm}^3$.

Il suffit maintenant de verser le volume V_0 à la burette dans une fiole jaugée de 100 cm³ et de compléter à 100,0 cm³ pour obtenir la solution [1].

Pour vérifier si la solution [1] a bien une concentration apportée en chlorure d'hydrogène de 0,100 mol·l⁻¹, on peut doser cette solution avec la solution d'hydroxyde de sodium.

Dispositif de dosage automatisé.

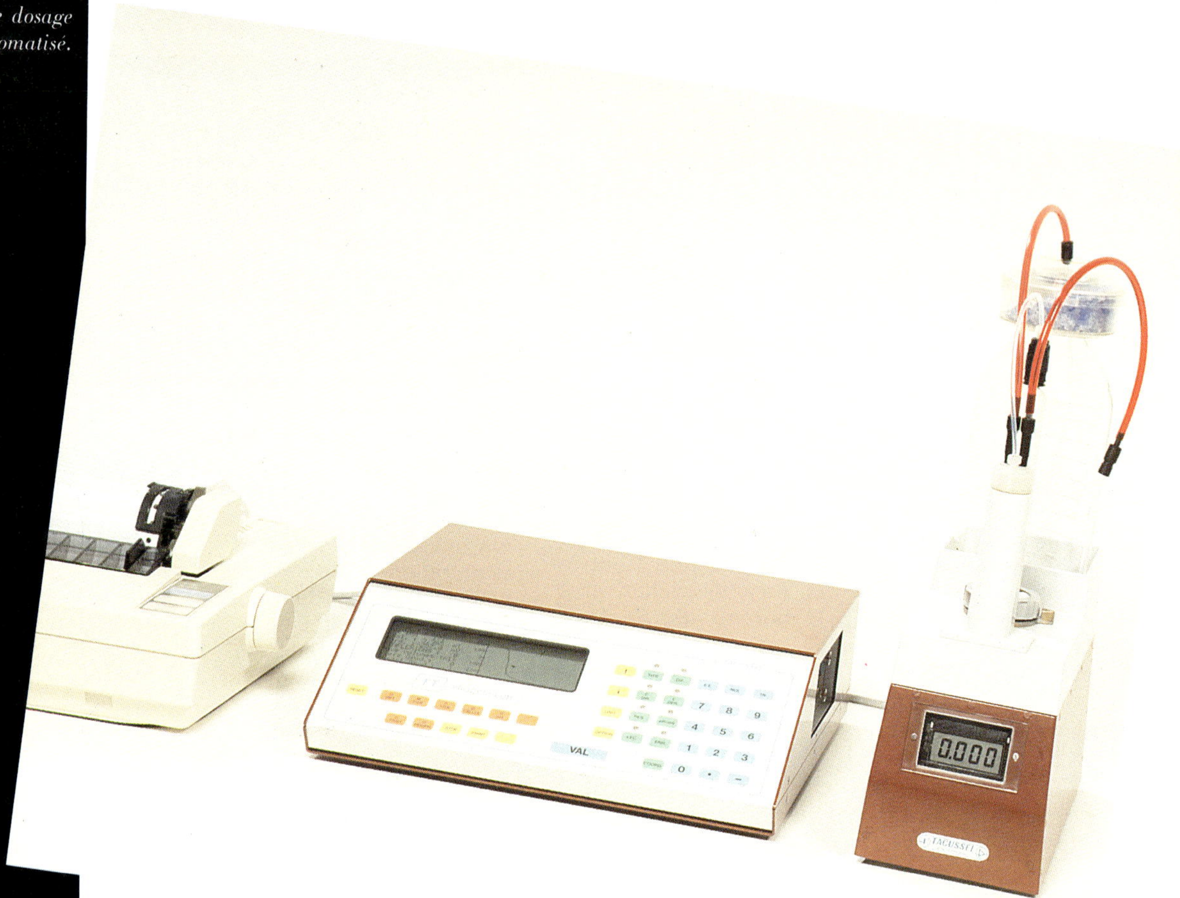

6 RÉACTION ACIDE FAIBLE - BASE FORTE

La réaction entre une solution d'acide faible et une solution de base forte, présente des caractères spécifiques qui la distingue de la réaction entre une solution d'acide fort et une solution de base forte.

Cette réaction permet de doser l'acide faible.

sommaire

A RÉACTION ENTRE LES SOLUTIONS D'ACIDE ÉTHANOÏQUE ET D'HYDROXYDE DE SODIUM

Nous choisissons d'étudier comme solution d'acide faible une solution d'acide éthanoïque (acide acétique) et comme solution de base forte, la solution d'hydroxyde de sodium (soude).

1/ SOLUTIONS UTILISÉES

L'acide éthanoïque est un acide faible en solution aqueuse. Il y est partiellement dissocié **(fig. 1)**.

Dans les solutions d'acide éthanoïque coexistent comme espèces acides, les ions hydronium et les molécules d'acide éthanoïque.

Les ions hydroxyde de la solution d'hydroxyde de sodium vont donc pouvoir réagir avec les ions hydronium et l'acide éthanoïque de l'autre solution.

1.

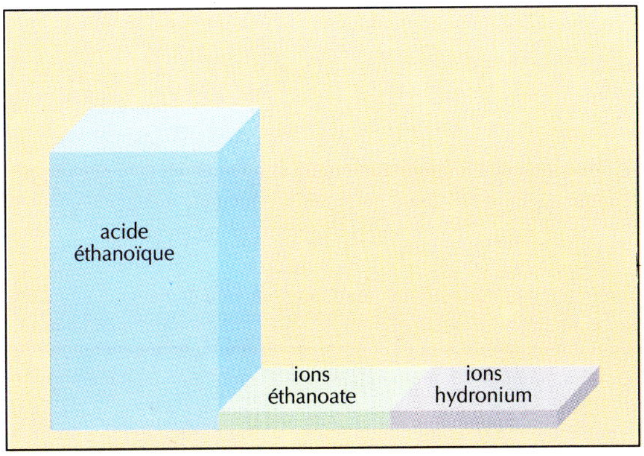

2/ EFFET THERMIQUE

Si l'on mélange deux volumes égaux de solutions aqueuses d'acide éthanoïque et d'hydroxyde de sodium de concentrations apportées égales à 1 mol·l^{-1}, on observe une élévation de température d'environ 7 °C **(fig. 2)**.

Le mélange d'une solution aqueuse d'acide éthanoïque et d'une solution aqueuse d'hydroxyde de sodium s'accompagne d'un effet thermique important. Il y a dégagement de chaleur. L'effet thermique a pour conséquence une élévation de la température de la solution.

La réaction entre les solutions d'acide éthanoïque et d'hydroxyde de sodium est exothermique.

2.

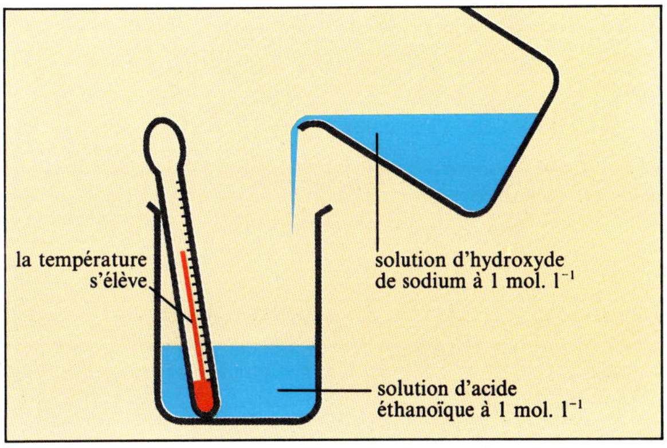

3/ COURBE DE VARIATION DU pH

1. Expérience

On réalise l'expérience de dosage de la **figure 3.**

On détermine, au pH-mètre, le pH de la solution initiale, puis le pH après chaque addition de solution d'hydroxyde de sodium.

On prend les mêmes précautions avec l'agitation qu'au chapitre précédent.

2. Résultats

La courbe de variation du pH est donnée sur la **figure 4.** On observe quatre parties sur la courbe.

Au voisinage du point de départ, ($V_b = 0$ cm^3) le pH augmente sensiblement.

Ensuite, le pH augmente moins rapidement, de façon sensiblement linéaire. Le point I de coordonnées $V_b = 10{,}0$ cm^3, pH $= 4{,}75$, est un point d'inflexion.

Le pH augmente brusquement. Nous verrons que ceci a lieu autour de l'équivalence.

Enfin, le pH ne varie que très peu; il tend asymptotiquement vers une valeur constante.

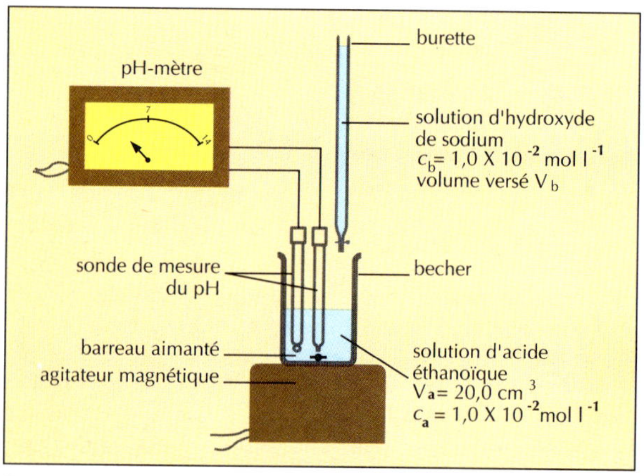

3. *Montage : conditions expérimentales.*

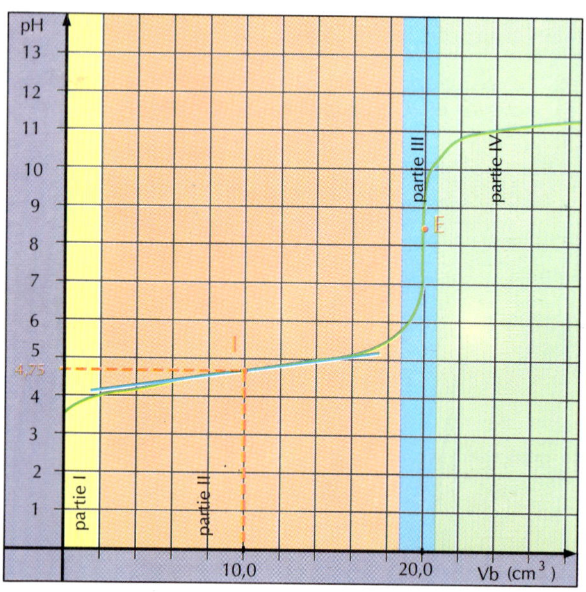

4.

3. Réaction

Nous calculons les quantités de matière des différentes espèces en un point de la courbe, pour les comparer aux quantités de matière apportées.

- Quantités de matières apportées

Dans le mélange obtenu de volume $V_a + V_b$, nous avons apporté une quantité de matière $c_a V_a$ d'acide éthanoïque et $c_b V_b$ d'hydroxyde de sodium. L'hydroxyde de sodium est complètement dissocié en ions sodium et hydroxyde dans la solution de la burette : la quantité de matière apportée en ions sodium et en ions hydroxyde dans la solution du bécher est donc $c_b V_b$.

$$\boldsymbol{n_{app}(CH_3CO_2H) = c_a V_a;}$$
$$\boldsymbol{n_{app}(OH^-) = n_{app}(Na^+) = c_b V_b}$$

- Espèces présentes dans la solution :

$$H_3O^+_{(aq)},\quad OH^-_{(aq)},\quad CH_3CO_2H_{(aq)},$$
$$CH_3CO^-_{2\,(aq)} \quad \text{et} \quad Na^+_{(aq)}$$

- Relations entre les concentrations et les quantités de matière

— *Produit ionique de l'eau*

$$[H_3O^+_{(aq)}] \times [OH^-_{(aq)}] = K_e = 1{,}0 \times 10^{-14}$$

— *Neutralité électrique de la solution*

La quantité de matière $n(+)$ de charges élémentaires positives est égale à la quantité de matière $n(-)$ des charges élémentaires négatives (voir chapitre 2) :

$$n(Na^+_{(aq)}) + n(H_3O^+_{(aq)}) = n(CH_3CO^-_{2\,(aq)}) + n(OH^-_{(aq)})$$

— *Conservation de la matière* CH_3CO_2

Cette conservation s'écrit :

$$n(CH_3CO_2H_{(aq)}) + n(CH_3CO^-_{2\,(aq)}) = n_{app}(CH_3CO_2H)$$
$$= c_a V_a$$

— *Conservation de la matière* Na

$$n(Na^+_{(aq)}) = n_{app}(Na^+) = c_b V_b$$

- Calculs

— L'équation de neutralité électrique permet d'écrire :

$$n(CH_3CO^-_{2\,(aq)}) = n(Na^+_{(aq)}) + n(H_3O^+_{(aq)}) - n(OH^-_{(aq)})$$

soit

$$n(CH_3CO^-_{2\,(aq)}) = c_b V_b + n(H_3O^+_{(aq)}) - n(OH^-_{(aq)})$$

— La conservation de la matière CH_3CO_2 permet d'écrire :

$$n(CH_3CO_2H_{(aq)}) = c_a V_a - n(CH_3CO^-_{2\,(aq)})$$

En remplaçant $n(CH_3CO^-_{2\,(aq)})$ on obtient :

$$n(CH_3CO_2H_{(aq)}) = c_a V_a - c_b V_b - n(H_3O^+_{(aq)}) + n(OH^-_{(aq)})$$

— Pour $H_3O^+_{(aq)}$ et $OH^-_{(aq)}$ les quantités de matière sont :

$$n(H_3O^+_{(aq)}) = [H_3O^+_{(aq)}] \times (V_a + V_b)$$

soit $$n(H_3O^+_{(aq)}) = 10^{-pH} \times (V_a + V_b)$$

$$n(OH^-_{(aq)}) = [OH^-_{(aq)}] \times (V_a + V_b)$$

soit $$n(OH^-_{(aq)}) = \frac{K_e}{[H_3O^+_{(aq)}]} \times (V_a + V_b)$$

ou $$n(OH^-_{(aq)}) = \frac{K_{e.}}{10^{-pH}} \times (V_a + V_b)$$

— **En résumé :**

$$n(H_3O^+_{(aq)}) = 10^{-pH} \times (V_a + V_b)$$
$$n(OH^-_{(aq)}) = \frac{K_e}{10^{-pH}} \times (V_a + V_b)$$
$$n(CH_3CO^-_{2(aq)}) = c_b V_b + n(H_3O^+_{(aq)}) - n(OH^-_{(aq)})$$
$$n(CH_3CO_2H_{(aq)}) = c_a V_a - c_b V_b - n(H_3O^+_{(aq)}) + n(OH^-_{(aq)})$$

On considère, par exemple, le point de la courbe $V_b = 7{,}2$ cm^3 et pH = 4,5 : $V_a = 20{,}0$ cm^3 et $c_a = c_b = 1{,}00 \cdot 10^{-2}$ mol·l^{-1}.

— Pour le point choisi, on trouve :
$n_{app}(CH_3CO_2H) = 1{,}00 \times 10^{-2} \times 20{,}0 \times 10^{-3}$ mol
$n_{app}(CH_3CO_2H) = 2{,}00 \times 10^{-4}$ mol

de même :
$$n_{app}(OH^-) = n_{app}(Na^+) = 7{,}2 \times 10^{-5} \text{ mol}$$

— Pour les quantités de matière des espèces en solution :

$$n(H_3O^+_{(aq)}) = 8{,}6 \times 10^{-7} \text{ mol}$$
$$n(OH^-_{(aq)}) = 8{,}6 \times 10^{-12} \text{ mol}$$
$$n(Na^+_{(aq)}) = 7{,}2 \times 10^{-5} \text{ mol}$$
$$n(CH_3CO_2H_{(aq)}) = 1{,}28 \times 10^{-4} \text{ mol}$$
$$n(CH_3CO^-_{2(aq)}) = 7{,}2 \times 10^{-5} \text{ mol}$$

Calculons la quantité de matière $n_{consommé}(OH^-)$, d'ions hydroxyde consommés.

$$n_{consommé}(OH^-) = n_{app}(OH^-) - n(OH^-_{(aq)}) \approx n_{app}(OH^-)$$
$$n_{consommé}(OH^-) = 7{,}2 \times 10^{-5} \text{ mol}$$

De même :

$$n_{consommé}(CH_3CO_2H) = n_{app}(CH_3CO_2H) - n(CH_3CO_2H_{(aq)})$$
$$n_{consommé}(CH_3CO_2H) = 2{,}00 \times 10^{-4} - 1{,}28 \times 10^{-4} \text{ mol}$$

soit $n_{consommé}(CH_3CO_2H) = 7{,}2 \times 10^{-5}$ **mol**

Donc :
$$n_{consommé}(OH^-) = n_{consommé}(CH_3CO_2H)$$

Pour ce point de la courbe **(fig. 4)** nous voyons que les ions hydroxyde apportés et l'acide éthanoïque apporté ont été consommés en même quantité, pour former des ions éthanoate. La réaction a un caractère total car il ne reste qu'une quantité de matière infime d'ions hydroxyde (réactif en défaut).
La réaction qui s'est produite est alors :

$$\underset{\textit{apporté}}{CH_3CO_2H} + \underset{\textit{apporté}}{OH^-} \longrightarrow CH_3CO^-_{2(aq)} + H_2O$$

4. Équivalence

Par définition, l'équivalence de la réaction :

$$CH_3CO_2H + OH^- \longrightarrow CH_3CO^-_{2(aq)} + H_2O \quad (1)$$

est obtenue lorsque les quantités de matière apportées d'acide éthanoïque $n_{app}(CH_3CO_2H)$ et d'ions hydroxyde $n_{app}(OH^-)$, sont égales. Soit $V_{b,e}$ le volume d'hydroxyde de sodium versé à l'équivalence.

$$n_{app}(CH_3CO_2H) = n_{app}(OH^-)$$

soit $$c_a V_a = c_b V_{b,e}$$

Dans le cas étudié, $c_a = c_b$. Cela implique que $V_a = V_{b,e} = 20{,}0$ cm^3 à l'équivalence.

Nous voyons que le saut de pH de la courbe de la **figure 4** a lieu lorsque $V_b \approx V_{b,e}$, c'est-à-dire au voisinage de l'équivalence.

4/ ÉTUDE DE LA RÉACTION

Le calcul des quantités de matière des espèces présentes dans la solution du bécher peut se faire en tout point de la courbe comme dans le paragraphe précédent. Nous allons étudier les quantités de matière des espèces en solution lors de l'addition de la solution d'hydroxyde de sodium dans l'expérience précédente.

1. Quantités de matière des espèces

- **Ions hydronium**

La quantité de matière des ions hydronium décroît et devient négligeable pour des valeurs de V_b assez faibles **(fig. 5).**

- **Acide éthanoïque**

La quantité de matière de l'acide éthanoïque décroît un peu pour V_b faible, puis décroît plus fortement jusqu'à $V_{b,e}$. La décroissance est rectiligne. Ensuite, la quantité de matière de l'acide éthanoïque est négligeable **(fig. 6).**

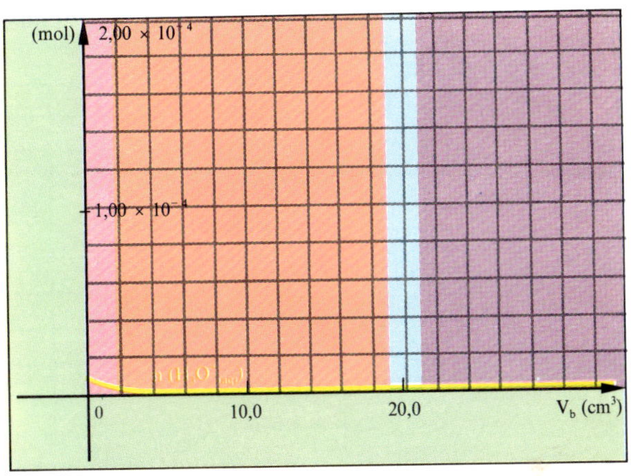

5. *Quantité de matière des ions hydronium.*

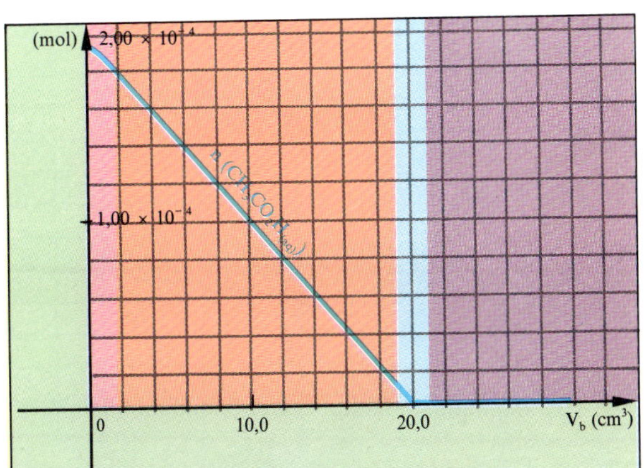

6. *Quantité de matière de l'acide éthanoïque.*

• **Ions éthanoate**

La quantité de matière des ions éthanoate augmente un peu puis plus fortement, de façon linéaire jusqu'à $V_{b,e}$. Ensuite, la quantité de matière d'ions éthanoate reste constante et égale à la quantité de matière apportée d'acide éthanoïque **(fig. 7).**

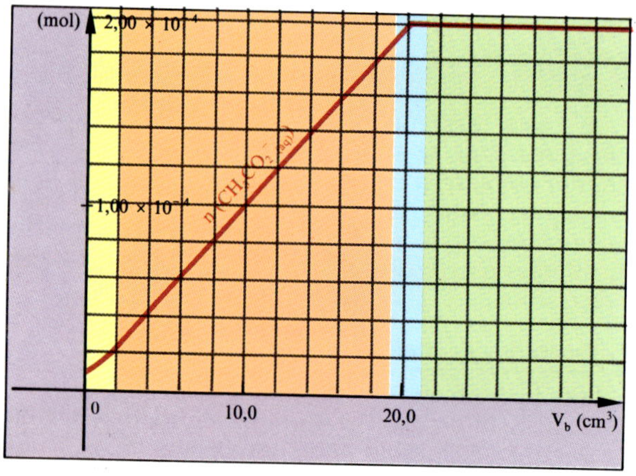

7. *Quantité de matière des ions éthanoate.*

• **Ions hydroxyde**

La quantité de matière des ions hydroxyde reste négligeable jusqu'à $V_{b,e}$. Ensuite, la quantité de matière des ions hydroxyde augmente linéairement avec V_b **(fig. 8).**

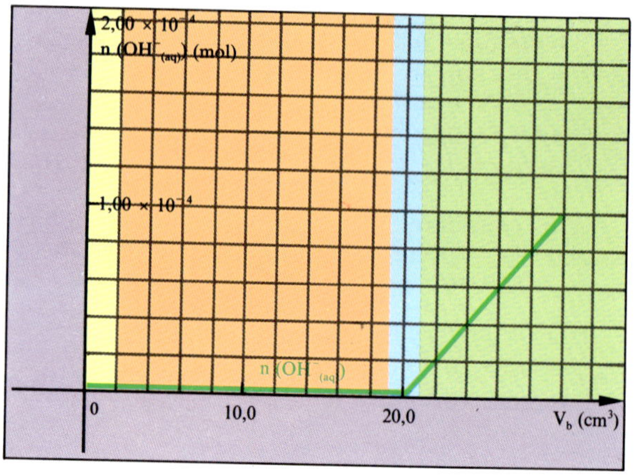

8. *Quantité de matière des ions hydroxyde.*

La **figure 9** regroupe sur le même graphique les quantités de matière de chaque espèce, avec, en regard, la courbe de variation du pH, ce qui va nous permettre d'interpréter les phénomènes dans les quatre parties de la courbe de variation du pH.

2. Début de la courbe

Au point de départ, nous avons dans le bécher une solution d'acide éthanoïque. Celui-ci est partiellement dissocié en ions hydronium et éthanoate. Ces ions hydronium et éthanoate sont en égale quantité

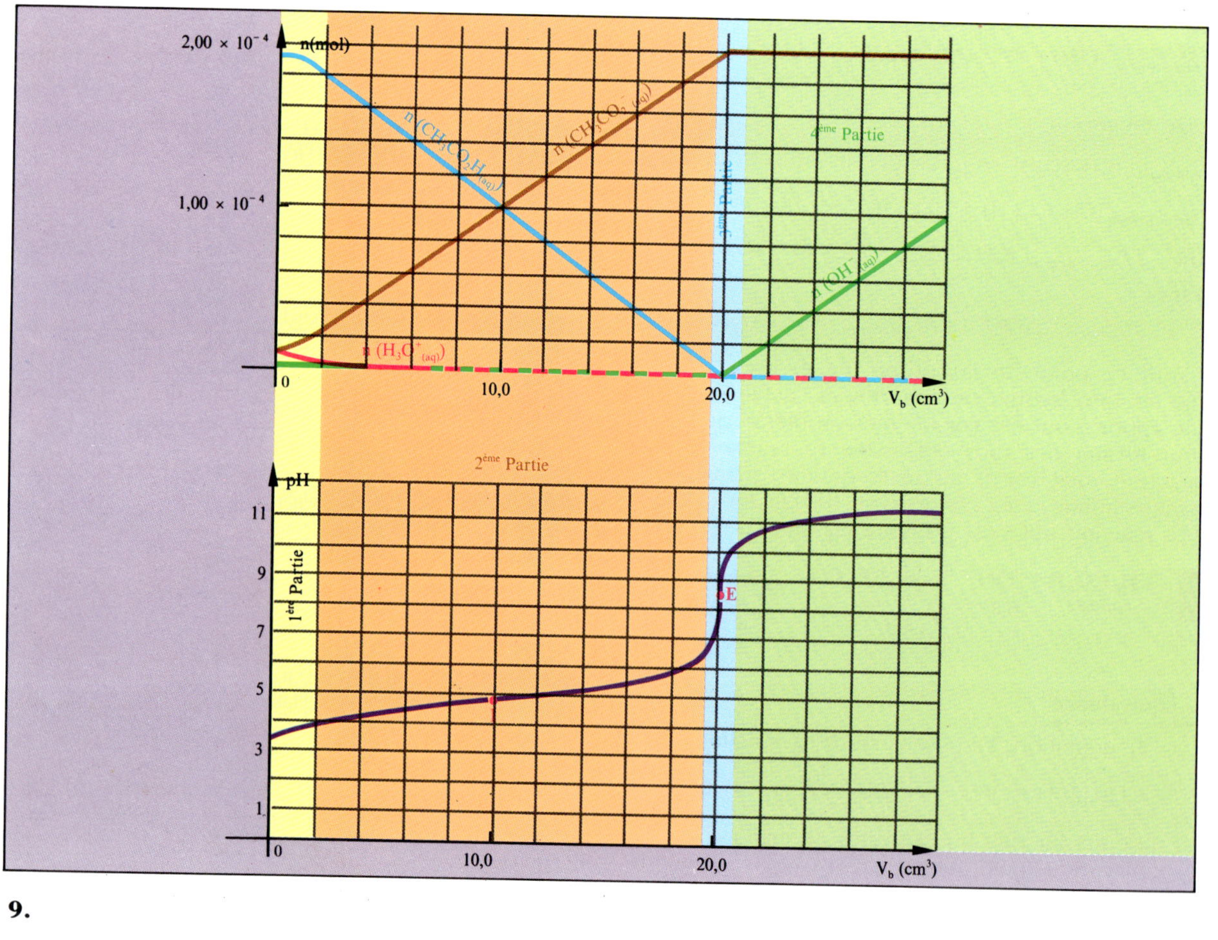

9.

(**fig. 1,** p. 77). Au voisinage du point de départ, les ions hydroxyde introduits sont consommés puisqu'il n'en reste pratiquement plus. Les ions hydronium et l'acide éthanoïque sont simultanément consommés puisque leur quantité de matière décroît. Des ions éthanoate sont formés puisque l'on n'en ajoute pas et que la quantité de matière de ces ions augmente. Dans ce début d'expérience deux réactions ont lieu :

• Réaction entre les ions hydronium et les ions hydroxyde :

$$H_3O^+_{(aq)} + OH^-_{(aq)} \longrightarrow H_2O + H_2O$$

Les ions hydronium consommés proviennent de la dissociation de l'acide éthanoïque;

• Réaction entre les ions hydroxyde et l'acide éthanoïque :

$$CH_3CO_2H_{(aq)} + OH^-_{(aq)} \longrightarrow CH_3CO^-_{2\,(aq)} + H_2O \quad (1)$$

3. Évolution avant l'équivalence

Le pH augmente moins rapidement et de façon sensiblement rectiligne. Les ions hydronium ont été pratiquement tous consommés, ils sont en quantité négligeable. La quantité de matière d'acide éthanoïque décroît linéairement avec V_b, au profit des ions éthanoate dont la quantité de matière croît linéairement. Les ions hydroxyde sont consommés puisque leur quantité de matière reste négligeable.

La réaction qui se produit dans cette partie est l'action des ions hydronium sur l'acide éthanoïque :

$$CH_3CO_2H_{(aq)} + OH^-_{(aq)} \longrightarrow CH_3CO^-_{2\,(aq)} + H_2O \quad (1)$$

• pH à la demi-équivalence

La demi-équivalence est obtenue lorsque l'on a introduit dans la solution d'acide éthanoïque un volume de la solution d'hydroxyde de sodium égal à la moitié du volume $V_{b,e}$ (volume à l'équivalence).

Dans le cas présent, la demi-équivalence a lieu pour $V_b = 10{,}0\ cm^3$.

Les quantités de matière d'acide éthanoïque et d'ions éthanoate sont égales. Leurs concentrations le sont donc aussi :

$$[CH_3CO_2H_{(aq)}] = [CH_3CO^-_{2\,(aq)}]$$

La constante d'acidité du couple :

$$K_A = \frac{[CH_3CO^-_{2\,(aq)}]\,[H_3O^+_{(aq)}]}{[CH_3CO_2H_{(aq)}]}$$

se réduit à $K_A = [H_3O^+_{(aq)}]$, soit $pH = pK_A$.

Cette valeur est confirmée expérimentalement sur la courbe de variation du pH.

A la demi-équivalence, le pH est égal au pK_A du couple acide éthanoïque-ion éthanoate :

$$pH = pK_A$$

• Concentrations au voisinage de la demi-équivalence

L'acide éthanoïque et les ions éthanoate ont des quantités de matière du même ordre de grandeur (rapport de 1/10 à 10), il en est de même pour leurs concentrations.

Au voisinage de la demi-équivalence, les concentrations en acide éthanoïque et en ions éthanoate sont du même ordre de grandeur.

4. Voisinage de l'équivalence

Le pH augmente brusquement : on constate que les ions hydroxyde cessent d'être consommés à partir du moment où l'acide éthanoïque est en quantité négligeable et intégralement transformé en ions éthanoate.

• Détermination expérimentale du point équivalent

Le point équivalent, E, est le point de la courbe $pH = f(V_b)$ obtenu pour $V_b = V_{b,e}$. Dans l'expérience faite $V_{b,e} = 20{,}0\ cm^3$. La détermination de ce volume équivalent à la burette est approchée. La courbe tracée (**fig. 10**) montre qu'une petite variation du volume autour de cette valeur théorique entraîne de fortes variations de la valeur du pH correspondant.

On obtient une bonne détermination du point équivalent E par la méthode des tangentes parallèles.

On trouve ainsi pour le point E, $V_{b,e} = 20{,}0\ cm^3$ et $pH = 8{,}2$.

La solution à l'équivalence n'est donc pas neutre, mais légèrement basique.

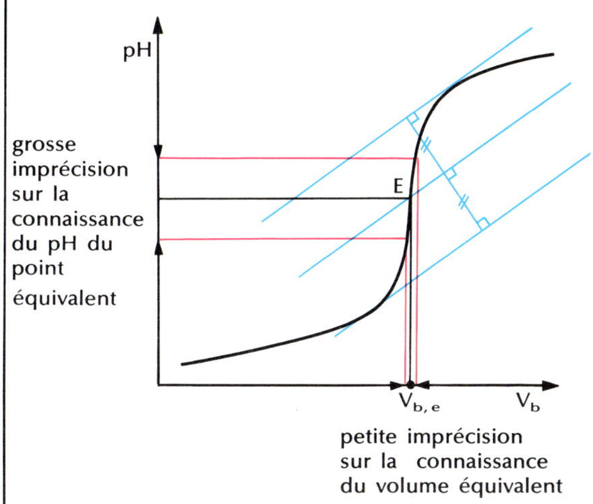

10. *La détermination de l'équivalence est approchée.*

• Espèces au point équivalent

Le calcul des quantités de matière et des concentrations donne les résultats de la **figure 11 :**

ESPÈCE	QUANTITÉ DE MATIÈRE (mol)	CONCENTRATION $mol \cdot l^{-1}$
$H_3O^+_{(aq)}$	$2{,}5 \times 10^{-10}$	$6{,}3 \times 10^{-9}$
$OH^-_{(aq)}$	$6{,}4 \times 10^{-8}$	$1{,}6 \times 10^{-6}$
$CH_3CO_2H_{(aq)}$	$6{,}4 \times 10^{-8}$	$1{,}6 \times 10^{-6}$
$CH_3CO^-_{2\,(aq)}$	$2{,}0 \times 10^{-4}$	$5{,}0 \times 10^{-3}$
$Na^+_{(aq)}$	$2{,}0 \times 10^{-4}$	$5{,}0 \times 10^{-3}$

11.

Calculons le rapport :

$$n(CH_3CO_2H_{(aq)})/n(CH_3CO^-_{2\,(aq)}) = 3{,}2 \times 10^{-4}$$

L'acide éthanoïque est transformé totalement (à $3{,}2 \times 10^{-4}$ près) en ions éthanoate.

A l'équivalence la réaction :

$$CH_3CO_2H_{(aq)} + OH^-_{(aq)} \longrightarrow CH_3CO^-_{2\,(aq)} + H_2O \quad (1)$$

peut être considérée comme totale. Dans la solution l'ion éthanoate et l'ion sodium sont des espèces majoritaires, les ions hydroxyde et l'acide éthanoïque sont des espèces minoritaires et l'ion hydronium est ultra-minoritaire.

- Autre façon d'obtenir la solution à l'équivalence.

Bien qu'ayant un caractère de réaction totale dans les conditions de notre expérience, la réaction (1) donne lieu à un équilibre chimique :

$$CH_3CO_2H_{(aq)} + OH^-_{(aq)} \underset{b}{\overset{a}{\rightleftarrows}} CH_3CO^-_{2\,(aq)} + H_2O \quad (1)$$

Les espèces majoritaires, minoritaires, ultra-minoritaires de la solution à l'équivalence sont les mêmes que celles d'une solution d'éthanoate de sodium.

Le pH égal à 8,2 est le pH théorique d'une solution d'éthanoate de sodium de concentration

$$c = 5{,}0 \times 10^{-3}\ \text{mol} \cdot \text{l}^{-1}$$

Aux impuretés près, les concentrations de toutes les espèces sont les mêmes que l'on ait réalisé :

— une solution de concentration c d'acide éthanoïque et c d'hydroxyde de sodium (espèces chimiques du membre de gauche de l'équation (1)),

— une solution de concentration c d'éthanoate de sodium (espèces chimiques du membre de droite de l'équation (1)).

Justification mathématique

Dans les deux cas, nous écrivons la même constante K_e et les mêmes équations de conservation avec les mêmes concentrations.

$$K_e = [H_3O^+_{(aq)}]\,[OH^-_{(aq)}], \qquad [Na^+_{(aq)}] = c',$$
$$[Na^+_{(aq)}] + [H_3O^+_{(aq)}] = [CH_3CO^-_{2\,(aq)}] + [OH^-_{(aq)}]$$
$$[CH_3CO_2H_{(aq)}] + [CH_3CO^-_{2\,(aq)}] = c \qquad \text{avec} \qquad c = c'.$$

La résolution de ces équations donne les mêmes concentrations. Les solutions sont identiques.

La solution à l'équivalence est une solution d'éthanoate de sodium; le mélange réalisé est équivalent à une dissolution d'éthanoate de sodium dans de l'eau.

Interprétation de la valeur du pH

Lorsque l'on dissout de l'éthanoate de sodium dans de l'eau, on introduit des ions sodium indifférents et des ions éthanoate base faible : le pH de la solution d'éthanoate de sodium équivalente à la solution à l'équivalence est donc basique.

pH mesuré des solutions d'éthanoate de sodium

Les pH mesurés de ces solutions sont inférieurs à ceux attendus du fait de la présence d'impuretés, dont la principale est le dioxyde de carbone dissous provenant de l'air. Le coefficient directeur de la courbe $pH = f(V_b)$ est très important à l'équivalence. Il suffit donc d'une petite quantité d'acide ou de base pour modifier nettement le pH.

Une faible quantité d'impuretés a un effet important sur le pH de la solution à l'équivalence ou sur le pH d'une solution d'éthanoate de sodium.

5. Courbe après l'équivalence

Le pH ne varie que très peu, la quantité de matière des ions hydroxyde augmente régulièrement avec V_b. Les ions hydroxyde ne réagissent plus car les acides (ions hydronium et acide éthanoïque) ont tous été consommés. La quantité de matière d'ions éthanoate reste constante **(fig. 12).**

La solution d'hydroxyde de sodium ajoutée à partir de l'équivalence se dilue dans la solution, sans réaction, à côté des ions de l'éthanoate de sodium.

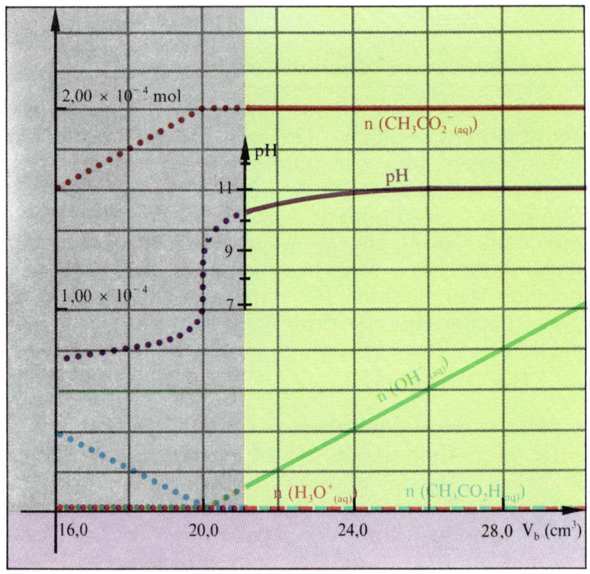

12.

5/ COMPARAISONS

1. Comparaison avec la courbe $pH = f(V_b)$ d'un acide fort

On compare les courbes de variation du pH en fonction de V_b, pour l'acide éthanoïque et le chlorure d'hydrogène à mêmes concentrations apportées **(fig. 13).** La solution d'hydroxyde de sodium est la même dans les deux cas.

Nous observons un saut de pH pour l'équivalence sur les deux courbes. Ce saut de pH est moins important pour l'acide faible que pour l'acide fort.

Remarquons aussi que :

— avant l'équivalence, les pH sur la courbe de l'acide faible sont toujours supérieurs aux pH de la courbe de l'acide fort;

— après l'équivalence, les courbes se confondent car il s'agit d'une dilution d'hydroxyde de sodium dans une solution qui ne contient plus d'acide capable de réagir quantitativement avec les ions hydroxyde;

— la partie quasi linéaire, dès le départ, de la courbe de l'acide fort a un coefficient directeur plus faible que celle de la courbe obtenue avec l'acide faible.

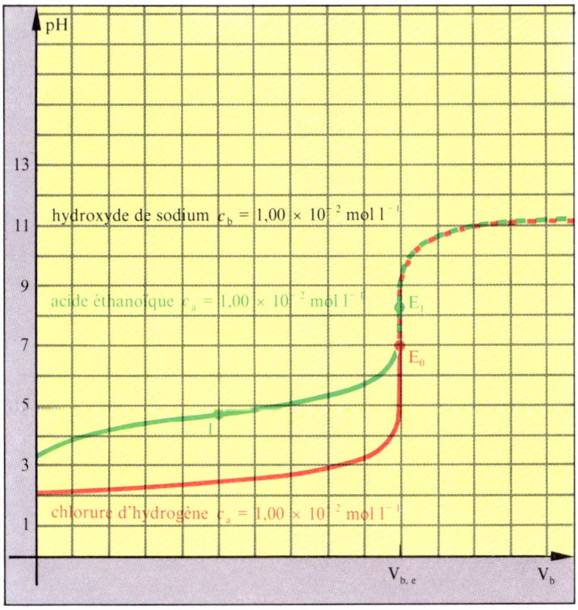

On remarque cependant que la modification est très faible, voire imperceptible autour de la demi-équivalence.

A cette demi-équivalence des mesures précises donnent :

— pH = 4,65 avec des solutions décimolaires en acide éthanoïque et hydroxyde de sodium;

— pH = 4,5 avec des solutions molaires.

6/ CONCLUSION

Dans la partie linéaire (deuxième partie de la courbe), les quantités de matière d'acide éthanoïque consommé et d'hydroxyde montrent que la réaction est :

$$\underset{\text{apporté}}{CH_3-CO_2H} + \underset{\text{apporté}}{OH^-} \longrightarrow CH_3CO^-_{2\,(aq)} + H_2O$$

L'acide éthanoïque apporté est en excès.

On peut se demander si les ions hydroxyde consommés par les ions hydronium au début de l'expérience (première partie de la courbe) faussent le bilan prévu. Il n'en est rien car ces ions hydronium proviennent en quasi-totalité de l'acide éthanoïque. Les ions hydroxyde qui ont réagi avec les ions hydronium dans cette première partie peuvent donc être comptés comme ayant réagi avec l'acide éthanoïque apporté. Ceci est confirmé, par exemple, par le bilan des quantités de matière au point $V_b = 7{,}2\ cm^3$, pH = 4,5.

Dans toute cette étude, l'addition d'hydroxyde de sodium a progressivement provoqué l'ionisation de l'acide éthanoïque initialement très peu dissocié, selon la réaction (1 a).

$$CH_3CO_2H_{(aq)} + OH^-_{(aq)} \underset{b}{\overset{a}{\rightleftarrows}} CH_3CO^-_{2\,(aq)} + H_2O \quad (1)$$

Cette équation-bilan est celle de la réaction prise en compte pour le dosage et pour la définition de l'équivalence; y figurent les espèces majoritaires actives dans les solutions mélangées.

2. Influence des concentrations

La **figure 14** superpose deux courbes :

— la courbe précédente obtenue en versant une solution d'hydroxyde de sodium ($c_b = 1{,}0 \times 10^{-2}$ mol·l^{-1}) dans une solution d'acide éthanoïque ($c_b = 1{,}0 \times 10^{-2}$ mol·l^{-1}),

— la courbe obtenue avec des solutions de même nature que les précédentes mais de concentration $c_a = c_b = 1{,}0 \times 10^{-1}$ mol·l^{-1}.

Nous avons porté en abscisses le rapport $V_b/V_{b,e}$.

Nous observons que la courbe est modifiée :

— au départ;

— autour de l'équivalence (le pH à l'équivalence est 8,7 avec des solutions décimolaires);

— après l'équivalence.

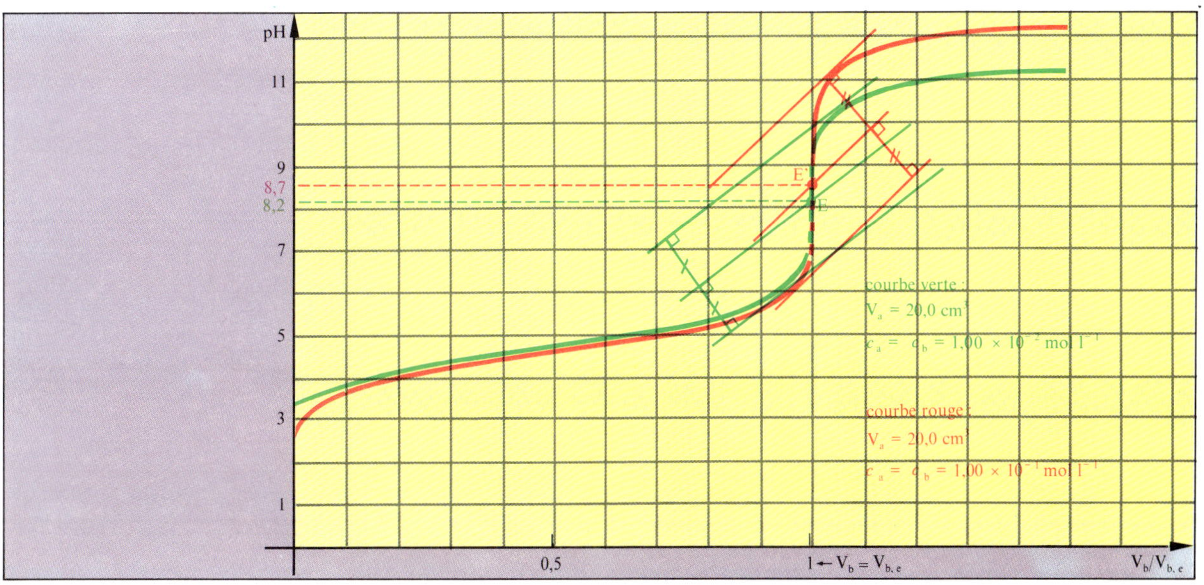

14.

B APPLICATION AUX DOSAGES

1/ DOSAGE SUIVI AU pH-MÈTRE

1. Principe

Soit la courbe de variation du pH en fonction du volume versé (solution d'hydroxyde de sodium pour doser un monoacide faible).

La détermination graphique du point équivalent permet de connaître le volume de réactif versé à l'équivalence.
A l'équivalence, la quantité de matière d'ions hydronium que peut céder le volume V_a de monoacide de concentration c_a est égale à la quantité de matière de cet acide, soit $c_a V_a$. Elle est égale à la quantité de matière $c_b V_b$ d'ions hydronium que peut capter la solution basique de volume V_b et de concentration c_b.
Soit : $$c_a V_a = c_b V_b.$$
On en déduit celle des concentrations qui est inconnue.

2. Exemple

La **figure 15** correspond au dosage de $V_a = 40{,}0\ \text{cm}^3$ de solution d'acide éthanoïque de concentration c_a à déterminer. La concentration de la solution d'hydroxyde de sodium est $c_b = 0{,}50\ \text{mol}\cdot\text{l}^{-1}$. La détermination du point équivalent permet de trouver :

$$V_{b,e} = 14{,}8\ \text{cm}^3$$

A l'équivalence :

$$c_a V_a = c_b V_{b,e} \implies c_a = 1{,}85 \times 10^{-1}\ \text{mol}\cdot\text{l}^{-1}.$$

2/ DOSAGE AVEC INDICATEUR COLORÉ

1. Principe

La connaissance de la courbe de variation du pH en fonction du volume de réactif titrant versé permet de déterminer celui des indicateurs colorés qui convient le mieux. Pour que le changement de teinte de l'indicateur indique le volume équivalent $V_{b,e}$, il faut que ce changement de teinte ait lieu lors du saut de pH autour de l'équivalence.

La zone de virage de l'indicateur doit se situer autour du pH du point équivalent. Le pK_A de l'indicateur coloré doit être aussi voisin que possible du pH à l'équivalence.

2. Dosage d'une solution d'acide éthanoïque par une solution d'hydroxyde de sodium

La **figure 16** montre que l'apparition de la couleur rose de la phénolphtaléine se produit lors de la brusque variation du pH autour de l'équivalence. Cette coloration de la solution indique que le volume de solution d'hydroxyde de sodium ajouté à ce moment-là est le volume équivalent.

La variation du pH autour de l'équivalence est si rapide qu'une goutte de réactif versé (environ $1/20\ \text{cm}^3$) suffit à la produire. Ceci permet de faire un dosage « à la goutte ».

La **figure 16** indique que le bleu de bromothymol commence à changer de teinte un peu avant l'équivalence. Ce changement de teinte intervient pour un volume de réactif versé légèrement inférieur au volume équivalent.

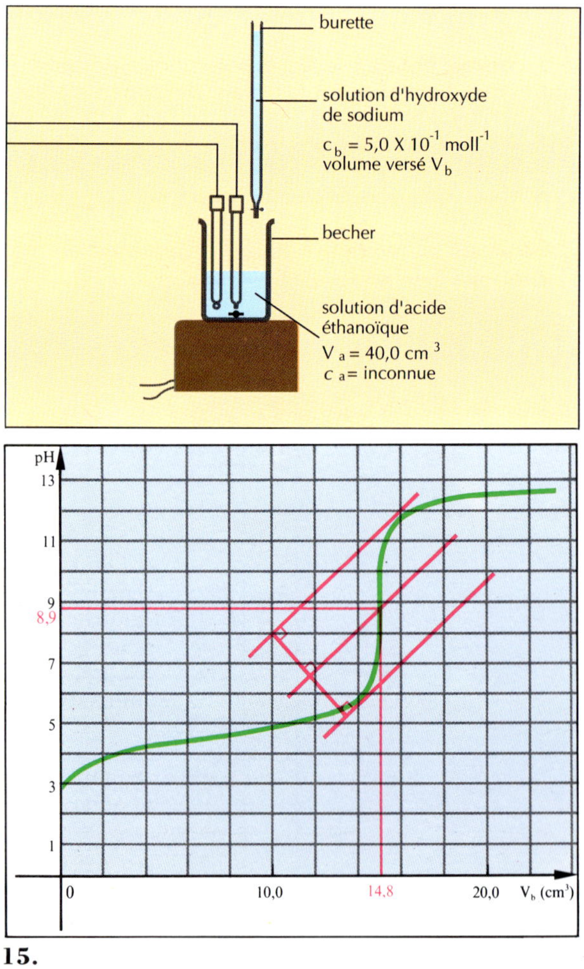

15.

L'hélianthine change de teinte pratiquement dès le début du dosage et ne peut donc convenir pour déterminer ce volume équivalent.

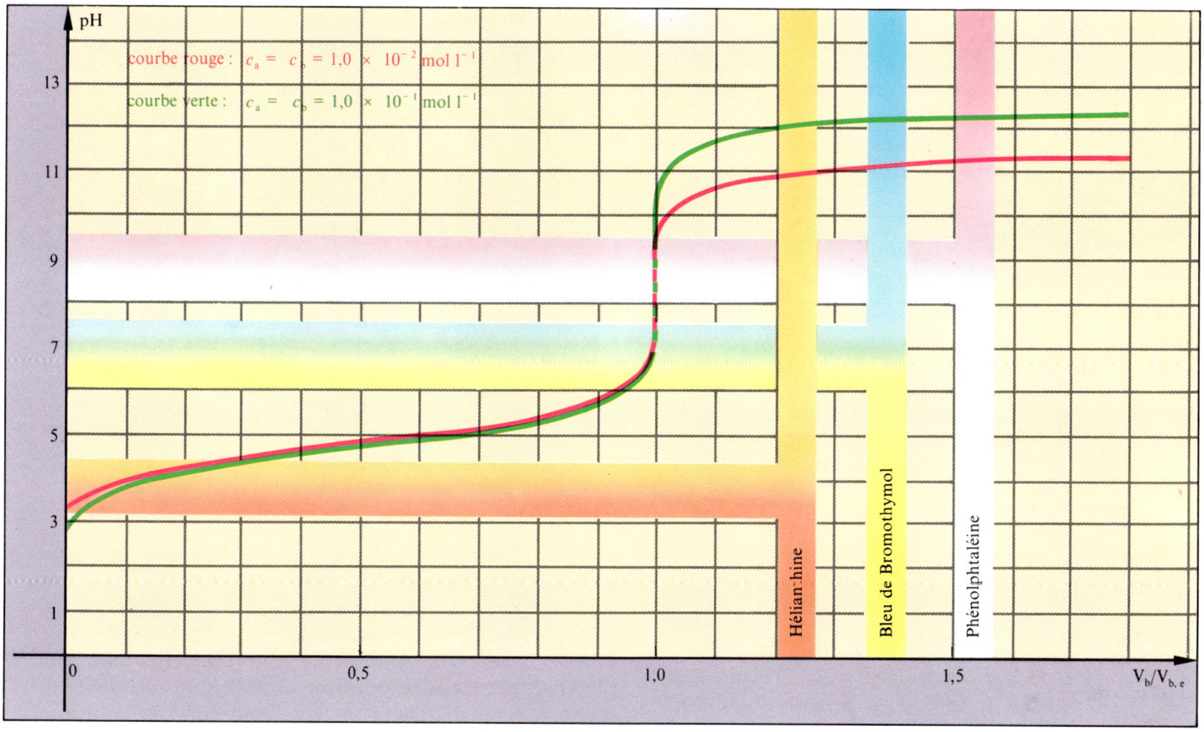

16.

C EFFET TAMPON D'UNE SOLUTION

1/ OBSERVATION DES COURBES DE VARIATION DU pH

La courbe de variation du pH au cours de l'addition progressive d'hydroxyde de sodium à une solution d'acide éthanoïque **(fig. 17)** montre une faible variation du pH autour du point de demi-équivalence, de part et d'autre de la valeur pK_A. La courbe est pratiquement inchangée lorsque l'on modifie les concentrations de l'acide et de la base. Cela indique que des solutions de ce type ont des pH qui varient peu par dilution.

Lorsque l'on ajoute progressivement de l'hydroxyde de sodium à une solution de chlorure d'hydrogène, le pH de la solution obtenue varie peu depuis le début de la courbe jusque peu avant l'équivalence **(fig. 17)**. Nous avons observé cependant que la courbe était sensiblement modifiée dans cette partie lorsque l'on change les concentrations.

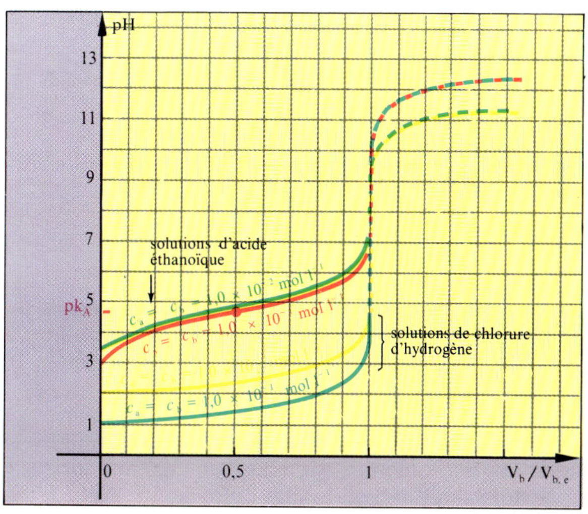

17.

2/ EFFET TAMPON

1. Définition

Une solution présente un effet tampon lorsque son pH varie très peu, que ce soit :
— par addition de petites quantités d'ions hydronium ou d'ions hydroxyde apportés par des acides ou des bases,
— par dilution.
On dit aussi qu'une solution de ce genre est une solution tampon, ou une solution de pH tamponné.

2. Solutions tampon

Un mélange en quantités de même ordre de grandeur d'acide éthanoïque et d'éthanoate de sodium répond à la définition de l'effet tampon. Il en est de même pour les mélanges d'un acide faible et de sa base faible conjuguée en quantités du même ordre de grandeur.

Une solution d'acide fort ou de base forte a un pH peu sensible à l'addition d'ions hydronium ou d'ions hydroxyde. Cette solution répond sur ce point à la définition d'une solution tampon. Le pH d'une solution de ce type est cependant très sensible à la dilution. Par rapport à ce critère, sa propriété tampon est mauvaise. L'emploi de ces solutions pour tamponner le pH est limité : environ de 0 à 2 ou de 12 à 14.

Lorsqu'une des deux conditions définissant une solution tampon n'est pas bien remplie, on parle quelquefois de tampon partiel ou de pseudo-tampon.

3/ ILLUSTRATIONS DE L'EFFET TAMPON

1. Observations qualitatives

Le vert de bromocrésol est un indicateur coloré jaune pour un pH inférieur à 4,2 et bleu pour un pH supérieur à 5,4 **(fig. 18).**

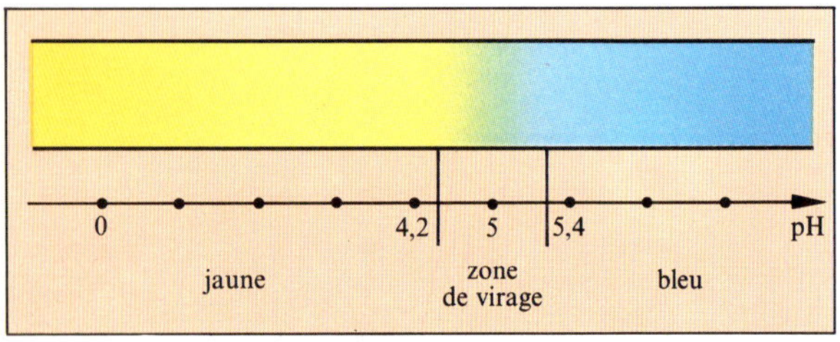

18.

• Ajoutons quelques gouttes de vert de bromocrésol à un mélange assez concentré d'acide éthanoïque et d'éthanoate de sodium. Faisons trois parts de cette solution dans des tubes. Ajoutons au premier tube 1 cm^3 de solution diluée de chlorure d'hydrogène, et au troisième un cm^3 d'une solution diluée d'hydroxyde de sodium. La couleur de ces solutions reste verte, teinte sensible de l'indicateur coloré, comme dans le tube témoin **(fig. 19).** Le pH dans ces expériences est resté compris entre 4,2 et 5,4.

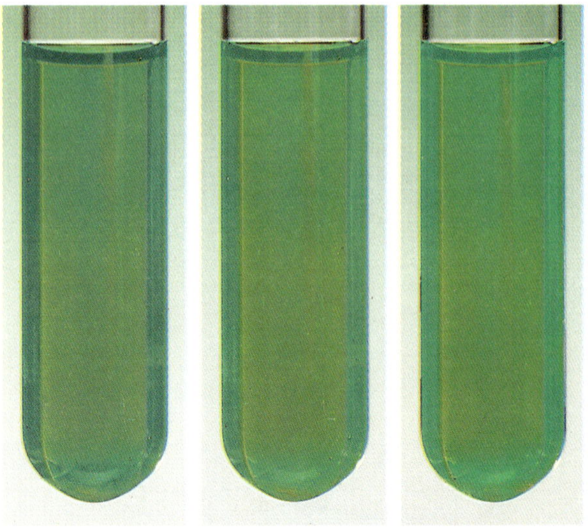

19.

• Faisons la même série d'expériences avec de l'eau distillée additionnée de vert de bromocrésol et amenée à la teinte verte par quelques gouttes de solution de chlorure d'hydrogène. En procédant aux mêmes additions que précédemment **(fig. 20),** on observe que dans le premier tube la solution devient jaune ($pH < 4{,}2$). Dans le troisième tube la solution devient bleue ($pH > 5{,}4$).

• Nous voyons donc que, lors d'additions de petites quantités d'acide ou de base, le pH du mélange équimolaire acide éthanoïque-éthanoate de sodium ne varie pratiquement pas. Au contraire, le pH de l'eau rendue très faiblement acide varie notablement dans les mêmes conditions.

20.

2. Observations quantitatives

Dans des béchers, on place à chaque fois 50 cm^3 de solution respectivement :
— 0,1 $mol \cdot l^{-1}$ en chlorure d'hydrogène,
— 0,1 $mol \cdot l^{-1}$ en hydroxyde de sodium,
— 0,1 $mol \cdot l^{-1}$ en acide éthanoïque et 0,1 $mol \cdot l^{-1}$ en éthanoate de sodium,
— 0,1 $mol \cdot l^{-1}$ en ammoniac et 0,1 $mol \cdot l^{-1}$ en chlorure d'ammonium,
Le dernier bécher contient 50 cm^3 d'eau distillée.

La **figure 21** indique les pH mesurés :

— pour ces solutions initiales,

— après addition de 1 cm^3 de solution de chlorure d'hydrogène ($c_a = 1$ $mol \cdot l^{-1}$),

— après addition de 1 cm^3 de solution d'hydroxyde de sodium ($c_b = 1$ $mol \cdot l^{-1}$),

— après addition d'un égal volume d'eau distillée aux solutions initiales.

Ces mesures confirment que les solutions d'un mélange d'un acide faible et de sa base conjuguée, en quantités égales ici, ont un pH qui varie peu par addition d'ions hydronium ou hydroxyde, et de façon non sensible par dilution.

Le pH des solutions de chlorure d'hydrogène ou d'hydroxyde de sodium varie peu par addition d'ions hydronium ou hydroxyde (comparativement moins que les mélanges acide faible-base faible conjuguée); mais ce pH est sensible à la dilution.

Le pH de l'eau distillée varie beaucoup par addition d'ions hydronium ou hydroxyde.

Pour l'eau, une petite quantité d'acide ou de base suffit pour que le pH diffère de la valeur 7. Par exemple, la dissolution du dioxyde de carbone provenant de l'air rend l'eau distillée acide par la réaction :

$$CO_{2\,(g)} + H_2O \rightleftarrows HCO^-_{3\,(aq)} + H_3O^+_{(aq)}$$

50 cm^3 de solution (solution « initiale »)	**HCl 0,1 $mol \cdot l^{-1}$**	**NaOH 0,1 $mol \cdot l^{-1}$**	**25 cm^3 CH_3CO_2H +25 cm^3 CH_3CO_2Na 0,1 $mol \cdot l^{-1}$**	**25 cm^3 NH_4Cl +25 cm^3 $NH_{3\,(aq)}$ 0,1 $mol \cdot l^{-1}$**	**eau distillée**
pH (solution initiale)	1,1	13	4,65	9,3	≈5
pH après addition de 1 cm^3 de HCl 1 $mol \cdot l^{-1}$ à la solution initiale	1,0	12,9	4,2	8,85	1,7
pH après addition de 1 cm^3 de solution NaOH 1 $mol \cdot l^{-1}$ à la solution initiale	1,2	13,1	5,1	9,75	12
pH après addition de 50 cm^3 d'eau distillée à la solution initiale	1,4	12,7	4,65	9,3	inchangé

21.

4/ APPLICATIONS

1. Étalonnage des pH-mètres

Pour standardiser les pH-mètres, on utilise par exemple des solutions tampon de pH = 7,00 obtenues en mélangeant du dihydrogénophosphate $H_2PO_4^-$ et de l'hydrogénophosphate HPO_4^{2-} (acide et base conjugués). Une solution $5{,}0 \cdot 10^{-3}$ $mol \cdot l^{-1}$ d'éthanoate de sodium et d'acide éthanoïque constitue un tampon secondaire de pH = 4,65.

2. Réaction chimique à pH contrôlé

On utilise des solutions tampon chaque fois que l'on veut effectuer une réaction chimique à pH constant, même si cette réaction crée ou consomme des ions hydronium.

3. Milieux biologiques tamponnés

De nombreux milieux vivants sont tamponnés naturellement pour mieux résister à des agressions chimiques de la part d'acides ou de bases.

Par exemple, le sang est tamponné à pH = 7,4. Les substances du sang qui tamponnent le pH sont :

— les protéines qui contiennent dans leurs molécules des groupes acides et basiques,

— les ions hydrogénocarbonate HCO_3^- (accepteurs de protons en formant $CO_2 + H_2O$, donneurs de protons en formant des ions carbonate CO_3^{2-}),

— les ions dihydrogénophosphate $H_2PO_4^-$ et hydrogénophosphate HPO_4^{2-}.

Une variation faible (quelques dixièmes d'unités) du pH du sang entraîne des troubles graves.

• La réaction entre une solution d'acide faible et une solution de base forte s'accompagne d'un effet thermique important.

• Lorsque l'on ajoute progressivement la solution de base forte à la solution d'acide faible, on peut distinguer quatre phases :

1. au début, les ions hydroxyde réagissent avec l'acide faible et les ions hydronium libérés par l'acide faible;

2. dès que les ions hydronium sont consommés, les ions hydroxyde réagissent avec l'acide faible; le pH de la solution varie peu car les ions hydroxyde introduits sont consommés;

3. dès que l'acide faible est presque entièrement consommé le pH varie beaucoup;

4. lorsque l'acide faible est entièrement consommé, les ions hydroxyde introduits se diluent dans la solution.

Cette réaction peut se résumer à la réaction acide-base entre un acide faible et des ions hydroxyde; la réaction est pratiquement totale. Pour l'acide éthanoïque, la réaction s'écrit :

$$CH_3CO_2H_{(aq)} + OH^-_{(aq)} \longrightarrow H_2O + CH_3CO^-_{2\,(aq)}$$

• A l'équivalence les quantités de matière apportées d'acide faible et d'ions hydroxyde sont égales.

• La courbe de variation du pH a les caractéristiques de la **figure 22.**

• Lorsque l'acide faible et la base conjuguée sont en quantités comparables dans une solution aqueuse, la solution obtenue est une solution tampon dont :
— le pH varie peu par dilution,
— le pH varie peu par addition modérée d'acide ou de base,
— le pH est voisin du pK_A du couple acide-base.

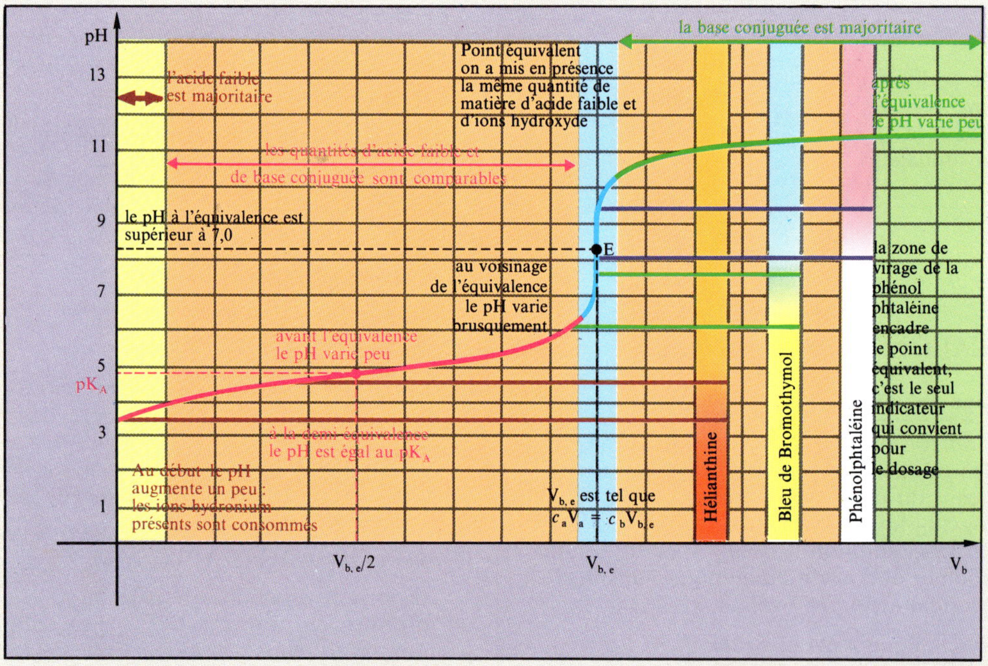

EXERCICES RÉSOLUS

1 **1.** Une solution d'acide méthanoïque de concentration molaire $1{,}0 \cdot 10^{-1}$ mol·l^{-1} a un pH = 2,38 à 25 °C. Montrer que l'acide méthanoïque est un acide faible.
Nommer les espèces chimiques présentes dans la solution, expliquer leur origine et calculer leurs concentrations respectives. En déduire la valeur de la constante d'acidité K_A et la valeur du pK_A de l'acide méthanoïque.
2. On verse dans 50,0 ml de cette solution acide, une solution d'hydroxyde de sodium de concentration molaire 0,125 mol·l^{-1}.
a. Quelle est la réaction qui se produit?
b. Calculer le volume de solution d'hydroxyde de sodium nécessaire pour obtenir l'équivalence.

SOLUTION

1. L'acide méthanoïque, de formule HCO_2H, de concentration $c = 1{,}00 \cdot 10^{-1}$ mol·l^{-1} est un acide faible partiellement dissocié en solution aqueuse. En effet si cet acide était fort, on devrait avoir pH = −lg c soit pH ≈ 1. La solution a un pH = 2,38 donc

$$[H_3O^+] < c$$

Les équilibres dans cette solution sont donc :

$$HCO_2H + H_2O \rightleftarrows HCO^-_{2(aq)} + H_3O^+_{(aq)} \quad (1)$$

$$2\,H_2O \rightleftarrows H_3O^+_{(aq)} + OH^-_{(aq)} \quad (2)$$

Les espèces en solution sont donc :
— **l'acide méthanoïque HCO_2H** non dissocié;
— **l'ion méthanoate $HCO^-_{2(aq)}$** provenant de (1);
— **l'ion hydronium $H_3O^+_{(aq)}$** provenant essentiellement de (1) (on néglige l'autoprotolyse de l'eau);
— **l'ion hydroxyde $OH^-_{(aq)}$.**

La valeur du pH permet de calculer $[H_3O^+_{(aq)}]$:

$$[H_3O^+_{(aq)}] = 10^{-2{,}38}$$

$$\mathbf{[H_3O^+_{(aq)}] = 4{,}17 \cdot 10^{-3}\ mol \cdot l^{-1}}$$

Le produit ionique de l'eau s'écrit :

$$[H_3O^+_{(aq)}] \times [OH^-_{(aq)}] = K_e = 10^{-14}$$

donc
$$[OH^-_{(aq)}] = \frac{10^{-14}}{10^{-2{,}38}} = 10^{-11{,}62}$$

$$\mathbf{[OH^-_{(aq)}] = 2{,}40 \cdot 10^{-12}\ mol \cdot l^{-1}}$$

L'électroneutralité de la solution donne :

$$[HCO^-_{2\,(aq)}] = [H_3O^+_{(aq)}]$$

$$\mathbf{[HCO^-_{2\,(aq)}] \approx 4{,}17 \cdot 10^{-3}\ mol \cdot l^{-1}}$$

La conservation du groupe HCO_2 se traduit par la relation :

$$[HCO_2H] + [HCO^-_{2\,(aq)}] = c$$

soit
$$\mathbf{[HCO_2H] \approx 9{,}58 \cdot 10^{-2}\ mol \cdot l^{-1}}$$

Par définition :

$$K_A = \frac{[HCO^-_{2\,(aq)}] \times [H_3O^+_{(aq)}]}{[HCO_2H]}$$

A.N. :
$$K_A = \frac{[4{,}17 \cdot 10^{-3}]^2}{9{,}58 \cdot 10^{-2}} = 1{,}82 \cdot 10^{-4}$$

$$\mathbf{K_A = 1{,}82 \cdot 10^{-4}}$$

soit :
$$pK_A = -\lg K_A$$

$$\mathbf{pK_A = 3{,}74}$$

2. a. Lorsque l'on ajoute une solution d'hydroxyde de sodium, la réaction qui se produit est la suivante :

$$\mathbf{HCO_2H + OH^-_{(aq)} \longrightarrow HCO^-_{2\,(aq)} + H_2O}$$

b. Pour obtenir l'équivalence, la quantité de matière en ions $OH^-_{(aq)}$ apportés par la solution d'hydroxyde de sodium doit être égale à la quantité de matière en acide méthanoïque apporté par les 50,0 cm^3 de cette solution.

$$n_{OH^-_{(aq)}} = n_{HCO_2H}$$

Soit $c_B V_B = c_A V_A$ en appelant respectivement c_B et c_A les concentrations de l'hydroxyde de sodium et de l'acide méthanoïque et V_B et V_A leurs volumes :

$$V_B = \frac{c_A}{c_B}\,V_A = \frac{1{,}00 \cdot 10^{-1}}{1{,}25 \cdot 10^{-1}} \times 50{,}0$$

$$V_B = \frac{50}{1{,}25} = 40{,}0\ cm^3$$

Il faut donc verser 40,0 cm^3 de la solution d'hydroxyde de sodium.

BAC

2 La vitamine C est de l'acide ascorbique de formule $C_6H_8O_6$ que l'on considérera comme un monoacide.
On dissout un comprimé contenant cette vitamine dans 100,0 cm^3 d'eau distillée et on dose cette solution A par une solution d'hydroxyde de sodium à $3{,}00 \times 10^{-1}$ mol·l^{-1}.
Seules les réactions acido-basiques seront prises en compte.
On obtient la courbe ci-dessous :

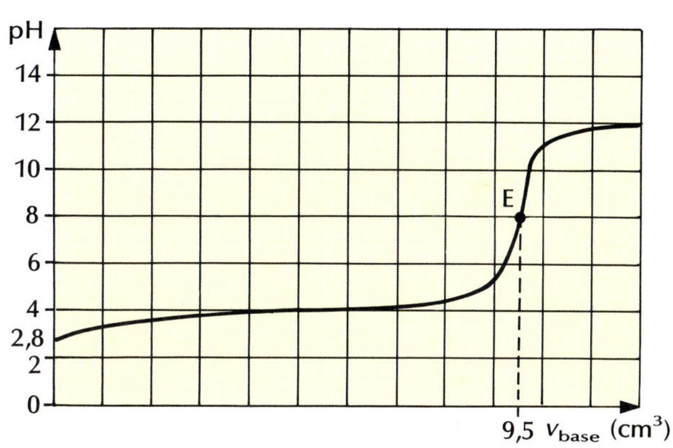

1. L'acide ascorbique est-il un acide faible ou fort? Justifier. Écrire l'équation-bilan de sa réaction avec l'eau.
2. A l'aide de la courbe déterminer :
a. Le pK_A du couple acide-base étudié.
b. La concentration de l'acide dans la solution A et la masse d'acide ascorbique dissoute dans les 100,0 cm^3.
3. a. Déterminer les concentrations de toutes les espèces présentes dans la solution A.
b. En déduire K_A et pK_A et comparer au résultat 2. a.
4. Calculer le pourcentage de molécules d'acide ionisées dans la solution A. Conclure.

(Bordeaux; juin 87-CE)

SOLUTION

1. L'allure de la courbe au point de départ et le pH de 8,0 à l'équivalence montrent que l'acide ascorbique est un acide **faible.**
Dans la solution A nous avons les équilibres suivants :

$$\mathbf{C_6H_7O_6H + H_2O \rightleftarrows C_6H_7O^-_{6\,(aq)} + H_3O^+_{(aq)}}$$
$$\mathbf{2\,H_2O \rightleftarrows H_3O^+_{(aq)} + OH^-_{(aq)}}$$

2. a. Le volume de base versé à l'équivalence est $V_{B,e} = 9{,}5\ cm^3$.
A la demi-équivalence il faut un volume

$$\frac{V_{B,e}}{2} = 4{,}75\ cm^3$$

Graphiquement, pour $V_B = 4{,}75\ cm^3$, pH = 4,0.
A la demi-équivalence $pH = pK_A$.
Le pK_A du couple acide-base étudié est égal à 4,0.
b. A l'équivalence

$$n_{C_6H_7O_6H} = n_{OH^-}$$

soit, en appelant c_A et c_B les concentrations respectives de l'acide ascorbique et de la solution d'hydroxyde de sodium

$$c_A V_A = c_B V_{B,e}$$

On en déduit

$$c_A = c_B \times \frac{V_{B,e}}{V_A} = 3{,}00 \times 10^{-1} \times \frac{9{,}5}{100}$$
$$\mathbf{c_A = 2{,}85 \cdot 10^{-2}\ mol \cdot l^{-1}}$$

La quantité de matière dissoute dans le volume V_A est :

$$n_{C_6H_7O_6H} = c_A V_A = 2{,}85 \cdot 10^{-3}\ mol$$

La masse dissoute dans le volume V_A est m avec :

$$m = n \times M$$
$$M = (12 \times 6) + (1 \times 8) + (16 \times 6) = 176\ g \cdot mol^{-1}$$
$$m = 2{,}85 \cdot 10^{-3} \times 176$$
$$\mathbf{m = 0{,}50\ g}$$

La concentration de l'acide ascorbique est $c_A = 2{,}85 \cdot 10^{-2}\ mol \cdot l^{-1}$.

La masse d'acide dissoute dans les 100 cm^3 est de 0,502 g.

3. a. Dans la solution A, nous avons les équilibres suivants :

$$C_6H_7O_6H + H_2O \rightleftarrows C_6H_7O^-_6 + H_3O^+_{(aq)}$$
$$2\,H_2O \rightleftarrows H_3O^+_{(aq)} + OH^-_{(aq)}$$

Les espèces présentes sont donc :

$$C_6H_7O_6H, \quad C_6H_7O^-_{6\,(aq)}, \quad H_3O^+_{(aq)}, \quad OH^-_{(aq)}$$

Lorsque $V_B = 0$, pH = 2,8 : c'est le pH de la solution A.
La connaissance du pH permet de calculer $[H_3O^+_{(aq)}]$:

$$[H_3O^+_{(aq)}] = 10^{-2,8}$$
$$\mathbf{[H_3O^+_{(aq)}] = 1{,}6 \cdot 10^{-3}\ mol \cdot l^{-1}}$$

D'après le produit ionique de l'eau :

$$[OH^-_{(aq)}] = \frac{K_e}{[H_3O^+_{(aq)}]} = \frac{10^{-14}}{1{,}6 \cdot 10^{-3}}$$
$$\mathbf{[OH^-_{(aq)}] = 6{,}3 \cdot 10^{-12}\ mol \cdot l^{-1}}$$

L'électroneutralité de la solution s'écrit :

$$[C_6H_7O^-_{6\,(aq)}] + [OH^-_{(aq)}] = [H_3O^+_{(aq)}]$$

soit $[C_6H_7O^-_{6\,(aq)}] \approx [H_3O^+_{(aq)}]$ (les ions OH^-_{aq} sont ultra-minoritaires)

$$\mathbf{[C_6H_7O^-_{6\,(aq)}] \approx 1{,}6 \cdot 10^{-3}\ mol \cdot l^{-1}}$$

La relation

$$[C_6H_7O_6H] + [C_6H_7O^-_{6\,(aq)}] = c_A$$

traduit la conservation de la matière d'où :

$$[C_6H_7O_6H] = c_A - [C_6H_7O^-_{6\,(aq)}]$$
$$= 2{,}85 \cdot 10^{-2} - 1{,}6 \cdot 10^{-3}$$
$$\mathbf{[C_6H_7O_6H] = 2{,}7 \cdot 10^{-2}\ mol \cdot l^{-1}}$$

b. $K_A = \frac{[H_3O^+_{aq}] \times [C_6H_7O^-_{6\,(aq)}]}{[C_6H_7O_6H]} = \frac{(1{,}6 \cdot 10^{-3})^2}{2{,}7 \cdot 10^{-2}}$

$\mathbf{K_A = 9{,}3 \cdot 10^{-5}}$
$pK_A = -\lg K_A$
$\mathbf{pK_A = 4{,}0}$

La valeur calculée est bien en accord avec celle obtenue graphiquement au **2. a.**

4. Le pourcentage de molécules d'acide ionisées est donné par le rapport $\frac{[C_6H_7O^-_{6\,(aq)}]}{c_A}$ puisque le nombre de molécules d'acide ionisées est égal au nombre d'ions $C_6H_7O^-_{6\,(aq)}$ formés.

$$\frac{[C_6H_7O^-_{6\,(aq)}]}{c_A} = \frac{1{,}6 \cdot 10^{-3}}{2{,}85 \cdot 10^{-2}} = 5{,}5 \cdot 10^{-2}$$

soit un **pourcentage de 5,5 %.**

Ceci confirme bien le fait que l'acide ascorbique est un acide faible.

EXERCICES

SOLUTIONS IDENTIQUES

3 **A_2-B_3-C_1** **1.** Quels volumes de solutions $4{,}0 \times 10^{-2}$ mol·l^{-1} d'acide chloroéthanoïque et de chloroéthanoate de sodium doit-on mélanger pour avoir 100,0 cm^3 d'une solution de pH = 3,5.
Le pK_A du couple est 2,9.
Quelles sont les concentrations des espèces présentes dans la solution obtenue?

2. Quel volume d'une solution $6{,}40 \times 10^{-2}$ mol·l^{-1} d'hydroxyde de sodium doit-on ajouter à un volume de 50,0 cm^3 de solution $8{,}00 \times 10^{-2}$ mol·l^{-1} d'acide chloroéthanoïque pour avoir une solution de pH = 3,5? Quelles sont alors les concentrations des espèces présentes dans la solution obtenue?

3. Que pensez-vous des deux solutions préparées? Comparez les quantités de matière des substances apportées dans chaque cas.

4 **A_2-B_3-C_1** **1.** Quel volume de solution $1{,}00 \times 10^{-2}$ mol·l^{-1} d'hydroxyde de sodium faut-il ajouter à un volume de 30,0 cm^3 de solution $1{,}00 \times 10^{-2}$ mol·l^{-1} d'acide éthanoïque pour avoir une solution de pH = 5,05. Le pK_A du couple acide éthanoïque-ion éthanoate est 4,75.
Quelles sont les concentrations des substances apportées dans la solution du mélange?
Quelles sont les espèces présentes en solution et leurs concentrations.

2. Quels volumes de solutions d'acide éthanoïque et d'éthanoate de sodium de même concentration c doit-on mélanger pour avoir 50,0 cm^3 d'une solution de pH = 5,05?
Quelles sont les concentrations des substances apportées dans la solution du mélange, si $c = 6{,}00 \times 10^{-3}$ mol·l^{-1}?
Quelles sont les espèces en solution et leurs concentrations?

3. Que pensez-vous des deux solutions préparées? Comparez les quantités de matière des substances apportées dans chaque cas.

OBTENTION D'UN pH PAR ADDITION D'HYDROXYDE DE SODIUM A UNE SOLUTION D'ACIDE ÉTHANOÏQUE

5 **A_2-B_3-C_1** Quel volume de solution $1{,}0 \times 10^{-1}$ mol·l^{-1} d'hydroxyde de sodium faut-il ajouter à 20,0 cm^3 de solution $2{,}0 \times 10^{-1}$ mol·l^{-1} d'acide éthanoïque dont le pK_A = 4,75 pour que le pH du mélange soit :

a. 4,75; **b.** 4,2; **c.** 10,0?

ÉQUATION DE LA COURBE pH = f(V_b) AUTOUR DE LA DEMI-ÉQUIVALENCE

6 **A_2-C_1** Soit le dosage d'un volume $V_a = 20{,}0$ cm^3 d'une solution aqueuse $1{,}0 \times 10^{-2}$ mol·l^{-1} d'acide éthanoïque par une solution $1{,}0 \times 10^{-2}$ mol·l^{-1} d'hydroxyde de sodium, dont on verse un volume noté V_b.
La courbe expérimentale est donnée page 78. Le pK_A du couple acide éthanoïque/éthanoate est 4,75. Utiliser les valeurs connues du pH pour faire les approximations convenables et justifier l'expression du pH en fonction de V_b autour de la demi-équivalence, soit :

$$\text{pH} = 4{,}75 + \log \frac{V_b}{20{,}0 - V_b} \quad (\text{où } V_b \text{ est en cm}^3)$$

Calculer le pH pour quelques valeurs de V_b (entre 2,0 et 19,5 cm^3) et porter ces couples de valeurs sur la courbe expérimentale. Y a-t-il accord avec les valeurs expérimentales?

DOSAGE VOLUMÉTRIQUE

7 **A_2** Pour obtenir le virage de la phénolphtaléine, il faut verser 13,8 cm^3 de solution $c = 1{,}0 \times 10^{-1}$ mol·l^{-1} d'hydroxyde de sodium dans 20,0 cm^3 d'une solution d'acide méthanoïque. Quelle est la concentration de cet acide? L'indicateur coloré est-il bien choisi?

DOSAGE D'UN MÉLANGE DE DEUX ACIDES

8 **A_2-B_3-C_2** Une solution aqueuse renferme uniquement de l'acide éthanoïque et de l'acide oxalique (acide éthanedioïque) qui est un diacide.
1. 10,0 cm^3 de cette solution sont dosés exactement par 3,0 cm^3 de solution molaire d'hydroxyde de sodium.
2. 100,0 cm^3 de la même solution, traités par un excès de chlorure de calcium, donnent un précipité d'oxalate de calcium qui, desséché, a une masse de 1,28 g.
Quelles sont les concentrations des deux acides dans la solution étudiée et les masses dissoutes dans un litre de cette solution?

SUJETS DE BACCALAURÉAT

9 **A_2-B_3** Dans un bécher contenant 20,0 cm^3 d'une solution d'acide éthanoïque, on verse à la burette une solution d'hydroxyde de sodium (NaOH) de concentration $1{,}00 \times 10^{-1}$ mol·l^{-1}; on suit les variations de pH dont les mesures sont rassemblées dans le tableau ci-dessous.

Volume V de NaOH en cm^3	0,0	2,0	4,0	6,0	8,0	10,0	12,0	14,0
pH	2,9	4,0	4,3	4,4	4,7	4,8	5,0	5,2
Volume V de NaOH en cm^3	15,0	16,0	18,0	19,0	19,5	20,0	21,0	23,0
pH	5,3	5,4	5,8	6,3	7,2	10	11,3	11,8

1. Écrire l'équation de la réaction chimique intervenant dans la variation de pH.
2. Représenter graphiquement $pH = f(V)$. (V : volume de la solution d'hydroxyde de sodium versé).
On prendra l'axe des abscisses dans le sens de la longueur de la feuille avec l'échelle de 1 cm pour 1 cm^3 et l'axe des ordonnées dans le sens de la largeur de la feuille avec l'échelle de 1 cm pour une unité de pH.
3. En déduire :
a. la concentration de la solution d'acide éthanoïque étudiée,
b. le pK_A et la constante d'acidité du couple acide éthanoïque-ion éthanoate.

(Clermont-Ferrand; juin 82-CE)

10 A_2-B_3-C_1 **1.** On mesure le pH d'un « vinaigre d'alcool » vendu dans le commerce. Ce vinaigre commercial sera assimilé à une solution aqueuse d'acide éthanoïque. Le pH vaut 2,4. Sachant que la constante d'acidité du couple acide éthanoïque-ion éthanoate est $K_A = 1{,}75 \cdot 10^{-5}$, calculer la concentration de chacune des espèces chimiques présentes dans cette solution.
2. Quel volume de solution d'acide chlorhydrique de concentration $1{,}00 \times 10^{-1}$ $mol \cdot l^{-1}$ faut-il utiliser pour préparer un litre de solution aqueuse ayant le même pH (solution S)?
3. On utilise $V_A = 100{,}0$ cm^3 du vinaigre commercial et V_B cm^3 d'une solution d'hydroxyde de sodium de concentration $1{,}00 \times 10^{-1}$ $mol \cdot l^{-1}$ pour préparer une solution de $pH = 4{,}0$; calculer V_B.

(Dijon; juin 82-CE)

11 A_2-B_3 Dans la limonade obtenue par dilution du jus de citron, l'acidité est due essentiellement à l'acide citrique $C_6H_8O_7$, considéré comme un monoacide (de base conjuguée $C_6H_7O_7^-$ et de pK_A égal à 3,13 à 25 °C).
A cette température, on considère un litre de limonade obtenue par dilution au dixième de jus de citron; la valeur mesurée de son pH est 2,60.
Déterminer :
1. les concentrations des différentes espèces présentes dans la limonade;
2. la concentration initiale de l'acide citrique dans le jus de citron;
3. la masse d'acide citrique dissoute dans le litre de limonade;
4. le volume de soude de concentration $1{,}00 \cdot 10^{-2}$ $mol \cdot l^{-1}$ nécessaire pour doser l'acide citrique contenu dans 10,0 cm^3 de cette limonade.

(Strasbourg; juin 82-CE)

12 A_2-B_3 L'acide méthanoïque (ou formique) est un acide organique de formule HCOOH, dont la base conjuguée est l'ion méthanoate (ou formiate) $HCOO^-$. On dispose de 10,0 cm^3 d'une solution aqueuse d'acide formique que l'on dose progressivement par une solution aqueuse décimolaire d'hydroxyde de sodium (soude). Les résultats expérimentaux sont les suivants :

Volume V de soude (cm^3)	0	1,0	2,0	3,0	4,0	5,0	6,0	7,0	8,0
Valeur approchée du pH	2,4	2,7	3,1	3,3	3,5	3,7	3,9	4,1	4,3
Volume V de soude (cm^3)	9,0	9,5	10,0	10,5	11,0	12,0	15,0	20,0	
Valeur approchée du pH	4,7	5,1	8,2	11,4	11,7	12,0	12,3	12,5	

a. Tracer la courbe représentant le pH en fonction du volume V de soude versée. Choisir pour échelle :
— en abscisses : 1 cm pour 1 cm^3,
— en ordonnées : 1 cm pour 1 unité pH.
b. Écrire l'équation de la réaction support du dosage.
c. Déduire de la courbe :
— une valeur approchée de la concentration en acide formique de la solution initiale,
— une valeur approchée du pK_A du couple acide-base que forment l'acide formique et l'ion formiate.
d. Pour $V = 6{,}0$ cm^3, recenser les diverses espèces chimiques présentes dans la solution et déterminer leurs concentrations.

(Reims; juin 82-CE)

13 A_2-B_3-C_1 Soit une solution de propanoate de sodium $CH_3CH_2CO_2Na$ de concentration $c = 1{,}00 \cdot 10^{-2}$ $mol \cdot l^{-1}$.
A $V_b = 100{,}0$ cm^3 de cette solution, on ajoute un volume V d'une solution d'acide chlorhydrique de même concentration c. On obtient ainsi une solution (S). Le volume V, exprimé en cm^3, est tel que : $10{,}0 \leqslant V \leqslant 90{,}0$. Le pH de la solution S est égal à 5,4. Le couple $C_2H_5CO_2H/C_2H_5CO_2^-$ est tel que $pK_A = 4{,}9$.
1. On se propose de déterminer le rapport $\dfrac{[C_2H_5CO_2^-]}{[C_2H_5CO_2H]}$ en fonction de V, pour la solution (S).
Pour cela on procédera de la façon suivante :
a. A partir de l'équation d'électroneutralité de la solution (S), exprimer la concentration de cette solution en ions propanoate $C_2H_5CO_2^-$ (expression [1]).
b. Donner un encadrement des concentrations $[Na^+]$ et $[Cl^-]$ et en déduire un encadrement de l'expression $[Na^+] - [Cl^-]$ pour $10{,}0 \leqslant V \leqslant 90{,}0$.
c. Comparer la valeur minimum de $[Na^+] - [Cl^-]$ au reste des termes de l'expression (1) et faire les approximations nécessaires afin d'exprimer $[C_2H_5CO_2^-]$ en fonction de V.
d. Exprimer la concentration en acide propanoïque $[C_2H_5CO_2H]$ en fonction de V et montrer que le rapport $\dfrac{[C_2H_5CO_2^-]}{[C_2H_5CO_2H]} = \dfrac{V_b}{V} - 1$.

2. Pour pH = 5,4 calculer V.
3. Pour pH = pK_A calculer V. Comment s'appelle la solution (S) dans ces conditions?
4. On veut préparer une solution identique à la solution (S) du 3. (pH = pK_A). Pour cela, on utilise 100,0 cm^3 d'une solution d'acide propanoïque de concentration c ($c = 1{,}0 \cdot 10^{-2}$ mol·l^{-1}) et un volume V'_b cm^3 d'une solution d'hydroxyde de sodium de concentration $c'_b = 4{,}0 \times 10^{-2}$ mol·l^{-1}. Calculer V'_b.

(Poitiers; juin 82-CE)

14 **A_2-B_3** On met dans un bécher 20,0 cm^3 d'une solution d'acide carboxylique RCOOH dans laquelle on verse progressivement une solution d'hydroxyde de sodium de concentration molaire $1{,}0 \cdot 10^{-1}$ mol·l^{-1}. Au cours de l'addition d'hydroxyde de sodium, on mesure les valeurs du pH du mélange. On appelle V le volume de solution d'hydroxyde de sodium versé. Les résultats sont groupés dans le tableau suivant :

V (cm^3)	0,0	2,0	4,0	6,0	8,0	10,0	12,0	14,0
pH	2,4	2,8	3,1	3,3	3,5	3,7	3,9	4,2

V (cm^3)	16,0	17,0	17,5	18,0	18,5	19,0	20,0	22,0
pH	4,5	5,0	5,7	9,7	11,5	12,0	12,2	12,4

1. Tracer la courbe représentant les variations du pH du mélange en fonction de V.
1 cm sur l'axe des abscisses représente 1 cm^3.
1 cm sur l'axe des ordonnées représente 1 unité pH.
2. Déterminer sur la courbe les coordonnées du point d'équivalence. Quelle est la concentration molaire de la solution initiale d'acide?
3. Déterminer sur la courbe les coordonnées du point de demi-équivalence. En déduire la constante d'acidité K_A du couple dont la forme acide est RCOOH?
4. Recenser toutes les espèces chimiques présentes dans le mélange et calculer leurs concentrations molaires lorsque le pH du mélange est de 3,6. Cette solution, de pH = 3,6, est une solution tampon. Quelles sont les propriétés d'une solution tampon?

(Orléans-Tours; juin 82-D)

15 **A_2-B_3** **1.** Quelle masse d'acide benzoïque ($C_6H_5CO_2H$) doit-on dissoudre dans l'eau distillée pour obtenir 200 cm^3 d'une solution de concentration en quantité de matière 0,100 mol·l^{-1}?
2. Le pH de cette solution est 2,6. Calculer les concentrations en quantité de matière des différentes espèces chimiques présentes dans la solution. L'acide benzoïque est-il un acide fort ou faible? Justifier la réponse.
3. On prélève 10 cm^3 de cette solution et on lui ajoute 5 cm^3 d'une solution d'hydroxyde de sodium (soude) de concentration en quantité de matière 0,1 mol·l^{-1}. Le pH est égal à 4,2. Calculer les concentrations en quantité de matière des espèces chimiques présentes en solution.
En déduire le pK_A du couple acide benzoïque/benzoate.

(Caen; juin 82-D)

16 **A_2-B_3-C_2** Pour permettre l'étalonnage d'un pH-mètre, on désire préparer une solution dont le pH soit égal à 5,0.
1. Pour cela, on utilise un mélange de deux solutions, l'une d'acide éthanoïque (ou acétique), l'autre d'éthanoate (ou acétate) de sodium. Leurs concentrations molaires sont égales à 0,100 mol·l^{-1}. Le pK_A du couple acide éthanoïque-éthanoate est égal à 4,75.
a. En négligeant dans la solution obtenue la concentration en H_3O^+ devant la concentration en Na^+, calculer les volumes de chacune des solutions à mélanger pour obtenir 100 cm^3 de solution de pH = 5,0.
b. Vérifier que l'approximation faite ci-dessus se justifie.
2. Si on ne possède pas d'éthanoate de sodium, on peut utiliser une solution de soude de concentration molaire 0,100 mol·l^{-1}.
Quels volumes de cette solution et de la solution d'acide éthanoïque précédente faut-il mélanger pour parvenir au même résultat qu'au **1.**
3. Quelle est la propriété caractéristique de la solution de pH = 5 ainsi préparée?

(Rennes; juin 82-CE)

17 **A_2-B_3** On considère une solution $1{,}00 \cdot 10^{-2}$ mol·l^{-1} d'acide benzoïque $C_6H_5CO_2H$. La base conjuguée de cet acide est l'ion benzoate $C_6H_5CO_2^-$.
1. On prélève deux échantillons de cette solution acide à 25 °C et on y ajoute respectivement du bleu de bromophénol et du vert de bromocrésol.

Indicateur	Teinte de l'indicateur en fonction du pH
Bleu de bromophénol	jaune 3,0 vert 4,8 bleu
Vert de bromocrésol	jaune 3,8 vert 5,4 bleu

Le bleu de bromophénol prend une teinte verte et le vert de bromocrésol une teinte jaune. Entre quelles limites se situe le pH de la solution acide? L'acide benzoïque est-il fort?
2. On ajoute à 20,0 cm^3 de cette solution acide 10,0 cm^3 de solution d'hydroxyde de sodium $1{,}00 \cdot 10^{-2}$ mol·l^{-1}. Le pH du mélange est 4,2 quand la température est voisine de 25 °C. On demande :
— les espèces chimiques présentes dans le mélange et leurs concentrations molaires;
— la constante d'acidité K_A et le pK_A du couple acide benzoïque/ion benzoate.

(Nice; septembre 82-D)

18 **A_2-B_3** L'acide borique H_3BO_3 admet pour base conjuguée l'ion borate $H_2BO_3^-$ (celui-ci ne se dissocie pas dans l'eau). On considère une solution S d'acide borique de concentration molaire égale à $1{,}00 \cdot 10^{-2}$mol·l^{-1}. Son pH est égal à 6,1.
1. Cet acide est-il fort ou faible? Justifier la réponse. Écrire l'équation de la réaction d'ionisation de cet acide en solution aqueuse. Calculer les concentrations molaires des espèces chimiques autres que H_2O présentes dans cette solution, puis vérifier, à partir de ces résultats, que le pK_A de ce couple acido-basique est égal à 10,2.
2. A un litre de solution S on ajoute 0,20 g d'hydroxyde de sodium solide et anhydre. On négligera la

variation du volume de la solution. Écrire et interpréter l'équation de la réaction se produisant lors de cette addition. Dire, en justifiant la réponse, quelles propriétés particulières possède la solution ainsi obtenue; en déduire, sans calcul, la valeur de son pH.

(Amiens; juin 83-D)

19 **A_2-B_3-C_1** Une solution aqueuse d'un acide carboxylique AH de concentration 0,010 mol·l^{-1} a un pH égal à 2,9 à 25 °C.

1. a. Calculer les concentrations molaires de toutes les espèces chimiques en solution et vérifier que le pK_A du couple AH/A^- est égal à 3,7.

b. Sachant que pour préparer 500 cm^3 de cette solution, il a fallu dissoudre dans l'eau 0,23 g d'acide pur, calculer la masse molaire de cet acide carboxylique et donner sa formule chimique et son nom.

$$M_{(H)} = 1{,}00\ g \cdot mol^{-1}, \quad M_{(C)} = 12{,}0\ g \cdot mol^{-1}$$
$$M_{(O)} = 16{,}0\ g \cdot mol^{-1}$$

2. Dans 20,0 cm^3 de cette solution acide additionnée de quelques gouttes d'hélianthine, on verse progressivement une solution d'hydroxyde de sodium de concentration 0,020 mol·l^{-1}.

a. Au virage de l'indicateur coloré, on arrête l'addition d'hydroxyde de sodium; le pH étant alors de 3,5, quel volume d'hydroxyde de sodium a-t-on versé?

b. Calculer le volume d'hydroxyde de sodium qu'il aurait fallu verser dans les 20,0 cm^3 de la solution acide pour atteindre le point d'équivalence.

c. Pour déterminer la concentration de la solution acide par ce dosage acide-base, choisiriez-vous l'hélianthine comme indicateur coloré? Justifier votre réponse.

(Poitiers; juin 83-CE)

20 **A_2-B_3-C_2** Les étiquettes de deux flacons portent respectivement la mention S_1 et S_2. Chaque flacon contient une solution aqueuse d'un monoacide. La mesure du pH de ces solutions donne la même valeur : 2,4 à 25 °C.

1. On prélève 10,0 ml de chaque solution que l'on dilue avec de l'eau distillée jusqu'à 50,0 ml. Le pH de la solution diluée de S_1 est 3,1; celui de la solution diluée de S_2 est 2,75.

En comparant les quantités (en mole) d'ions H_3O^+ contenus dans chaque échantillon avant et après dilution, montrer que l'un des flacons contient une solution d'acide fort et l'autre une solution d'acide faible.

2. Déterminer la concentration de la solution initiale S_1.

3. On dose par pH-métrie, des volumes égaux des solutions initiales, à l'aide d'une même solution d'hydroxyde de sodium (soude). La solution S_2 nécessite un volume d'hydroxyde de sodium 25 fois plus grand que celui nécessaire pour la solution S_1. Déterminer la constante pK_A du couple acide-base de la solution S_2.

(Bordeaux; juin 84-CE)

21 **A_2-B_3** On considère une solution aqueuse, décimolaire, (S_a) d'acide monochloroéthanoïque (acide monochloroacétique) dont le pH vaut 2,0 à 25 °C.

1. Quelle masse de cet acide pur a-t-on dissoute dans l'eau pour obtenir 1 litre de solution (S_a)?

2. Écrire l'équation d'ionisation de cet acide dans l'eau; faire l'inventaire des diverses espèces chimiques présentes dans la solution (S_a) et calculer leurs concentrations molaires.

3. a. En déduire la constante pK_A et la constante d'acidité K_A du couple acide monochloroéthanoïque/ion monochloroéthanoate en solution aqueuse.

b. Comparer le résultat obtenu à la constante pK_A = 4,7 du couple acide éthanoïque/ion éthanoate; quel est, des deux acides considérés, l'acide le plus fort?

4. On dose 10,0 cm^3 de la solution (S_a) par une solution (S_b) contenant 5,00 g d'hydroxyde de sodium (soude) par litre.

a. Écrire l'équation-bilan de la réaction observée.

b. Définir l'équivalence.

c. Calculer le volume de solution (S_b) versée à l'équivalence.

d. A l'équivalence, la solution est-elle acide ou basique?

(Maroc; juin 84-CE)

22 **A_2-B_3** On considère le montage suivant :

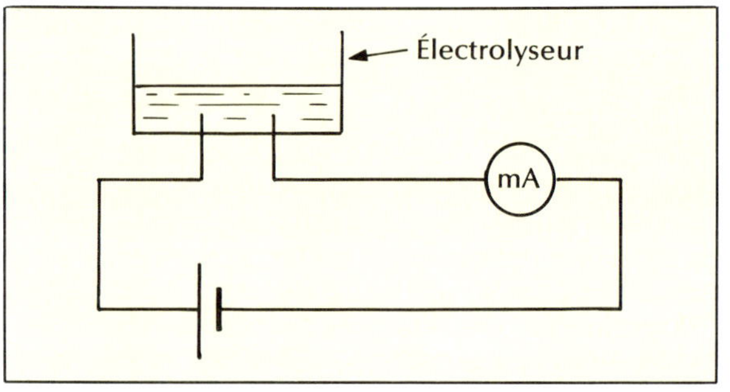

1. On a versé dans l'électrolyseur une masse m = 6,00 g d'acide éthanoïque pur. Le milliampèremètre ne décèle aucun courant.

Quelle espèce chimique constitue l'acide éthanoïque pur?

2. On verse de l'eau dans l'électrolyseur jusqu'à ce que le volume de la solution aqueuse S obtenue soit de un litre.

On observe une déviation de l'aiguille du milliampèremètre.

On ajoute quelques gouttes de bleu de bromothymol à la solution S. La solution devient jaune clair.

Interpréter ces résultats.

3. Quelle est la concentration molaire de la solution S?

Écrire l'équation de la réaction entre l'acide éthanoïque et l'eau. Quels sont les couples acide-base mis en jeu?

4. La mesure du pH de la solution S donne pH = 2,9.

a. Calculer les concentrations des espèces chimiques présentes dans cette solution.

b. En déduire la constante d'acidité K_A de l'acide éthanoïque.

5. On met dans un bécher 10,0 cm^3 de solution S et on y verse de la soude de concentration $1{,}00 \cdot 10^{-2}$ mol·l^{-1}.

Quel volume de soude faut-il verser pour obtenir l'équivalence acido-basique?

Préciser ce qu'est l'équivalence acido-basique.

(Toulouse; juin 84-D)

23 **A_2-B_3-C_2** On mélange les 3 solutions aqueuses suivantes dans les proportions indiquées (à 25 °C) :
— 10,0 cm^3 d'acide acétique ou éthanoïque 0,30 $mol \cdot l^{-1}$,
— 10,0 cm^3 d'acide formique ou méthanoïque 0,30 $mol \cdot l^{-1}$,
— 10,0 cm^3 d'hydroxyde de sodium 0,30 $mol \cdot l^{-1}$.
La mesure du pH de la solution obtenue donne pH = 4,3.
1. Déterminer les concentrations molaires de toutes les espèces chimiques présentes dans la solution.
On donne pour l'acide acétique : $pK_A = 4,75$.
2. En déduire la valeur de la constante d'acidité de l'acide formique.

(Antilles-Guyane; juin 84-CE)

24 **A_2-B_3-C_1** Les solutions considérées sont toutes à 25 °C.
1. Une solution aqueuse S_1 d'éthanoate de sodium, de concentration $c_1 = 0,10$ $mol \cdot l^{-1}$ a un pH égal à 8,9.
a. A quelle réaction est due la valeur de ce pH?
b. Quelles sont les concentrations, en $mol \cdot l^{-1}$, des espèces chimiques présentes dans la solution? En déduire les valeurs numériques des constantes K_A et pK_A pour le couple acide éthanoïque-ion éthanoate.
2. Quel volume d'hydroxyde de sodium, de concentration $5,0 \cdot 10^{-2}$ $mol \cdot l^{-1}$, faut-il verser dans 10,0 cm^3 d'une solution S_2 d'acide éthanoïque de concentration $c_2 = 0,10$ $mol \cdot l^{-1}$ pour obtenir un pH égal au pK_A calculé ci-dessus? Quelle propriété la solution obtenue possède-t-elle?
3. En vue d'obtenir une solution de pH égal à 4,5, on mélange un volume V_2 de la solution S_2 d'acide éthanoïque de concentration $c_2 = 0,10$ $mol \cdot l^{-1}$ et un volume $V_1 = 10$ cm^3 de la solution S_1 d'éthanoate de sodium, de concentration $c_1 = 0,10$ $mol \cdot l^{-1}$. Exprimer les concentrations, en $mol \cdot l^{-1}$, des ions sodium et éthanoate et des molécules d'acide non ionisées, dans la solution S obtenue, en fonction de c_1, c_2, V_1 et V_2. (On admettra que les concentrations en ions H_3O^+ et OH^- sont très inférieures aux autres concentrations qui interviennent.) En déduire la valeur de V_2 qui permet d'obtenir pour cette solution S un pH égal à 4,5.

(Bordeaux; septembre 83-CE)

25 **A_2-B_3-C_2** Toutes les solutions sont maintenues à 25 °C.
On dispose de deux solutions acides de même concentration molaire $c = 0,010$ $mol \cdot l^{-1}$. S_1 est une solution d'acide chlorhydrique. Son pH = 2,0.
S_2 est une solution d'acide éthanoïque. Son pH = 3,4.
1. Donner la définition d'un acide. Expliquer, sans calcul, pourquoi S_1 et S_2 n'ont pas le même pH. Écrire les équations-bilans des réactions de ces acides avec l'eau. Déterminer la valeur de la constante pK_A du couple acide éthanoïque/ion éthanoate.
2. Soient V_1 et V_2 les volumes d'une solution S d'hydroxyde de sodium permettant d'obtenir l'équivalence avec un même volume V de chacune des deux solutions S_1 et S_2. S contient 1,00 g d'hydroxyde de sodium par litre de solution.
Qu'entend-on par équivalence acido-basique? Écrire les équations-bilans des réactions et exprimer V_1 et V_2 en fonction de V. Conclusion.
3. Soient V_1' et V_2' les volumes d'une solution d'éthanoate de sodium de concentration molaire $c' = 0,050$ $mol \cdot l^{-1}$ à ajouter à un même volume V de S_1 et de S_2 pour obtenir deux solutions S_1' et S_2' de pH égal à 4,7. Exprimer V_1' et V_2' en fonction de V.

(Aix-Marseille; juin 85-CE)

26 **A_2-B_3-C_1** Dans le tableau ci-dessous, S_1 et S_2 représentent deux solutions (éventuellement de l'eau distillée).
M_1 et M_2 sont les concentrations molaires des deux solutions, V_1 et V_2 leurs volumes respectifs. Dans la dernière colonne figure le pH du mélange des deux solutions.
Déterminer les volumes A, B, C du tableau ci-dessous et justifier les réponses en faisant à chaque fois un raisonnement détaillé.

S_1	S_2	M_1 ($mol \cdot l^{-1}$)	M_2 ($mol \cdot l^{-1}$)	V_1 (cm^3)	V_2 (cm^3)	pH
HCl	KOH	0,010	0,020	A	10,0	7,0
NaOH	H_2O	0,010	55,6	50,0	B	10,5
$CH_2ClCOOH$	NaOH	0,10	0,10	90,0	C	3,10

On donne le pK_A du couple $CH_2ClCOOH/CH_2ClCOO^-$: $pK_A = 2,9$.

(Amiens; septembre 84-CE)

27 **A_2-B_3** Une solution d'hélianthine met en jeu le couple acide-base HIn/In^- dont le pK_A est 3,5; HIn et In^- n'ont pas la même couleur : HIn est rose et In^- est jaune.
Cette solution apparaît rose si $\frac{[HIn]}{[In^-]} > 3$ et jaune si $\frac{[In^-]}{[HIn]} > 10$.
1. Quelles sont les valeurs du pH délimitant la zone de virage de cet indicateur coloré?
2. La valeur de la constante pK_A du couple acide éthanoïque/ion éthanoate est 4,7. On ajoute quelques gouttes d'hélianthine à une solution aqueuse S d'acide éthanoïque. Cette addition ne modifie pratiquement pas le pH.
Quelle doit être la concentration molaire minimale, c_a, de la solution S pour qu'elle prenne la teinte de la forme acide de l'hélianthine?
3. Quelle masse minimale, m, d'hydroxyde de sodium solide faut-il alors ajouter à un litre de cette solution S pour que l'hélianthine prenne la teinte de sa forme basique?
On néglige la variation de volume.

(Bordeaux; septembre 84-CE)

28 **A_2-B_3-C_1** On se propose de préparer, à 25 °C, 100 cm^3 d'une solution S de pH = 10,0 en mélangeant un volume V d'une solution d'hydroxyde de sodium de concentration $c = 1,00 \times 10^{-2}$ $mol \cdot l^{-1}$ et un volume V' d'une solution de chlorure d'ammonium de concentration $c' = 5,00 \times 10^{-2}$ $mol \cdot l^{-1}$.
1. Quelles sont les espèces chimiques présentes dans la solution S? Déterminer leurs concentrations molaires en fonction de V.
2. Sachant que le pK_A du couple acide-base correspondant à l'ion ammonium est 9,25, déterminer les volumes V et V'.
3. Proposer un mode opératoire pour préparer les 100,0 cm^3 de cette solution S en utilisant un matériel adapté à la précision des résultats.

(Paris-Créteil; juin 85-CE)

T.P

Effet tampon

Le but de ce T.P. est d'étudier l'effet tampon acide-base de certaines solutions.

1. Propriétés d'une solution tampon acide-base

Une solution tampon est dite tampon acide-base si son pH varie peu :
— quand on dilue cette solution,
— quand on lui ajoute une quantité modérée d'acide,
— quand on lui ajoute une quantité modérée de base.

Un mélange d'acide et de base conjugués vérifie ces critères et le pH de ce mélange est voisin du pK_A du couple acide-base.

2. Principe de l'étude

On étudie l'évolution du pH de mélanges d'acide et de base conjugués en solution aqueuse :
— d'abord lorsque l'on ajoute une solution de chlorure d'hydrogène à 10×10^{-2} mol·l^{-1},
— ensuite lorsque l'on ajoute une solution d'hydroxyde de sodium à $1{,}0 \times 10^{-2}$ mol·l^{-1},
— puis lorsque l'on dilue.

- **Couples acide-base utilisés**

Pour réaliser facilement des mélanges tampons, on peut utiliser les couples acide-base du tableau de la **figure 1.**

Couples acide-base	pK_A
$CH_3CO_2H_{(aq)}/CH_3CO^-_{2\,(aq)}$	4,75
$H_2PO^-_{4\,(aq)}/HPO^{2-}_{4\,(aq)}$	7,02
$NH^+_{4\,(aq)}/NH_{3\,(aq)}$	9,25
$HCO^-_{3\,(aq)}/CO^{2-}_{3\,(aq)}$	10,2

1.

3. Mélanges utilisés

Dans une séance de travaux pratiques, on peut étudier plusieurs couples acide-base, chaque couple étant étudié par un groupe d'élèves. Les résultats pourront être confrontés ensuite.

On dispose des solutions suivantes :
— acide du couple étudié de concentration apportée $c = 1{,}0 \times 10^{-1}$ mol·l^{-1};
— base du couple étudié de concentration apportée $c = 1{,}0 \times 10^{-1}$ mol·l^{-1}.

Les mélanges utilisés sont les suivants :
— mélange 1, contenant 90 % de solution d'acide faible et 10 % de solution de base conjuguée;
— mélange 2, contenant 50 % de solution d'acide faible et 50 % de solution de base conjuguée;
— mélange 3, contenant 10 % de solution d'acide faible et 90 % de solution de base conjuguée.

On réalise 50,0 cm^3 de chaque mélange à partir de réserves secondaires (voir T.P. 1). On utilise une burette pour mesurer les volumes nécessaires aux mélanges. On commence par verser dans les récipients 1, 2 et 3 le volume nécessaire de la solution d'acide dans chaque récipient, puis le volume nécessaire de la solution de base conjuguée.

4. Étude expérimentale

a. Étude détaillée du mélange 2

a-1. On prélève 10,0 cm^3 de la solution du mélange 2. On ajoute progressivement la solution de chlorure d'hydrogène de concentration apportée égale à $1{,}0 \times 10^{-2}$ mol·l^{-1}. On mesure le pH de la solution du bécher au fur et à mesure de l'addition. On trace la courbe de variation de pH **(fig. 2** et **3).** On peut verser la burette entière.

a-2. On prend maintenant 10 cm^3 d'eau distillée. Avec le pH-mètre, on ajuste le pH de cette eau au pH du mélange 2 : on y ajoute un petit volume de solution de chlorure d'hydrogène ou de solution d'hydroxyde de sodium, selon le pH désiré. Au besoin, on utilise une seringue pour délivrer ce petit volume. On ajoute progressivement la solution de chlorure d'hydrogène. On mesure le pH de la solution du bécher au fur et à mesure de l'addition. On trace la courbe de variation de pH **(fig. 2** et **3).**

a-3. On recommence l'étude faite en a-1, mais en ajoutant cette fois, avec la burette, une solution d'hydroxyde de sodium de concentration apportée égale à $1{,}0 \times 10^{-2}$ mol·l^{-1}. On trace la courbe de variation de pH **(fig. 2** et **3).**

a-4. On recommence l'étude faite en a-2, en ajoutant la solution d'hydroxyde de sodium. On trace la courbe de variation de pH **(fig. 2** et **3).**

a-5. A 10 cm^3 du mélange 2 on ajoute de l'eau distillée et on observe l'indication du pH-mètre (ne pas relever de points ni tracer de graphe).

b. Étude des mélanges 1 et 3

Mesurer les pH des solutions 1 et 3.

Prendre 10 cm^3 de mélange et y ajouter 10 cm^3 de solution de chlorure d'hydrogène. Mesurer les pH.

Prendre 10 cm^3 de mélange et y ajouter 10 cm^3 de solution d'hydroxyde de sodium. Mesurer les pH.

Rassembler les résultats dans un tableau **(fig. 4),** en y incluant les résultats similaires pour le mélange 2.

4.	Mélange 1	Mélange 2	Mélange 3
pH des mélanges			
pH après addition de HCl			
pH après addition de NaOH			

5. Conclusion

a. Commenter les graphes de la **figure 2,** et comparer les divers couples acide-base étudiés. Justifier le pH du mélange 2. Comparer aux pK_A de la **figure 1.**

b. Justifier qualitativement les pH des mélanges 1 et 3.

c. En se basant sur les résultats du tableau de la **figure 4,** indiquer dans quelles proportions doivent se trouver l'acide et sa base conjuguée pour que l'effet tampon soit le meilleur possible.

d. Conclure sur l'effet de la dilution dans l'expérience a-5*.

* *L'effet de la dilution sur des mélanges dont le* pH *est voisin de* 5, *avec une eau distillée à* pH ≈ 5 *est peu probant. Les deux liquides ayant un* pH *voisin, on ne doit pas s'attendre à une variation de* pH *considérable.*

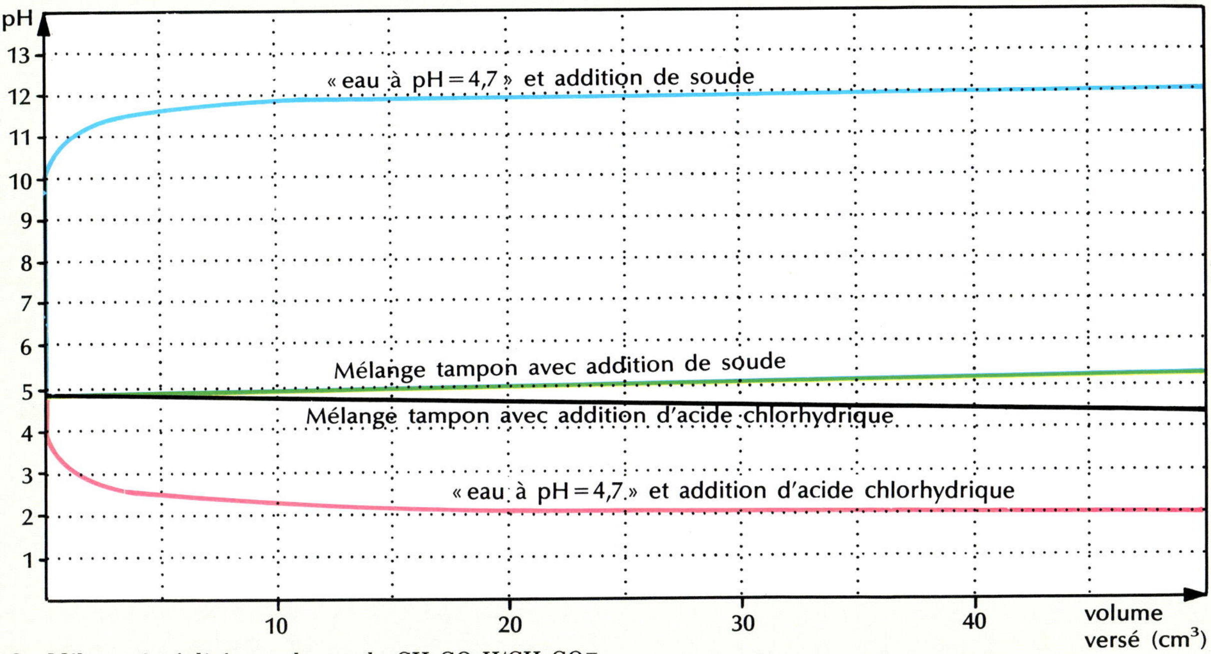

2. *Mélange-2 réalisé avec le couple* $CH_3CO_2H/CH_3CO_2^-$.

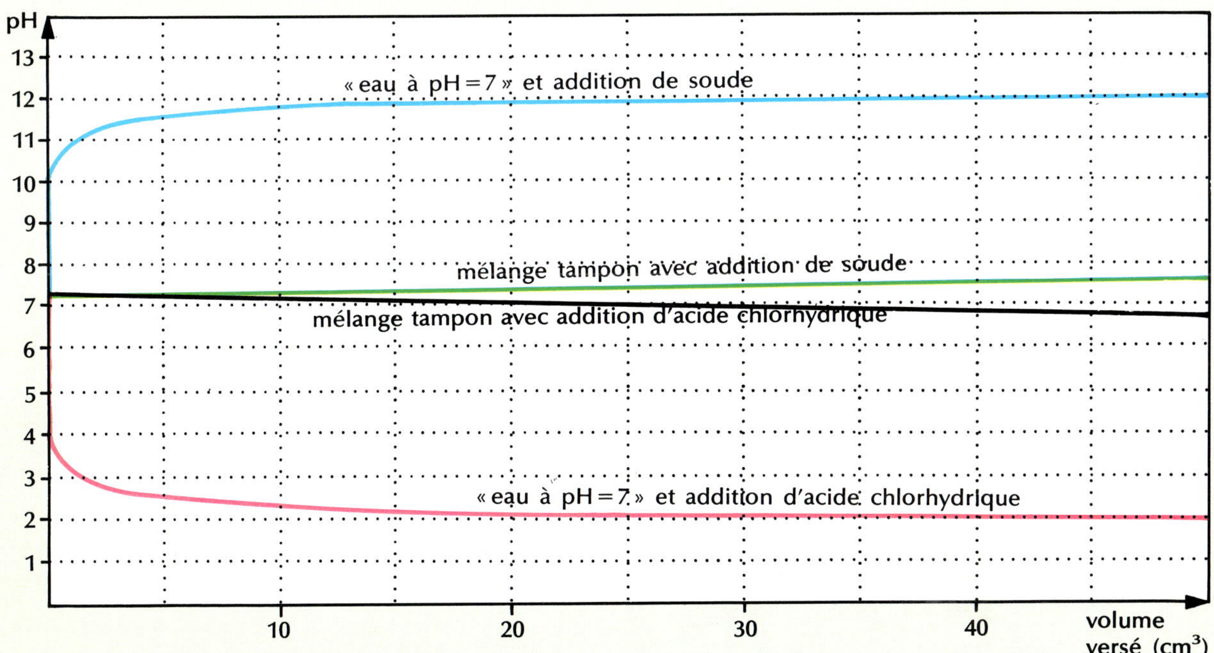

3. *Mélange-2 réalisé avec le couple* $H_2PO_4^-/HPO_4^{2-}$.

Johannes Nicolaus Brönsted (1879-1947).

Svante August Arrhénius (1859-1927).

Gilbert Newton Lewis (1875-1946).

7

DOSAGE BASE FAIBLE - ACIDE FORT

La réaction entre une solution de base faible et une solution d'acide fort présente des similitudes avec la réaction entre une solution d'acide faible et une solution de base forte.

Cette réaction permet de doser la base faible.

Pour faire l'étude de cette réaction, nous choisissons comme solution de base faible, une solution d'ammoniac et comme solution d'acide fort, une solution de chlorure d'hydrogène (acide chlorhydrique).

D'autres bases faibles comme l'éthanamine, d'autres acides forts comme l'acide nitrique, peuvent être utilisés.

A RÉACTION ENTRE LES SOLUTIONS D'AMMONIAC ET DE CHLORURE D'HYDROGÈNE

1/ SOLUTIONS UTILISÉES

L'ammoniac est une base faible en solution aqueuse. Elle est partiellement ionisée en ions hydroxyde et en ions ammonium.

Dans les solutions d'ammoniac coexistent comme bases les ions hydroxyde et l'ammoniac. Les ions hydronium de la solution de chlorure d'hydrogène vont donc réagir avec les ions hydroxyde et l'ammoniac de l'autre solution.

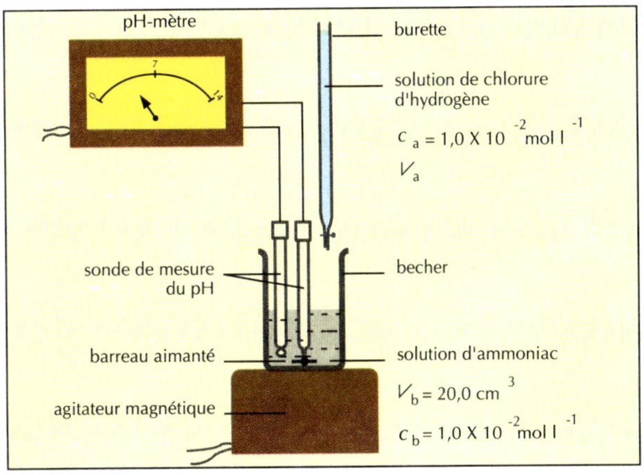

1. *Dosage d'une solution d'ammoniac par une solution de chlorure d'hydrogène : montage.*

2/ EFFET THERMIQUE

Si l'on mélange deux volumes égaux de solutions aqueuses de chlorure d'hydrogène et d'ammoniac de concentrations apportées égales à 1 mol·l^{-1}, on observe une élévation de température d'environ 7 °C.

La réaction entre les solutions d'ammoniac et de chlorure d'hydrogène est exothermique.

3/ COURBE DE VARIATION DU pH

On réalise l'expérience de dosage de la **figure 1.** La courbe de variation du pH est donnée sur la **figure 2.** On observe quatre parties sur la courbe.

— Au voisinage du point de départ ($V_a = 0$ cm^3) le pH diminue sensiblement.

— Ensuite, le pH diminue moins rapidement, de façon sensiblement linéaire. Le point I de coordonnées $V_a = 10,0$ cm^3, pH = 9,25 est un point d'inflexion.

— Le pH diminue brusquement autour de l'équivalence.

— Enfin, le pH ne varie que très peu; il tend asymptotiquement vers une valeur constante.

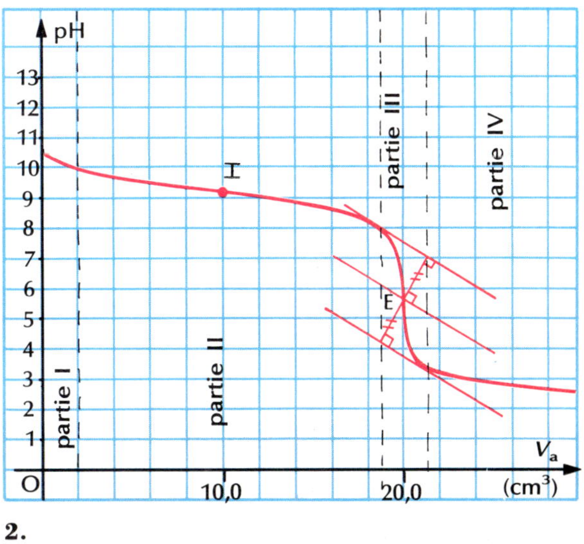

2.

4/ QUANTITÉS DE MATIÈRE AU COURS DE LA RÉACTION

1. Quantités de matière apportées

Dans le mélange obtenu de volume $V_a + V_b$, nous avons apporté une quantité de matière $c_a V_a$ de chlorure d'hydrogène et $c_b V_b$ d'ammoniac. Le chlorure d'hydrogène est complètement dissocié en ions hydronium et chlorure dans la solution de la burette : la quantité de matière apportée en ions chlorure et en ions hydronium dans la solution du bécher est donc $c_a V_a$.

$$\boldsymbol{n_{app}(NH_3) = c_b V_b}$$
$$\boldsymbol{n_{app}(H_3O^+) = n_{app}(Cl^-) = c_a V_a}$$

2. Quantités de matière en solution

- Espèces présentes dans la solution :
  $H_3O^+_{(aq)}$, $OH^-_{(aq)}$, $NH_{3\,(aq)}$, $NH^+_{4\,(aq)}$ et $Cl^-_{(aq)}$

- Relations entre les concentrations et les quantités de matière

— *Produit ionique de l'eau :*

$$[H_3O^+_{(aq)}] \times [OH^-_{(aq)}] = K_e = 1{,}0 \times 10^{-14}$$

— *Neutralité électrique de la solution :*

$$n(NH^+_{4\,(aq)}) + n(H_3O^+_{(aq)}) = n(Cl^-_{(aq)}) + n(OH^-_{(aq)})$$

— *Conservation de la matière* NH_3 :

$$n(NH_{3\,(aq)}) + n(NH^+_{4\,(aq)}) = n_{app}(NH_3) = c_b V_b$$

— *Conservation de la matière* Cl :

$$n(Cl^-_{(aq)}) = n_{app}(Cl^-) = c_a V_a$$

- Calculs

L'équation de neutralité électrique permet d'écrire :

$$n(NH^+_{4\,(aq)}) = n(Cl^-_{(aq)}) + n(OH^-_{(aq)}) - n(H_3O^+_{(aq)})$$

soit

$$n(NH^+_{4\,(aq)}) = c_a V_a + n(OH^-_{(aq)}) - n(H_3O^+_{(aq)})$$

La conservation de la matière NH_3 permet d'écrire :

$$n(NH_{3\,(aq)}) = c_b V_b - n(NH^+_{4\,(aq)})$$

En remplaçant $n(NH^+_{4\,(aq)})$ on obtient :

$$n(NH_{3\,(aq)}) = c_b V_b - c_a V_a + n(H_3O^+_{(aq)}) - n(OH^-_{(aq)})$$

Pour $H_3O^+_{(aq)}$ et $OH^-_{(aq)}$ les quantités de matière sont :

$$n(H_3O^+_{(aq)}) = [H_3O^+_{(aq)}] \times (V_a + V_b)$$

soit $$n(H_3O^+_{(aq)}) = 10^{-pH} \times (V_a + V_b)$$

$$n(OH^-_{(aq)}) = [OH^-_{(aq)}] \times (V_a + V_b)$$

soit $$n(OH^-_{(aq)}) = \frac{K_e}{[H_3O^+_{(aq)}]} \times (V_a + V_b)$$

ou $$n(OH^-_{(aq)}) = \frac{K_e}{10^{-pH}} \times (V_a + V_b)$$

En résumé :

$$\boldsymbol{n(H_3O^+_{(aq)}) = 10^{-pH} \times (V_a + V_b)}$$
$$\boldsymbol{n(OH^-_{(aq)}) = \frac{K_e}{10^{-pH}} \times (V_a + V_b)}$$
$$\boldsymbol{n(NH_{3\,(aq)}) = c_b V_b - c_a V_a + n(H_3O^+_{(aq)}) - n(OH^-_{(aq)})}$$
$$\boldsymbol{n(NH^+_{4\,(aq)}) = c_a V_a - n(H_3O^+_{(aq)}) + n(OH^-_{(aq)})}$$

La **figure 3** regroupe sur le même graphique les quantités de matière de chaque espèce, avec, en regard, la courbe de variation du pH. Les phénomènes que nous allons interpréter et les modes de raisonnement sont analogues à ceux du chapitre précédent. L'étude qui suit suppose une bonne connaissance du chapitre 6.

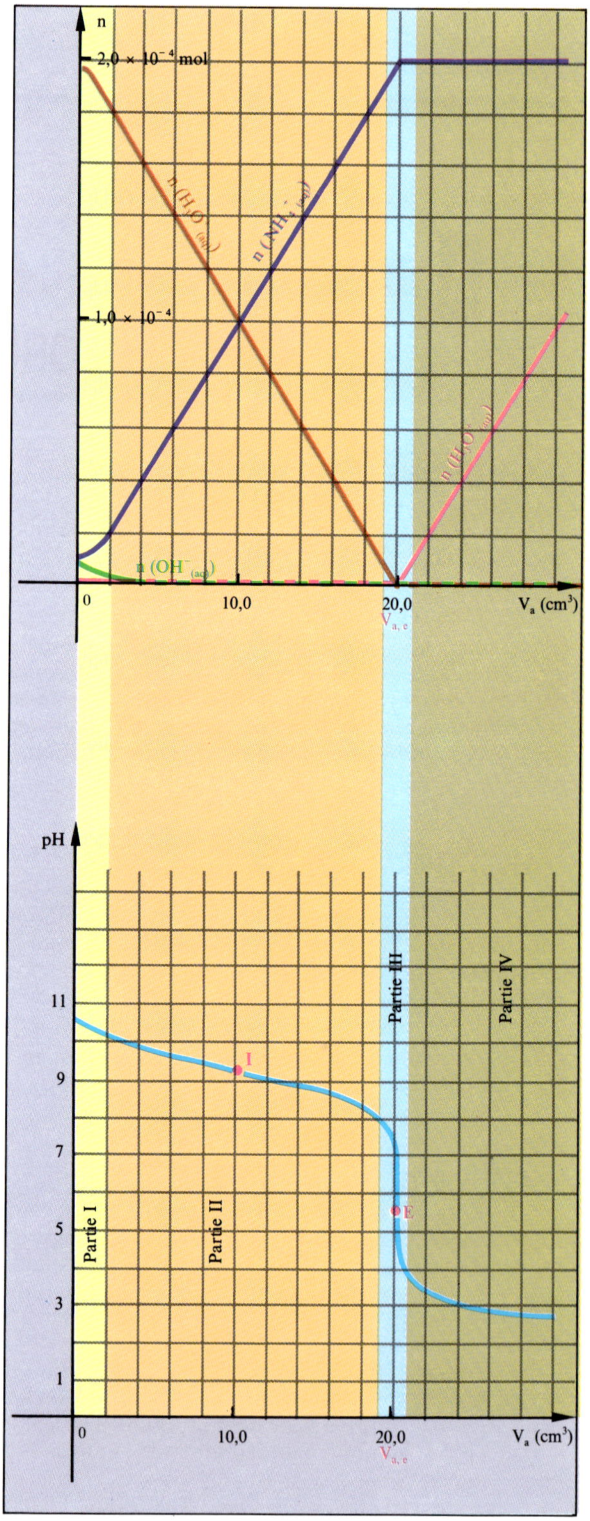

3.

3. Début de la courbe

Au point de départ, nous avons une solution d'ammoniac, partiellement ionisé en ions hydroxyde et ammonium. Ces ions sont en égale quantité.

Au voisinage du point de départ, les ions hydronium introduits sont consommés puisqu'il n'en reste pratiquement plus. Les ions hydroxyde et l'ammoniac sont simultanément consommés puisque leur quantité de matière décroît. Des ions ammonium sont formés parce que leur quantité de matière augmente. Dans ce début d'expérience deux réactions ont lieu :

- Réaction entre les ions hydroxyde et les ions hydronium :

$$H_3O^+_{(aq)} + OH^-_{(aq)} \longrightarrow H_2O + H_2O$$

Les ions hydroxyde consommés proviennent de l'ionisation de l'ammoniac.

- Réaction entre les ions hydronium et l'ammoniac :

$$NH_{3\,(aq)} + H_3O^+_{(aq)} \longrightarrow NH^+_{4\,(aq)} + H_2O$$

4. Évolution avant le saut de pH

Les ions hydroxyde sont en quantité négligeable. La quantité de matière d'ammoniac décroît linéairement avec V_a, au profit des ions ammonium dont la quantité de matière croît linéairement. Les ions hydronium sont consommés car leur quantité de matière reste négligeable.

La réaction qui se produit à ce stade est l'action des ions hydronium sur l'ammoniac :

$$NH_{3\,(aq)} + H_3O^+_{(aq)} \longrightarrow NH^+_{4\,(aq)} + H_2O$$

Dans cette partie de l'expérience, le calcul des quantités de matière de chaque espèce montre que les ions hydronium apportés ont été consommés par l'ammoniac apporté selon :

$$\underset{\text{apporté}}{NH_3} + \underset{\text{apporté}}{H_3O^+} \longrightarrow NH^+_{4\,(aq)} + H_2O$$

Cette réaction nous sert à définir l'équivalence. Celle-ci a lieu pour $V_a = V_{a,e}$ tel que $c_a V_{a,e} = c_b V_b$.

- pH à la demi-équivalence

La demi-équivalence est obtenue lorsque l'on a introduit, dans la solution d'ammoniac, une quantité de matière de chlorure d'hydrogène égale à la moitié de la quantité de matière apportée d'ammoniac. Avec les concentrations utilisées la demi-équivalence a lieu à $V_a = 10{,}0\ cm^3$.

Nous constatons sur la **figure 3** que les quantités de matière d'ammoniac et d'ions ammonium sont égales. Leurs concentrations le sont donc aussi :

$$[NH_{3\,(aq)}] = [NH^+_{4\,(aq)}]$$

La constante d'acidité du couple :

$$K_A = \frac{[NH_{3\,(aq)}]\,[H_3O^+_{(aq)}]}{[NH^+_{4\,(aq)}]}$$

se réduit à $K_A = [H_3O^+_{(aq)}]$, soit $pH = pK_A = 9{,}25$.

Cette valeur est confirmée expérimentalement sur la courbe de variation du pH **(fig. 3).**

A la demi-équivalence, le pH est égal au pK_A du couple ion ammonium/ammoniac : $pH = pK_A$.

- Concentrations au voisinage de la demi-équivalence

Nous voyons sur la **figure 3** que dans cette zone, l'ammoniac et les ions ammonium ont des quantités de matière du même ordre de grandeur (rapport de 1/10 à 10), il en est de même pour leurs concentrations.

Au voisinage de la demi-équivalence, les concentrations en ammoniac et en ions ammonium sont du même ordre de grandeur.

5. Voisinage de l'équivalence (saut de pH)

On constate que les ions hydronium cessent d'être consommés à partir du moment où l'ammoniac est en quantité négligeable et se trouve intégralement transformé en ions ammonium. Ceci se produit lorsque les quantités apportées d'ammoniac et de chlorure d'hydrogène sont égales, c'est-à-dire à l'équivalence exactement.

- Détermination expérimentale du point équivalent

Le point équivalent, E, est le point de la courbe $pH = f(V_a)$ obtenu pour $V_a = V_{a,e}$. Dans l'expérience faite $V_{a,e} = 20{,}0\ cm^3$. La détermination de ce volume équivalent à la burette est approchée.

Pour le point E, $V_{a,e} = 20{,}0\ cm^3$ et $pH = 5{,}75$.

La solution à l'équivalence n'est donc pas neutre, mais légèrement acide.

- Espèces au point équivalent

A l'équivalence, la solution dans le bécher est une solution de chlorure d'ammonium, ce qui explique que la solution soit légèrement acide. La démonstration est analogue à celle faite dans le chapitre précédent.

Tout se passe comme si on avait dissous $\dfrac{c_a V_{a,e}}{V_a + V_b} = \dfrac{c_b V_b}{V_a + V_b}\ mol \cdot l^{-1}$ de chlorure d'ammonium,

soit ici, $\dfrac{c_b}{2}$, égal à $5{,}0 \times 10^{-3}\ mol \cdot l^{-1}$.

A l'équivalence, la réaction :

$$\mathbf{NH_{3\,(aq)} + H_3O^+_{(aq)} \longrightarrow NH^+_{4\,(aq)} + H_2O}$$

peut être considérée comme totale. Dans la solution l'ion ammonium et l'ion chlorure sont des espèces majoritaires, l'ion hydronium et l'ammoniac sont des espèces minoritaires et l'ion hydroxyde est ultra-minoritaire.

6. Courbe après l'équivalence

Le pH est inférieur à 4 et ne varie que très peu. La quantité de matière des ions hydronium augmente régulièrement avec V_a. Les ions hydronium ne réagissent plus car les bases (ions hydroxyde et ammoniac) ont toutes été consommées. La quantité de matière d'ions ammonium reste constante.

La solution de chlorure d'hydrogène ajoutée à partir de l'équivalence se dilue dans la solution, sans réaction, à côté des ions du chlorure d'ammonium.

B APPLICATIONS

1/ EFFET TAMPON

Nous vérifions que les solutions obtenues autour de la demi-équivalence sont des solutions tampon.

1. Influence des concentrations

La **figure 4** montre deux courbes de variation du pH obtenues en versant une solution de chlorure d'hydrogène dans une solution d'ammoniac. La première courbe est tracée pour

$$c_a = c_b = 1,0 \times 10^{-2} \text{ mol} \cdot \text{l}^{-1},$$

la seconde pour $c_a = c_b = 1,0 \times 10^{-1}$ mol·l^{-1}.

La courbe est modifiée au départ, autour de l'équivalence et après l'équivalence.

La modification est très faible, voire imperceptible, autour de la demi-équivalence.

Le pH des solutions réalisées autour de la demi-équivalence est peu sensible à la dilution.

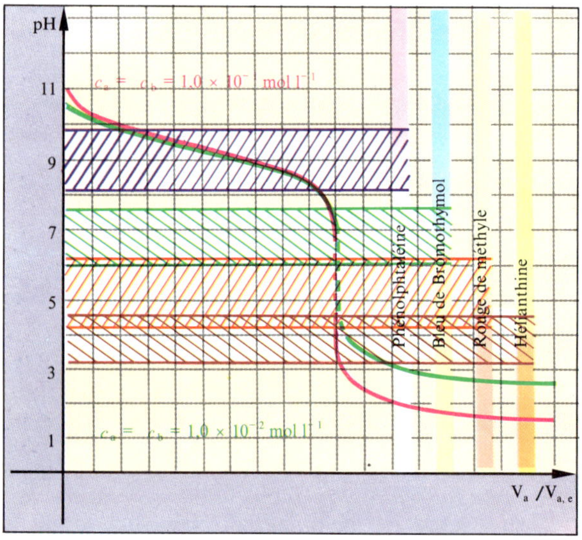

4.

2. Apport d'acide ou de base

- Utilisons de l'eau distillée. On ajuste le pH à 9,25 avec une solution d'hydroxyde de sodium. Nous étudions l'évolution du pH par addition d'une solution de chlorure d'hydrogène ou d'hydroxyde de sodium de concentrations apportées

$$1,0 \times 10^{-2} \text{ mol} \cdot \text{l}^{-1} \quad \textbf{(fig. 5).}$$

Le pH varie beaucoup dès les premières gouttes ajoutées.

- Recommençons la même expérience avec la solution obtenue à la demi-équivalence pour

$$c_a = c_b = 1,0 \times 10^{-1} \text{ mol} \cdot \text{l}^{-1}$$

et de pH = 9,25 **(fig. 6).**

Le pH varie peu par addition d'une solution de chlorure d'hydrogène ou d'hydroxyde de sodium de concentration apportée de l'ordre de 10^{-1} mol·l^{-1}.

Les solutions obtenues autour de la demi-équivalence constituent des solutions tampon. Leur pH varie peu que ce soit par dilution ou par addition modérée d'acides ou de bases.

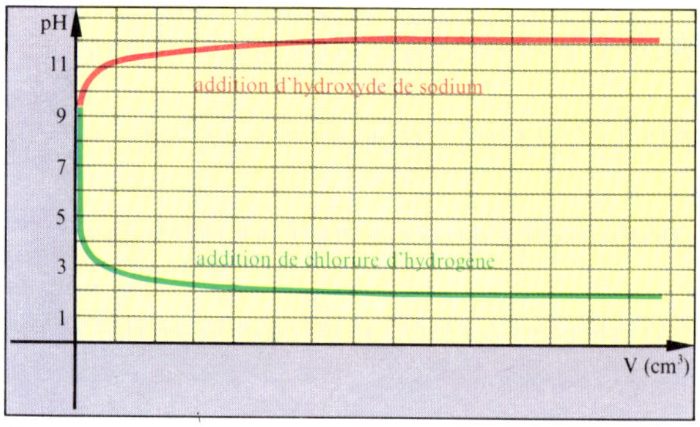

5.

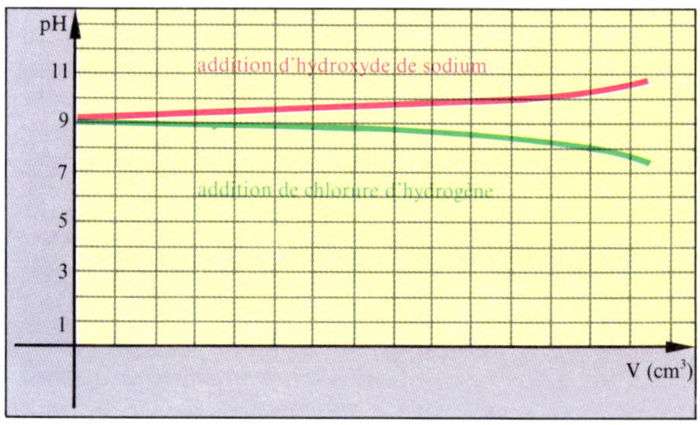

6.

2/ DOSAGE

- Pour doser une solution d'ammoniac on peut tracer la courbe de variation du pH et déterminer graphiquement le point équivalent comme dans le chapitre précédent.
- On peut également utiliser un indicateur coloré de pH. La **figure 4** montre que la phénolphtaléine se décolore bien avant l'équivalence. Le bleu de bromothymol indique un volume un peu inférieur à $V_{a,e}$. Avec des solutions concentrées, l'hélianthine peut convenir. Le rouge de méthyle est un indicateur convenable dont la zone de virage se situe entre pH = 4,2 et pH = 6,2.

A l'équivalence, la relation $c_a V_{a,e} = c_b V_b$ est vérifiée et permet de déterminer la concentration inconnue.

L'ESSENTIEL

• La réaction entre une solution de base faible et une solution d'acide fort s'accompagne d'un **effet thermique important.**

• Lorsque l'on ajoute progressivement la solution d'acide fort à la solution de base faible on peut distinguer **quatre phases.**

1. Au début les ions hydronium introduits réagissent avec la base faible et les ions hydroxyde libérés par la base faible.

2. Dès que les ions hydroxyde sont consommés, les ions hydronium réagissent avec la base faible, le pH varie peu.

3. Lorsque la base faible est presque entièrement consommée le pH varie beaucoup.

4. Lorsque la base faible est entièrement consommée, les ions hydronium se diluent dans la solution.

• La réaction entre une solution de base faible et une solution d'acide fort peut se résumer à une réaction acide-base entre base faible et ions hydronium. Pour l'ammoniac, la réaction s'écrit :

$$NH_{3\,(aq)} + H_3O^+_{(aq)} \longrightarrow NH^+_{4\,(aq)} + H_2O$$

• A l'équivalence, les quantités de matière apportées de base faible et d'ions hydronium sont égales.

• La courbe de variation du pH a les caractéristiques suivantes **(fig. 7)** :

• Lorsque la base faible et l'acide conjugué sont en quantités comparables dans une solution aqueuse, la solution obtenue est une solution tampon :

— le pH varie peu par dilution;

— le pH varie peu par addition modérée d'acide ou de base;

— le pH est voisin du pK_A du couple acide-base.

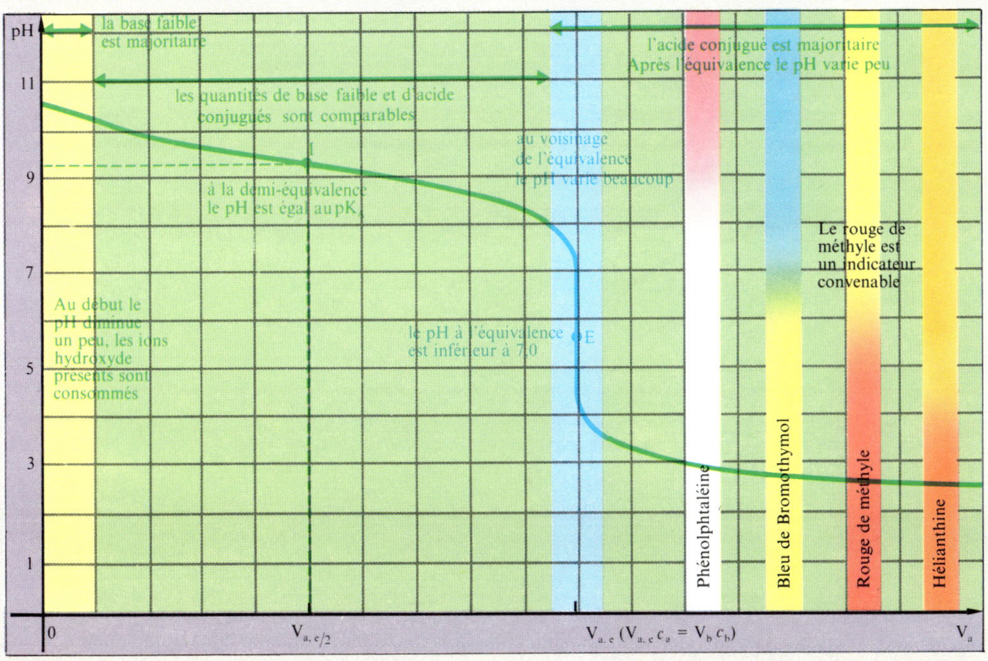

7.

EXERCICES RÉSOLUS

1 On dose un volume $V_b = 20{,}0$ ml d'une solution aqueuse d'ammoniac à l'aide d'une solution d'acide chlorhydrique de concentration molaire $c_a = 0{,}14\ \text{mol} \cdot \text{l}^{-1}$. Les résultats sont rassemblés dans le tableau suivant, où V_a est le volume d'acide versé.

V_a (ml)	0	6,0	10,0	12,0	14,0	14,2	14,4	14,5	14,8
pH mesuré	11,1	9,5	9,0	8,6	7,7	7,0	6,5	6,0	5,0

V_a (ml)	15,0	15,2	15,6	16,0	18,0	20,0	30,0
pH mesuré	4,0	3,5	2,8	2,6	2,2	2,0	1,6

1. Écrire l'équation de la réaction acido-basique.
2. Tracer la courbe de variation du pH de la solution en fonction de V_a, avec les échelles suivantes :
— 0,5 cm pour $V_a = 1$ ml en abscisses;
— 1 cm pour l'unité de pH en ordonnées.
3. Déduire de cette courbe :
a. les coordonnées du point d'équivalence;
b. la valeur du pK_A du couple acide/base conjuguée concerné;
c. calculer la concentration molaire c_b de la solution d'ammoniac.
4. Expliquer pourquoi la solution est acide à l'équivalence. Quelle condition doit remplir l'indicateur coloré utilisé pour ce dosage?

SOLUTION

1. Dans une solution aqueuse d'ammoniac, l'espèce majoritaire est $NH_{3\,(aq)}$; dans la solution d'acide chlorhydrique se trouvent, en quantités égales, les ions $H_3O^+_{(aq)}$ et $Cl^-_{(aq)}$ (les ions $Cl^-_{(aq)}$ ne réagissent pas). L'équation-bilan de la réaction qui se produit s'écrit :

$$NH_{3\,(aq)} + H_3O^+_{(aq)} \longrightarrow NH^+_{4\,(aq)} + H_2O$$

(on a également $2\,H_2O \rightleftarrows H_3O^+_{(aq)} + OH^-_{(aq)}$).

2. Figure ci-dessous.
3. Par la méthode des tangentes on détermine le point d'équivalence E.
a. Graphiquement les coordonnées de E sont :

$$V_{a,\,E} = 14{,}6\ \text{cm}^3$$
$$\text{pH}_E = 5{,}4.$$

b. A la demi-équivalence, correspondant à un volume $V_a = \frac{1}{2}\,V_{a,\,E}$ (point P sur la courbe) on a $\text{pH}_P = \text{p}K_A$.
Graphiquement, on détermine $\text{p}K_A = 9{,}3$.

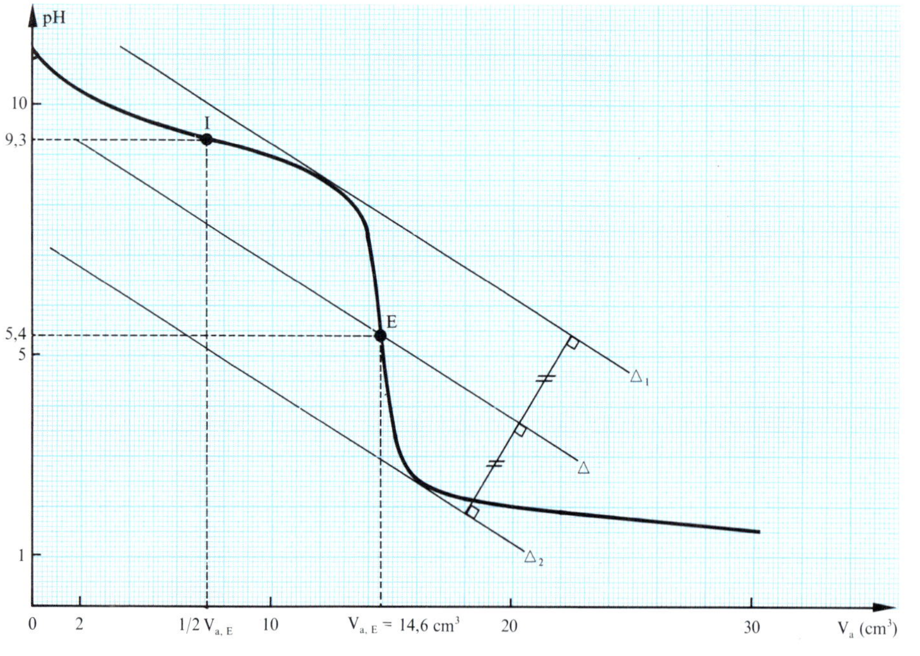

c. A l'équivalence la quantité de matière d'ions $H_3O^+_{(aq)}$ apportés par la solution d'acide chlorhydrique est égale à la quantité de matière d'ammoniac introduit initialement soit :

$$c_a V_{a,e} = c_b V_b$$

d'où $c_b = c_a \dfrac{V_{a,e}}{V_b}$.

A.N. : $c_b = 0{,}14 \times \dfrac{14{,}6}{20} = 0{,}10 \text{ mol}\cdot\text{l}^{-1}$.

4. Les espèces à l'équivalence sont :

$$NH^+_{4\,(aq)},\quad Cl^-_{(aq)},\quad H_3O^+_{(aq)},\quad OH^-_{(aq)},\quad NH_{3\,(aq)}.$$

$$[Cl^-_{(aq)}] = \frac{c_a V_{a,e}}{V_{a,e} + V_b} \quad \text{(simple dilution)}$$

et $[NH^+_{4\,(aq)}] + [NH_3] = \dfrac{c_b V_b}{V_{a,e} + V_b}$ $\left(\begin{array}{l}\text{conservation}\\ \text{de la matière}\end{array}\right)$

Comme $c_a V_{a,e} = c_b V_b$, on a donc l'égalité :

$$[Cl^-_{(aq)}] = [NH^+_{4\,(aq)}] + [NH_3]$$

D'après l'électroneutralité de la solution :

$$[NH^+_{4\,(aq)}] + [H_3O^+_{(aq)}] = [Cl^-_{(aq)}] + [OH^-_{(aq)}]$$

Soit :

$$[NH^+_{4\,(aq)}] + [H_3O^+_{(aq)}] = [NH^+_{4\,(aq)}] + [NH_3] + [OH^-_{(aq)}]$$

$$[H_3O^+_{(aq)}] = [NH_3] + [OH^-_{(aq)}]$$

Donc $[H_3O^+_{(aq)}] > [OH^-_{(aq)}]$: le milieu est acide ($pH_E = 5{,}4$).

L'indicateur coloré choisi doit être tel que sa zone de virage contienne le pH à l'équivalence. Par exemple le rouge de méthyle peut convenir (zone de virage : 4,2 à 6,2).

BAC

2 Une solution aqueuse d'ammoniac de concentration molaire $c = 4{,}00\cdot10^{-2}$ mol·l^{-1} a un pH de 10,9.

1. En déduire la valeur de la constante pK_A du couple ion ammonium/ammoniac.

2. Dans 20,0 cm^3 de cette solution on verse x cm^3 d'une solution d'acide chlorhydrique de concentration $3{,}00\cdot10^{-2}$ mol·l^{-1}. Écrire l'équation de la réaction. Quelle doit être la valeur de x pour obtenir une solution de pH égal à 9,2? Quelle propriété possède la solution ainsi obtenue?

3. On reprend 20,0 cm^3 de la solution d'ammoniac. On y ajoute de la solution d'acide chlorhydrique de façon à obtenir l'équivalence. Comment le pH de la solution se situe-t-il par rapport à 7? Justifier votre réponse.

(Limoges; juin 82-CE)

SOLUTION

1. Considérons l'expression de la constante d'acidité du couple ion ammonium/ammoniac :

$$K_a = \frac{[H_3O^+_{(aq)}] \times [NH_3]}{[NH^+_{4\,(aq)}]}$$

soit $$pH = pK_A + \lg \frac{[NH_3]}{[NH^+_{4\,(aq)}]}$$

ou $$pK_A = pH - \lg \frac{[NH_3]}{[NH^+_{4\,(aq)}]}$$

En solution aqueuse nous avons la réaction :

$$NH_{3\,(aq)} + H_2O \rightleftarrows NH^+_{4\,(aq)} + OH^-_{(aq)}$$

ainsi que la réaction d'autoprotolyse de l'eau :

$$2\,H_2O \rightleftarrows H_3O^+_{(aq)} + OH^-_{(aq)}$$

Les espèces en solution sont donc :

$$NH_{3\,(aq)},\quad NH^+_{4\,(aq)},\quad H_3O^+_{(aq)},\quad OH^-_{(aq)}$$

D'après la valeur du pH, on déduit :

$$[H_3O^+_{(aq)}] = 10^{-pH} = 10^{-10,9} \text{ mol}\cdot\text{l}^{-1}$$

Le produit ionique de l'eau donne :

$$[OH^-_{(aq)}] = \frac{K_e}{[H_3O^+_{(aq)}]} = \frac{10^{-14}}{10^{-pH}} = 10^{-3,1} \text{ mol}\cdot\text{l}^{-1}$$

L'électroneutralité de la solution s'écrit :

$$[NH^+_{4\,(aq)}] + [H_3O^+_{(aq)}] = [OH^-_{(aq)}]$$

Soit :

$$[NH^+_{4\,(aq)}] \approx [OH^-_{(aq)}] = 10^{-3,1} \text{ mol}\cdot\text{l}^{-1} = 8\cdot10^{-4} \text{ mol}\cdot\text{l}^{-1}$$

La conservation de la matière permet de calculer $[NH_3]$:

$$[NH^+_{4\,(aq)}] + [NH_3] = c$$

soit $$[NH_3] = c - [NH^+_{4\,(aq)}] \approx c - [OH^-_{(aq)}]$$

$$[NH_3] = 4\cdot10^{-2} - 10^{-3,1} = 3{,}9\cdot10^{-2} \text{ mol}\cdot\text{l}^{-1}.$$

On peut maintenant calculer pK_A :

$$pK_A = 10{,}9 - \lg \frac{3{,}9\cdot10^{-2}}{8\cdot10^{-4}} = 10{,}9 - \lg 48{,}75$$

$$pK_A = 9{,}2$$

2. L'équation-bilan de la réaction qui se produit s'écrit :

$$NH_3 + H_3O^+ \longrightarrow NH_4^+ + H_2O$$

Pour obtenir un mélange de $pH = pK_A = 9{,}2$ il suffit de se placer à la demi-équivalence.

Calculons le volume $V_{a,e}$ d'acide chlorhydrique pour obtenir l'équivalence acido-basique

$$c_a V_{a,e} = c_b V_b \quad \text{soit} \quad V_{a,e} = \frac{c_b V_b}{c_a}$$

Le volume x cherché est égal à $\dfrac{V_{a,e}}{2}$ soit

$$\boxed{x = \frac{c_b V_b}{2\,c_a}}$$

A.N. : $x = \dfrac{4\cdot10^{-2} \times 20}{2 \times 3\cdot10^{-2}} = \dfrac{40}{3} = 13{,}3 \text{ cm}^3$.

La solution obtenue est une solution tampon. Son pH :

— ne varie pas par dilution;

— varie très peu par ajout de petites quantités d'acide ou de base.

3. A l'équivalence, on obtient une solution de chlorure d'ammonium entièrement dissociée en ions chlorure $Cl^-_{(aq)}$ et ammonium $NH^+_{4\,(aq)}$. L'ion chlorure étant inerte et l'ion ammonium $NH^+_{4\,(aq)}$ étant un acide de Brönsted, la solution est acide ($pH < 7$).

Remarque : on peut également tenir le même raisonnement que celui utilisé lors de l'exercice résolu.

EXERCICES

OBTENTION DE SOLUTIONS DE pH DONNÉ

3 **A_2-B_3-C_1** Quels volumes de solutions $1{,}00 \times 10^{-2}$ $mol \cdot l^{-1}$ d'ammoniac et de chlorure d'ammonium faut-il mélanger pour avoir un litre de solution de pH = 9,4?
Le pK_A du couple NH_4^+/NH_3 est 9,25.

4 **A_2-B_3-C_1** Quel volume de solution aqueuse centimolaire de chlorure d'hydrogène faut-il ajouter à 20,0 cm^3 de solution $1{,}00 \times 10^{-2}$ $mol \cdot l^{-1}$ d'ammoniac pour que le pH du mélange soit :
a. 9,25; **b.** 9,0; **c.** 4,0; **d.** 3,0?
Le pK_A du couple NH_4^+/NH_3 est 9,25.

5 **A_2-B_3** **1.** Quel volume de solution $1{,}00 \times 10^{-2}$ $mol \cdot l^{-1}$ de chlorure d'hydrogène faut-il ajouter à un volume de 20,0 cm^3 de solution $2{,}00 \times 10^{-2}$ $mol \cdot l^{-1}$ d'ammoniac pour avoir une solution de pH = 9,25? Le pK_A du couple NH_4^+/NH_3 est 9,25.
Quelles sont les concentrations des substances apportées dans la solution et celles des espèces présentes?
2. Pour avoir la solution précédente (même volume, même valeur du pH en particulier), quels volumes de solutions de même concentration *c* d'ammoniac et de chlorure d'ammonium doit-on mettre en présence? Déterminer cette concentration *c*.

6 **A_2-B_3** On utilise une solution S d'acide chlorhydrique $c = 1{,}0 \times 10^{-1}$ $mol \cdot l^{-1}$ pour doser 20,0 cm^3 d'une solution S' de diéthylamine $(C_2H_5)_2NH$, base désignée par B, dont l'acide conjugué BH^+ est $(C_2H_5)_2NH_2^+$. Un pH-mètre permet de suivre l'évolution du pH au cours de l'opération. On obtient la courbe ci-dessous qui donne le pH en fonction du volume *V* de solution S ajouté à 20,0 cm^3 de S'.
On observe deux points remarquables :
N ($V = 10{,}0$ cm^3; pH = 6,0), qui est le point d'équivalence et M ($V = 5{,}0$ cm^3; pH = 9,1).

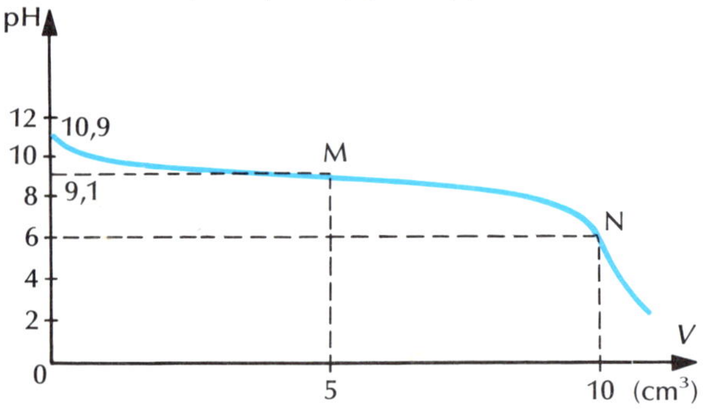

1. Déterminer la concentration de la solution S'.
2. Déterminer le pK_A du couple BH^+/B.
3. Sachant que le pH de la solution S' est 10,9, préciser toutes les espèces chimiques qui y sont présentes et calculer leurs concentrations.

7 **A_2-B_3** **1.** Quel volume de gaz ammoniac (pris dans les conditions de température et de pression pour lesquelles le volume molaire est de 22,4 $l \cdot mol^{-1}$), faut-il dissoudre dans 300 cm^3 d'eau pour que le pH de la solution obtenue soit 10,9?
2. a. Quel volume d'une solution à 0,15 mol/l d'acide nitrique (acide fort) faut-il ajouter à la solution précédente pour obtenir l'équivalence?
b. La mesure du pH au point d'équivalence donne pH = 5,4.
Le caractère acide de ce pH était-il prévisible? Établir la composition de la solution au point d'équivalence.
Données : couple NH_4^+/NH_3 : $pK_A = 9{,}25$.

(Antilles-Guyane; septembre 81-CE)

8 **A_2-B_3** L'hydroxylamine est une base faible, de formule moléculaire NH_2OH, dont l'acide conjugué est l'ion hydroxylammonium NH_3OH^+.
Un bécher contient 50,0 cm^3 d'une solution d'hydroxylamine de concentration *c* ($mol \cdot l^{-1}$); on y verse progressivement une solution d'acide chlorhydrique de concentration $1{,}00 \times 10^{-1}$ $mol \cdot l^{-1}$. Écrire l'équation de la réaction qui en résulte.
Après chaque addition de *V* cm^3 de la solution chlorhydrique, on mesure le pH du contenu du bécher. L'ensemble des résultats obtenus conduit à la représentation graphique de la figure ci-dessous.
1. Déduire de la courbe les valeurs :
a. de la concentration *c* de la solution initiale;
b. du pK_A associé au couple NH_3OH^+/NH_2OH, dans les conditions de l'expérience.
2. En évaluant $\lg \dfrac{[NH_2OH]}{[NH_3OH^+]}$ pour la solution initiale ($V = 0$), montrer que, dans celle-ci, 0,1 % (environ) des molécules d'hydroxylamine sont ionisées.

(Rouen; septembre 81-CE)

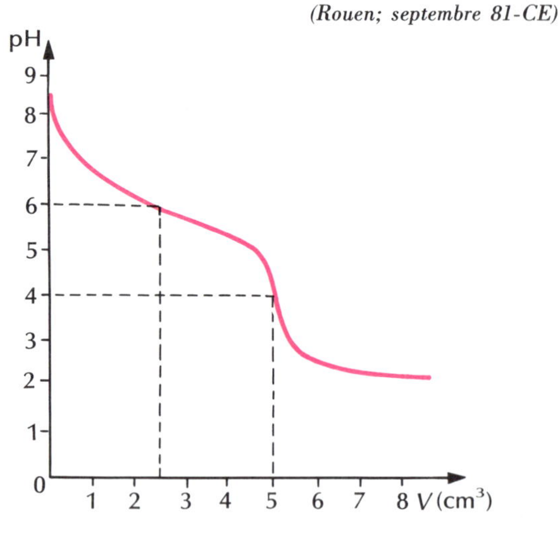

9 **A_2-B_3** On considère un litre de solution d'éthanoate (ou acétate) de sodium de concentration $1{,}00 \cdot 10^{-2}$ $mol \cdot l^{-1}$; son pH est égal à 8,4 à 25 °C.

1. Calculer la concentration de toutes les espèces chimiques présentes hans ctt solution. En déduire la constante d'acidité K_a du couple acide éthanoïque/ion éthanoate.
2. On ajoute à la solution précédente 1 cm^3 d'acide chlorhydrique concentré, de concentration 5 $mol \cdot l^{-1}$. Quelle est la quantité de matière d'ions H_3O^+ ajoutée?
3. Le pH de la solution ainsi obtenue est 4,8. Calculer les nouvelles concentrations molaires des espèces H_3O^+, $CH_3CO_2^-$, CH_3CO_2H.
(On considérera que le volume, qui n'a augmenté que d'un millième, est resté pratiquement constant.)
4. Écrire l'équation-bilan de la réaction des ions hydronium sur les ions éthanoate.

(Rennes; juin 81-CE)

10 **A_1-A_2-B_3** On prélève 10,0 cm^3 d'une solution commerciale de méthylamine, que l'on dilue avec de l'eau jusqu'à obtenir un volume total de 100,0 cm^3; 20,0 cm^3 de cette dernière solution sont introduits dans une fiole avec quelques gouttes d'un indicateur coloré parfaitement approprié à ce dosage : le rouge de bromophénol qui est jaune pour $pH < 5{,}5$ et rouge pour $pH > 6{,}5$. Le virage a lieu quand on a versé 15,0 cm^3 d'une solution décimolaire d'acide chlorhydrique.
1. Rappeler la définition d'un acide, et celle d'une base, selon la théorie de Brönsted.
2. Écrire l'équation de la réaction acido-basique étudiée, et préciser l'évolution de la couleur prise par l'indicateur lors du virage.
3. Déterminer la concentration molaire en méthylamine de la solution commerciale.
4. Le pK_A du couple ion méthylammonium/méthylamine étant 10,6, donner l'allure de la courbe de variation du pH du mélange en fonction du volume V d'acide chlorhydrique versé pour V compris entre 0 et 30 cm^3, lors de l'expérience réalisée.
Pour répondre à cette question, les candidats ne devront faire aucun calcul de pH, mais seulement justifier la valeur approximative des pH des points particuliers judicieusement choisis.

(Amiens; juin 81-CE)

11 **A_1-B_3** **1.** Le pH d'une solution aqueuse S_1 de concentration 0,100 mole par litre d'ammoniac, NH_3, est égal à 11,1. Écrire les équations des équilibres qui lient les espèces chimiques présentes dans cette solution. Déterminer la concentration molaire de chaque espèce.
2. Quels volumes V_1 et V_2 d'une solution d'acide chlorhydrique de concentration 0,200 mole par litre faut-il ajouter, respectivement, à 20,0 cm^3 de la solution S_1 et à 20,0 cm^3 d'une solution S_2, décimolaire, de soude pour les amener chacune au point d'équivalence?
Le pH de ces solutions devient-il, alors, supérieur, égal, ou inférieur à 7? Justifier sans calcul la réponse.

(Grenoble; juin 81-D)

12 **A_2-B_3** **1.** A 0,500 l d'acide chlorhydrique de pH égal à 2,0, on ajoute 0,500 l d'eau pure. La température est de 25 °C.
Déterminer les concentrations molaires des ions présents dans la solution ainsi réalisée, le produit ionique de l'eau étant égal à $1{,}0 \cdot 10^{-14}$.
2. On ajoute à la solution précédente une masse m de phénylamine (ou aniline), de façon à obtenir une solution de pH = 4,6, le volume total de la solution restant égal à un litre.
Préciser les espèces chimiques présentes dans la solution obtenue.
Calculer leur concentration molaire et la masse m d'amine ajoutée.
Données :
Formule de l'aniline $C_6H_5NH_2$, base conjuguée de l'acide $C_6H_5NH_3^+$. pK_A de ce couple = 4,6.

(Lille; juin 81-D)

13 **A_2-B_3** **1.** Une solution S_1 de gaz ammoniac, de concentration molaire $2{,}00 \cdot 10^{-2}$ $mol \cdot l^{-1}$, a un pH égal à 10,80 à 25 °C.
a. Déterminer les concentrations des espèces chimiques présentes dans cette solution.
b. Quel est le rapport entre le nombre de molécules d'ammoniac ayant réagi avec l'eau et le nombre total de molécules introduites en solution? Donner l'équation-bilan et interpréter.
c. Évaluer pour la solution S_1 le rapport R des concentrations en ammoniac et en ions ammonium.
2. On mélange 20,0 cm^3 de solution S_1 et 20,0 cm^3 d'une solution d'acide chlorhydrique de concentration molaire $2{,}00 \cdot 10^{-2}$ $mol \cdot l^{-1}$. On obtient une solution S_2 de pH = 5,65.
a. Calculer les concentrations des espèces NH_3 et NH_4^+ présentes dans la solution S_2; en déduire la nouvelle valeur du rapport R entre ces deux concentrations.
b. Justifier la variation de R lorsqu'on passe de S_1 à S_2.

(Rennes; juin 81-D)

14 **A_2-B_3** La courbe de variation de pH, relevée lorsque l'on verse un volume V_a de solution d'acide chlorhydrique de concentration molaire 0,100 $mol \cdot l^{-1}$ dans 40,0 cm^3 d'une solution d'ammoniac de concentration molaire inconnue, est donnée sur la figure ci-dessous.
1. A l'aide de cette courbe, déterminer :
a. Le point d'équivalence et en déduire la concentration molaire de la solution d'ammoniac.
b. Le pK_A du couple acide-base; indiquer les noms de l'acide et de la base conjugués; justifier brièvement les résultats.
2. Calculer les concentrations molaires des espèces chimiques présentes lorsque le pH du mélange est égal à 9,5.

(Paris; juin 81-D)

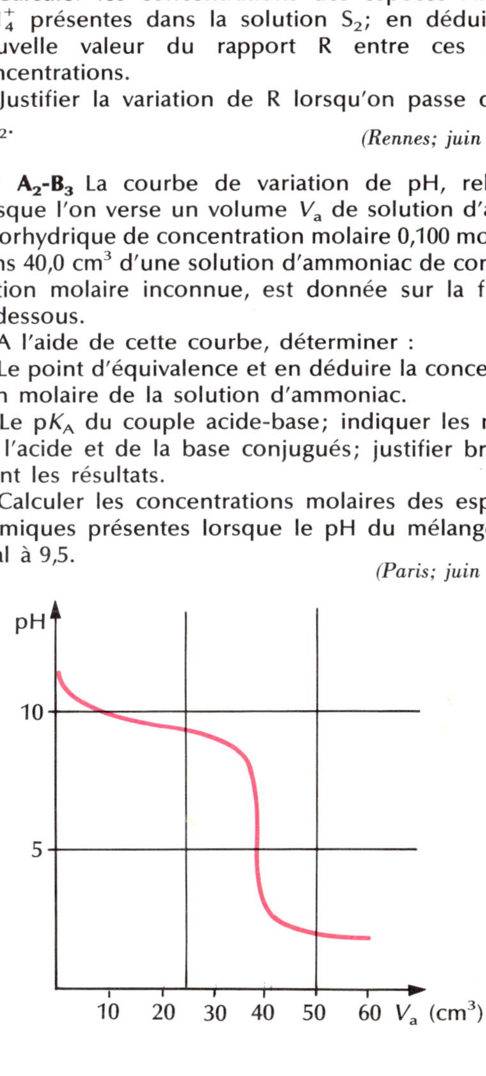

15 **A_2-B_3** La température des liquides est 25 °C.
La constante pK_A du couple constitué par l'ion éthylammonium $C_2H_5NH_3^+$ et l'éthylamine $C_2H_5NH_2$ est égale à 10,8.
1. Une solution aqueuse d'éthylamine a un pH de 11,6.
a. Donner l'équation-bilan de la réaction éthylamine-eau et calculer les concentrations molaires des espèces chimiques présentes dans cette solution.
b. Quelle quantité de matière d'éthylamine a-t-on dissoute par litre de solution?
2. On ajoute à la solution précédente une solution aqueuse de chlorure d'hydrogène.
a. Donner l'équation-bilan de la réaction.
b. Calculer le volume V de la solution aqueuse de chlorure d'hydrogène à $1{,}00 \cdot 10^{-2}$ mol·l^{-1} qu'il faut ajouter à 20,0 cm^3 de la solution d'éthylamine pour que le pH du mélange soit 10,8.

(Poitiers; juin 82-D)

16 **A_2-B_3** Les solutions aqueuses étudiées sont à 25 °C.
Dans 30,0 cm^3 d'une solution de monoéthylamine $C_2H_5NH_2$, de concentration molaire $c_b = 6{,}00 \cdot 10^{-2}$ mol·l^{-1}, on verse lentement une solution aqueuse d'acide chlorhydrique de concentration molaire $c_a = 1{,}00 \cdot 10^{-1}$ mol·l^{-1}. A l'aide d'un pH-mètre on suit l'évolution du pH en fonction du volume V de solution acide versée. On relève les valeurs suivantes :

V (cm^3)	0,0	5,0	9,0	15,0	16,0	17,0
pH	11,8	11,2	10,8	10,1	9,9	9,5

V (cm^3)	18,0	19,0	20,0	21,0	25,0	30,0
pH	6,1	2,7	2,4	2,2	1,9	1,7

1. Tracer la courbe de variation du pH en fonction de V.
2. En déduire le pH au point de demi-équivalence.
3. Calculer les concentrations molaires des différentes espèces au point de demi-équivalence.
4. Définir et calculer la constante d'acidité K_A du couple $C_2H_5NH_3^+/C_2H_5NH_2$ et son pK_A.

(Montpellier; juin 82-CE)

17 **A_2-B_3-C_1** La température des solutions aqueuses considérées est de 25 °C.
Une solution aqueuse d'ammoniac S_1 de concentration molaire $c_1 = 1{,}00 \cdot 10^{-1}$ mol·l^{-1} a un pH = 11,1. A 15,0 cm^3 de S_1 on ajoute 5,0 cm^3 d'une solution d'acide chlorhydrique S_2 de concentration molaire $c_2 = 6{,}0 \cdot 10^{-2}$ mol·l^{-1}. Le mélange obtenu a un pH = 9,8.
1. a. Calculer les concentrations des espèces chimiques présentes dans la solution S_1, à l'exclusion des molécules d'eau.
b. En déduire le pK_A du couple NH_4^+/NH_3.
2. Calculer les concentrations des espèces chimiques présentes dans le mélange $S_1 + S_2$.

(Montpellier; juin 82-D)

18 **A_2-B_3** On verse progressivement un volume V_A d'une solution aqueuse d'acide chlorhydrique dans 20,0 cm^3 d'une solution aqueuse d'éthanamine de concentration molaire $1{,}00 \cdot 10^{-1}$ mol·l^{-1}.
La valeur du pH mesuré en fonction du volume V_A est donnée par le tableau suivant (le volume V_A étant mesuré en cm^3) :

V_A (cm^3)	0	1,0	2,0	3,0	4,0	6,0
pH	11,7	11,5	11,4	11,3	11,2	11,05

V_A (cm^3)	8,0	10,0	12,0	14,0	16,0	18,0
pH	10,9	10,7	10,6	10,4	10,1	9,4

V_A (cm^3)	19,0	19,5	20,0	21,0	22,0	23,0
pH	8,5	6	3,05	2,5	2,3	2,15

V_A (cm^3)	24,0	26,0	28,0	30,0	34,0
pH	2,1	1,9	1,8	1,75	1,70

1. Tracer la courbe de variation du pH en fonction de V_A (échelles : 2 cm par unité de pH en ordonnée; 0,5 cm par cm^3 en abscisse).
Écrire l'équation de la réaction qui se produit.
2. Déterminer soigneusement les coordonnées du point d'équivalence; interpréter la valeur du pH à l'équivalence. Déterminer graphiquement le pK_A du couple acide-base correspondant à la mono-éthanamine.
3. Calculer la concentration molaire de la solution étudiée d'acide chlorhydrique.

(Besançon; juin 83-CE)

19 **A_2-B_3** On dissout 0,93 g d'une amine dans l'eau pure à 25 °C pour obtenir 600 cm^3 d'une solution S. A 50,0 cm^3 de la solution S, on ajoute lentement une solution d'acide chlorhydrique $c = 1{,}00 \times 10^{-1}$ mol·l^{-1}. A l'aide d'un pH-mètre, on suit l'évolution du pH en fonction du volume V de solution d'acide chlorhydrique versé. L'ensemble des résultats obtenus conduit à la représentation graphique ci-dessous.

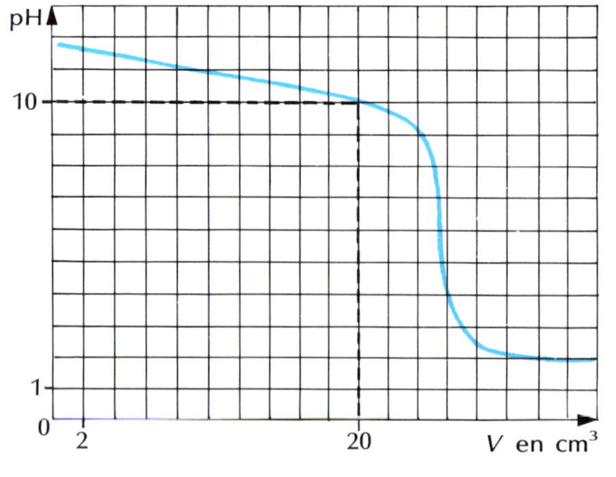

1. A partir de la courbe, répondre aux questions :
a. L'amine est-elle une base forte ou faible? Justifier.
b. Déterminer le pK_A du couple associé à l'amine.

2. Calculer la concentration molaire de l'amine. En déduire sa formule. Indiquer son nom. Écrire l'équation-bilan de la réaction responsable des variations de pH.

3. Pour $V = 20{,}0\ cm^3$, calculer les concentrations molaires des espèces chimiques présentes dans la solution.

(Lille; juin 84-CE)

20 **A_1-B_3-C_1** **1.** On considère une solution de méthylamine dont le pH est 11,0.
a. Écrire l'équation de la réaction de la méthylamine sur l'eau.
b. Quel est le couple associé à la méthylamine?
c. Le pK_A du couple étant 10,6 calculer les concentrations de toutes les espèces chimiques présentes dans la solution.

2. On ajoute à un volume $V = 1{,}00\ l$ d'une solution de méthylamine de concentration $c = 3{,}5 \times 10^{-3}$ $mol \cdot l^{-1}$ un volume V' d'une solution d'acide chlorhydrique de concentration $c' = 1{,}0 \times 10^{-1}$ $mol \cdot l^{-1}$ (V' est très petit devant V); le pH se fixe alors à 4,1.
a. Écrire l'équation de la réaction et calculer les concentrations de toutes les espèces chimiques présentes dans la solution.
b. En déduire la valeur du volume V' d'acide versé. On négligera l'effet de dilution sur la solution de méthylamine. Prendre $1{,}0 \cdot 10^{-14}$ pour produit ionique de l'eau.

(Paris; juin 84-D)

21 **A_2-B_3** La température reste constamment égale à 25 °C.
Dans un bécher contenant $20{,}0\ cm^3$ d'une solution aqueuse décimolaire d'ammoniac, on fait couler un volume V (cm^3) d'une solution aqueuse décimolaire d'acide chlorhydrique.
On suit l'évolution du pH du mélange obtenu et on obtient les résultats suivants :

V (cm^3)	4,0	6,0	8,0	10,0	12,0	14,0	16,0
pH	9,8	9,6	9,4	9,2	9,0	8,8	8,6

1. Exprimer les concentrations $[NH_3]$ et $[NH_4^+]$ en fonction de V, en négligeant celles des ions H_3O^+ et OH^-.

2. Vérifier la validité de l'approximation précédente pour des solutions dont le pH varie de 9,8 à 8,6.

3. Déterminer $\lg \dfrac{[NH_3]}{[NH_4^+]}$, en fonction de V.

4. Tracer la courbe représentant le pH en fonction de $\lg \dfrac{[NH_3]}{[NH_4^+]}$.

5. Donner les définitions de la constante d'acidité et du pK_A d'un couple acide-base. En utilisant l'équation de la courbe précédente, donner la constante d'acidité du couple NH_4^+/NH_3.
Quel intérêt présente la connaissance de la constante d'acidité?

(Nice; juin 84-CE)

22 **A_2-B_3-C_1** On se propose de préparer, à 25 °C, $100\ cm^3$ d'une solution S de pH = 10,0 en mélangeant un volume V d'une solution d'hydroxyde de sodium de concentration $c = 1{,}00 \times 10^{-2}\ mol \cdot l^{-1}$ et un volume V' d'une solution de chlorure d'ammonium de concentration $c' = 5{,}00 \times 10^{-2}\ mol \cdot l^{-1}$.

1. Quelles sont les espèces chimiques présentes dans la solution S?
Déterminer leurs concentrations molaires en fonction de V.

2. Sachant que le pK_A du couple acide-base correspondant à l'ion ammonium est 9,25, déterminer les volumes V et V'.

3. Proposer un mode opératoire pour préparer les $100\ cm^3$ de cette solution S en utilisant un matériel adapté à la précision des résultats.

(Paris; juin 85-CE)

23 **A_2-B_3-C_1** Les mesures de pH sont toutes faites à 25 °C.
Le volume molaire des gaz dans les conditions de l'expérience est de $22{,}4\ l \cdot mol^{-1}$.
Lors d'une réaction chimique, il se forme du gaz ammoniac que l'on dissout dans l'eau. Soit S_1 cette première solution de volume 2,000 l.

1. Pour connaître la quantité de gaz ammoniac formé, on ajoute d'abord à un volume $V_1 = 100{,}0$ ml de S_1 quelques gouttes de bleu de bromothymol; la solution est bleue. On ajoute ensuite progressivement une solution S_2 d'acide chlorhydrique de concentration molaire $c_2 = 0{,}050\ mol \cdot l^{-1}$ et on constate que l'indicateur vire au jaune pour un volume $V_2 = 80$ ml de S_2.
a. Écrire l'équation-bilan de la réaction entre les espèces chimiques contenues dans S_1 et S_2.
b. Calculer la concentration molaire c_1 de S_1.
c. Quel volume d'ammoniac, mesuré dans les conditions de l'expérience, a-t-on dissous?

2. Le pH de la solution S_1 est 10,9.
Calculer les concentrations molaires des différentes espèces chimiques dans S_1. En déduire le caractère de base forte ou faible de l'ammoniac.

3. On mélange un volume $V_1 = 100{,}0$ ml de S_1 et un volume $V_2' = 50{,}0$ ml de S_2. On obtient une solution S_3 de pH = 9,0.
a. Calculer les concentrations molaires des différentes espèces chimiques dans S_3. En déduire la valeur du pK_A du couple NH_4^+/NH_3.
b. On dilue environ deux fois la solution S_3; indiquer, sans calcul, mais en la justifiant, la valeur approximative du pH de la nouvelle solution.

(Paris-Créteil-Versailles; juin 86-CE)

24 **A_2-B_3-C_1** Soit une amine primaire de formule $R—NH_2$ dans laquelle R est un groupe alkyle.

1. a. Quelle est l'équation-bilan de la réaction de cette amine avec l'eau?
b. Quel est le couple acide-base correspondant à cette amine?

2. A 25 °C, cette amine est un liquide de masse volumique 0,75 kg·l^{-1}. On verse progressivement cette amine dans 200 cm^3 d'une solution d'acide chlorhydrique de concentration $2{,}0 \times 10^{-1}$ mol·l^{-1}. On suit l'évolution du pH du mélange au cours de l'addition.
a. Une brutale variation du pH correspondant à l'équivalence est observée lorsqu'on a versé environ 4,6 cm^3 d'amine.
— Quelle est l'équation de la réaction?
— Déterminer la masse molaire de l'amine.
— Quelle est la formule de R?
— Écrire une formule semi-développée possible pour cette amine sachant qu'elle possède un carbone asymétrique (atome de carbone lié à 4 substituants tous différents).
b. Après l'équivalence on ajoute à nouveau 4,6 cm^3 d'amine. Le pH du mélange est alors de 10,6.
— Calculer les concentrations molaires des différentes espèces présentes dans le mélange.
— En déduire le pK_A du couple correspondant à l'amine.
— Faites une remarque concernant ce mélange.

(Besançon; juin 86-D)

25 **A_2-B_3-C_1** **1.** On réalise le dosage d'une solution d'amine primaire à l'aide d'une solution d'acide chlorhydrique de concentration $c_a = 2{,}00 \cdot 10^{-2}$ mol·l^{-1}. On prélève $V_B = 20{,}0$ cm^3 de la solution basique de concentration c_b que l'on place dans un bécher. On mesure le pH en fonction du volume V_A de solution acide ajoutée. On obtient la courbe ci-dessous.

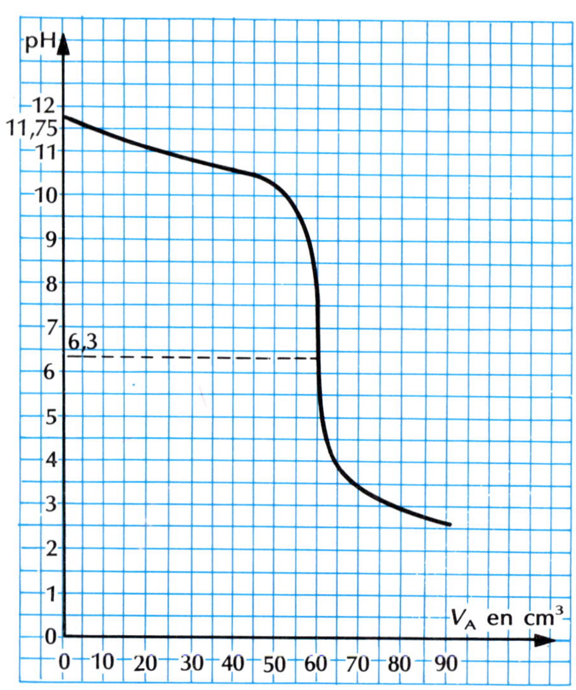

— Écrire l'équation de réaction entre les deux solutions.
— A l'équivalence le pH est de l'ordre de 6,3; justifier qualitativement cette valeur de pH.
— Déterminer la concentration c_b de la solution basique.
— A l'aide de la courbe, déterminer une valeur approximative du pK_A du couple acide/base de l'amine.
— Retrouver la valeur du pK_A de ce couple en utilisant la valeur du pH pour $V_A = 0$.

2. a. Pour repérer la fin du dosage, on peut utiliser un indicateur coloré. L'espèce acide de cet indicateur est notée AH et l'espèce basique A^-. Le couple acide-base de cet indicateur est caractérisé par un p$K_{A(I)} = 6{,}0$. Une goutte de cet indicateur peut être placée dans des solutions incolores de pH différents. On appelle X la couleur imposée par les molécules AH et Y la couleur imposée par les ions A^-. Définir théoriquement le domaine de virage de l'indicateur en admettant que la teinte de l'indicateur est nettement X ou Y si l'une des espèces AH ou A^- est en concentration molaire 10 fois supérieure à l'autre.
b. Cet indicateur est utilisé dans l'expérience précédente. Placer son domaine de virage sur la courbe du dosage. Cet indicateur permettra-t-il de déterminer la fin du dosage?

(Strasbourg; septembre 85-D)

26 **A_2-B_3-C_1** Le tableau ci-dessous donne quelques valeurs de pH obtenues lors du dosage de 10,0 cm^3 de solution basique (respectivement hydroxyde de sodium, ammoniac, triéthylamine) de concentration molaire $c = 1{,}00 \cdot 10^{-2}$ mol·l^{-1} par de l'acide chlorhydrique de concentration molaire $c = 1{,}00 \cdot 10^{-2}$ mol·l^{-1}.

Volume V d'acide chlorhydrique versé (en cm^3)	0,0	5,0	9,5	10,0	10,5	15,0
pH de la solution (initialement d'hydroxyde de sodium)	12,0	11,5	10,4	7,0	3,6	2,7
pH de la solution (initialement d'ammoniac)	10,6	9,2	7,9	5,75	3,6	2,7
pH de la solution (initialement de triéthylamine)	11,45	10,8	9,7	6,6	3,6	2,7

1. La comparaison des pH des solutions initiales permet-elle d'apprécier la force relative des bases étudiées? Justifiez, sans calcul, votre réponse.

2. La comparaison des pH au point d'équivalence dans les trois dosages confirme-t-elle les réponses précédentes? Justifier la réponse.

3. Après l'équivalence ($V > 10$ cm^3) le pH est le même pour les différentes solutions étudiées. Pourquoi?

4. A partir des conditions initiales, calculer les pK_a des couples acide/base :
Ion ammonium/ammoniac; ion triéthylammonium/triéthylamine.

5. « A la demi-équivalence lors de la réaction entre une base faible et un acide fort (ou lors de la réaction entre un acide faible et une base forte) on a $pH = pK_a$. » Cette affirmation est-elle valable dans les deux exemples étudiés?

(Étranger Groupe I; septembre 85-CE)

27 **A_2-B_3-C_1** Une solution A d'ammoniac de concentration voisine de 10^{-2} mol·l^{-1} a un pH proche de 10,7.

1. La base utilisée est-elle une base forte? Pourquoi?

2. On dose 20,0 cm^3 de cette solution par de l'acide chlorhydrique de concentration $1{,}00 \times 10^{-2}$ mol·l^{-1}. L'équivalence est obtenue lorsqu'il a été versé 23,6 cm^3 d'acide.

a. Définir l'équivalence.

b. Quelle est la concentration molaire de la solution A?

c. Quel volume de solution A doit-on ajouter à de l'eau pure pour obtenir un litre de solution B de concentration $1{,}00 \times 10^{-2}$ mol·l^{-1}?

3. Le pH de B est 10,65.

a. Calculer les concentrations des espèces chimiques présentes.

b. En déduire la valeur de la constante d'acidité K_A du couple acido-basique.

c. On veut vérifier la valeur de K_A par une autre expérience. A 40,0 cm^3 de B on ajoute 10,0 cm^3 de chlorure d'ammonium de concentration

$$1{,}00 \times 10^{-1}\ \text{mol·l}^{-1};$$

le pH devient 8,9; calculer les concentrations des espèces présentes; en déduire la valeur de la constante K_A, puis du pK_A du couple.

28 **A_1-A_2-B_3-C_1** **1.** On fabrique une solution aqueuse d'une monoamine B (corps qui ne possède qu'une fonction amine), notée (B), en versant une masse $m = 2{,}95$ g de cette amine B dans de l'eau pure afin d'obtenir un volume $V = 1{,}000$ l de solution.

On dose ensuite un volume $V_B = 20{,}0$ ml de cette solution (B) à l'aide d'une solution (A) d'acide chlorhydrique de concentration molaire $c_A = 0{,}100$ mol·l^{-1}. Un pH-mètre permet de suivre l'évolution du pH du mélange au cours de ce dosage.

a. La courbe $pH = f(V_A)$, V_A = volume de la solution (A) versé, présente deux points remarquables :

— le point M tel que $V_M = 5{,}0$ ml, $pH_M = 9{,}8$;

— le point d'équivalence E : $V_E = 10{,}0$ ml, $pH_E = 6{,}0$.

Définir l'équivalence acido-basique; déterminer la concentration molaire c_B de la solution (B).

b. On note BH^+ l'acide conjugué de l'amine B. En justifiant brièvement, donner la valeur du pK_A de ce couple acide/base.

c. Déterminer la masse molaire M de l'amine B. En déduire sa formule brute.

d. On donne le tableau suivant de pK_A :

amine	NH_3	$(CH_3)_2NH$	$(CH_3)_3N$
pK_A	9,2	10,8	9,8

amine	$(C_2H_5)_2NH$	$(C_2H_5)_3N$	CH_3—CH_2—CH_2NH_2
pK_A	11,1	10,6	10,6

En déduire la formule semi-développée de l'amine B et son nom.

2. On revient au dosage de la question 1. Calculer les concentrations molaires des différentes espèces chimiques présentes dans la solution lorsqu'on se trouve au point M ($V_M = 5$ ml).

Quelles sont les propriétés caractéristiques de cette solution?

3. Calculer le volume V de la solution (A) d'acide chlorhydrique qu'il faut ajouter au volume $V_B = 20{,}0$ ml de la solution (B) pour avoir un pH valant 9,5.

Votre résultat paraît-il en accord avec la propriété de la solution de la question 2?

(Amérique Centrale; juin 87-D)

29 **A_2-B_3-C_2** **1.** 100,0 cm^3 d'une solution chlorhydrique $5{,}00 \cdot 10^{-2}$ mol·l^{-1} sont obtenus par dilution d'un volume V_i de solution chlorhydrique molaire dans l'eau pure.

Déterminer le volume V_i. Expliquer brièvement comment on réalise pratiquement une telle opération.

2. La solution chlorhydrique $5{,}00 \cdot 10^{-2}$ mol·l^{-1} est ajoutée progressivement à 20,0 cm^3 d'une solution aqueuse de monoéthylamine, $C_2H_5NH_2$. Un pH-mètre permet de suivre l'évolution du pH du mélange au cours de cette manipulation. On constate que l'équivalence est obtenue pour un volume d'acide versé égal à 40,0 cm^3.

— Préciser la formule et le nom de l'acide conjugué de la monoéthylamine.

— Que représente l'équivalence?

— Calculer la concentration de la solution aqueuse de monoéthylamine.

3. Pour 30 cm^3 de solution chlorhydrique de concentration $5{,}00 \cdot 10^{-2}$ mol·l^{-1} ajoutés à 20 cm^3 de la solution précédente de monoéthylamine, le pH mesuré est égal à 10,3.

— Quelles sont les espèces chimiques présentes dans la solution à ce stade de la manipulation. Calculer leurs concentrations molaires.

— En déduire le pK_A du couple constitué par la monoéthylamine et son acide conjugué.

4. Les concentrations molaires de la monoéthylamine et de son acide conjugué étant respectivement désignées par [B] et [A], on représente graphiquement l'évolution du rapport [B]/[A] au cours du dosage précédent. Des 3 courbes présentées ci-dessous, laquelle vous semble la plus proche de la réalité? Justifier votre choix.

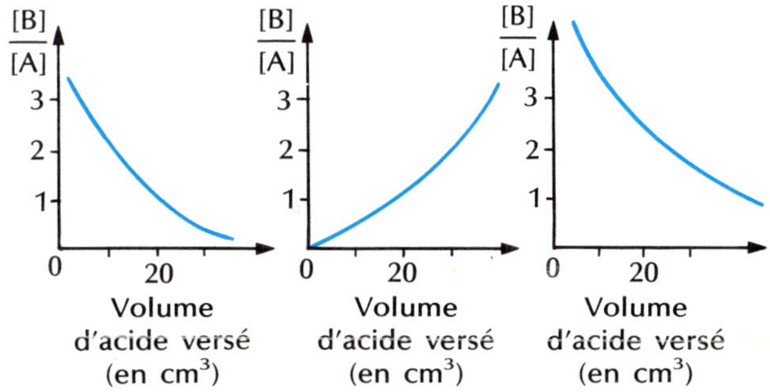

(Bordeaux; juin 88-D)

T.P

Dosages de produits de la vie courante

Le vinaigre contient de l'acide éthanoïque. Les eaux minérales peuvent contenir l'ion hydrogénocarbonate HCO_3^- *qui est une base faible.*

1. Dosage d'un vinaigre

On veut doser un vinaigre d'alcool à 7°. Si l'on utilise un indicateur coloré pour déterminer l'équivalence, il faut prendre un vinaigre non coloré.

a. Mode opératoire

On dose l'acide éthanoïque contenu dans le vinaigre par une solution d'hydroxyde de sodium de concentration apportée égale à $c_b = 0{,}100\ \text{mol} \cdot \text{l}^{-1}$. Pour utiliser des volumes comparables de solution d'acide et de base, on dilue dix fois le vinaigre (celui-ci a une concentration apportée en acide éthanoïque d'environ une $\text{mol} \cdot \text{l}^{-1}$).

On place $20{,}0\ \text{cm}^3$ de solution diluée de vinaigre dans le bécher, puis on ajoute la solution d'hydroxyde de sodium à la burette. On mesure le pH après chaque addition.

La **figure 1** donne les résultats d'une telle expérience. La courbe de variation du pH **(fig. 2)** permet de déterminer l'équivalence.

V_b (cm^3)	pH	V_b (cm^3)	pH
0,0	3,0	16,0	5,0
1,0	3,4	17,0	5,1
2,0	3,7	18,0	5,2
3,0	3,8	19,0	5,3
4,0	4,0	20,0	5,5
5,0	4,1	21,0	5,7
6,0	4,2	22,0	6,0
7,0	4,3	23,0	7,0
8,0	4,4	24,0	10,5
9,0	4,5	25,0	11,3
10,0	4,55	26,0	11,5
11,0	4,60	27,0	11,7
12,0	4,7	28,0	11,8
13,0	4,75	29,0	11,85
14,0	4,85	30,0	11,9
15,0	4,9		

1. pH *en fonction du volume de soude* (V_b) *versé.*

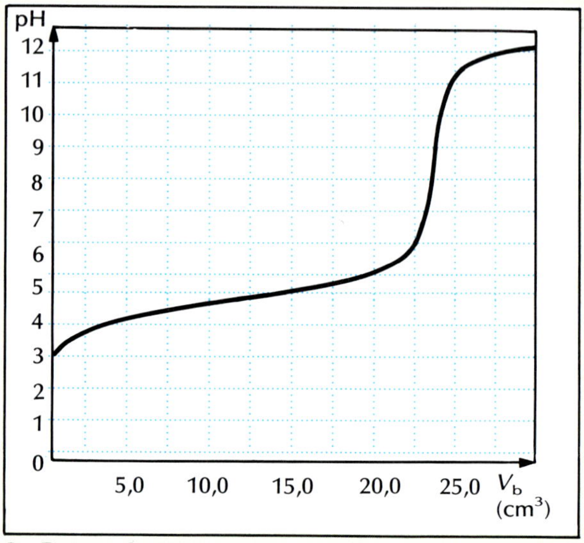

2. *Dosage du vinaigre.*

b. Exploitation des résultats

Déterminer le point équivalent sur la courbe de la **figure 2.** En déduire la concentration apportée en acide éthanoïque dans la solution diluée de vinaigre, puis dans le vinaigre du commerce. Expliquer le raisonnement.

Déterminer le $\text{p}K_A$ de l'acide éthanoïque grâce à la courbe de dosage.

Le degré alcoométrique d'un liquide est le volume en cm^3 d'éthanol pur contenu dans $100\ \text{cm}^3$ de liquide à 15 °C. Quelle est la concentration molaire en éthanol d'une solution aqueuse à 7° d'alcool? (Masse volumique de l'éthanol : $794\ \text{kg} \cdot \text{m}^{-3}$ à 15 °C.)

Le vinaigre est obtenu par oxydation ménagée de l'éthanol en solution par le dioxygène de l'air. Écrire l'équation-bilan de la réaction. Quelle concentration d'acide éthanoïque devrait-on avoir si l'oxydation de l'éthanol était totale? Comparer avec le résultat du dosage précédent.

2. Dosage des ions hydrogénocarbonate d'une eau minérale

L'ion hydrogénocarbonate (bicarbonate) de formule HCO_3^-, contenu dans l'eau d'Évian est une base faible que l'on peut doser avec une solution d'acide fort.

a. Mode opératoire

Doser 100,0 ml d'eau d'Évian par une solution d'acide sulfurique de concentration $3{,}00 \times 10^{-1}$ $\text{mol} \cdot \text{l}^{-1}$. On trace la courbe de variation du pH **(fig. 3).**

b. Exploitation des résultats

L'équivalence est obtenue pour un volume versé de solution d'acide sulfurique de $V_{a,e} = 9{,}9\ \text{cm}^3$ lu sur la courbe. L'acide sulfurique peut être considéré comme un diacide fort. Une mole d'acide sulfurique apporte en solution deux moles d'ions hydronium.

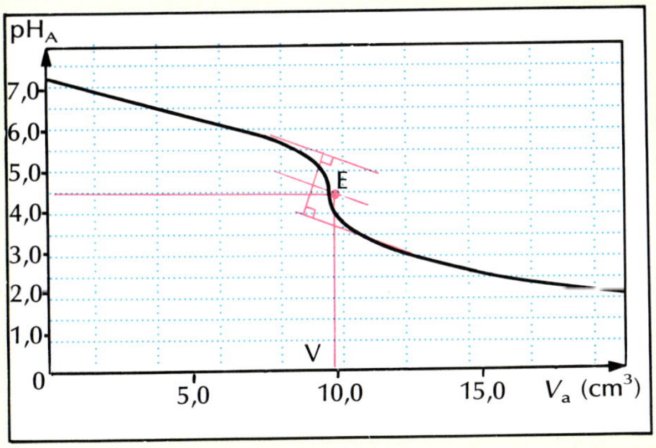

3. *Dosage de l'eau d'Évian.*

Ces ions dosent les ions hydrogénocarbonate selon la réaction d'équation bilan :

$$HCO^-_{3\,(aq)} + H_3O^+_{(aq)} \longrightarrow H_2CO_{3\,(aq)} + H_2O \quad (1)$$

La quantité de matière d'ions hydronium apportée par la solution d'acide sulfurique est $n_a = 2\,c_a \cdot V_{a,e}$.

La quantité de matière n_b d'ions hydrogénocarbonate apportée par le volume V_b d'eau d'Évian est $n_b = c_b \cdot V_b$ où c_b est la concentration des ions hydrogénocarbonate.

D'après l'équation-bilan (1) on a à l'équivalence :

$$n_a = n_b.$$

Soit $$2\,c_a \cdot V_{a,e} = c_b \cdot V_b$$

Déterminer la concentration des ions hydrogénocarbonate dans l'eau d'Évian grâce au résultat du dosage précédent. Exprimer cette concentration en $mol \cdot l^{-1}$ puis en $mg \cdot l^{-1}$. Comparer avec l'indication de la bouteille ($357\ mg \cdot l^{-1}$).

Déterminer le pK_A du couple $H_2CO_{3\,(aq)}/HCO^-_{3\,(aq)}$. Comparer avec la valeur du tableau des pK_A, page 300.

c. Eau de Contrexéville

La **figure 4** montre la courbe de variation de pH lors du dosage de 100,0 ml d'eau de Contrexéville par la même solution d'acide sulfurique. Les ions dosés sont encore les ions hydrogénocarbonate.

Exploiter cette courbe de la même façon. (Indication sur la bouteille $0{,}377\ g \cdot l^{-1}$.)

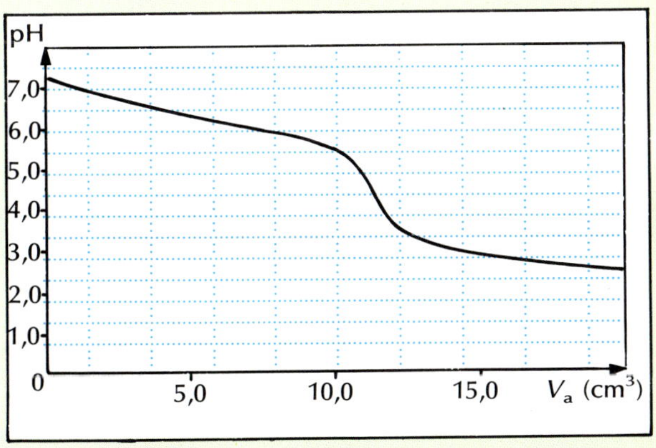

4. *Dosage de la Contrexeville.*

Sulfates	1,192
Calcium	0,467
Magnésium	0,084
Bicarbonates	0,377
Chlorures	0,007
Sodium	0,007
Potassium	0,003

5. *Minéralisation moyenne en g/l de l'eau Contrexéville (source Pavillon).*

Calcium	78
Magnésium	24
Potassium	1
Sodium	5
Bicarbonates	357
Sulfates	10
Chlorures	2,2
Nitrates	3,8
Silice	13,5
pH = 7,2	

6. *Minéralisation caractéristique en mg/l de l'eau d'Évian (source Cachat).*

Le pH-mètre

(Mesure du pH)

La chaîne de mesure électrique du pH comporte **(fig. 1 et 2)** :

— une sonde de mesure constituée de **2** électrodes plongeant dans la solution,

— un voltmètre électronique mesurant la tension entre les 2 électrodes. Ce voltmètre gradué directement en unités de pH constitue le pH-mètre.

A. Électrodes

Les 2 électrodes peuvent être séparées **(fig. 3)** ou combinées **(fig. 4).**

• L'une des électrodes est **l'électrode de référence :** son potentiel par rapport à la solution est constant. Elle constitue une demi-cellule galvanique (ou demi-pile).

• L'autre **électrode** est **indicatrice** du pH de la solution dans laquelle on la plonge : c'est le plus souvent une **électrode de verre (fig. 3** et **4).**

Description des électrodes

a. Électrode de verre indicatrice du pH

La partie active située au bas de l'électrode est constituée d'une fine membrane de verre spécial, souvent en forme de boule; l'épaisseur de la paroi de verre est de l'ordre du millimètre pour les électrodes courantes. Cette membrane de verre étant toujours très

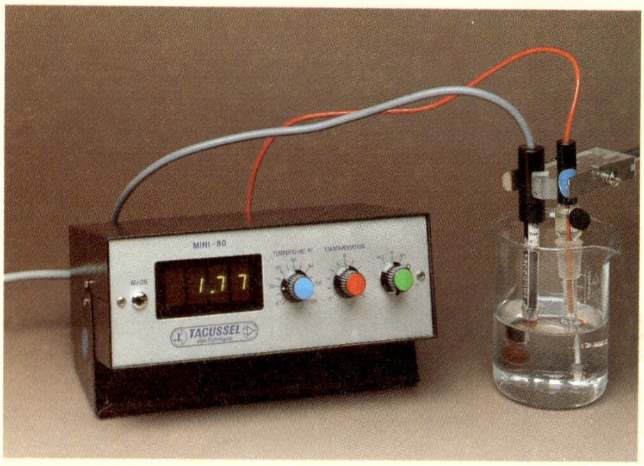

1. pH-*mètre et deux électrodes séparées.*

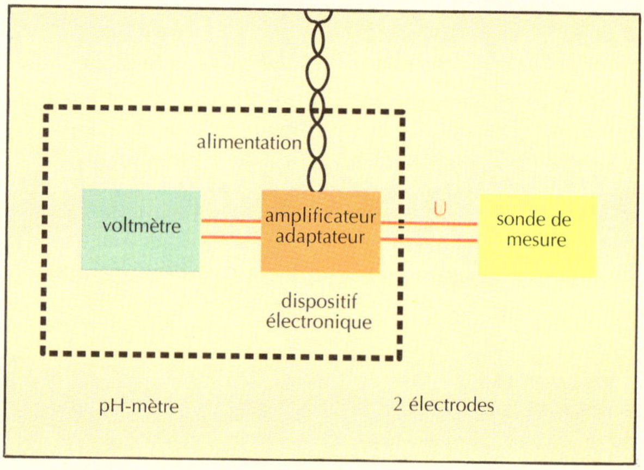

2. *Chaîne de mesure.*

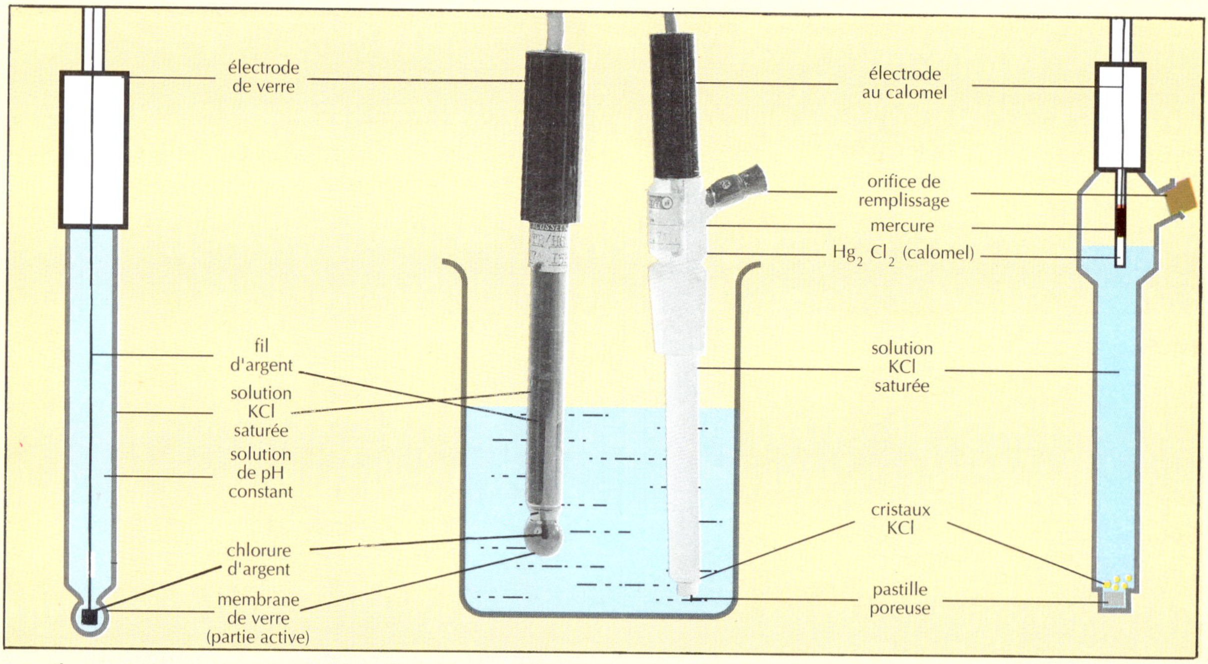

3. *Électrodes de mesure.*

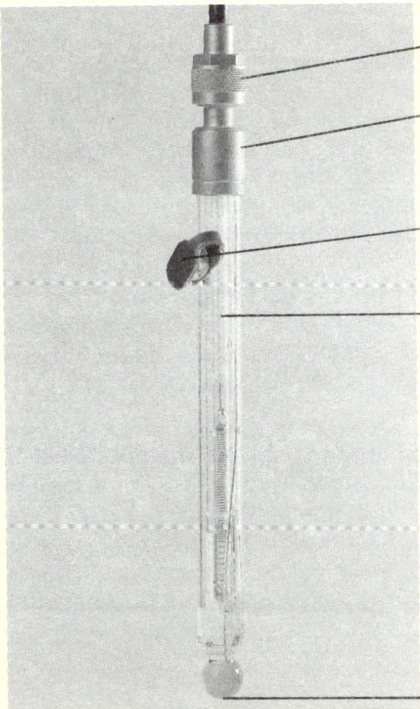

4. a. *Électrode combinée.*

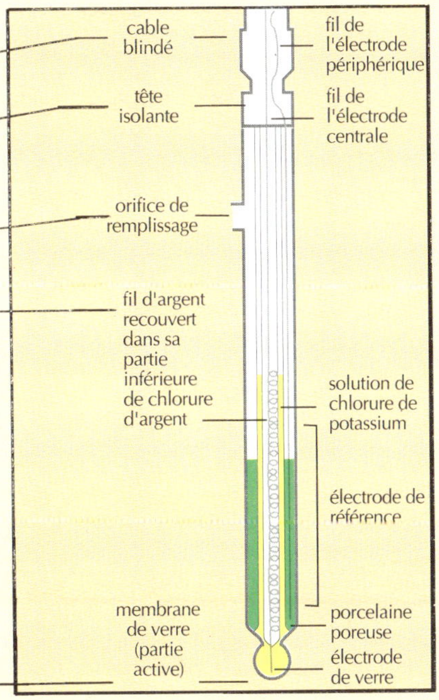

4. b. *Schéma de l'électrode combinée.*

fragile, on doit éviter tout choc avec les parois des récipients ou l'agitateur magnétique.

L'intérieur de l'électrode est une demi-cellule constituée par une électrode interne, en général argent-chlorure d'argent, plongeant dans une solution de chlorure de potassium saturé.

Le pH de cette solution est fixé grâce à des produits chimiques. Il est souvent égal à 7,00. On l'appelle pH_0.

b. Électrode de référence

C'est souvent une **électrode argent, chlorure d'argent, chlorure de potassium saturé***. Un fil d'argent constitue l'électrode proprement dite. Ce fil est recouvert à son extrémité inférieure de chlorure d'argent (couleur sable).

Il est plongé dans une solution saturée de chlorure de potassium.

Le contact électrique avec la solution étudiée dans laquelle on plonge cette électrode est réalisé par une jonction électrolytique.

* *Le schéma de cette demi-pile est*

$$Ag | AgCl_{(solide)} | KCl_{(sat.)} \,\vdots\vdots$$

Cette jonction est une pastille poreuse (alumine, verre ou platine frittés) ou un fil d'amiante enrobé de verre constituant un microcapillaire à écoulement très faible. La jonction électrolytique permet le passage d'ions, mais le mélange des solutions qui en résulte est très lent.

On s'arrange pour que le liquide s'écoule de l'électrode dans la solution et ce liquide doit donc être renouvelé périodiquement et son niveau réajusté.

Lorsque l'électrode de référence est non combinée, c'est plus souvent une **électrode au calomel (fig. 3).** La chaîne de conducteurs est alors du mercure, du chlorure de mercure (I) Hg_2Cl_2 solide, peu soluble, appelé aussi calomel, et une solution saturée de chlorure de potassium. Le schéma représentatif de cette demi-cellule est

$$Hg \mid Hg_2Cl_{2\,(solide)} \mid KCl_{(sat.)} \,\vdots\vdots$$

B. Principe de fonctionnement de la sonde de mesure du pH

Soit la sonde de la **figure 5.** Elle est constituée par une électrode de référence et une électrode de verre plongeant dans la solution étudiée, de pH inconnu.

La **force électromotrice de cette sonde** s'exprime en fonction des potentiels électriques V des différents points considérés.

$$E = V_M - V_N$$
$$= (V_M - V_P) + (V_P - V_Q) + (V_Q - V_R) + (V_R - V_N)$$

L'expérience a montré que de part et d'autre de la membrane de verre

$$V_P - V_Q = a - b(pH - pH_0)$$

a est appelé **potentiel d'asymétrie.**

$$(V_P - V_Q) = a \text{ lorsque } pH = pH_0$$

b est un coefficient qui dépend de la température. A 20 °C $b \approx 0{,}058$ V. A 25 °C $b \approx 0{,}060$ V.

Pour deux électrodes de référence argent, chlorure d'argent, en théorie

$$V_M - V_P = -(V_R - V_N)$$

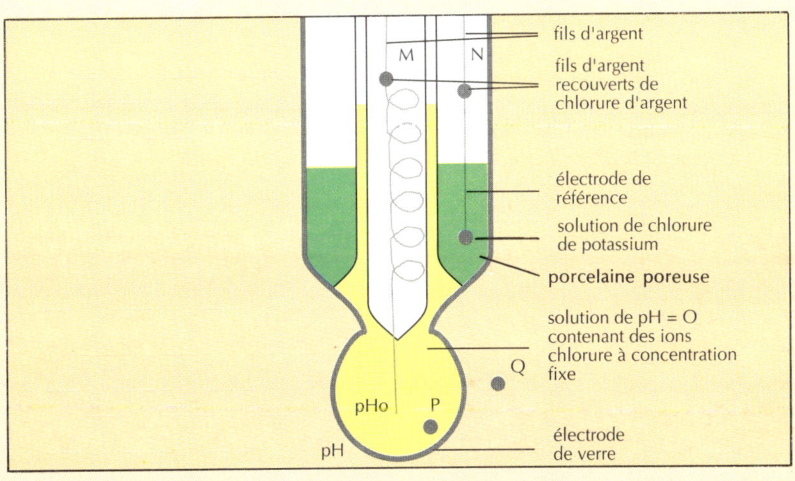

5. *Détail grossi de l'électrode combinée.*

$E = A - b\,(pH - pH_0)$

La tension mesurée est une fonction affine du pH de la solution étudiée.

Réglage de standardisation

Le réglage de standardisation sert à régler le pH-mètre en fonction de l'électrode. Il consiste à annuler le terme A (en général faible) dans l'expression de la tension mesurée $E = A - b\,(pH - pH_0)$ et à ajuster b, à l'aide de solutions tampon. Ces réglages dépendent du type d'appareil utilisé.

Ce réglage est nécessaire car le terme A dépend un peu de l'utilisation antérieure de l'électrode de verre.

C. pH-mètre

Il sert à mesurer la force électromotrice E (tension à vide entre les 2 bornes de la sonde). C'est donc un voltmètre. Compte tenu de la très forte résistance intérieure de la cellule*, il faut un voltmètre électronique.
Le voltmètre est directement gradué en pH. L'échelle graduée est régulière du fait que la relation qui lie E au pH est une fonction affine.

1. Technique de la mesure

Le pH-mètre est réglé dans l'ordre suivant :

a. Réglage du zéro mécanique de l'aiguille, nécessaire dans le cas d'un voltmètre à cadran. Avant branchement du pH-mètre, l'aiguille doit indiquer une tension nulle. Une vis placée sur le cadran permet éventuellement de faire cette correction;

b. Réglage du zéro électrique : l'appareil étant branché (position repos), l'aiguille doit rester au zéro électrique. Un bouton permet éventuellement de corriger la position de l'aiguille;

c. Réglage de standardisation : la différence de potentiel mesurée est de la forme

$$E = A - b\,(pH - pH_0)$$

Sur certains appareils on peut :
— en affichant la température de la solution étudiée ajuster la valeur de b;
— en prenant une solution tampon de pH = 7,0 agir sur le bouton **tarage ou standardisation,** pour que le pH-mètre affiche, en position pH (mesure) une tension nulle à pH = 7,0; on annule donc par là même le coefficient A précédent.

2. Mesures

Les électrodes sont d'abord rincées à l'eau distillée. On les essuie alors un peu avec du papier Joseph pour éliminer l'excès d'eau adhérant par capillarité.

On plonge avec précaution les fragiles électrodes dans la solution étudiée. On vérifie que les jonctions électrolytiques sont bien immergées (en particulier dans le cas d'électrodes doubles).

Entre les mesures, le pH-mètre n'est pas arrêté mais laissé en position de repos (attente) ou zéro.

On tourne le bouton en position pH (mesure) pour faire une lecture. On doit veiller à bien homogénéiser la solution en agitant, et éventuellement attendre quelques instants que les électrodes trouvent leur équilibre.

Revenir alors en position repos avant de retirer les électrodes et de les rincer pour qu'elles soient prêtes pour la mesure suivante.

3. Performances

Habituellement une détermination d'un pH à 0,05 unité de pH près est considérée comme très bonne.

La mesure de pH ne se fait que très rarement à moins de 0,01 unité de pH près; cela exige des conditions opératoires réservées à seulement un petit nombre de laboratoires.

La limitation de la précision a essentiellement deux origines :
— la connaissance plus ou moins précise des pH des solutions étalon de tarage;
— la reproductibilité des indications dues à la membrane de verre.

Les électrodes de verre courantes donnent une bonne réponse entre environ pH = 1 et 11. Pour des valeurs de pH supérieures à 11 il peut y avoir des écarts importants par rapport à la réponse théorique.

Il existe cependant des verres spéciaux dont la réponse est bonne dans l'intervalle de pH 0 à 14.

4. Limites de l'échelle pH

Les limites usuelles sont 0 et 14; ce sont celles qui sont indiquées sur les pH-mètres.

Des valeurs de pH négatives ou supérieures à 14 sont possibles. Il existe cependant des limites inférieure et supérieure, liées à la concentration maximale dans l'eau d'un acide ou d'une base. Rappelons que lorsque $pH \leqslant 1$ ou $pH \geqslant 13$, la relation de définition

$$pH = -\lg\,[H_3O^+_{(aq)}]$$

n'est qu'approchée.

* *La résistance de la chaîne des conducteurs constituant les électrodes est de l'ordre de 100 MΩ, à cause de la membrane de verre de l'électrode de mesure.*

Conductivité électrique

1. Conductance

L'intensité I du courant qui traverse un conducteur ohmique, dipôle linéaire, est proportionnelle à la tension U à ses bornes :

$$I = GU$$

G est la conductance exprimée en siemens (S). Elle est l'inverse de la résistance.

2. Conductivité

La conductivité est l'inverse de la résistivité (voir paragraphe 3).

3. Comparaison de conductivités

Sous la tension U on obtient un courant d'intensité I telle que :

$$I = \sigma \frac{s}{\ell} U = \sigma \left(\frac{s}{\ell} U\right)$$

Pour comparer les conductivités de deux solutions il suffit donc de comparer les intensités I des courants qui traversent les colonnes d'électrolytes comprises entre deux électrodes. Il est nécessaire de garder la même tension U et la même cellule de mesure (s/ℓ inchangé). s est l'aire de la partie immergée des électrodes et ℓ la distance entre elles.

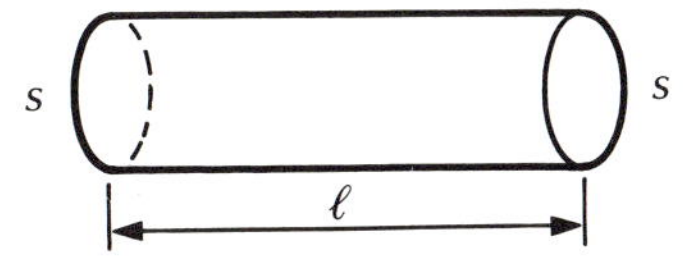

Colonne de la solution ionique
Longueur : ℓ en mètre (m)
Section : s en mètre carré (m^2)
Résistance : R en ohm (Ω)

$$R = \rho \frac{\ell}{s}$$

ρ est la résistivité.
Conductance : G en siemens (S)

$$G = \frac{1}{R} = \frac{s}{\rho \ell}$$

Conductivité : $\sigma = \frac{1}{\rho}$

1. *Formules de la conductance et de la conductivité.*

4. Facteurs dont dépend la conductivité d'un électrolyte en solution

a. Mobilité des ions

On utilise par exemple une solution de chlorure de sodium. Les concentrations des ions sodium et chlorure sont les mêmes. L'intensité I du courant électrique est égale à la somme :

$$I = I_+ + I_-$$

I_+ : intensité du courant des charges positives des ions Na^+.
I_- : intensité du courant des charges négatives des ions Cl^-.

Dans notre exemple, des mesures prouvent que $I_+ < I_-$.

Explication : soumis au même champ électrique $\vec{E}$, les ions sodium contenus dans le liquide acquièrent une vitesse limite plus petite que celle des ions chlorure. A travers une section s donnée du conducteur électrolytique il passe donc, par seconde, moins d'ions sodium dans un sens que d'ions chlorure dans l'autre.

On dit que les ions sodium ont une mobilité plus faible que les ions chlorure. La mobilité est une grandeur mesurable.

En solution aqueuse les ions hydronium ont la mobilité la plus grande. Si on pose arbitrairement 1,00 pour la mobilité de ces derniers, les mobilités relatives des autres ions usuels sont données dans le tableau de la **figure 2.** Nous remarquons que les mobilités de tous les ions hydratés sont comparables sauf celles de $H_3O^+_{(aq)}$ et $OH^-_{(aq)}$.

Formule des ions	Mobilité relative
$H_3O^+_{(aq)}$	1,00
$Na^+_{(aq)}$	0,143
$NH^+_{4\,(aq)}$	0,210
$OH^-_{(aq)}$	0,565
$Cl^-_{(aq)}$	0,218
$CH_3CO^-_{2\,(aq)}$	0,117

2. *Mobilité relative de différents ions.*

b. Concentration des ions

La conductivité est (pour des ions identiques) à peu près proportionnelle à la concentration en ions libres.

c. Conclusion

La conductivité d'une solution aqueuse d'un électrolyte A :
— dépend beaucoup de la concentration des ions libres; en première approche il existe une relation de proportionnalité entre les deux grandeurs;
— dépend peu de la nature des ions qui ont tous des mobilités du même ordre de grandeur sauf $H_3O^+_{(aq)}$ et $OH^-_{(aq)}$ qui ont des mobilités 5 à 10 fois supérieures à celles des autres ions.

5. Dosage conductimétrique*

On suit la variation de la conductivité d'une solution de chlorure d'hydrogène (à c_0 moles d'ions hydronium par litre) à laquelle on ajoute une solution très concentrée d'hydroxyde de sodium. Soit x la quantité de matière d'ions hydroxyde et sodium que l'on a introduits à un moment donné dans un litre de solution acide.

a. Avant l'équivalence, $x < c_0$.

Les ions chlorure et sodium restent en solution. Les ions hydroxyde apportés réagissent avec les ions hydronium qui sont donc remplacés progressivement par les ions sodium de mobilité beaucoup plus faible. La conductivité de la solution décroît.

b. Après l'équivalence, $x > c_0$.

La concentration des ions hydronium est négligeable et on continue à apporter des ions hydroxyde, qui maintenant ne réagissent plus, ainsi que des ions sodium. La concentration des ions libres augmente dans la solution et la conductivité croît.

* *Évoqué ici pour illustrer la notion de conductivité, le dosage conductimétrique est hors programme.*

Analyse des résultats d'un grand nombre de mesures de la même grandeur

En sciences physiques, c'est un problème important que de déterminer la confiance que l'on peut accorder au dernier chiffre significatif d'une mesure. Une analyse critique d'une mesure unique en donne une idée, mais pour concrétiser la dispersion des résultats d'un grand nombre de mesures, il est indispensable d'en examiner au moins un exemple.

1. Dispersion des résultats de la mesure

Un millier de dosages d'une solution de chlorure d'hydrogène ont été réalisés avec une solution d'hydroxyde de sodium. Chaque auteur du présent ouvrage a réalisé environ deux cents dosages en l'espace de quelques jours. Afin de conserver les propriétés initiales des solutions, des précautions adéquates ont été prises, par exemple la conservation des deux solutions à l'abri de l'air.

Les résultats des mesures sont rassemblés dans le tableau de la **figure 1.**

2. Valeur la plus fréquente

Le volume V_b de la solution d'hydroxyde de sodium versée varie un peu d'une mesure à l'autre. Cette variation n'affecte cependant que le troisième chiffre significatif.

Certaines valeurs sont plus fréquentes que d'autres. Pour représenter ces fréquences, on trace un diagramme, appelé histogramme, avec en abscisse les volumes croissants et en ordonnée les fréquences d'apparition des divers volumes correspondants **(fig. 2).**

La figure et le tableau nous montrent que la valeur trouvée le plus fréquemment est de

$$V_b = 25{,}4 \text{ cm}^3.$$

Les fréquences décroissent de part et d'autre de cette valeur la plus fréquente qu'on appelle **pic de l'histogramme.**

3. Valeur moyenne

La valeur moyenne du volume versé est calculée comme indiqué dans le tableau. On trouve

$$V_{b,m} = 25{,}4 \text{ cm}^3.$$

Cette valeur moyenne est utilisée comme estimation numérique de la mesure de la valeur vraie. Dans l'exemple examiné, la valeur moyenne et la valeur la plus fréquente sont confondues. Cela provient du fait que l'histogramme est très symétrique.

4. Dispersion

On appelle dispersion les écarts entre la valeur moyenne et les valeurs expérimentales. Si cette dispersion est faible, l'allure de l'histogramme est « pointue ».

Analysons la dispersion dans l'exemple choisi.

Les pourcentages sont arrondis à 1 % près.

38 % des valeurs correspondent à la moyenne de 25,4 cm^3.

80 % des valeurs correspondent aux valeurs (en cm^3) :

25,5 (soit 25,4 + 0,1)
25,4
et 25,3 (soit 25,4 − 0,1)

Si l'on considère un écart de 0,2 cm^3 de part et d'autre de la valeur moyenne, on englobe 95 % des mesures soit la quasi-totalité de celles-ci.

1. Tableau de mesures.

Volume d'hydroxyde de sodium versé (en cm^3)	25,0	25,1	25,2	25,3	25,4	25,5	25,6	25,7	25,8
Nombre d'apparitions du même résultat	3	20	62	215	381	214	90	20	3
Fréquence d'apparition des résultats sur un total de 1 008 mesures	0,3 %	2,0 %	6,2 %	21,3 %	37,8 %	21,2 %	8,9 %	2,0 %	0,3 %

Valeur moyenne des volumes versés.

$$V_{b,m} = \frac{(25{,}0 \times 3) + (25{,}1 \times 20) + (25{,}2 \times 62) + (25{,}3 \times 215) + (25{,}4 \times 381) + (25{,}5 \times 214) + (25{,}6 \times 90) + (25{,}7 \times 20) + (25{,}8 \times 3)}{1\,008}$$

$$V_{b,m} = 25{,}4 \text{ cm}^3.$$

5. Intervalle de confiance

Une mesure unique a 80 % de chance d'appartenir à l'intervalle [25,3; 25,5]. C'est l'intervalle de confiance correspondant à ce pourcentage de chance. On peut noter le résultat de la mesure de la manière suivante :

$V = 25{,}4\ cm^3 \quad \Delta V_{80\ \%} = 0{,}1\ cm^3$

De même on peut écrire :

$V = 25{,}4\ cm^3 \quad \Delta V_{95\ \%} = 0{,}2\ cm^3$

6. Origine de la dispersion

Au cours des opérations de préparation des solutions, de prélèvement des 20 cm³ d'acide, de versement de la solution d'hydroxyde de sodium, de lecture... une ou plusieurs gouttes peuvent être en excès ou en défaut par rapport à une moyenne. Le volume d'une goutte étant de l'ordre de 0,05 cm³, un intervalle de confiance $\Delta V_{80\ \%}$ de 0,1 cm³ correspond à deux gouttes en plus ou en moins.

7. Conduite à tenir dans le cas d'un petit nombre de mesures

Une *analyse qualitative* des différentes causes d'erreurs liées aux opérations successives de la mesure (gouttes en plus ou en moins) permet de se faire une idée de l'ordre de grandeur de l'intervalle de confiance (volume de quelques gouttes soit un intervalle de confiance de l'ordre de 0,1 à 0,2 cm³).

Si quelques mesures (2 ou 3) présentent des écarts du même ordre de grandeur que celui de l'intervalle de confiance, on peut estimer que les mesures sont bonnes. On prend la *valeur moyenne des mesures* comme résultat de la mesure. Cependant le niveau de confiance ne peut plus être nettement précisé.

Un seul chiffre significatif suffit pour l'écriture de l'intervalle de confiance. Le rang du dernier chiffre significatif de la moyenne doit être le même que celui de l'intervalle de confiance.

2. *Histogramme.*

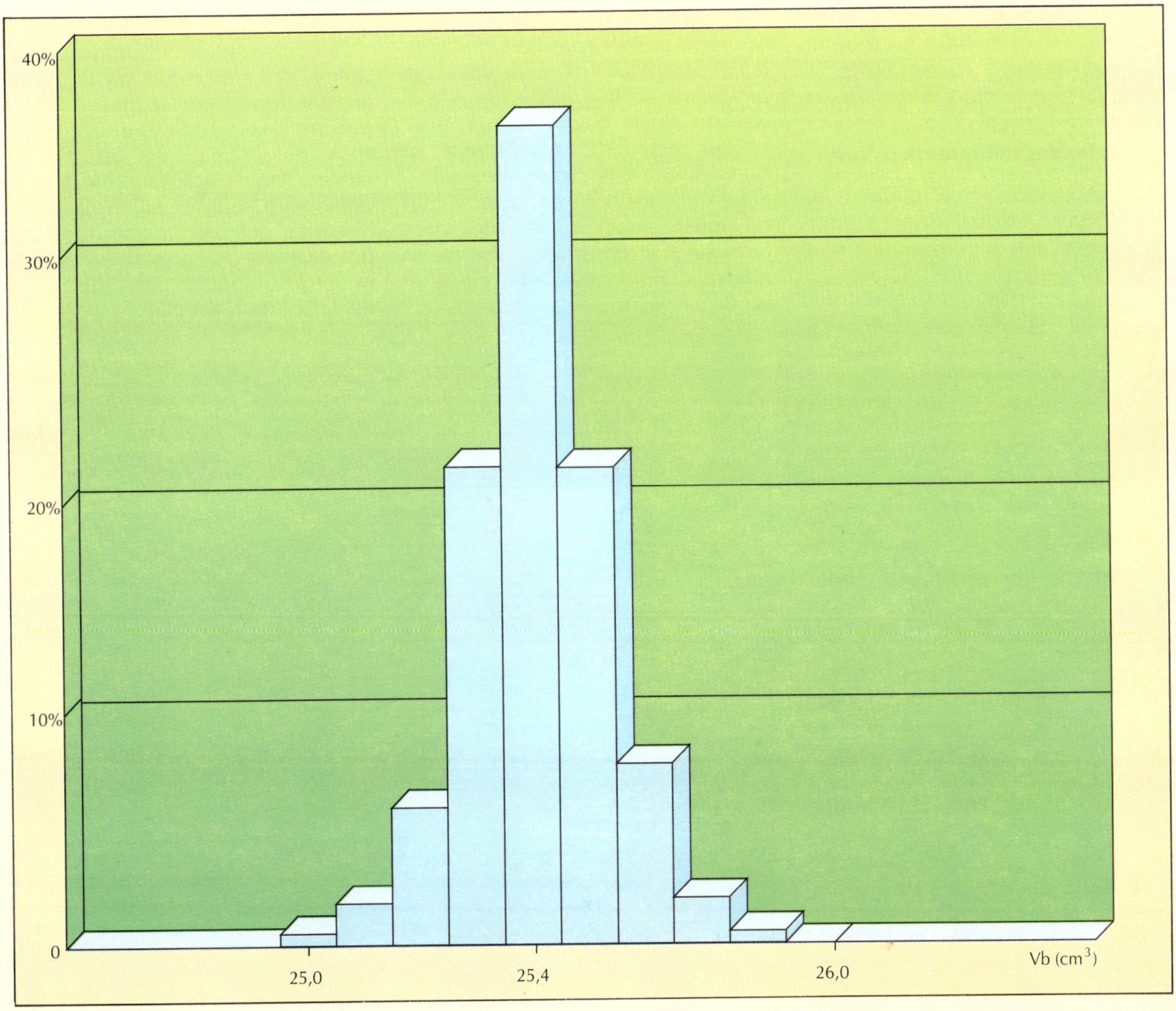

Indicateurs colorés acide-base

Des substances ont déjà été utilisées et qualifiées d'indicateurs colorés : l'hélianthine, le bleu de bromothymol, la phénolphtaléine...

1. Définition

Un indicateur coloré acide-base est une substance qui, en solution aqueuse, change de couleur de part et d'autre d'un petit intervalle de pH appelé zone de virage.

Cette substance est en général un composé organique. La zone de virage d'un indicateur est en général de l'ordre de deux unités de pH.

2. Nature des indicateurs colorés

Le changement de couleur de l'indicateur coloré a lieu sous l'influence d'une variation de la concentration en ions hydronium. Il est logique d'admettre alors qu'il s'agit d'un équilibre entre un acide faible et sa base faible conjuguée avec les ions de l'eau.

Un indicateur est donc un acide faible ou une base faible d'un couple acide-base tel que la couleur de la forme acide du couple est différente de celle de la forme basique.

> ***Chaque indicateur est donc caractérisé par une valeur déterminée de sa constante d'acidité.***

Nous supposons ici que l'indicateur est un monoacide, et nous notons A et B les formes acide et base de l'indicateur.

La phénolphtaléine est telle que l'une des deux formes du couple acide-base (ici la forme acide) est incolore.

3. Interprétation de la zone de virage

On peut admettre, et l'expérience le justifie, que lorsque le rapport des concentrations des formes acide et base est supérieur à 10, la forme acide impose sa couleur :

$$\frac{[A]}{[B]} \geqslant 10; \quad pH \leqslant pK_A - 1$$

A impose sa couleur

La couleur de B, en quantité trop faible par rapport à celle de A, est masquée.

De même, pour $\frac{[A]}{[B]} \leqslant \frac{1}{10}$, B impose sa couleur à la solution, ce qui a lieu pour $pH \geqslant pK_A + 1$.

Lorsque $pK_A - 1 \leqslant pH \leqslant pK_A + 1$, les deux formes A et B ont des concentrations du même ordre de grandeur (rapport de 10 à 1/10) et on verra la superposition des couleurs de A et B avec passage progressif de la couleur de A à la couleur de B quand le pH croît.

Pour $pH = pK_A$, on obtient ce qu'on appelle la *teinte sensible.*

Le domaine de pH pour lequel on voit la superposition des couleurs de A et de B, donc une teinte intermédiaire entre celles de A et de B, est la *zone de virage.*

L'expérience indique un intervalle d'environ deux unités de pH pour la zone de virage des différents indicateurs colorés **(fig. 1.).**

4. Zone de virage. Détermination expérimentale avec l'hélianthine

Des tubes à essais contiennent le même volume de solutions aqueuses. Ces solutions renferment toutes la même quantité d'hélianthine, mais leurs pH sont différents **(fig. 3)**. L'hélianthine est rouge pour les solutions de $pH \leqslant 3$ et jaune pour celles de $pH \geqslant 5$. En fait, le changement de teinte est progressif dans la zone de pH compris entre 3,1 et 4,4 **(fig. 2, 4).**

5. Condition d'emploi des indicateurs colorés

La couleur d'un indicateur coloré donne des indications sur le pH de la solution dans laquelle il est présent. Les indicateurs colorés sont des acides ou des bases faibles. Un indicateur coloré doit donc être utilisé en très faible quantité, afin de ne pas modifier notablement la concentration en ions hydronium et, par suite, le pH de la solution étudiée.

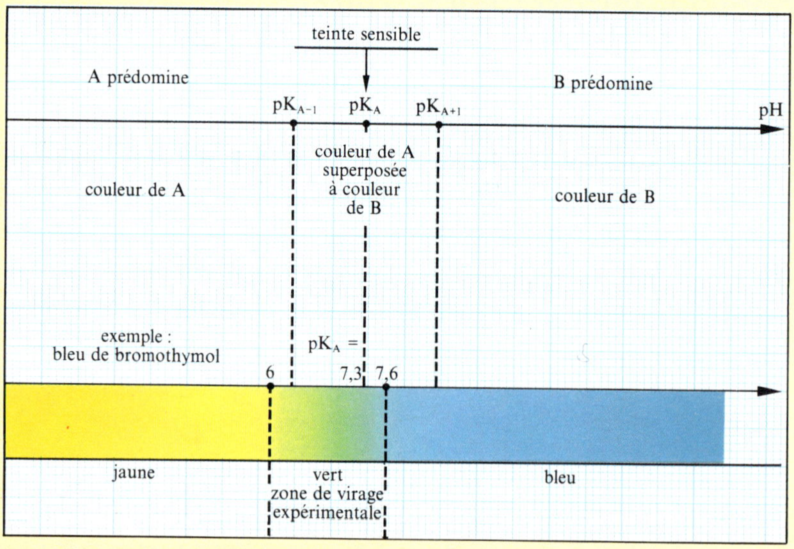

1. *Zone de virage d'un indicateur coloré acide-base.* ▶

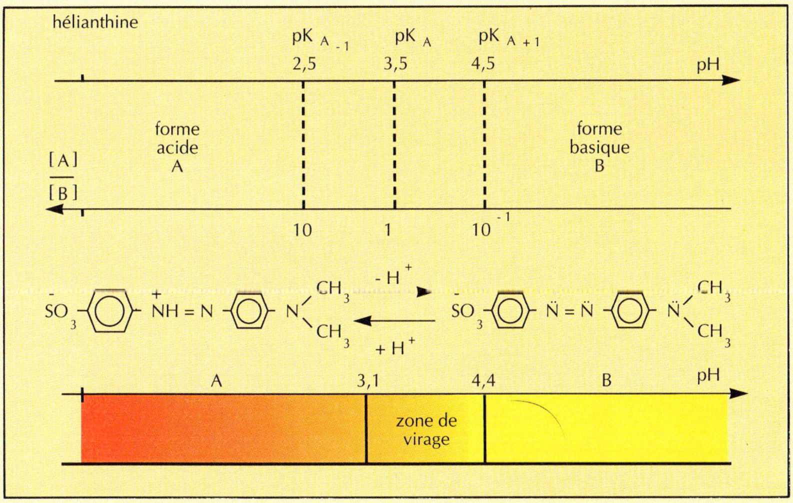

2.

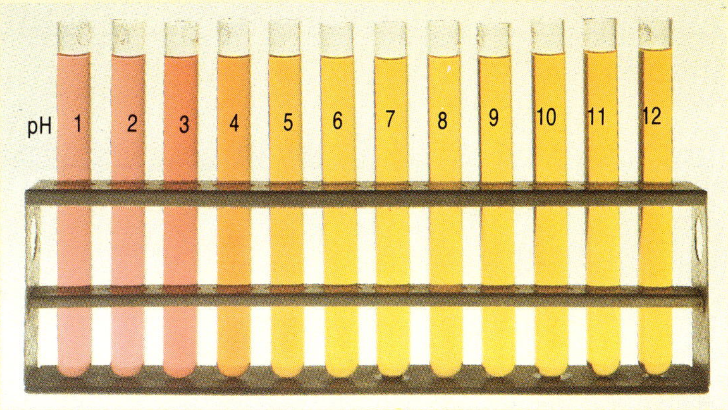

3.

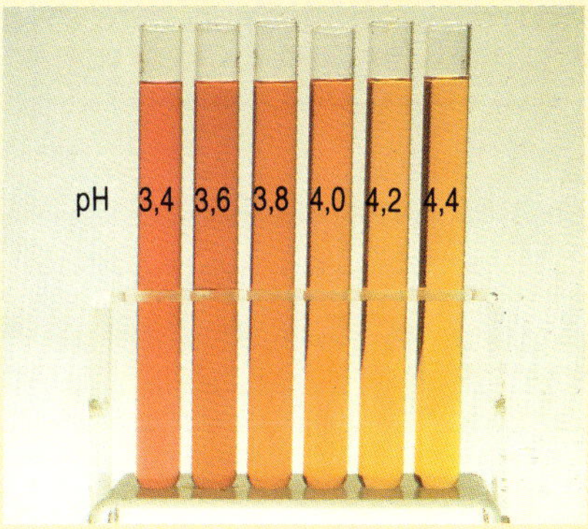

4.

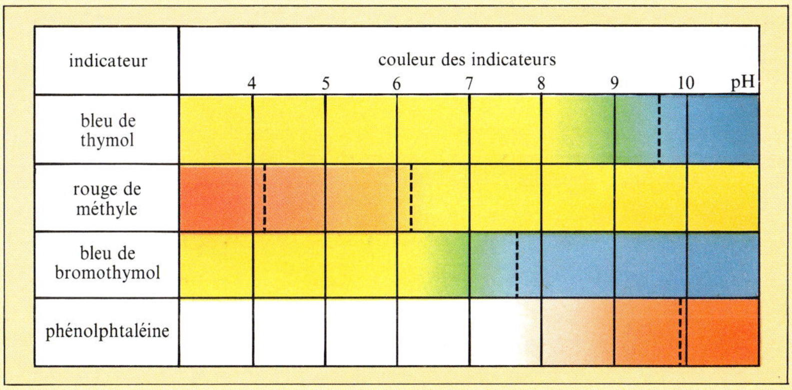

5.

6.

6. Indicateurs colorés universels

Ils sont constitués par le mélange de plusieurs indicateurs colorés dont les zones de virage sont différentes.

On perçoit, en fonction du pH, une des couleurs prise par un des indicateurs du mélange. Si le mélange est convenable, la couleur perçue varie de façon continue tout au long de l'échelle du pH.

Ces indicateurs colorés se présentent sous forme de solution, ou sous forme de papier pH : c'est un papier qui a été imprégné d'indicateur universel, puis séché. On peut les réaliser très facilement et comprendre leur principe sur l'exemple proposé ci-après.

7. Préparation d'un indicateur coloré universel

On dissout, dans 100 cm^3 d'éthanol :
- 5 mg de bleu de thymol,
- 12,5 mg de rouge de méthyle,
- 100 mg de phénolphtaléine,
- 50 mg de bleu de bromothymol.

On ajoute de l'hydroxyde de sodium de concentration 5×10^{-2} $mol \cdot l^{-1}$ jusqu'à l'obtention d'une couleur verte. On complète à 200 cm^3 avec de l'eau distillée. La figure donne la couleur de cet indicateur universel à différents pH ainsi que les couleurs des indicateurs le constituant (**fig. 5** et **6**).

8. Mesure du pH d'une solution

Des essais successifs avec plusieurs indicateurs permettent d'encadrer la valeur du pH d'une solution **(fig. 7).**

Exemple :

hélianthine jaune : pH ⩾ 4,4
phénolphtaléine incolore : pH ⩽ 8
bleu de bromothymol jaune : pH ⩽ 6

Donc : 4,4 ⩽ pH ⩽ 6; on peut alors utiliser le rouge de méthyle pour déterminer plus précisément le pH.

Un indicateur coloré universel permet, en une seule opération, les déterminations précédentes. On utilise la méthode à la touche.

9. Distinction entre un acide fort et un acide faible

Une solution aqueuse d'un acide fort de concentration $c = 1{,}0 \times 10^{-1}$ mol·l^{-1} a un pH de l'ordre de 1.

Un acide faible, tel que l'acide éthanoïque, a un pH supérieur à 2,5, dans les mêmes conditions. Le bleu de thymol, dont la zone de virage est comprise entre 1,2 et 2,8 permet, par la couleur qu'il acquiert dans les solutions précédentes, de faire la distinction entre ces deux types d'acides. On peut, avec le jaune d'alizarine, faire une distinction similaire entre les bases fortes et les bases faibles comme l'ammoniac **(fig. 8).**

10. Utilisation des indicateurs colorés dans les dosages

Courbe de dosage de l'acide éthanoïque par de l'hydroxyde de sodium. Il faut utiliser un indicateur dont la zone de virage encadre le mieux possible le point d'équivalence. Dans l'exemple ci-contre, on voit que la phénolphtaléine convient bien, que le bleu de bromothymol peut être utilisé à la rigueur, mais que l'hélianthine ne convient absolument pas.

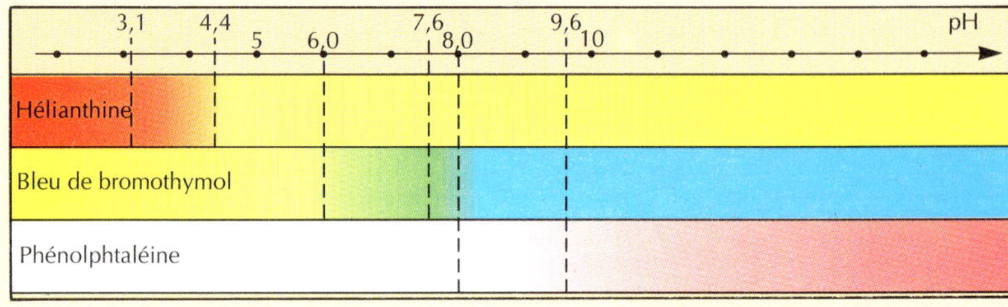

7.

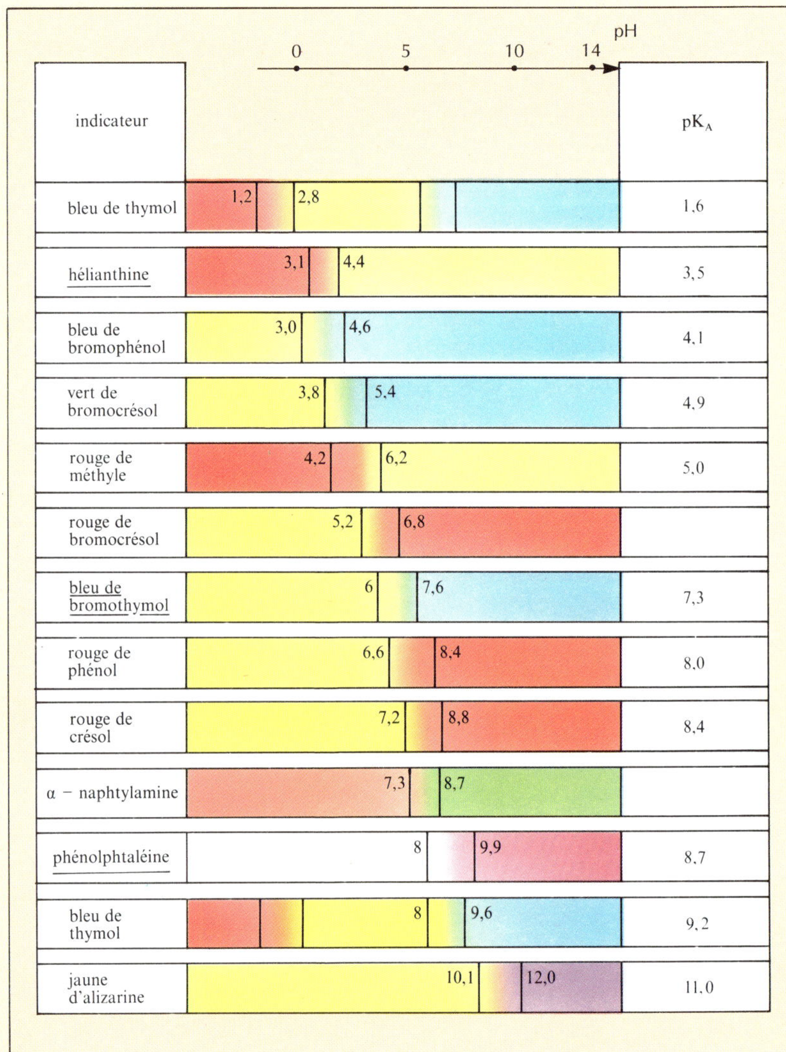

8. *Principaux indicateurs colorés acide-base et leur zone de virage.*

2

CHIMIE ORGANIQUE

Acide dihydro-xy-2,3 butane diïoque éclairé en lumière polarisée.

8

NOTIONS DE STÉRÉOCHIMIE

La stéréochimie est l'étude de la structure des molécules et des ions c'est-à-dire de la disposition dans l'espace des atomes qui constituent les molécules ou les ions.

Les notions présentées dans ce chapitre seront exploitées dans la suite du cours de chimie organique, notamment lors de l'étude des α-amino-acides. Cette leçon se traite à l'aide de modèles moléculaires.

sommaire

A CHAÎNES CARBONÉES DES HYDROCARBURES

1/ LIAISONS COVALENTES

Une liaison covalente est **simple** si une paire d'électrons est mise en commun entre deux atomes.

Une liaison covalente est **multiple** si plusieurs paires d'électrons sont mises en commun entre deux atomes.

Les électrons qui participent à ces liaisons sont ceux des couches externes des atomes liés.

Autour du noyau d'un atome lié à d'autres atomes par des liaisons covalentes, il y a généralement autant d'électrons qu'autour d'un atome de gaz inerte dont le numéro atomique est le plus proche de celui de cet atome.

2/ TÉTRAVALENCE DU CARBONE

Le carbone se situe dans la 4e colonne de la classification. Il possède quatre électrons sur la couche périphérique.

Un atome de carbone peut mettre en commun ces quatre électrons avec quatre électrons provenant d'autres atomes pour former des liaisons covalentes : on dit que le carbone est tétravalent.

En particulier l'atome de carbone peut former quatre liaisons de covalence simple.

Dans tous les cas si l'atome de carbone forme quatre liaisons de covalence simple, les axes de ces liaisons ont une disposition tétraédrique.
Le carbone est dit tétragonal ou tétraédrique.

3/ GÉOMÉTRIE DE QUELQUES MOLÉCULES

1. Géométrie de la molécule de méthane

L'atome de carbone forme 4 liaisons de covalence simple avec les atomes d'hydrogène **(fig. 1).**

La géométrie de la molécule est celle d'un tétraèdre.

Les quatre atomes d'hydrogène occupent, autour de l'atome de carbone central, quatre positions parfaitement équivalentes : le **tétraèdre** est **régulier.**

Les angles des liaisons C—H sont de 109° 28′. La longueur de la liaison C—H est de 109 pm (1 pm $= 10^{-12}$ m).

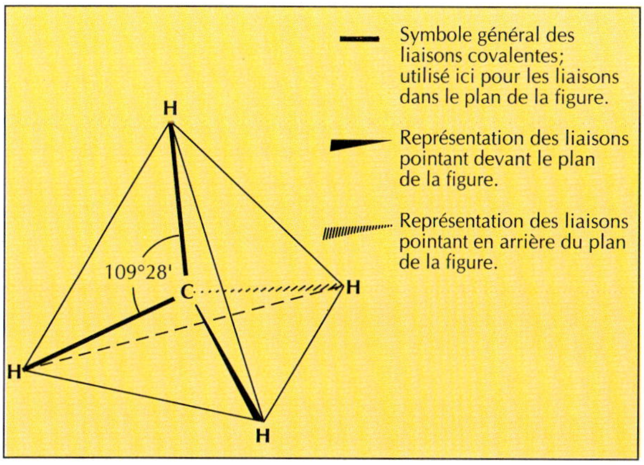

1. *Structure en forme de tétraèdre régulier de la molécule de méthane (en couleur le tétraèdre régulier). Représentation en perspective des liaisons dans l'espace.*

2. Géométrie de la molécule d'éthane : C_2H_6

Les **figures 2** et **3** représentent la structure d'une molécule d'éthane.

Chaque atome de carbone est encore tétraédrique mais la longueur de la liaison C—C (154 pm) est supérieure à celle des liaisons C—H (109 pm comme dans le méthane). Le tétraèdre n'est plus régulier mais les angles entre les directions de deux liaisons sur le même atome de carbone sont encore de 109° 28′.

Les deux groupes méthyle CH_3 peuvent tourner autour de l'axe de la liaison carbone-carbone.

On dit qu'il y a possibilité de rotation autour de l'axe de la liaison simple carbone-carbone.

Les modèles moléculaires ont été construits de façon à rendre compte de cette propriété.

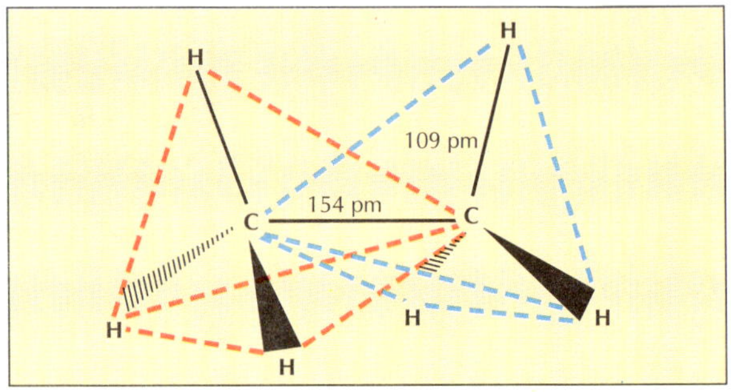

2 et **3**. *Structure à tétraèdres imbriqués dans la molécule d'éthane.*

3. Géométrie de la molécule d'éthylène

C'est une molécule plane : les centres des six atomes (quatre d'hydrogène et deux de carbone) sont dans un même plan **(fig. 4** et **5);** les angles de liaison sont de 120° et la longueur de la liaison C═C est de 133 pm.

La liaison existant entre les deux atomes de carbone résulte de la mise en commun de quatre électrons formant ainsi deux doublets : c'est une liaison de covalence double.

L'existence de cette liaison covalente double entre atomes de carbone rend la molécule rigide : il n'y a plus possibilité de rotation comme dans l'éthane par exemple.

La plupart des modèles moléculaires sont conçus de façon à rendre compte de l'absence de possibilité de rotation

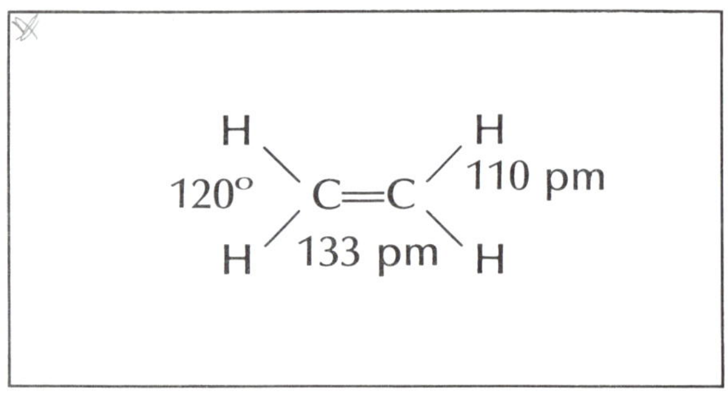

4 et **5**. *Structure de la molécule d'éthylène.*

4. Structure de la molécule de benzène : C_6H_6

Les noyaux des douze atomes sont dans un même plan. Le squelette carboné est formé de six atomes de carbone dont les noyaux sont situés aux sommets d'un hexagone régulier. Chaque atome de carbone est lié à un atome d'hydrogène et à deux autres atomes de carbone **(fig. 6).**

6. *Benzène (modèle compact).*

B ISOMÈRES DE CONSTITUTION

1. Isomères

Deux corps sont isomères si leur formule brute est la même.

2. Isomères de constitution

On appelle isomères de constitution tous les corps qui ont la même formule brute mais dont les atomes sont enchaînés de manière différente, tout en respectant les valences de chaque élément.

La formule développée ou semi-développée plane permet de connaître l'enchaînement des atomes et donc l'isomère de constitution recherché.

Exemple :

C_3H_8O (voir aussi l'exercice résolu en fin de chapitre).

Cet exemple a été étudié en Première. La formule peut représenter des alcools (groupe caractéristique OH) ou des étheroxydes (liaisons C—O—C).

Les solutions possibles sont :
- le propanol-1 : $CH_3—CH_2—CH_2OH$
- le propanol-2 : $CH_3—CHOH—CH_3$
- le méthoxy-éthane : $CH_3—O—CH_2—CH_3$.

Pour choisir il faut connaître les propriétés du corps analysé.

3. Conclusion

L'analyse quantitative apporte la connaissance de la formule brute d'un produit inconnu.

L'écriture de toutes les formules développées possibles permet ensuite de choisir, d'après les propriétés chimiques du corps inconnu, la bonne formule semi-développée c'est-à-dire l'isomère de constitution qui convient.

La formule semi-développée dessinée dans le plan ne suffit pas toujours pour identifier complètement un corps. Il faut alors faire appel à la formule développée dans l'espace. C'est pourquoi on parle de stéréochimie (chimie dans l'espace, « stéréo » signifiant « solide » en grec).

C CONFORMATIONS

1/ EXEMPLE

Considérons à nouveau la molécule d'éthane. Construisons un modèle éclaté de cette molécule $CH_3—CH_3$ qui rende compte de la rotation possible autour de l'axe de la liaison simple carbone-carbone. Nous voyons qu'il existe, a priori, une infinité de dispositions relatives des atomes d'hydrogène d'un groupe méthyle par rapport aux atomes d'hydrogène de l'autre groupe méthyle. Chacune de ces dispositions relatives constitue une conformation de la molécule.

2/ DÉFINITIONS

On appelle conformation d'une molécule, de constitution donnée, la disposition relative de ses atomes dans l'espace. Deux conformations se déduisent l'une de l'autre uniquement par des rotations autour des axes des liaisons covalentes simples.

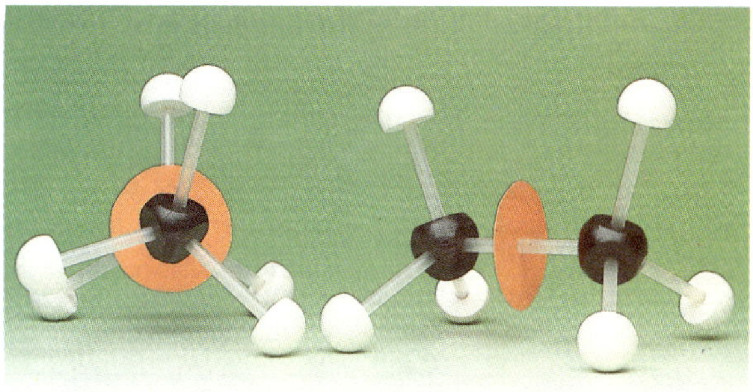

7. *Conformation éclipsée. Un observateur qui regarde selon l'axe C—C ne voit que trois atomes d'hydrogène, les trois autres situés en arrière étant cachés par ceux du devant.*

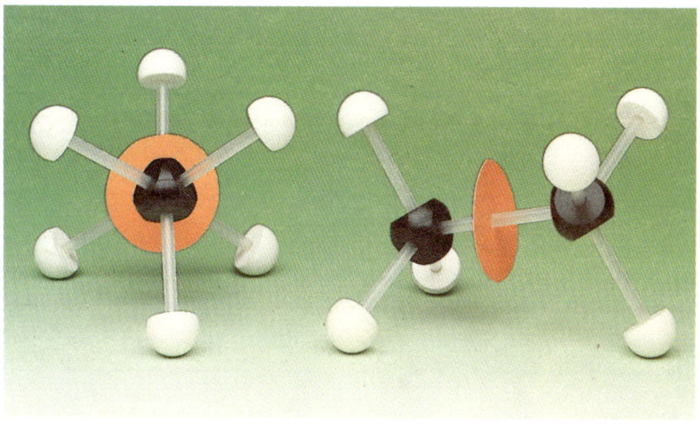

8. *Conformation décalée.* ▶

3/ CONFORMATIONS PARTICULIÈRES POUR UNE LIAISON CARBONE-CARBONE

Deux conformations extrêmes sont distinguées pour l'éthane.

1. Conformation éclipsée (fig. 7, page 127)

2. Conformation décalée

On appelle ainsi toute conformation non éclipsée.

Une représentation d'une conformation décalée particulière est donnée pour l'éthane **figure 8,** page 127.

3. Aspect énergétique

A température ordinaire, la molécule d'éthane passe constamment d'une conformation à une autre et il est impossible d'isoler des échantillons d'éthane de conformation moléculaire donnée.

La « torsion » de la molécule nécessite qu'on apporte de l'énergie pour passer de la conformation décalée $\left(\theta=\frac{\pi}{3}\right)$ **(fig. 8)** à la conformation éclipsée $\left(\theta=2k\,\frac{\pi}{3}\right)$ **(fig. 7).**

Deux atomes d'hydrogène qui se rapprochent l'un de l'autre ont tendance à se repousser un peu. Cette répulsion confère un maximum d'énergie potentielle à la conformation éclipsée par rapport à la conformation décalée. Entre ces deux conformations extrêmes on a une différence d'énergie potentielle d'environ 12 $kJ \cdot mol^{-1}$ (ou environ 0,1 eV par molécule) **(fig. 9).**

Cette énergie est comparable à l'énergie cinétique moyenne due à l'agitation thermique des molécules à la température ordinaire. Des transformations d'énergie cinétique en énergie potentielle et l'inverse, par simples chocs d'agitation thermique, sont donc fréquentes et faciles.

Toutes les conformations (θ quelconque) existent donc à un moment donné dans un échantillon d'éthane. Néanmoins à tout moment les molécules dans les conformations décalées (on dit aussi « étoilées ») sont nettement dominantes par rapport à celles qui sont dans les conformations éclipsées.

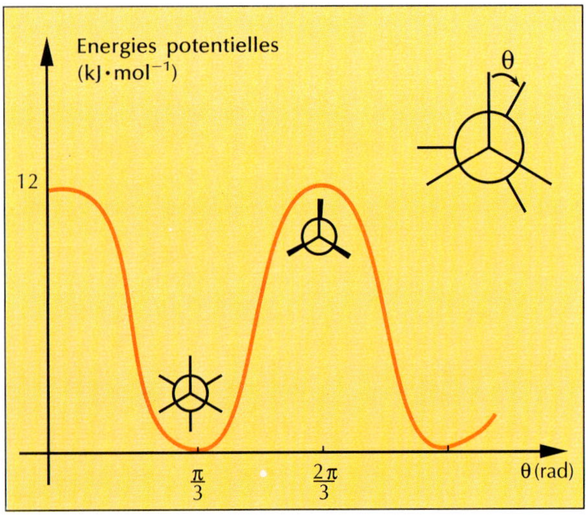

9.

4/ CONFORMATIONS DE LA MOLÉCULE DE CYCLOHEXANE C_6H_{12}

1. Conformations chaise et bateau

Le cyclohexane appartient à la famille des cyclanes de formule générale $\mathbf{C_nH_{2n}}$.

Dans la molécule de cyclohexane les atomes de carbone sont tétraédriques. Les angles de liaison sont encore de 109° 28′, les longueurs des liaisons C—C et C—H sont les mêmes que dans l'éthane (respectivement 154 pm et 109 pm). Les six atomes de carbone ne sont pas tous dans un même plan. Deux conformations particulières peuvent retenir notre attention :

— la conformation chaise;

— la conformation bateau.

On observe la molécule dans la direction parallèle à celles des liaisons C_3—C_2 ou C_5—C_6. Dans la conformation « bateau » toutes les paires d'atomes d'hydrogène sont éclipsées alors que dans la conformation « chaise » elles sont décalées **(fig. 10** et **11).**

Les modèles moléculaires rendent compte du fait qu'on passe de la forme « chaise » à la forme « bateau » (et réciproquement) uniquement par des rotations (et des torsions) sans rupture des liaisons : ce sont donc bien deux conformations de la même molécule.

A température ordinaire la conformation « chaise » est prépondérante par rapport à toutes les autres conformations, son énergie potentielle étant inférieure à celle de la conformation bateau d'environ 20 $kJ \cdot mol^{-1}$.

2. Interconversion chaise-chaise

Dans la conformation chaise, on définit un plan moyen du cycle, des liaisons axiales et équatoriales **(fig. 15).** Par suite de l'agitation thermique une conformation chaise **(fig. 12)** peut se transformer en conformation « chaise inversée » **(fig. 14).**

Une étape intermédiaire peut être la conformation bateau **(fig. 13).**

D'une conformation chaise à la conformation inversée on observe que les liaisons équatoriales sont devenues axiales et réciproquement.

Les **figures 12, 13** et **14** rendent compte de ces interconversions.

La barrière d'énergie à surmonter est de l'ordre de 40 $kJ \cdot mol^{-1}$ ou de 0,4 eV par molécule.

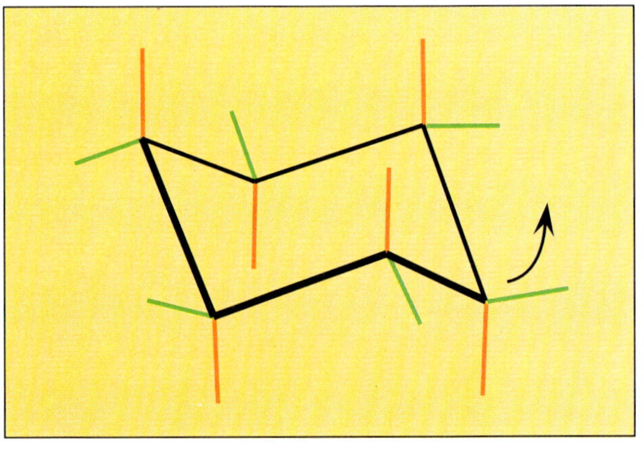

12. *Conformation chaise.*

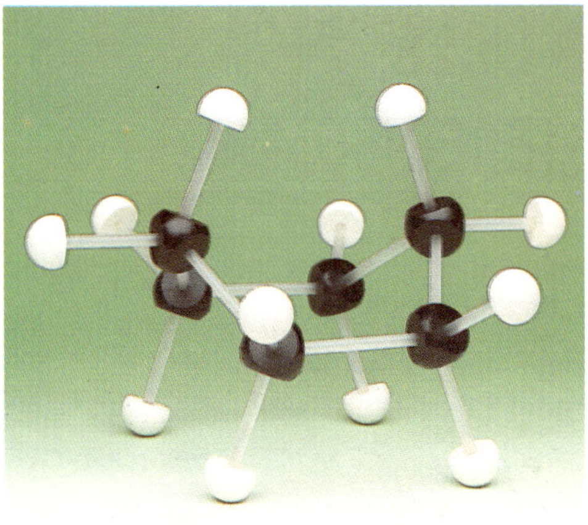

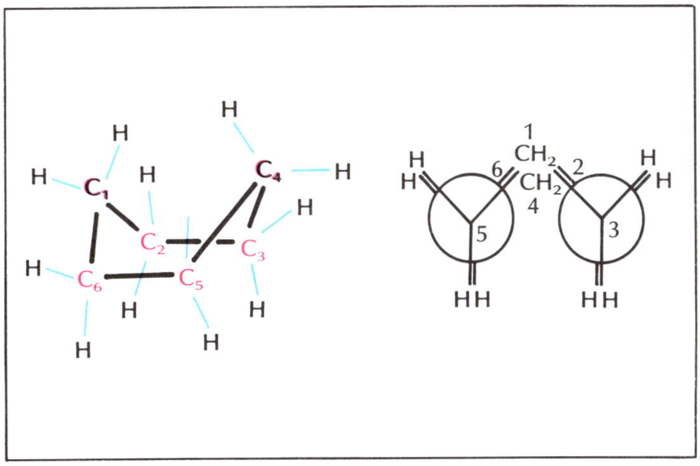

10. *Conformation « bateau » du cyclohexane. Les quatre atomes de carbone en couleur sont dans un même plan.*

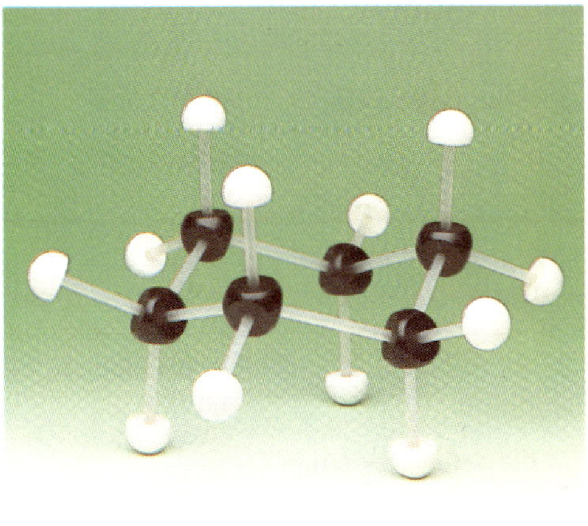

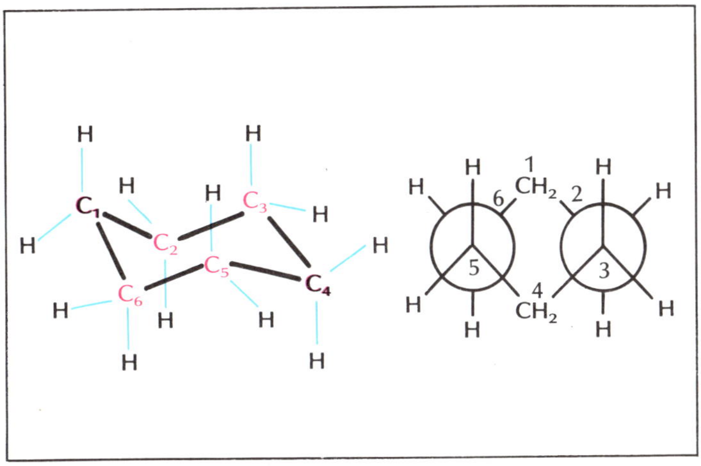

11. *Conformation « chaise » du cyclohexane. Les quatre atomes de carbone en couleur sont dans un même plan.*

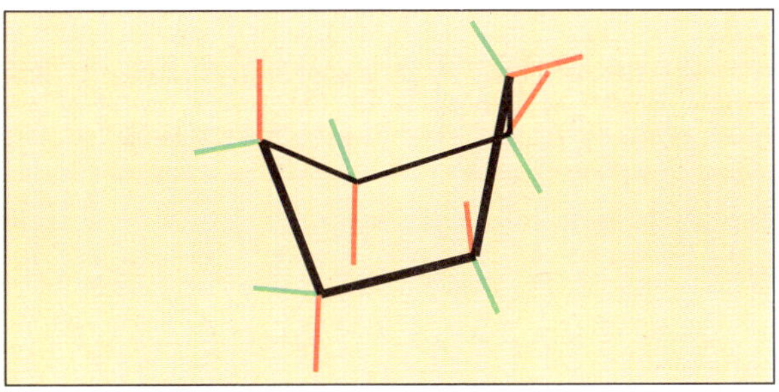

13. *Conformation bateau intermédiaire.*

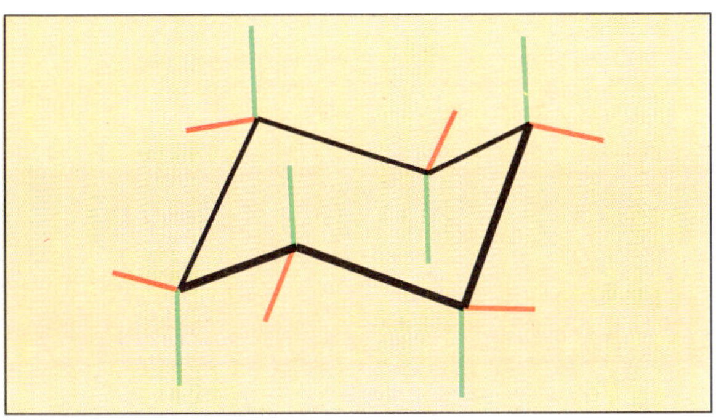

14. *Conformation « chaise inversée ».*

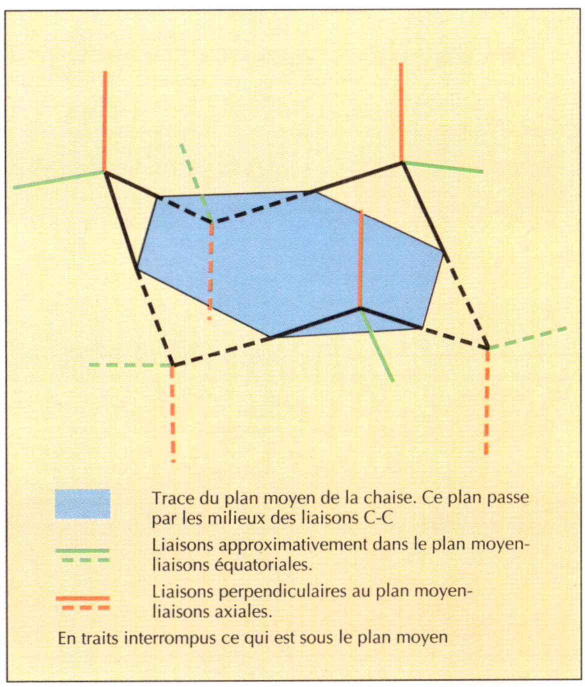

15.

D CONFIGURATIONS LIÉES A UNE DOUBLE LIAISON. DIASTÉRÉOISOMÉRIE

1/ EXEMPLES : MOLÉCULES DE BUTÈNE-2

La double liaison bloque la possibilité de rotation autour d'elle-même. Les deux molécules de butène-2 des **figures 16** et **17** ne sont pratiquement jamais superposables. Elles représentent deux corps chimiquement distincts (certaines propriétés chimiques sont différentes) et physiquement distincts (pas les mêmes constantes physiques, voir légendes des **figures 16** et **17**).

Les molécules de butène-2-(Z) et de butène-2-(E) ont le même enchaînement d'atomes et donc la même constitution. La formule semi-développée $CH_3—CH=CH—CH_3$ est la même. Les molécules ne se distinguent que lorsqu'on les représente dans l'espace. Leurs configurations sont alors différentes. On dit que ce sont des stéréoisomères.

En outre, comme leurs propriétés chimiques sont différentes on dit que ce sont des diastéréoisomères.

2/ GÉNÉRALISATION

Soient deux molécules possédant une double liaison et ayant la même formule semi-développée HAC=CAH (A différent de H).

La double liaison sépare le plan qui la contient en deux demi-plans.

— Si les entités A appartiennent au même demi-plan, on insère l'indication « Z » après le nom du produit (« Z » vient de zusammen qui veut dire ensemble en allemand).

— Si les entités A sont opposées ou appartiennent à deux demi-plans différents, on insère l'indication « E » (pour entgegen, opposé en allemand) après le nom du produit.

Les isomères Z et E sont des stéréoisomères.
Deux stéréoisomères ont :
— le même enchaînement d'atomes (même constitution) et ce qui en découle;
— la même formule semi-développée ici HA—C=C—AH;
— des configurations spatiales différentes;
— des formules développées différentes.
Dans notre cas, l'origine de la stéréoisomérie est l'existence d'une double liaison. Les propriétés chimiques de deux stéréoisomères de ce type sont différentes. On les nomme diastéréoisomères.

3/ ASPECT ÉNERGÉTIQUE

Pour passer d'une molécule d'isomère (Z) à une molécule d'isomère (E) on peut imaginer les phases suivantes : il faut rompre la double liaison pour obtenir une liaison simple; ceci nécessite une énergie de plusieurs électronvolts; la rotation qu'on imagine ensuite autour de cette liaison simple fait intervenir une énergie beaucoup plus faible de l'ordre du dixième d'électronvolt; la reconstitution de la double liaison dégage pour finir une énergie de plusieurs électronvolts équivalente à celle qu'il a fallu fournir pour la rompre.

Le bilan énergétique est presque nul. Mais la barrière d'énergie à franchir est très élevée : environ 100 fois plus élevée que l'énergie cinétique moyenne d'agitation thermique des molécules à température ordinaire. Cette barrière n'est jamais franchie spontanément aux températures ambiantes et peu élevées sans l'apport d'une énergie extérieure comme un rayonnement assez énergétique par exemple. Les deux diastéréoisomères restent donc bien distincts.

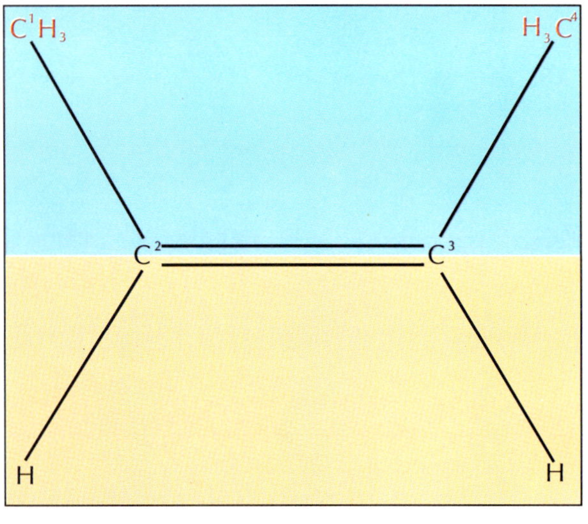

16. *Butène-2-(Z) ou cis-butène.*
Température Eb. normale : 4 °C.

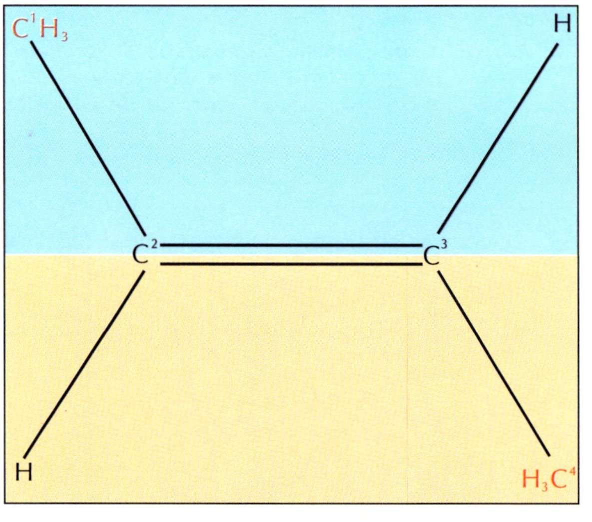

17. *Butène-2-(E) ou trans-butène.*
Température Eb. normale : 1 °C.

E CONFIGURATIONS LIÉES A UN ATOME DE CARBONE ASYMÉTRIQUE. ÉNANTIOMÉRIE

1/ EXEMPLE

Considérons l'acide amino-2 propanoïque (alanine) de formule

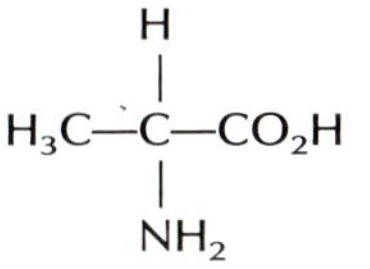

Nous pouvons construire deux molécules différentes qu'il n'est pas possible de superposer. Ces deux molécules sont images l'une de l'autre dans un miroir plan **(fig. 18)**. Elles sont symétriques l'une de l'autre par rapport à un plan. Il existe donc deux stéréoisomères.

Considérons l'acide propanoïque de formule

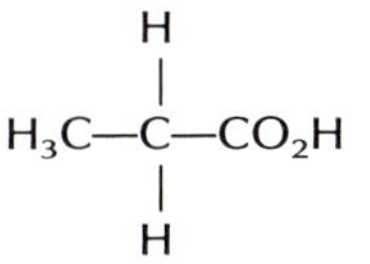

Il est encore possible de représenter 2 molécules symétriques l'une de l'autre par rapport à un plan. Mais ces deux molécules sont superposables et correspondent au même produit chimique.

La différence entre les deux exemples ci-dessus provient du fait que dans le premier cas l'atome de carbone de numéro 2 est substitué par 4 entités différentes. Ce n'est plus vrai dans le deuxième cas.

2/ GÉNÉRALISATION ET DÉFINITIONS

1. Atome de carbone asymétrique

Un atome de carbone tétraédrique lié à quatre atomes ou groupes d'atomes différents est un atome de carbone asymétrique. On le note C*.

2. Configuration

a. Mise en évidence

Pour passer d'une molécule d'acide amino-2 propanoïque à l'autre il faut échanger deux groupes d'atomes portés par le carbone asymétrique. Il faut donc rompre des liaisons et en former de nouvelles.

Des rotations autour de liaisons simples ne suffisent pas.

Ces deux molécules ont des configurations différentes.

b. Définition

La configuration d'une molécule possédant un atome de carbone asymétrique est déterminée par la façon dont sont disposés les groupes d'atomes autour de l'atome de carbone asymétrique.

c. Différence entre conformation et configuration

— *Conformation :* on considère une molécule de constitution donnée. **Par rotation** autour d'une liaison simple carbone-carbone nous obtenons une infinité de conformations de cette même molécule.

— *Configuration :* pour passer d'une configuration à une autre, il faut **rompre des liaisons** pour échanger des groupes d'atomes. On obtient alors deux entités séparables qui ont des propriétés physiques et chimiques différentes.

18. *Modèles moléculaires de l'acide amino-2 propanoïque.*

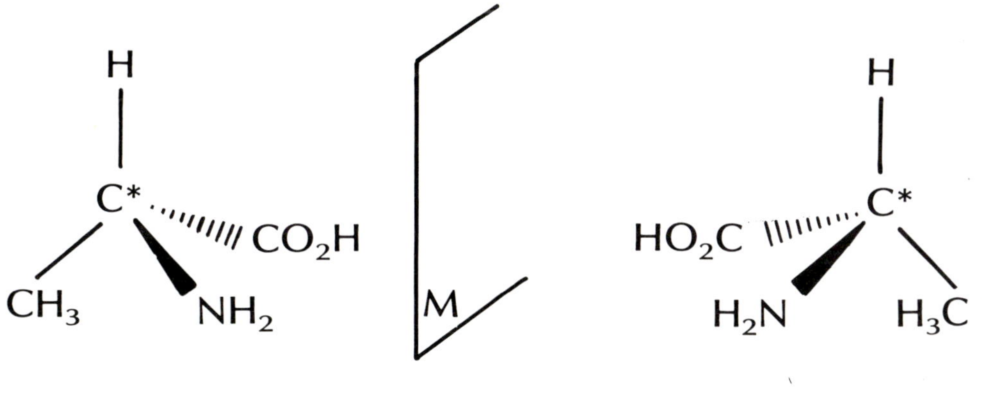

3. Chiralité

a. Définition

Un objet, tel une molécule ou un ion, est chiral lorsqu'il n'est pas superposable à son symétrique par rapport à un plan.
Cette propriété s'appelle chiralité.

b. Exemples

Du point de vue éthymologique, le terme chiral provient du grec « kheir » qui signifie « main ». En effet, une main droite n'est pas superposable à une main gauche **(fig. 19, 20).**

En conséquence :

Une molécule (ou un ion) ne possédant qu'un seul atome de carbone asymétrique est chirale.

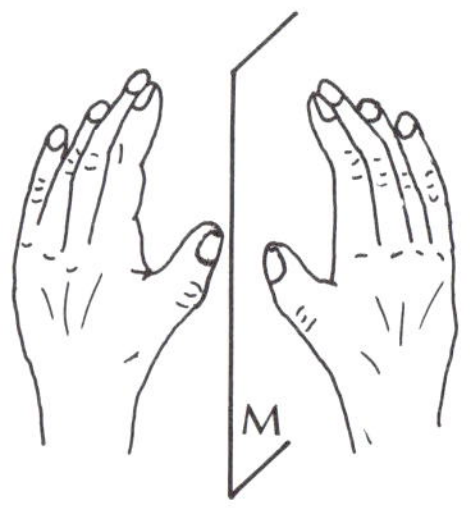

19. *Main gauche et main droite ne sont pas superposables.*

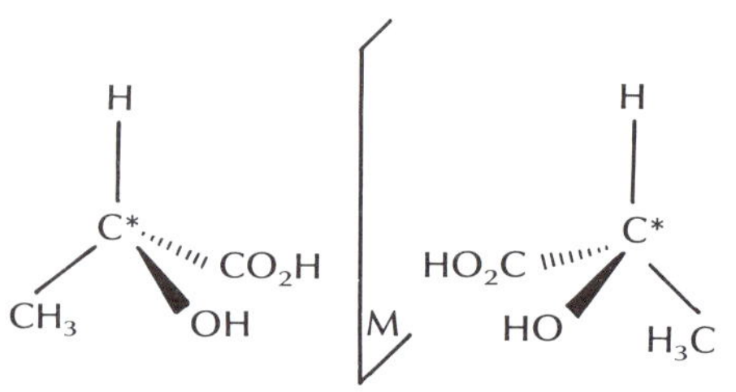

20. *Molécules chirales.*

c. Énantiomères

Deux molécules images l'une de l'autre dans un miroir plan et non superposables sont appelées énantiomères.

Par exemple, les deux molécules d'acide amino-2 propanoïque représentées **figure 20** sont des énantiomères.

4. Stéréoisomères optiques

Deux énantiomères ont le même enchaînement d'atomes (même constitution) et même formule semi-développée.

Les configurations spatiales sont différentes ainsi que les formules dans l'espace.

Deux énantiomères sont donc stéréoisomères; cependant leurs propriétés chimiques ne diffèrent pas ou très peu; seules certaines propriétés optiques les distinguent très nettement. On parle d'isomérie optique (ou de stéréoisomérie optique).

3/ ACTIVITÉ OPTIQUE

A l'échelle macroscopique la chiralité se manifeste par une propriété physique que l'on ne retrouve pas avec les molécules non chirales (ou achirales) : l'activité optique.

1. Lumière polarisée

La lumière polarisée est obtenue en faisant passer de la lumière naturelle à travers un polariseur.

Un rayon de lumière polarisée est une onde électromagnétique qui se propage dans une direction donnée.

En chaque point du rayon lumineux, un champ électrique $\vec{E}$ et un champ magnétique $\vec{B}$ vibrent en phase, perpendiculairement entre eux.

Les vecteurs $\vec{E}$ et $\vec{B}$ déterminent un plan P qui est perpendiculaire à la direction de propagation du rayon lumineux **(fig. 21).**

Le plan déterminé par le vecteur $\vec{E}$ et la direction de propagation du rayon lumineux s'appelle **le plan de vibration (fig. 22).**

L'œil humain n'est sensible qu'au champ électrique $\vec{E}$.

2. Expérience

Considérons deux polaroïds (ou deux nicols), l'un appelé polariseur P et l'autre analyseur A, traversés par un faisceau de lumière parallèle, monochromatique **(fig. 23).**

Pour une certaine position de l'analyseur (A et P croisés), il y a extinction du rayon qui a traversé l'analyseur et l'œil placé derrière celui-ci ne reçoit plus aucune lumière. Si on interpose entre le polariseur et l'analyseur une cuve contenant une solution de sucre, l'analyseur laisse de nouveau passer la lumière et il faut faire tourner l'analyseur d'un certain angle α autour de la direction de propagation du faisceau lumineux pour retrouver l'extinction.

Le plan de vibration (V), après la traversée de la cuve a tourné d'un angle α.

La substance placée dans la cuve est optiquement active; on dit également qu'elle est douée du pouvoir rotatoire.

3. Pouvoir rotatoire d'une substance optiquement active

Pour un observateur qui reçoit le rayon lumineux dans l'œil :
— Si la rotation du plan de vibration se fait dans le sens des aiguilles d'une montre la substance est dextrogyre. Elle sera notée (+).
— Si la rotation se fait dans le sens inverse des aiguilles d'une montre la substance est lévogyre. Elle sera notée (−).

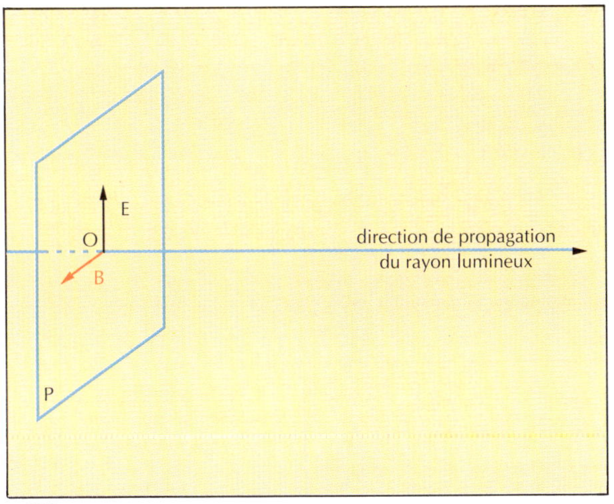

21.

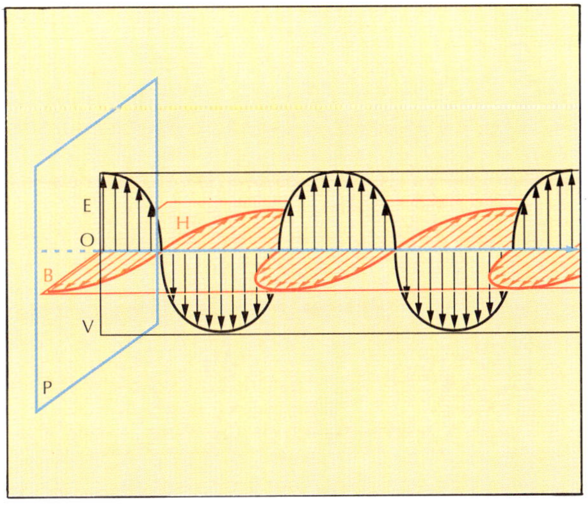

22. *Lumière polarisée.*

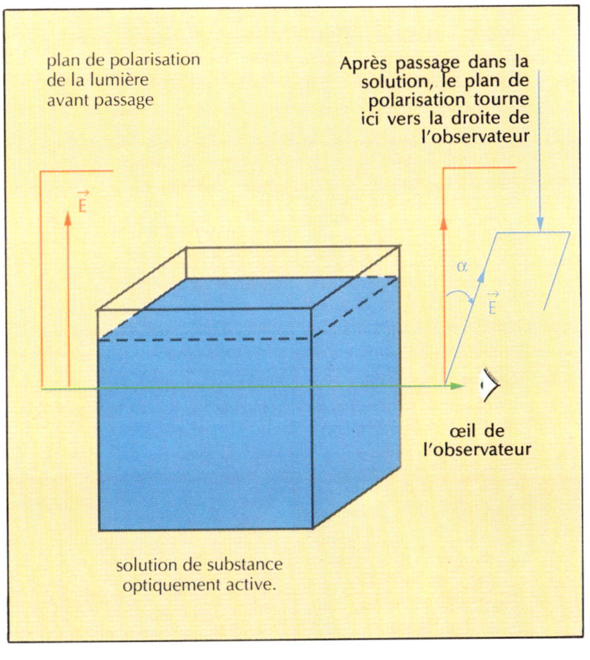

23. *Schéma de principe de l'observation de l'activité optique.*

4. Pouvoir rotatoire spécifique d'une substance en solution

L'angle α de rotation du plan de vibration de la lumière polarisée dépend du nombre et de la nature des molécules de la substance transparente traversée par la lumière polarisée. **On définit le pouvoir rotatoire spécifique** α_0 d'une substance par la loi de Biot :

$$\alpha_0 = [\alpha]_\lambda^t = \frac{\alpha}{l \cdot c}$$

soit

$$\underset{\text{degrés}}{\boxed{\alpha = \alpha_0 \cdot l \cdot c}} \quad l \text{ en dm}, \; c \text{ en g/cm}^3$$

Dans cette formule :
α est l'angle de rotation mesuré en degrés;
l est la longueur, exprimée en dm, du chemin parcouru par la lumière dans la solution;
c est la concentration, exprimée en g/cm³, de la substance en solution.

On indique généralement la température T du solvant ainsi que la longueur d'onde λ de la lumière incidente.

Pour une substance donnée, si on indique

$$\alpha_0 = [\alpha]_D^{25°} = -10°$$

cela signifie que cette substance a, à 25 °C, un pouvoir rotatoire spécifique lévogyre de 10° pour une concentration de 1 g dans 1 cm³ de solution, celle-ci étant contenue dans une cuve de 1 dm de long, la lumière utilisée étant la raie D du sodium (λ = 589,3 nm).

α_0 est donné abusivement en degrés; en réalité l'unité est le « ° » $dm^{-1} \cdot g^{-1} \cdot cm^3$. La loi de Biot est hors programme et n'a été formulée que pour simplifier la compréhension de la notion.

5. Propriétés des énantiomères

Les énantiomères ont les mêmes propriétés chimiques sauf, éventuellement, lors de réactions chimiques avec d'autres espèces chimiques optiquement actives.

Ils possèdent également les mêmes propriétés physiques **si ce n'est leurs activités optiques opposées : l'un fait tourner le plan de vibration de la lumière polarisée plane d'un angle +α et l'autre d'un angle −α dans des conditions par ailleurs identiques.**

Les substances ayant un atome de carbone asymétrique possèdent donc une activité optique.

6. Mélange racémique

Considérons un mélange formé **en quantités égales** de molécules de deux énantiomères d'une substance. Son action est nulle sur le plan de vibration de la lumière polarisée plane : α = 0 par compensation. **Un tel mélange est appelé racémique. On le note (±).**

ISOMÈRES
(même formule brute)

	CONSTITUTION DIFFÉRENTE (formules semi-développées différentes) Enchaînements différents des atomes	CONSTITUTION IDENTIQUE (formules semi-développées identiques) Mêmes enchaînements des atomes		
		Il n'y a que des liaisons **covalentes simples** entre atomes de carbone liés		Il existe **une liaison covalente double** entre 2 atomes de carbone
		Isomères de CONFORMATION	Isomères de CONFIGURATION STÉRÉOISOMÈRES	DIASTÉRÉOISOMÈRES Z et E
exemple : FORMULE BRUTE $C_4H_{10}O$	Alcool primaire $CH_2OH—CH_2—CH_2—CH_3$ Alcool secondaire $CH_3CHOH—CH_2—CH_3$ Alcool tertiaire $CH_3—C(CH_3)(OH)—CH_3$ Étheroxydes $CH_3—O—CH_2—CH_2—CH_3$ $C_2H_5—O—C_2H_5$ $CH_3—O—CH(CH_3)—CH_3$	*ex. :* butanol-1 $CH_2OH—CH_2—CH_2—CH_3$ 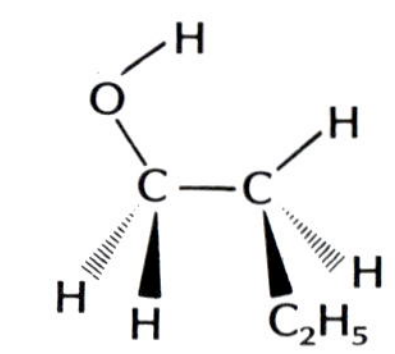 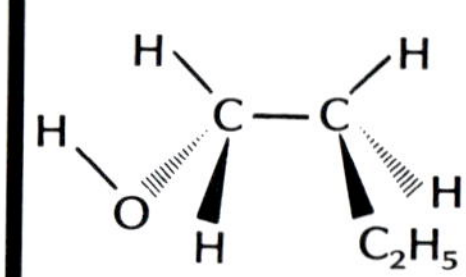	*ex. :* butanol-2 $CH_3—CHOH—CH_2—CH_3$ 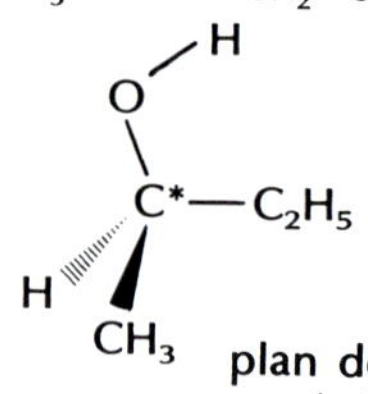 **plan de symétrie** - - - - - - - - - - - - - 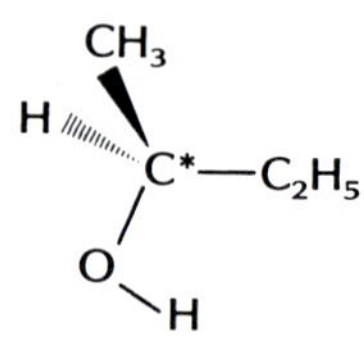	*ex. :* butène-2 $CH_3—CH{=}CH—CH_3$ ou $(CH_3)HC{=}CH(CH_3)$ 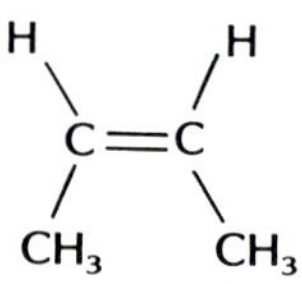 **butène-2-(Z)** 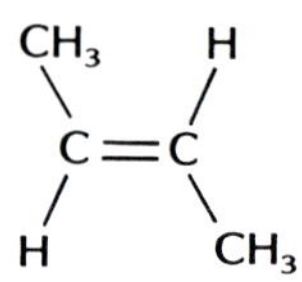 **butène-2-(E)**
COMPARAISON DES PROPRIÉTÉS	Ce sont des corps nettement différents par les propriétés physiques et chimiques.	Il s'agit du **même corps.**	Il s'agit de 2 **énantiomères** mais qui ne diffèrent pratiquement que par leurs **activités optiques** qui sont symétriques.	Propriétés **physiques différentes; propriétés chimiques très proches** (celles de la liaison double).
PASSAGE D'UN ISOMÈRE A UN AUTRE DE LA MÊME COLONNE	Nécessite la **rupture de liaisons covalentes** et la création de nouvelles liaisons.	Une simple **rotation** autour des liaisons C—C suffit pour obtenir des molécules superposables.	Nécessite **la rupture de liaisons covalentes** et la création de nouvelles liaisons.	Nécessite **la rupture de la liaison double.** La rotation est bloquée autour de l'axe de cette liaison double.
	Barrières d'énergie à vaincre de l'ordre de plusieurs **100 kJ·mol^{-1}** (ou quelques eV par molécule).	**Barrières d'énergies** à vaincre de l'ordre de 1 à **10 kJ·mol^{-1}** (quelques 0,1 eV par molécule).	**Barrières d'énergie** à vaincre de l'ordre de plusieurs **100 kJ·mol^{-1}** (quelques eV par molécule).	**Barrières d'énergie** à vaincre de l'ordre de plusieurs **100 kJ·mol^{-1}** (quelques eV par molécule).
	Passages impossibles spontanément sous l'effet de l'agitation thermique à température ordinaire ou même élevée.	**Passages possibles fréquents** sous l'effet de l'agitation thermique, déjà à température ordinaire.	**Passages impossibles** sous l'effet de l'agitation thermique à température ordinaire ou peu élevée.	**Passages impossibles** sous l'effet de l'agitation thermique à température ordinaire ou peu élevée.
REMARQUES		Les isomères de conformation chaise et bateau, le phénomène d'interconversion sont à connaître (voir pages 128 et 129).	Parmi les atomes de carbone seuls **les atomes de carbone liés à 4 substituants différents (carbone asymétrique noté C*)** confèrent des propriétés optiques aux composés dans lesquels ils se trouvent.	

Chiralité d'une molécule

• La présence d'un atome de **carbone asymétrique** (lié à 4 substituants différents) dans la molécule d'un composé organique explique l'existence de deux corps différents.
• Les molécules de ces deux corps sont symétriques l'une de l'autre par rapport à un plan et ne sont pas superposables même par suite de rotations autour de liaisons simples C—C. On dit qu'elles sont **chirales** et elles correspondent à **deux énantiomères.**

Activité optique

• Chaque énantiomère a la propriété de faire tourner le plan de polarisation de la lumière dans un sens (pouvoir rotatoire).
• Les pouvoirs rotatoires de deux énantiomères sont opposés. Cela veut dire que, dans les mêmes conditions opératoires de température, de longueur d'onde utilisée, d'épaisseur de produit traversée, de concentration du produit, le plan de vibration de la lumière tourne du même angle mais dans des sens opposés. Il faut mémoriser la **figure 23.**
• Un mélange en quantités égales de deux énantiomères est un **mélange racémique.** Il n'a pas, globalement, de pouvoir rotatoire.

EXERCICES RÉSOLUS

1 Un composé de formule $C_xH_yO_z$ contient 64,9 % de carbone et 13,5 % d'hydrogène. Sa masse molaire moléculaire est $M = 74\ g \cdot mol^{-1}$.
1. Déterminer la formule brute de ce composé.
2. Donner les noms et les formules semi-développées des différents isomères.
3. Un des composés précédents est une molécule chirale.
a. Lequel? En quoi consiste la chiralité? Quelle en est l'origine dans cette molécule?
b. Donner une représentation en perspective des deux énantiomères correspondants.
Notation utilisée : % C signifie ici la proportion de carbone utilisée soit 0,649.

SOLUTION

1. La formule du composé étant $C_xH_yO_z$, nous pouvons écrire les relations suivantes :

$$M = 12x + y + 16z \qquad (1)$$

$$\% C = \frac{12x}{M} \ (2) \qquad \% H = \frac{y}{M} \ (3) \qquad \text{et} \qquad \% O = \frac{16z}{M} \ (4)$$

Sachant que M est égal à $74\ g \cdot mol^{-1}$ et que le pourcentage d'oxygène est de $(100 - 64{,}9 - 13{,}5) = 21{,}6$ la résolution des équations (2), (3) et (4) conduit aux résultats suivants :

$$x = \frac{64{,}9 \times 74}{100 \times 12} \approx 4$$

$$y = \frac{13{,}5 \times 74}{100 \times 1} \approx 10$$

$$z = \frac{21{,}6 \times 74}{100 \times 16} \approx 1$$

La formule brute cherchée est $C_4H_{10}O$.

2. D'après la formule brute l'oxygène ne peut former que deux liaisons covalentes simples : le composé est donc soit un alcool soit un éther-oxyde.

$CH_3—CH_2—CH_2—CH_2OH$ butanol-1

$CH_3—CH_2—CHOH—CH_3$ butanol-2

```
       OH
       |
CH3—C—CH3
       |
       CH3
```
méthyl-2 propanol-2

```
CH3—CH—CH2OH
       |
       CH3
```
méthyl-2 propanol-1

$CH_3—O—CH_2—CH_2—CH_3$ méthoxy-propane

$CH_3—CH_2—O—CH_2—CH_3$ éthoxy-éthane

$CH_3—O—CH(CH_3)—CH_3$ méthoxy-2 propane

3. a. Il s'agit d'une définition du cours :
« une molécule est chirale lorsqu'elle n'est pas superposable à son symétrique par rapport à un plan. Cette propriété s'appelle chiralité ».

A partir de la formule du **butanol-2** on peut construire deux molécules différentes qui ne sont pas superposables.

La chiralité est due à la présence d'un carbone asymétrique (C*).

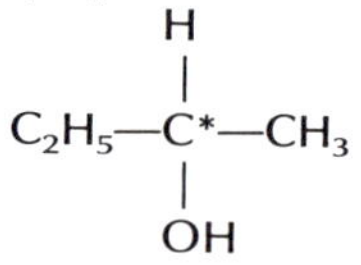

butanol-2

b.

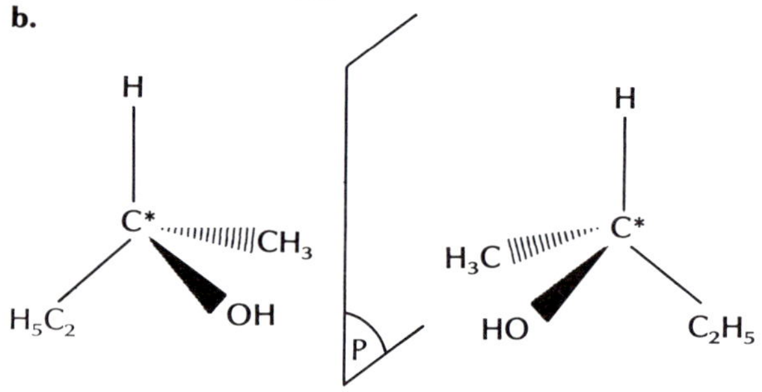

2

1. Donner la définition d'un carbone asymétrique.
2. Qu'appelle-t-on composés énantiomères?
3. En justifiant votre réponse, trouver les molécules chirales parmi celles proposées ci-dessous :

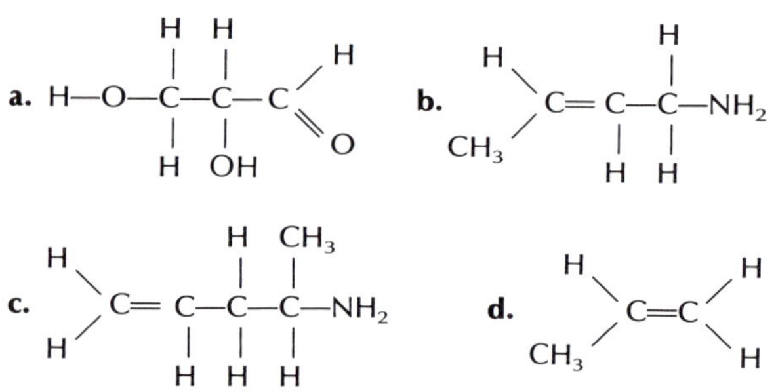

4. Représenter avec la convention ci-dessous, que l'on expliquera, les énantiomères des molécules chirales trouvées dans la troisième question.

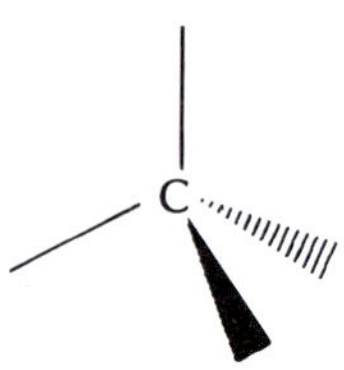

(Rouen; juin 1984)

SOLUTION

1. Un atome de carbone tétraédrique lié à quatre atomes ou groupes d'atomes différents est un atome de carbone asymétrique. On le note C*.

2. A une formule développée plane ne comportant qu'un seul atome de carbone asymétrique correspondent toujours deux molécules (ou ions) différentes, images l'une de l'autre dans un miroir (symétriques par rapport à un plan). Ces molécules sont des **énantiomères.**

3. b et **d** ne possèdent aucun carbone asymétrique : elles ne sont pas chirales. En revanche les molécules **a** et **c** possèdent un carbone asymétrique (C*) : elles sont chirales.

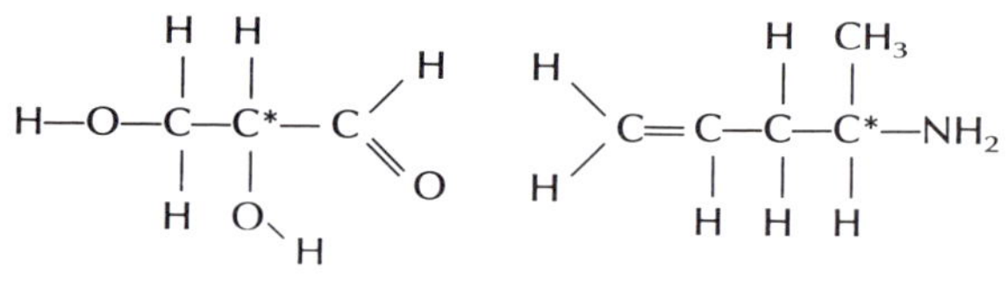

a **c**

4. La convention utilisée pour représenter les liaisons covalentes est la suivante :

— liaison **dans le plan** de la figure

▬ liaison pointant **devant le plan** de la figure

▥ liaison pointant **en arrière du plan** de la figure

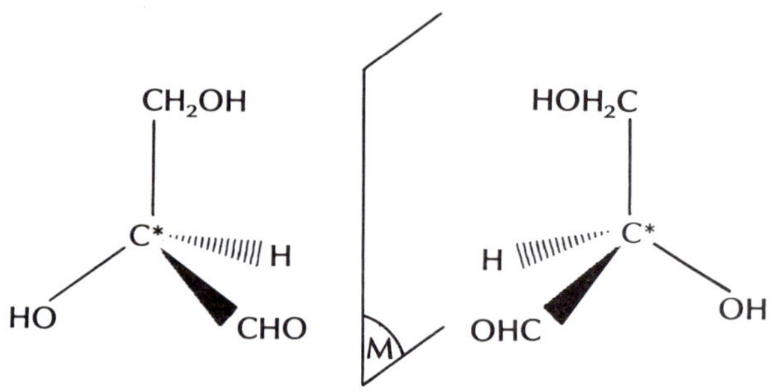

plan de symétrie

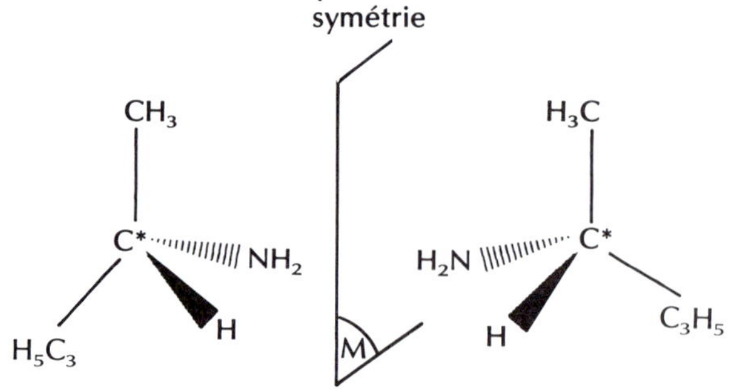

EXERCICES

ISOMÉRIES. DÉTERMINATION D'UNE FORMULE BRUTE

3 **A_2** Déterminer les isomères de l'hexène-2, de l'hexène-3, du pentène-2.

4 **A_2-C_2** Quels sont les isomères possibles de l'hexadiène-2,4?

5 **A_2** Nommer et donner la formule semi-développée des hydrocarbures à chaîne ouverte de formule brute C_5H_{10}.

6 **A_2** Écrire la formule semi-développée des composés de formule C_3H_5Cl. Les nommer.

7 **A_2** Même exercice que précédemment avec la formule C_4H_7Cl.

8 **A_2-B_3** La combustion de 3,6 g d'un alcane donne 11 g de dioxyde de carbone.
Déterminer sa formule brute.
Écrire les différentes formules possibles pour cet alcane et nommer les corps correspondants.
Lequel donne un seul dérivé monochloré?

9 **A_2-B_3** La « nitroglycérine » est un composé organique de formule $C_xH_yO_zN_t$. L'analyse qualitative montre que cette substance contient, en masse : 15,9 % de carbone, 2,20 % d'hydrogène et 18,5 % d'azote.
Sa masse molaire étant de 227 $g \cdot mol^{-1}$, déterminer la formule brute de la « nitroglycérine ».

10 **A_2-B_3** La formule d'un composé oxygéné peut s'écrire C_xH_yO.
Les pourcentages, en masse, du carbone et de l'hydrogène étant respectivement de 62,1 % et de 10,3 % déterminer x et y. Sachant que le composé est une cétone, écrire sa formule développée et donner son nom.

11 **A_2-B_3** Un ester, de formule $C_xH_yO_2$ contient, en masse, 58,8 % de carbone et 9,8 % d'hydrogène. Sa masse molaire moléculaire étant de 102 $g \cdot mol^{-1}$ déterminer x et y. Écrire et nommer les formules des différents isomères.

12 **A_2-B_3** Un composé D de formule brute $C_xH_yO_z$ a une masse molaire $M = 58\ g \cdot mol^{-1}$. Par combustion complète de 2,9 g de D on obtient 2,7 g d'eau et 6,6 g de dioxyde de carbone.
1. Déterminer la formule brute de D.
2. Écrire la formule semi-développée des corps ayant cette formule et les nommer.

CONFORMATIONS

13 **A_1** Représenter deux conformations particulières de la molécule d'éthane.

14 **A_1** Représenter deux conformations particulières de la molécule de cyclohexane.

ISOMÉRIE OPTIQUE. CARBONE ASYMÉTRIQUE. CHIRALITÉ

15 **A_1-A_2** Les molécules de formule :

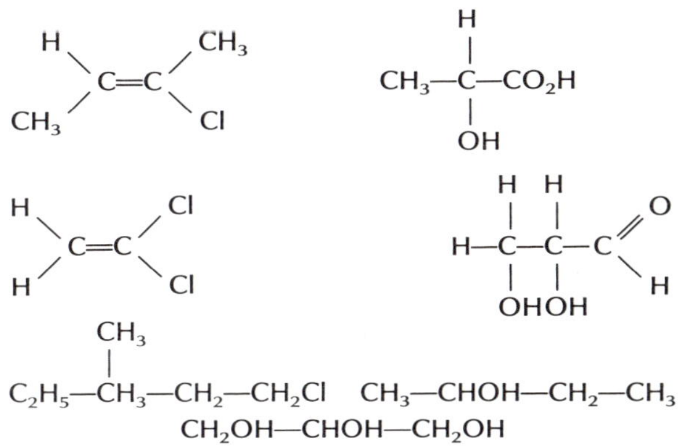

possèdent-elles un carbone asymétrique?

16 **A_2-C_1** Trouver cinq objets familiers qui sont chiraux.

17 **A_2-C_1** Déterminer l'alcane possédant le plus petit nombre possible d'atomes de carbone dont l'un soit asymétrique.
Donner une représentation en « perspective » de cette molécule.

18 **A_2** On considère une molécule de chlorobutane. Représenter les différents isomères. Les nommer. Un de ces isomères possède-t-il un carbone asymétrique? Lequel?

19 **A_2** On réalise la monochloration du méthyl-2 butane. Écrire la formule semi-développée des différents isomères. Quels sont ceux qui possèdent un carbone asymétrique?

20 **A_2-C_1** On fixe une molécule de dibrome sur un alcène de formule C_4H_8. On obtient un composé n'ayant pas d'activité optique. Écrire la formule développée de l'alcène et le nommer.

21 **A_2-B_4** On considère le dihydroxy-2,3 propanal (glycéraldéhyde). Possède-t-il des énantiomères? Pourquoi?
Si oui, représenter en perspective les deux énantiomères.

Oxydation ménagée de l'éthanol par le dioxygène en présence de cuivre. L'éthanol a été préalablement un peu chauffé. En présence de cuivre porté à incandescence les vapeurs s'oxydent à l'air. La réaction exothermique entretient l'incandescence du cuivre. La DNPH donne un précipité jaune dû à la rencontre avec l'éthanal.

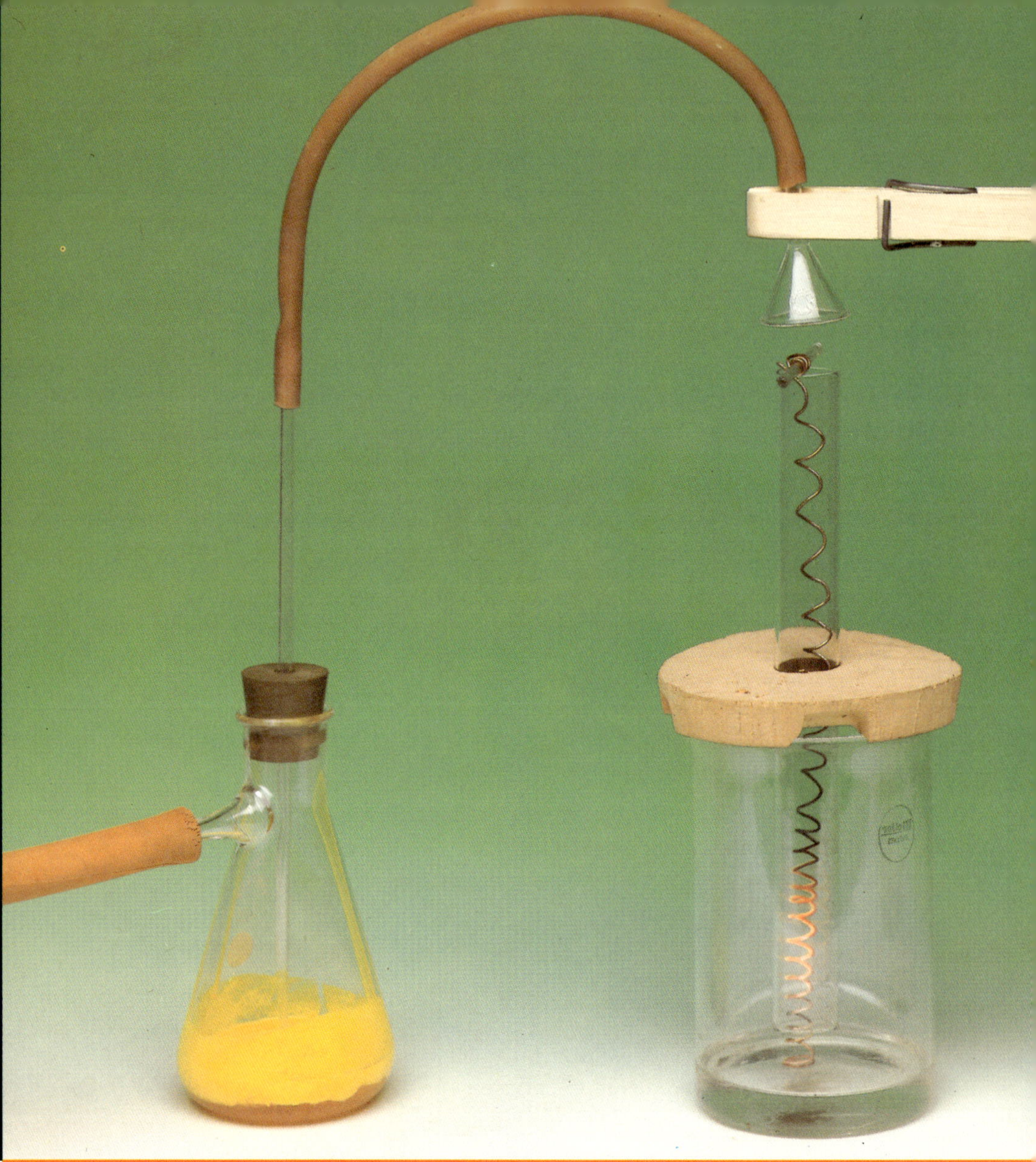

9

LES ALCOOLS

*Le terme **alcool** intervient souvent dans la vie courante : alcool à brûler, alcools (digestifs par exemple)... Les boissons dites alcoolisées contiennent toutes de l'éthanol (alcool éthylique) provenant de la fermentation des jus sucrés.*

L'alcool éthylique n'est que l'un des représentants d'une famille de produits chimiques qui ont des propriétés communes. Nous étudions dans ce chapitre les propriétés chimiques essentielles des alcools. Les réactions avec les acides carboxyliques et l'obtention d'alcools par saponification sont traités à part dans le chapitre « estérification-hydrolyse-saponification ».

sommaire

A STRUCTURE ET DÉFINITION

1/ EXEMPLE D'ALCOOL

La structure de l'éthanol, de formule C_2H_5—OH se déduit formellement de celle de l'éthane, de formule C_2H_5H par remplacement d'un atome d'hydrogène par un groupe **—OH** appelé **groupe hydroxyle.**

Les réactions chimiques de l'éthanol sont beaucoup plus nombreuses et beaucoup plus variées (oxydation, estérification...) que celles de l'éthane.

Cette augmentation de réactivité est due à la présence du groupe hydroxyle —OH.

2/ DÉFINITION

La molécule d'un alcool possède un groupe hydroxyle —OH lié à un atome de carbone ne formant que des liaisons de covalence simple avec d'autres atomes de carbone ou d'hydrogène.

Un groupe hydroxyle —OH fixé sur un atome de carbone ne donne pas un alcool si la définition précédente n'est pas respectée. Citons quelques exemples.

Le carbone porteur du groupe hydroxyle est lié par une liaison de covalence double à un autre atome de carbone : on a un énol.

énol 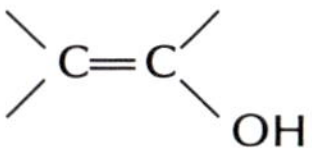

Le carbone porteur du groupe hydroxyle appartient à un cycle benzénique : on a un phénol.

phénol 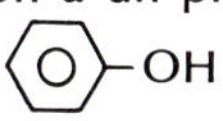

Le carbone porteur est lié par une liaison de covalence double à un atome d'oxygène : on a un acide carboxylique.

acide carboxylique 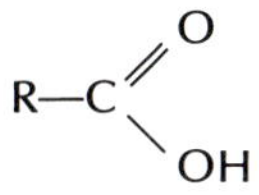

Dans ces exemples :
— Les corps ne sont pas des alcools.
— Les propriétés dues au groupe hydroxyle sont modifiées par la présence d'autres types de liaisons.

3/ NOMENCLATURE DES ALCOOLS DÉRIVÉS DES ALCANES

En nomenclature systématique, le nom d'un alcool est obtenu en ajoutant la terminaison « ol » au nom de l'alcane dont il est dérivé. La lettre « e » terminale s'élide.

La chaîne carbonée la plus longue contenant l'atome de carbone porteur du groupe hydroxyle détermine le nom de cet alcane.

Le suffixe **« ol »** est suivi d'un tiret et du numéro (le plus petit possible) du carbone sur lequel est fixé le groupe hydroxyle —OH. Le nom générique d'un alcool dérivé d'un alcane linéaire est alors **alcanol-n** où n indique le numéro de localisation du groupe hydroxyle sur la chaîne carbonée.

R—OH alcanol-n.

Remarque : un alcool dérivé d'un alcane C_nH_{2n+2} a pour formule brute $C_nH_{2n+2}O$.

4/ STRUCTURE DU GROUPE HYDROXYLE D'UN ALCOOL

1. Structure électronique de l'atome d'oxygène

L'élément oxygène est situé dans la 16e colonne du tableau périodique et son numéro atomique est $Z = 8$.

L'atome d'oxygène a donc huit électrons : deux électrons sur la couche K, six électrons sur la couche L.

2. Liaisons de l'atome d'oxygène dans une molécule d'alcool

L'atome d'oxygène peut former deux liaisons de covalence simple. Il est divalent.

Dans une molécule d'alcool il est lié à un atome de carbone et à un atome d'hydrogène. Les liaisons de covalence simple C—O et O—H forment un angle un peu supérieur à 90° **(fig. 1).**

Chaque liaison de covalence simple est assurée par un doublet d'électrons.

L'atome d'oxygène est ainsi entouré de huit électrons sur sa couche externe :
— deux doublets assurent les deux liaisons simples;
— deux doublets ne sont pas engagés dans des liaisons : ils sont appelés doublets libres.

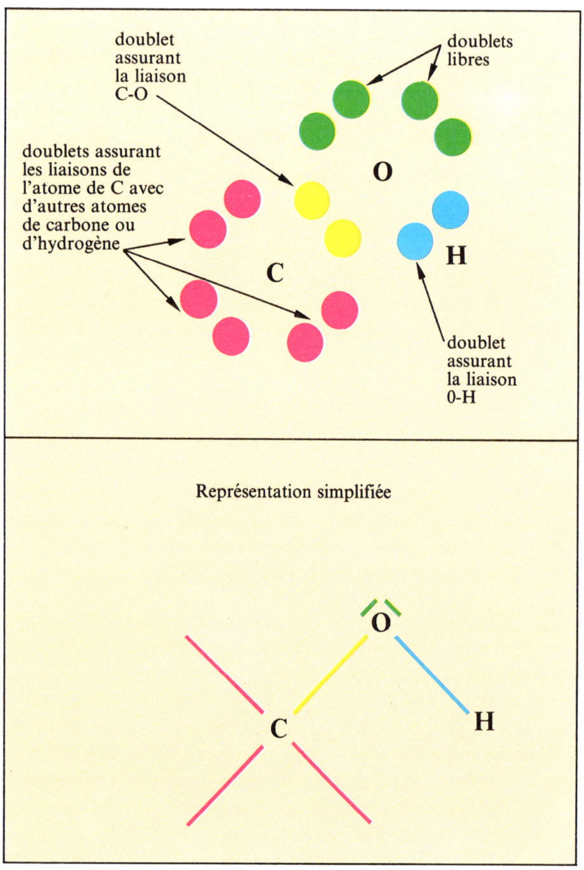

1. *Structure électronique des liaisons autour de l'atome d'oxygène d'un alcool.*

5/ CLASSES DES ALCOOLS

Les alcools à un et deux atomes de carbone sont le **méthanol** (CH_3—OH) et l'**éthanol** (C_2H_5—OH) (le numéro « n » n'a pas besoin d'être précisé) **(fig. 2 et 3).**

1. Recherche des alcools dérivés des alcanes à trois et quatre atomes de carbone

a. Alcools à trois atomes de carbone

A partir du **propane,** de formule $CH_3—CH_2—CH_3$ on peut obtenir deux alcools :
— le **propanol-1** de formule $CH_3—CH_2—CH_2OH$ **(fig. 4)** (il faut noter que $OH—CH_2—CH_2—CH_3$ est également le propanol-1);
— le **propanol-2** de formule $CH_3—CH_2OH—CH_3$ **(fig. 5).**

b. Alcools à quatre atomes de carbone

Le butane a pour formule

$$CH_3—CH_2—CH_2—CH_3$$

On peut construire à partir de cette molécule deux alcools :

$CH_3CH_2CH_2CH_2OH$: le butanol-1 **(fig. 6);**

$$\begin{array}{l} CH_3CH_2—CH—CH_3 \\ \qquad\qquad\quad | \\ \qquad\qquad OH \end{array}$$

: le butanol-2 (et non pas butanol-3, voir le document nomenclature) **(fig. 7).**

Le **méthyl-2 propane** a pour formule

$$\begin{array}{c} CH_3—CH—CH_3 \\ | \\ CH_3 \end{array}$$

Les alcools correspondants sont :
le **méthyl-2 propanol-1** de formule

$$\begin{array}{c} CH_3—CH—CH_2OH \\ | \\ CH_3 \end{array} \quad \textbf{(fig. 8);}$$

le **méthyl-2 propanol-2** de formule

$$\begin{array}{c} OH \\ | \\ CH_3—C—CH_3 \\ | \\ CH_3 \end{array} \quad \textbf{(fig. 9).}$$

2. Les différentes classes d'alcools

En considérant les formules des différents alcools du paragraphe précédent nous remarquons que l'atome de carbone porteur du groupe caractéristique —OH est lié à un nombre différent d'atomes d'hydrogène selon l'alcool considéré.

Les différentes classes d'alcools appelés primaires secondaires et tertiaires, sont définies selon le nombre d'atomes d'hydrogène liés à l'atome de carbone porteur du groupe —OH.

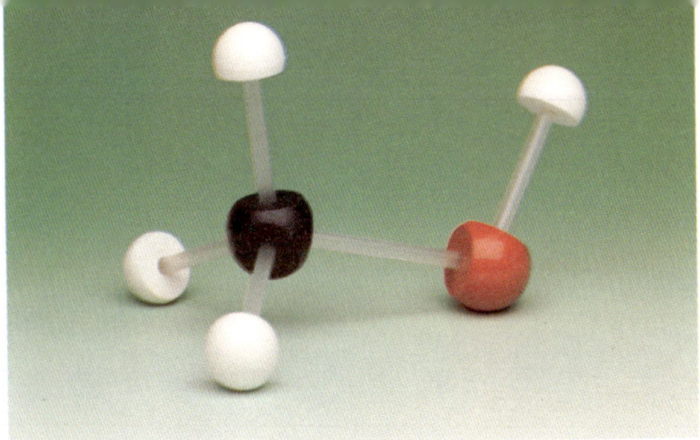

2. *Molécule de méthanol* CH_3OH.

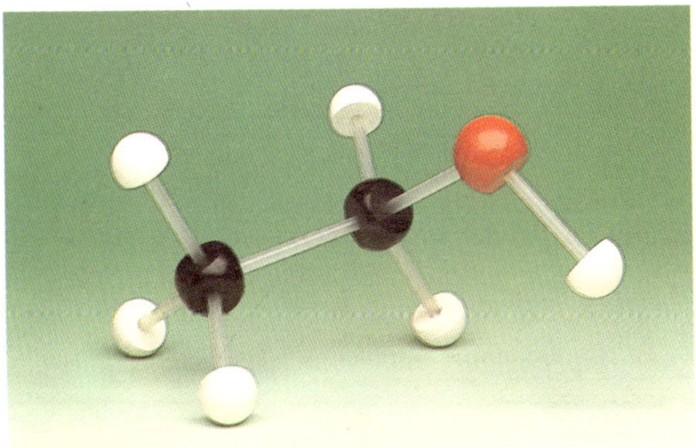

3. *Molécule d'éthanol* $CH_3—CH_2OH$.

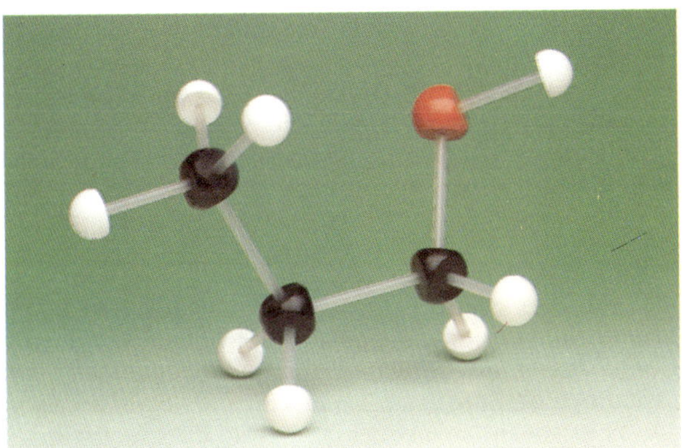

4. *Molécule de propanol*-1
$CH_3—CH_2—CH_2—OH$

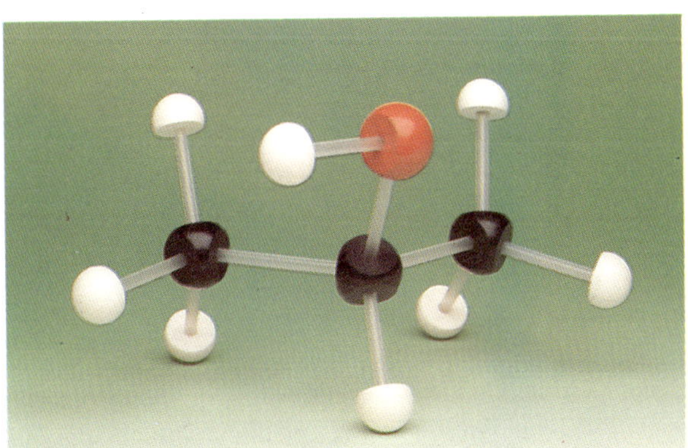

5. *Molécule de propanol*-2 $CH_3—CHOH—CH_3$

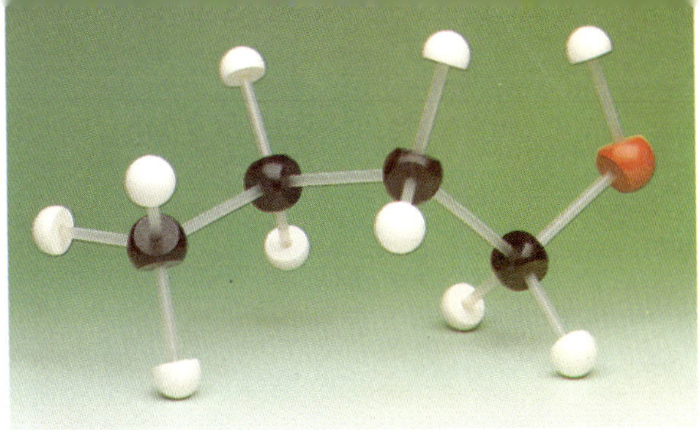

6. *Molécule de butanol*-1 $CH_3—CH_2—CH_2—CH_2—OH$

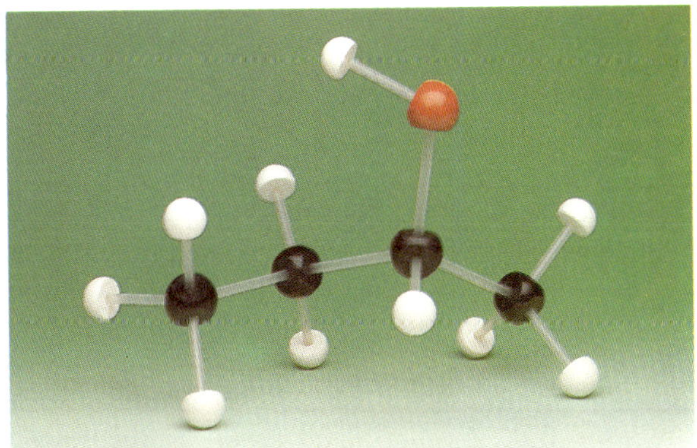

7. *Molécule de butanol*-2 $CH_3—CH_2—CHOH—CH_3$

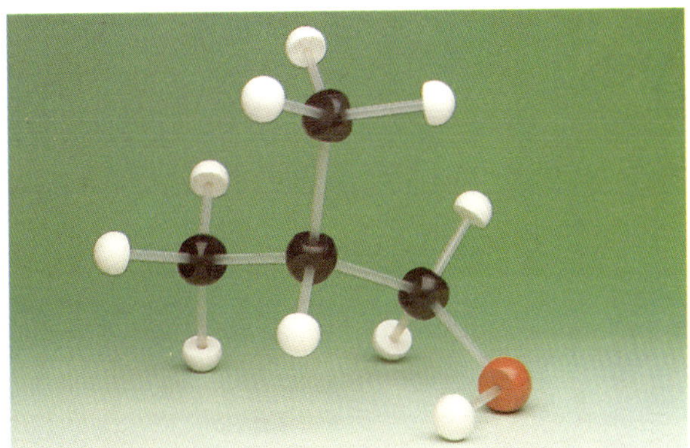

8. *Molécule de méthyl*-2 *propanol*-1

$$\begin{array}{l} CH_3—\underset{\displaystyle CH_3}{\underset{|}{CH}}—CH_2—OH \end{array}$$

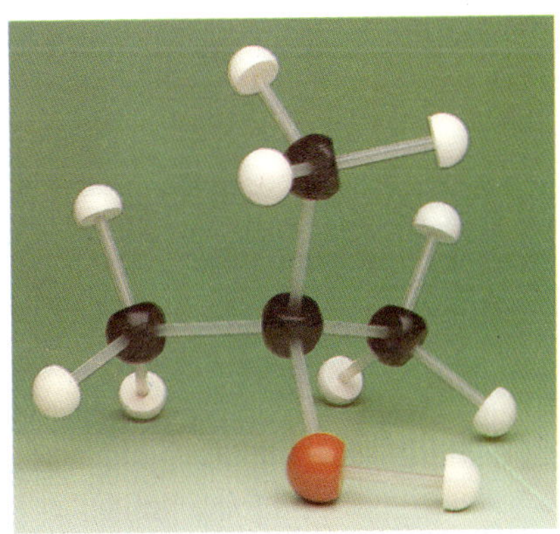

$$CH_3—\overset{\displaystyle OH}{\overset{|}{\underset{\displaystyle CH_3}{\underset{|}{C}}}}—CH_3$$

9. *Molécule de méthyl*-2 *propanol*-2

Alcools primaires : le carbone porteur du groupe hydroxyle —OH est lié à deux atomes d'hydrogène.

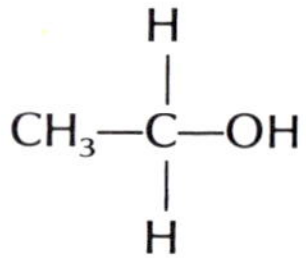

éthanol

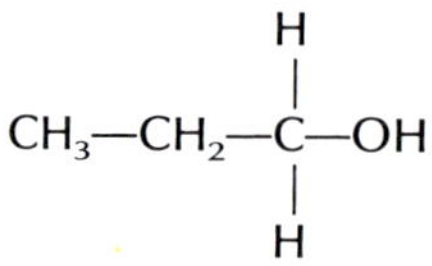

propanol-1

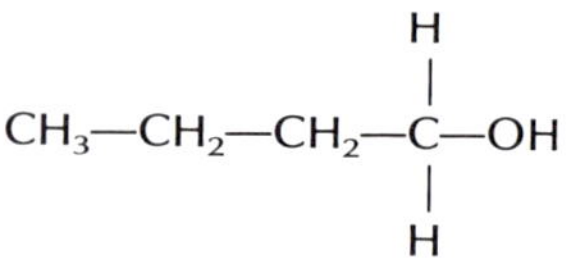

butanol-1

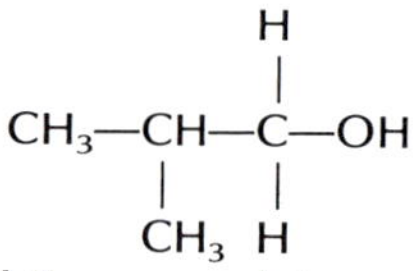

méthyl-2 propanol-1

D'une façon générale, un alcool primaire peut être représenté par la formule $R—CH_2OH$, où R est, par exemple, un groupe alkyle. Le méthanol est un cas particulier puisque le carbone est relié à trois atomes d'hydrogène.

Alcools secondaires : le carbone porteur du groupe hydroxyle —OH est lié à un seul atome d'hydrogène.

propanol-2

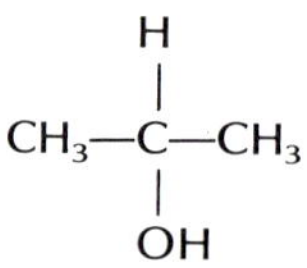

butanol-2

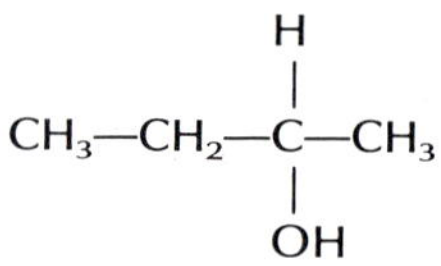

La formule moléculaire d'un alcool secondaire peut s'écrire :

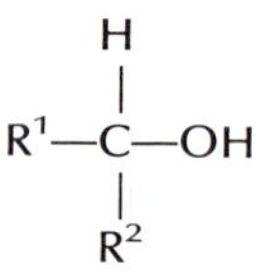

ou $R^1—CHOH—R^2$

Alcools tertiaires : l'atome de carbone porteur du groupe —OH n'est lié à aucun atome d'hydrogène.

méthyl-2 propanol-2

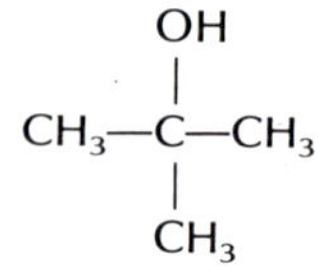

La formule d'un alcool tertiaire s'écrit par conséquent :

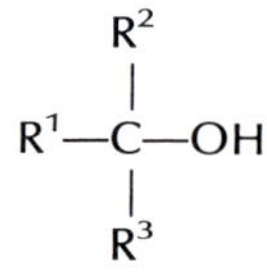

Remarque : l'indice de position ne donne pas d'information sur la classe de l'alcool sauf pour l'indice 1.

Carbone asymétrique : si les trois groupes (alkyle ou hydrogène) liés au carbone porteur du groupe hydroxyle sont différents, ce carbone est asymétrique. C'est le cas pour le butanol-2 (voir chapitre 8).

3. La spectroscopie infrarouge

C'est une méthode moderne de reconnaissance des molécules. La liaison entre deux atomes peut vibrer; de manière imagée, tout se passe comme si l'on disposait d'un ressort (la liaison) entre deux masses (les atomes liés). Chaque type de liaison fonctionne donc comme un oscillateur mécanique; les fréquences propres de ces oscillateurs sont caractéristiques du type de liaison considéré et se situent dans le domaine infrarouge (longueurs d'onde de 1 à 15 μm par exemple). La fréquence est souvent exprimée en nombre d'ondes $\sigma = 1/\lambda$, soit en cm^{-1} ($1\ \mu m = 10^{-4}$ cm correspondant à un nombre d'ondes de $10^4\ cm^{-1}$).

Les liaisons O—H des alcools possèdent une « bande de vibration » vers **3600 cm^{-1} soit 2,8 μm.** Si l'on éclaire une substance contenant un alcool quelconque avec de la lumière infrarouge, les radiations de l'ordre de 2,8 μm feront vibrer la liaison O—H et seront absorbées. L'analyse du spectre après traversée des vapeurs d'alcool montrera donc **cette absorption caractéristique dont la longueur d'onde dépend peu de la classe de l'alcool (fig. 10).**

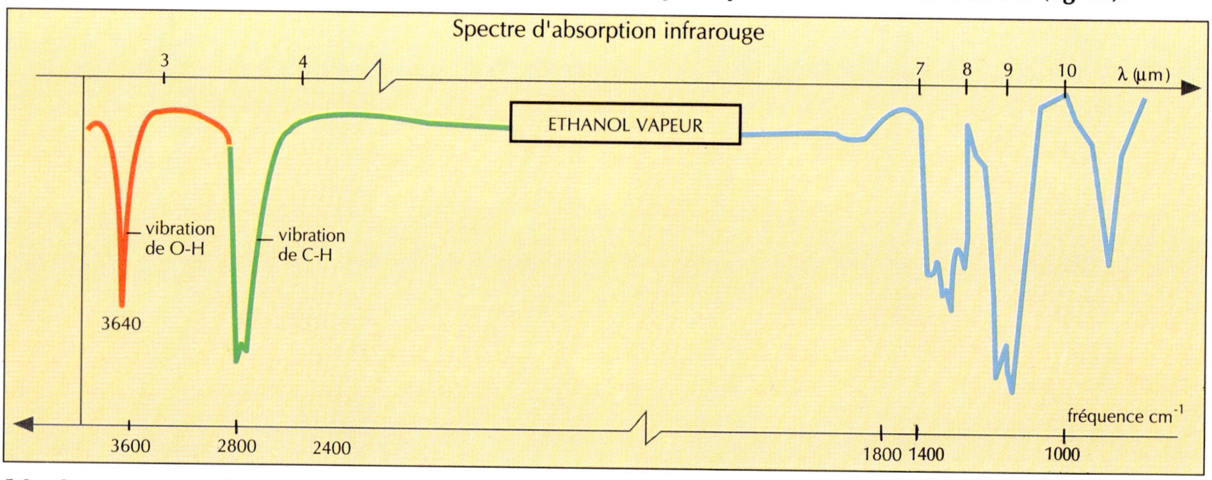

10. *Spectroscopie infrarouge.*

B RÉDUCTION DES ALCOOLS PAR LE SODIUM

1. La réaction

L'expérience de la **figure 11** montre que l'éthanol pur réagit avec le sodium pour donner du dihydrogène et un produit qui reste partiellement dissous dans l'alcool en excès.

Si l'on évapore l'alcool, on obtient ce solide de couleur blanche; c'est de l'**éthanolate de sodium.** La réaction bilan est la suivante :

$$2\,Na_{(s)} + 2\,CH_3CH_2OH \longrightarrow CH_3CH_2ONa + H_{2\,(g)}$$

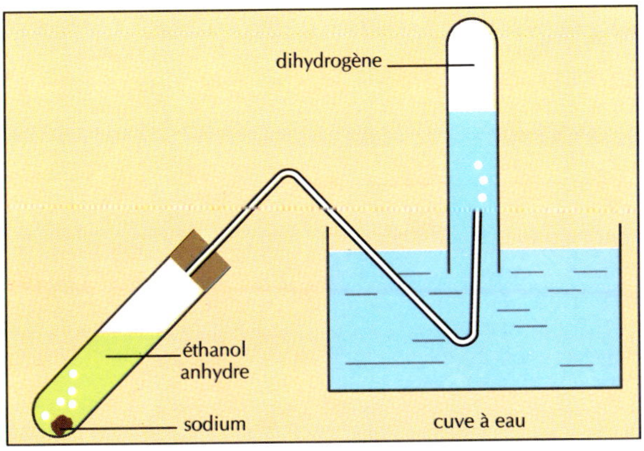

11. *Réaction de l'éthanol avec du sodium.*
L'éthanol doit être de l'éthanol absolu sinon le sodium réagit d'abord avec l'eau. Le dihydrogène est reconnu à sa façon de brûler.

L'éthanolate de sodium possède une structure ionique (ions éthanolate $CH_3CH_2O^-$ et ions sodium Na^+).

Le bilan précédent correspond à une réduction de l'alcool par le sodium.

Les demi-équations électroniques sont :

$$CH_3CH_2OH + 1e^- \longrightarrow CH_3CH_2O^- + \frac{1}{2}\,H_2$$

$$Na \longrightarrow 1e^- + Na^+$$

2. Propriétés des ions éthanolate

L'ion éthanolate appartient au couple acide-base $CH_3CH_2OH/CH_3CH_2O^-$.

Nous savons que l'ion éthanolate est une base plus forte que les ions OH^- (cours de chimie sur les acides et les bases). L'éthanolate de sodium réagit de façon totale avec l'eau selon le bilan :

$$CH_3CH_2O^- + H_2O \longrightarrow OH^- + CH_3CH_2OH$$

Seul l'atome d'hydrogène du groupe hydroxyle est susceptible de procurer le caractère acide faible à l'alcool.

3. Généralisation

- Les alcools de toutes les classes réagissent avec le sodium. L'alcool est réduit en ions alcoolate et en dihydrogène.
- Un ion alcoolate est une base forte conjuguée de l'alcool, celui-ci est donc un acide très faible. Son acidité est due à l'hydrogène du groupe hydroxyle —OH.

C DÉSHYDRATATION DE L'ÉTHANOL

- L'expérience de la **figure 12** montre que les vapeurs d'éthanol passant sur de l'alumine chauffée à 400 °C se décomposent en éthylène et en eau. Le bilan est le suivant :

$$CH_3{-}CH_2OH \longrightarrow H_2O + H_2C{=}CH_2$$

C'est une déshydratation intramoléculaire.

On obtient le même résultat en chauffant de l'alcool dissous dans l'acide sulfurique concentré à 180 °C.

- Si les températures sont moins élevées (250 °C avec l'alumine, 140 °C avec l'acide sulfurique), on obtient une déshydratation entre deux molécules. C'est une déshydratation intermoléculaire. Le produit est un éther-oxyde qui porte un enchaînement C—O—C. Le bilan est le suivant :

$$C_2H_5OH + HOC_2H_5 \longrightarrow \underset{\text{éthoxyéthane (éther ordinaire)}}{CH_3{-}CH_2{-}O{-}CH_2{-}CH_3} + H_2O$$

Dans chaque cas, que la déshydratation soit intra ou intermoléculaire, **une** liaison C—O est rompue.

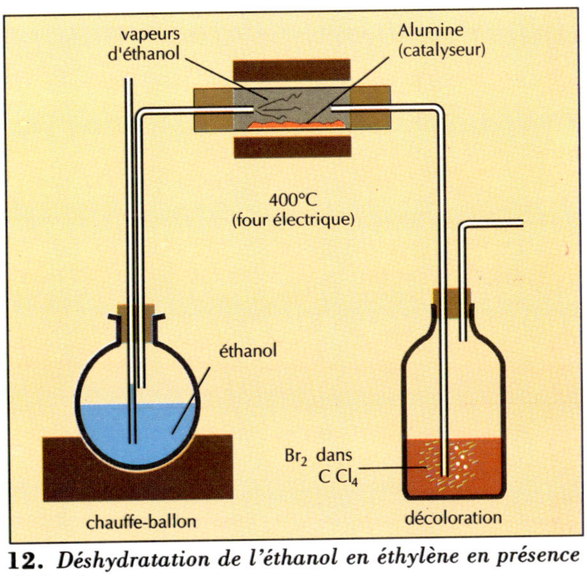

12. *Déshydratation de l'éthanol en éthylène en présence d'alumine.*

D ALDÉHYDES ET CÉTONES

Ces corps peuvent apparaître au cours de l'oxydation de certains alcools. Nous allons étudier quelques réactions permettant de les caractériser ou de les distinguer.

1/ DÉFINITIONS

1. Aldéhyde

La formule générale d'un aldéhyde est

$$R-C\begin{matrix}\nearrow O \\ \searrow H\end{matrix}$$

où R peut être un groupe alkyle.

Le groupe $-C\begin{matrix}\nearrow O \\ \searrow H\end{matrix}$ ***écrit de façon plus concise***
—CHO est le groupe caractéristique des aldéhydes.

Exemples :

— le butanal, de formule $CH_3CH_2CH_2-C\begin{matrix}\nearrow O \\ \searrow H\end{matrix}$

— l'éthanal, de formule $CH_3-C\begin{matrix}\nearrow O \\ \searrow H\end{matrix}$

2. Cétone

La formule générale d'une cétone est $\begin{matrix}R' \searrow \\ R \nearrow\end{matrix}C=O$***, R et R' étant par exemple des groupes alkyle.***
Le groupe caractéristique des cétones est le groupe $\begin{matrix}\searrow \\ \nearrow\end{matrix}C=O$***, ce groupe étant lié par son atome de carbone à deux autres atomes de carbone.***

Exemple : la butanone, de formule

$$CH_3CH_2-\underset{\underset{O}{\|}}{C}-CH_3$$

3. Groupe carbonyle

Les groupes caractéristiques des aldéhydes et des cétones possèdent tous les deux le groupe carbonyle $\begin{matrix}\searrow \\ \nearrow\end{matrix}C=O$***. On dit que les aldéhydes et les cétones sont des dérivés carbonylés.***

$$\begin{matrix}R \searrow \\ H \nearrow\end{matrix}C=O \qquad \begin{matrix}R' \searrow \\ R \nearrow\end{matrix}C=O$$

aldéhyde **cétone**

2/ NOMENCLATURE DES COMPOSÉS CARBONYLÉS

Le nom d'un aldéhyde est formé en ajoutant le **suffixe « -al »** au nom de l'hydrocarbure dont il dérive. La lettre « e » du nom de l'hydrocarbure s'élide (voir le document nomenclature)

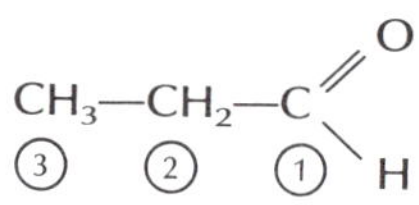

propanal

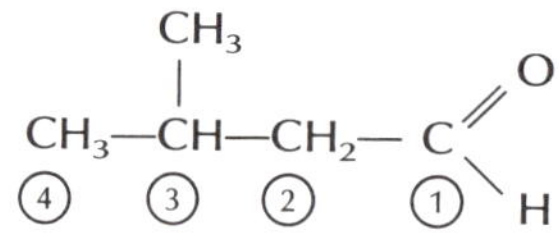

méthyl-3 butanal

Le nom d'une cétone est formé en ajoutant le **suffixe « -one »** au nom de l'hydrocarbure à chaîne carbonée la plus longue contenant le groupe carbonyle. La lettre « e » du nom de l'hydrocarbure s'élide.

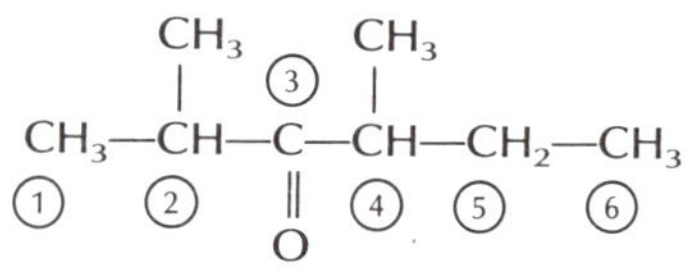

diméthyl-2,4 hexanone-3.

Le nom générique d'un aldéhyde dérivé d'un alcane linéaire est alcanal.

$$R-C\begin{matrix}\nearrow O \\ \searrow H\end{matrix} \quad \textbf{alcanal}$$

Le nom générique d'une cétone dérivée d'un alcane linéaire est alcanone-n.

$$\begin{matrix}R' \searrow \\ R \nearrow\end{matrix}C=O \quad \textbf{alcanone-n}$$

(n indique les positions du groupe $\begin{matrix}\searrow \\ \nearrow\end{matrix}C=O$).

3/ RÉACTIFS DES ALDÉHYDES ET DES CÉTONES

Pour caractériser les aldéhydes et les cétones on utilise la dinitro-2,4 phénylhydrazine, de formule :

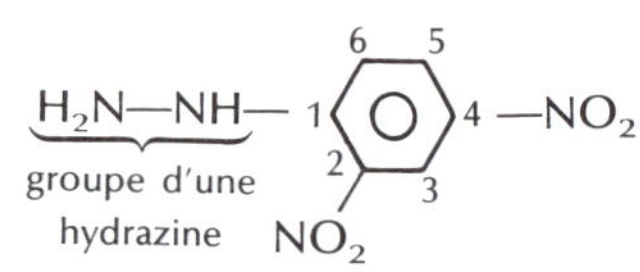

Les aldéhydes et les cétones donnent avec la dinitro-2,4 phénylhydrazine (DNPH) un composé jaune, solide, cristallisé, appelé dinitro-2,4 phénylhydrazone du composé carbonylé **(fig. 13** et **14)**

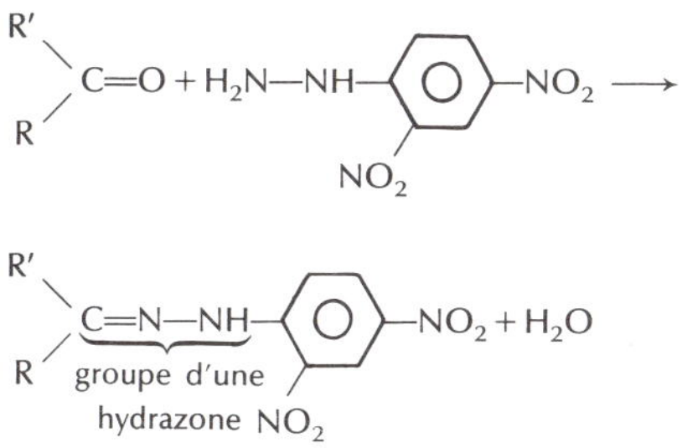

Le test positif à l'action de la dinitro-2,4 phénylhydrazine (obtention d'un précipité jaune ou orangé), caractérise un aldéhyde ou une cétone. Un acide carboxylique donne un test négatif.

13. *Action de la dinitro-2,4 phénylhydrazine sur la propanone. Il faut verser quelques gouttes de propanone dans quelques centimètres cubes de DNPH.*

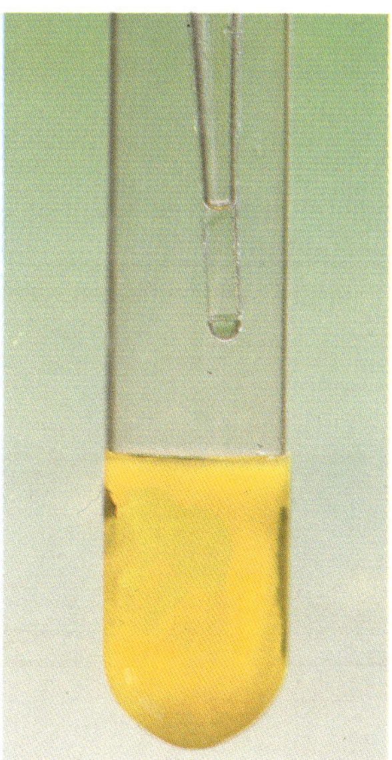

14. *Action de la dinitro-2,4 phénylhydrazine sur l'éthanal. On procède comme à la figure 13.*

4/ RÉACTIFS SPÉCIFIQUES DES ALDÉHYDES

Nous allons montrer que les aldéhydes présentent un caractère réducteur que n'ont pas les cétones.

1. La liqueur de Fehling

a. Expérience

La liqueur de Fehling, de couleur bleu foncé, contient en solution des ions cuivre (II) (nombre d'oxydation : II). Chauffons cette liqueur de Fehling avec une flamme douce : il ne se produit aucun changement. Ajoutons de l'éthanal (ou un autre aldéhyde) : il y a formation d'un précipité rouge brique d'oxyde de cuivre (I) de formule Cu_2O (nombre d'oxydation du cuivre : I) **(fig. 15)**.

b. Interprétation

Le nombre d'oxydation du cuivre passe de II à I. L'élément cuivre est réduit par l'aldéhyde qui s'oxyde. L'aldéhyde est un réducteur vis-à-vis de la liqueur de Fehling. La réaction précédente n'a pas lieu avec une cétone.

La demi-équation électronique du couple d'oxydoréduction $Cu^{2+}_{(complexé)}/Cu_2O$ peut s'écrire :

$$2\,Cu^{2+}_{(complexé)} + 2\,e^- + 2\,OH^- \longrightarrow Cu_2O + H_2O$$

Si l'aldéhyde employé est de l'éthanal par exemple, la demi-équation électronique du couple d'oxydoréduction CH_3CO_2H/CH_3CHO peut s'écrire :

$$CH_3CHO + H_2O \longrightarrow CH_3CO_2H + 2\,H^+ + 2\,e^-$$

Les deux demi-équations donnent le bilan suivant :

$$2\,Cu^{2+}_{(complexé)} + CH_3CHO + 2\,OH^- \longrightarrow CH_3CO_2H + 2\,H^+ + Cu_2O$$

Compte tenu du milieu réactionnel basique ce bilan peut s'écrire :

$$2\,Cu^{2+} + CH_3CHO + 5\,OH^- \longrightarrow CH_3CO_2^- + 3\,H_2O + Cu_2O$$

15. *Action de la liqueur de Fehling sur un aldéhyde.*

2. Le nitrate d'argent ammoniacal (réactif de Tollens)

a. Expérience

Le nitrate d'argent ammoniacal, incolore, contient des ions diammine argent (I), de formule $(Ag(NH_3)_2)^+$.
L'argent est au nombre d'oxydation I.

On chauffe au bain-marie à 80 °C environ dans un ballon bien propre un mélange de nitrate d'argent ammoniacal et d'éthanal. Après agitation, on obtient un dépôt d'argent qui adhère sur le verre, formant ainsi un miroir d'argent **(fig. 16).**

b. Interprétation

Le nombre d'oxydation de l'argent passe de I à 0. L'élément argent est réduit par l'aldéhyde qui s'oxyde.

L'aldéhyde se comporte comme un réducteur vis-à-vis du nitrate d'argent ammoniacal. La réaction précédente n'a pas lieu avec une cétone.

La demi-équation électronique du couple d'oxydoréduction $(Ag(NH_3)_2)^+/Ag$ peut s'écrire avec Ag (s) comme symbole de l'argent précipité :

$$(Ag(NH_3)_2)^+ + 1\,e^- \longrightarrow Ag(s) + 2\,NH_3$$

Compte tenu du fait que nous sommes en milieu basique et que les espèces dominantes des couples acide-base sont les bases, le bilan avec l'éthanal, par exemple est le suivant :

$$2(Ag(NH_3)_2)^+ + CH_3CHO + 3\,OH^- \rightarrow CH_3COO^- + 4\,NH_3 + 2\,H_2O + 2\,Ag(s)$$

c. Remarques

- C'est par cette réaction que l'on réalise l'argenture des miroirs. Mais on utilise comme aldéhyde soit une solution de glucose (la molécule possède un groupe —CHO) soit une solution de méthanal (ou formol).
- Une solution de nitrate d'argent ammoniacal ne peut être conservée; sa décomposition donne des produits explosifs.
- On peut mettre en évidence la formation d'un aldéhyde avec un papier filtre imbibé d'une solution de nitrate d'argent ammoniacal. La formation d'argent très divisé noircit le papier.

3. Le réactif de Schiff

Le réactif de Schiff (qui est de la fuchsine, colorant rose, décolorée par le dioxyde de soufre SO_2) donne avec un aldéhyde à froid un composé rose violacé.

Les cétones $R^1—CO—R^2$ en général ne réagissent pas avec le réactif de Schiff. Cependant, si R^1 ou R^2 est le groupe méthyle $—CH_3$, il y a une réaction lente produisant un rosissement qui peut nous induire en erreur. Par ailleurs, le réactif de Schiff chauffé rosit également car le dioxyde de soufre se dégage et la fuchsine réapparaît. Il faut donc absolument employer ce réactif froid ou refroidi.

Le réactif de Schiff est donc peu sûr et il faut l'utiliser en prenant des précautions expérimentales contraignantes. En dehors de l'enseignement il n'est jamais employé.

4. Conclusion

Le caractère réducteur des aldéhydes permet de les distinguer des cétones. En pratique, les oxydants utilisés pour les caractériser sont la liqueur de Fehling et le nitrate d'argent ammoniacal qui ne réagissent pas avec les cétones.

16. *Action du nitrate d'argent ammoniacal sur l'éthanal.*

E RÉACTIONS D'OXYDATION DES ALCOOLS

Ce sont les réactions d'oxydation qui permettent le plus facilement de distinguer les diverses classes d'alcools.

1/ OXYDATION DE L'ÉTHANOL (ALCOOL PRIMAIRE)

1. Couples d'oxydoréduction

L'éthanol peut être oxydé en éthanal puis en acide éthanoïque. La possibilité de ces réactions peut être prévue par les valeurs des potentiels normaux d'oxydoréduction des couples indiqués ci-dessous :

Couple	E^0 (V)	Demi-équation électronique
éthanal-éthanol	0,19	$CH_3CHO + 2H^+ + 2e^- \rightarrow CH_3CH_2OH$
acide éthanoïque/éthanal	−0,12	$CH_3COOH + 2H^+ + 2e^- \rightarrow CH_3CHO + H_2O$
acide éthanoïque/éthanol	0,03	$CH_3COOH + 4H^+ + 4e^- \rightarrow CH_3CH_2OH + H_2O$

L'éthanol pourra être oxydé en éthanal puis en acide éthanoïque par l'oxydant d'un couple dont le potentiel normal d'oxydoréduction est supérieur à ceux des couples ci-dessus.

Remarque : par principe les demi-équations électroniques sont données avec le réducteur à droite.

2. Action des ions dichromate

a. Expérience

Nous utilisons une solution de dichromate de potassium ($K_2Cr_2O_7$). Le potentiel normal d'oxydoréduction pour le couple $Cr_2O_7^{2-}/Cr^{3+}$ en solution aqueuse est $E^0 = 1{,}33$ V à 25 °C.

$$Cr_2O_{7\,(aq)}^{2-} + 14\,H^+_{(aq)} + 6\,e^- \longrightarrow 2\,Cr^{3+}_{(aq)} + 7\,H_2O$$

Selon les conditions expérimentales, l'éthanol est oxydé en éthanal CH_3CHO ou en acide éthanoïque CH_3COOH, ou en un mélange de ces deux corps. Si on opère avec un oxydant en excès, l'éthanol est oxydé totalement en acide éthanoïque.

La couleur orangée de l'ion dichromate est remplacée par la couleur verte de l'ion chrome (III). L'éthanol est oxydé, les ions dichromate sont réduits.

b. Équation-bilan

— Oxydation de l'éthanol en éthanal :

$$3\,CH_3CH_2OH + Cr_2O_7^{2-} + 8\,H^+ \rightarrow 3\,CH_3CHO + 2\,Cr^{3+} + 7\,H_2O$$

— Oxydation de l'éthanol en acide éthanoïque :

$$3\,CH_3CH_2OH + 2\,Cr_2O_7^{2-} + 16\,H^+ \rightarrow 3\,CH_3COOH + 4\,Cr^{3+} + 11\,H_2O$$

Remarque : les expériences réalisées avec l'éthanol peuvent être effectuées avec d'autres alcools primaires (propanol-1 par exemple).

c. Application à l'alcootest

Le principe de l'alcootest est fondé sur l'utilisation de la réaction entre l'éthanol et les ions dichromate en milieu acide.

On imbibe de petits morceaux de gel de silice par un mélange d'acide sulfurique et de dichromate de potassium. La couleur de l'alcootest ainsi préparé est orangée. Si l'on fait passer des vapeurs d'alcool (éthanol) sur l'alcootest, celui-ci devient vert (couleur de l'ion chrome (III)) **(fig. 17).** Les perfectionnements de ce test permettent de déterminer la présence d'alcool dans l'haleine humaine et d'en apprécier la teneur.

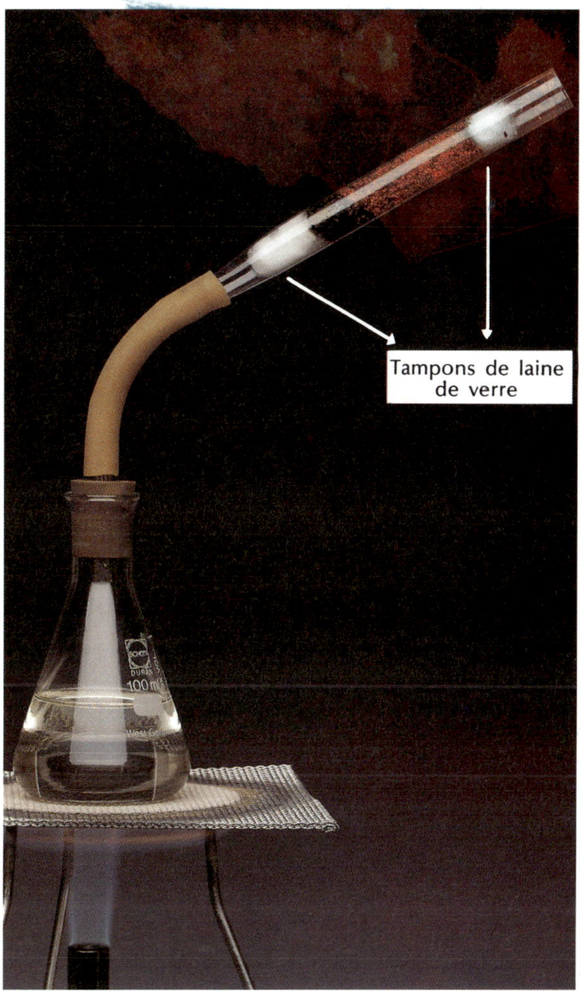

17. *Alcootest.*
Par simple chauffage les vapeurs d'alcool transitent à travers l'alcootest qui change de couleur.

3. Oxydation ménagée par le dioxygène de l'air

Une oxydation qui conserve la chaîne carbonée est appelée oxydation ménagée (par opposition aux combustions).

a. Expérience de la lampe sans flamme avec un fil de cuivre

Nous chauffons légèrement un bécher contenant de l'éthanol (**figure** p. 138) : nous obtenons ainsi dans le bécher un mélange de vapeur d'alcool et d'air.

Nous introduisons, dans le bécher, près du liquide, un fil de cuivre porté au rouge. L'incandescence du fil de cuivre persiste car il se produit à son contact une oxydation de l'alcool qui produit l'énergie nécessaire pour maintenir ce métal au rouge.

Les gaz qui résultent de l'oxydation sont aspirés par une trompe à eau à travers une solution de DNPH. On obtient un précipité jaune dû à la présence de l'éthanal.

b. Expérience de la lampe sans flamme avec un fil de platine

L'expérience est la même que la précédente mais cette fois nous utilisons un fil de platine **(fig. 18).**

Un papier indicateur de pH humide indique la présence de l'acide éthanoïque (ou acide acétique).

c. Conclusion

Ces expériences mettent en évidence deux stades d'oxydation possibles de l'éthanol :

$$\text{éthanol} \xrightarrow[\text{ménagée}]{\text{oxydation}} \text{éthanal} \xrightarrow[\text{ménagée}]{\text{oxydation}} \text{acide éthanoïque}$$

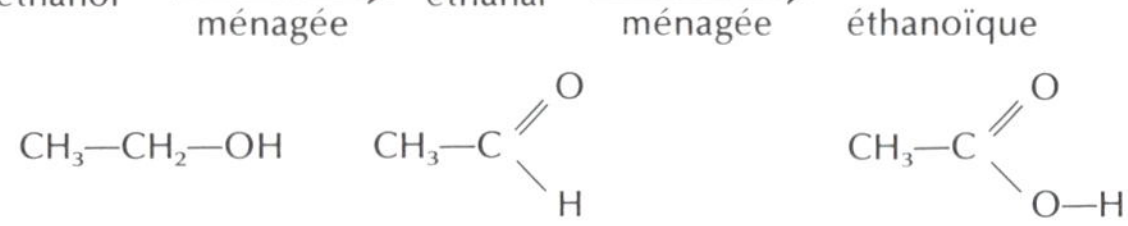

Le fil de cuivre permet la première oxydation ménagée de l'éthanol tandis que le fil de platine catalyse les deux oxydations à la suite.

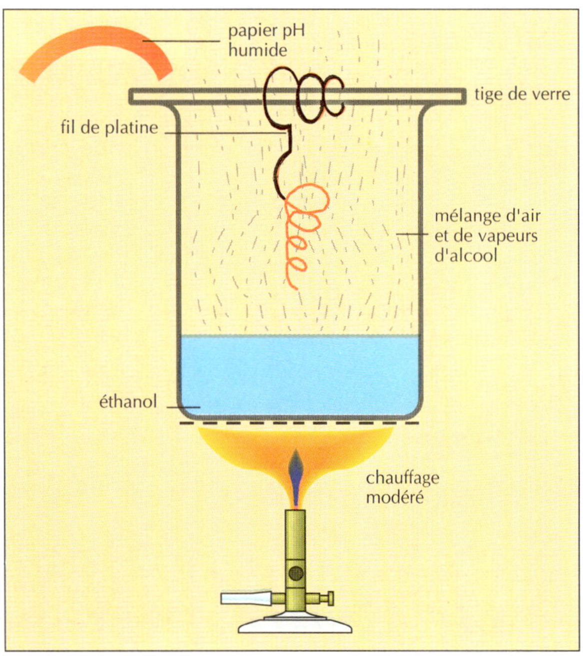

18. *Oxydation de l'éthanol par le dioxygène de l'air au contact du platine (catalyseur). La forte odeur de vinaigre prouve l'apparition d'acide éthanoïque.*

2/ ÉQUILIBRAGE D'UNE ÉQUATION-BILAN D'OXYDORÉDUCTION

L'exemple suivant reprend une méthode générale en 4 étapes, vue en classe de Première. Les couples utilisés sont $Cr_2O_7^{2-}/Cr^{3+}$ d'une part et éthanal/éthanol d'autre part.

1. Prévision des réactions d'oxydoréduction

Raisonnons sur l'exemple de l'éthanol.

Le tableau des potentiels standards d'oxydoréduction de la page 301 montre que cet alcool est le réducteur qui intervient dans deux couples d'oxydoréduction :

— le couple éthanal/éthanol de potentiel standard d'oxydoréduction $E^0 = 0{,}19$ V;

— le couple acide éthanoïque/éthanol de potentiel standard d'oxydoréduction $E^0 = 0{,}03$ V.

L'ion dichromate, quant à lui, est l'oxydant du couple ion dichromate/ion chrome (III) dont le potentiel d'oxydoréduction est $E^0 = 1{,}33$ V.

L'ion dichromate appartenant au couple d'oxydoréduction de potentiel standard le plus élevé est l'oxydant le plus fort. Il est plus fort que l'éthanal ou que l'acide éthanoïque.

L'ion dichromate oxyde donc l'éthanol pour donner soit de l'éthanal soit de l'acide éthanoïque.

Remarques :

— Si l'on obtenait de l'éthanal, un autre couple d'oxydoréduction interviendrait :
le couple acide éthanoïque/éthanal de potentiel standard $E^0 = -0{,}12$ V.

En conséquence, l'éthanal serait de toute manière à son tour oxydé en acide éthanoïque.

— L'indication de la possibilité de réaction de l'oxydant le plus fort sur des réducteurs appartenant à des couples de potentiels standards plus bas ne fournit aucune indication sur la vitesse de cette réaction. En effet, il faut souvent attendre, même en chauffant, que ces réactions soient terminées.

2. Demi-équations électroniques

a. Pour le couple $Cr_2O_7^{2-}/Cr^{3+}$ en milieu acide

L'ion dichromate ($Cr_2O_7^{2-}$) est l'oxydant et l'ion chrome (III) (Cr^{3+}), le réducteur.

1re étape : conservation des atomes de chrome.

L'ion dichromate est formé à partir de deux atomes de chrome : il faut donc deux ions chrome (III) Cr^{3+}.

$$\mathbf{Cr_2}O_7^{2-} \longrightarrow \mathbf{2\,Cr}^{3+}$$

2e étape : conservation des atomes d'oxygène.

$$Cr_2\mathbf{O_7}^{2-} \longrightarrow 2\,Cr^{3+} + \mathbf{7}\,H_2\mathbf{O}$$

3e étape : conservation des atomes d'hydrogène.

$$\mathbf{14\,H}^+_{(aq)} + Cr_2O_7^{2-} \longrightarrow 2\,Cr^{3+} + \mathbf{7\,H_2}O$$

4e étape : conservation des charges électriques.

$$14\,H^+_{(aq)} + Cr_2O_7^{2-} + \mathbf{6}\,e^- \longrightarrow \mathbf{2\,Cr^{3+}} + 7\,H_2O$$

b. Pour le couple C_2H_4O/C_2H_5OH

1re étape : conservation des atomes de carbone.

$$\mathbf{C_2}H_4O \longrightarrow \mathbf{C_2}H_5OH$$

2e étape : les atomes d'oxygène sont conservés.

3ᵉ étape : conservation des atomes d'hydrogène.

$$2H^+_{(aq)} + C_2H_4O \longrightarrow C_2H_5OH$$

4ᵉ étape : conservation des charges électriques.

$$\boxed{2H^+_{(aq)} + C_2H_4O + 2e^- \longrightarrow C_2H_5OH}$$

3. Bilan d'oxydoréduction

Il faut multiplier par trois les coefficients de la demi-équation du couple éthanal/éthanol pour tenir compte du transfert des électrons entre les deux couples oxydoréducteurs **(fig. 19).**

Lorsque l'on fait le bilan il y a $14H^+_{(aq)}$ dans les réactifs et $6H^+_{(aq)}$ dans les produits, l'équation-bilan est obtenue en ôtant $6H^+_{(aq)}$ dans les réactifs et les produits. On écrit ensuite l'ion hydronium sous la forme H_3O^+

Selon la même méthode on peut établir le bilan de l'oxydation de l'éthanol en acide éthanoïque **(fig. 20).**

Couple éthanal/éthanol :	$3C_2H_5OH$	$\longrightarrow$	$3C_2H_4O + 6H^+_{aq} + 6e^-$
Couple $Cr_2O_7^{2-}/Cr^{3+}$:	$Cr_2O_7^{2-} + 14H^+_{aq} + 6e^-$	$\longrightarrow$	$2Cr^{3+} + 7H_2O$
Bilan :	$Cr_2O_7^{2-} + 14H^+_{(aq)} + 3C_2H_5OH$	$\longrightarrow$	$2Cr^{3+} + 7H_2O + 3C_2H_4O + 6H^+_{(aq)}$
Équation-bilan :	$Cr_2O_7^{2-} + 8H^+_{(aq)} + 3C_2H_5OH$	$\longrightarrow$	$2Cr^{3+} + 7H_2O + 3C_2H_4O$
Écriture avec H_3O^+ :	$Cr_2O_7^{2-} + 8H_3O^+ + 3C_2H_5OH$	$\longrightarrow$	$2Cr^{3+} + 15H_2O + 3C_2H_4O$

19. *Équation-bilan de l'oxydation ménagée de l'éthanol en éthanal.*

Couple CH_3CO_2H/C_2H_5OH :	$3H_2O + 3C_2H_5OH$	$\longrightarrow$	$3CH_3CO_2H + 12H^+_{(aq)} + 12e^-$
Couple $Cr_2O_7^{2-}/Cr^{3+}$:	$2Cr_2O_7^{2-} + 28H^+_{(aq)} + 12e^-$	$\longrightarrow$	$4Cr^{3+} + 14H_2O$
Bilan :	$2Cr_2O_7^{2-} + 28H^+_{(aq)} + 3H_2O + 3C_2H_5OH$	$\longrightarrow$	$3CH_3CO_2H + 12H^+_{(aq)} + 4Cr^{3+} + 14H_2O$
Équation-bilan :	$2Cr_2O_7^{2-} + 16H^+_{(aq)} + 3C_2H_5OH$	$\longrightarrow$	$3CH_3CO_2H + 4Cr^{3+} + 11H_2O$
Écriture avec H_3O^+ :	$2Cr_2O_7^{2-} + 16H_3O^+ + 3C_2H_5OH$	$\longrightarrow$	$3CH_3CO_2H + 4Cr^{3+} + 27H_2O$

20. *Équation-bilan de l'oxydation complète de l'éthanol en acide éthanoïque.*

3/ COMPARAISON DES TROIS CLASSES D'ALCOOLS (T.P.)

La comparaison porte sur la plus ou moins grande facilité d'oxydation ménagée et sur les différences des propriétés des produits de cette oxydation ménagée. Les réactifs sont employés en très faible quantité et on peut approcher les volumes mentionnés grâce à des compte-gouttes (0,05 cm^3 par goutte).

- Les alcools utilisés sont :

— le **butanol-1**

$CH_3CH_2CH_2CH_2OH$ (alcool primaire)

— le **butanol-2**

```
CH3CH2—CH—CH3   (alcool secondaire)
        |
        OH
```

— le **méthyl-2 propanol-2**

```
    CH3
    |
CH3—C—OH          (alcool tertiaire)
    |
    CH3
```

- L'oxydant utilisé est une solution d'acide chromique obtenue en mélangeant 25 g de trioxyde de chrome CrO_3, 75 cm^3 d'eau et 25 cm^3 d'acide sulfurique concentré (18 $mol \cdot l^{-1}$). L'acide chromique, de formule H_2CrO_4, (H_2CrO_4 ou $CrO_3 + H_2O$), est l'espèce majoritaire et contient l'élément chrome au degré d'oxydation +VI, en solution aqueuse très concentrée et très acide.

1. Action de l'oxydant en défaut

a. Réaction

On prépare des séries de trois tubes contenant respectivement l'alcool primaire, secondaire et tertiaire (tubes 1, 2 et 3).

A chaque tube contenant 0,5 cm^3 d'alcool et 0,5 cm^3 d'eau ajoutons goutte à goutte 0,5 cm^3 d'acide chromique en agitant à chaque goutte (refroidir éventuellement dans l'eau si l'élévation de température est trop forte) **(fig. 21).**

b. Identification

Diluons dans un peu d'eau (dans des tubes à essais) une goutte de solution prélevée dans chaque tube car les colorations obtenues, très foncées, sont peu reconnaissables.

La solution du tube **3** a la coloration orange caractéristique de l'ion dichromate $Cr_2O_7^{2-}$. La formation de cet ion provient de l'acide chromique par dilution :

$$2\,H_2CrO_4 + H_2O \longrightarrow Cr_2O^{2-}_{7\,(aq)} + 2\,H_3O^+_{(aq)}$$

Le chrome n'a pas changé de nombre d'oxydation (+VI) dans cette réaction avec le méthyl-2 propanol-2. L'acide chromique n'a donc pas été réduit par l'alcool tertiaire et l'alcool tertiaire n'a pas été oxydé.

Les solutions des tubes **1** et **2** ont par contre une coloration verte : c'est celle de l'ion chrome (III), $Cr^{3+}_{(aq)}$.

L'acide chromique a donc été réduit dans les tubes **1** et **2**, selon la demi-équation électronique :

$$H_2CrO_{4\,(aq)} + 6\,H^+_{(aq)} + 3\,e^- \rightleftarrows Cr^{3+}_{(aq)} + 4\,H_2O$$

Les alcools primaire et secondaire ont donc été oxydés par l'acide chromique.

c. Caractérisation des produits formés lors de l'oxydation des alcools primaires et secondaires

Ajoutons 2 à 5 cm^3 d'hexane dans les tubes **1** et **2** et agitons. Après décantation il y a formation de deux phases distinctes, l'une aqueuse avec des résidus noirâtres, l'autre presque limpide contenant les composés organiques en solution dans l'hexane; les ions chrome (III) restent en solution aqueuse **(fig. 21).**

Effectuons des prélèvements de la solution dans l'hexane issue des tubes **1** et **2** et ajoutons quelques gouttes de réactif de Schiff **(fig. 21).** Une coloration rose violacé apparaît dans le tube **1***, alors qu'il ne se passe rien dans l'autre tube.

L'alcool primaire (tube **1**) a été oxydé en aldéhyde et peut être partiellement en acide.

L'alcool secondaire (tube **2**) n'a pas été oxydé en aldéhyde.

Effectuons un nouveau prélèvement de la solution dans l'hexane contenue dans les tubes **1** et **2** et ajoutons quelques gouttes de solution de dinitro-2,4 phénylhydrazine. Il y a apparition de cristaux jaunes; ils résultent de l'action de la dinitro-2,4 phénylhydrazine sur un aldéhyde ou une cétone et caractérisent un aldéhyde ou une cétone. La réaction avec la solution dans l'hexane issue du tube **1** est en accord avec la présence d'un aldéhyde. La réaction avec la solution dans l'hexane issue du tube **2** implique la présence d'une cétone. L'alcool secondaire a donc été oxydé en cétone.

Conclusion. Avec un peu d'oxydant :
— l'alcool primaire est oxydé en aldéhyde et partiellement en acide;
— l'alcool secondaire est oxydé en cétone;
— l'alcool tertiaire n'est pas oxydé.

Dans l'expérience faite,
— le butanol-1 $CH_3CH_2CH_2CH_2OH$ est oxydé en butanal $CH_3CH_2CH_2CHO$,
— le butanol-2 $CH_3CH_2CHOHCH_3$ est oxydé en butanone $CH_3CH_2—\underset{\underset{O}{\|}}{C}—CH_3$

* *La coloration peut apparaître lentement, après agitation; en effet, l'aldéhyde est en solution dans l'hexane, le réactif de Schiff en solution aqueuse; ces deux solvants ne sont pas miscibles.*

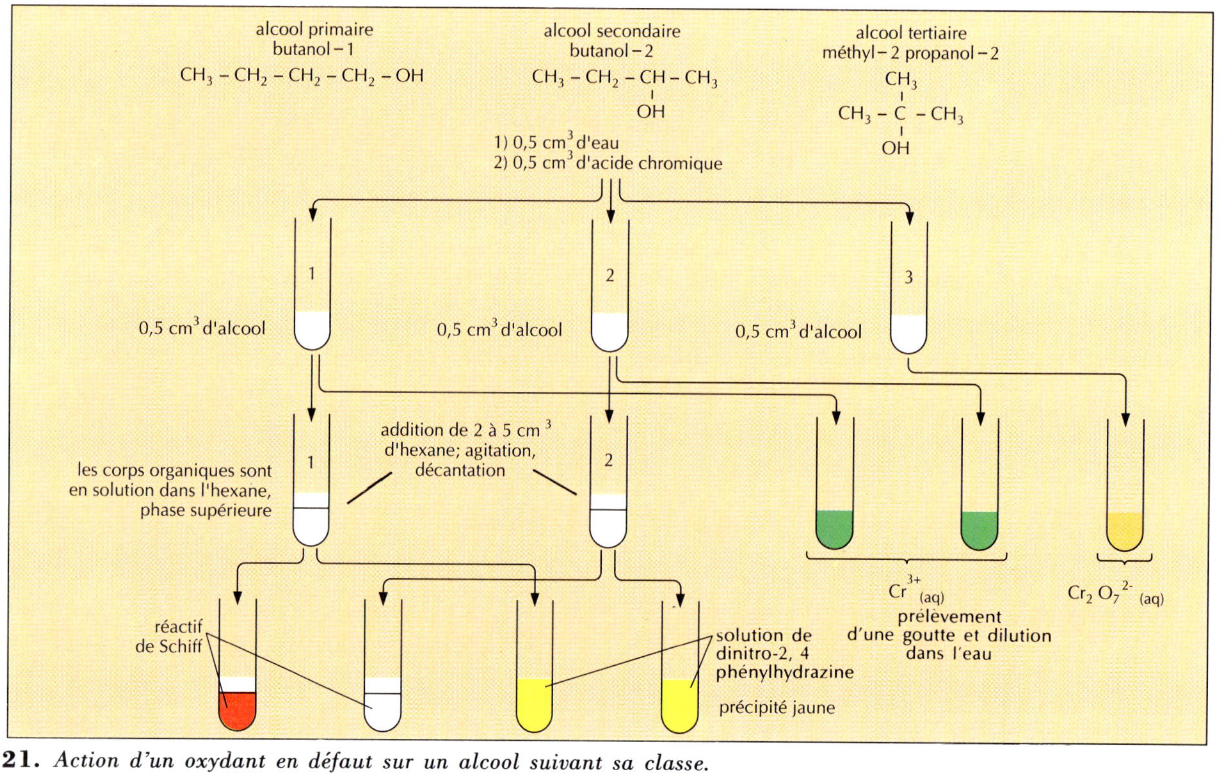

21. *Action d'un oxydant en défaut sur un alcool suivant sa classe.*

2. Action d'un excès d'oxydant sur les alcools des trois classes (fig. 22)

a. Réaction

Prenons une nouvelle série de tubes **1'**, **2'** et **3'** contenant 0,5 cm^3 d'alcool et 0,5 cm^3 d'eau et ajoutons 4,0 cm^3 de la solution d'acide chromique, en agitant et en refroidissant si besoin est. Attendons une dizaine de minutes que la réaction s'effectue correctement.

En diluant une goutte de solution prélevée dans chacun des tubes, les solutions des tubes **1'** et **2'** deviennent vertes, la solution du tube **3'** reste orange. Les alcools primaires et secondaires ont été oxydés; même avec un excès d'oxydant, l'alcool tertiaire n'est pas oxydé.

b. Caractérisation des produits obtenus

Déterminons comme précédemment les produits formés dans les tubes **1'** et **2'** en formant une solution dans l'hexane.

Ajoutons du réactif de Schiff à un premier prélèvement de ces solutions dans l'hexane. Aucune coloration n'apparaît. Il ne s'est pas formé d'aldéhyde*.

* *Une coloration rose apparaît éventuellement pour le tube* **1'** *si la quantité d'oxydant n'a pas été en excès. Il faut alors recommencer la réaction avec une plus grande quantité d'oxydant.*

Ajoutons à un deuxième prélèvement de la dinitro-2,4 phénylhydrazine : un précipité apparaît dans la solution issue du tube **2'**. Dans ce tube **2'** il s'est formé une cétone. Nous devons donc admettre que dans le tube **1'** il s'est formé un acide carboxylique.

Conclusion : en présence d'un oxydant en excès :
— l'alcool primaire est oxydé totalement en acide carboxylique;
— l'alcool secondaire est oxydé en cétone;
— l'alcool tertiaire n'est pas oxydé.

Dans l'expérience faite,
— le butanol-1 $CH_3CH_2CH_2CH_2OH$ est oxydé complètement en acide butanoïque $CH_3CH_2CH_2COOH$,
— le butanol-2 $CH_3CH_2CHOHCH_3$ reste oxydé en butanone $CH_3CH_2—C(=O)—CH_3$

Remarque : si l'on utilise une solution très oxydante (très concentrée), et en excès, et surtout si l'on chauffe, les réactions chimiques peuvent dépasser le stade des oxydations ménagées et la chaîne carbonée peut être rompue. A partir d'un alcool tertiaire, par exemple, on peut obtenir plusieurs acides carboxyliques, voire des aldéhydes et des cétones à chaînes carbonées plus petites que celle de l'alcool oxydé.

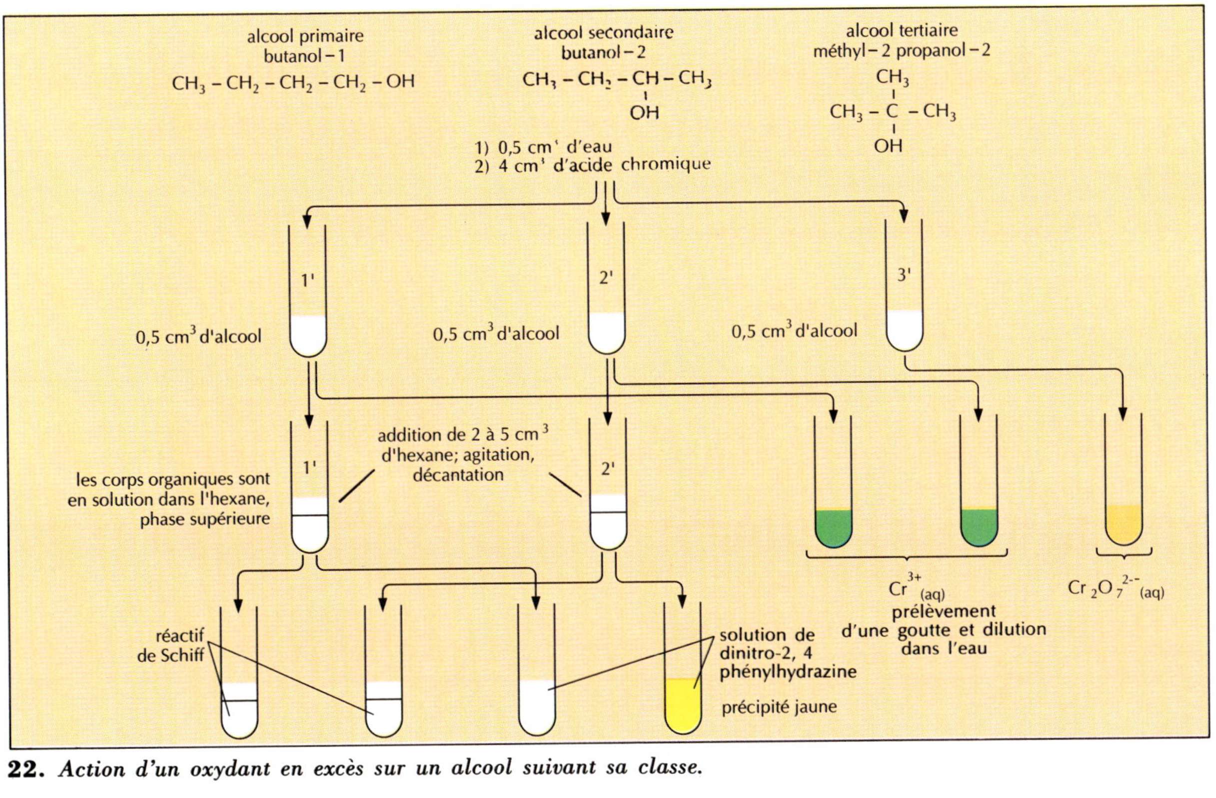

22. *Action d'un oxydant en excès sur un alcool suivant sa classe.*

F PRÉPARATION DES ALCOOLS

La préparation de l'éthanol par fermentation des glucides étant insuffisante pour les besoins industriels, on utilise à grande échelle le procédé d'hydratation des alcènes.

1. Hydratation de l'éthylène

Dans le procédé le plus récent de fabrication de l'éthanol, de la vapeur d'eau surchauffée à 250 °C, sous pression (60 bars) agit sur de l'éthylène en présence de catalyseurs à base d'acide sulfurique ou d'acide phosphorique.

L'équation-bilan de cette réaction s'écrit :

$$CH_2{=}CH_2 + H_2O \longrightarrow CH_3CH_2OH$$

Il s'agit d'un équilibre chimique; le rendement est assez mauvais. Toutefois après récupération de l'éthanol les gaz non utilisés (éthylène et vapeur d'eau) sont recyclés.

2. Hydratation d'autres alcènes

On fabrique par cette méthode des alcools d'un grand intérêt industriel :

A partir du propène on fabrique le propanol-2.

$$CH_2{=}CH-CH_3 + H_2O \longrightarrow CH_3{-}CHOH{-}CH_3$$

A partir du méthyl-propène on prépare le méthyl-2 propanol-2

$$\underset{\displaystyle \quad | \atop \quad CH_3}{CH_3C}{=}CH_2 + H_2O \longrightarrow CH_3{-}\overset{\displaystyle OH \atop |}{\underset{\displaystyle | \atop CH_3}{C}}{-}CH_3$$

Remarque : l'hydratation du propène donne surtout du propanol-2 et très peu de propanol-1. De façon générale, lorsque l'hydratation d'un alcène peut conduire à plusieurs alcools, on obtient de façon prépondérante celui de la classe la plus élevée.

Tous les alcools ne peuvent donc être obtenus par hydratation d'un alcène.

3. Fermentation des glucides

En 1987, 60 % de l'éthanol en Europe de l'Ouest a été obtenu par fermentation des glucides, tel le glucose ($C_6H_{12}O_6$) ou le fructose, un de ses isomères. Le bilan de cette fermentation peut s'écrire :

$$C_6H_{12}O_6 \longrightarrow 2\,CO_2 + 2\,C_2H_5OH$$

Il s'agit d'une **réaction enzymatique** dont la vitesse optimale se situe vers 30 °C. L'enzyme est sécrétée par la levure de bière, champignon microscopique qui se trouve à l'état naturel sur la pulpe des fruits. Cela explique la fermentation naturelle des jus de fruits sucrés qui contiennent du glucose (production du vin par exemple). Une distillation ultérieure permet d'obtenir de l'alcool en solution concentrée (95 % d'alcool en volume ou 95 cm^3 d'alcool pur pour une solution de 100 cm^3, le reste étant de l'eau). L'élimination complète de l'eau nécessite des opérations plus complexes qu'une simple distillation.

Tous les sucres (non commun des glucides) ne sont cependant pas fermentescibles. C'est le cas du saccharose, sucre composé issu de la betterave ou de la canne, de formule $C_{12}H_{22}O_{11}$, qu'il faut d'abord hydrolyser en glucides simples. Cette hydrolyse peut être réalisée à l'état naturel, grâce à une enzyme spécifique, ou industriellement. Le bilan de l'hydrolyse du saccharose s'écrit :

$$C_{12}H_{22}O_{11} + H_2O \longrightarrow \underset{\text{glucose}}{C_6H_{12}O_6} + \underset{\text{fructose}}{C_6H_{12}O_6}$$

Ces deux glucides simples peuvent subir à leur tour la fermentation proprement dite qui les transforme en éthanol.

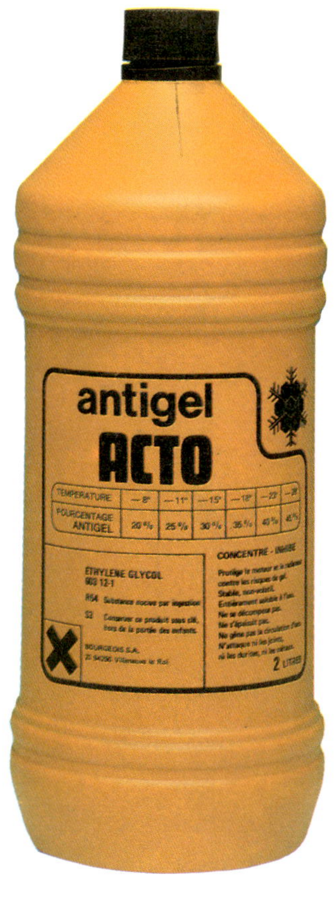

23. *Bidon d'éthylène-glycol (ou éthanediol-1,2) utilisé comme antigel.*

G EXEMPLES DE POLYALCOOLS

Certains corps organiques possèdent plusieurs groupes caractéristiques identiques ou différents. Il est intéressant d'étudier leur comportement et d'essayer d'en déduire les éventuelles modifications que peuvent subir chacun de ces groupes. Nous nous limiterons dans ce paragraphe à l'étude des polyalcools, plus précisément aux corps possédant deux groupes hydroxyle fixés sur deux carbones différents puis à ceux possédant trois groupes hydroxyle fixés sur trois carbones différents.

1/ L'ÉTHANEDIOL-1, 2 (OU GLYCOL)

Sa formule s'écrit :

$$\begin{array}{cc} CH_2 & \!\!-\!\!CH_2 \\ | & | \\ OH & OH \end{array}$$

1. Préparation

On prépare industriellement l'éthanediol-1,2 à partir de l'éthylène. Celui-ci est oxydé par l'air à haute température en présence d'un catalyseur (toile d'argent); on obtient l'oxyde d'éthylène :

$$CH_2{=}CH_2 + 1/2\,O_2 \xrightarrow[20\ \text{bars},\ 230\ °C]{Ag} \underset{\text{oxyde d'éthylène}}{\underset{O}{CH_2{-}CH_2}}$$

L'oxyde d'éthylène subit alors une hydratation en autoclave dans de grands récipients fermés :

$$\underset{O}{CH_2{-}CH_2} + H_2O \longrightarrow \begin{array}{cc} CH_2 & \!\!-\!\!CH_2 \\ | & | \\ OH & OH \end{array}$$

2. Utilisations

L'éthanediol sert d'antigel **(fig. 23)** dans les radiateurs des moteurs (il est en effet miscible à l'eau en toutes proportions). Par exemple un mélange équimolaire d'eau et d'éthanediol ne se solidifie qu'à −34 °C.

C'est un bon solvant.

Par action de l'acide nitrique sur l'éthanediol on obtient facilement le dinitrate d'éthanediyle-1,2 communément appelé « nitroglycol » de formule

$$O_2N{-}O{-}CH_2{-}CH_2{-}O{-}NO_2$$

Ce corps est un explosif.

2/ LE PROPANETRIOL-1, 2, 3 (OU GLYCÉROL)

Ce composé se trouve dans le commerce sous le nom de « glycérine ». Il se présente sous forme d'un liquide incolore et sirupeux. La formule du propanetriol-1,2,3 est :

$$\begin{array}{ccc} CH_2 & \!\!-\!\!CH\!\!-\!\! & CH_2 \\ | & | & | \\ OH & OH & OH \end{array}$$

Il existe à l'état composé sous forme de glycérides dans les matières grasses.

Le glycérol est fabriqué dans l'industrie à partir du propène.

Nous retrouvons, avec le propanetriol-1,2,3 les propriétés des alcools : oxydation ménagée, déshydratation, réaction avec les acides. Nous nous limiterons uniquement aux réactions avec les acides.

Action de l'acide nitrique

L'acide nitrique agit facilement sur le glycérol anhydre : il se forme de l'eau et du trinitrate de propanetriyle-1,2,3 (improprement appelé trinitrate de glycéryle ou nitroglycérine), de formule :

$$\begin{array}{l} CH_2{-}ONO_2 \\ | \\ CH{-}ONO_2 \\ | \\ CH_2{-}ONO_2 \end{array}$$

Cette réaction est extrêmement dangereuse car le composé formé est d'une grande instabilité : il explose au moindre choc ou à la moindre élévation de température.

Pour le stabiliser on peut lui ajouter de la sciure de bois ou de la poudre de silice poreuse : on obtient ainsi la dynamite. On peut également obtenir des dynamites-gomme ou poudres sans fumée en mélangeant la nitroglycérine avec la nitrocellulose : ces explosifs sont beaucoup moins dangereux à manipuler.

Décomposition explosive du trinitrate de propanetriyle-1,2,3 :

$$\begin{array}{l} CH_2{-}ONO_2 \\ | \\ CH{-}ONO_2 \\ | \\ CH_2{-}ONO_2 \end{array} \xrightarrow[\text{ou choc}]{\text{chauffage}} \frac{3}{2}\,N_2 + 3\,CO_2 + \frac{5}{2}\,H_2O + \frac{1}{4}\,O_2$$

On constate qu'une mole de nitroglycérine (environ 200 cm^3) fournit 7,25 mole de gaz, portées à haute température par suite de la chaleur de réaction. Ceci crée une surpression brutale qui explique l'explosion.

- La **formule d'un alcool** dérive de celle de l'alcane correspondant. Un atome d'hydrogène est remplacé par un groupe hydroxyle —OH. La nomenclature dérive de celle de l'alcane en ajoutant « ol » à la place du « e » de « ane ». La position de —OH sur la chaîne carbonée est précisée par un indice (voir exemples dans le tableau ci-après).
- Il existe **trois classes d'alcools.** De nombreuses propriétés chimiques leur sont communes. Cependant des propriétés telles que l'oxydation ménagée permettent de les différencier.

Classe de l'alcool	**Formule**	**Action des oxydants** L'oxydation ménagée donne :
PRIMAIRE ex. : butanol-1 $CH_3—CH_2—CH_2—CH_2OH$	$R—CH_2—\boxed{OH}$	aldéhyde $R—C(=O)—H$ puis acide $R—C(=O)—O—H$
SECONDAIRE ex. : butanol-2 $CH_3—CHOH—CH_2—CH_3$	$R^1—CH(\boxed{OH})—R^2$	cétone $R^1—C(=O)—R^2$
TERTIAIRE ex. : méthyl-2 propanol-2 $CH_3—COH(CH_3)—CH_3$	$R^1—C(\boxed{O—H})(R^3)—R^2$	pas d'oxydation ménagée

- **Mémoriser un exemple d'oxydant :** le mélange de dichromate de potassium en solution aqueuse avec de l'acide sulfurique; la demi-équation bilan s'écrit :

$$\boxed{Cr_2O_7^{2-}} + 14\,H^+ + 6\,e^- \longrightarrow \boxed{2\,Cr^{3+}} + 7\,H_2O$$

couleur orange — nombre d'oxydation +VI du chrome → nombre d'oxydation +III du chrome — couleur verte

A partir du couple $Cr_2O_7^{2-}/Cr^{3+}$ on retrouve la demi-équation électronique par l'algorithme en 4 étapes.

1/ Conserver les atomes de chrome.

2/ Conserver les atomes d'oxygène (on rajoute éventuellement des molécules d'eau dans l'un des membres).

3/ Conserver les atomes d'hydrogène; on rajoute éventuellement des ions H^+ dans l'un des membres.

4/ Conserver les charges électriques. On place le nombre adéquat d'électrons du côté de l'oxydant.

On applique la même méthode en 4 étapes aux couples oxydoréducteurs acide/alcool ou aldéhyde/alcool ou acide/aldéhyde pour obtenir les demi-équations électroniques.

$$\boxed{R—CO_2H} + 4\,H^+ + 4\,e^- \longrightarrow \boxed{RCH_2OH} + H_2O$$

• **Une propriété commune à tous les alcools est la très faible mobilité de l'atome d'hydrogène du groupe hydroxyle —OH.** Cette caractéristique confère aux alcools des propriétés d'acide très faible de Brönsted, non décelables en solutions aqueuses. Le couple acide-base est $R{-}OH/R{-}O^-$.

En milieu anhydre le sodium réduit tous les alcools selon le bilan :

$$R{-}OH + Na \longrightarrow \underset{\text{alcoolate}}{RO^-} + Na^+ + \frac{1}{2}\,H_{2\,(g)}$$

• **Aldéhydes et cétones ont en commun le groupe carbonyle $>C{=}O$.** Les aldéhydes sont réducteurs, contrairement aux cétones :

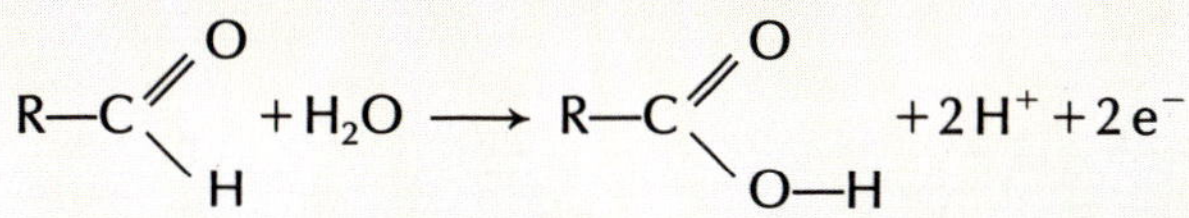

Formules	Test DNPH	Réactif de Schiff	Oxydation ménagée par liqueur de Fehling ou nitrate d'argent ammoniacal
Aldéhydes 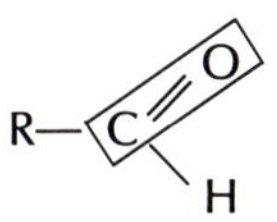 ex. : butanal 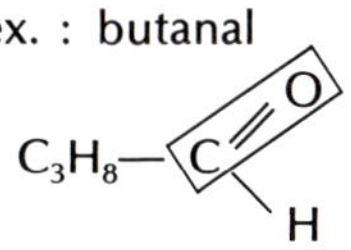	précipité jaune	il devient violet	$\underset{\text{complexé}}{2Cu^{2+}} + 2e^- + 2OH^- \longrightarrow Cu_2O_{(s)} + H_2O$ $(Ag(NH_3)_2)^+ + 1e^- \longrightarrow Ag(s) + 2NH_3$
Cétones 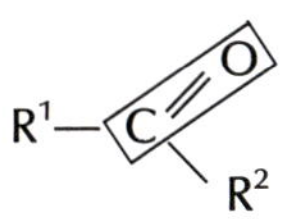 ex. butanone-2 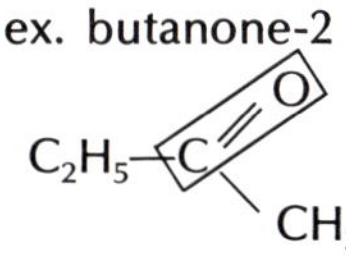	précipité jaune	sans effet	aucune réaction

• La **déshydratation de l'éthanol** est catalysée par l'alumine et l'acide sulfurique. Avec l'alumine :

— à 400 °C on obtient **l'éthylène par déshydratation intramoléculaire :**

$$CH_3{-}CH_2OH \longrightarrow H_2O + CH_2{=}CH_2$$

— à 250 °C on obtient l'**éthoxyéthane** (**éther** ordinaire) par **déshydratation intermoléculaire :**

$$CH_3{-}CH_2OH + HOCH_2{-}CH_3 \longrightarrow CH_3{-}CH_2{-}O{-}CH_2{-}CH_3 + H_2O$$

• **L'hydratation de l'éthylène** (250 °C, 60 bars, catalyseur à acide phosphorique) fournit industriellement et en Europe, une part importante de l'éthanol (40 %). La production par fermentation des sucres reste cependant majoritaire (60 %).

• Deux polyols très importants dans l'industrie sont l'éthanediol-1,2 (glycol) et le propanetriol-1,2,3 (glycérol).

EXERCICES RÉSOLUS

1 *Le but de cet exercice est de montrer la notion d'oxydant en défaut ou en excès lors de l'oxydation d'un alcool primaire.*

On mélange 50 g de dichromate de potassium de formule $K_2Cr_2O_7$ avec 100 cm^3 d'eau et 25 cm^3 d'acide sulfurique concentré. On obtient une solution oxydante dont on ajuste le volume à 140 cm^3 avec de l'eau.

1. Calculer la concentration molaire en ions dichromate $Cr_2O_{7\,(aq)}^{2-}$.

2. On veut réaliser l'oxydation ménagée de 0,5 cm^3 de butanol-1 (voir expérience **fig. 21**). On utilise 0,5 cm^3 de la solution de dichromate de potassium. Montrer que l'oxydant est en défaut si on veut atteindre le stade de l'acide butanoïque.
Quel(s) produit(s) peut-on envisager d'obtenir? Peut-on exclure la formation d'acide butanoïque? Expliquer.

3. On oxyde maintenant 0,5 cm^3 de butanol-1 à l'aide de 4 cm^3 de solution oxydante. Expliquer pourquoi on n'obtiendra plus de butanal mais exclusivement de l'acide butanoïque.
Données : la masse volumique du butanol-1 est $\rho = 0{,}8\ g\cdot cm^{-3}$.

SOLUTION

1. La masse molaire du dichromate de potassium est $M = 294{,}2\ g\cdot mol^{-1}$

$$\underset{n}{K_2Cr_2O_{7\,(s)}} \xrightarrow{H_2O} \underset{2n}{2K^+_{(aq)}} + \underset{n}{Cr_2O_{7\,(aq)}^{2-}}$$

(le dichromate de potassium est entièrement dissocié en solution aqueuse).

Calculons la quantité de matière mise en jeu :

$$n = \frac{m}{M} = \frac{50}{294{,}2}$$

La concentration molaire des ions dichromate est :

$$c = [Cr_2O_7^{2-}] = \frac{n}{V} = \frac{50}{294{,}2 \times 140\cdot 10^{-3}} = 1{,}21\ mol\cdot l^{-1}$$

2. La masse de butanol-1 utilisée est

$$m' = \rho \times V = 0{,}8 \times 0{,}5 = 4\cdot 10^{-1}\ g$$

ce qui correspond à une quantité de matière égale à :

$$n' = \frac{m'}{M'} = \frac{4\cdot 10^{-1}}{74} = 5{,}4\cdot 10^{-3}\ mol$$

La quantité de matière de dichromate utilisé est :

$$n'' = c \times V = 1{,}21 \times 0{,}5 \times 10^{-3} = 6\cdot 10^{-4}\ mol$$

L'équation-bilan d'oxydoréduction fait intervenir 2 moles de dichromate pour 3 moles de butanol-1. Une réaction totale nécessiterait

$$\frac{5{,}4\cdot 10^{-3} \times 2}{3} = 3{,}6\cdot 10^{-3}\ \text{mol d'ions dichromate.}$$

Or, on n'utilise que $6\cdot 10^{-4}$ mol de ces ions soit 6 fois moins : l'oxydant est dit en défaut.
On peut donc envisager un mélange d'alcool non oxydé et d'acide butanoïque ou un mélange d'alcool, de butanal et d'acide butanoïque. L'expérience de la **figure 21** prouve qu'il s'est formé du butanal. Il y a aussi de l'acide butanoïque mais aucune preuve expérimentale simple n'est possible dans cette expérience car la solution oxydante contient de l'acide sulfurique.

3. La quantité de matière d'ions dichromate utilisée est maintenant :

$$n''' = c \times V''' = 1{,}21 \times 4\cdot 10^{-3} = 4{,}8\cdot 10^{-3}\ mol$$

L'oxydant est donc en excès par rapport à la quantité de matière de butanol-1 utilisée.
On ne peut donc conserver du butanal dans un milieu qui est encore fortement oxydant.

BAC

2 **1.** Indiquer les formules semi-développées possibles des alcools de formule brute $C_4H_{10}O$.

2. On considère 3 alcools A, B, C de formule brute $C_4H_{10}O$, dont on désire déterminer la formule développée. Pour cela, on réalise des expériences complémentaires :

a. On ajoute à chacun de ces alcools une petite quantité d'une solution de dichromate de potassium acidifiée par l'acide sulfurique; on observe un changement de couleur uniquement pour les solutions B et C.

b. L'oxydation ménagée de B conduit à un composé D capable de réagir avec la liqueur de Fehling.
L'oxydation ménagée de C conduit à un composé E donnant un précipité jaune avec la dinitro-2,4 phénylhydrazine (D.N.P.H.) et ne réagissant pas avec la liqueur de Fehling.

c. Chauffé en présence d'un catalyseur, une molécule de B donne une molécule d'eau et une molécule de butène-1.
Quel(s) renseignement(s) peut-on déduire de chacun des tests? En déduire les formules développées des alcools A, B, C.

(Limoges; 82-D)

SOLUTION

1. Les alcools de formule brute $C_4H_{10}O$ ont pour formules développées possibles :

$CH_3—CH_2—CH_2—CH_2OH$ butanol-1 (alcool primaire) (1)

$CH_3—CH_2—CHOH—CH_3$ butanol-2 (alcool secondaire) (2)

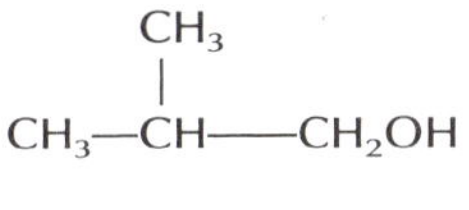

méthyl-2 propanol-1 (3) (alcool primaire)

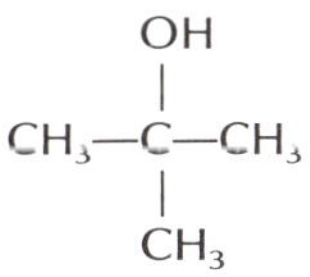

méthyl-2 propanol-2 (4) (alcool tertiaire)

2. Les expériences complémentaires permettent les déductions suivantes :

a. L'alcool A n'est pas oxydé : c'est un alcool tertiaire. Il s'agit donc du méthyl-2 propanol-2 dont la formule est celle donnée par (4).

b. L'alcool B qui est oxydé en D, aldéhyde réagissant avec la liqueur de Fehling, est un alcool primaire dont la formule est donnée par (1) ou (3).
L'alcool C, oxydé en E, cétone donnant un précipité jaune avec la D.N.P.H. mais ne réagissant pas avec la liqueur de Fehling, est un alcool secondaire. Il s'agit du butanol-2 (formule (2)).

c. Par déshydratation catalytique l'alcool B donne du butène-1, alcène à chaîne non ramifiée. L'alcool B est donc le butanol-1 (formule (1)).

EXERCICES

NOMENCLATURE

3 **A_2** Nommer les composés suivants :

a. CH_3OH **b.** 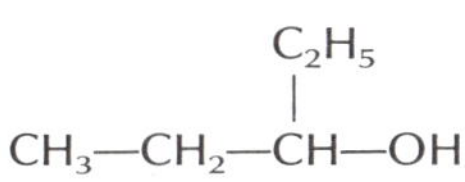

c. 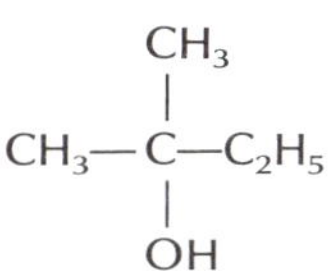 **d.** 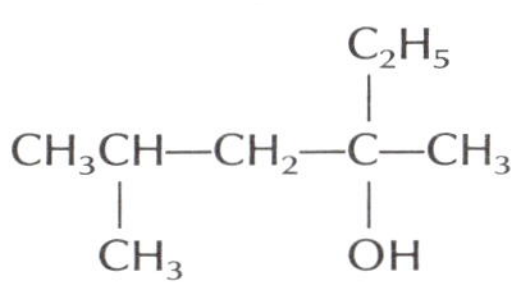

e. 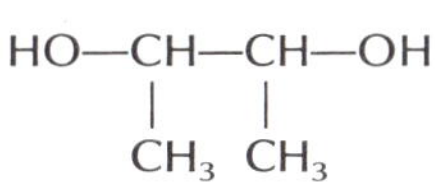 **f.** 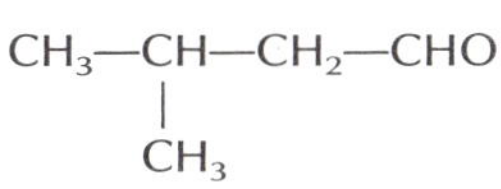

g. 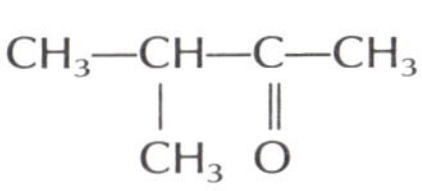

4 **A_2** Donner les formules développées des composés suivants :
— méthyl-2 propanal
— diméthyl-2,4 hexanone-3
— éthyl-2 pentanol-1.

RECHERCHE DE LA FORMULE D'UN ALCOOL

5 **A_2** La densité de vapeur d'un alcool secondaire saturé est de 2,52. Donner la formule et le nom de cet alcool. Quels sont les isomères de cet alcool?

6 **B_3-C_1** On réalise la combustion complète d'un alcool saturé secondaire. A partir de 12,00 g d'alcool on obtient 13,44 l de dioxyde de carbone (volume mesuré dans des conditions telles que le volume molaire soit égal à 22,4 $l \cdot mol^{-1}$) et de la vapeur d'eau. Quel est l'alcool de départ?

7 **B_3-C_1** Par combustion complète d'un alcool saturé on obtient 8,8 g de dioxyde de carbone et 5,4 g d'eau.
1. Donner la formule de l'alcool de départ.
2. Quel est le volume de dioxygène nécessaire (conditions pour lesquelles le volume molaire des gaz est de 22,4 $l \cdot mol^{-1}$)?
3. Quelle est la masse d'alcool employé pour cette combustion?

8 **B_3-C_1** Un alcool saturé non cyclique est déshydraté en un hydrocarbure dont la densité par rapport à l'air est 1,44.
Quelles sont les formules développées possibles pour cet alcool?
Quelle formule doit-on retenir, sachant que l'oxydation ménagée de cet alcool conduit à un composé donnant avec le réactif de Schiff une coloration rose?

ANALYSE ÉLÉMENTAIRE ET IDENTIFICATION CHIMIQUE D'UNE SUBSTANCE ORGANIQUE

9 **A_2-B_3** La combustion complète de 0,870 g d'une substance organique ne contenant que du carbone, de l'hydrogène et de l'oxygène, donne 0,81 g d'eau et 1,98 g de dioxyde de carbone.
1. Déterminer la composition centésimale de cette substance (c'est-à-dire les pourcentages en masses des éléments la constituant).
2. Déterminer sa formule brute, sachant que sa densité de vapeur par rapport à l'air est 2,00.

3. Cette substance :
— donne un précipité jaune avec la dinitro-2,4 phénylhydrazine (DNPH);
— donne une coloration rose violacé avec le réactif de Schiff;
— donne un précipité rouge brique lorsqu'elle est chauffée en présence de liqueur de Fehling.
Montrer comment ces expériences permettent de déterminer la formule développée de la substance. La nommer.

10 A_2-B_3 Une substance organique A contenant du carbone, de l'hydrogène et de l'oxygène est oxydée totalement en dioxyde de carbone et en eau. A partir de 1,54 g de cette substance A on obtient 1,26 g d'eau et 3,08 g de dioxyde de carbone.
Sachant que la densité de vapeur de A est de l'ordre de 1,5 et que A donne directement un acide B par oxydation, en déduire A.
Quel est l'acide B? Pour obtenir 100 g de B, de quelle masse de A doit-on partir?

OXYDATION D'UN MÉLANGE ÉTHANOL-ÉTHANAL

11 C_1 Un mélange éthanol, éthanal est oxydé de façon ménagée par l'oxygène de l'air en présence de cuivre. Le mélange est intégralement transformé en acide éthanoïque.
On considère 34 g de mélange. La réaction étant supposée totale il faut verser 75 cm^3 d'une solution d'hydroxyde de sodium de concentration 1,00 $mol \cdot l^{-1}$ pour doser le dixième de la solution obtenue. Quelle est la composition du mélange de départ?

EXERCICES RÉCAPITULATIFS

12 A_1A_2 Il est possible de faire réagir la vapeur d'eau sur l'éthylène. Pour cela, on fait passer le mélange d'éthylène et de vapeur d'eau maintenu à 300 °C et sous 70 bars sur un catalyseur favorisant la réaction d'hydratation de l'éthylène.
1. Écrire le schéma de cette réaction et préciser le nom du corps obtenu. Comment opère-t-on pour obtenir un bon rendement?
2. En utilisant des conditions expérimentales analogues aux précédentes, on se propose d'hydrater les alcènes suivants :
— butène-2;
— propène.
Écrire les formules des alcools qu'on est, en principe, susceptible d'obtenir. Les nommer.

(Caen; 82-D)

13 A_2 Des isomères de masse molaire moléculaire M = 72 g réagissent avec la dinitro 2-4 phénylhydrazine (D.N.P.H.).
1. Déterminer le groupement fonctionnel et les formules brutes de ces composés sachant que ceux-ci n'ont que ce groupement fonctionnel et que la chaîne carbonée ne présente que des simples liaisons carbone-carbone.
2. Donner les formules développées et les noms possibles des isomères.
3. Quelles sont les réactions chimiques envisageables pour identifier les différents groupements fonctionnels des isomères. (Préciser les réactions en citant les réactifs et les produits sans écrire les équations-bilans.)

(Lille; 83-CE)

14 A_1-A_2-B_3 **1.** Un composé organique A de masse molaire 88 $g \cdot mol^{-1}$ contient en masse environ 68,2 % de carbone; 13,6 % d'hydrogène; 18,2 % d'oxygène.
a. Déterminer les masses approximatives de carbone, hydrogène, oxygène contenues dans une mole du composé A.
b. En déduire la formule brute du composé A.
2. Le composé A est un alcool à chaîne ramifiée. Montrer qu'il existe cinq formules développées possibles pour A.
On nommera les différents isomères ainsi trouvés.
3. On fait subir à A une oxydation ménagée qui conduit à un composé B. B réagit sur la dinitro-2,4 phénylhydrazine (D.N.P.H.) pour donner un précipité jaune de dinitro-2,4 phénylhydrazone.
Pourquoi cette seule expérience ne permet-elle pas de déterminer sans ambiguïté la formule développée de A?
4. Le composé B ne réagit pas sur la liqueur de Fehling. Montrer que cette constatation permet de lever l'ambiguïté précédente.
Donner les formules développées des corps A et B.

(Rouen; 83-CE)

15 A_2-B_3-C_1 Soient 3 flacons contenant chacun une solution aqueuse d'alcool. On sait que ces alcools ont la même formule brute, une seule fonction alcool, et qu'ils appartiennent à des classes différentes.
1. Dans une première étape, on cherche à déterminer la classe de ces alcools. Pour cela, on dispose d'une solution de dichromate de potassium acidifiée, de bleu de bromothymol, de dinitro-2,4 phénylhydrazine (D.N.P.H.), de liqueur de Fehling et de nitrate d'argent ammoniacal.
Quels tests proposez-vous de faire pour déterminer la classe de ces 3 alcools?
2. Après avoir identifié le flacon contenant l'alcool primaire, on réalise l'expérience suivante :
On oxyde 2,2 g d'alcool primaire avec un excès d'oxydant. L'acide obtenu est dosé : à l'équivalence, on a versé 25 cm^3 d'une solution aqueuse d'hydroxyde de sodium, de concentration molaire volumique $C = 1\ mol \cdot l^{-1}$.
En déduire la masse molaire moléculaire de l'alcool et sa formule brute.
3. Donner une formule développée possible pour chacun des trois alcools et préciser leur nom et leur classe.
N.B. : les questions **1.** et **2.** sont indépendantes.

(Rouen; 84-CE)

16 A_2-B_3-C_1 Soit un corps A de formule brute $C_nH_{2n}O$.
1. L'oxydation complète de 1 g de A donne 2,45 g de dioxyde de carbone. Déterminer n.
2. Avec la dinitro-2,4 phénylhydrazine, A donne un précipité jaune. Quelles sont les hypothèses sur la nature de A?

3. Le composé A donne un dépôt d'argent avec le nitrate d'argent ammoniacal. Conclusion?
4. En milieu acide, A est oxydé par le permanganate de potassium et donne l'acide méthyl-2 propanoïque. En déduire la nature et la formule développée du corps A; quel est son nom?

(Nice-Corse; 84-CE)

17 **A_2-B_3-C_1** **1.** Un alcène A subit une hydratation en milieu acide. On obtient deux alcools B et B′ (B étant en quantité prépondérante).
Ces deux alcools sont isolés et on cherche à les identifier.
B et B′ sont mis en présence d'un oxydant : B n'est pas oxydé alors que B′ s'oxyde en un composé D qui réagit avec le réactif de Schiff.
Préciser la classe des 2 alcools B et B′; en déduire la formule de l'alcène A sachant que celui-ci contient 5 carbones.
Le rendement des opérations permettant le passage de A à D est de 8 %.
Calculer la masse d'alcène nécessaire à la préparation de 10 g de D.
2. A côté du composé D, on note la présence d'un composé organique à fonction acide E. Préciser la formule et le nom de E.
2,04 g de E et 0,80 g d'hydroxyde de sodium pur réagissent mole à mole. Cette expérience permet-elle de vérifier la formule brute de E?

(Lille; 86-C)

18 **A_1-B_2-C_1** **1.** On possède cinq flacons contenant les produits notés A, B, C, D et E, tous différents. On ne connaît pas le nom des cinq produits mais on sait que :
— chaque produit est un corps pur et sa molécule ne contient que trois atomes de carbone, des atomes d'hydrogène, des atomes d'oxygène;
— la chaîne carbonée ne comporte pas de liaison multiple;
— parmi ces cinq produits il y a deux alcools.
On réalise une oxydation ménagée par le dichromate de potassium en milieu acide des produits A et B et on obtient les résultats suivants : A conduit à C ou D alors que B conduit uniquement à E.
Cette expérience est-elle suffisante pour connaître les cinq produits A, B, C, D et E? Justifier votre réponse (un seul argument suffit).
2. Pour préciser les résultats précédents on utilise le réactif de Tollens (nitrate d'argent ammoniacal). On constate que C est oxydé.
Décrire l'expérience.
3. Identifier les cinq produits, donner leur nom et leur formule semi-développée.
Écrire, en justifiant les coefficients, l'équation de la réaction d'oxydoréduction par le dichromate de potassium en milieu acide qui fait passer du produit A au produit D. Le couple oxydant réducteur mis en jeu dans le dichromate de potassium est $Cr_2O_7^{2-}/Cr^{3+}$.
4. On fait réagir ensuite le produit A avec le produit D.
Écrire l'équation de réaction en utilisant les formules semi-développées.
Donner le nom du produit organique obtenu.
Donner rapidement les principales caractéristiques de cette réaction.

(Paris-Créteil; 86-D)

19 **A_2-C_1** A est un alcène comportant 4 atomes de carbone. On effectue les réactions suivantes à partir de A :

$A + H_2O \xrightarrow{H_2SO_4}$ B, unique produit de la réaction;

B + solution de dichromate de potassium en présence d'acide sulfurique $\longrightarrow$ C;
C + D.N.P.H. $\longrightarrow$ D, solide cristallisé jaune (D.N.P.H. = dinitro 2,4 phénylhydrazine);
C ne réagit pas sur la « liqueur » de Fehling ni sur l'ion diammine argent (I) $[Ag(NH_3)_2]^+$, en milieu basique.

A′ est un isomère de A :

$$A' + H_2O \xrightarrow{H_2SO_4} B + B'$$

B et B′ sont isomères l'un de l'autre; B est nettement prépondérant

$$B' \longrightarrow C'$$
(oxydation très ménagée)

C′ + D.N.P.H. $\longrightarrow$ D′ solide cristallisé jaune
C′ réagit avec la « liqueur » de Fehling et l'ion diammine argent (I).

$C' \xrightarrow[\text{(ménagée)}]{\text{(oxydation)}}$ E, qui jaunit le bleu de bromothymol, en solution aqueuse.

Déterminer la nature et la formule développée des différents composés A, B, C, A′, B′, C′, E.
Nommer les produits chimiques correspondants.

(Aix-Marseille; 86-CE)

20 **A_1-A_2** On dispose de deux monoalcools saturés A et B.
1. On traite ces deux alcools par une solution diluée de dichromate de potassium en milieu sulfurique. Les deux solutions deviennent vertes. Que peut-on en déduire?
2. Les composés organiques A′ et B′ extraits respectivement des deux solutions donnent un précipité avec la dinitro-2,4 phénylhydrazine (D.N.P.H.). Quelles peuvent être les fonctions de A′ et B′?
3. On répète les expériences précédentes avec d'autres échantillons des deux alcools, mais avec une solution concentrée de dichromate de potassium en excès. Les produits organiques obtenus sont notés A″ et B″. A″ donne un précipité avec la D.N.P.H. alors que B″ n'en donne pas.
a. Quelles sont les fonctions de A″ et B″? Montrer que A″ et A′ sont identiques.
b. A comporte le minimum d'atomes de carbone compatible avec sa classe. Donner les noms et les formules semi-développées de A et A′.
c. La masse molaire moléculaire de B″ est 88 $g \cdot mol^{-1}$. Déterminer la formule moléculaire de B″. Donner les formules semi-développées et les noms des isomères possibles pour B″ et pour B.

(Besançon; 86-CE)

21 **A_2-B_1-B_3-C_1-C_2** On utilisera, si besoin est, les valeurs numériques suivantes : la masse molaire de l'éthanol est 46,0 $g \cdot mol^{-1}$ et sa masse volumique est $0{,}79 \cdot 10^3$ $kg \cdot m^{-3}$.

On se propose de doser l'alcool dans le sang d'un automobiliste. Pour cela, on prélève un échantillon de sang d'un volume $V_0 = 5{,}0$ cm^3 que l'on dissout dans 75 cm^3 d'une solution d'acide picrique. On procède ensuite à une distillation et on récupère un volume $V_1 = 50{,}0$ cm^3 d'un distillat contenant la totalité de l'alcool.

Dans un erlenmeyer on introduit $V_2 = 20{,}0$ cm^3 de distillat et $V_3 = 10{,}0$ cm^3 de solution nitrochromique (obtenue en dissolvant du dichromate de potassium $K_2Cr_2O_7$ dans de l'acide nitrique) de concentration molaire $c_3 = 0{,}017$ $mol \cdot l^{-1}$. On bouche et on laisse en contact 10 minutes. On ajoute ensuite $V_4 = 100{,}0$ cm^3 d'iodure de potassium KI à la concentration molaire $c_4 = 0{,}030$ $mol \cdot l^{-1}$. On dose le diiode formé par une solution de thiosulfate de sodium $Na_2S_2O_3$ à la concentration molaire $c_5 = 0{,}080$ $mol \cdot l^{-1}$; soit V_5 le volume versé : $V_5 = 11{,}65$ cm^3.

On répète la même opération avec 5 cm^3 d'eau distillée et 75 cm^3 de la solution d'acide picrique. On traite un volume $V'_2 = 20{,}0$ cm^3 du distillat selon le même mode opératoire que précédemment. Le dosage du diiode formé nécessite alors un volume $V'_5 = 12{,}75$ cm^3 de thiosulfate.

1. Écrire l'équation-bilan d'oxydation de l'alcool en acide éthanoïque par le dichromate.

2. Écrire l'équation-bilan de dosage du diiode par le thiosulfate de sodium; vérifier que l'iodure est en en excès.

3. En déduire la quantité d'alcool contenue dans le volume V_2 du premier distillat.

4. En déduire enfin si l'automobiliste est en infraction en dépassant la limite de 0,80 $g \cdot l^{-1}$ d'alcool dans le sang.

(Olympiades, Rennes; 87)

SECTION D SEULEMENT

22 **A_2-B_3** Un alcool A a pour formule

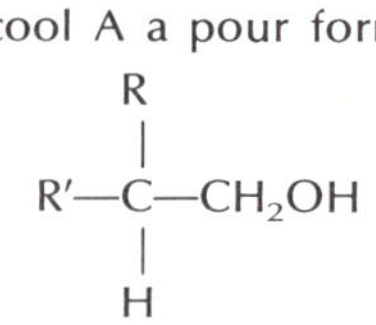

R et R' sont des radicaux alkyle $—C_nH_{2n+1}$.

1. a. Quelle est la classe de cet alcool A?

b. On effectue une oxydation ménagée de cet alcool par l'ion $Cr_2O_7^{2-}$ en milieu acide.

L'ion $Cr_2O_7^{2-}$ est réduit en ion Cr^{3+} selon la demi-équation électronique de réduction :

$$Cr_2O_7^{2-} + 14\,H^+ + 6\,e^- \rightleftarrows 2\,Cr^{3+} + 7\,H_2O$$

Quels sont les corps susceptibles de se former? Écrire les demi-équations électroniques d'oxydation de l'alcool A.

Écrire l'équation d'oxydation de l'alcool dans le cas où la solution oxydante est en excès.

2. Pour déterminer la formule complète de l'alcool précédent, on oxyde avec un excès d'oxydant $Cr_2O_7^{2-}$ une masse m = 15,0 g de A. On obtient un composé B. Le composé B est étudié avec une solution de soude (hydroxyde de sodium) de concentration molaire 2,00 $mol \cdot l^{-1}$. L'équivalence acido-basique est obtenue lorsque l'on a versé $V_b = 85{,}2$ cm^3 de solution basique. Quelle est la masse molaire de l'alcool A? Quelle est la formule développée de l'alcool A? Quel est son nom?

3. Pourquoi la molécule de cet alcool est-elle chirale? Représenter les deux énantiomères en utilisant la projection de Fischer.

(Lyon; 84-D)

23 **A_2-C_2** On souhaite préciser la structure moléculaire d'un alcène A de formule brute C_4H_8.

1. Quelles sont les formules développées possibles correspondant à cette formule brute?

2. On réalise l'hydratation de cet alcène, ce qui entraîne la formation de 2 corps B et C (C est obtenu en quantité beaucoup plus grande que B). Montrer que cette réaction permet d'éliminer l'une des hypothèses formulées au **1.**

3. On oxyde B par le dichromate de potassium en milieu acide (sulfurique). Le produit D de cette oxydation donne un précipité jaune avec la dinitrophénylhydrazine (D.N.P.H.) et une coloration rose avec le réactif de Schiff.

Quels renseignements concernant D et B peut-on déduire de ces observations? Cela suffit-il pour expliciter complètement A?

4. On soumet C à l'oxydation par le dichromate de potassium en milieu acide (sulfurique). Le produit E de cette oxydation donne un précipité jaune avec la D.N.P.H. mais reste sans action sur le réactif de Schiff. Que peut-on en conclure sur la nature de E et de C?

5. Donner les formules développées et les noms des composés A, B, C, D, E.

6. L'un des composés B ou C présente un atome de carbone asymétrique. Indiquer lequel, en justifiant votre réponse. Dire quel type d'isomérie présente ce composé.

(Bordeaux; 84-D)

24 **A_1-A_2-B_2-C_2** **1.** Donner les formules développées des différents alcools de formule brute $C_4H_{10}O$. Les nommer et indiquer à quelle classe d'alcool ils appartiennent.

2. L'un des alcools précédents possède un carbone asymétrique; lequel? Expliquer ce qu'est la chiralité. Dessiner en représentation projective les deux énantiomères correspondants.

3. Ce même alcool peut être préparé à partir d'un alcène.

Dire par quel type de réaction.

Quel doit être cet alcène pour que l'on obtienne uniquement l'alcool à carbone asymétrique?

Écrire l'équation correspondante.

4. L'alcool en question peut être oxydé à froid par l'ion dichromate.

Quel corps dérivant de l'alcool obtient-on?

Comment pourrait-on caractériser ce dernier corps?

(Antilles-Guyane; 84-D)

25 **A_2** **1.** Un butanol A réduit l'ion dichromate en milieu acide en donnant un composé B qui peut réagir sur la D.N.P.H. (dinitro-2,4 phénylhydrazine) en produisant un précipité jaune.

Donner les formules développées possibles pour A et B; préciser le nom des corps correspondants.

2. L'alcool initial A est formé de molécules possédant un atome de carbone asymétrique. Quel est cet alcool? Écrire sa formule développée et déduire les deux configurations possibles.

(Montpellier; 84-D)

T.P

Dosage de l'éthanol dans un vin

Le présent document correspond à deux séances de travaux pratiques, la distillation du vin, le dosage proprement dit de l'éthanol. La distillation, telle qu'elle est proposée, demande presque une heure. Il est possible d'utiliser le distillat du groupe précédent et ne faire que le dosage. De toute façon il faudrait avoir, préalablement, lu tout le texte et fait les exercices du paragraphe 6.

1. Composition d'un vin

La composition d'un vin est variable, dépend du cépage, du terrain, un peu du procédé de vinification et même du millésime!

Voici quelques ordres de grandeur des masses ou des volumes de produits chimiques que l'on trouve dans la plupart des vins, dans un litre :

— Eau : 700 à 900 g; température d'ébullition normale $T_{Eb} = 100$ °C.

— Éthanol : 5 à 17 % en volume; $T_{Eb} = 78$ °C.

— Sucres (glucose ou fructose) $C_6H_{12}O_6$: 0 à 80 g.

— Acide tartrique (acide dihydroxy-2,3 butane dioïque : 5 à 10 g); formule :

$$CO_2H—CHOH—CHOH—CO_2H$$

Les dépôts de certains vins sont essentiellement des tartrates.

— Acide acétique : quelques décigrammes;

$$T_{Eb} = 118 \text{ °C}$$

— Tannins colorants.

— Ions sulfate, phosphate, chlorure associés essentiellement aux ions calcium, potassium, sodium (0,1 g à quelques grammes).

— Gaz acides dissous (dioxyde de carbone, dioxyde de soufre surtout pour les vins blancs).

Le pH d'un vin est toujours acide à cause des acides dissous.

Les constituants les plus abondants du vin sont donc l'eau et l'éthanol.

2. Objectifs de la manipulation

Déterminer le pourcentage en volume de l'éthanol contenu dans le vin et le comparer à l'indication fournie sur l'étiquette.

3. Principes de la manipulation et difficultés

a. Il faut extraire, de l'échantillon analysé de volume donné, *tout l'éthanol* et éliminer tous les autres corps dissous sauf l'eau. En particulier il faut éliminer les sucres dissous qui sont réducteurs comme l'éthanol. On procède *par distillation.*

b. Tout l'éthanol est oxydé en acide éthanoïque par une solution aqueuse de dichromate de potassium acidifié par de l'acide sulfurique.

La réaction support est fournie en **figure 20,** p. 149 et il faut être capable de l'établir méthodiquement :

$$2Cr_2O_7^{2-} + 16H_3O^+ + 3C_2H_5—OH \rightarrow 3CH_3CO_2H + 4Cr^{3+} + 27H_2O \quad (1)$$

Afin d'assurer l'oxydation de tout l'éthanol en acide éthanoïque il faut utiliser l'oxydant *en excès* et même laisser à la réaction, qui n'est pas instantanée, le temps de se faire (10 à 15 minutes).

L'oxydant en excès est *dosé* par réaction d'oxydoréduction totale. Le réducteur employé est l'ion fer (II) (Fe^{2+}), (le fer au degré d'oxydation + II est apporté par une solution de sel de Mohr de formule $FeSO_4$, $(NH_4)_2SO_4$, $6\,H_2O$; sous cette forme de combinaison chimique le fer se conserve beaucoup plus facilement au degré d'oxydation + II que l'ion Fe^{2+} très oxydable en solution aqueuse et donc difficile à conserver).

Le passage à l'équivalence de cette réaction d'oxydoréduction est observé grâce à un indicateur coloré d'oxydoréduction : le diphénylamine sulfonate de baryum. Le passage à l'équivalence de la réaction d'oxydoréduction s'accompagne *d'une variation brutale* du potentiel oxydoréducteur du milieu réactionnel. Ce dernier passe de l'état très oxydant (E de l'ordre de 1,3 V avec des ions dichromate en excès en milieu acide) à l'état réducteur (E de l'ordre de 0,7 V avec des ions fer (II) en excès). L'indicateur coloré d'oxydoréduction *change nettement de couleur* lors de cette variation du potentiel oxydoréducteur.

La réaction support est la suivante et il faut être capable de l'établir méthodiquement (cf. Équilibrage d'une équation-bilan d'oxydoréduction).

$$Cr_2O_7^{2-} + 6\,Fe^{2+} + 14\,H_3O^+ \longrightarrow 2\,Cr^{3+} + 6\,Fe^{3+} + 21\,H_2O \quad (2)$$

Pour simplifier nous avons noté Fe^{2+} les ions fer (II) combinés dans le sel de Mohr.

4. Protocole expérimental

a. Distillation du vin

— Prélever **exactement** 100,0 cm³ de vin avec une **fiole jaugée** de 100 cm³. L'ajustage au trait de jauge peut nécessiter l'emploi d'un compte-gouttes ou d'une pipette ordinaire.

— Verser le vin dans un ballon de 250 cm³, rincer la fiole avec **quelques cm³** d'eau distillée, ajouter l'eau de rinçage dans le ballon.

— Ajouter quelques grains de pierre ponce pour régulariser l'ébullition.

— Procéder à la distillation de la moitié **environ** du liquide. Noter l'évolution de la température des vapeurs en haut de colonne (voir **figure 1**) en fonction du temps.

— Recueillir le distillat **(50 cm³ environ)** directement dans la fiole jaugée de 100 cm³.

— Compléter à 100,0 cm³ **exactement** le volume du distillat par addition d'eau distillée. Attention à ne pas dépasser le trait de jauge. Boucher avec un bouchon, homogénéiser par retournements successifs.

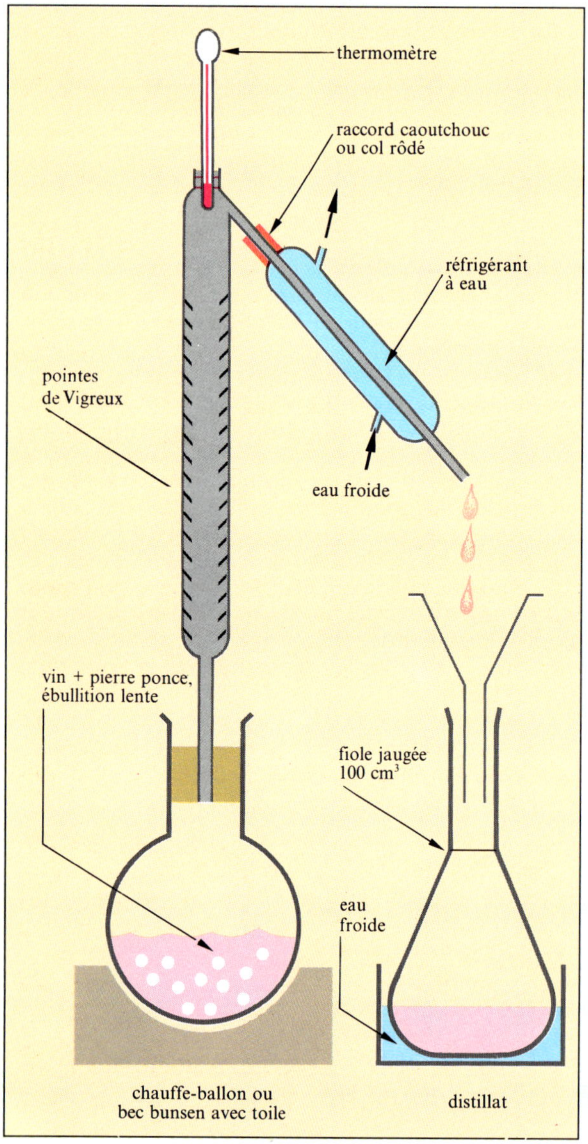

1. *Une répartition continue décroissante des températures du bas vers le haut de la colonne à distiller. Le thermomètre indique la température des vapeurs qui se condensent.*

Nous disposons d'une solution aqueuse d'éthanol, de même pourcentage en volume d'éthanol que le vin étudié. Cette solution sera notée S_1, sa concentration molaire en éthanol est notée c_1.

La solution S_1 qui ne contient que de l'alcool et de l'eau peut être étudiée directement avec un alcoomètre. En effet la densité de la solution est une fonction monotone décroissante du pourcentage volumique d'éthanol. Attention, si la température de mesure diffère de la température d'étalonnage de l'alcoomètre il faut procéder à des corrections délicates grâce à des abaques fournies par le réalisateur de l'alcoomètre ou du densimètre.

b. Dosage de l'alcool dans la solution S_1

— Diluer 10 fois la solution S_1 (ou une partie de cette solution) avec de l'eau distillée. On obtient S_2.

Sa concentration molaire en alcool vaut $c_2 = \frac{c_1}{10}$.

— Prélever un volume $V_2 = 10{,}0$ cm³ de solution S_2 avec une pipette jaugée et le verser dans une fiole conique de 250 cm³ (erlenmeyer).

— Ajouter un volume $V_3 = 20{,}0$ cm³ de solution de dichromate dans la fiole, à l'aide d'une seconde pipette jaugée.

Soit $c_3 = 0{,}1000$ mol·l⁻¹ la concentration molaire de la solution oxydante (29,42 g de dichromate de potassium par litre).

— Ajouter lentement et en refroidissant éventuellement, environ 10 cm³ d'acide sulfurique concentré (18 mol·l⁻¹). Attention au caractère corrosif de cet acide; utiliser une éprouvette graduée **(surtout ne pas le pipeter).**

Les ions chrome (III) résultant de la réduction d'une partie du dichromate donnent une teinte très foncée au liquide dans la fiole conique.

— Ajouter quelques gouttes de diphénylaminesulfonate de baryum.

— Laisser la réaction se faire pendant 10 à 15 minutes environ.

— Verser, *à la goutte près,* grâce à une burette graduée, le volume V_4 de solution de sel de Mohr qui fait virer la couleur de la solution du vert au rouge vineux.

L'équivalence de la réaction de dosage de l'excès de dichromate est alors atteinte. Soit $c_4 = 0{,}2000$ mol·l⁻¹ la concentration de la solution de sel de Mohr (78,44 g de sel par litre de solution).

5. Calculs

- (Une mole de dichromate consomme 6 moles d'électrons. Une mole d'alcool oxydé en fournit 4 et 1 mole de sel de Mohr en fournit 1.)
- Calculons la quantité de matière d'électrons que le volume V_3 de dichromate peut consommer :

$$n_3(e^-) = 6\, c_3 V_3 \text{ mol}$$

- Quantité de matière d'électrons fournis par la solution alcoolique S_2 :

$$n_2(e^-) = 4 \cdot c_2 V_2 \text{ mol}$$

• Quantité de matière d'électrons $n_4(e^-)$ fournis par la solution de sel de Mohr :

$$n_4(e^-) = 1\ c_4 \cdot V_4 \text{ (mol d'e}^-\text{)}$$

• **A l'équivalence, la quantité de matière d'électrons consommée par l'oxydant est égale à la somme des quantités de matière d'électrons cédées par les oxydants.**

$$n_3(e^-) = n_2(e^-) + n_4(e^-)$$

d'où : $n_2(e^-) = 6\,c_3V_3 - c_4V_4 = 4\,c_2V_2$

• Calcul de la concentration molaire c_1 de S_1 (ou du vin) en éthanol.

$$c_1 = 10\,c_2 = \frac{10}{4}\frac{(6\,c_3V_3 - c_4V_4)}{V_2} = 2{,}5\,\frac{(6\,c_3V_3 - c_4V_4)}{V_2}$$

Masse m d'alcool dissous dans $V_1 = 1$ litre de vin : $m\,(C_2H_5OH) = c_1 \cdot V_1 \cdot M\,(C_2H_5OH)$ avec M en $g \cdot mol^{-1}$

Volume d'alcool pur par litre de vin sachant que la masse volumique de l'alcool à 20 °C est $\rho\,(C_2H_5OH) = 789\ g \cdot l^{-1}$.

$$V = \frac{m\,(C_2H_5OH)}{\rho\,(C_2H_5OH)}$$

Pourcentage d'alcool en volume dans le vin :

$$\%\ \text{volume} = \frac{100 \times V}{V_1} = \frac{250 \cdot (6c_3V_3 - c_4V_4)}{V_2 \cdot \rho} \times M\,(C_2H_5OH)$$

6. Questions concernant la préparation de ces T.P. et leur exploitation

• Dans le texte du paragraphe **4a** qui fournit le protocole expérimental de la distillation on indique que certaines quantités employées sont précises, d'autres approximatives. Expliquer pourquoi à partir des expressions en caractères gras du paragraphe **4a**.

• Expliquer concrètement avec quel matériel et comment on dilue exactement dix fois (début du paragraphe **4b**).

• Expliquer concrètement avec quels matériels et produits on peut préparer les solutions titrées de dichromate de potassium et de sel de Mohr (on veut un l par exemple de chaque solution pour un groupe de T.P.) et comment on procède. Est-il nécessaire d'avoir des concentrations molaires exactement égales à celles proposées : 0,1000 ou $0{,}2000\ mol \cdot l^{-1}$? Pourquoi a-t-on écrit les trois zéros après le 1 ou le 2?

• Quel intérêt y a-t-il de regrouper tous les résultats des divers groupes de T.P. qui ont travaillé sur le même vin?

Comment cet ensemble de mesures est-il exploité?

• Dans le protocole du paragraphe **4b**, on demande de « verser un volume V_4 à la goutte près ». Afin d'avoir une idée de l'ordre de grandeur à atteindre et pour ne pas tâtonner sur un intervalle trop grand, on peut calculer la valeur théorique de V_4 soit $V_{4\,th}$ à partir du pourcentage en volume d'alcool annoncé par le négociant (sur l'étiquette par exemple). On pourra ensuite verser directement $V_{4\,th} - 2\ cm^3$ et tâtonner à la goutte près ensuite (1 goutte $\approx 0{,}05\ cm^3$) jusqu'à la valeur de V_4 expérimentale.

A titre d'exemple prenons un vin à 10 % d'alcool en volume. La masse m d'alcool dans les 100 cm^3 de S vaut : $m_1 = \frac{10}{100} \times 0{,}1 \times 789 = 7{,}89$ g

La quantité de matière correspondante d'alcool dans S_1 vaut :

$$n_1(C_2H_5OH) = \frac{m_1}{M(C_2H_5OH)} = \frac{7{,}89}{46{,}1} = 1{,}711 \cdot 10^{-1}\ \text{mol}$$

La quantité de matière d'alcool dosée dans 10 cm^3 de S_2 vaut :

$$n_2(C_2H_5OH) = \frac{n_1(C_2H_5OH)}{100} = 1{,}711 \cdot 10^{-3}\ \text{mol}$$

Quantité de matière $n_2(e^-)$ d'électrons fournis par une quantité n_2 d'alcool :

$$n_2(e^-) = 4\,n_2(C_2H_5OH) = 6{,}846 \cdot 10^{-3}\ \text{mol}$$

Quantité de matière $n_3(e^-)$ d'électrons consommés par $V_3 = 20{,}0\ cm^3$ de solution de dichromate de concentration molaire $c_3 = 0{,}1000\ mol \cdot l^{-1}$.

$$n_3(e^-) = 6 \cdot c_3V_3 = 6 \cdot 2 \cdot 10^{-2} \cdot 10^{-1} = 12{,}000 \cdot 10^{-3}\ \text{mol}$$

Quantité de matière $n_4(e^-)$ d'électrons à fournir pour réduire le dichromate en excès :

$$n_4(e^-) = n_3(e^-) - n_2(e^-) = 5{,}154 \cdot 10^{-3}\ \text{mol}$$

Volume théorique $V_{4\,th}$ de solution de sel de Mohr de concentration $c_4 = 0{,}2000\ mol \cdot l^{-1}$:

$$V_{4\,th} = \frac{n_4(e^-)}{c_4} = \frac{5{,}154 \cdot 10^{-3}}{0{,}2000} \approx 25{,}8 \cdot 10^{-3}\ \text{l}$$

soit 25,8 cm^3.

On pourra donc utiliser une « chute de burette » directe de 24 cm^3 par exemple et tâtonner à partir de ce volume au goutte à goutte.

• Avec les potentiels standards d'oxydoréduction des 3 couples d'oxydoréduction de la manipulation, montrer que les équations-bilans 1 et 2 peuvent être totales (chercher les potentiels standards dans la table du livre).

• Une solution aqueuse à 10 % d'éthanol dans l'eau a une masse volumique de $986{,}5\ g \cdot l^{-1}$.

Sachant que la masse volumique de l'alcool pur à la même température (20 °C) est de $789\ g \cdot l^{-1}$, montrer que le mélange alcool-eau se fait avec une légère diminution de volume.

En pratique, comment peut-on réaliser une solution aqueuse d'alcool à 10,0 % en volume d'alcool? Cette solution nous permettrait de tester la validité du protocole de T.P. Expliquer pourquoi.

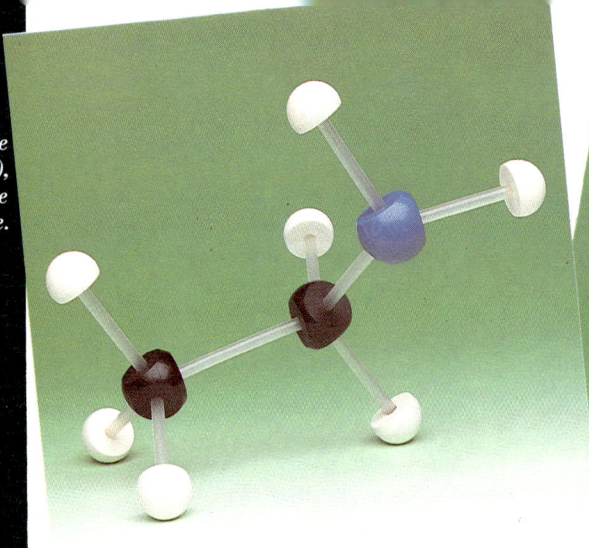

1. *Éthanamine (modèle éclaté), amine primaire.*

2. *N-méthyl-éthanamine (modèle éclaté), amine secondaire.*

3. *N,N-diméthyl-éthanamine (modèle éclaté), amine tertiaire.*

4. *Aniline (modèle compact), amine aromatique.*

10 LES AMINES

La matière vivante synthétise des composés organiques comportant des atomes d'azote dans leurs molécules. Une famille importante de ces composés est celle des amines

A DÉFINITIONS ET STRUCTURES

1/ DÉFINITIONS

1. Amines

La formule d'une amine s'obtient par remplacement d'un ou plusieurs atomes d'hydrogène d'une molécule d'ammoniac par un ou plusieurs groupes alkyle R— ou aryle Ar—.

Exemples de formules d'amines :

$CH_3—CH_2—NH_2$ éthylamine

$CH_3—CH_2—NH—CH_3$ *N*-méthyl-éthylamine

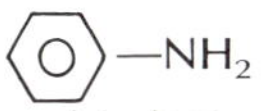

phénylamine

Un groupe aryle est obtenu formellement à partir d'un hydrocarbure aromatique par enlèvement d'un atome d'hydrogène lié à un atome de carbone faisant partie d'un cycle aromatique. L'exemple le plus simple est celui du groupe phényle C_6H_5—, symbolisé par 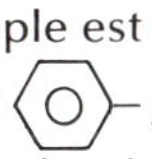, résultant de l'enlèvement d'un atome d'hydrogène à une molécule de benzène C_6H_6, symbolisée par .

Lorsqu'un groupe aryle au moins est lié à l'atome d'azote, l'amine est dite aromatique (voir **fig. 4** pour l'aniline).

2. Ions ammonium substitués

Lorsqu'on remplace dans la formule de l'ion ammonium NH_4^+ un atome d'hydrogène par un groupe alkyle R—, ou aryle Ar—, on obtient un ion alkylammonium $R—NH_3^+$ ou arylammonium $Ar—NH_3^+$. Il peut y avoir remplacement de plusieurs atomes d'hydrogène par autant de groupes alkyle ou aryle.

2/ CLASSIFICATION

1. Classe des amines

Selon qu'un, deux ou trois atomes d'hydrogène dans la formule de l'ammoniac, NH_3, sont remplacés par un, deux ou trois groupes hydrocarbonés (alkyle ou aryle), on obtient respectivement une amine primaire, secondaire ou tertiaire.

La molécule d'une amine primaire **(fig. 1)** renferme le groupe **amino** $—NH_2$ lié à un atome de carbone d'un groupe hydrocarboné.

La molécule d'une amine secondaire **(fig. 2)** ou tertiaire **(fig. 3)** renferme les groupes amino substitués, notés respectivement —NH— ou $-\underset{|}{N}-$ liés à deux ou trois atomes de carbone de groupes hydrocarbonés.

R désignant *ici* un groupe alkyle ou aryle, la formule d'une amine selon sa classe est résumée dans le tableau 5 de la page 166.

Classe de l'amine	primaire	secondaire	tertiaire
Formule	$R—NH_2$	$R^1—NH—R^2$	$R^1-\underset{R^3}{\underset{|}{N}}-R^2$
Exemple	Éthanamine $C_2H_5—NH_2$	*N*-méthyl-éthanamine $CH_3-\underset{H}{\underset{|}{N}}-C_2H_5$	*N, N*-diméthyl-éthanamine $CH_3-\underset{C_2H_5}{\underset{|}{N}}-CH_3$

Exemples :

Les amines de formules $C_2H_5NH_2$, 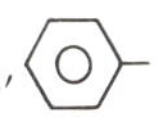 NH_2 sont primaires.

L'amine de formule C_2H_5—NH—CH_3 est secondaire.

L'amine de formule $(CH_3)_3N$ est tertiaire.

Remarque

Pour définir la classe des alcools, il faut regarder le nombre d'atomes d'hydrogène liés à l'atome de carbone porteur du groupe hydroxyle.

Pour définir la classe des amines, il faut regarder le nombre d'atomes d'hydrogène liés à l'atome d'azote.

2. Classe des ions ammonium substitués

Elle est liée au nombre d'atomes d'hydrogène substitués dans la formule de l'ion ammonium, NH_4^+. En particulier, si les quatre atomes d'hydrogène sont remplacés par des groupes hydrocarbonés, l'ion ammonium est dit quaternaire.

Nomenclature des ions ammonium substitués : Ils sont nommés en plaçant, par ordre alphabétique, les noms des groupes liés à l'atome d'azote devant le mot « ammonium ». Les préfixes multiplicatifs di, tri, ou tétra, sont utilisés éventuellement.

Exemples : $(CH_3)_4N^+$ ion tétraméthylammonium

CH_3—CH_2—$\overset{+}{N}H$—CH_3 (avec CH_3 sur N) ion éthyldiméthylammonium

3. Remarques

La phénylamine, de formule **C_6H_5—NH_2** ou  —NH_2, est appelée couramment **aniline** (**fig. 4,** page 164). Son acide conjugué est le cation anilinium $C_6H_5NH_3^+$.

Le nom de l'aniline peut servir de nom fondamental pour d'autres dérivés.

Lorsque dans une molécule il y a un groupe prioritaire par rapport au groupe amino —NH_2, par exemple le groupe carboxyle —CO_2H des acides carboxyliques, le groupe amino est nommé par le préfixe « -amino » (voir les amino-acides, chapitre 14).

5. *Nomenclature des amines d'après l'Union Internationale de Chimie Pure et Appliquée (U.I.C.P.A.).*

Nomenclature des amines	Formules	Nomenclature substitutive	Nomenclature radico-fonctionnelle
Amines primaires	R—NH_2	La terminaison « -e » du nom de l'alcane correspondant à la chaîne carbonée la plus longue porteuse du groupe amino est remplacée par la terminaison « -amine ». Celle-ci est suivie d'un tiret et d'un chiffre indiquant le numéro du carbone porteur.	Le nom du groupe R— ou Ar— est suivi de la terminaison amine. Le « e » de alkyle s'élide.
Nom générique		alcanamine-n	alkylamine
Exemples	$CH_3CH_2CH_2NH_2$ CH_3—CH—CH_3 | NH_2	propanamine-1 propanamine-2	propylamine isopropylamine
Amines secondaires et tertiaires	R^1—NH—R^2 R^1—N—R^2 | R^3	Le groupe alkyle prioritaire (en général celui possédant la chaîne carbonée la plus longue) détermine le nom de l'alcane dont dérive le nom de l'amine comme ci-dessus. Les autres groupes alkyle sont nommés, par ordre alphabétique, comme substituants liés à l'atome d'azote conformément aux exemples ci-dessous.	
Exemples	CH_3CH_2—NH—CH_3 $CH_3CH_2CH_2CH_2$—N—CH_2CH_3 | CH_3 $CH_3CH_2CH_2$—N—CH_3 | CH_3	*N*-méthyl-éthanamine *N*-éthyl *N*-méthyl-butanamine *N, N*-diméthyl-propanamine	*N*-méthyl-éthylamine *N*-éthyl *N*-méthyl-butylamine *N, N*-diméthyl-propylamine
Amines symétriques secondaires et tertiaires			Les amines symétriques secondaires R_2NH et tertiaires R_3N sont nommées en plaçant respectivement devant le nom du groupe alkyle le préfixe « di- » ou « tri- » et, à la suite du nom, la terminaison « -amine ».
Exemples	$(CH_3)_3N$ $(C_2H_5)_2NH$	*N, N*-diméthyl-méthanamine *N*-éthyl-éthylamine	triméthylamine diéthylamine

3/ STRUCTURES

1. Structure du groupe amino des amines

a. Géométrie

Dans une amine, l'atome d'azote et les trois atomes qui lui sont liés sont aux sommets d'un tétraèdre, comme dans la molécule d'ammoniac **(fig. 7)**.

b. Interprétation. Formation des liaisons

L'atome d'azote possède sept électrons : deux sur la couche K (n = 1) et cinq sur la couche L (n = 2) **(fig. 6)**.

Dans la molécule d'ammoniac comme dans celles des amines, l'atome d'azote met en commun trois fois un de ses électrons de la couche L avec un électron d'un atome d'hydrogène ou d'un atome de carbone, et crée ainsi trois liaisons covalentes **(fig. 8)**.

Dans cet édifice constitué par les électrons apportés par les atomes liés et ceux mis en commun, l'atome d'azote se trouve entouré de 8 électrons sur sa couche L; il a ainsi la configuration électronique stable du néon.

***Il reste deux électrons (doublet) de la couche L de l'atome d'azote qui ne sont pas engagés dans une liaison covalente. Ce doublet est appelé* doublet libre. *On le représente parfois sur l'atome d'azote par un tiret ou par deux points* (*voir* fig. 8).**

2. Structure des ions ammonium

a. Géométrie

Dans l'ion ammonium comme dans les ions alkylammonium les liaisons issues de l'atome d'azote sont disposées dans l'espace comme les droites joignant le centre d'un tétraèdre à ses quatre sommets **(fig. 9 et 10)**.

b. Interprétation. Formation des liaisons

Comme l'ion ammonium porte une charge positive (+e), il a un électron de moins que le nombre des électrons apportés par les différents atomes qui le composent. La **figure 10** indique les électrons de valence participant, par doublets mis en commun, aux liaisons dans l'ion méthylammonium.

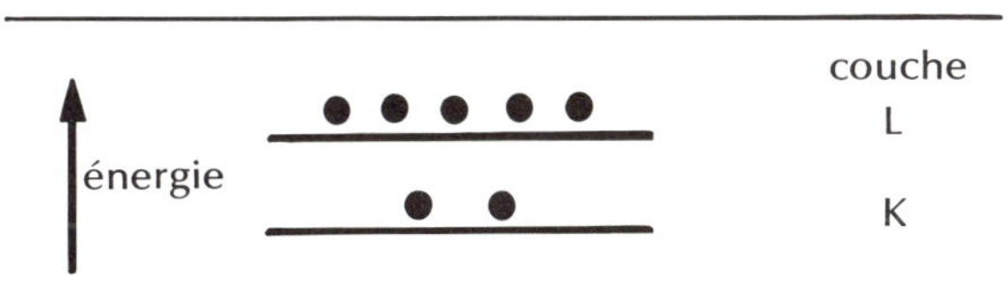

6. *Structure électronique des couches externes de l'atome d'azote.*

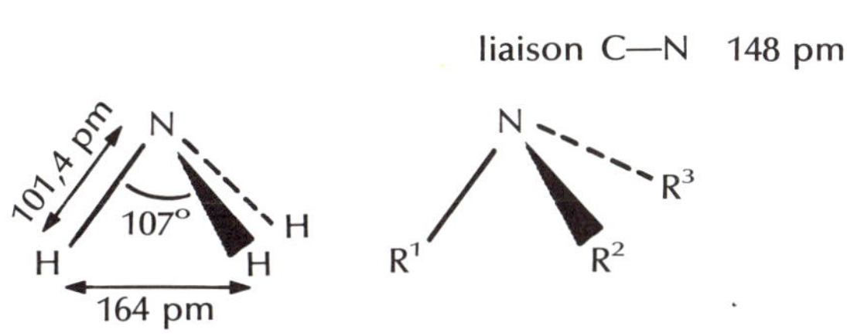

7. *Structure géométrique de l'ammoniac et des amines.*

Dans les ions ammonium, l'atome d'azote établit donc quatre liaisons de covalence simple avec des atomes d'hydrogène ou de carbone. Entouré de huit électrons, cet atome d'azote a encore la configuration électronique du néon.

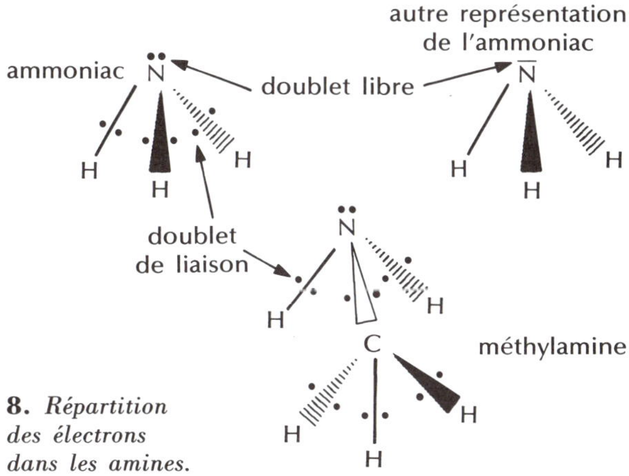

8. *Répartition des électrons dans les amines.*
Les divers tirets représentent chacun un doublet d'électrons.

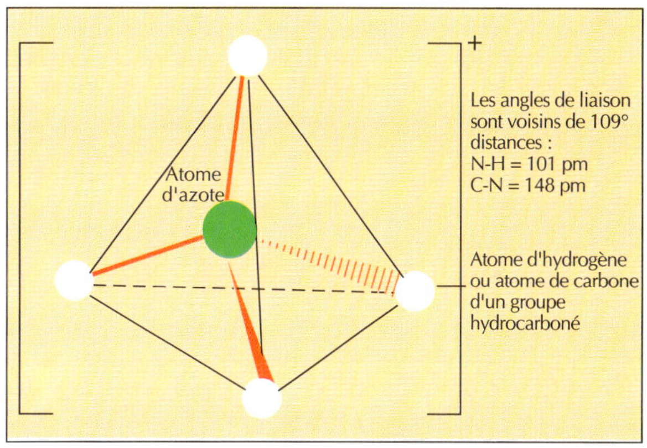

9. *Structure tétraédrique de l'ion ammonium.*

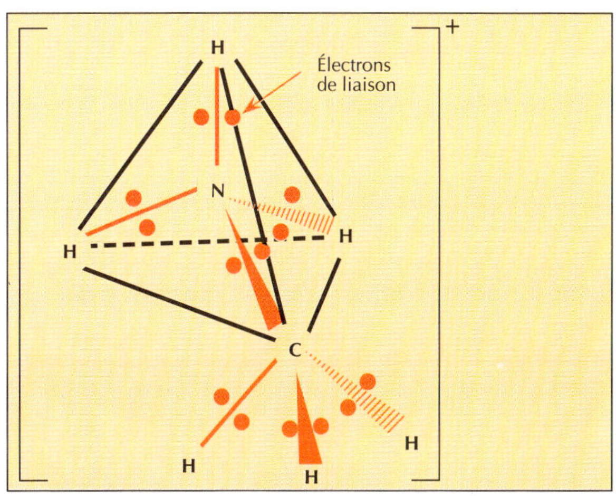

10. *Répartition électronique dans l'ion N-méthyl-ammonium.*
Les divers tirets représentent chacun un doublet d'électrons.

B PRINCIPAUX ASPECTS DE LA RÉACTIVITÉ DES AMINES

Les deux principales propriétés des amines sont liées à la présence du doublet libre porté par l'atome d'azote.

1/ BASICITÉ DES AMINES

1. Données expérimentales

Une solution aqueuse $1{,}0 \times 10^{-2}$ $mol \cdot l^{-1}$ d'éthanamine a un pH égal à 11,4 à 25 °C. De façon générale, les amines solubles dans l'eau donnent des solutions basiques.

2. Interprétation

Comme l'ammoniac, $\overline{N}H_3$, une amine donne avec l'eau un équilibre chimique. Avec l'éthanamine, $CH_3CH_2-\overline{N}H_2$:

$$CH_3CH_2-\overline{N}H_2 + H_2O \rightleftarrows CH_3CH_2-NH^+_{3\,(aq)} + OH^-_{(aq)}$$

La réaction d'une amine avec l'eau forme des ions hydroxyde et modifie l'équilibre ionique de l'eau.

La concentration en ions hydroxyde devient à 25 °C supérieure à 10^{-7} $mol \cdot l^{-1}$. Ceci explique que la solution soit basique.

L'équation précédente est équivalente à :

$$CH_3CH_2-\overline{N}H_{2\,(aq)} + H_3O^+_{(aq)} \rightleftarrows CH_3CH_2-NH^+_{3\,(aq)} + H_2O$$

Cette équation s'interprète par le transfert d'un proton entre le couple H_3O^+/H_2O de l'eau et le couple $CH_3CH_2-NH_3^+/CH_3CH_2-\overline{N}H_2$ de l'éthanamine.

Dans ce deuxième couple, l'éthanamine est une base capable de capter un proton pour former l'ion éthylammonium, acide conjugué :

$$\underset{\text{acide}}{CH_3CH_2-NH_3^+} \rightleftarrows \underset{\text{proton}}{H^+} + \underset{\text{base}}{CH_3CH_2\overline{N}H_2}$$

Les pK_A de couples mettant en jeu quelques amines **(fig. 11)** montrent que les amines sont des bases plus fortes que l'ammoniac.

La fixation du proton H^+ par l'amine se fait par création d'une liaison covalente simple entre l'atome d'azote de l'amine et le proton; les deux électrons de cette liaison sont ceux du doublet libre de l'atome d'azote de l'amine.

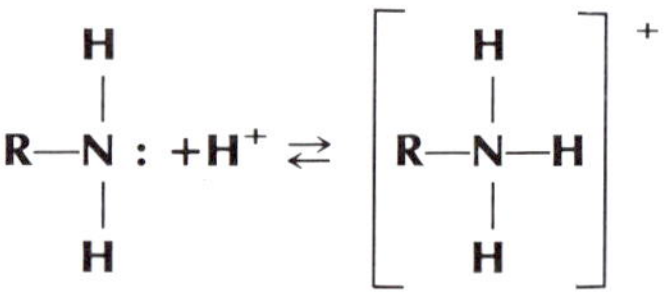

formule	nom de l'amine	température d'ébullition (°C)	température de fusion	solubilité dans l'eau (g/100 cm^3)	pK_A du couple (à 2 %)
NH_3	ammoniac	−33	−77,7	*	9,25
CH_3NH_2	méthylamine	−6,5	−92,6	1160	10,6
$(CH_3)_2NH$	diméthylamine	+7	1	*	10,7
$(CH_3)_3N$	triméthylamine	+3,5		*	9,8
$C_2H_5NH_2$	éthylamine	16,6	−80,6	*	10,75
$(C_2H_5)_2NH$	diéthylamine	55,5	−50	très soluble	11,1
$(C_2H_5)_3N$	triéthylamine	89,5	−115	1,5	10,8
$(C_3H_7)_3N$	tributylamine	214		peu soluble	
$C_6H_5-NH_2$	aniline	184,4	−6,2	3,4	4,6

* *Miscible en toute proportion.*

11. *Données relatives à quelques amines. Les amines simples ont une odeur caractéristique forte et désagréable qui ressemble à celle de l'ammoniac (odeur de poisson avarié). Leur solubilité dans l'eau est très élevée, comme celle de l'ammoniac. Les pK_A des couples acido-basiques ammonium/amine se situent entre 10 et 11 environ. Les amines les plus simples, de masse molaire peu élevée sont gazeuses dans les conditions ordinaires. A noter que l'aniline est toxique.*

2/ PROPRIÉTÉS NUCLÉOPHILES DES AMINES

1. Expérience (réaction d'Hofmann)

Dans un tube à essai contenant de l'iodo-éthane C_2H_5I en solution dans l'éther (ou éthoxy-éthane, de formule $CH_3—CH_2—O—CH_2—CH_3$), versons une solution de triéthylamine, également dans l'éther. Au bout d'un certain temps, on observe la formation d'un précipité **(fig. 12).** L'analyse de ce solide montre qu'il s'agit d'iodure de tétraéthylammonium formé des ions tétraéthylammonium $(C_2H_5)_4N^+$ et iodure I^-. Ceci explique qu'il soit insoluble dans l'éther. L'équation-bilan de cette réaction s'écrit :

$$C_2H_5I_{(\text{éther})} + (C_2H_5)_3\overline{N}_{(\text{éther})} \longrightarrow (C_2H_5)_4NI_{(\text{solide})}$$

12. *Réaction d'Hofmann.*

2. Interprétation

Lors de la réaction, il y a eu rupture de la liaison carbone-iode dans l'iodo-éthane et création d'une liaison carbone-azote.

a. Étude des réactifs

- Iodo-éthane.

La liaison carbone-iode est covalente. Des deux atomes, carbone et iode, qui mettent un doublet en commun, l'atome d'iode a plus tendance que l'atome de carbone à attirer les électrons de liaison. L'iode est dit plus électronégatif que le carbone.

Définition : l'électronégativité d'un élément est l'aptitude de cet élément à conserver ses électrons de valence ou à attirer les électrons de valence d'un autre élément dans une combinaison chimique.

L'électronégativité d'un élément est caractérisée par un nombre d'autant plus grand que celle-ci est grande. Le tableau périodique de la **figure 13** donne l'électronégativité de quelques éléments.

L'électronégativité de l'iode est ainsi de 2,7; elle est supérieure à celle du carbone (2,5). De même, le chlore et le brome sont plus électronégatifs que le carbone.

Le doublet de la liaison covalente C—I de l'iodo-éthane est donc plus attiré par l'iode que par le carbone, la liaison est dite **covalente polarisée.** Il y a excès d'électrons sur l'atome d'iode et déficit sur l'atome de carbone, ceci se traduit par des charges partielles $q = +\delta e$ au niveau de l'atome de carbone et $q' = -\delta e$ au niveau de l'atome d'iode, e étant la charge élémentaire et δ tel que $0 \leq \delta < 1$. $\delta = 1$ correspondrait à un transfert total du doublet sur l'atome d'iode, donc à la rupture de la liaison avec formations d'ions.

Sur les figures l'excès d'électrons est souvent noté $\delta-$, le défaut est noté $\delta+$.

- Triéthylamine.

Cette amine possède un doublet libre sur l'atome d'azote.

b. Réactivité

Le doublet libre de l'amine est attiré par la charge positive de l'atome de carbone de l'iodo-éthane. L'amine, par son doublet libre, présente une affinité pour la charge positive de la molécule d'iodo-éthane. L'amine est appelée un *réactif nucléophile.*

Définition : un réactif nucléophile peut réagir sur une espèce chimique présentant dans sa structure un défaut d'électron.

L'attaque par le réactif nucléophile a lieu sur l'atome présentant le défaut d'électrons, cet atome étant chargé positivement.

C'est le cas de l'atome de carbone lié à l'atome d'iode dans la molécule d'iodo-éthane.

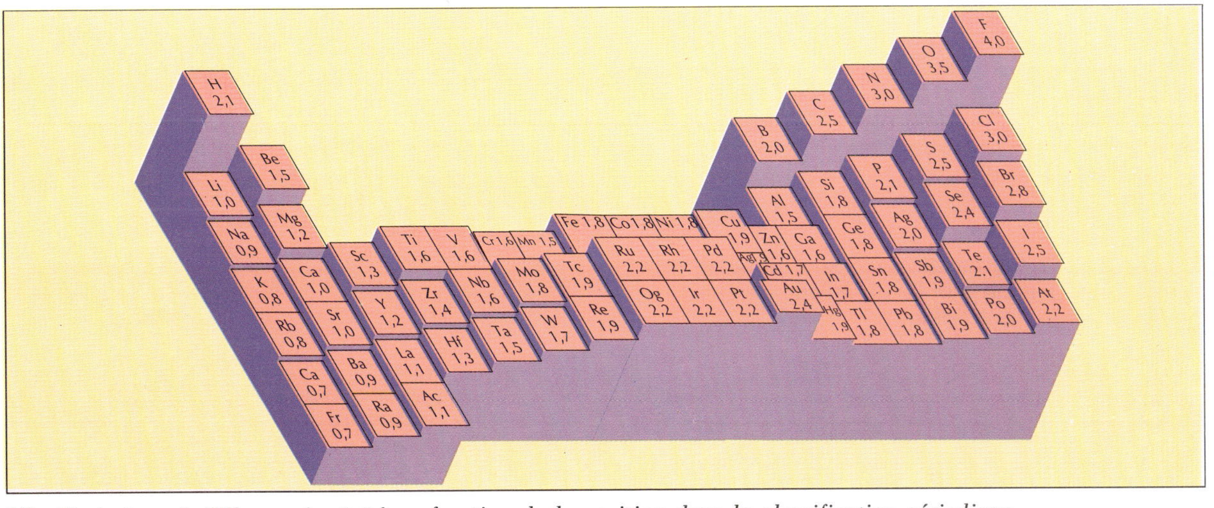

13. *Variations de l'électronégativité en fonction de la position dans la classification périodique.*

Un réactif nucléophile présente donc dans sa structure un excès d'électrons. Cet excès d'electrons est porté par un atome chargé négativement ou possédant un doublet libre.

Par son doublet libre, l'atome d'azote attaque l'atome de carbone chargé positivement (δ^+) de l'iodo-éthane et repousse le doublet de liaison carbone-iode sur l'iode. On illustre ce phénomène par des flèches représentant conventionnellement les déplacements des doublets d'électrons.

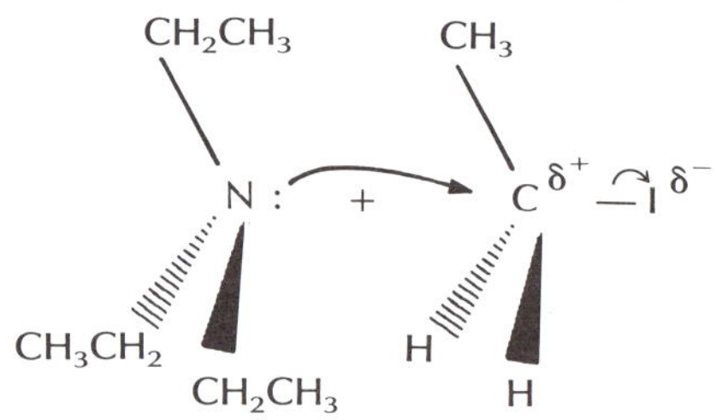

Par son doublet libre l'atome d'azote se lie à l'atome de carbone, l'iode part avec le doublet de liaison sous forme d'ion iodure.

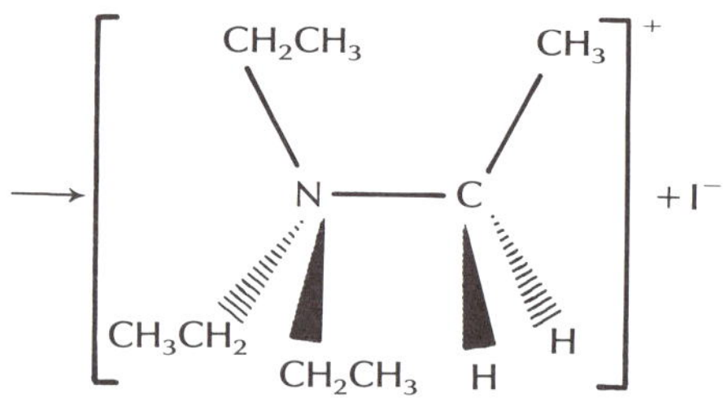

La réaction est donc une substitution du groupe de l'amine à l'iode.

Compte tenu du mode d'attaque de l'iodo-éthane par l'amine et du bilan, la réaction est appelée une réaction de substitution nucléophile sur l'iodo-éthane.

3. Réaction des amines avec les halogéno-alcanes ou dérivés halogénés des alcanes

- Un dérivé halogéné est une substance dont la molécule possède un atome d'halogène lié à un atome de carbone. Dans ce qui suit, nous nous limitons aux dérivés halogénés des alcanes ou halogéno-alcanes. Les fluoro-alcanes sont très peu réactifs et nous considérons seulement les dérivés iodés, bromés ou chlorés.

- Considérons la réaction entre l'éthanamine et l'iodo-éthane.

Comme précédemment, par son doublet libre, l'éthanamine donne sur l'iodo-éthane une réaction de substitution nucléophile :

$$CH_3CH_2{-}\ddot{N}H_2 + CH_3{-}\overset{\delta^+}{C}H_2{-}\overset{\delta^-}{I} \longrightarrow \left[CH_3{-}CH_2{-}\underset{\displaystyle H}{\overset{\displaystyle H}{N}}{-}CH_2{-}CH_3\right]^+ + I^-$$

L'ion diéthylammonium obtenu participe à un équilibre acido-basique rapide par transfert de proton, par exemple, avec l'amine primaire en excès :

$$C_2H_5{-}\bar{N}H_2 + (C_2H_5NH_2C_2H_5)^+ \rightleftarrows (C_2H_5NH_3)^+ + C_2H_5{-}\overset{\displaystyle H}{\ddot{N}}{-}C_2H_5$$

La diéthylamine ainsi formée peut à son tour réagir sur l'iodo-éthane par substitution nucléophile :

$$C_2H_5{-}\ddot{N}H{-}C_2H_5 + CH_3{-}\overset{\delta^+}{C}H_2{-}\overset{\delta^-}{I} \longrightarrow \left[C_2H_5{-}\underset{\displaystyle CH_2{-}CH_3}{NH}{-}C_2H_5\right]^+ + I^-$$

L'ion triéthylammonium est lui aussi en équilibre acido-basique avec l'amine primaire en excès :

$$\left[C_2H_5{-}\underset{\displaystyle C_2H_5}{NH}{-}C_2H_5\right]^+ + C_2H_5\bar{N}H_2 \rightleftarrows (CH_3CH_2)_3\bar{N} + (C_2H_5NH_3)^+$$

La triéthylamine peut donc également réagir sur l'iodo-éthane (réaction détaillée au paragraphe 1) :

$$(CH_3CH_2)_3\ddot{N} + CH_3{-}\overset{\delta^+}{C}H_2{-}\overset{\delta^-}{I} \longrightarrow [(CH_3CH_2)_4N]^+ + I^-$$

Ces différentes réactions de substitution nucléophile sont lentes et ont lieu simultanément. Elles conduisent à de mélanges d'amines secondaire et tertiaire, d'ion tétraéthylammonium, et d'amine primaire qui n'aurait pas encore réagi. La séparation de ces produits n'est pas toujours aisée. Ces réactions de synthèse des amines sont appelées *réactions d'Hofmann.*

4. Basicité et nucléophilie

Basicité et nucléophilie sont deux aspects de la réactivité des amines due à la présence du doublet libre sur l'atome d'azote.

La basicité des amines se manifeste par des réactions rapides de transfert de protons avec des acides. Elle se traduit par l'existence d'un équilibre chimique (constante d'acidité).

La nucléophilie d'un réactif est liée à sa vitesse de disparition plus ou moins grande lors de sa réaction sur un corps donné.

Remarque : la réaction d'une amine sur un chlorure d'acyle (chapitre 11) met également en jeu la propriété nucléophile de l'amine.

L'ESSENTIEL

• La **formule d'une amine** s'obtient par remplacement d'un ou de plusieurs atomes d'hydrogène d'une molécule d'ammoniac par un ou plusieurs groupes alkyle R— ou aryle Ar—.

• La **structure électronique de l'azote** ainsi lié comporte un doublet d'électrons non lié à d'autres atomes et que l'on appelle **doublet libre.** Ce doublet existe également dans les molécules d'ammoniac.

• Les **molécules d'amines** ont une **structure tétraédrique (fig. 14),** qu'il s'agisse d'amines *primaires* $R^1—\overline{N}H_2$, *secondaires* $R^1—\overline{N}H—R^2$ ou *tertiaires* $R^1—\overline{N}—R^3$

$$R^1—\overline{N}(R^2)—R^3$$

Le tiret ou double point sur l'atome d'azote symbolise le doublet libre.

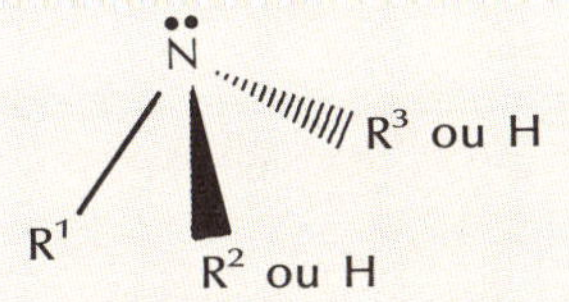

14. *Structure tétraédrique de la molécule d'amine.*

• Le doublet libre confère **deux catégories de propriétés aux amines :**

— ce sont des *accepteurs de protons ou bases de Brönsted.*

$$\underset{\text{base de Brönsted}}{R—\overline{N}H_2} + H^+ \rightleftarrows \underset{\text{acide de Brönsted conjugué}}{R\overset{\oplus}{N}H_3}$$

Les pK_A des couples sont de l'ordre de 10 à 11.

— ce sont des *réactifs nucléophiles.* Par le doublet électronique, la molécule d'amine s'oriente vers les sites appauvris en électrons (charge $+\delta e$) des autres molécules, par exemple les halogéno-alcanes, qui possèdent sur l'atome de carbone lié à l'halogène X un défaut d'électrons. En effet, la liaison C—X est polarisée, car les halogènes X sont plus électronégatifs que le carbone. Les électrons de cette liaison étant donc plus attirés par l'halogène X induisent une charge $+\delta e$ sur le carbone. La molécule d'amine se substitue à l'atome d'halogène sur l'halogéno-alcane. La liaison se fait par le doublet de l'azote. Il s'agit d'une *substitution nucléophile* **(fig. 15).** Mémoriser l'exemple expérimental triéthylamine sur iodo-éthane.

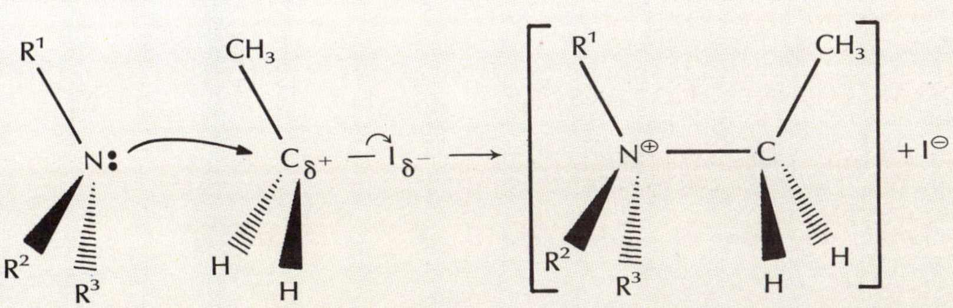

15. *Réaction d'une amine sur l'iodo-éthane.*

EXERCICES RÉSOLUS

1 On considère l'amine tertiaire $(CH_3)_3N$.

1. On étudie une solution aqueuse de cette amine, de concentration molaire $c = 1{,}0 \times 10^{-1}$ mol·l^{-1}. Son pH est égal à 11,4.

a. Écrire l'équation de la réaction de l'amine sur l'eau. Écrire le couple acide/base relatif à cette amine.

b. Quel est le caractère de l'amine mis en évidence? Justifier la réponse.

c. Calculer les concentrations molaires des différentes espèces chimiques présentes dans cette solution (supposée à 25 °C).

d. Calculer la constante d'acidité K_A et le pK_A du couple relatif à l'amine.

2. Cette amine réagit sur l'iodure d'éthyle ou mono-iodo-éthane en solution dans l'éthanol.

a. Écrire l'équation-bilan de cette réaction. Quel est le nom du produit obtenu?

b. Quel est le caractère de l'amine mis ainsi en évidence?
Justifier la réponse.

SOLUTION

1. L'amine de formule $(CH_3)_3N$ est une amine tertiaire : il s'agit de la triméthylamine ou *N*, *N*-diméthyl-méthanamine.

a. Cette amine en solution aqueuse est une base faible. Elle réagit partiellement avec l'eau selon l'équation-bilan :

$$\mathbf{(CH_3)_3N + H_2O \rightleftarrows (CH_3)_3NH^+_{(aq)} + OH^-_{(aq)}} \qquad (1)$$

L'ion triméthylammonium est l'acide conjugué de cette amine. Le couple acide/base mis en jeu est donc défini par

$$\mathbf{(CH_3)_3NH^+_{(aq)}/(CH_3)_3N}$$

b. La triméthylamine possède un doublet libre sur l'atome d'azote. Elle peut donc capter un proton H^+. En solution aqueuse nous avons l'équilibre suivant entre la base amine et son acide conjugué, l'ion triméthylammonium :

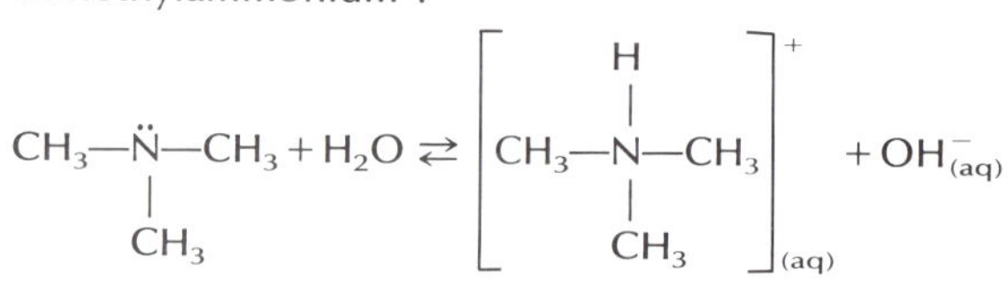

Cet équilibre réactionnel met donc en évidence le caractère basique de l'amine.

c. En solution aqueuse, nous avons les équilibres suivants :

$$(CH_3)_3N + H_2O \rightleftarrows (CH_3)_3NH^+ + OH^-$$

et $2\,H_2O \rightleftarrows H_3O^+_{(aq)} + OH^-_{(aq)}$ avec $K_e = 1{,}0 \times 10^{-14}$

Les espèces en présence sont donc : $(CH_3)_3N$, $(CH_3)_3NH^+_{(aq)}$, $H_3O^+_{(aq)}$, $OH^-_{(aq)}$.

La connaissance du pH permet de calculer

$$\mathbf{[H_3O^+_{(aq)}] = 10^{-pH} \approx 4{,}0 \times 10^{-12}\ mol \cdot l^{-1}}$$

D'après le produit ionique de l'eau, on calcule

$$\mathbf{[OH^-_{(aq)}] \approx 2{,}5 \cdot 10^{-3}\ mol \cdot l^{-1}}$$

L'électroneutralité de la solution s'écrit :

$$[(CH_3)_3NH^+_{(aq)}] + [H_3O^+_{(aq)}] = [OH^-_{(aq)}]$$

On en déduit

$$\mathbf{[(CH_3)_3NH^+_{(aq)}]} \approx [OH^-_{(aq)}] \approx \mathbf{2{,}5 \cdot 10^{-3}\ mol \cdot l^{-1}}$$

La concentration en ions H_3O^+ est extrêmement faible par rapport à celle des ions OH^-.

La conservation de la matière permet d'écrire :

$$[(CH_3)_3NH^+_{(aq)}] + [(CH_3)_3N] = c$$

$$[(CH_3)_3N] = c - [(CH_3)_3NH^+_{(aq)}] = 10^{-1} - 2{,}5 \cdot 10^{-3}$$

$$\mathbf{[(CH_3)_3N] = 9{,}75 \cdot 10^{-2}\ mol \cdot l^{-1}}$$

d. Par définition la constante d'acidité du couple relatif à l'amine est obtenu à partir des concentrations à l'équilibre :

$$K_A = \frac{[(CH_3)_3N][H_3O^+_{(aq)}]}{[(CH_3)_3NH^+_{(aq)}]} = \frac{9{,}75 \cdot 10^{-2} \times 4 \cdot 10^{-12}}{2{,}5 \cdot 10^{-3}}$$

$K_A = 1{,}56 \cdot 10^{-10}$

soit $\mathbf{pK_A = -lg\ K_A = 9{,}81}$.

2. a. Par action de l'amine sur l'iodure d'éthyle, la réaction qui se produit a pour équation-bilan :

$$\mathbf{(CH_3)_3N + C_2H_5I \longrightarrow (CH_3)_3C_2H_5N^+ + I^-}$$

Le produit obtenu est **l'iodure d'éthyl-triméthylammonium.**

b. La réaction précédente met en évidence le caractère **nucléophile** de cette amine.

En effet, grâce à son doublet libre, l'atome d'azote de la triméthylamine peut attaquer l'atome de carbone chargé positivement $+\delta$e de la liaison C—I dans l'iodure d'éthyle.

Il y a alors formation d'une liaison de covalence azote carbone tandis que l'iode part sous forme d'ion iodure :

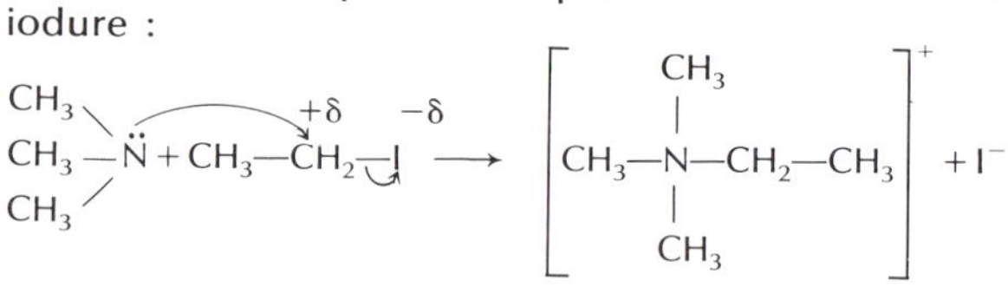

BAC

2 On étudie la diméthylamine C_2H_7N.

1. On réalise une solution aqueuse de concentration molaire $1{,}0 \cdot 10^{-1}$ mol·l^{-1} de cette amine. Le pH mesuré est 11,9 à 25 °C.

Calculer les concentrations molaires des espèces présentes. En déduire le pK_A du couple acide-base.

2. Donner la formule développée de la diméthylamine.

3. Il existe une amine isomère de la diméthylamine : quels sont sa formule développée et son nom?

(Montpellier; 84-D)

SOLUTION

1. En solution aqueuse nous avons les équilibres suivants :

$$C_2H_7N + H_2O \rightleftarrows C_2H_7NH^+_{(aq)} + OH^-_{(aq)}$$

et $$2\,H_2O \rightleftarrows H_3O^+_{(aq)} + OH^-_{(aq)} \qquad K_{eau} = 10^{-14}.$$

Les espèces en présence sont donc :

$$C_2H_7N,\ C_2H_7NH^+_{(aq)},\ H_3O^+_{(aq)},\ OH^-_{(aq)}$$

D'après la valeur du pH, on déduit

$$\mathbf{[H_3O^+_{(aq)}] = 10^{-11,9} \simeq 1{,}3 \cdot 10^{-12}\ mol \cdot l^{-1}}.$$

Le produit ionique de l'eau permet de calculer

$$\mathbf{[OH^-_{(aq)}]} = 10^{-2,1} \simeq \mathbf{7{,}9 \cdot 10^{-3}\ mol \cdot l^{-1}}.$$

L'électroneutralité de la solution s'écrit :

$$[C_2H_7NH^+_{(aq)}] + [H_3O^+_{(aq)}] = [OH^-_{(aq)}]$$

d'où $\mathbf{[C_2H_7NH^+_{(aq)}]} = 10^{-2,1} = \mathbf{7{,}9 \cdot 10^{-3}\ mol \cdot l^{-1}}$.

D'après la conservation de la matière

$$\mathbf{[C_2H_7N]} = C - [C_2H_7NH^+_{(aq)}] \approx \mathbf{9{,}1 \cdot 10^{-2}\ mol \cdot l^{-1}}.$$

On a la relation

$$pH = pK_A + \lg \frac{[C_2H_7N]}{[C_2H_7NH^+_{(aq)}]}$$

donc

$$pK_A = pH - \lg \frac{[C_2H_7N]}{[C_2H_7NH^+_{(aq)}]} = 11{,}9 - \lg \frac{9{,}2 \cdot 10^{-2}}{7{,}9 \cdot 10^{-3}}$$

$$\mathbf{pK_A = 10{,}8}$$

2. La formule développée de cette amine est :

```
H3C—N̄—H
    |
    CH3
```

C'est une amine secondaire.

3. L'éthylamine, de formule brute C_2H_7N, est isomère de la précédente. Sa formule développée est :

```
H3C—CH2—N̄—H
        |
        H
```

C'est une amine primaire.

EXERCICES

NOMENCLATURE

3 A_2 Nommer les composés suivants :

1. $CH_3—CH_2—CH_2—NH_2$

2.

```
CH3—CH2—CH—CH3
        |
        NH2
```

3.

```
        CH3
        |
CH3—CH—N—CH2—CH3
    |
    CH3
```

FORMULES DÉVELOPPÉES D'AMINES

4 A_2 Écrire la formule développée des amines suivantes :

1. *N*-méthyl-propanamine-1.

2. méthyl-2 pentanamine-3.

3. *N*,*N*-diméthyl-méthanamine.

ISOMÈRES ET BASICITÉ

5 A_1-A_2 **1.** La formule brute d'une amine est $C_4H_{11}N$. Écrire les différentes formes possibles de ce composé. Les nommer et dire à quelle classe d'amine ces composés appartiennent. Quels sont les composés chiraux?

2. Deux amines différentes ont la même formule brute C_2H_7N. Quelles sont leurs formules développées? Donner leurs noms.

Les solutions aqueuses de ces corps ont un caractère basique. Comment cette propriété peut-elle être expliquée en comparant la structure électronique de l'atome d'azote dans ces molécules et dans l'ammoniac?

(Rouen; 81-D)

6 A_2 On donne les formules brutes de quelques amines et le pK_A du couple acide-base correspondant :

Monométhylamine :	CH_5N	$pK_A = 10{,}7$
Diméthylamine :	C_2H_7N	$pK_A = 10{,}7$
Monoéthylamine :	C_2H_7N	$pK_A = 10{,}8$
Triméthylamine :	C_3H_9N	$pK_A = 9{,}8$

1. Donnez la classe de chacune de ces amines.
2. Les solutions aqueuses de ces amines sont-elles acides?
Écrire les couples acide-base correspondants.
Indiquez :
- l'acide le plus fort,
- la base la plus forte.

3. Écrivez les formules semi-développées des différentes amines de formule brute C_3H_9N et indiquez la classe respective de ces amines.

(Reims; 82-D)

7 **A_2-B_3** *(Cet exercice comporte deux questions indépendantes.)*
On considère une mono-amine primaire saturée B contenant 23,7 % en masse d'azote. On notera HB^+ son acide conjugué.
1. a. Écrire la formule générale d'une amine primaire saturée comportant *x* atomes de carbone, puis la mettre sous la forme C_xH_yN. Exprimer y en fonction de x.
b. Déterminer x pour l'amine B à partir du pourcentage d'azote et de la formule générale obtenue en a.
c. Donner les formules semi-développées possibles de B, et indiquer leur nom.
d. Identifier B sachant que l'atome de carbone relié à N est lié à deux autres atomes de carbone.
2. On donne le pK_A des couples acide-base suivants :

NH_4^+/NH_3	$C_6H_5NH_3^+/C_6H_5NH_2$	HB^+/B
$pK_1 = 9,2$	$pK_2 = 4,6$	$pK_3 = 10,7$.

Classer ces amines par force basique croissante.
Classer leurs acides conjugués par force acide croissante.

(Bordeaux; 87-D)

PROPRIÉTÉS BASIQUES ET NUCLÉOPHILES DES AMINES

8 **A_2-C_1** Soit A, l'amine primaire sans ramification de formule brute $C_5H_{13}N$.
1. Par action du chlorure d'hydrogène sur A, on obtient un composé ionique solide B. Le solide est en fait un mélange racémique.
a. Donner la formule développée et le nom de A.
b. Donner les représentations de Fischer des énantiomères de A.
2. Par action de l'iodo-éthane, en solution dans l'éther, sur A, on obtient un précipité C.
a. Écrire l'équation de la réaction. L'interpréter.
b. Le composé C est-il chiral?
3. Quelles sont les deux principales propriétés chimiques des amines mises en évidence dans les questions 1 et 2?

9 **A_1-B_3-C_1** **1.** En combien de classes les amines peuvent-elles être réparties? Donner un exemple de chaque classe en précisant le nom du corps. Établir la formule générale des amines, identique pour toutes les classes.
2. Soit une amine tertiaire A. Par action sur de l'iodo-1 butane en solution dans l'éther, on obtient un précipité blanc; l'analyse de ce corps montre qu'il s'agit d'un solide ionique chiral.
a. Écrire l'équation-bilan.
b. Quelle propriété des amines cette réaction met-elle en évidence?
c. Que pouvez-vous en déduire concernant les groupements alkyles liés à l'azote dans le solide ionique chiral?
3. On réalise le dosage de 50,0 ml d'une solution aqueuse de l'amine A. Pour atteindre le point d'équivalence on doit verser 100,0 ml d'une solution aqueuse de chlorure d'hydrogène de concentration molaire volumique 0,100 $mol \cdot l^{-1}$.
Déterminer la concentration molaire de la solution aqueuse de l'amine.
4. Cette solution est obtenue en apportant 20,2 g d'amine pour 1 litre de solution; en déduire sa masse molaire, sa formule brute et une formule développée. Donner son nom.

(Aix-Marseille; 86-D)

10 **A_2-B_3** **1.** Écrire les formules développées de toutes les amines de formule brute C_3H_9N en précisant la classe de chacune d'elles.
2. Une solution aqueuse de l'amine tertiaire A de formule brute C_3H_9N de concentration molaire $c = 1,00 \cdot 10^{-1}$ $mol \cdot l^{-1}$ a un pH égal à 11,4 à 25 °C.
a. Écrire l'équation-bilan de la réaction de cette amine A avec l'eau.
b. Calculer la constante d'acidité du couple acide-base mis en jeu lors de cette réaction.
c. Le pK_A du couple ion ammonium/ammoniac vaut 9,2. Comparer la force de la base NH_3 à celle de l'amine tertiaire A étudiée.
3. Par action de l'iodométhane (ou iodure de méthyle) sur cette amine tertiaire A, on obtient un précipité. Écrire l'équation-bilan de la réaction chimique. Indiquer la propriété des amines mise en jeu dans cette réaction.

(Antilles-Guyane; 87)

11 **A_2-B_3-C_1** Soit S la solution aqueuse d'une alcanamine notée B.
1. Écrire l'équation-bilan de la réaction de B avec l'eau.
2. On ajoute progressivement un volume *V* d'une solution aqueuse d'acide chlorhydrique de concentration molaire volumique $c = 1,00 \times 10^{-2}$ $mol \cdot l^{-1}$ à 10,0 ml de la solution S.
a. Écrire l'équation-bilan de la réaction qui se produit.
b. L'équivalence acido-basique est obtenue quand on a versé 10,0 ml de solution acide. Quelle est la concentration molaire volumique de la solution S?
c. Quel est le pK_A du couple acide-base étudié, le pH de S étant 10,9?
d. Quand l'équivalence acido-basique est atteinte, la solution est-elle acide, neutre ou basique? Expliquer.
3. La solution a été obtenue en dissolvant 0,59 g d'amine pour obtenir un litre de solution. Quelle est la masse molaire de l'amine? Quelles sont les formules développées possibles pour B? Préciser leur classe et leur nom.

(Aix-Marseille; 88-D)

12 A_2-B_3 La N-éthyl-éthanamine ou diéthylamine, composé organique de formule $C_4H_{11}N$ est une base.

1. Quelle est la formule développée de cette amine? A quelle classe appartient-elle?

2. Quel est son acide conjugué? Écrire la réaction de la diéthylamine sur l'eau.

3. Une solution de diéthylamine de concentration $c = 1{,}0 \times 10^{-2}$ mol·l^{-1} a un pH = 11,5. Calculer les concentrations des diverses espèces chimiques en présence.

En déduire la constante d'acidité K_a et le pK_a du couple acido-basique correspondant. La température est de 25 °C.

(Montpellier; 81-C)

13 A_2-B_3 Pour déterminer la formule brute d'une amine saturée on dissout 0,59 g de cette amine dans un peu d'eau. Puis on ajoute une solution d'acide chlorhydrique de concentration 0,50 mol·l^{-1} : l'équivalence est obtenue pour 20,0 cm^3 de la solution acide.

1. Écrire l'équation-bilan de la réaction entre les solutions d'amine et d'acide chlorhydrique.

2. Calculer la masse moléculaire molaire de l'amine et en déduire sa formule brute.

3. Écrire les formules développées des amines isomères possibles, sans préciser leur nom, et indiquer la classe d'amines à laquelle appartient chacune d'elles.

(Nantes; 83-D)

14 A_2-B_3 Soit le couple ion méthylammonium-méthylamine :

$$CH_3NH_3^+/CH_3NH_2$$

1. Écrire la réaction de la méthylamine sur l'eau.

2. A 20,0 cm^3 d'une solution aqueuse de méthylamine de concentration $c_1 = 0{,}10$ mol·l^{-1} on ajoute 10,0 cm^3 d'une solution de chlorure de méthylammonium de concentration $c_2 = 0{,}20$ mol·l^{-1}, que l'on supposera totalement ionisé en solution. Dans ces conditions le pH de la solution est 10,6.

a. Recenser les espèces chimiques présentes dans la solution puis calculer leurs concentrations.

b. En déduire la constante d'acidité K_A et pK_A du couple $CH_3NH_3^+/CH_3NH_2$.

3. Comparer cette valeur de pK_A à celle du couple ion ammonium-ammoniac, NH_4^+/NH_3 qui vaut 9,2. Quelle conclusion en tirez-vous quant à la force des bases étudiées ici? Quelle est l'influence du groupe méthyle —CH_3 qui s'est substitué à un atome d'hydrogène dans NH_3 pour donner CH_3NH_2?

(Caen; 83-D)

15 A_2-B_3 On dissout dans de l'eau pure 1,55 g de monométhylamine de formule CH_3NH_2. Le volume final de la solution est de 250 cm^3 et son pH est égal à 12,0.

1. Écrire l'équation-bilan de la réaction qui se produit entre la monométhylamine et l'eau.

2. Calculer, en mole par litre, les concentrations de toutes les espèces chimiques (sauf H_2O) présentes dans cette solution, à 25 °C.

3. La monométhylamine est-elle complètement ionisée dans cette solution?

Est-ce une base forte ou faible? Quel est son acide conjugué?

4. Calculer le pK_A de ce couple acide-base. Le pK_A du couple NH_4^+/NH_3 a pour valeur 9,2; comparer la force des deux bases.

5. Quel volume de solution chlorhydrique à $1{,}00 \cdot 10^{-1}$ mol·l^{-1}, faut-il ajouter à 20,0 cm^3 de cette solution de monométhylamine pour obtenir une solution tampon de pH = 10,7?

(Clermont-Ferrand; 83-D)

16 A_2-B_3-C_1 On prépare une solution S en dissolvant 3,15 g d'une amine inconnue dans de l'eau en complétant à un litre.

On donne la courbe de variation du pH lorsqu'on ajoute progressivement un volume V d'une solution d'acide chlorhydrique de concentration $c = 0{,}10$ mol·l^{-1} à 40,0 cm^3 de S.

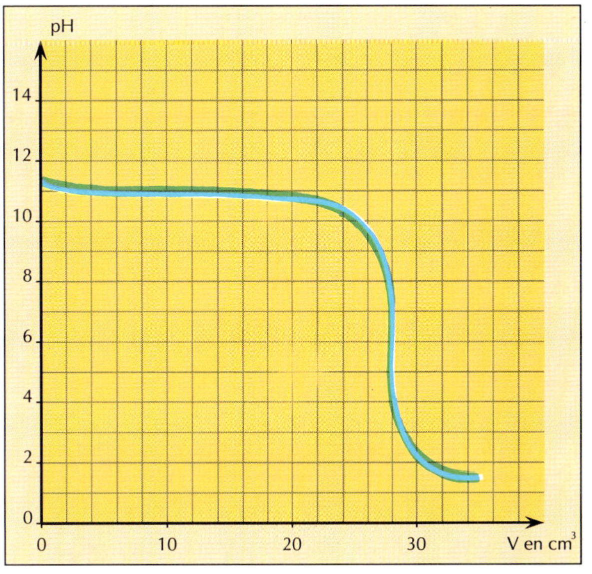

1. a. Définir l'équivalence et déduire de la courbe le nombre de moles d'amine se trouvant dans les 40,0 cm^3 de S.

b. Déterminer la masse molaire de l'amine.

2. a. Donner les formules développées d'une amine primaire et d'une amine secondaire de formule brute C_2H_7N.

b. On fait réagir l'amine primaire de la question précédente avec l'acide propanoïque. On obtient de l'eau et un composé. Donner la formule développée et la fonction chimique de ce composé.

3. Par réaction de l'amine secondaire de la question 2. a. avec de l'iondure d'éthyle on peut obtenir une amine tertiaire.

Écrire l'équation-bilan de la réaction et donner la formule développée de l'amine tertiaire.

Indiquer la propriété des amines mise en jeu dans cette réaction.

L'acide citrique contenu dans le jus de citron est un acide carboxylique que l'on teste ici avec un indicateur coloré universel.

11

ACIDES CARBOXYLIQUES

Les acides carboxyliques ont été rencontrés dans les cours précédents ou en Première à trois titres essentiellement : ce sont des acides faibles ; ils sont obtenus par oxydation d'un alcool primaire ; ils donnent avec les alcools des réactions d'estérification. Dans la nature, on les trouve le plus souvent à l'état combiné, sous forme d'esters. Les corps gras sont des esters d'un trialcool, le glycérol (ou propanetriol-1,2,3) avec des acides carboxyliques à longue chaîne carbonée (acides « gras »). Nous avons reporté dans le chapitre « Estérification - Hydrolyse - Saponification » l'étude des réactions des acides carboxyliques avec les alcools déjà vue en Première S, ainsi que les réactions permettant d'obtenir les acides carboxyliques à partir des esters.

sommaire

A GROUPE CARBOXYLE NOMENCLATURE

1/ STRUCTURE DU GROUPE CARBOXYLE

***Tous les acides carboxyliques possèdent dans leur structure le groupe —CO_2H appelé groupe carboxyle* (fig. 1, 2).**
Dans ce groupe, l'atome de carbone est lié par une liaison covalente double à un atome d'oxygène et par une liaison covalente simple à l'atome d'oxygène du groupe hydroxyle —OH.

Les composés chimiques ayant le groupe caractéristique carboxyle dans leur structure possèdent des propriétés voisines, celles des acides carboxyliques.

2/ NOMENCLATURE

1. Acide carboxylique

Pour nommer un acide carboxylique de formule $\mathbf{R{-}C({=}O){-}O{-}H}$***, on fait suivre le mot «acide» d'un adjectif obtenu en remplaçant la terminaison «e» du nom de l'alcane dont il dérive par la terminaison «oïque». L'atome de carbone du groupe carboxyle doit être compté pour obtenir le nom de cet alcane.***

Exemple : $C_3H_7{-}C({=}O){-}O{-}H$

Cet acide dérive formellement de l'alcane $C_3H_7{-}CH_3$, nommé butane; cet acide carboxylique est donc l'acide butanoïque.

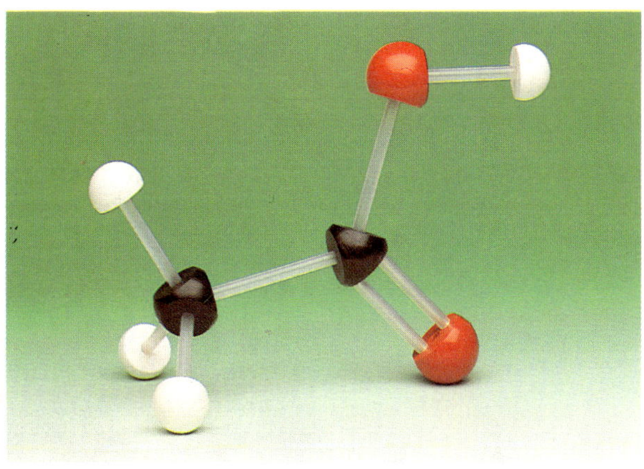

1. *Molécule d'acide éthanoïque.*

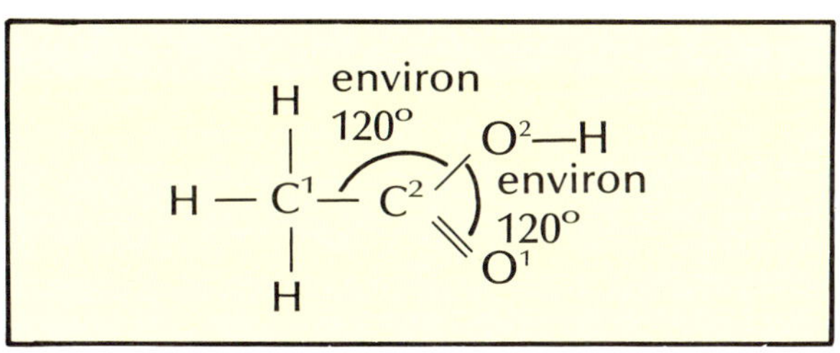

2. *Les 4 atomes* C^1, C^2, O^1 *et* O^2 *sont dans un même plan.*

2. Ions carboxylate

Ce sont les bases conjuguées des acides carboxyliques. Ils ont pour formule $R—CO_2^-$.

Le nom des ions carboxylate (formule $R—CO_2^-$) s'obtient à partir de l'adjectif qualifiant l'acide, en remplaçant la terminaison « oïque » par « oate ».

Exemple : $C_2H_5—COOH$ acide propanoïque ; $C_2H_5—CO_2^-$ ion propanoate

Acide alcanoïque

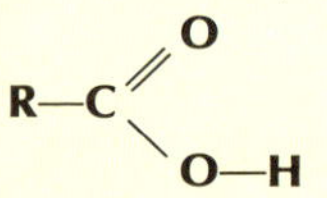

(R, groupe alkyle)

Groupe carboxyle

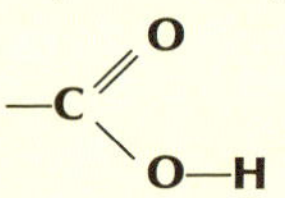

$R—CO_2^-$
ion carboxylate appelé ion alcanoate si R est un groupe alkyle.

3. Exemples

Le groupe carboxyle 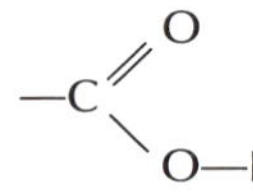 se trouvant obligatoirement en bout de chaîne (pour respecter la tétravalence du carbone), le carbone du groupe carboxyle est numéroté 1. Exemples :

— l'acide méthyl-3 butanoïque

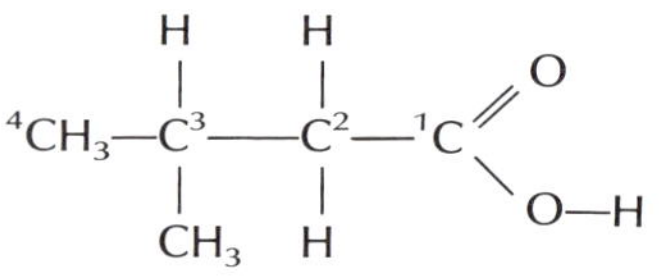

— l'acide dichloroéthanoïque

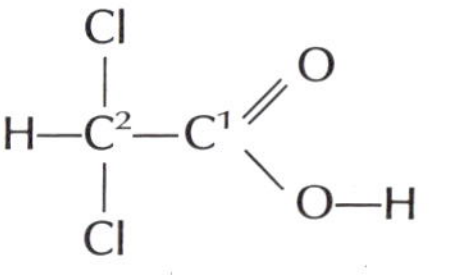

3. *Noms de divers acides carboxyliques et de leurs ions.*

Acide	Nom systématique	Nom trivial	Ion carboxylate	Nom systématique	Nom trivial
HCO_2H	acide méthanoïque	acide formique	HCO_2^-	ion méthanoate	ion formiate
CH_3CO_2H	acide éthanoïque	acide acétique	$CH_3CO_2^-$	ion éthanoate	ion acétate
$C_3H_7CO_2H$	acide butanoïque	acide butyrique	$C_3H_7CO_2^-$	ion butanoate	ion butyrate
$HO_2C—CO_2H$	acide éthanedioïque	acide oxalique	$^-O_2C—CO_2^-$	ion éthanedioate	ion oxalate
$HO_2C—CH_2—CO_2H$	acide propanedioïque	acide malonique	$^-O_2C—CH_2—CO_2^-$	ion propanedioate	ion malonate

B QUELQUES PROPRIÉTÉS DES ACIDES CARBOXYLIQUES

1/ SOLUBILITÉ

La solubilité dans l'eau des acides carboxyliques dépend du nombre n d'atomes de carbone contenus dans la molécule d'acide. La solubilité est grande quand n est petit (pour $n \leqslant 4$ les acides sont totalement miscibles à l'eau; pour $n \geqslant 12$ ils sont pratiquement insolubles).

2/ PROPRIÉTÉS ACIDES

Les acides carboxyliques sont des acides faibles (fig. 4); ils réagissent sur l'eau selon l'équilibre chimique :

$$R—COOH + H_2O \rightleftarrows R—CO_2^- + H_3O^+$$

Chaque acide carboxylique est caractérisé par la constante d'acidité K_A du couple RCO_2H/RCO_2^-.

3/ ESTÉRIFICATION

Elle est abordée dans le chapitre 12.

Formule	Nom systématique	K_A	pK_A	Formule	Nom systématique	K_A	pK_A
HCO_2H	acide méthanoïque	$1{,}77 \times 10^{-4}$	3,75	$ClCH_2CO_2H$	acide chloroéthanoïque	$1{,}4 \times 10^{-3}$	2,8
CH_3CO_2H	acide éthanoïque	$1{,}75 \times 10^{-5}$	4,76	Cl_2CHCO_2H	acide dichloroéthanoïque	5×10^{-2}	1,3
$C_2H_5CO_2H$	acide propanoïque	$1{,}3 \times 10^{-5}$	4,9	Cl_3CCO_2H	acide trichloroéthanoïque	1×10^{-1}	1,0

4. *Échelle d'acidité de différents acides carboxyliques.*

C DÉRIVÉS DES ACIDES CARBOXYLIQUES

Ces dérivés de formule R—C(=O)—Z comportent le groupe acyle R—C(=O)— .

Z représente un groupe monovalent qui peut être :

a. Un atome d'halogène, par exemple du chlore;

R—C(=O)—Cl est alors un **chlorure d'acyle.**

b. Un groupe **carboxylate** R^1—C(=O)—O— ;

R—C(=O)—O—C(=O)—R^1 est alors un **anhydride d'acide.**

c. Un groupe **alcoxy** R^1—O—;

R—C(=O)—O—R^1 est alors un **ester.**

d. Un groupe —NH_2 ou R^1—NH— ou R^1—N(R^2)— ;

R—C(=O)—NH_2 , R—C(=O)—NH—R^1, R—C(=O)—N(R^1)(R^2)

sont alors des **amides.**

1/ TRANSFORMATION EN CHLORURE D'ACYLE

1. Nomenclature

Le nom du chlorure d'acyle est obtenu à partir du nom de l'acide en remplaçant « acide » par « chlorure » et la terminaison « oïque » par la terminaison « oyle ».

CH_3—C(=O)—OH — acide éthanoïque

CH_3—C(=O)—Cl — chlorure d'éthanoyle **(fig. 5)**

Le groupe R—C(=O)— est un groupe alcanoyle si R est un groupe alkyle.

5. *Molécule de chlorure d'éthanoyle.*

2. Obtention des chlorures d'acyles

Par action du trichlorure de phosphore de formule PCl_3 ou du chlorure de thionyle de formule $SOCl_2$ sur l'acide carboxylique on obtient un chlorure d'acyle de formule générale $R-C\begin{smallmatrix}\nearrow O \\ \searrow Cl\end{smallmatrix}$ (expériences des **figures 6** et **7**).

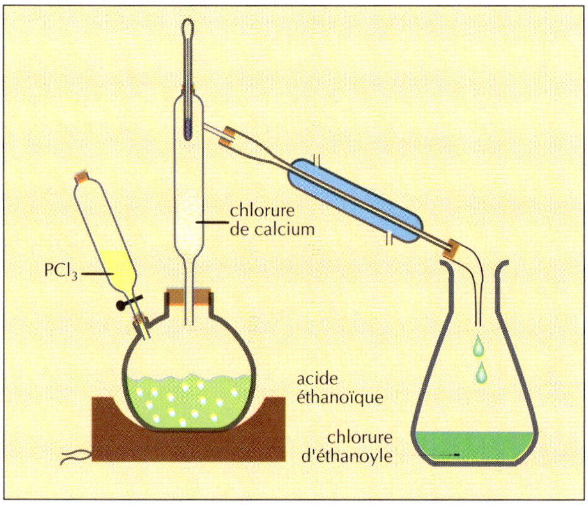

6. *Obtention du chlorure d'éthanoyle au laboratoire. On ajoute à froid PCl_3 par petites quantités en agitant à chaque introduction. On chauffe au bain-marie (à 40 ou 50 °C) pendant 1/2 heure, puis à ébullition. Volumes de réactifs utilisés :* PCl_3 : 12,5 cm^3; CH_3CO_2H : 24 cm^3.

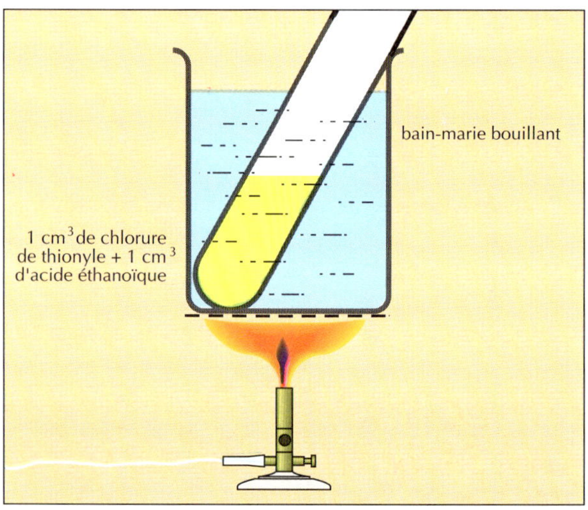

7. *Procédé rapide (quelques minutes) pour synthétiser le chlorure d'éthanoyle. Le chlorure d'acyle formé peut être caractérisé par son action sur l'eau ou sur un alcool.*

Le groupe —COCl est caractéristique des chlorures d'acyle.

$$-C\begin{smallmatrix}\nearrow O \\ \searrow Cl\end{smallmatrix}$$

Les équations-bilans s'écrivent respectivement :

$$3R-\boxed{C\begin{smallmatrix}\nearrow O \\ \searrow OH\end{smallmatrix}} + PCl_3 \longrightarrow 3R-\boxed{C\begin{smallmatrix}\nearrow O \\ \searrow Cl\end{smallmatrix}} + P(OH)_3$$

$$R-\boxed{C\begin{smallmatrix}\nearrow O \\ \searrow OH\end{smallmatrix}} + SOCl_2 \longrightarrow R-\boxed{C\begin{smallmatrix}\nearrow O \\ \searrow Cl\end{smallmatrix}} + HCl + SO_2$$

2/ PASSAGE A L'ANHYDRIDE D'ACIDE

1. Nomenclature

En nomenclature systématique on passe du nom de l'acide au nom de l'anhydride en remplaçant le terme « acide » par « anhydride ».

Nomenclature des anhydrides d'acides

$$\begin{smallmatrix}R & & & & R \\ & \searrow & & \nearrow & \\ & C & -O- & C & \\ & \nearrow & & \searrow & \\ O & & & & O\end{smallmatrix}$$

anhydride alcanoïque

si R est un groupe alkyle.

Exemples :

$$CH_3-\underset{\underset{O}{\|}}{C}-O-\underset{\underset{O}{\|}}{C}-CH_3$$ Anhydride éthanoïque

$$CH_3-\underset{\underset{O}{\|}}{C}-O-\underset{\underset{O}{\|}}{C}-C_2H_5$$ Anhydride éthanoïque-propanoïque

2. Obtention directe des anhydrides d'acides

On peut éliminer une molécule d'eau entre deux molécules d'acide carboxylique par action du pentaoxyde de diphosphore de formule P_2O_5. Le bilan de la réaction s'écrit :

$$R-C\begin{smallmatrix}\nearrow O \\ \searrow OH\end{smallmatrix} + \begin{smallmatrix}O \searrow \\ HO \nearrow\end{smallmatrix}C-R \rightarrow H_2O + \begin{smallmatrix}O \searrow \\ R \nearrow\end{smallmatrix}C-O-C\begin{smallmatrix}\nearrow O \\ \searrow R\end{smallmatrix}$$

Le nouveau corps obtenu est un anhydride d'acide.

P_2O_5 est difficile à conserver : il réagit avec toute trace d'humidité. Aussi la conduite d'une telle réaction au laboratoire nécessite-t-elle un soin particulier.

Remarques

a. Si nous partons d'une molécule d'acide éthanoïque et d'une molécule d'acide propanoïque nous obtiendrons un anhydride mixte : l'anhydride éthanoïque-propanoïque de formule* :

$$CH_3-\underset{\underset{O}{\|}}{C}-O-\underset{\underset{O}{\|}}{C}-CH_2-CH_3$$

b. Au lieu de prendre deux molécules d'acide on peut prendre un diacide de telle sorte que les deux groupes carboxyle soient suffisamment proches l'un de l'autre pour permettre une élimination d'une molécule d'eau. Nous réalisons ainsi une déshydratation dite « intramoléculaire » **(fig. 8)**.

* *On obtient également l'anhydride éthanoïque et l'anhydride propanoïque.*

Cette réaction s'écrit pour l'acide benzène-1,2 dicarboxylique ou acide orthophtalique :

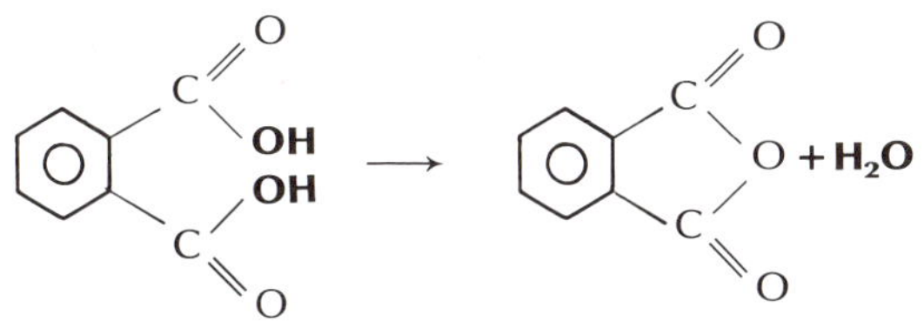

acide orthophtalique   anhydride phtalique **(fig. 9)**

3. Obtention pratique

Du point de vue pratique les anhydrides d'acide se préparent par action des chlorures d'acyles sur les acides ou leurs ions carboxylate.

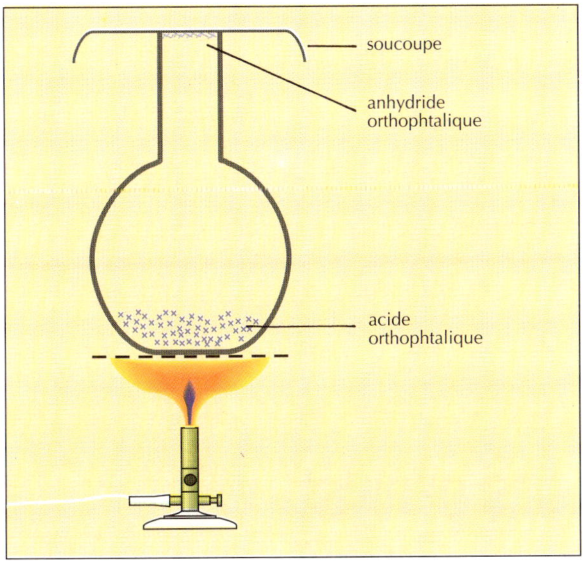

8. *Formation de l'anhydride orthophtalique.*
Par chauffage de l'acide orthophtalique, des vapeurs d'anhydride phtalique se dégagent. Lorsqu'on laisse refroidir, l'anhydride se cristallise en longues aiguilles souples.

9. *Aiguilles d'anhydride phtalique. Pour plus de visibilité les cristaux ont été retirés de la soucoupe.*

3/ PASSAGE A L'AMIDE

1. Structure des amides

Du point de vue de la structure on passe de l'acide carboxylique à l'amide par remplacement du groupe hydroxyle —OH de l'acide par le groupe amino —NH_2. Si on remplace un ou deux atomes d'hydrogène du groupe amino par des groupes alkyle, on obtient alors des amides substituées. Le groupe caractéristique des amides est :

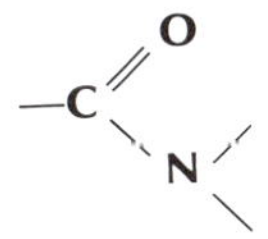

les tirets indiquent des liaisons possibles avec un atome d'hydrogène ou de carbone.

Les noyaux des atomes de carbone, d'oxygène, d'azote du groupe caractéristique des amides et le noyau du premier atome de carbone du groupe R sont dans un même plan **(fig. 10)**.

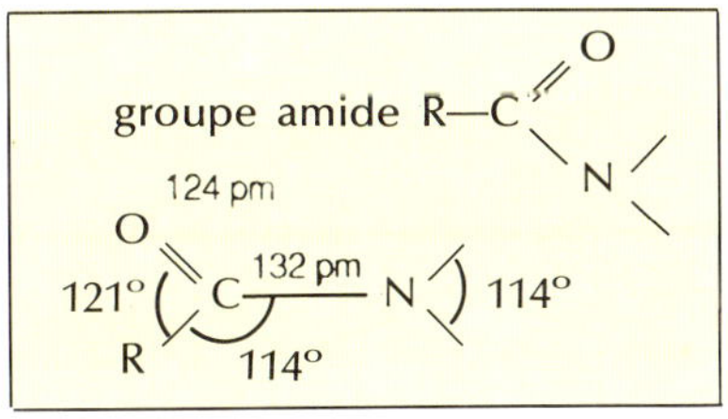

10. *Structure des amides.*

2. Nomenclature

Le nom d'une amide dérive du nom systématique de l'acide carboxylique correspondant en remplaçant la terminaison « oïque » par « amide » (exemple **fig. 11**).

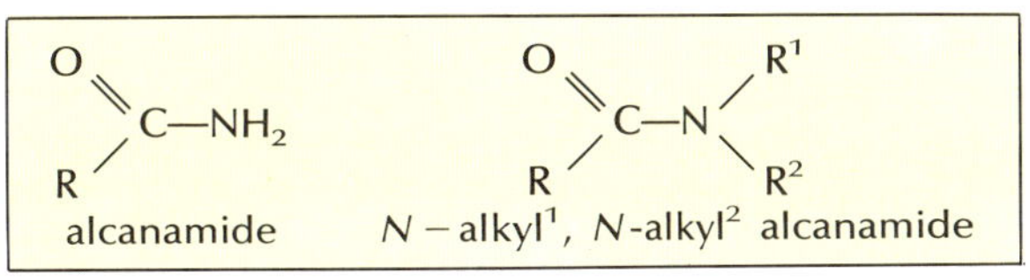

11. *Nomenclature des amides.*

Pour les amides substituées, les substituants sont désignés par des préfixes. Exemple :

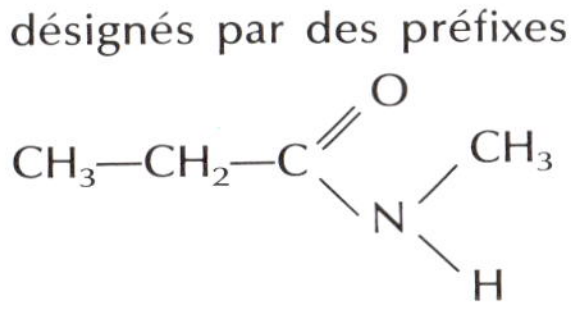

N-méthyl-propanamide

12. *L'éthanamide dérive formellement de l'acide éthanoïque.*

3. Préparation

La préparation des amides peut s'effectuer par déshydratation des carboxylates d'ammonium par chauffage (ex. : $CH_3CO_2NH_4$ éthanoate d'ammonium).

La réaction est relativement lente puisque par chauffage pendant une demi-heure environ, la quantité de carboxylate d'ammonium transformée n'est que de 80 % **(fig. 13).**

Le bilan de déshydratation de l'éthanoate d'ammonium, par exemple, est le suivant :

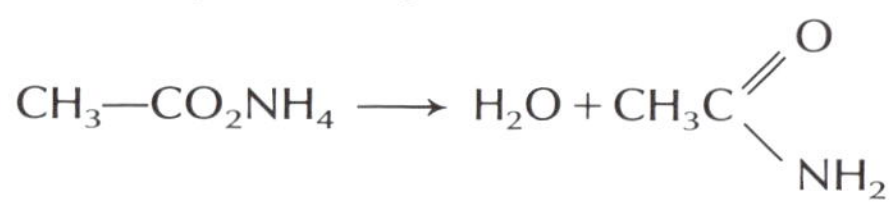

Une réaction plus rapide et totale consiste à faire agir un chlorure d'acyle sur l'ammoniac ou une amine **(fig. 17) :**

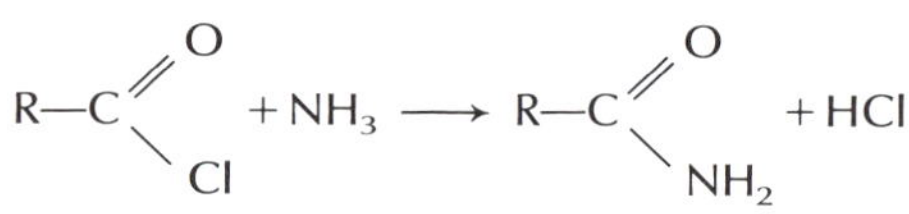

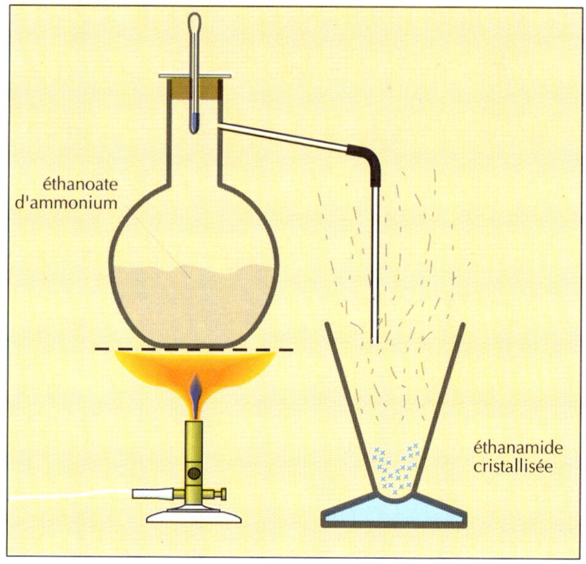

13. *Une préparation de l'éthanamide.*

D PROPRIÉTÉS DES DÉRIVÉS DES ACIDES CARBOXYLIQUES

Les dérivés d'acides carboxyliques sont très utilisés lors des réactions de synthèse organique. Souvent, ils remplacent avantageusement l'acide car les réactions dans lesquelles ils sont impliqués sont plus rapides et plus complètes (par exemple, les réactions d'estérification totales et rapides des chlorures d'acyle ou des anhydrides d'acide). Les réactions chimiques de passage d'un dérivé d'acide carboxylique à un autre dérivé du même acide carboxylique sont nombreuses. Ces réactions ont souvent lieu avec l'eau, l'ammoniac ou les amines, les alcools.

1/ RÉACTION AVEC L'EAU

1. Hydrolyse des chlorures d'acyles

Les chlorures d'acyle réagissent souvent violemment avec l'eau. Il se forme l'acide carboxylique dont ils dérivent et du chlorure d'hydrogène : **$RCOCl + H_2O \rightarrow RCOOH + HCl$.**

La réaction peut être très vive avec certains chlorures d'acyle comme le chlorure d'éthanoyle (expérience de la **figure 14**). Il convient alors d'utiliser très peu de réactif à la fois.

L'équation-bilan de la réaction s'écrit :

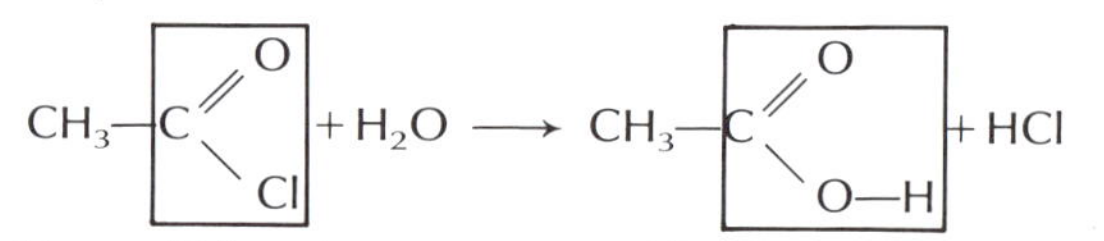

chlorure d'éthanoyle — acide éthanoïque

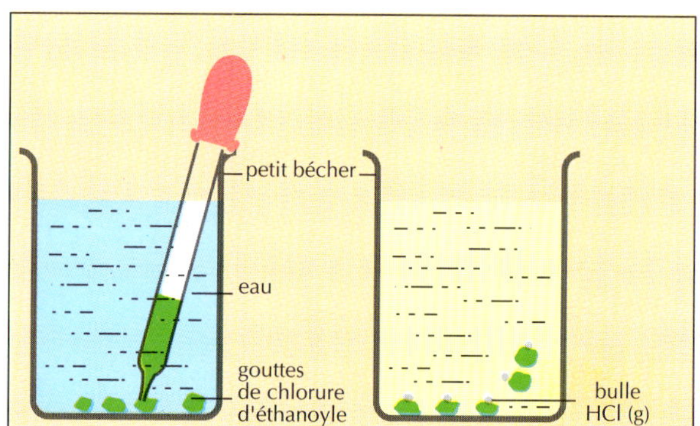

14. *Hydrolyse du chlorure d'éthanoyle. Après quelques minutes la réaction devient tumultueuse. Des bulles de chlorure d'hydrogène gazeux entraînent le réactif qui n'a pas encore réagi.*

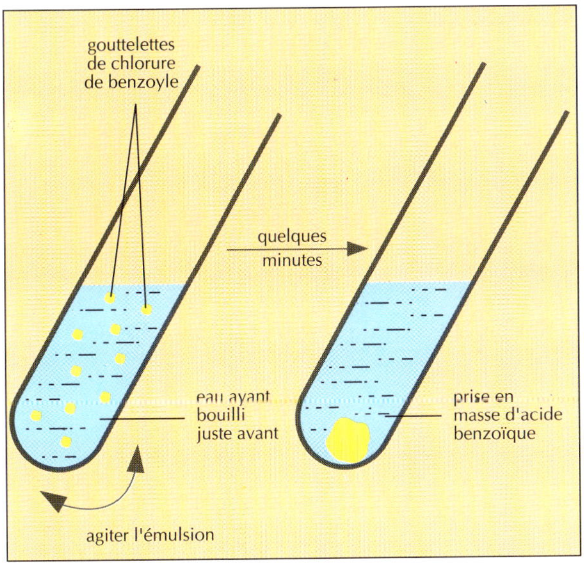

15. *Hydrolyse du chlorure de benzoyle.*

La réaction peut être lente avec d'autres chlorures d'acyle comme le chlorure de benzoyle (expérience de la **figure 15**). Le chlorure de benzoyle est agité quelques minutes dans de l'eau chaude. On observe une prise en masse car la température de fusion de l'acide benzoïque (solide aux températures habituelles) est nettement supérieure à celle du chlorure d'acyle (liquide aux températures habituelles). L'équation-bilan de la réaction s'écrit :

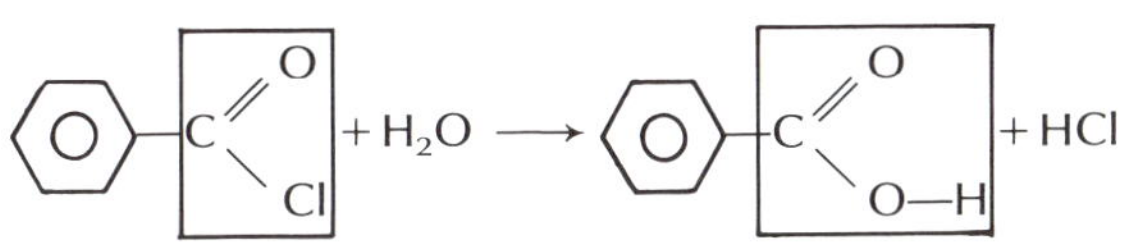

chlorure de benzoyle — acide benzoïque

Remarque : les vapeurs de chlorure d'acyle réagissent avec l'eau du liquide lacrymal, ce qui peut provoquer une irritation des yeux.

2. Hydrolyse des anhydrides d'acides

La réaction chimique est totale, lente à froid, et l'on réobtient l'acide carboxylique de départ, ou les acides carboxyliques de départ si l'anhydride était mixte :

$$R{-}CO{-}O{-}CO{-}R^1 + H_2O \longrightarrow R{-}COOH + R^1{-}COOH$$

3. Hydrolyse des esters

On obtient l'acide et l'alcool; la réaction est lente à froid, non totale (voir chapitre 12).

4. Hydrolyse des amides

- **Eau pure**

L'eau pure, à l'état de vapeur (200 °C environ) réagit sur l'éthanamide (acétamide) selon la réaction inversable suivante :

$$CH_3CONH_2 + H_2O \leftrightarrows CH_3{-}CO_2^- + NH_4^+$$

La réaction s'effectue difficilement, avec un rendement médiocre.

- **Milieu acide (acide sulfurique)**

En chauffant l'éthanamide en présence d'acide sulfurique **(fig. 16)**, on obtient un dégagement de vapeurs d'acide éthanoïque (odeur de vinaigre). L'équation de cette réaction totale s'écrit :

$$2\,CH_3CONH_2 + 2\,H_3O^+ \longrightarrow 2\,NH_4^+ + CH_3COOH_{(g)}$$

- **Milieu basique**

L'ion ammonium formé réagit avec les ions hydroxyde OH^- : il y a formation d'ammoniac qui se dégage par chauffage :

$$CH_3CONH_2 + OH^- \longrightarrow NH_{3\,(g)} + CH_3COO^-$$

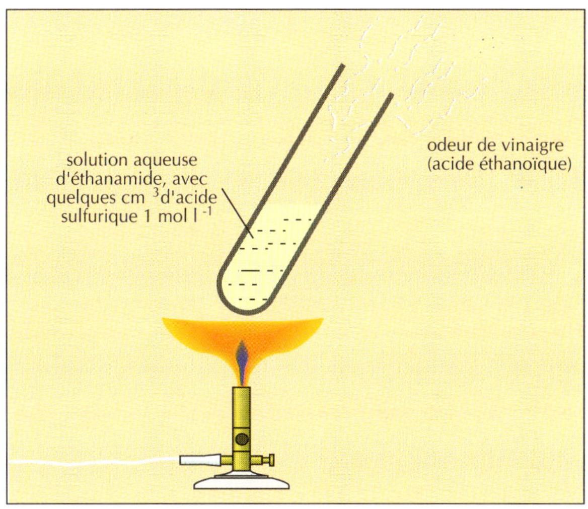

16. *Hydratation de l'éthanamide en milieu acide. L'acide sulfurique ne doit pas être trop concentré. Les vapeurs qui se dégagent sentent fortement le vinaigre acide faible et il est difficile de montrer cette acidité avec un papier pH.*

2/ RÉACTIONS DE L'AMMONIAC

1. Sur les chlorures d'acyles et les anhydrides

En général la réaction, rapide, totale, donne une amide dont c'est une méthode de préparation possible. Prenons un exemple expérimental **(fig. 17).**

Faisons couler lentement du chlorure de benzoyle dans une solution aqueuse concentrée ammoniacale maintenue à basse température : la benzamide, peu soluble dans ce milieu, cristallise immédiatement. L'équation-bilan s'écrit :

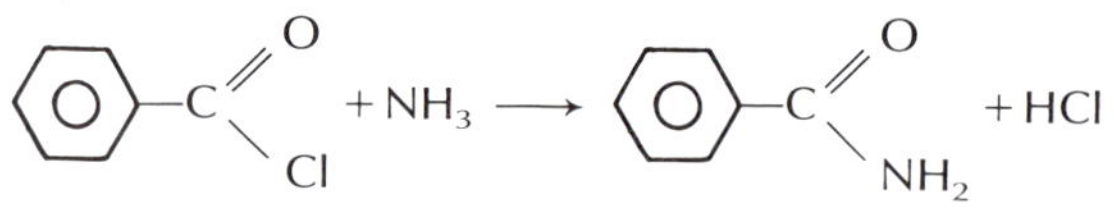

chlorure de benzoyle — benzamide

Le chlorure d'hydrogène ne se dégage pas car il réagit avec l'ammoniac pour former du chlorure d'ammonium NH_4Cl.

Remarque (pour les élèves de série D uniquement) : l'ammoniac et les amines sont des réactifs nucléophiles. Le doublet libre de l'atome d'azote attaque l'atome de carbone lié à l'atome de chlore.

La réaction de polycondensation entre le chlorure d'adipyle, qui comporte un groupe chlorure d'acyle à chacune des deux extrémités de sa chaîne, et l'hexanediamine-1,6 produit une polyamide : le nylon 6-6 (voir chapitre 13, p. 208).

$$n\,(Cl{-}CO{-}(CH_2)_4{-}CO{-}Cl) + n(H_2N{-}(CH_2)_6{-}NH_2)$$

$$\longrightarrow nHCl + \left[NH{-}(CH_2)_6{-}NH{-}\underset{\displaystyle O}{\overset{}{C}}{-}(CH_2)_4{-}C(=O) \right]_n$$

motif de base de la polyamide nylon 6-6

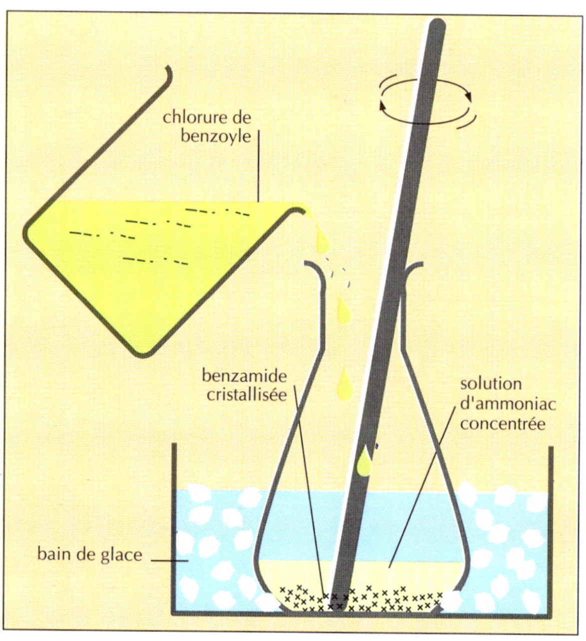

17. *Préparation de la benzamide.*

2. Sur les esters

Une réaction lente et limitée conduit à une amide de l'acide carboxylique combiné à l'ester en jeu :

$$R^1{-}C(=O){-}O{-}R^2 + NH_3 \rightleftarrows R^1{-}C(=O){-}NH_2 + R^2OH$$

3/ RÉACTIONS DES ALCOOLS

1. Sur les chlorures d'acyles et les anhydrides

Les réactions d'estérification sont rapides et totales (voir chapitre 12, p. 195, 196).

$$R^1{-}C(=O){-}Cl + ROH \longrightarrow HCl + R^1{-}C(=O){-}OR$$

$$R^1{-}C(=O){-}O{-}C(=O){-}R^2 + 2\,ROH \longrightarrow R^1{-}C(=O){-}O{-}R + R^2{-}C(=O){-}O{-}R$$

2. Sur les esters

Ce paragraphe est hors programme.

Cette réaction, lente et limitée, peut conduire à un autre ester comportant le groupe alcoxy de l'alcool :

$$R^1{-}C(=O){-}O{-}R^2 + ROH \rightleftarrows R^1{-}C(=O){-}O{-}R + R^2{-}OH$$

3. Sur les amides

Ce paragraphe est également hors programme.

La réaction, lente et limitée, peut aboutir à un ester et à de l'ammoniac :

$$R^1{-}C(=O){-}NH_2 + R^2OH \rightleftarrows R^1{-}C(=O){-}O{-}R^2 + NH_3$$

4/ CONCLUSION

Les dérivés des acides carboxyliques, chlorures d'acyles, anhydrides, sont très réactifs; ils donnent des réactions totales avec l'eau, l'ammoniac et les alcools.

Les anhydrides d'acides carboxyliques sont utilisés, comme les chlorures d'acyles dans les réactions chimiques, en remplacement des acides dont ils dérivent.

Les esters et les amides sont, en général, beaucoup moins réactifs que les précédents; on obtient des réactions lentes et souvent limitées avec l'eau, l'ammoniac et les alcools.

L'ESSENTIEL

Les colonnes 4, 5 et 6 du tableau indiquent les produits des réactions possibles des dérivés d'acide ($R-C(=O)-Z$), avec l'eau, l'ammoniac, les alcools.

1	2	3	4	5	6
FORMULE DES DÉRIVÉS $R-C(=O)-Z$	NOMS	OBTENTION de $R-C(=O)-Z$ **à partir de l'acide carboxylique**	RÉACTIONS DE $R-C(=O)-Z$ AVEC H_2O eau	 NH_3 ou amines	 R^3-OH alcools
$R-C(=O)-Cl$	*Chlorure d'acyle*	Action de PCl_3 ou PCl_5 ou $SOCl_2$ sur $R-C(=O)-OH$	Acides $R-C(=O)-OH + HCl$ Rapide, totale	Amide $R-C(=O)-NH_2 + HCl$ Rapide, totale	Ester $R-C(=O)-O-R^3 + HCl$ Rapide, totale
$R^1-C(=O)-O-C(=O)-R^2$	*Anhydride* de l'acide $R^1-C(=O)-OH$ si R^1 est identique à R^2 *Anhydride* mixte si R^1 est différent de R^2	*Déshydratation* de l'acide par réaction de P_2O_5 sur $R^1-C(=O)-OH$	Acides $R^1-C(=O)-OH + R^2-C(=O)-OH$ Rapide, totale	Amides $R^1-C(=O)-NH_2 + R^2-C(=O)-NH_2$ Rapide, totale	Ester $R^1-C(=O)-OR^3 + R^2-C(=O)-OH$ Rapide, totale
$R-C(=O)-O-R^2$	*Ester*	Action de l'*alcool* R^2-OH sur $R^1-C(=O)-OH$	Acide $R^1-C(=O)-OH + R^2-OH$ *hydrolyse* Lente, limitée	Amide $R^1-C(=O)-NH_2 + R^2-OH$ Lente, limitée	Trans-estérification $R^1-C(=O)-OR^3 + R^2-OH$ (hors prog.) Lente, limitée
$R-C(=O)-NH_2$ ou $R^1-C(=O)-NH-R^2$	*Amide* ou amide substituée	Réaction de $R-C(=O)-OH$ sur l'*ammoniac* NH_3 ou sur une *amine* R^2-NH_2 donnant des carboxylates d'ammonium *décomposés thermiquement* Réaction lente et limitée	Carboxylate d'ammonium $(R-COO)^{\ominus} + NH_4^{\oplus}$ Lente, limitée en général, elle peut être totale en milieu acide.		Ester $R-C(=O)-OR^3 + NH_3$ (hors prog.) Lente, limitée
Un acide carboxylique $R-COOH$ est l'acide faible conjugué de l'ion carboxylate base faible $R-COO^-$			ACIDE(S) RÉGÉNÉRÉ(S)	AMIDE(S)	ESTER(S)

EXERCICES RÉSOLUS

1 Un corps pur A liquide, de formule brute $C_4H_{10}O$, donne par oxydation ménagée un composé B qui réduit le nitrate d'argent ammoniacal et la liqueur de Fehling.
Par déshydratation de A (à une température supérieure à 400 °C en présence d'alumine) on obtient un seul alcène : le butène-1.

1. En déduire la formule développée et le nom des composés A et B.

2. Le composé A réagit avec un excès d'oxydant pour donner un composé C. Donner le nom et la formule développée de C.

3. Le composé C réagit avec l'ammoniac pour donner un composé D.
Donner la formule de D.

4. Un lent chauffage de D conduit à sa déshydratation. Écrire l'équation de la réaction. Quelle est la fonction chimique du composé E obtenu? Écrire sa formule développée.

SOLUTION

1. Le composé B est un **aldéhyde** et le corps A, qui par oxydation ménagée a donné B, est donc un **alcool primaire.**
Le butène-1, obtenu par déshydratation de l'alcool primaire est un alcène à chaîne non ramifiée : l'alcool A est également non ramifié. Si l'on écrit les formules développées de tous les alcools de formule brute $C_4H_{10}O$, un seul est un alcool primaire à chaîne non ramifiée : c'est le butanol-1

$$\underset{\text{Butanol-1}}{CH_3—CH_2—CH_2—CH_2OH} \xrightarrow[\text{ménagée}]{\text{oxydation}} \underset{\text{Butanal}}{CH_3—CH_2—CH_2—CHO}$$

2. Avec un excès d'oxydant, l'alcool primaire A se transforme en un acide carboxylique C.
Le composé C est donc l'**acide butanoïque** dont la formule développée est :

$$CH_3—CH_2—CH_2—COOH$$

3. Un acide carboxylique réagissant avec l'ammoniac donne l'alcanoate d'ammonium correspondant :

$$R—C\begin{matrix}\nearrow O \\ \searrow OH\end{matrix} + NH_3 \longrightarrow RC\begin{matrix}\nearrow O \\ \searrow O^-\end{matrix} + NH_4^+$$

D est donc le **butanoate d'ammonium** de formule

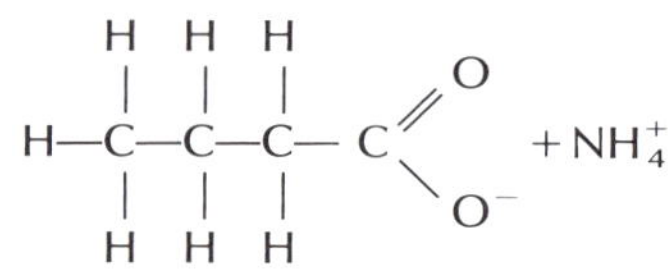

4. La déshydratation d'un alcanoate d'ammonium permet d'obtenir, selon une réaction lente et limitée, une amide : la **butanamide** (E).
L'équation-bilan s'écrit :

$$\underset{\text{butanoate d'ammonium}}{CH_3CH_2CH_2CO_2^- + NH_4^+} \longrightarrow \underset{\text{butanamide}}{CH_3CH_2CH_2—C\begin{matrix}\nearrow O \\ \searrow NH_2\end{matrix}} + H_2O$$

Remarque : il est préférable de faire agir le chlorure de butanoyle sur l'ammoniac pour obtenir cette amide.

BAC

2 On hydrolyse un chlorure d'acyle de formule

$$R—C\begin{matrix}\nearrow O \\ \searrow Cl\end{matrix}$$

Il se forme du chlorure d'hydrogène.
1. Écrire l'équation-bilan de la réaction.
2. On dispose de 1,5 g de chlorure d'acyle pur. Le chlorure d'hydrogène est intégralement recueilli dans un certain volume d'eau pure. On obtient ainsi la solution S dans laquelle on ajoute quelques gouttes de bleu de bromothymol.
Il faut verser, dans la solution S, 19,1 cm^3 d'une solution d'hydroxyde de sodium de concentration $c = 1{,}00 \ mol \cdot l^{-1}$ pour obtenir le virage de l'indicateur coloré.
En déduire la masse molaire du chlorure d'acyle ainsi que sa formule.

SOLUTION

1. $R—C\begin{matrix}\nearrow O \\ \searrow Cl\end{matrix} + H_2O \longrightarrow R—C\begin{matrix}\nearrow O \\ \searrow OH\end{matrix} + HCl_{(g)}$

On obtient donc l'acide carboxylique correspondant et le chlorure d'hydrogène.

2. D'après l'équation-bilan précédente il se forme une quantité de matière de HCl égale à la quantité de matière de chlorure d'acyle :

$$n_{RCOCl} = n_{HCl}$$

Déterminons n_{HCl} avec la relation à l'équivalence

$$n_{HCl} = n_{OH^-} = c \times V$$

A.N. : $n_{HCl} = 1 \times 19{,}1 \times 10^{-3} = 19{,}1 \cdot 10^{-3}$ mole.
On a donc utilisé au départ $19{,}1 \times 10^{-3}$ mole de chlorure d'acyle

$$n = \frac{m}{M} \text{ soit } M = \frac{m}{n} = \frac{1{,}5}{19{,}1 \times 10^{-3}} = \frac{1\,500}{19{,}1} = 78{,}5 \text{ g} \cdot \text{mol}^{-1}$$

Sachant que la masse molaire du groupe 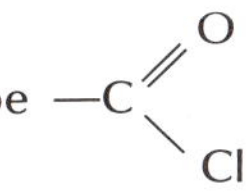

est de 63,5 $g \cdot mol^{-1}$, on en déduit que celle du groupe R— est de 15 $g \cdot mol^{-1}$.
R est donc le groupe méthyle.
La formule du chlorure d'acyle est donc :

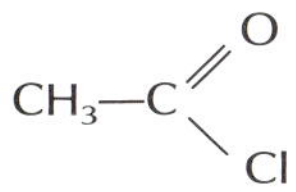

chlorure d'éthanoyle

EXERCICES

STRUCTURE ET NOMENCLATURE

3 A_2 Donner la formule développée des composés suivants :
— acide diméthyl-2,3 butanoïque;
— acide méthyl-2 pentanoïque;
— acide hexanedioïque;
— chlorure de méthyl-2 butanoyle;
— méthyl-2 propanamide;
— anhydride butanoïque.

PROPRIÉTÉS ACIDES

4 A_2-B_3 On rappelle qu'un vin est caractérisé par son pourcentage d'alcool en volume : c'est le volume en cm^3 d'éthanol pur contenu dans 100 cm^3 de vin à la température de 15 °C.
Un moyen de fabrication du vinaigre consiste à faire passer du vin sur des copeaux de hêtre en présence d'air de façon à réaliser l'oxydation ménagée de l'éthanol en acide éthanoïque.
En supposant la réaction totale quelle masse d'acide éthanoïque obtient-on à partir de 50 hl de vin titrant 10 %?
Quel est le volume d'air nécessaire à cette oxydation?
Prendre le volume molaire de 22,4 $l \cdot mol^{-1}$.
Masse volumique de l'éthanol : 794 kg/m^3 à 15 °C.

ANHYDRIDRES D'ACIDES

5 A_1-A_2 **1.** L'acide carboxylique de masse molaire $M = 60$ $g \cdot mol^{-1}$ est soumis à une déshydratation très énergique. On obtient un corps (A), liquide à odeur piquante s'hydratant lentement à froid pour redonner l'acide.
a. Connaissez-vous un déshydratant permettant de réaliser la réaction précédente? Lequel?
Indiquer une autre méthode permettant de préparer le corps (A) à partir de l'acide carboxylique.
b. Nommer le corps (A) et écrire sa formule.
2. (A) peut réagir avec l'ammoniac ou avec une amine. Expliciter, au choix, une de ces réactions et préciser à quelle fonction chimique appartient le corps formé.
3. Connaissez-vous un corps de même fonction chimique que (A) et comportant dans sa molécule un ou plusieurs noyaux benzéniques? Donner son nom et sa formule.

(Groupe I bis; juin 82-D)

FORMATION DE CHLORURE D'ACYLE ET D'AMIDES

6 A_1-A_2 On fait réagir du dichlore sur du propane C_3H_8. Au cours de la réaction, il apparaît deux isomères monosubstitués, de formule C_3H_7Cl.
1. Écrire les formules développées de ces deux isomères.
2. On sépare, par une technique appropriée, l'isomère le plus abondant noté B1. B1 réagit avec la soude (hydroxyde de sodium) par substitution d'un groupe OH à l'atome de chlore : on obtient du chlorure de sodium et un alcool B2.
Par oxydation ménagée, B2 donne un composé B3 qui réagit avec le réactif de Schiff.
Écrire les formules développées des composés B3, B2 et B1 en justifiant le choix des formules retenues.
3. L'oxydation de B3 donne un acide carboxylique B4. On fait réagir B4 sur l'ammoniac et la déshydratation du composé obtenu donne une amide B5. Quels sont les noms et les formules de B4 et B5?

(Caen; juin 82-CE)

Les deux acides gras et la molécule de trialcool propane triol-1,2,3 proviennent de l'hydrolyse d'un corps gras.

a. *Propane triol-1,2,3 (glycérol)*

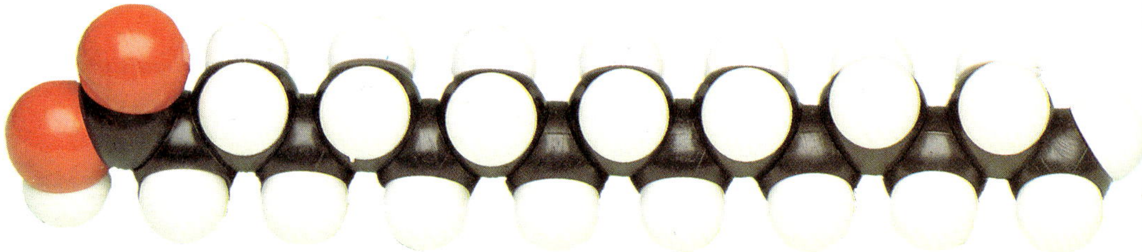

b. *Acide hexadécanoïque (acide palmitique)*

c. *Acide octodécanoïque (acide stéarique)*

12

ESTERIFICATION HYDROLYSE SAPONIFICATION

Il existe dans la nature de nombreux esters naturels : essences de lavande, de jasmin.., corps gras (huiles et beurres).
Les esters peuvent être préparés industriellement à partir de deux composés organiques oxygénés : un alcool et un acide carboxylique.

s o m m a i r e

A ESTÉRIFICATION : RÉACTION ENTRE UN ACIDE CARBOXYLIQUE ET UN ALCOOL

Nous avons déjà vu en classe de Première S que cette réaction chimique était lente, limitée, athermique.

1/ PRINCIPE EXPÉRIMENTAL D'ÉTUDE

La réaction support sera celle de l'acide éthanoïque avec l'éthanol dont le bilan est :

$$CH_3{-}CH_2OH + CH_3CO_2H \rightarrow CH_3{-}C\overset{\displaystyle O}{\underset{\displaystyle O{-}CH_2CH_3}{\lessgtr}} + H_2O$$

On peut enrichir l'alcool en ^{18}O, isotope qui remplacera une quantité équivalente d'^{16}O. On constate avec un spectroscope de masse que cet enrichissement se retrouve dans l'ester et non dans l'eau.

La liaison C—O de l'alcool n'est donc pas rompue lors de l'estérification.

L'évolution de la réaction est suivie en mesurant au cours du temps la quantité de l'un des composés de la réaction. Cette étude a été faite pour la première fois par Berthelot vers 1860.

La réaction est étudiée en utilisant un mélange équimolaire d'éthanol (une mole) et d'acide éthanoïque (une mole). La proportion d'acide éthanoïque restant dans le mélange réactionnel est déterminée en dosant un prélèvement du mélange avec une solution d'hydroxyde de sodium de concentration connue.

Suivant les conditions expérimentales, la « fin » de la réaction est obtenue au bout de quelques heures, quelques jours ou même quelques années.

Remarque : au laboratoire du lycée, en T.P., il n'est pas possible d'étudier l'évolution de la réaction, meme en chauffant à 100 °C, si l'on n'utilise pas de

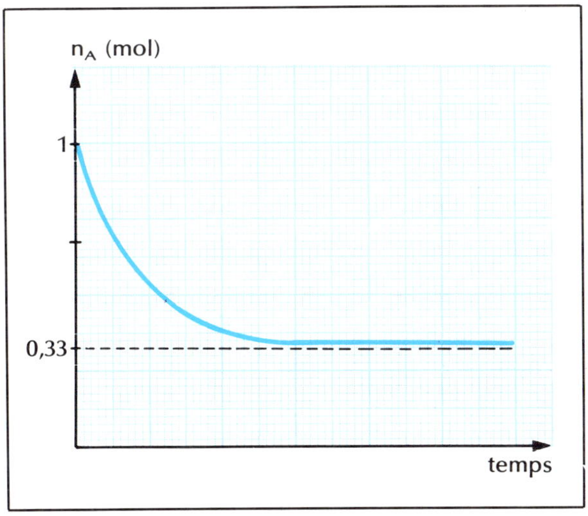

1. *Disparition progressive de l'acide acétique au cours de l'estérification; n_A = quantité d'acide acétique mesurée.*

catalyseur. En 1 h 30, les quantités de matière des réactifs diminuent mais trop peu pour pouvoir observer un changement net dans l'allure des courbes d'évolution des quantités de matière des réactifs (acide ou alcool) et des produits (ester, eau).

L'étude expérimentale en T.P. sera donc conduite avec un catalyseur en quantité constante (paragraphe A.**2**.4.b). Nous exploiterons des courbes de résultats expérimentaux relevés sur des laps de temps de plusieurs jours **(fig. 1** et **2).**

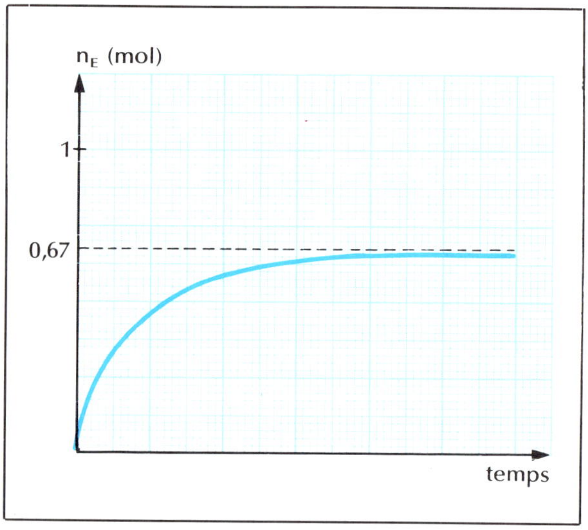

2. *Apparition progressive de l'éthanoate d'éthyle au cours de l'estérification;* n_E *= quantité d'éthanoate d'éthyle mesurée.*

2/ OBSERVATIONS EXPÉRIMENTALES

1. Réaction lente

La quantité de matière d'ester qui apparaît augmente au cours du temps **(fig. 3),** rapidement au début, puis de plus en plus lentement.

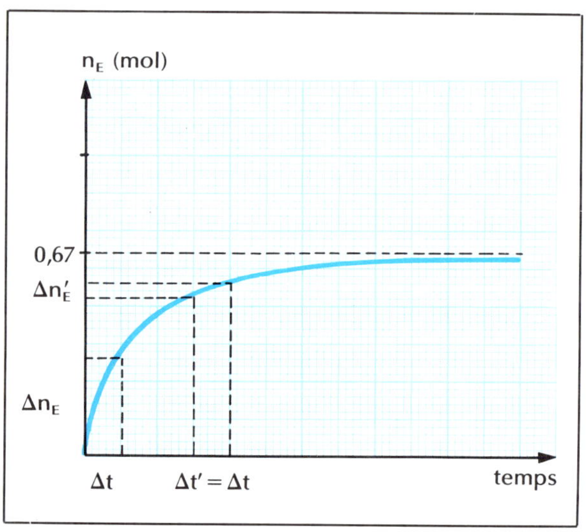

3. *Évolution des rapports* $\frac{\Delta n_E}{\Delta t}$ *au cours du temps.*

Considérons deux intervalles de temps égaux Δt et $\Delta t'$, le premier au début de la réaction, le second après plusieurs heures. Pendant l'intervalle de temps Δt, la quantité de matière de l'ester augmente de Δn_E. Pendant l'intervalle de temps $\Delta t'$ elle n'augmente plus que de $\Delta n'_E < \Delta n_E$.

Les rapports $\frac{\Delta n_E}{\Delta t}$ et $\frac{\Delta n'_E}{\Delta t'}$ qui s'expriment en mol/unité de temps sont décroissants. Il en est de même des coefficients directeurs* (exprimés en mol/unités de temps) des tangentes à la courbe $n_E = f(t)$.

Le chapitre 15 nous familiarisera avec les notions de vitesse d'apparition d'un produit.

La réaction d'estérification entre un acide carboxylique et un alcool est une réaction lente.

Nous constatons qu'au bout d'un temps assez long, la quantité de matière de l'ester atteint une limite asymptotique. (La dérivée de $f(t)$, décroissante, tend vers zéro.)

2. Réaction limitée

Pour un mélange équimolaire, les quantités de matière limites sont données dans le tableau suivant :

Quantité de matière (mol)	Acide éthanoïque	Éthanol	Éthanoate d'éthyle	Eau
Au départ	1,00	1,00	0,00	0,00
A la limite	0,33	0,33	0,67	0,67

Les quantités de matière des réactifs (acide éthanoïque et éthanol) ne sont pas nulles à la limite. Il reste des réactifs de chaque espèce : la réaction est dite limitée.

La réaction est une réaction limitée.

Les quantités de matière sont en accord avec les coefficients de l'équation-bilan.

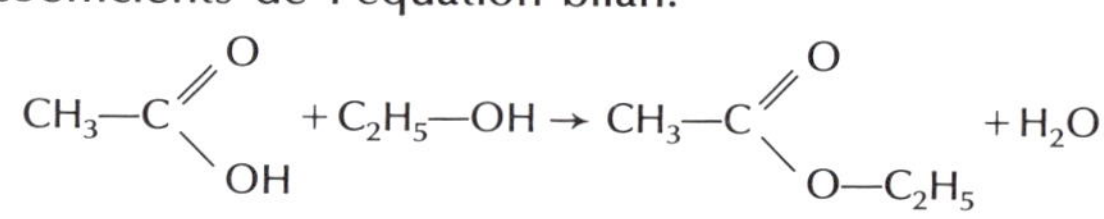

0,67 mole d'alcool a réagi, il reste donc 0,33 mole d'éthanol libre.
0,67 mole d'eau et 0,67 mole d'ester ont été formées.

3. Réaction athermique

La réaction se produit sans dégagement ou absorption de chaleur. On dit qu'elle est athermique.

On peut montrer qu'une élévation de la température ne fait pas varier la valeur de la limite atteinte lors de la réaction d'estérification entre un acide carboxylique et un alcool; cela est dû au caractère athermique de cette réaction **(fig. 4).**

* *Le coefficient directeur en un point d'une courbe n'est autre que la tangente de l'angle que fait la droite tangente à la courbe en ce point avec l'axe des abscisses.*

4. Facteurs influençant la rapidité de la réaction sans changer la limite

a. Influence de la température

La **figure 4** montre bien que, toutes choses égales par ailleurs, la limite de la quantité de matière d'ester apparu ne dépend pas de la température.

Si l'on effectue la réaction à une température constante de 15 °C, la limite est atteinte au bout de 15 ans.

Si on opère à une température plus élevée, la limite atteinte est la même, mais elle est obtenue plus rapidement. Ainsi, pour atteindre pratiquement cette limite il faut **(fig. 4) :**

à +100 °C environ 200 heures (cf. remarque A.1.);
à +170 °C environ 40 heures;
à +200 °C environ 24 heures.

Une élévation de température permet d'accélérer la réaction sans que la limite de cette réaction soit affectée.

b. Influence d'un catalyseur

Si l'on ajoute quelques gouttes d'acide sulfurique concentré au mélange réactionnel, on atteint encore la même limite mais celle-ci est obtenue beaucoup plus rapidement **(fig. 5).**

L'acide sulfurique n'apparaît pas dans l'équation-bilan.

On dit que l'acide sulfurique est un catalyseur de la réaction d'estérification.

En utilisant la quantité de catalyseur nécessaire, on peut atteindre, à 100 °C, la limite d'estérification en 1 heure environ soit la durée d'une séance de T.P.

c. Étude pratique de la réaction d'estérification pendant un temps relativement court

Réaliser un mélange équimolaire d'acide éthanoïque et d'éthanol. Avec un compte-gouttes, ajouter trois gouttes d'acide sulfurique concentré à 5 $mol \cdot l^{-1}$ (pour 20 à 40 cm^3 du mélange). Bien homogénéiser ce mélange. Verser, à l'aide d'une pipette jaugée, des échantillons de 2 cm^3 du mélange dans des tubes à essais. Adapter à ces tubes un réfrigérant constitué par un long tube de verre. L'air ambiant permet de refroidir le tube de verre et les vapeurs d'alcool et d'ester qui peuvent se former. Ces vapeurs se recondensent dans ce tube et l'alcool et l'ester qui s'étaient évaporés reviennent donc dans le mélange réactionnel. Placer les tubes contenant les échantillons dans un bain-marie à 100 °C (eau bouillante) **(fig. 6).** Le chronomètre est alors mis en marche.

Toutes les dix minutes environ verser le contenu de l'un des tubes dans un bécher contenant de l'eau glacée (10 à 15 cm^3). Noter alors la durée exacte. Rincer le tube avec un peu d'eau et ajouter l'eau de ce rinçage dans le bécher.

Le brusque refroidissement a pour effet d'arrêter la réaction d'estérification, car celle-ci est très lente à température basse. Doser alors l'acide éthanoïque contenu dans le bécher à l'aide d'une solution d'hydroxyde de sodium de concentration égale à 1,00 ou 2,00 $mol \cdot l^{-1}$. Déterminer ainsi la proportion d'acide éthanoïque qui n'a pas réagi. La proportion d'éthanol et d'acide éthanoïque ayant réagi s'en déduit, ainsi que la proportion d'ester et d'eau formée. De cette manière, en moins de deux heures, huit à dix mesures sont possibles et l'allure de la courbe de la **figure 5** est obtenue. Il faut éventuellement tenir compte de l'acide sulfurique lors de la détermination de la quantité d'acide éthanoïque restant.

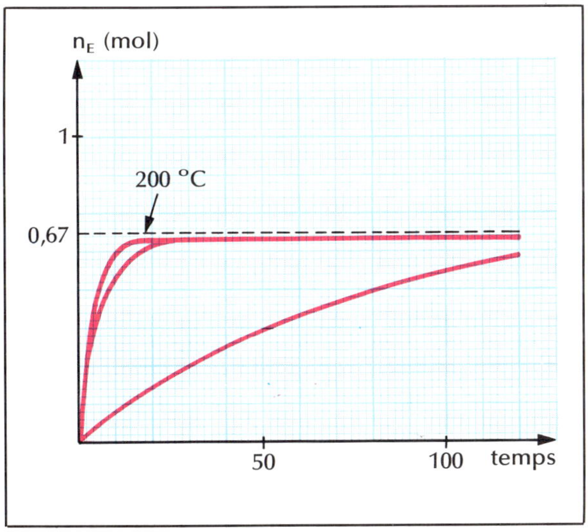

4. Influence de la température sur la réaction d'estérification.

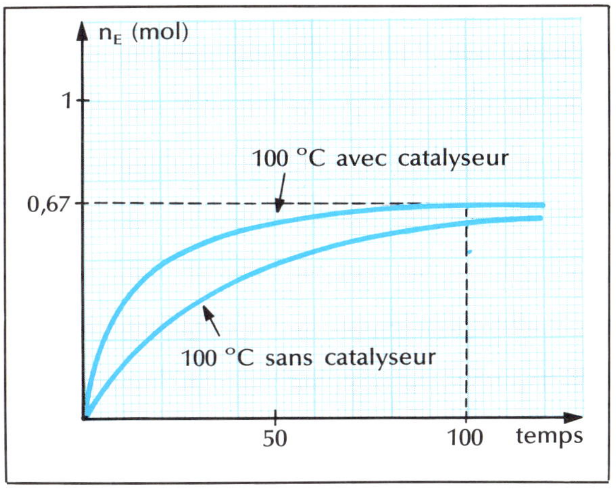

5. Influence du catalyseur sur la réaction d'estérification.

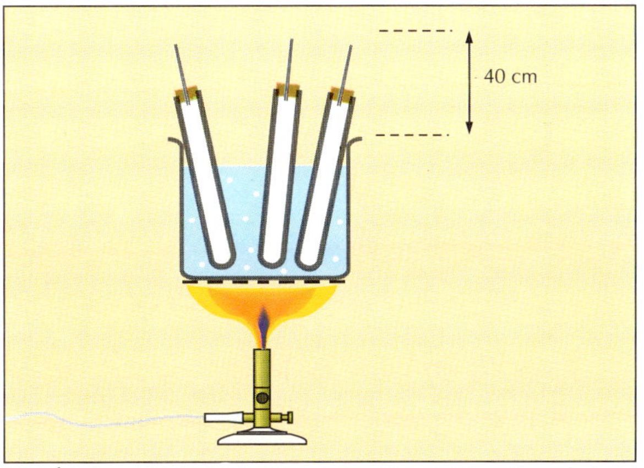

6. Étude pratique de la réaction d'estérification pendant un temps relativement court.

B HYDROLYSE D'UN ESTER

L'étude expérimentale se fait selon la même démarche que celle utilisée pour l'estérification. Nous partons d'un mélange équimolaire d'éthanoate d'éthyle (1 mole) et d'eau (1 mole).

L'eau et l'éthanoate d'éthyle réagissent ensemble, il y a formation d'acide éthanoïque et d'éthanol.

L'équation-bilan de la réaction dite « **d'hydrolyse de l'ester** » est :

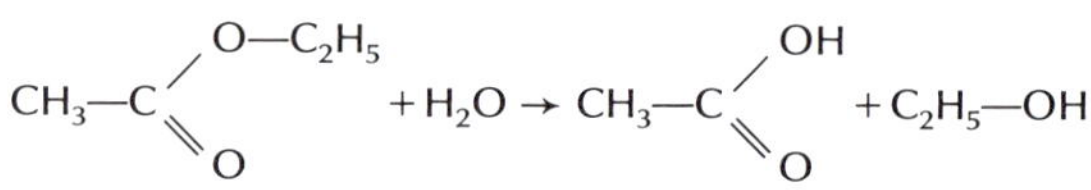

La réaction est **très lente** à température ordinaire.

1. Étude de la réaction

Au bout d'un temps très long, la quantité de matière de chaque espèce ne varie plus et, pour le mélange équimolaire eau-ester de départ, les quantités de matière limites sont données dans le tableau suivant :

Quantité de matière (mol)	Acide éthanoïque	Éthanol	Éthanoate d'éthyle	Eau
Au départ	0,00	0,00	1,00	1,00
A la limite	0,33	0,33	0,67	0,67

Il reste une quantité de matière égale à deux tiers de mole de chaque réactif : **la réaction d'hydrolyse d'un ester est donc limitée (fig. 7).**

Nous remarquons qu'en prenant des points de départ comparables (mélange équimolaire à chaque fois), nous obtenons la même limite pour la réaction d'estérification et pour la réaction d'hydrolyse.

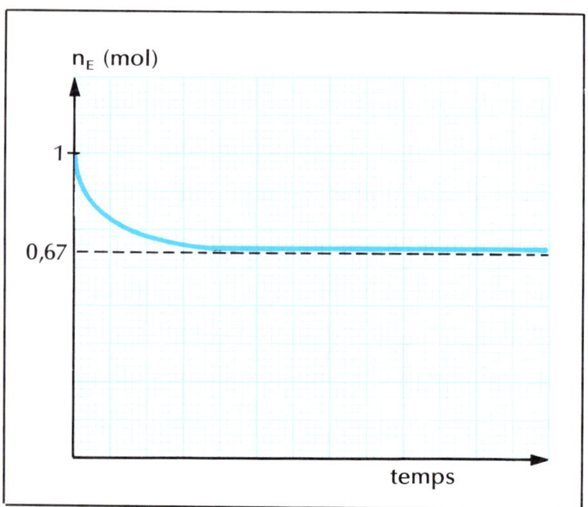

7. *La réaction d'hydrolyse est limitée.*

La réaction d'hydrolyse d'un ester se produit sans dégagement ni absorption de chaleur. **Elle est athermique.**

La réaction d'hydrolyse est une réaction lente, limitée et athermique.

2. Effet de la température sur la réaction

Une élévation de température a le même effet sur la réaction d'hydrolyse que sur la réaction d'estérification : **la limite de la réaction est inchangée mais est obtenue beaucoup plus rapidement (fig. 8).**

3. Effet de l'acide sulfurique sur la réaction

L'emploi de petites quantités d'acide sulfurique rend la réaction d'hydrolyse plus rapide sans modifier les proportions des corps à la limite **(fig. 9). L'acide sulfurique est un catalyseur de la réaction.**

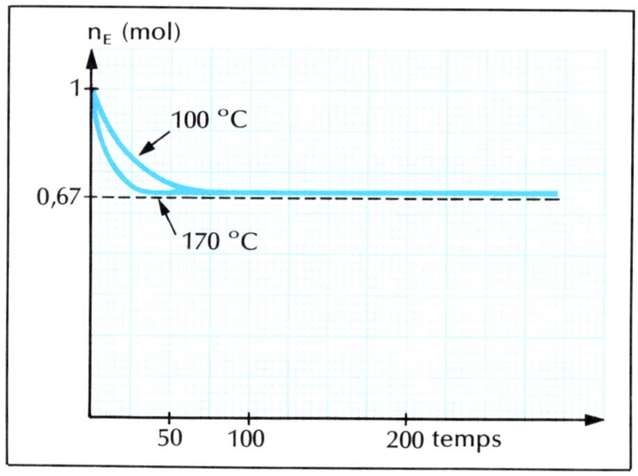

8. *Influence de la température sur l'hydrolyse d'un ester.*

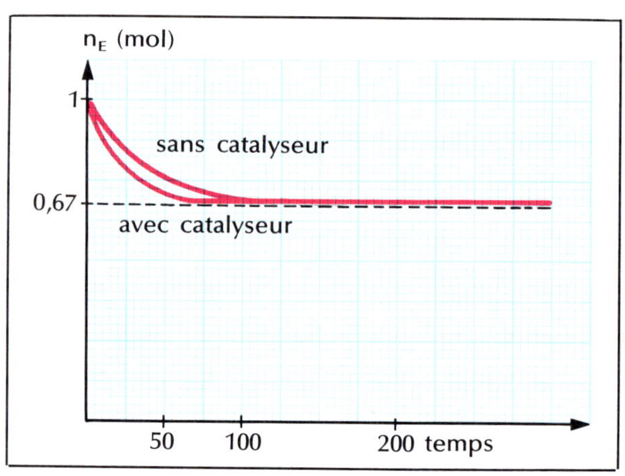

9. *Influence du catalyseur sur l'hydrolyse d'un ester.*

C ÉQUILIBRE D'ESTÉRIFICATION - HYDROLYSE

Lorsque l'acide éthanoïque et l'éthanol sont en présence, ils réagissent entre eux.

Lorsque la limite est atteinte (quantités de matières constantes) il n'y a aucune raison pour que les molécules d'éthanol et d'acide éthanoïque ne réagissent plus. Il en est de même pour la **réaction d'hydrolyse** qui est la **réaction inverse** de la **réaction d'estérification.**

L'équation-bilan de la réaction d'estérification est :

$$C_2H_5{-}OH + CH_3{-}C\begin{matrix}\diagup OH\\ \diagdown\!\!\diagdown O\end{matrix} \rightleftarrows CH_3{-}C\begin{matrix}\diagup O{-}C_2H_5\\ \diagdown\!\!\diagdown O\end{matrix} + H_2O$$

Le symbole $\rightleftarrows$ signifie que la réaction d'estérification et la réaction d'hydrolyse se produisent simultanément. Ce sont des réactions opposées (les réactifs de l'une sont les produits de l'autre).

Plus généralement, l'acide et l'alcool étant quelconques, l'équation-bilan devient :

$$\text{alcool} + \text{acide} \rightleftarrows \text{ester} + \text{eau}$$

Si les quantités de matière ne varient plus à la limite, c'est parce qu'il y a autant d'ester formé par la réaction d'estérification que d'ester consommé par la réaction d'hydrolyse, pendant un intervalle de temps donné. Les composés du mélange réactionnel sont donc en équilibre chimique.

Remarque : la limite atteinte ne dépend pratiquement pas de la nature de l'acide carboxylique utilisé mais varie énormément selon le type d'alcool.

Cette limite est plus faible avec un alcool secondaire et encore plus avec un alcool tertiaire, mais cette étude n'est pas au programme.

D DÉPLACEMENT DE LA LIMITE DE L'ÉQUILIBRE D'ESTÉRIFICATION-HYDROLYSE

1/ AVEC UN EXCÈS DE L'UN DES RÉACTIFS

Si on ne prend pas les mêmes quantités de matière d'acide éthanoïque et d'éthanol au départ, la limite atteinte est changée comme l'indique le tableau suivant :

	Quantités de matière					
	Au départ		A l'équilibre			
	alcool	acide	alcool	acide	ester	eau
a	1,00	1,00	0,33	0,33	0,67	0,67
b	1,00	2,00	0,15	1,15	0,85	0,85
c	2,00	1,00	1,15	0,15	0,85	0,85
d	1,00	5,00	0,03	4,03	0,97	0,97
e	5,00	1,00	4,03	0,03	0,97	0,97

Dans les mélanges **a** et **b** on a mis une mole d'alcool.

A partir du mélange **a,** il reste à l'équilibre 0,33 mole d'éthanol et, à partir du mélange **b,** 0,15 mole d'éthanol.

Dans le mélange **b** on a mis plus d'acide éthanoïque que dans le mélange **a.**

La quantité de matière d'éthanol transformé dans le cas **b** est plus importante.

Si un constituant est en excès, la quantité de matière consommée de l'autre réactif est plus importante; la quantité de matière des produits formés augmente également. On dit que l'équilibre est déplacé vers la formation des produits.

Remarque : la conclusion est la même en comparant les mélanges **a** et **c, a** et **d, a** et **e.**

2/ EN RETIRANT L'UN DES PRODUITS AU FUR ET A MESURE DE SA FORMATION

1. Cas où l'ester est plus volatil que les réactifs ou l'eau

Si l'ester du milieu réactionnel est retiré au fur et à mesure de sa formation, la réaction d'hydrolyse ne peut pas avoir lieu car l'eau et l'ester ne sont plus en présence.

La réaction d'estérification est seule alors à se produire.

En prenant un mélange équimolaire en acide et alcool, l'alcool et l'acide sont entièrement transformés.

Ce phénomène se produit, par exemple, lors de la préparation du méthanoate de méthyle appelé aussi formiate de méthyle **(fig. 10).**

Nous utilisons le méthanol et l'acide méthanoïque (acide formique). Équation-bilan de la réaction :

$$\underset{65\ °C}{H-C(=O)-OH} + \underset{100{,}7\ °C}{CH_3OH} \longrightarrow \underset{31{,}5\ °C}{H-C(=O)-O-CH_3} + \underset{100\ °C}{H_2O}$$

Températures normales d'ébullition

L'ester fabriqué **(fig. 10)** est le composé le plus volatil. Il est séparé du mélange réactionnel par distillation, au fur et à mesure de sa formation **(fig. 11** et **12).**

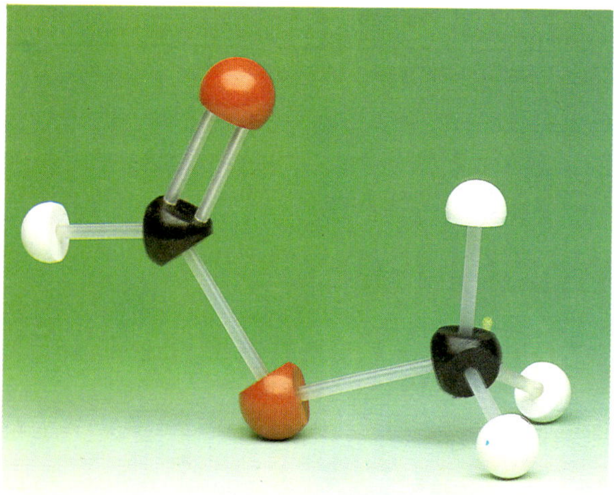

10. *Méthanoate de méthyle.*

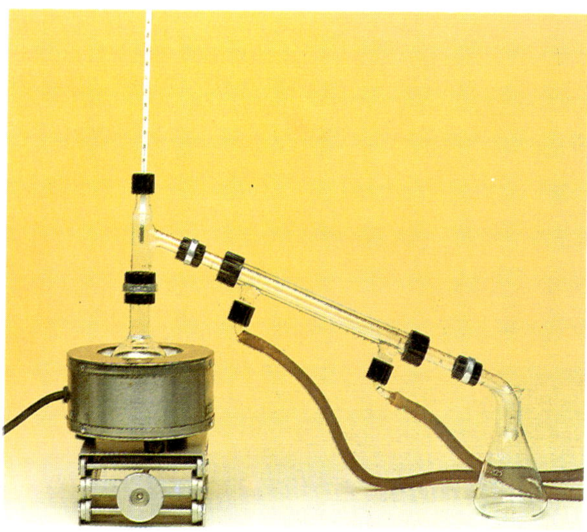

11. *Préparation du méthanoate de méthyle.*

Le thermomètre indique la température des vapeurs qui vont se condenser dans le réfrigérant. Quand la température indiquée par le thermomètre est celle de l'ébullition de l'ester, celui-ci est le seul à se condenser. Cette température caractérise ici l'ester formé.

L'odeur de l'ester formé est différente de celles du méthanol et de l'acide méthanoïque : c'est un des critères pour le reconnaître.

2. Piégeage de l'eau formée

La **figure 13** montre comment on peut séparer l'eau qui se forme lors d'une réaction d'estérification. Elle est vaporisée, ainsi que l'ester, et les deux vapeurs se condensent dans le réfrigérant qui est une colonne à reflux.

Si l'eau est plus dense que l'ester et non miscible à lui, le piège se remplit du mélange des deux liquides superposés et l'ester finit par retourner au ballon par le trop-plein. Donc l'hydrolyse ne se fait pas dans le ballon et la réaction d'estérification devient totale car l'on soutire l'eau par le bas du piège au fur et à mesure de sa formation.

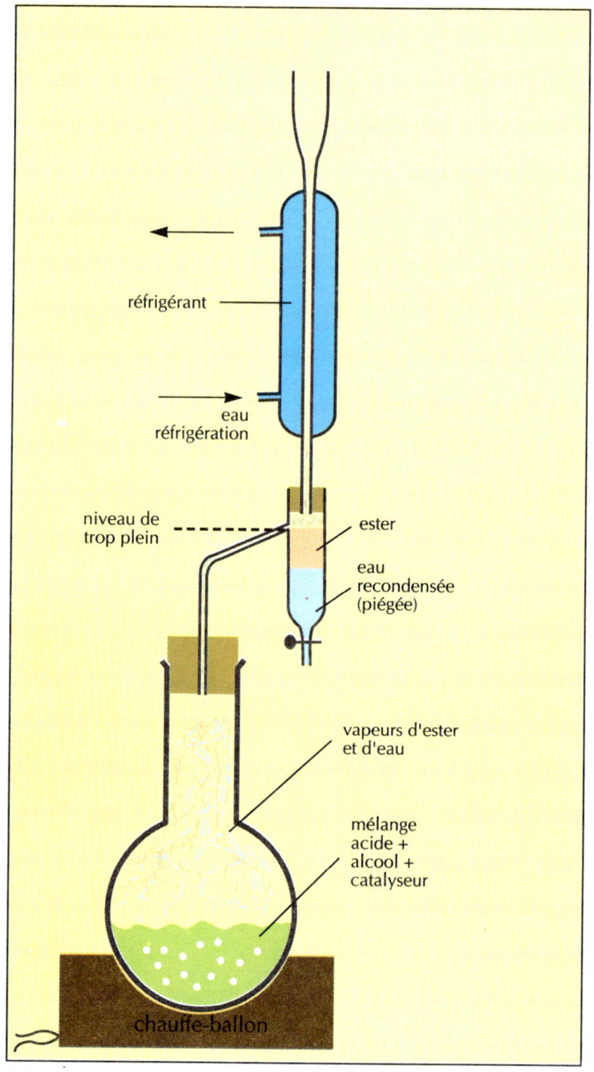

13. *Obtention d'une réaction totale par retrait de l'eau.*

Il n'est pas nécessaire comme dans le cas 1 que l'ester soit plus volatil que l'eau.

La manipulation permet d'effectuer la réaction entre l'acide éthanoïque et le pentanol-1 ou le méthyl-3 butanol-1 mélangés mole à mole avec un peu d'acide sulfurique. On chauffe à 100 °C ou un peu plus.

12. *Schéma du dispositif de la* **figure 11.**

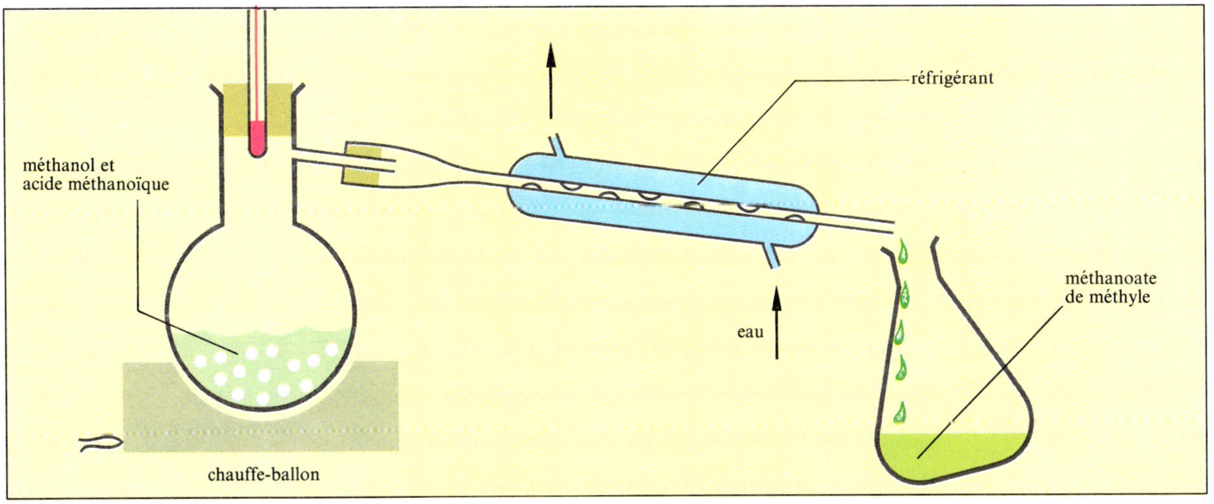

E RÉACTIONS CHIMIQUES TOTALES FOURNISSANT UN ESTER

Les dérivés d'acides carboxyliques tels que les chlorures d'acyle ou les anhydrides donnent avec les alcools des réactions plus rapides qu'avec les acides, exothermiques, totales si on attend suffisamment.

1/ ALCOOL ET CHLORURE D'ACYLE

1. Action du chlorure d'éthanoyle sur l'éthanol

Réalisons un mélange équimolaire d'éthanol et de chlorure d'éthanoyle en prenant les précautions suivantes **(fig. 14) :**

— opérer sous la hotte;

— placer l'éthanol dans une fiole refroidie par un bain de glace;

— verser très lentement dans la fiole le chlorure contenu, par exemple, dans une ampoule de coulée.

Il se produit un dégagement de chlorure d'hydrogène que l'on peut caractériser par son action sur un papier pH mouillé.

Si on ajoute de l'eau dans la fiole, l'éthanoate d'éthyle, très peu soluble dans l'eau, surnage et dégage une odeur caractéristique. L'équation-bilan de la réaction s'écrit :

$$CH_3\underset{\underset{O}{\|}}{C}Cl + CH_3CH_2OH \rightarrow CH_3{-}C\begin{matrix} \diagup\!\!\!\!{}^{\,O} \\ \diagdown O{-}CH_2CH_3 \end{matrix} + HCl_{(g)}$$

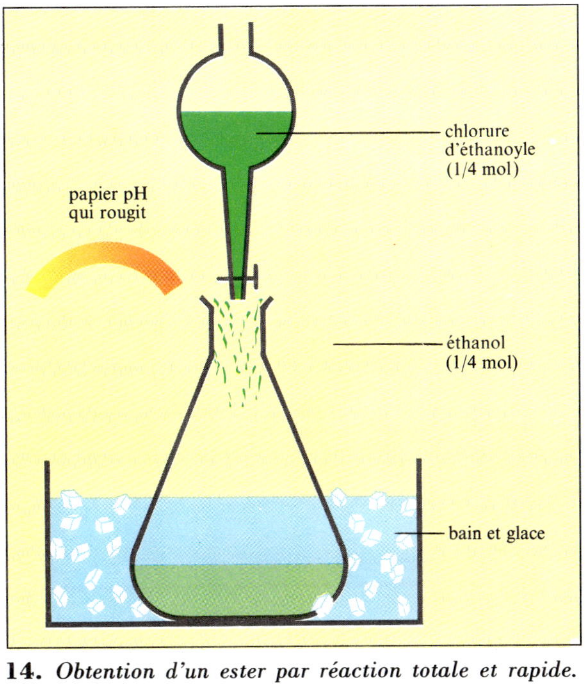

14. *Obtention d'un ester par réaction totale et rapide.*

Dans des conditions expérimentales identiques (température de 0 °C) on n'obtient pas d'éthanoate d'éthyle par action de l'acide éthanoïque sur l'éthanol.

2. Action du chlorure d'éthanoyle sur le butanol

La réaction est encore totale mais moins vive. Quelques cm^3 de butanol et de chlorure d'éthanoyle sont mélangés dans les proportions stœchiométriques. Le dégagement de chlorure d'hydrogène est caractérisé avec de l'ammoniac (fumées blanches; **fig. 15**).

L'odeur de l'ester (« bonbon anglais ») est perceptible également.

La réaction de formation de l'ester, avec un alcool et un chlorure d'acyle, est rapide et peut être totale.

2/ ALCOOL ET ANHYDRIDE D'ACIDE

• Les anhydrides sont un peu moins réactifs que les chlorures d'acyle. Cependant ils donnent avec les alcools des réactions d'estérification qui sont totales suivant le bilan ci-dessous :

$$R^1-\overset{\overset{\displaystyle O}{\|}}{C}-O-\overset{\overset{\displaystyle O}{\|}}{C}-R^1 + 2\,R^2-OH \longrightarrow 2\,R^1-C\begin{matrix}\nearrow O \\ \searrow O-R^2\end{matrix}$$

• Par action de l'acide orthophtalique sur le propanetriol-1,2,3 ou glycérol on obtient un polymère à 3 dimensions constituant une résine glycérophtalique (ou glyptal), utilisée dans les peintures et vernis. L'acide orthophtalique ou benzène dicarboxylique-1,2 a pour formule $\varphi(CO_2H)_2$ et son anhydride s'écrit $\varphi(CO)_2O$.

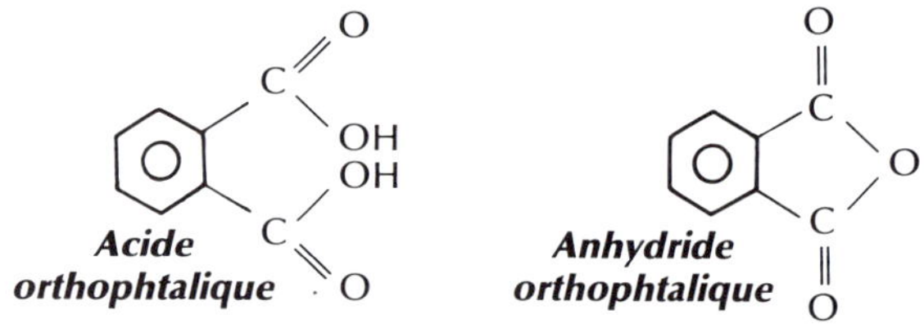

La formule de la résine peut être schématisée comme sur la **figure 16.**

• Au laboratoire l'expérience peut être réalisée en partant de l'anhydride orthophtalique.

On mélange 10 g d'anhydride et 5 g de glycérol. Un chauffage lent conduit à la dissolution (130 °C) puis à un jaunissement (200 °C).

Il y a estérification des groupes alcool primaire du propanetriol et il se constitue des chaînes de polyester. L'ensemble est fluide.

Vers 250 °C les groupes alcool secondaire des chaînes précédentes sont estérifiés. Ces liaisons rigidifient le système qui prend en masse. La résine est dite thermodurcissable. Une fois durcie, elle n'est plus fusible. Elle n'est pas non plus soluble dans des solvants tels que l'acétone.

Avec ce triol (glycérol) et ce diacide, on obtient un triester tridimensionnel. La réaction est totale.

3/ ALCOOLS ET ACIDES MINÉRAUX

On peut utiliser par exemple l'acide nitrique ou l'acide phosphorique. On obtient respectivement un nitrate d'alkyle ou un phosphate d'alkyle (voir p. 223).

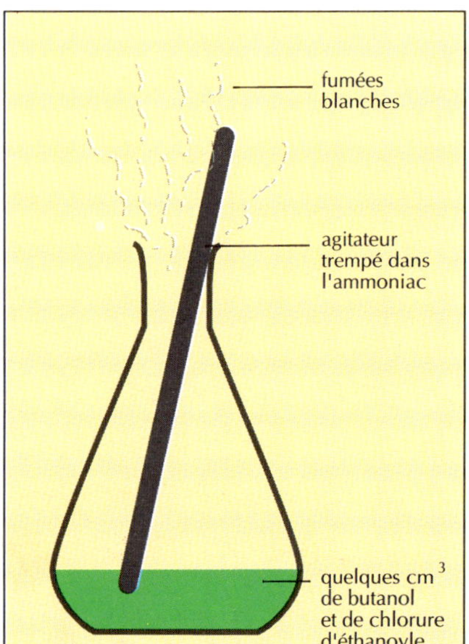

15.

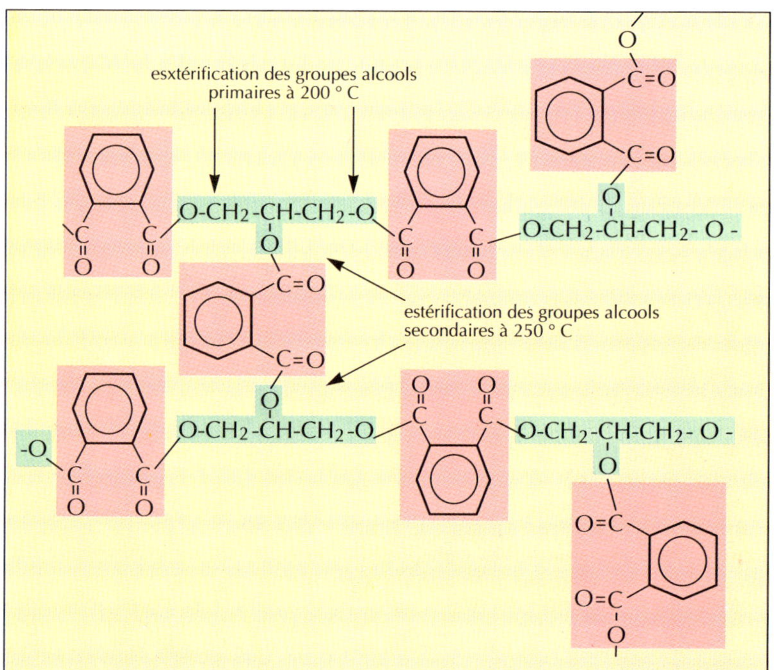

16. *Triester tridimensionnel. Résine glycérophtalique.*

F SAPONIFICATION

Cette réaction permet d'obtenir l'ion carboxylate d'un acide carboxylique et un alcool à partir d'un ester sur lequel on fait agir une base forte, l'hydroxyde de sodium (soude) ou l'hydroxyde de potassium (potasse). La réaction a l'avantage d'être totale :

$$R{-}C(=O){-}O{-}R' + OH^{\ominus} \longrightarrow R{-}C(=O){-}O^{\ominus} + R'{-}OH$$

1/ LES CORPS GRAS OU TRIESTERS D'ACIDES GRAS

On utilise un triester (ou un mélange de triesters) du propanetriol-1,2,3. Les corps gras ou lipides sont de tels triesters. La nature des acides carboxyliques des corps gras dépend de l'origine de ces corps gras mais on trouve surtout ceux du tableau ci-dessous :

acide butanoïque	$C_3H_7CO_2H$	1	saturés
acide palmitique	$C_{15}H_{31}CO_2H$	2	
acide stéarique	$C_{17}H_{35}CO_2H$	3	
acide oléique	$C_{17}H_{33}CO_2H$	4	insaturés
acide linoléique	$C_{17}H_{31}CO_2H$	5	

La graisse animale comporte surtout des triesters des acides palmitiques, stéariques et oléiques.

Les huiles végétales contiennent majoritairement des triesters oléiques et linoléiques.

Le beurre comporte surtout le triester de l'acide butyrique (butanoïque).

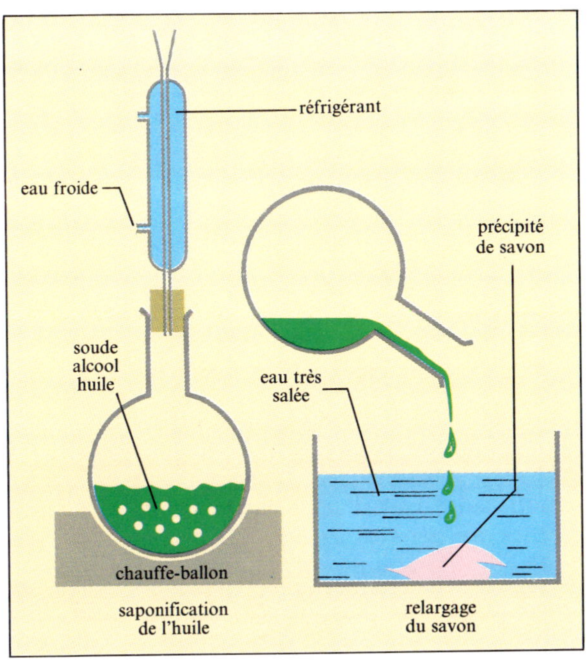

17. *Saponification de l'huile.*

Si on symbolise la chaîne carbonée des acides carboxyliques par R^1, R^2, R^3 la formule développée d'un ester du propanetriol-1,2,3 peut s'écrire :

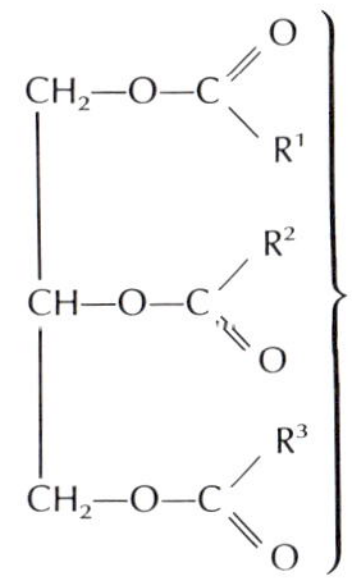

R^1, R^2 et R^3 peuvent être identiques ou différents, ce qui explique que les corps gras soient souvent des mélanges.

2/ EXPÉRIENCE DE SAPONIFICATION D'UN CORPS GRAS

Il faut que les réactifs soient en contact pour réagir mais les corps gras sont insolubles dans l'eau. Pour l'expérience, nous utilisons donc l'éthanol qui dissout à la fois les corps gras et l'hydroxyde de sodium.

Mélangeons 50 cm^3 d'une solution alcoolique d'hydroxyde de sodium (à 10 % de soude en masse) avec 20 cm^3 environ d'huile végétale. Chauffons pendant $\frac{1}{4}$ d'heure à ébullition **(fig. 17).** Les vapeurs d'alcool recondensées dans la colonne réfrigérante retournent au milieu réactionnel. La réaction chimique terminée, il reste du carboxylate de sodium dissous dans l'alcool. En versant la solution de ce savon dans un grand volume d'eau salée, le savon précipite alors que la soude en excès reste dissoute ainsi que le propanetriol-1,2,3.

Le savon de Marseille est un mélange de carboxylates de sodium à longues chaînes carbonées (plus de 15 atomes de carbone). Le bilan d'une saponification s'écrit :

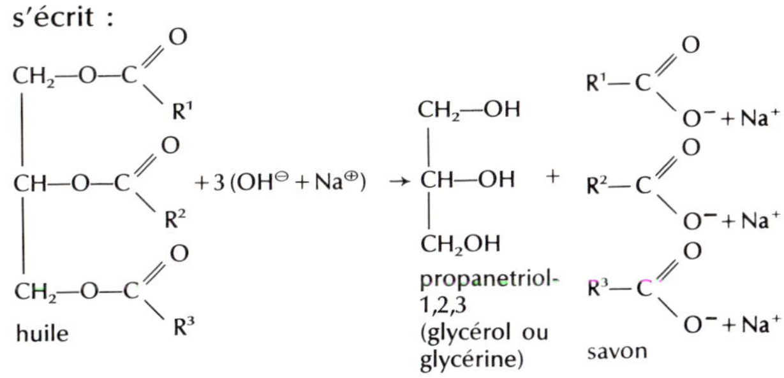

3/ PROCÉDÉ INDUSTRIEL DE SAPONIFICATION

On travaille en solution aqueuse, avec des graisses impropres à la consommation, dans des autoclaves sous une pression de quelques dizaines de bars; ce qui permet d'élever la température du liquide à 250 °C environ. Le glycérol est obtenu par concentration. La production annuelle nationale de savon est actuellement de l'ordre de 10^5 tonnes.

L'ESSENTIEL

• **Estérification et hydrolyse** sont des réactions opposées qui se produisent simultanément :

$$\text{Alcool} + \text{Acide carboxylique} \underset{\text{hydrolyse}}{\overset{\text{estérification}}{\rightleftarrows}} \text{Ester} + \text{Eau}$$

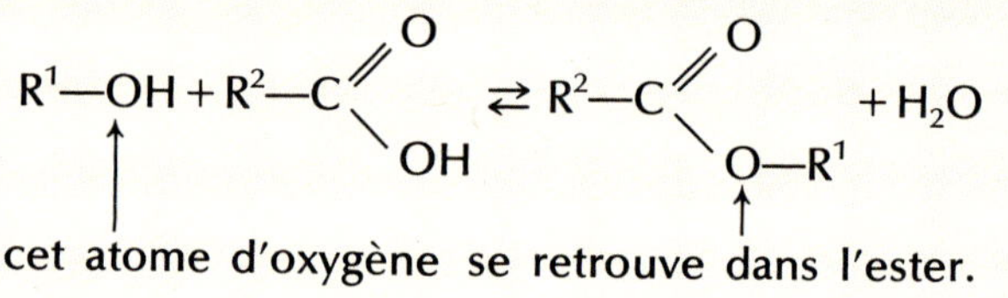

Ces deux réactions sont lentes. Elles ne dégagent ni n'absorbent de chaleur : elles sont **athermiques.**

• Dans ces deux réactions, au bout d'un certain temps, la composition du mélange réactionnel ne varie plus et ce avant épuisement des réactifs. A partir de cet instant, l'alcool, l'acide, l'ester et l'eau sont en **équilibre chimique** car, pendant un intervalle de temps donné, la quantité d'ester formé par estérification est égale à la quantité d'ester consommé par hydrolyse.

Cet équilibre est atteint plus rapidement si on utilise un catalyseur ou si on chauffe mais la composition du mélange à l'équilibre ne dépend pas de ces deux facteurs.

• La valeur de la fraction d'alcool ou d'acide estérifié à l'équilibre peut être changée et l'on peut même atteindre une estérification totale :
— **en utilisant un excès d'acide carboxylique ou d'alcool respectivement;**
— **en empêchant la réaction d'hydrolyse** de se faire; pour cela on peut retirer l'eau ou/et l'ester au fur et à mesure de leur formation.

• Il est possible d'obtenir des esters par réaction totale avec les alcools en utilisant, à la place des acides carboxyliques, des **chlorures d'acyle** ou des **anhydrides d'acides.** La réaction inverse n'a pas lieu.

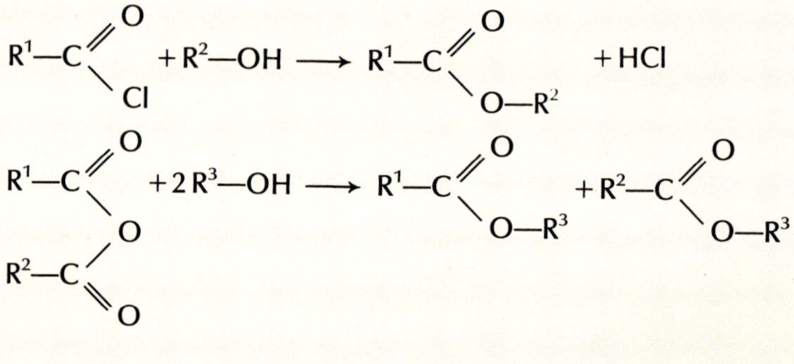

• La **saponification** d'un ester est une réaction totale de l'ester avec les ions OH^- d'une base forte. On obtient l'alcool et le carboxylate de sodium si l'on a utilisé la soude.

Les **corps gras** sont des triesters du propanetriol-1,2,3 et d'acides gras (acides carboxyliques dont la chaîne carbonée comporte en général de 15 à 18 atomes de carbone). Les carboxylates de sodium ou de potassium des acides gras constituent les **savons.**

EXERCICES RÉSOLUS

1 Pierre et Anne savent qu'en partant d'un mélange d'une mole d'acide carboxylique et d'une mole d'alcool primaire, on obtient 2/3 mole d'ester et 2/3 mole d'eau, selon une réaction d'équilibre chimique.
Ils décident de préparer du propanoate d'éthyle le plus rapidement possible et avec le meilleur rendement possible.

A. Ils émettent quelques propositions. Parmi celles-ci, dites celles qui paraissent exactes, celles qui vous paraissent erronées. Justifiez vos réponses.

1. Anne pense qu'il faut utiliser de l'acide propanoïque et de l'éthanol.

2. Pierre pense, lui, qu'il faut utiliser de l'acide éthanoïque et du propanol-1.

3. Anne propose de mélanger au départ 1/2 mole d'alcool et 1/2 mole d'acide. Elle espère ainsi obtenir 1/3 mole d'ester et 1/3 mole d'eau.

4. Pierre propose, lui, un mélange contenant 1/2 mole d'alcool et 2 moles d'acide. Anne, qui se range à son avis, affirme : nous obtiendrons ainsi 4/3 mole d'ester.

5. Tous deux pensent accélérer la réaction en chauffant le mélange et en usant d'un catalyseur convenable.

6. Pierre fait remarquer qu'en partant de 1/2 mole d'alcool et 1/2 mole de chlorure d'acide (chlorure d'acyle), ils obtiendront l'ester avec un très bon rendement.

B. Si on mélange 1/2 mole d'alcool et 1/2 mole de chlorure d'acide comme le souhaite Pierre, quel alcool et quel chlorure d'acide faut-il mettre en présence pour obtenir du propanoate d'éthyle? Quelle masse de cet ester peut-on alors théoriquement obtenir?

SOLUTION

A. 1. Par action de l'acide éthanoïque et de l'éthanol, on obtient bien du propanoate d'éthyle selon l'équation-bilan :

$$CH_3-CH_2-\overset{\overset{O}{\|}}{C}-OH + CH_3-CH_2-OH \rightleftarrows CH_3-CH_2-\overset{\overset{O}{\|}}{C}-O-CH_2-CH_3 + H_2O$$

La proposition de Anne est exacte.

2. $$CH_3C\begin{matrix}\diagup O \\ \diagdown OH\end{matrix} + CH_3-CH_2-CH_2-OH \rightleftarrows CH_3-C\begin{matrix}\diagup O \\ \diagdown O-CH_2-CH_2-CH_3\end{matrix} + H_2O$$

On obtient de l'éthanoate de propyle : sa proposition est erronée.

3. En partant d'une mole d'acide carboxylique et d'une mole d'alcool primaire on obtient 2/3 mole d'ester et 2/3 mole d'eau. Si on part de quantités diminuées de moitié pour les réactifs, il se formera des quantités diminuées de moitié pour les produits (1/3 mole d'ester, 1/3 mole d'eau).
La proposition de Anne est donc exacte.

4. Lorsque l'un des réactifs d'une réaction chimique est totalement consommé, la réaction s'arrête.
En conséquence, même en supposant la réaction totale à partir de 1/2 mole d'alcool on ne peut obtenir que 1/2 mole d'ester.
Cette proposition est donc fausse.

5. On peut effectivement accélérer la réaction :
— par chauffage;
— par utilisation d'un catalyseur (H_3O^+ par ex.).
La proposition de Pierre et Anne est exacte.

6. $$R-C\begin{matrix}\diagup O \\ \diagdown Cl\end{matrix} + R'-OH \longrightarrow R-C\begin{matrix}\diagup O \\ \diagdown O-R'\end{matrix} + HCl$$

La réaction est alors totale et à partir de 1/2 mole d'alcool et de chlorure d'acyle en excès on obtient 1/2 mole d'ester.
La proposition formulée par Pierre est exacte.

B. On veut obtenir du propanoate d'éthyle : il faut donc partir du chlorure de propanoyle et de l'éthanol.

$$CH_3CH_2C\begin{matrix}\diagup O \\ \diagdown Cl\end{matrix} + CH_3CH_2OH \rightarrow CH_3CH_2C\begin{matrix}\diagup O \\ \diagdown OC_2H_5\end{matrix} + HCl$$

Sachant que la réaction est totale on peut obtenir 1/2 mole d'ester soit $m = 1/2 \times M$ avec $M = 102\ g \cdot mol^{-1}$ et donc $m = 51$ g.

BAC

2 On donne les masses molaires atomiques de l'oxygène, du carbone et de l'hydrogène :

$$M(\text{O}) = 16\ \text{g}\cdot\text{mol}^{-1}$$
$$M(\text{C}) = 12\ \text{g}\cdot\text{mol}^{-1}$$
$$M(\text{H}) = 1\ \text{g}\cdot\text{mol}^{-1}$$

1. Soit un acide carboxylique A, à chaîne saturée, noté RCOOH. Donner la formule générale de cet acide en désignant par *n* le nombre d'atomes de carbone contenus dans R.

2. Soit un alcool B de formule brute CH_4O. Donner la formule développée de cet alcool; préciser son nom et sa classe.

3. On fait réagir A sur B. Quel est le nom de cette réaction? Écrire son équation-bilan. La masse molaire de l'ester est 88 g·mol⁻¹; en déduire la formule exacte de l'acide A et donner son nom.

4. Comment peut-on obtenir le chlorure d'acyle de A? (L'équation de la réaction n'est pas demandée.) Donner sa formule développée.
On le fait réagir sur B. Comparer cette réaction à celle de A sur B.

5. On veut préparer 8,8 g d'ester par action du chlorure d'acyle de A sur B. Quelle masse de l'alcool B faut-il utiliser? En supposant que le chlorure d'hydrogène se dégage totalement, déterminer son volume sachant que le volume molaire dans les conditions expérimentales est $V_M = 24\ \text{l}\cdot\text{mol}^{-1}$.

(Bordeaux; 86-CE)

SOLUTION

1. La formule de l'acide A s'écrit :

$$C_nH_{2n+1}\text{—COOH}$$

2. L'alcool B est le méthanol, alcool primaire.

Sa formule est

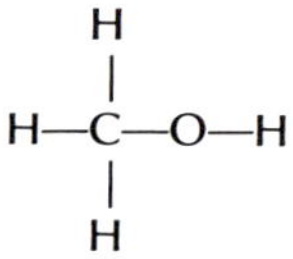

3. On réalise une estérification dont l'équation-bilan est la suivante :

$$C_nH_{2n+1}\text{—COOH} + H_3C\text{—OH} \leftrightharpoons C_nH_{2n+1}\text{—COO—}CH_3 + H_2O \quad (1)$$

$$M = 12(n+2) + 1(2n+4) + 16 \times 2 = 88\ \text{g}\cdot\text{mol}^{-1}$$

soit $\quad 14n + 60 = 88; \quad n = 2.$

L'acide carboxylique A a pour formule C_2H_5—COOH c'est l'acide propanoïque.

L'ester formé est le propanoate de méthyle.

4. Un chlorure d'acyle a pour formule générale

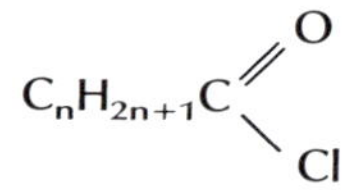

Le chlorure d'acyle de A est le chlorure de propanoyle :

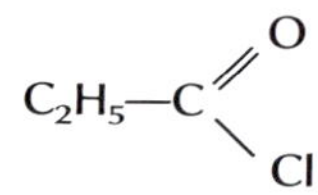

On peut l'obtenir par action du chlorure de thionyle ($SOCl_2$) ou du chlorure de phosphore (III) de formule PCl_3.

Si on fait réagir le chlorure de propanoyle sur le méthanol la réaction qui se produit a pour équation-bilan :

$$C_2H_5\text{—}\overset{\overset{\displaystyle O}{\|}}{C}\text{—Cl} + H_3C\text{—OH} \longrightarrow C_2H_5\text{—}\overset{\overset{\displaystyle O}{\|}}{C}\text{—O—}CH_3 + HCl_{(g)} \quad (2)$$

Par action de A sur B d'équation-bilan (1), on obtient le propanoate de méthyle : c'est une réaction lente, limitée et athermique. La réaction entre le chlorure de propanoyle et le méthanol, dont l'équation-bilan est donnée par (2), est rapide, totale et exothermique.

5. D'après l'équation-bilan (2), si on obtient *n* moles d'ester on a utilisé *n* moles de méthanol et il se forme *n* moles de chlorure d'hydrogène.

Calculons n : $\quad n = \dfrac{m}{M} = \dfrac{8{,}8}{88} = 0{,}10\ \text{mol}$

La masse de méthanol nécessaire est

$$m = 0{,}10 \times 32 = 3{,}2\ \text{g}$$

Le volume de chlorure d'hydrogène est

$$V = 0{,}10 \times V_M = 0{,}1 \times 24 = 2{,}4\ \text{l}$$

DÉTERMINATION DE LA FORMULE D'UN ESTER

3 A_2-B_3-C_1 La combustion complète de 0,44 g d'un ester ne comportant aucune liaison multiple entre les atomes de carbone donne 0,36 g d'eau (et du dioxyde de carbone).
1. Donner sa formule brute.
2. Écrire les différentes formules développées possibles de cet ester et donner leur nom.

4 A_2-B_3 Un ester a pour masse molaire 116 $g \cdot mol^{-1}$. Il peut être préparé à partir d'éthanol et d'un acide carboxylique à chaîne carbonée saturée. Déterminer les formules et les noms de l'ester et de l'acide carboxylique. Y a-t-il plusieurs réponses possibles?

ESTÉRIFICATION - HYDROLYSE - SAPONIFICATION

5 A_2-B_3-C_1 Afin d'étudier la réaction d'estérification, on réalise un mélange constitué d'une mole d'acide éthanoïque et d'une mole d'éthanol que l'on répartit en fractions égales dans divers tubes à essais.
A l'instant t = 0, il faut 15,0 cm^3 d'hydroxyde de sodium de concentration 0,80 $mol \cdot l^{-1}$ pour doser l'acide contenu dans un des tubes.
A l'instant t il en faut 12,0 cm^3.
1. En déduire la composition du mélange à l'instant t.
2. Déterminer le volume d'hydroxyde de sodium de même concentration que précédemment, nécessaire pour doser « l'acidité » de l'un des tubes quand le système est en équilibre chimique.

6 A_2-B_3-C_1 On cherche à déplacer la limite de l'équilibre d'estérification-hydrolyse par excès d'un constituant.
On mélange 6,00 g d'acide éthanoïque et 9,20 g d'éthanol auxquels on ajoute 2 gouttes d'acide sulfurique concentré. Le mélange est chauffé à reflux, au bain-marie pendant une demi-heure environ. On refroidit le mélange et on le dose par de l'hydroxyde de sodium de concentration égale à 2,00 $mol \cdot l^{-1}$ en présence de phénolphtaléine. Il faut en verser 9,5 cm^3.
1. Quelle est la composition du mélange avant le dosage sachant qu'une goutte a un volume de 0,050 cm^3 et que l'acide sulfurique utilisé a une concentration de 10 $mol \cdot l^{-1}$?
2. Quel est le pourcentage d'acide estérifié?

7 A_2-B_3-C_1 On hydrate, en présence d'acide sulfurique, le méthyl-2 propène.
1. Montrer que l'on peut prévoir théoriquement la formation de deux alcools.
2. Préciser le nom et la classe de chacun d'eux.
3. En réalité un seul alcool est essentiellement obtenu. Nous allons déterminer lequel.
On introduit dans un tube 3,7 g de cet alcool et 3,0 g d'acide éthanoïque (ou acide acétique). Le tube est scellé et chauffé.
a. Quelles sont les caractéristiques de la réaction qui se produit?
b. Après plusieurs jours, l'acide restant est isolé puis dosé avec une solution d'hydroxyde de sodium de concentration $c = 2{,}00$ $mol \cdot l^{-1}$. Il faut utiliser un volume $V = 23{,}8$ cm^3 de cette solution pour atteindre le point d'équivalence.
Quel est le pourcentage d'alcool estérifié?
Quel est cet alcool?
On rappelle que la limite d'estérification, pour un mélange équimoléculaire acide éthanoïque-alcool, est environ 66 % si l'alcool est primaire, 60 % si l'alcool est secondaire, 2 à 10 % si l'alcool est tertiaire.
(Dans cet exercice, on négligera l'apport d'ions H_3O^+ dû à l'ajout des quelques gouttes d'acide sulfurique.)

(Rouen; 82-CE)

8 A_2-B_3-C_1 **1.** On étudie l'estérification du butanol-1 par l'acide éthanoïque.
Écrire l'équation de la réaction en indiquant les formules développées des corps intervenant dans cette réaction ainsi que le nom de l'ester formé.
Un mélange de $5{,}00 \times 10^{-2}$ mole de butanol-1 et de $5{,}00 \times 10^{-2}$ mole d'acide éthanoïque auquel on a ajouté un peu d'acide sulfurique (catalyseur) est placé dans une ampoule scellée et porté à 100 °C. Au bout d'une heure, l'ampoule est brutalement refroidie et on dose l'acide éthanoïque restant par une solution d'hydroxyde de sodium 2,00 $mol \cdot l^{-1}$. Le volume de cette solution nécessaire pour obtenir l'équivalence est 11,0 cm^3 déduction faite de la quantité nécessaire pour doser l'acide sulfurique. En déduire le pourcentage (en moles) d'ester formé au bout d'une heure, dans ces conditions expérimentales.
2. Choisir un produit remplaçant l'acide éthanoïque et permettant de rendre la formation de l'ester rapide et totale.
Écrire l'équation de la réaction.
3. On réalise la saponification de l'ester obtenu en 1 et 2.
Écrire l'équation de la réaction.
4. Par analogie, écrire la réaction de saponification d'un corps gras, **triester** du glycérol (propanetriol) et de l'acide hexadécanoïque (palmitique) $C_{15}H_{31}CO_2H$ (les trois chaînes carbonées du triester sont identiques; on posera $R = C_{15}H_{31}$ pour écrire l'équation demandée).

(Amiens; 84-CE)

T.P

Dosage de l'aspirine

Lire les paragraphes 1 à 5 avant le T.P. Pendant les temps morts du T.P. décrit en 2, 3, 4, on peut réaliser très rapidement le T.P. suggéré en 5 c.

1. Structure et propriétés de la molécule

La **figure 1** montre la présence de deux groupes caractéristiques sur un noyau benzénique :
— le groupe carboxyle : $—CO_2H$ des acides carboxyliques;
— le groupe : $—O—C(=O)—CH_3$ des esters de l'acide éthanoïque.

Nous admettons que les propriétés chimiques sont celles des acides carboxyliques (acide faible de $pK_A = 3,75$) et des esters (ester de l'acide salicylique **(fig. 2)** et de l'acide éthanoïque).
Conséquences : avec une base forte nous aurons d'une part une réaction acide-base avec le groupe carboxyle qui se transformera en carboxylate et d'autre part une réaction de saponification de l'ester avec l'obtention du phénol correspondant (—OH sur le noyau benzénique, voir légende de la **figure 2**).

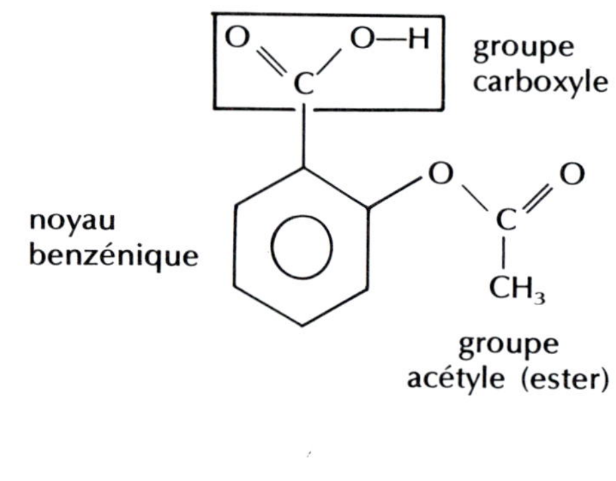

1. *Acide acétylsalicylique ou aspirine.*

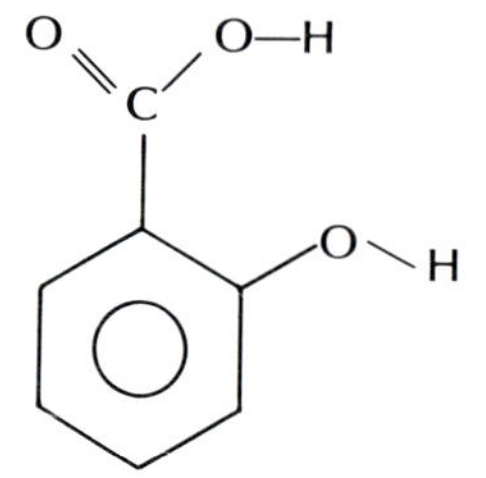

2. *Acide salicylique ou orthohydroxybenzoïque.*
Un hydroxyle sur le noyau benzénique confère la propriété des phénols qui, comme les alcools, sont susceptibles de participer à des réactions d'estérification.

2. Principe de la réaction de dosage

Réaction-bilan support du dosage avec une base forte (la soude) :

$$\varphi(CO_2H)—O—CO—CH_3 + 2\,OH^- \longrightarrow \varphi(CO_2^-)—OH + CH_3—CO_2^- + H_2O \quad (1)$$

Si la réaction est réalisée dans des conditions expérimentales (durée, température, concentration des réactifs) qui lui permettent d'être totale, nous constatons les proportions stoechiométriques de **1 mole d'acide salicylique pour 2 moles d'ions hydroxyde.**

Si nous employons un excès de soude, à chaud, la réaction sera totale mais il faudra alors doser l'excès de soude grâce à une solution, de concentration connue, d'un acide fort par exemple. Nous prendrons une solution d'acide sulfurique de concentration molaire $c_2 = 1,50 \cdot 10^{-2}$ mol·l^{-1} ou de cet ordre de grandeur.

Il s'agit d'un dosage en retour selon le bilan :

$$OH^- + H_3O^+ \longrightarrow 2\,H_2O \quad (2)$$

3. Protocole et saponification

a. Réaction chimique acide/base et saponification.
— Déterminer la masse de 3 comprimés d'aspirine (non effervescents) ordinaires (un peu plus de 1,5 g en général).
— Dans une fiole conique de 250 cm^3, mélanger les 3 comprimés avec *exactement* un volume de 20,0 cm^3 de solution aqueuse d'hydroxyde de sodium de concentration $c_1 = 1,00$ mol·l^{-1}, ou d'un ordre de grandeur proche, valeur connue avec précision. Rajouter environ autant d'eau distillée.
— Chauffer à ébullition lente pendant 10 minutes (aucun des réactifs n'est volatil). Laisser refroidir.
— Recueillir le liquide limpide obtenu dans une **fiole *jaugée* de 250 cm^3;** rincer la fiole conique ayant servi à la réaction chimique et ajouter l'eau de rinçage dans la fiole jaugée. Ajuster alors le volume de la solution à $V_0 = 250$ cm^3 exactement; boucher et homogénéiser par retournements successifs.

La solution obtenue appelée S contient tout l'excès d'hydroxyde de sodium après que la réaction (1) se soit réalisée complètement.

b. Détermination de la quantité d'hydroxyde de sodium en excès.

Il s'agit de doser la solution S de concentration c en base forte (hydroxyde de sodium).

Plaçer la solution S dans la burette graduée.

Dans le bécher de dosage, introduire exactement le volume $V_2 = 10{,}0$ cm^3 d'acide sulfurique de concentration $c_2 = 1{,}50 \cdot 10^{-2}$ $mol \cdot l^{-1}$. Ajouter quelques gouttes de phtaléine.

— Faire un dosage rapide cm^3 par cm^3 et obtenir un encadrement.

— Réaliser ensuite 2 dosages précis à la goutte près. Soit V le volume moyen trouvé : $V/cm^3 = \ldots$.

4. Calcul de la masse d'acide salicylique dosé

— Quantité de matière d'ions H_3O^+ fournis par la solution d'acide sulfurique :

$$n(H_3O^+) = 2 \cdot V_2 c_2 = 2 \cdot 10{,}0 \cdot 10^{-3} \cdot 1{,}50 \cdot 10^{-2} = 3{,}00 \cdot 10^{-4} \text{ mol}$$

— Quantité de matière d'ions OH^- fournis par le volume V de solution S : c'est la même que $n(H_3O^+)$ fournis par les 10 cm^3 d'acide et la raison en est la stoechiométrie de la réaction (2).

— Quantité de matière d'ions OH^- dans la solution S de volume $V_0 = 250$ cm^3 :

$n(OH^-)$ restant dans $S = 3{,}00 \cdot 10^{-4}\ V_0/V$.

— Quantité de matière d'ions OH^- disponibles initialement dans les 20,0 cm^3 de soude de concentration c_1 :

$$n(OH^-) \text{ initialement} = V_1 \cdot c_1 = 2{,}00 \cdot 10^{-2} \cdot 1{,}00 = 2{,}00 \cdot 10^{-2} \text{ mol}$$

— Quantité de matière d'ions OH^- consommés au cours de la réaction (1) :

$n(OH^-)$ consommés par (1)

$= n(OH^-)$ initialement $- n(OH^-)$ restant dans S

$= 2{,}00 \cdot 10^{-2} - 3{,}00 \cdot 10^{-4}\ V_0/V$.

— Quantité de matière d'acide acétylsalicylique dosé d'après la stoechiométrie de la réaction (1) :

$$n(\text{aspirine}) = \frac{n(OH^-) \text{ consommés par réaction (1)}}{2} = 1{,}00 \cdot 10^{-2} - 1{,}50 \cdot 10^{-4}\ V_0/V.$$

— Masse d'aspirine dosée :

$$m(\text{aspirine}) = n(\text{aspirine}) \times M(\text{aspirine}) = (1{,}00 \cdot 10^{-2} - 1{,}50 \cdot 10^{-4}\ V_0/V) \cdot M$$

5. Conclusion et exercices d'exploitation

a. Comparer la masse d'aspirine mesurée par dosage à la masse marquée sur l'étiquette descriptive (rapportée à 3 comprimés).

b. La synthèse de l'aspirine peut se faire à partir de l'acide salicylique **(fig. 2)** et de l'anhydride éthanoïque.

Écrire l'équation-bilan de cette réaction et lui donner un nom. La réaction est totale, expliquer pourquoi.

c. L'aspirine est peu soluble dans l'eau pure (2,5 g par litre) mais très soluble dans l'alcool.

Voici le début d'un protocole expérimental qui permet de ne doser que l'acidité liée au groupe carboxyle.

Dissoudre 3 comprimés d'aspirine dans 40 cm^3 d'alcool à 90 %; ajouter quelques cm^3 d'eau et un peu de phénolphtaléine; doser ensuite avec une solution titrée d'hydroxyde de sodium à froid. Expliquer ce protocole et l'évolution du pH en fonction du volume de soude versé, le choix de l'indicateur coloré, etc.

d. La solution aqueuse saturée en aspirine a un pH égal à 2,8. Montrer que l'on peut déterminer la solubilité (en g par litre) en utilisant la donnée $pK_A = 3{,}75$.

e. Dans l'estomac le pH est très acide ($pH \approx 1$). Sous quelle forme — acide acétylsalicylique moléculaire ou ion acétylsalicylate — trouvera-t-on le médicament dans l'estomac?

Même question pour l'intestin grêle où le pH est égal à 8.

Le contact des molécules d'acide acétylsalicylique avec la paroi de l'estomac ou de l'intestin peut provoquer des lésions.

Expliquer l'intérêt d'un enrobage protecteur des comprimés de telle manière qu'ils ne se délitent une fois sortis de l'estomac, que dans l'intestin grêle.

Le polyméthacrylate de méthyle (Plexiglas, Altuglas) possède un indice de réfraction comparable à celui du verre et permet les mêmes jeux de lumière. Sa formule est :

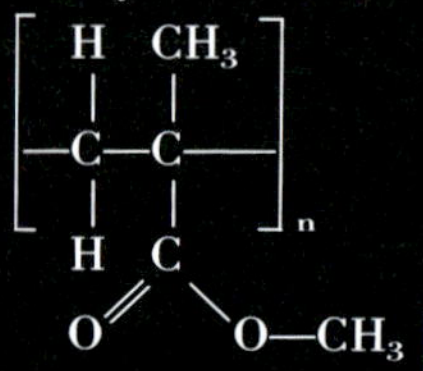

13 POLYMÈRES

(Uniquement aux programmes des classes de terminales C et E; quasiment vus en 1ère S).

Les matières plastiques artificielles sont produites par millions de tonnes en France chaque année. Elles envahissent notre vie d'autant plus que les méthodes de fabrication font l'objet de progrès importants qui font chuter leurs coûts et que l'on en découvre en permanence de nouvelles avec des applications inattendues allant des prothèses médicales aux carrosseries de voitures.

sommaire

A GÉNÉRALITÉS

1/ DÉFINITIONS

On appelle polymères des corps dont les molécules sont constituées par la succession d'un même motif qui est la structure de base.

L'enchaînement des motifs peut être un enchaînement linéaire **(fig. 1)** ou ramifié **(fig. 2)**.

On parle de macromolécules quand le motif structural de base est répété un grand nombre de fois dans les macromolécules. Le degré de polymérisation d'un polymère est égal au nombre de motifs structuraux par molécule. Le degré de polymérisation dans les polymères synthétiques courants varie de 10^3 à 10^6. A l'intérieur d'un même échantillon de polymère, il existe des macromolécules de tailles différentes dont les degrés de polymérisation sont donc différents.

La **figure 3** montre le profil de distribution des degrés de polymérisation d'un polymère donné. L'allure globale de ce profil est la même pour tous les polymères mais la position du maximum varie d'un polymère à l'autre.

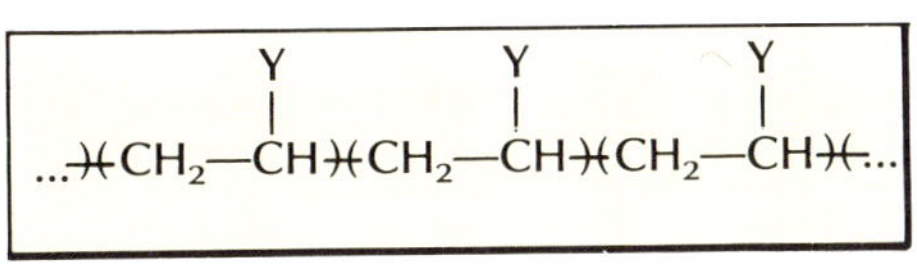

1. *Polymère à molécules linéaires (entre parenthèses : motif structural de base).*

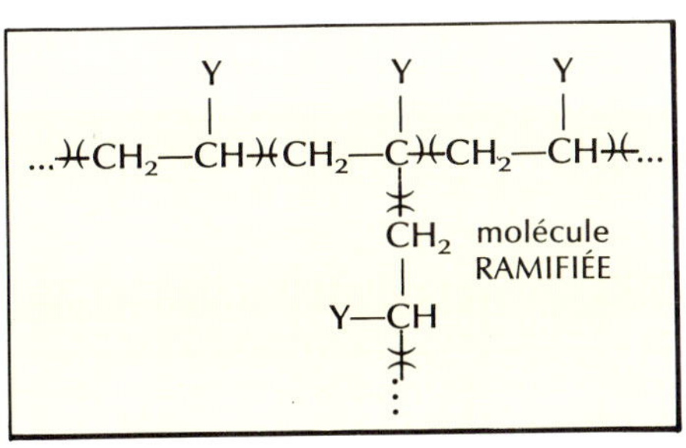

2. *Polymère à molécules ramifiées.*

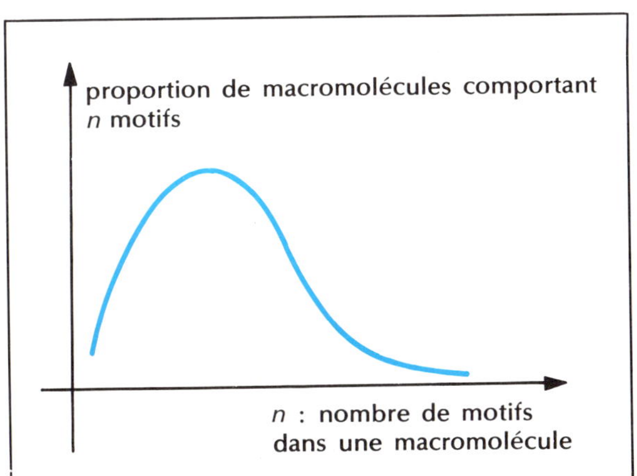

3. *Courbe donnant la proportion de macromolécules à n motifs en fonction de n, nombre de motifs présents dans une macromolécule.*

2/ STRUCTURE MICROSCOPIQUE DES POLYMÈRES

L'organisation microscopique des polymères permet de comprendre leurs propriétés physiques qui dépendent beaucoup de la température.

1. Structure amorphe

Les chaînes des macromolécules peuvent être disposées au hasard dans l'espace et enchevêtrées les unes dans les autres.

2. Structure cristalline

a. Polymères cristallins non orientés

Certains polymères comportent des zones d'organisation spatiale qui peuvent atteindre des tailles de l'ordre de 10^{-1} mm. Ces zones d'organisation sont appelées **cristallites** par analogie avec l'organisation spatiale très rigoureuse des cristaux moléculaires.

Dans les cristallites, les macromolécules sont rangées approximativement selon la même direction **(fig. 4).**

Les cristallites peuvent être entourés de matière amorphe et leurs directions d'organisation sont distribuées au hasard.

Le degré de cristallinité d'un polymère correspond à la proportion de matière engagée dans les cristallites.

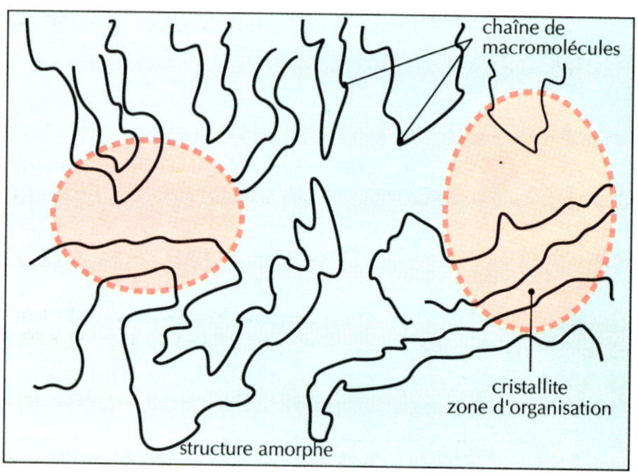

4. *Structure fine d'un polymère cristallin non orienté.*

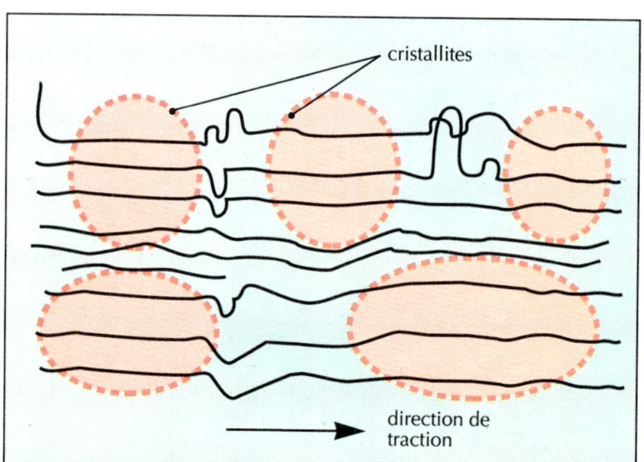

5. *Structure fine de ce polymère après traction.*

b. Polymères cristallins orientés

On obtient cet état en étirant les polymères dont le degré de cristallinité est élevé. Les directions d'organisation des cristallites s'alignent plus ou moins selon la direction de la traction **(fig. 5).**

3. Les liaisons intermoléculaires ou liaisons pontales

Il en existe de deux types.

Les liaisons de Van der Waals qui sont des liaisons faibles entre atomes de molécules voisines; elles sont faciles à rompre sous l'effet de l'agitation thermique **(fig. 6).**

Les liaisons hydrogène (fig. 7) qui ne peuvent exister que dans les polymères qui comportent des atomes très électronégatifs comme l'oxygène. Les atomes d'oxygène engagés dans une double liaison présentent, par suite de leur caractère électronégatif tendant à attirer les électrons, une charge électrique partielle négative.

Les atomes d'hydrogène, peu électronégatifs, présentent quand ils sont engagés dans une liaison covalente avec un atome électronégatif tel que l'azote, une charge électrique partielle positive.

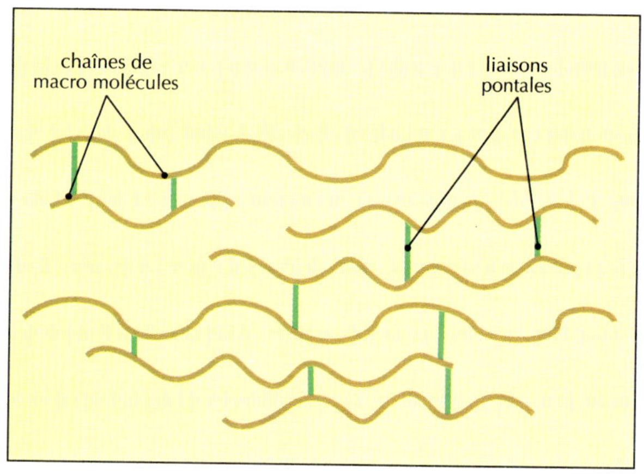

6. *Liaisons de Van der Waals entre les chaînes des macromolécules.*

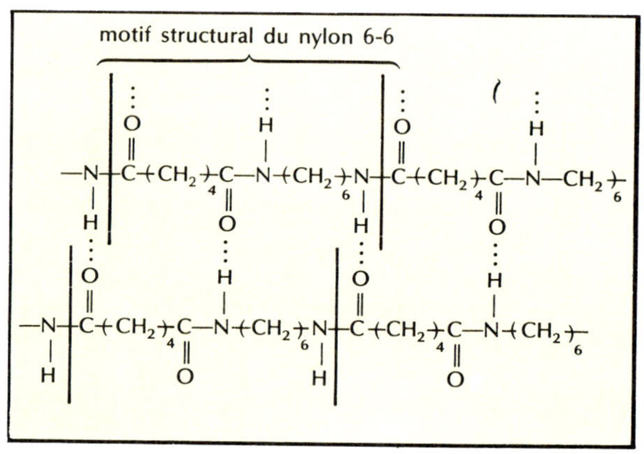

7. *Motif structural de base du nylon 6-6; les liaisons hydrogène entre deux chaînes macromoléculaires de nylon 6-6 sont représentées par ⋮.*

3/ COMPORTEMENT DES POLYMÈRES PAR RAPPORT A UNE ÉLÉVATION DE LA TEMPÉRATURE

1. Propriétés thermoplastiques des polymères linéaires

Lorsque la température est suffisamment élevée, les chaînes des macromolécules peuvent glisser les unes par rapport aux autres.

En effet, l'énergie d'agitation thermique permet alors de rompre les liaisons pontales. Il est donc possible de déformer un matériau constitué d'un polymère linéaire en le chauffant. Le maintien du matériau en cours de refroidissement dans une forme donnée permet de reconstituer les liaisons pontales et de figer le matériau dans cette forme.

La propriété mise en œuvre s'appelle la **thermoplasticité.**

Tous les polymères à chaînes linéaires ou faiblement ramifiées possèdent la propriété de thermoplasticité. C'est le cas de tous les polymères du programme abordés dans ce cours.

Les polymères dont les molécules sont fortement ramifiées (on les appelle aussi molécules tridimensionnelles) ne peuvent pas être déformés par élévation de température. Il faut alors mouler le polymère en place dans sa forme définitive dès qu'il est fabriqué. Ce processus terminé on ne peut plus changer la forme de l'objet obtenu. Par opposition à thermoplastique, on parle de **matériau thermodurcissable.**

2. Température de transition vitreuse

A température faible, les thermoplastiques deviennent durs et cassants comme du verre (état vitreux) par suite de l'impossibilité des mouvements relatifs des macromolécules les unes par rapport aux autres. La température au-dessous de laquelle ce phénomène se produit s'appelle **température de transition vitreuse** T_v (voir tableau **figure 8**).

Cette température est difficile à mesurer précisément compte tenu du caractère plutôt qualitatif de sa définition. Elle est d'autant plus élevée que les liaisons pontales sont fortes et les molécules plus longues.

3. Température de fusion

Les polymères à structure fortement cristalline ont un comportement thermique qui ressemble à celui d'un corps pur cristallisé. A une température donnée assez bien définie, les cristallites subissent la fusion et se désorganisent, les macromolécules s'orientent alors au hasard comme dans un solide amorphe.

Au-delà de la température dite de fusion, le polymère a une consistance visqueuse.

Si cette température T_f peut être définie pour un polymère donné, on a, bien sûr, la relation : $T_f > T_v$ (voir tableau de la **figure 8**).

4. Thermoformage

La température utilisée dans l'industrie pour le formage thermoplastique par injection est en général supérieure à la température de fusion (voir dans le tableau de la **figure 8,** la colonne « Moulage par injection des polyéthylènes »).

Les pressions et les températures utilisées pour l'injection dépendent de la structure microscopique du polymère.

Exemple pratique :

Un tissu de nylon lavé à température $T > T_v$ peut subir des déformations thermoplastiques qui sont figées lors du rinçage à froid. Le tissu restera froissé et on ne pourra y remédier que par un repassage à température $T > T_v$ pour obtenir le défroissage.

Cependant, si la température de repassage dépasse T_f, le nylon devient alors visqueux suite à sa fusion et se met à coller au fer.

NOM DU POLYMÈRE	ÉTAT PHYSIQUE	TEMPÉRATURE DE TRANSITION VITREUSE T_v EN °C	TEMPÉRATURE DE FUSION T_f EN °C	MOULAGE PAR INJECTION		UTILISATIONS INDUSTRIELLES
				TEMPÉRATURE EN °C	PRESSION EN bar	
polyéthylène basse densité	semi-cristallin	−10	110	150 à 200	100 à 150	seaux, poubelles, tubes et tuyaux
polyéthylène haute densité	cristallin	−70	140	150 à 250	≈10	feuilles rétractables, sacs, isolant, bouteilles (lait)
polychlorure de vinyle	semi-cristallin	80	180			gaines de fils électriques, bouteilles (eau minérale), goulottes électriques, gouttières
polystyrène	cristallin	100	230			isolant thermique (mousse), pots (yaourts, petits suisses)
polyéthylène téréphtalate	cristallin	70	260			fibres textiles, cordes, films (tergal, mylar)
nylon 6-6	cristallin	50	270			fibres textiles, cordes, films

8. *Températures de transition vitreuse et de fusion de quelques polymères.*

B POLYMÉRISATION ET POLYCONDENSATION

1/ DÉFINITIONS

1. Polymérisation

Trois exemples du programme de Terminale ont déjà été étudiés en classe de Première. Il s'agit de la polymérisation des carbures éthyléniques (éthylène, monochloroéthylène ou chlorure de vinyle, styrène ou phényléthylène). Les molécules des monomères concernés comportent une liaison double et leur formule est du type $CH_2{=}CHY$. Y est soit un atome d'hydrogène, soit un atome de chlore, soit un groupe phényle $-C_6H_5$. Une autoaddition aboutit à la réalisation du polymère.

Le bilan de la polymérisation s'écrit :

$$\underset{\text{monomère}}{n\,CH_2{=}CHY} \longrightarrow \underset{\text{polymère de degré de polymérisation } n}{-\!\left(CH_2-\underset{\displaystyle Y}{\underset{|}{C}H}\right)_{\!n}\!-}$$

La caractéristique de ce type de polymérisation est l'addition progressive du monomère à l'extrémité réactive de la chaîne en croissance (le milieu contient le polymère en croissance et le monomère).

$$\underset{\text{chaîne déjà formée}}{\sim\!\sim\!\sim} CH_2-\underset{\displaystyle Y}{\underset{|}{\overset{\blacksquare}{C}H}} + CH_2{=}\underset{\displaystyle Y}{\underset{|}{C}H} \longrightarrow \sim\!\sim\!\sim CH_2-\underset{\displaystyle Y}{\underset{|}{C}H}-CH_2-\underset{\displaystyle Y}{\underset{|}{\overset{\blacksquare}{C}H}}$$

■ signifie un état où le carbone n'est pas lié à 4 voisins et est donc réactif. L'état électronique n'est pas précisé ici.

2. Polycondensation

Deux exemples figurent au programme, un polyester et un polyamide.

La polycondensation s'accompagne souvent de l'élimination de petites molécules telles que l'eau ou le chlorure d'hydrogène.

- **Polyesters**

Ils sont obtenus, par exemple, avec l'éthanediol-1,2 et l'acide benzène dicarboxylique-1,4 (acide téréphtalique). Le bilan peut s'écrire comme suit :

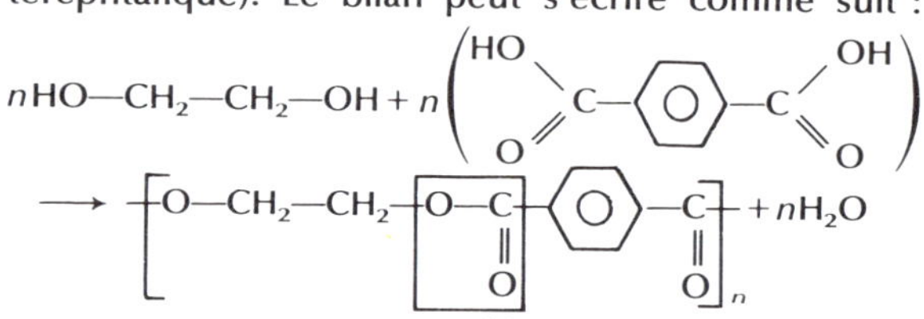

groupe caractéristique
des esters

Le motif du polyester est symbolisé entre crochets. Ce polyester est le constituant de fibres textiles synthétiques (tergal, dacron, ...) et de films isolants (mylar des condensateurs).

- **Polyamides**

Elles sont, par exemple, le produit réactionnel de l'hexane diamine-1,6 (qui contient deux fois le groupe $-NH_2$ caractéristique des amines) et de l'acide hexane dioïque-1,6 ou de son chlorure d'acyle si l'on veut obtenir une réaction totale.

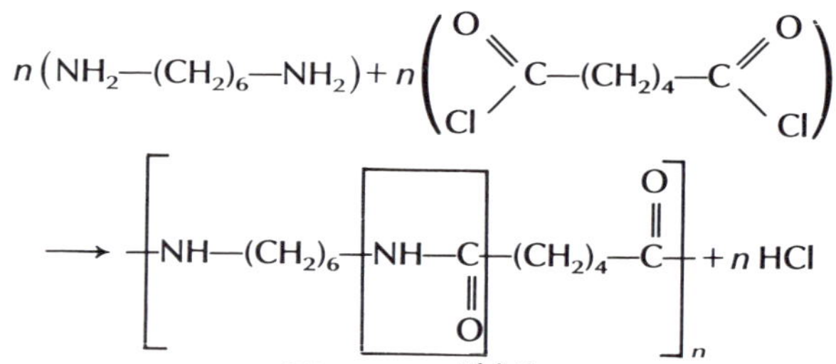

groupe caractéristique
des amides

motif structural
de base du nylon 6-6

- **La croissance des macromolécules de polycondensation se fait par les deux extrémités qui portent chacune un groupe réactif.** Le milieu réactionnel contient les macromolécules en croissance et les molécules des deux réactifs.

2/ PRÉPARATION DE QUELQUES POLYMÈRES AU LABORATOIRE

1. Le polystyrène

Il est préparé par polymérisation. Le styrène a pour formule $CH_2{=}CH-C_6H_5$, le groupe C_6H_5 dérivant du corps de formule C_6H_6 appelé benzène.

L'équation-bilan de cette polymérisation s'écrit :

$$\underset{\text{styrène}}{n\,(CH_2{=}CH-C_6H_5)} \longrightarrow \underset{\text{polystyrène}}{\left[-CH_2-\underset{\displaystyle C_6H_5}{\underset{|}{\overset{\displaystyle H}{\overset{|}{C}}}}-\right]_n}$$

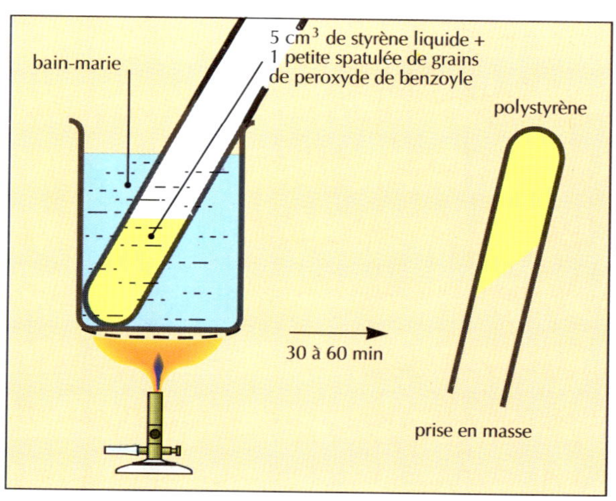

9. *Polymérisation du styrène.*

Expérience de polymérisation à partir du monomère

Il est bon d'utiliser du styrène récemment distillé et ainsi débarrassé du produit antioxydant qui permet de le conserver.

Le styrène **(fig. 9)** est mis à chauffer dans une éprouvette au bain-marie. Au bout de 30 à 60 minutes il y a prise en masse du produit qui est le polystyrène.

Le peroxyde de benzoyle est un catalyseur de cette polymérisation.

2. Le nylon 6-6

La réaction de **polycondensation** se fait par simple mise en contact d'une solution de chlorure d'adipyle dans le tétrachlorométhane et d'une solution aqueuse de chlorure d'adipyle **(fig. 10).**

chap 13-10

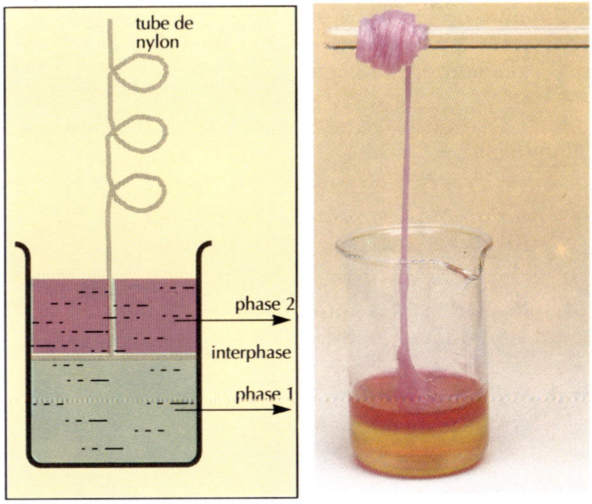

10. *Le film de nylon qui se synthétise à l'interphase est extrait avec un agitateur puis enroulé en pelote (coloration rose par la phénolphtaléine).*

C FABRICATION INDUSTRIELLE

1/ PRÉPARATION INDUSTRIELLE DES MONOMÈRES

1. Production industrielle de l'éthylène

De gigantesques unités de production industrielle permettent d'obtenir l'éthylène à partir d'hydrocarbures saturés allant de l'éthane au gazole lourd.

Ces hydrocarbures mélangés à de la vapeur d'eau passent rapidement dans des tubes chauffés où les molécules sont cassées. Les produits de ce vapocraquage, ou craquage en présence de vapeur d'eau, sont ensuite brutalement refroidis pour arrêter toute évolution des réactions.

Un vapocraqueur fournit actuellement environ 500 000 tonnes d'éthylène par an. La capacité de production annuelle française est de $2{,}5 \cdot 10^6$ tonnes. La moitié de cet éthylène sert à la fabrication du polyéthylène, 20 % environ à celle du chlorure de vinyle, 10 % environ à celle du styrène.

2. Synthèse du chlorure de vinyle

Le procédé industriel dominant actuellement s'appelle l'oxychloration de l'éthylène.

Vers 400 °C un mélange d'éthylène, de chlorure d'hydrogène, et de dioxygène fournit, entre autres, le bilan suivant :

$$CH_2{=}CH_2 + 2\,HCl + \frac{1}{2}\,O_2 \longrightarrow CH_2Cl{-}CH_2Cl + H_2O$$

Le dichloro-1,2 éthane subit dans le même réacteur un craquage thermique selon le bilan :

$$CH_2Cl{-}CH_2Cl \longrightarrow HCl + CH_2{=}CHCl$$

3. Synthèse du styrène

La réaction principale est une substitution sur un noyau benzénique. Un groupe $-CH{=}CH_2$ se substitue à un atome d'hydrogène du benzène. Cette réaction consomme à peu près la moitié de la production du benzène industriel.

4. Synthèse de l'éthanediol-1,2 ou glycol

En présence d'un catalyseur à base d'argent vers 170 °C, l'éthylène peut être oxydé en oxyde d'éthylène qui peut être ensuite hydrolysé en éthanediol-1,2.

$$CH_2{=}CH_2 + \frac{1}{2}\,O_2 \longrightarrow \underset{\diagdown O \diagup}{CH_2{-}CH_2}$$

$$\underset{\diagdown O \diagup}{CH_2{-}CH_2} + H_2O \longrightarrow CH_2OH{-}CH_2OH$$

Un peu plus de 10 % de l'éthylène industriel produit en France est ainsi consommé.

5. Synthèse de l'hexanediamine-1,6

ou de l'acide hexanedioïque-1,6

a. A partir du benzène ou du phénol

Par addition de dihydrogène au benzène on obtient le cyclohexane que l'on oxyde ensuite avec le dioxygène pour obtenir le diacide linéaire cherché.

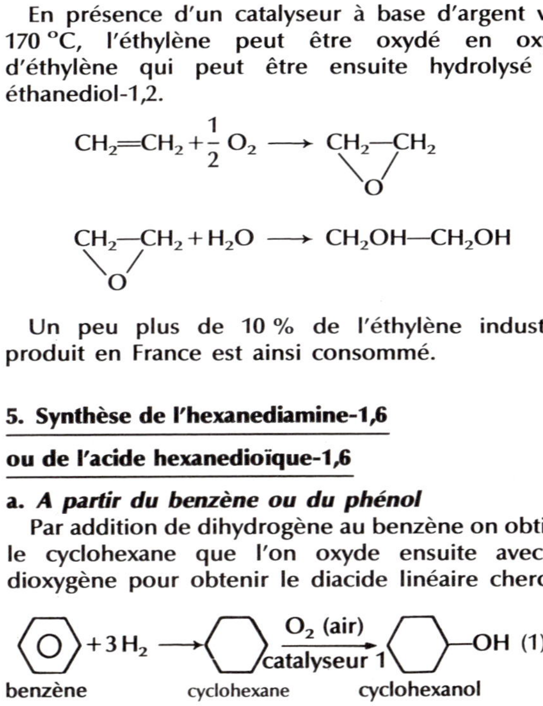

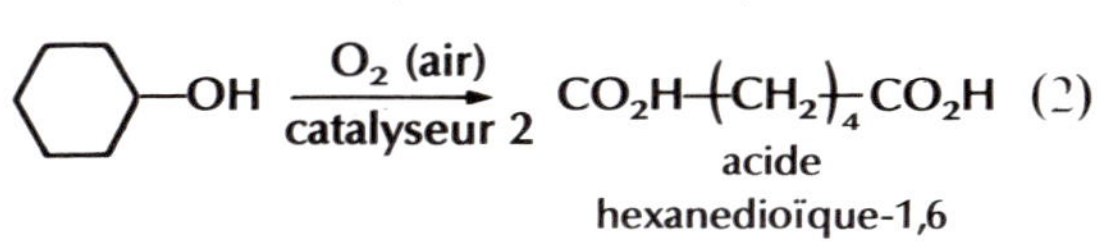

On part également du phénol que l'on transforme aussi directement en cyclohexanol par addition d'hydrogène.

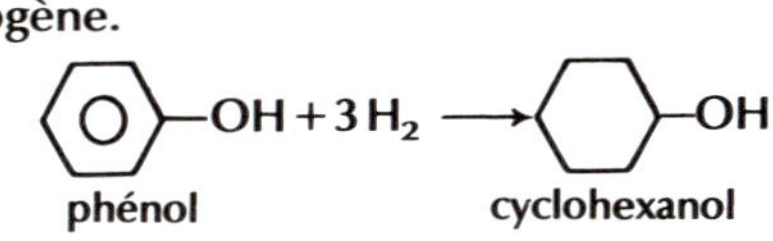

On obtient ensuite le diacide par la réaction (2). Ces réactions consomment ensemble à peu près le 1/3 du benzène industriel produit.

A partir de l'acide hexanedioïque-1,6 on peut obtenir le dicarboxylate d'ammonium par action de l'ammoniac.

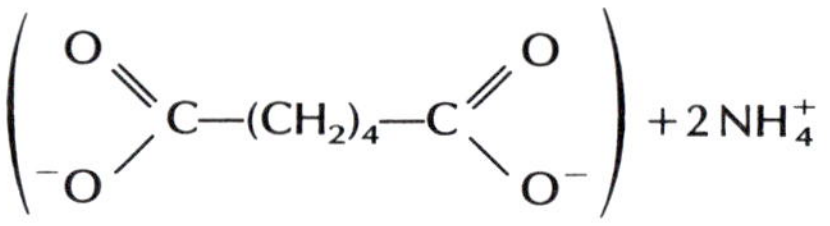

La déshydratation puis l'hydrogénation de ce composé ionique conduit à l'hexanediamine-1,6.

b. *A partir du butadiène*

La formule du butadiène est

(1) (2) (3) (4)

$CH{=}CH{-}CH{=}CH_2$

On additionne par des réactions en plusieurs étapes deux groupes —C≡N en 1 et 4.

On réalise ainsi une chaîne à 6 carbones.

$N{\equiv}C{-}CH_2{-}CH{=}CH{-}CH_2{-}C{\equiv}N$

Une hydrogénation fournit ensuite la diamine en 1 et 6.

2/ FABRICATION INDUSTRIELLE DES POLYMÈRES

Le plus important des polymères, le polyéthylène, voit ses techniques de préparation industrielle évoluer rapidement.

1. Les procédés anciens

Nés vers 1942, ils fournissent 3/4 de la production. Ils mettent en œuvre de très hautes pressions entre 1 000 et 3 000 bars. On obtient un polyéthylène très ramifié (environ 20 à 30 branchements latéraux sur une chaîne de 1 000 atomes de carbone. Sa densité est relativement faible (polyéthylène basse densité : PEBD).

2. Les procédés récents

Mis en place en 1952, ils fournissent 1/4 de la production. A pression relativement peu élevée et grâce à des catalyseurs très spécifiques mis au point par Ziegler et Natta, prix Nobel 1963, on sait réaliser des polyéthylènes comportant peu de ramifications. La densité de ce polyéthylène est plus élevée (polyéthylène haute densité : PEHD). Ses propriétés mécaniques sont moins intéressantes (dureté et faible malléabilité). Mais depuis quelques années, l'industrie sait réaliser des polyéthylènes basse densité à faible pression.

3/ MISE EN ŒUVRE DES POLYMÈRES THERMOPLASTIQUES

1. L'injection thermoplastique

La pâte de polymère **(fig. 11)** est injectée dans un moule sous forte pression grâce à des vérins à vis. Après refroidissement la pièce moulée est éjectée et le cycle peut recommencer.

Ce procédé est le plus employé mais ce n'est pas le seul.

2. L'extrusion

Ce procédé est utilisé pour produire à partir de la pâte de polymère tous les profils longs (feuilles, tubes, goulottes de tous profils).

4/ UTILISATION DES POLYMÈRES DU PROGRAMME

Le tableau de la **figure 8,** page 207, donne quelques indications pratiques.

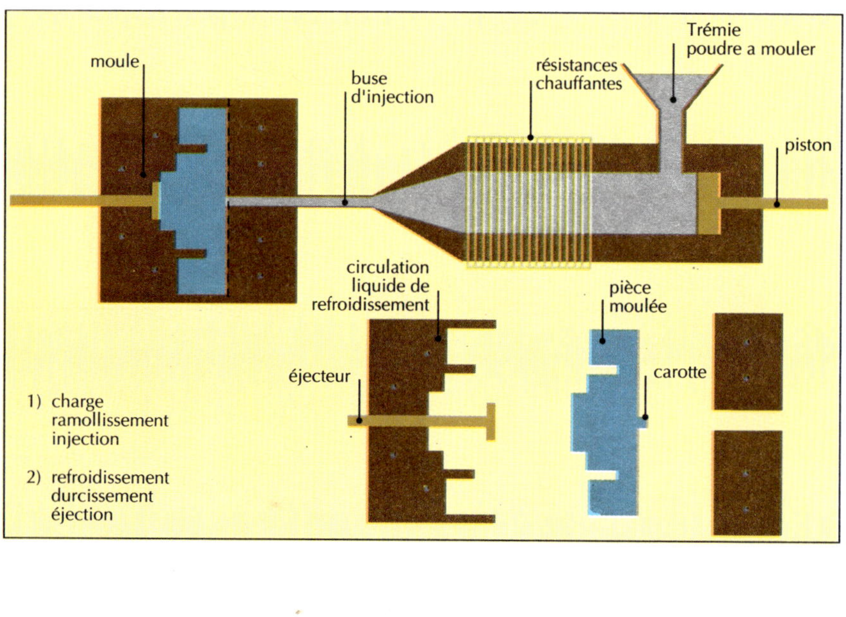

11. *Schéma du principe de l'injection thermoplastique.*

L'ESSENTIEL

• Les polymères du programme de Terminale C se répartissent en deux grandes catégories :

a. Les polymères qui proviennent d'une **polymérisation** de molécules comportant une **double liaison** dans leur formule, par additions successives du monomère au polymère en croissance.

$$n\,(CH_2{=}CHY) \longrightarrow \cdots \overbrace{\left[(CH_2{-}\underset{\displaystyle Y}{\underset{|}{CH}}) \cdots (CH_2{-}\underset{\displaystyle Y}{\underset{|}{CH}})\right]}^{n \text{ motifs structuraux}}$$

si Y = H on a le polyéthylène,
Y = Cl, le polychlorure de vinyle,
Y = C_6H_5, (groupe phényle), le polystyrène.

b. Les polymères qui proviennent d'une **polycondensation;** le motif se construit par réaction chimique entre deux réactifs qui possèdent chacun un groupe réactif à chaque extrémité de leur molécule. Il y a souvent élimination d'une petite molécule au cours de cette réaction. La combinaison chimique peut se poursuivre à chaque extrémité de la chaîne en cours de formation car chacun des réactifs possède là deux groupes caractéristiques susceptibles de continuer le processus.

Polyester

Mémoriser la réaction de polycondensation obtenue à partir de l'éthanediol-1,2 et de l'acide benzène dioïque-1,6.

Polyamide

Mémoriser la réaction de polycondensation obtenue à partir de l'hexane diamine-1,6 et de l'acide hexanedioïque-1,6.

Ces réactions sont rapides et totales si on utilise des chlorures d'acyle à la place du diacide. Les petites molécules éliminées sont alors du chlorure d'hydrogène.

• Le **nombre de motifs répétés** dans une macromolécule de polymère est élevé : entre **10^3 et 10^6.**

Les macromolécules peuvent être imbriquées les unes dans les autres en désordre (état amorphe), ou rangées selon des directions privilégiées (apparition de structures cristallines).

• Des liaisons chimiques faibles, dites **de Van der Waals,** peuvent exister entre des chaînes macromoléculaires; il peut exister aussi des liaisons plus fortes, du type **liaison hydrogène** entre un atome d'oxygène d'une macromolécule et un atome d'hydrogène d'une autre.

Ces liaisons de pontage augmentent le caractère cristallin, la rigidité, la densité et la température de fusion du polymère.

• Les cinq polymères du programme sont des macromolécules linéaires (ou faiblement ramifiées) et, de ce fait, ils ont des **propriétés thermoplastiques** permettant le moulage à chaud.

• Les deux matières premières de l'industrie chimique avec lesquelles on synthétise les polymères les plus fréquents sont **l'éthylène** ($2{,}5 \cdot 10^3$ tonnes par an) et le **benzène.**

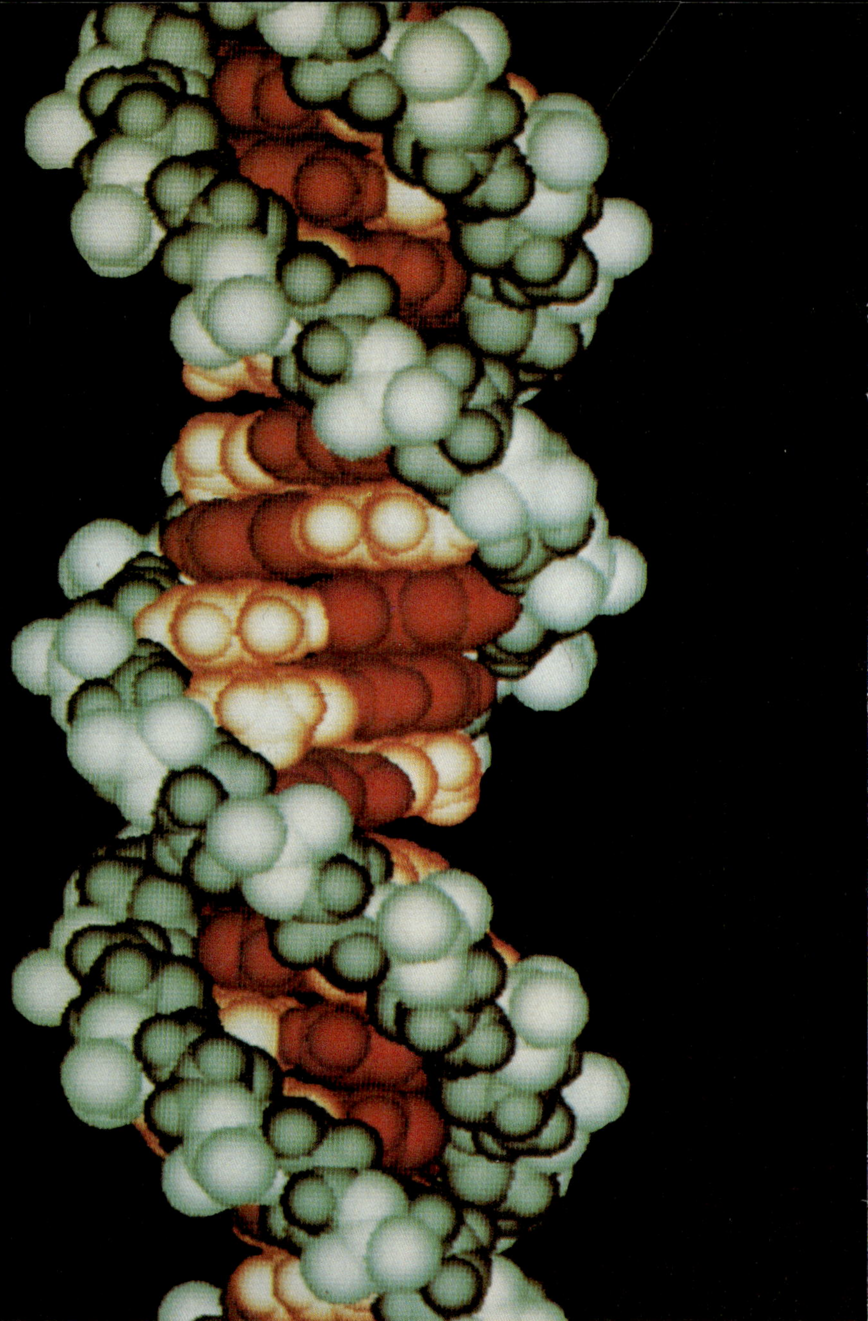

Fragment d'une double hélice d'A.D.N. en modèle compact. Les molécules d'A.D.N. sont constituées de deux hélices imbriquées. Chaque hélice porte l'information génétique nécessaire pour réaliser la synthèse des protéines de l'organisme vivant dont l'A.D.N. est issu. Les macromolécules peuvent atteindre des masses molaires de plusieurs milliards de $g \cdot mol^{-1}$.

14

α-AMINO-ACIDES. BIOCHIMIE

Les protéines ont des fonctions biologiques très diverses ; en particulier ce sont des protéines qui catalysent la plupart des réactions chimiques dans les organismes vivants. Une vingtaine d'α-amino-acides constitue les éléments fondamentaux des protéines.

sommaire

A LES α-AMINO-ACIDES

1/ DÉFINITION

Un α-amino-acide est un composé organique qui possède un groupe amino $—NH_2$ et un groupe carboxyle $—CO_2H$ liés au même atome de carbone.

Formule développée d'un α-amino-acide

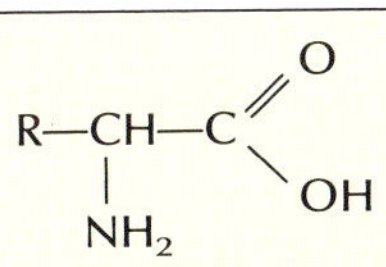

2/ PRINCIPAUX α-AMINO-ACIDES

Le tableau de la **figure 1** page 214 contient les vingt principaux α-amino-acides. La première colonne indique le nom usuel de l'α-amino-acide, la deuxième donne l'abréviation de ce nom. Nous utiliserons ces abréviations plus loin.

Les α-amino-acides essentiels ne sont pas synthétisés par les cellules de l'organisme humain mais sont nécessaires pour l'élaboration de certaines protéines humaines. **L'homme trouve ces α-amino-acides essentiels dans sa nourriture. Ils sont indiqués en italique dans le tableau de la figure 1.**

3/ NOMENCLATURE

Un α-amino-acide dérive formellement d'un acide carboxylique par remplacement d'un atome d'hydrogène de la chaîne carbonée de cet acide par un groupe amino (**fig. 1,** p. 214).

Le groupe carboxyle est désigné par le suffixe « -oïque », le groupe $—NH_2$ par le préfixe « amino ».

Considérons le composé de formule suivante :

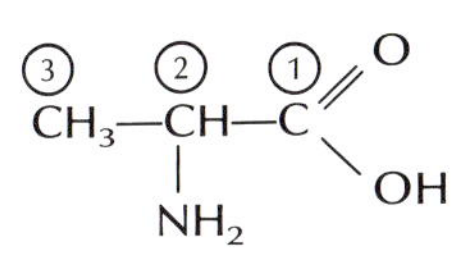

Ce composé est appelé acide amino-2 propanoïque. Mais le nom consacré par l'usage est « alanine ».

Le carbone du groupe carboxyle est compté pour déterminer le nom de l'alcane correspondant et est numéroté 1.

Le groupe $—NH_2$ est porté par le carbone numéroté 2 (encore appelé carbone en α du groupe carboxyle, d'où le nom α-amino-acide).

Dans l'exemple choisi le groupe —R est un radical alkyle. C'est aussi le cas de la valine (acide amino-2 méthyl-3 butanoïque), de la leucine (acide amino-2 méthyl-4 pentanoïque) ou de l'isoleucine (acide amino-2 méthyl-3 pentanoïque).

Le groupe —R peut comporter également des groupes hydroxyle —OH caractéristiques des alcools (thréonine ou sérine), des groupes 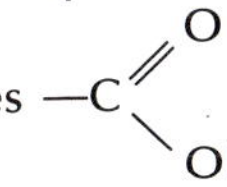 caractéristiques des acides carboxyliques (acide glutamique, acide aspartique) des groupes 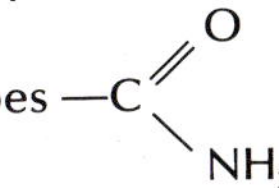

caractéristiques des amides (asparagine, glutamine), des groupes —NH_2 caractéristiques des amines (lysine) et toute une série d'autres groupes caractéristiques (cycles aromatiques, cycles à 5 branches comportant de l'azote, etc.).

La nomenclature selon les normes de l'Union Internationale de Chimie Pure et Appliquée (U.I.C.P.A.) est très encombrante. Chacun des 20 acides aminés que l'on trouve dans les organismes vivants a donc reçu un nom consacré par l'usage **(fig. 1).**

LES 20 PRINCIPAUX α-AMINO-ACIDES DES ORGANISMES VIVANTS

Nom	Abréviation	Formule	$[\alpha_0]_{\lambda=D}^{25\,°C}$ du sodium
L-glycine	Gly	$H-CH(NH_2)-COOH$ pas de pouvoir rotatoire	
L-alanine	Ala	$CH_3-C^{*}H(NH_2)-COOH$	+ 1,8°
L-valine	Val	$(CH_3)_2CH-C^{*}H(NH_2)-COOH$	+ 5,6°
L-leucine	Leu	$(CH_3)_2CH-CH_2-C^{*}H(NH_2)-COOH$	− 11,0°
L-isoleucine	Ileu	$(CH_3)(CH_3-CH_2)CH-C^{*}H(NH_2)-COOH$	+ 12,4°
L-sérine	Ser	$CH_2OH-C^{*}H(NH_2)-COOH$	− 7,5°
L-thréonine	Thr	$CH_3-CHOH-C^{*}H(NH_2)-COOH$	− 28,5°
L-cystéine	Cys	$HS-CH_2-C^{*}H(NH_2)-COOH$	− 16,5°
L-méthionine	Met	$CH_3-S-CH_2-CH_2-C^{*}H(NH_2)-COOH$	− 10,0°
L-acide aspartique	Asp	$HOOC-CH_2-C^{*}H(NH_2)-COOH$	+ 5,0°
L-asparagine	Asn	$H_2N(O{=})C-CH_2-C^{*}H(NH_2)-COOH$	− 5,1°
L-acide glutamique	Glu	$HOOC-CH_2-CH_2-C^{*}H(NH_2)-COOH$	+ 12,0°
L-glutamine	Gln	$H_2N(O{=})C-CH_2-CH_2-C^{*}H(NH_2)-COOH$	+ 6,3°
L-lysine	Lys	$H_2N-CH_2-CH_2-CH_2-CH_2-C^{*}H(NH_2)-COOH$	+ 13,5°
L-arginine	Arg	$H_2N(HN{=})C-NH-CH_2-CH_2-CH_2-C^{*}H(NH_2)-COOH$	+ 12,5°
L-phénylalanine	Phe	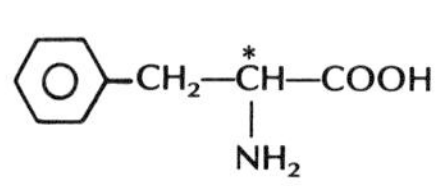	− 34,5°
L-tyrosine	Tyr	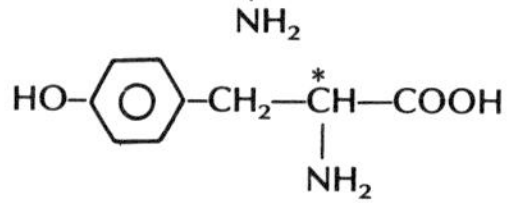	− 10°
L-tryptophane	Try	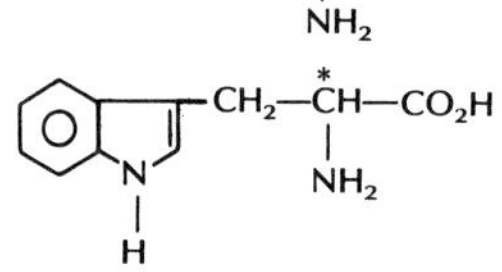	− 33,7°
L-histidine	His	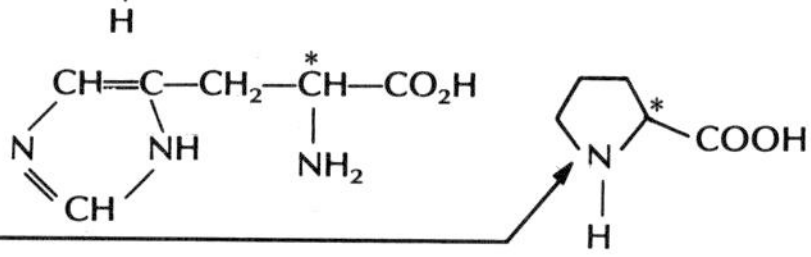	− 38,5°
L-proline	Pro		− 86,2°

1. *α_0 représente le pouvoir rotatoire spécifique de l'isomère optique L voir § 3/, p. 216 en solution aqueuse à 25 °C pour la raie D du sodium.* ***Les α-amino-acides naturels, provenant notamment de la décomposition des protéines, ont tous la configuration L.***

4/ STRUCTURE

1. Carbone asymétrique

Sauf dans le cas de la glycine ou acide amino-2 éthanoïque ($NH_2—CH_2—CO_2H$), l'atome de carbone lié au groupe amino et au groupe carboxyle est un atome de carbone asymétrique. En effet, cet atome de carbone est lié à quatre groupes différents **(fig. 2) :** le groupe carboxyle, le groupe amino, le groupe symbolisé par R et l'atome d'hydrogène.

Nous avons vu (chap. 8) que lorsqu'une molécule possède un carbone asymétrique, il existe une autre molécule de même formule développée qui ne lui est pas superposable. Ces deux molécules sont symétriques l'une de l'autre par rapport à un plan.

Exemple : l'alanine $CH_3—CH(NH_2)—CO_2H$ **(fig. 2 et 3).**

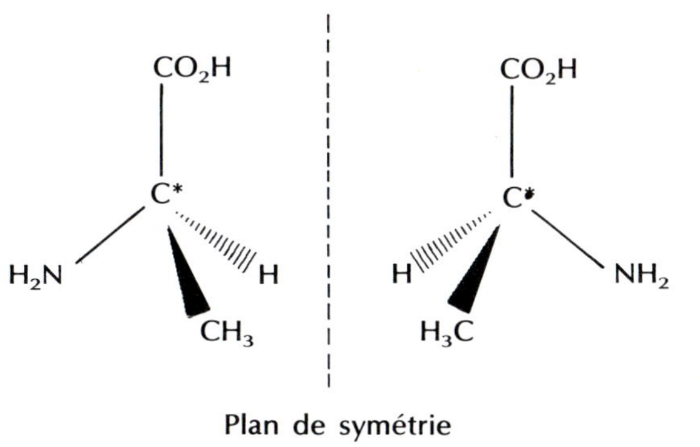

2. *Les deux isomères optiques d'un acide aminé : l'alanine.*

3. *Les deux isomères optiques de l'alanine représentés en modèle éclaté.*

2. Représentation de Fischer

Cette représentation permet de symboliser avec une formule plane la structure spatiale de molécules possédant un ou plusieurs carbones asymétriques. La représentation de Fischer est très utilisée pour décrire les molécules d'origine biologique.

Nous allons donner ici les règles qui s'appliquent aux α-amino-acides.

a. Règles de représentation

On dispose la molécule de la façon suivante **(fig. 4) :**

— le groupe carboxyle est placé en haut et le groupe R en bas,

— le groupe carboxyle et le groupe R sont situés en arrière par rapport au carbone asymétrique,

— le groupe amino et l'atome d'hydrogène sont alors situés en avant du carbone asymétrique,

— on projette orthogonalement la molécule ainsi disposée et on obtient la représentation de Fischer en écrivant la formule développée correspondant à la projection.

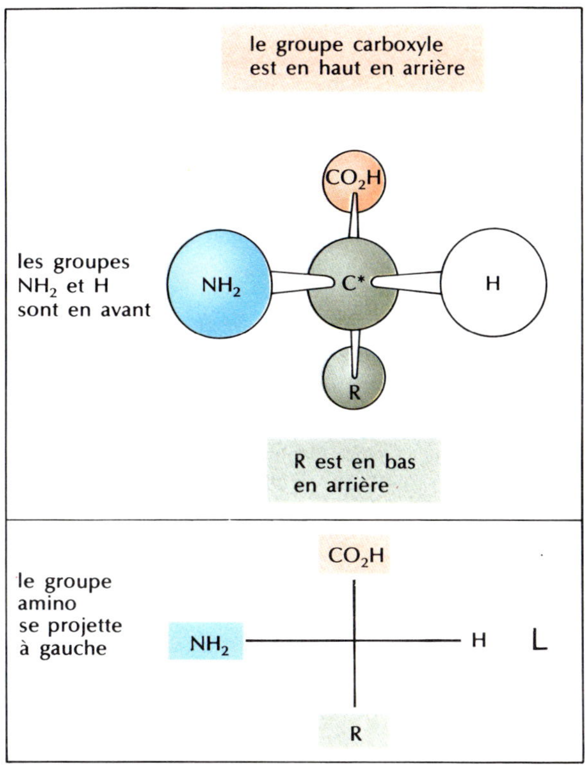

4. *Représentation de Fischer d'un acide aminé (principe). Énantiomère L.*

b. Passage de la représentation de Fischer à une représentation spatiale

Considérons une molécule d'acide amino-2 méthyl-3 butanoïque (valine) dont la représentation de Fischer est donnée par la **figure 5.** Comment sont situés dans l'espace les différents groupes liés au carbone asymétrique?

Le groupe carboxyle et le groupe alkyle $—CH(CH_3)_2$ sont situés vers l'arrière. L'atome d'hydrogène et le groupe amino sont situés vers l'avant. La molécule est donc celle correspondant au modèle moléculaire de la **figure 6.**

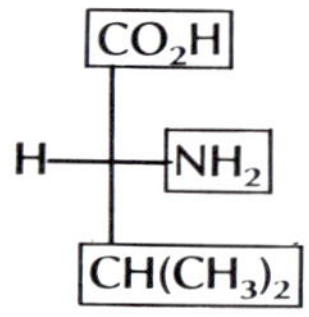

5. *Représentation de Fischer d'un acide aminé : la D-valine.*

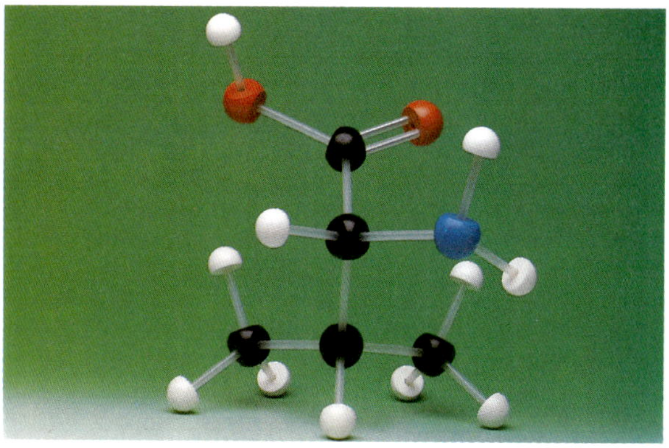

6. *Représentation de Fischer d'un acide aminé en modèle éclaté : la D-valine.*

c. Énantiomères

Prenons l'exemple de l'alanine. Nous avons vu dans le chapitre 8 qu'il existe deux énantiomères (isomères se déduisant l'un de l'autre par symétrie plane) de cette molécule. Ces deux énantiomères ont des représentations de Fischer différentes **(fig. 2).** Ceci est général pour les α-amino-acides.

d. Conclusion

A une représentation plane de Fischer correspond une et une seule configuration d'un α-amino-acide, et réciproquement.

3. Nomenclature L et D

Par définition, **l'énantiomère dont le groupe amino se projette à gauche dans la représentation de Fischer, est nommé L.** On dit également que l'α-amino-acide a la configuration L (exemple de la **figure 4**).

De même, **l'énantiomère dont le groupe amino se projette à droite est nommé D.** Cet énantiomère a la configuration D (exemple des **figures 5** et **6**). Lorsque l'on veut spécifier la configuration d'un α-amino-acide, on ajoute L ou D devant le nom de celui-ci; le nom « acide » est cependant mis avant L ou D.

4. Activité optique des α-amino-acides

Les molécules d'α-amino-acides (sauf la glycine) possèdent un carbone asymétrique. Ce sont des molécules chirales. Un α-amino-acide de configuration donnée (L ou D) présente donc une activité optique.

Les α-amino-acides font tourner le plan de vibration de la lumière polarisée. On ne peut pas dire par avance si un amino-acide de configuration L ou D sera dextrogyre ou lévogyre. Autrement dit un amino-acide L peut être aussi bien lévogyre que dextrogyre (voir le tableau des pouvoirs rotatoires spécifiques des α-amino-acides de configuration L, page 214).

5/ IONISATION DANS L'EAU. PROPRIÉTÉS ACIDE-BASE

1. Forme dipolaire ou amphion

Comme le groupe carboxyle est donneur de proton et le groupe amino accepteur de proton, il peut y avoir transfert d'un proton du groupe carboxyle au groupe amino. Il existe ainsi un équilibre chimique entre la molécule neutre et un ion dipolaire en solution dans l'eau.

$$H_2N{-}\underset{\substack{|\\ R}}{CH}{-}C\begin{matrix}\nearrow O\\ \searrow OH\end{matrix} \rightleftarrows {}^{+}H_3N{-}\underset{\substack{|\\ R}}{CH}{-}CO_2^-$$

Compte tenu de la différence de force des deux couples acide-base mis en jeu, cet équilibre, en solution aqueuse, est nettement en faveur de la forme dipolaire. Cet ion dipolaire est appelé **amphion** ou **zwitterion.** On peut considérer en première approximation que cet ion dipolaire est pratiquement la seule de ces deux formes sous laquelle l'amino-acide existe en solution aqueuse.

L'équilibre précédent est indépendant du pH.

Cette structure dipolaire permet d'expliquer la solubilité dans l'eau, souvent importante, des α-amino-acides.

2. L'amphion est l'acide d'un couple acide-base

L'amphion possède le groupe $-NH_3^+$ (ammonium); il est susceptible de libérer un proton, c'est un acide. Il s'établit un équilibre chimique :

$$\underset{\text{acide}}{NH_3^+{-}\underset{\substack{|\\ R}}{CH}{-}CO_2^-} + H_2O \rightleftarrows \underset{\text{base conjuguée}}{NH_2{-}\underset{\substack{|\\ R}}{CH}{-}CO_2^-} + H_3O^+$$

Si R est un groupe alkyle alors pK_{A_2} est de l'ordre de 10.

Quand le pH est supérieur au pK_{A_2}, c'est la base ou l'anion qui est l'espèce prédominante.

Quand le pH est inférieur au pK_{A_2}, c'est l'acide ou l'amphion qui est l'espèce prédominante.

3. L'amphion est la base d'un couple acide-base

L'amphion possède le groupe $-CO_2^-$ (carboxylate); il est susceptible de capter un proton, c'est donc une base. En solution aqueuse :

$$\underset{\text{base}}{NH_3^+{-}\underset{\substack{|\\ R}}{CH}{-}CO_2^-} + H_3O^+ \rightleftarrows \underset{\text{acide conjugué}}{NH_3^+{-}\underset{\substack{|\\ R}}{CH}{-}CO_2H} + H_2O$$

Si R est un groupe alkyle alors pK_{A_1} est de l'ordre de 2 à 3.

Quand le pH est supérieur au pK_{A_1}, c'est la base (l'amphion) qui est l'espèce prédominante.

Quand le pH est inférieur au pK_{A_1}, c'est l'acide (ion positif) qui est l'espèce prédominante.

La **figure 7** traduit les caractères dominants du cation, de l'amphion, de l'anion selon la valeur du pH.

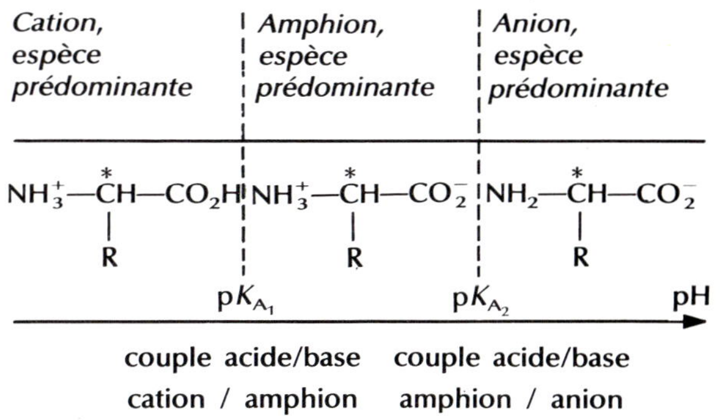

7. Les différentes formes ionisées d'un acide aminé en fonction du pH. ▶

B LES POLYPEPTIDES

1/ GÉNÉRALITÉS

1. Enchaînement de deux α-amino-acides

Considérons deux molécules d'α-amino-acides, par exemple la glycine et l'alanine : on peut réaliser une réaction de condensation entre ces molécules, en éliminant une molécule d'eau, formée à partir du groupe OH du groupe carboxyle de l'un des α-amino-acides et d'un atome d'hydrogène du groupe amino de l'autre α-amino-acide. On obtient la glycylalanine.

L'équation-bilan d'une telle réaction s'écrit :

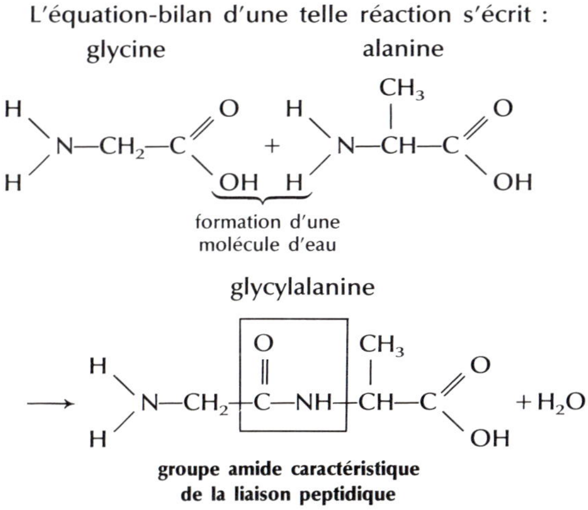

Cette réaction de condensation fait apparaître, dans la molécule formée, le groupe d'une **amide.**

***La molécule formée à partir de deux α-amino-acides est un* dipeptide. *La liaison formée entre le carbone du groupe carbonyle du premier α-amino-acide et l'azote du second est appelée* liaison peptidique.**

2. Polypeptides

A partir de la glycylalanine on peut poursuivre la condensation de part et d'autre de la chaîne. On obtient ainsi un polypeptide, caractérisé par la présence de plusieurs **liaisons peptidiques :**

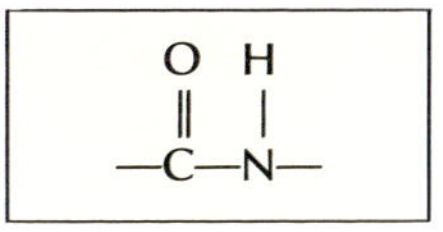

La glycylalanine peut être symbolisée par
H.Gly.Ala.OH

Les abréviations Gly, Ala, ..., correspondent à la partie de l'α-amino-acide qui n'est jamais modifiée par la réaction de condensation :

il s'agit du groupe 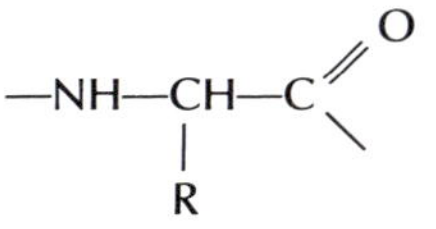

Ainsi, Gly représente : 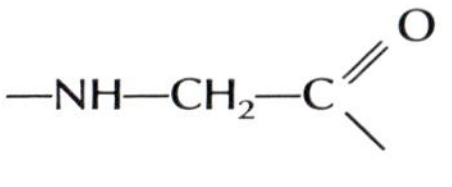

Ala, 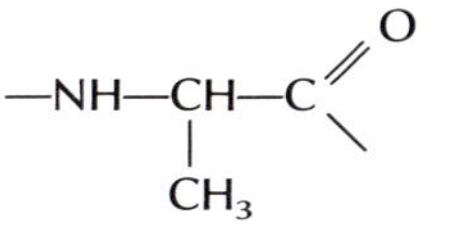

En bout de chaîne du polypeptide, il subsiste d'un côté, un groupe amino et, de l'autre côté, un groupe carboxyle.

Le symbole H de H.Gly.Ala.OH signifie que l'atome d'hydrogène du groupe amino n'a pas été mis en jeu dans une réaction de condensation, il subsiste donc, de ce côté, le groupe amino intact. Le symbole OH signifie que le groupe hydroxyle n'a pas réagi, il subsiste donc de l'autre côté le groupe carboxyle inchangé. De telles représentations permettent de connaître parfaitement l'enchaînement des α-amino-acides.

Cette représentation, utilisant les abréviations, est particulièrement efficace lorsque le polypeptide est formé à partir d'un grand nombre d'α-amino-acides, comme par exemple :

H.Gly.Leu.Val.Glu.Glu.Cys.Ala.Ser.Val.Cys.Ser.Leu.Tyr.Leu.Glu.OH

2/ SYNTHÈSE SPÉCIFIQUE D'UN DIPEPTIDE

1. Difficultés rencontrées lors de la synthèse

Reprenons l'exemple de la synthèse de la glycylalanine en utilisant la glycine et l'alanine. Il n'y a aucune raison pour que la condensation se fasse uniquement entre le groupe carboxyle de la glycine et le groupe amino de l'alanine pour aboutir à la glycylalanine. La condensation, éliminant une molécule d'eau, peut également se faire entre le groupe carboxyle de l'alanine et le groupe amino de la glycine; on obtient donc l'alanylglycine, H.Ala.Gly.OH. La condensation peut aussi se faire entre deux α-amino-acides identiques pour donner

H.Ala.Ala.OH et H.Gly.Gly.OH

Les quatre dipeptides formés peuvent encore réagir avec les α-amino-acides présents dans le milieu réactionnel pour former des tripeptides puis des tétrapeptides, etc.

2. Blocage et activation

En fait, le groupe carboxyle et le groupe amino réagissent assez mal ensemble. La réaction de condensation entre ces deux groupes est difficile.

L'activation d'un groupe carboxyle consiste à le transformer en un groupe plus réactif.

Nous représenterons un groupe carboxyle activé par $\underset{\text{activé}}{\mathbf{—CO_2H}}$. Le groupe carboxyle peut être activé par transformation en chlorure d'acyle, en anhydride d'acide, ..., pour ne citer que les réactions du programme.

Une fois le groupe carboxyle activé, celui-ci va réagir très facilement avec le groupe amino d'une autre molécule du même α-amino-acide.

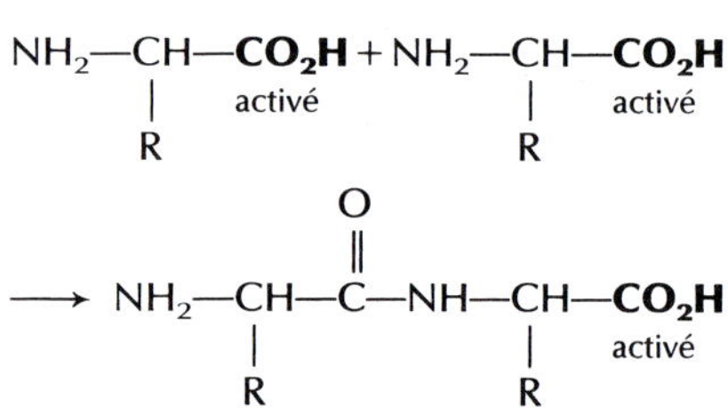

La réaction peut se poursuivre encore.

Il faut donc protéger préalablement le groupe amino pour l'empêcher de réagir avec le groupe carboxyle activé : on dit alors que l'on bloque le groupe amino.

Le blocage d'un groupe amino consiste à le transformer en un groupe moins réactif.

On peut, par exemple, bloquer le groupe amino en le transformant en groupe amide. Cet exemple de blocage est cependant peu utilisé. Nous représentons le groupe amino bloqué par $\underset{\text{bloqué}}{\mathbf{—NH_2}}$.

Synthétisons maintenant la glycylalanine. Bloquons le groupe amino, puis activons le groupe carboxyle de la glycine.

$$NH_2—CH_2—CO_2H \xrightarrow{\text{blocage}} \underset{\text{bloqué}}{\mathbf{NH_2}}—CH_2—CO_2H$$

$$\underset{\text{bloqué}}{\mathbf{NH_2}}—CH_2CO_2H \xrightarrow{\text{activation}} \underset{\text{bloqué}}{\mathbf{NH_2}}—CH_2—\underset{\text{activé}}{\mathbf{CO_2}H}$$

Faisons réagir l'alanine :

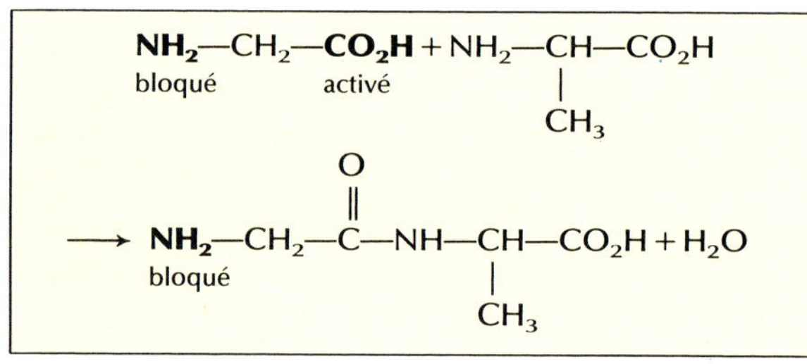

La réaction ne continue pas car le groupe amino est bloqué.

Il faut maintenant régénérer le groupe amino pour obtenir le produit final H.Gly.Ala.OH.

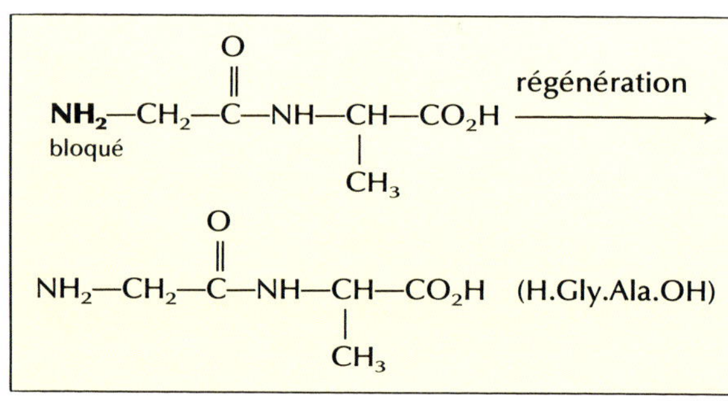

La régénération du groupe amino ne doit pas affecter le groupe amide de la liaison peptidique. Ceci explique pourquoi on évite de bloquer le groupe amino en le transformant en groupe amide.

On peut synthétiser un polypeptide donné selon la même méthode.

3. Stéréochimie

Le blocage ou l'activation d'un groupe ne modifie pas sa structure dans la molécule. La configuration L ou D ne change pas lors de l'activation ou du blocage : exemple d'un L α-amino-acide **(fig. 8).**

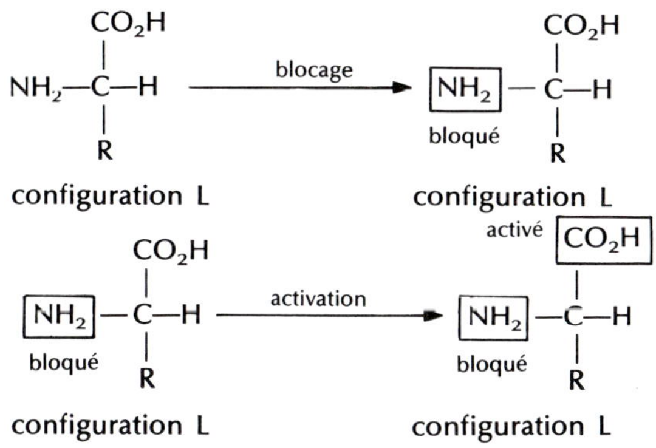

8. *Passage d'un acide aminé à sa forme réactive.*

A partir des α-amino-acides naturels, donc de configuration L, nous obtenons des dipeptides de configuration L-L.

En revanche, si l'on utilise des α-amino-acides de synthèse qui sont des mélanges racémiques (50 % de L et 50 % de D) quatre dipeptides différents sont synthétisés.

En effet, lors de la synthèse de H.Ala.Gly.OH utilisant la méthode du blocage et de l'activation des groupes, sont obtenus :

H.Ala.Val.OH	et	H.Ala.Val.OH	et	H.Ala.Val.OH	et	H.Ala.Val.OH
L L		L D		D L		D D

Ainsi, avec des α-amino-acides de synthèse en mélange racémique, le dipeptide naturel (L L) est obtenu avec un rendement qui ne peut pas dépasser 25 %.

Remarque : une convention récente veut qu'on écrive la chaîne protéique en commençant par l'α-amino-acide qui comporte le groupe amino libre. On peut alors omettre H en début de chaîne et OH à la fin. Pour ne pas surcharger la mémoire avec des informations hors programme nous avons gardé l'écriture explicite.

C LES PROTÉINES

1/ DÉFINITION

Les protéines sont des macromolécules naturelles résultant de l'enchaînement d'α-amino-acides. Elles contiennent dans leur structure des liaisons peptidiques.

On peut les considérer comme des polyamides.

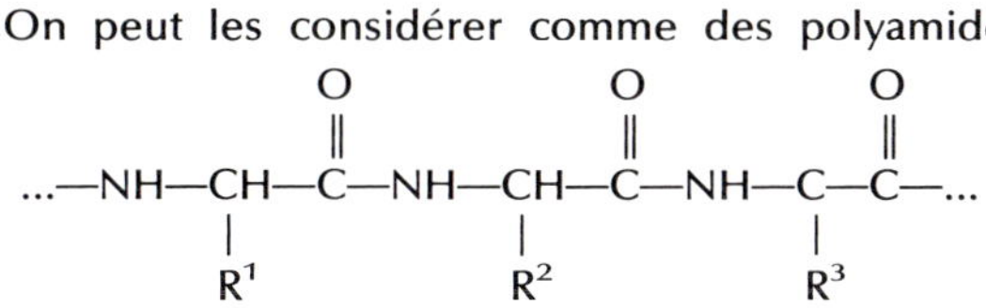

L'ordre des groupes R^1, R^2, R^3, etc., appelés **résidus** par les biochimistes, est rigoureusement défini pour chaque protéine.

La différence entre peptides et protéines est cependant difficile à établir. On a l'habitude de donner le nom de protéine aux substances dont la masse molaire est supérieure à 10 000 $g \cdot mol^{-1}$. Les propriétés physiques permettent également de faire une distinction entre peptides et protéines. Les protéines ont des conformations très particulières. Elles peuvent par exemple être enroulées en hélice et elles sont alors très stables.

Les protéines assurent des fonctions biologiques très diverses. Certaines par exemple ont une action hormonale (l'insuline maintient le taux de sucre dans le sang à une certaine valeur), d'autres jouent le rôle de catalyseur (la chymotrypsine, produite dans le pancréas, a un rôle important dans l'hydrolyse des protéines au niveau des intestins); d'autres encore sont les constituants des tissus de soutien (la kératine des cheveux, le collagène qui est la principale protéine de la peau et du tissu conjonctif).

2/ EXEMPLES DE PROTÉINES

L'insuline et la ribonucléase sont de petites protéines. Leurs masses molaires respectives sont de l'ordre de 6 000 $g \cdot mol^{-1}$ et de 1 300 $g \cdot mol^{-1}$. Il en existe de beaucoup plus grandes comme
l'hémoglobine ($M \approx 66\,000\ g \cdot mol^{-1}$),
l'uréase ($M \approx 480\,000\ g \cdot mol^{-1}$)
et la β-galactosidase ($M \approx 540\,000\ g \cdot mol^{-1}$).

Les propriétés des protéines sont conditionnées par la nature des résidus (groupes R) des α-amino-acides les composant. Certains de ces résidus possèdent des groupes caractéristiques tels que :
le groupe carboxyle (acide glutamique),
le groupe hydroxyle (sérine),
le groupe amino (lysine),

le groupe amide (glutamide),
le groupe hydrogénosulfure —SH (cystéine).

Ces groupes ne sont pas engagés dans la liaison peptidique et donnent ainsi aux protéines des propriétés particulières. Par exemple, lorsque plusieurs molécules de cystéine sont engagées dans une protéine, les groupes —SH de deux de ces molécules peuvent, par une réaction d'oxydation, se souder et former des groupes —S—S— appelés ponts disulfure. Ceux-ci permettent de lier les protéines en plusieurs points (en vert sur les exemples des **figures 9** et **10**).

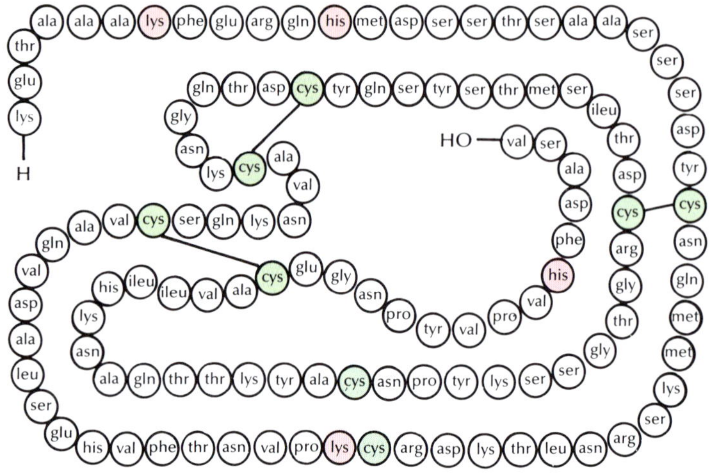

9. *Ribonucléase.* ▶

La ribonucléase **(fig. 9)** catalyse l'hydrolyse des acides ribonucléiques, et a un rôle important dans les phénomènes génétiques. Les α-amino-acides impliqués dans un rôle catalytique sont indiqués en rouge sur la figure. La molécule de ribonucléase se dispose dans l'espace de façon que les résidus des quatres α-amino-acides impliqués dans l'action catalytique soient à proximité les uns des autres.

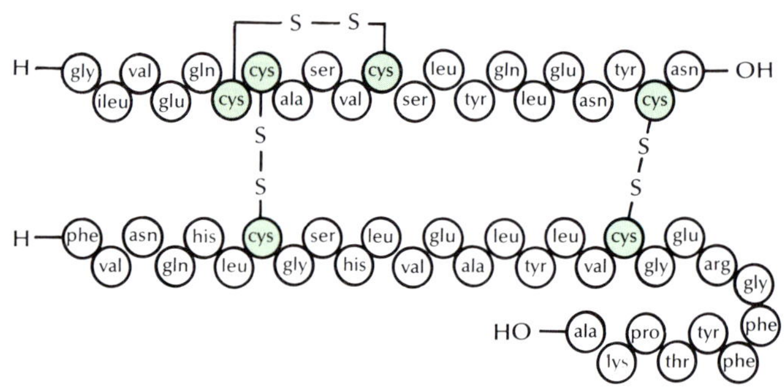

10. *Insuline.* ▶

3/ LIAISON HYDROGÈNE

Il existe dans les protéines d'autres types de liaisons moins solides que des liaisons covalentes. La liaison hydrogène est la plus importante.

Ce type d'interaction se fait entre un atome d'hydrogène lié à un atome beaucoup plus électronégatif que lui et un atome très électronégatif extérieur à cette liaison possédant au moins un doublet libre.

La liaison hydrogène est symbolisée par des pointillés. La nature et la façon dont s'établit cette liaison sortent très largement du cadre de ce livre.

L'atome d'azote d'une liaison peptidique est beaucoup plus électronégatif que l'atome d'hydrogène qu'il porte. L'atome d'oxygène engagé dans une molécule possède des doublets libres. Il est d'autre part très électronégatif.

Il peut donc s'établir une liaison hydrogène entre l'hydrogène porté par l'azote d'une liaison peptidique et l'oxygène porté par le carbone d'une autre liaison peptidique **(fig. 11)**.

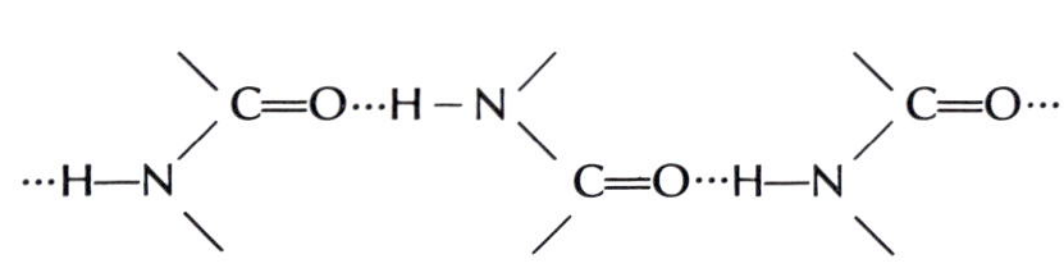

11. *Liaison hydrogène entre deux groupes amides.*

Si ces liaisons hydrogène sont établies entre deux molécules de protéines ce sont des liaisons intermoléculaires, si elles ont lieu dans la même molécule de protéine, ce sont des liaisons intramoléculaires.

Remarque : cette liaison hydrogène existe aussi dans d'autres corps tels que l'eau, les alcools, les acides carboxyliques, etc. **(fig. 12)**.

La liaison hydrogène est, entre autres, responsable des températures d'ébullition élevées de ces corps car elle gêne la mobilité individuelle de chaque molécule de ces corps.

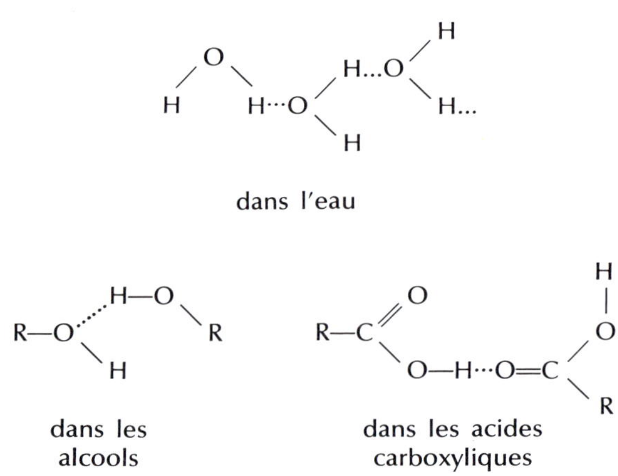

12. *Différents types de liaison hydrogène « ... ».*

4/ CONFORMATION DES PROTÉINES

L'établissement de liaisons hydrogène intramoléculaires stabilise fortement les molécules de protéines et permet à celles-ci d'adopter des conformations particulières.

Une des plus spectaculaires est la conformation dite en hélice α droite **(fig. 13).** L'enroulement en hélice de la protéine est facilité par la formation de liaisons hydrogène qui s'établissent entre les spires consécutives de la chaîne peptidique. *Dans l'hélice α, la protéine comporte une liaison hydrogène par liaison peptidique.*

Il existe d'autres types de conformations privilégiées.

Les protéines peuvent ainsi avoir la structure d'un feuillet plissé (structure β) **(fig. 14).**

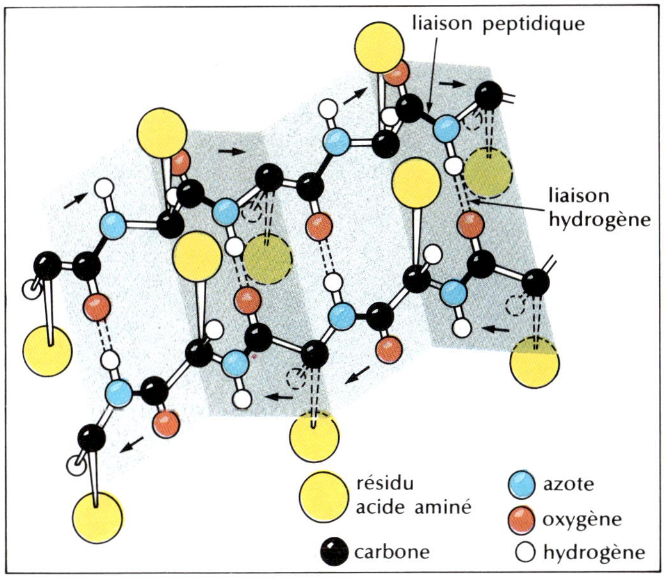

14. *Structure en feuillet plissé d'une protéine, appelée aussi structure β.*

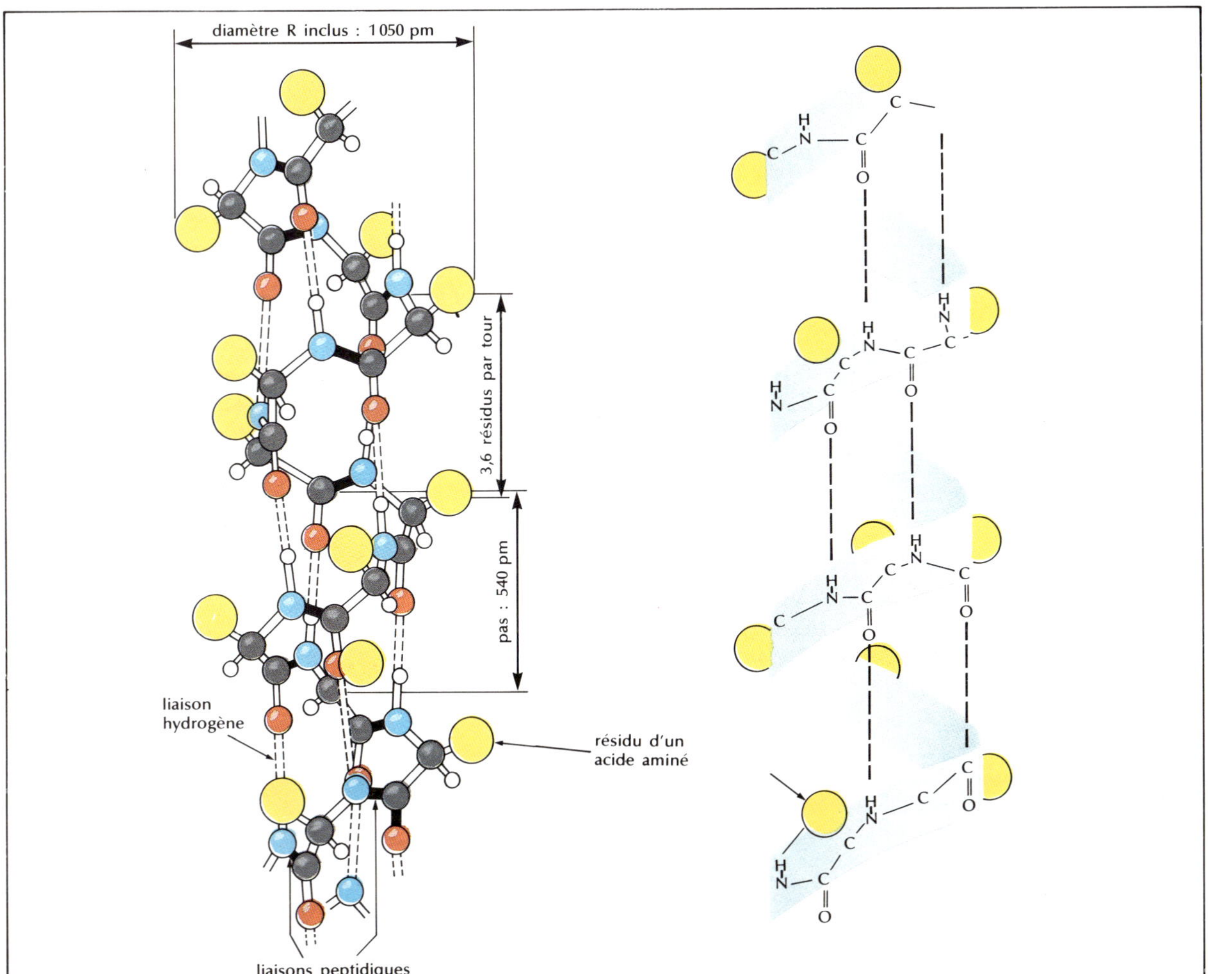

13. *Structure en hélice α droite d'une protéine.*

D IMPORTANCE DE LA CHIRALITÉ DANS LA CHIMIE DU MONDE VIVANT

Le fait que tous les α-amino-acides d'origine naturelle soient tous de configuration L montre l'importance de la chiralité dans les réactions biologiques.

1/ RÉACTIONS AU LABORATOIRE ET DANS LE MONDE VIVANT

Deux grandes différences apparaissent.

Les synthèses de laboratoire où l'on forme un carbone asymétrique dans une molécule conduisent au mélange racémique à moins qu'on ne prenne des précautions particulières. Dans le monde vivant, un seul des énantiomères est spontanément synthétisé.

Dans une réaction effectuée au laboratoire à partir d'un mélange racémique, les deux énantiomères sont consommés. La même réaction, réalisée dans le milieu vivant, n'utilise qu'un seul des énantiomères.

Les réactions chimiques dans le milieu vivant sont catalysées par des enzymes qui permettent soit de synthétiser un énantiomère unique soit de n'utiliser qu'un seul des énantiomères possibles d'un mélange racémique.

2/ ENZYMES

Les enzymes sont des protéines possédant des sites actifs spécifiques pour une réaction ou pour un réactif déterminé.

La ribonucléase de la **figure 9** est une enzyme.

Les sites actifs d'une enzyme résultent de la disposition dans l'espace de résidus d'α-amino-acides constituant cette enzyme. Cette disposition dans l'espace de ces résidus est due à des conformations privilégiées adoptées par l'enzyme. La géométrie de chaque site actif est unique et dissymétrique. Un site actif est donc chiral. Une enzyme peut agir, schématiquement parlant, de deux manières.

1. Une enzyme est un « moule » dissymétrique

Les réactifs, interagissant avec les groupes portés par les résidus de la protéine (groupes —OH, $—NH_2$, $—CO_2H$, ...), se logent dans le site actif, réagissent entre eux et se transforment en molécules chirales dont la géométrie est l'empreinte du site actif.

La réaction ne donne alors qu'un seul produit de configuration donnée. On dit que les réactions biologiques sont **stéréospécifiques.**

2. Une enzyme sélectionne les énantiomères

Lorsqu'une enzyme catalyse une réaction, elle fixe les réactifs sur ses sites actifs (toujours par l'intermédiaire des résidus). La forme dissymétrique d'un site actif ne permet de fixer que des réactifs de nature et de configuration donnée. Les réactifs sont ensuite dynamiquement orientés par la protéine de façon idéale pour qu'ils réagissent entre eux.

Il existe pratiquement autant d'enzymes qu'il y a de réactions chimiques dans la cellule. L'activité d'une enzyme dépend de l'enchaînement des α-amino-acides qui la composent et de sa conformation.

Les milieux vivants sont capables de reproduire leurs protéines et donc leurs enzymes grâce aux informations codées dans l'A.D.N. (acide désoxyribonucléique) des chromosomes. C'est pour cette raison que l'A.D.N. est aussi appelé code génétique.

E L'ACIDE DÉSOXYRIBONUCLÉIQUE OU A.D.N.

L'A.D.N. du noyau cellulaire porte les informations nécessaires pour réaliser la synthèse des protéines selon des séquences parfaitement déterminées.

1/ STRUCTURE DE L'A.D.N.

L'élément de base est le **nucléotide** constitué lui-même de 3 sous-ensembles **(fig. 15 et 16) :** une base, un sucre et un groupement acide phosphorique.

Chaque nucléotide provient :

— d'une réaction d'addition d'une base (par exemple la cytosine) sur le carbone 1 du sucre; il y a aussi élimination d'eau;

— d'une estérification par l'acide phosphorique de l'alcool porté en C^5 sur le sucre.

Chaque nucléotide dispose sur le sucre d'un groupe hydroxyle libre en C^3 et de 2 groupes OH sur l'acide phosphorique **(fig. 15 et 16).**

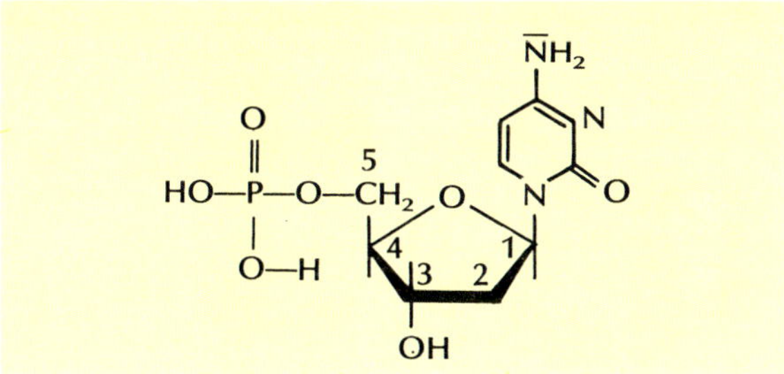

15. *Structure d'un nucléotide : la cytosine monophosphate.*

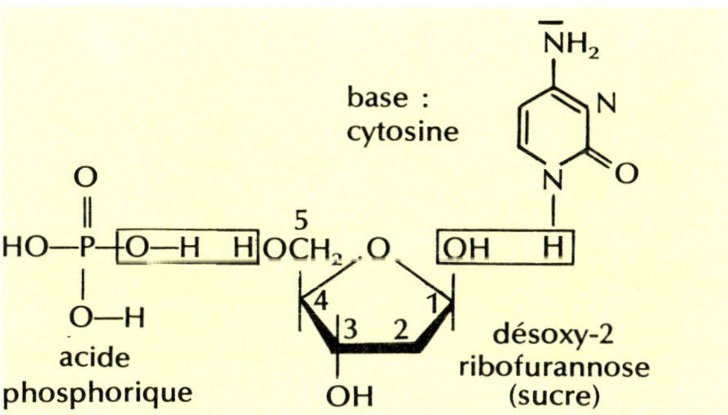

16. *Constituants d'un nucléotide : la cytosine désoxyribonucléotide.*

L'estérification entre l'acide phosphorique d'un nucléotide et le groupe OH de l'alcool en C^3 du sucre d'un autre nucléotide conduit à une séquence qui peut comporter des **milliers de nucléotides (fig. 17).**

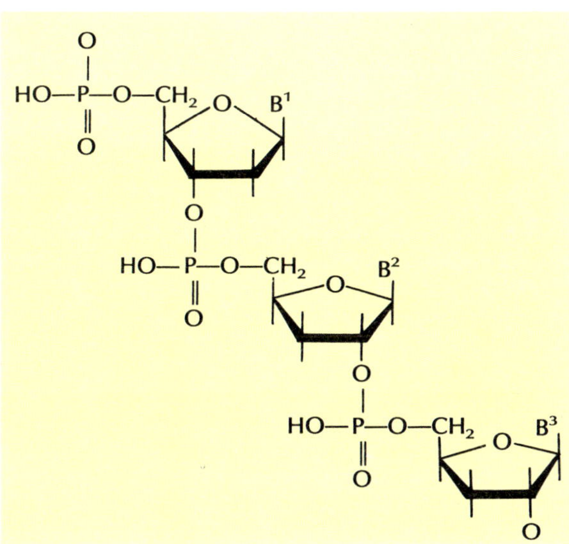

17. *Structure chimique de l'A.D.N.*
B = base A, G, C ou T.

2/ L'A.D.N. PILOTE LA SYNTHÈSE DES PROTÉINES

Les bases contenues dans la molécule d'A.D.N. ne peuvent être que de *4 types;* ce sont :
— l'**Adénine**
— la **Guanine**
— la **Cytosine**
— la **Thymine**

Nous les noterons A, G, C, T.

L'ossature de l'A.D.N. peut s'écrire, en simplifiant :

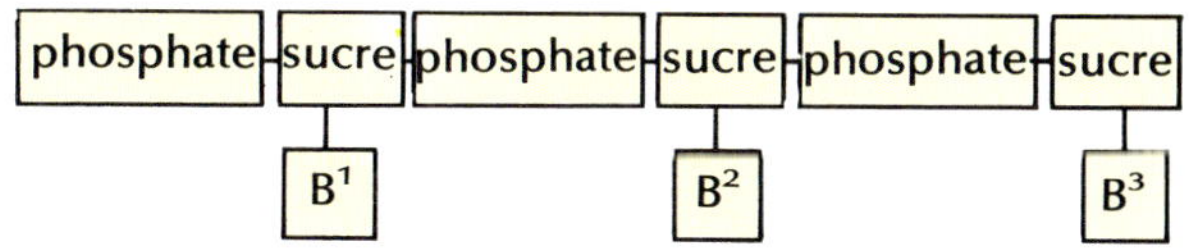

B symbolisant une base A, G, C ou T.

La succession, dans un ordre donné, des bases dans la chaîne polyester phosphorique de l'A.D.N.* constitue l'information codée représentant la séquence des acides aminés des protéines dont la synthèse est dirigée par cet A.D.N. Comment?

Un ensemble de **3 bases successives** (ex. : AGA, ACT, AAC) détermine l'acide aminé qui sera sélectionné lors de la construction de la protéine concernée. Ces groupes de 3 bases sont appelés **codons.** La succession des codons le long de la chaîne d'A.D.N. est donc transcrite en séquences d'acides aminés dans la protéine. Certains codons déterminent le début de la synthèse, d'autres son arrêt. Lors de la synthèse des protéines, on lit en quelque sorte comme sur une bande magnétique :

— le début de la synthèse concernant la protéine (1er codon);

— le premier acide aminé qui commence la chaîne (2e codon);

— le deuxième acide aminé à lier au premier par liaison peptidique (3e codon);

— le dernier acide aminé de la protéine sur l'avant-dernier codon concernant la protéine;

— la fin de la synthèse (dernier codon).

Tous les acides aminés doivent être présents lors de la synthèse pilotée par l'A.D.N. Si l'un d'entre eux vient à manquer, la synthèse s'arrête à l'endroit où cet acide est « demandé » dans la chaîne protéique.

* *En réalité l'A.D.N. du noyau cellulaire est dupliqué sur un A.R.N. messager qui porte la même information que lui et qui est le réel pilote de la synthèse dans le cytoplasme des cellules, c'est-à-dire hors du novau où l'A.D.N. est stocké.*

Les α-amino-acides

• Dans la molécule d'un α-amino-acide (ou acidé aminé), le groupe carboxyle 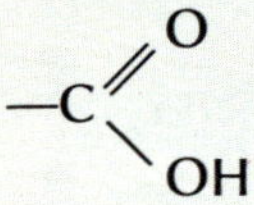 caractéristique des acides carboxyliques et le groupe amino $-NH_2$ caractéristique des amines sont fixés sur le même atome de carbone **(fig. 18).**

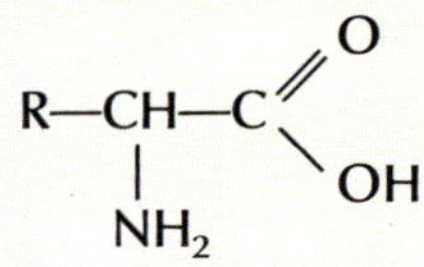

18. *Formule générale d'un α-amino-acide.*

• Le nom de l'acide aminé est construit à partir de la chaîne R—CH—COOH la plus longue (acide carboxylique) et le groupe amino est considéré comme substituant.

La leucine **(fig. 19)** a pour nom systématique acide amino-2 méthyl-4 pentanoïque.

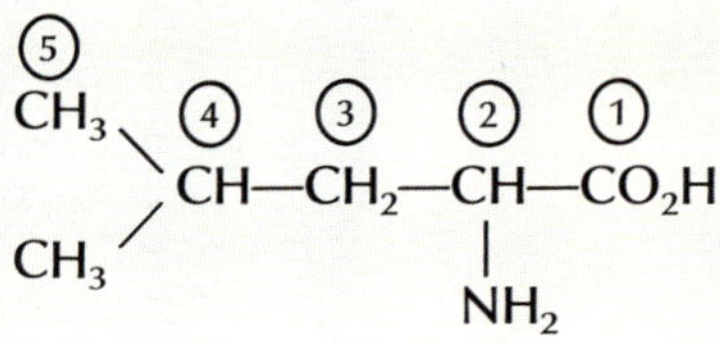

19. *Formule de la leucine.*

• Si R est différent de H **(fig. 18),** l'atome de carbone porteur des deux groupes caractéristiques d'un acide aminé est un carbone asymétrique C*, ce qui rend la molécule chirale et optiquement active. La représentation de Fischer d'un amino-acide est codifiée selon la **figure 20.** On dispose le carboxyle en arrière et en haut, R en bas et en arrière. **Si NH_2, le groupe amino, se projette à gauche, on a par définition la configuration L, sinon c'est D.**

20. *Représentation de Fischer d'un amino-acide L.*

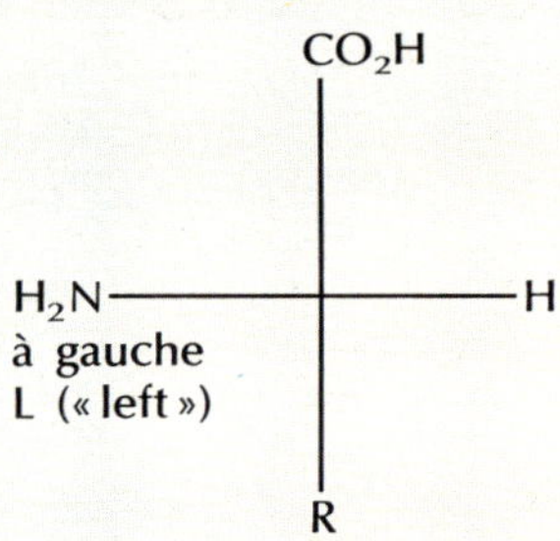

Il faut savoir représenter les amino-acides si l'on en fournit les noms systématiques.

• Le groupe carboxyle est l'acide du couple acido-basique carboxyle/carboxylate et le groupe amino est la base du couple ammonium/amine. Ces deux couples interagissent et la forme sous laquelle l'α-amino-acide se trouve en solution aqueuse est essentiellement celle d'un **amphion (fig. 21)** électriquement neutre mais possédant un pôle positif et un pôle négatif :

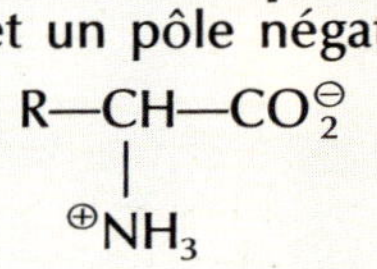

21. *Amphion d'un α-amino-acide.*

• En solution aqueuse, en fonction du pH, on trouve les espèces suivantes :

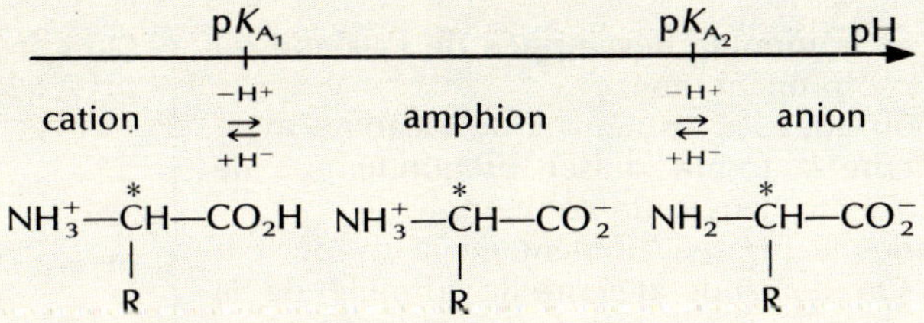

22. *Espèces prépondérantes dans la solution aqueuse d'un α-amino-acide en fonction du pH.*

Si R ne comporte pas de groupes caractéristiques acide ou amine, pK_{A_1} est de l'ordre de 2 à 3 et pK_{A_2} de l'ordre de 9 à 10. On peut donc fixer les domaines de prédominance des espèces en fonction du pH.

• La liaison peptidique se constitue entre deux α-amino-acides qui réagissent l'un par son groupe carboxyle, l'autre par son groupe amino, avec élimination d'eau. On obtient une condensation en dipeptide **(fig. 23).**

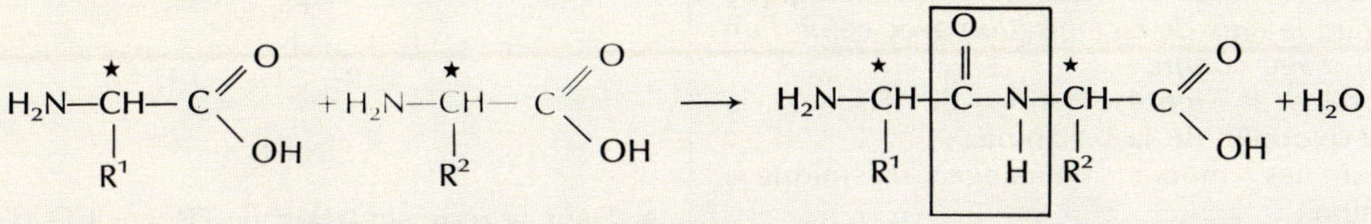

23. *Formation d'une liaison peptidique entre deux amino-acides.*

• Les polypeptides et les protéines sont des enchaînements d'α-amino-acides selon des séquences précises avec des liaisons peptidiques entre deux chaînons consécutifs. C'est **l'ordonnancement des résidus** R^1, R^2, ..., R^i, ..., R^n qui caractérise une protéine. Chaque protéine peut prendre diverses **conformations.** Certaines conformations sont stabilisées par des **liaisons hydrogène** internes entre H du groupe NH d'une liaison peptidique et O du groupe C=O d'une autre liaison peptidique située plusieurs maillons plus loin. C'est ainsi que l'on trouve des conformations en **hélice,** en feuillets, etc. Par le séquencement de leurs acides aminés et par la conformation de leur macromolécule, les protéines naturelles ou artificielles permettent de synthétiser des macromolécules entièrement définies à l'avance dans l'A.D.N., de décomposer des molécules en molécules plus petites tout en conservant la configuration L des produits obtenus.

• Pour piloter la synthèse des chaînes protéiques, il faut bloquer chimiquement le groupe amino d'un amino-acide 1 et le groupe carboxyle de l'autre, ici 2. En outre on active chimiquement le groupe qui n'a pas été inhibé **(fig. 24).**

24. *Principe de la synthèse peptidique.*

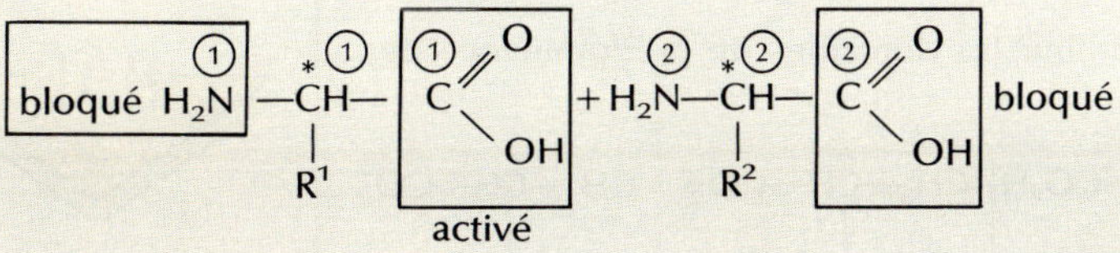

Une fois le dipeptide obtenu, on débloque un de ses groupes amino ou carboxyle et on recommence l'opération précédente avec un nouvel α-amino-acide

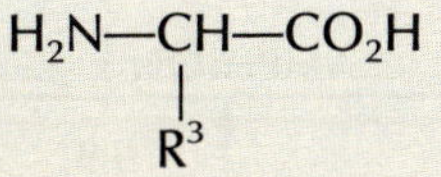 etc.

EXERCICES RÉSOLUS

1 **1.** Écrire la formule développée de l'alanine ou acide amino-2 propanoïque.
Une solution aqueuse contenant de l'alanine a un pH = 2,0. Écrire la forme ionisée prépondérante de l'alanine présente dans cette solution.
On fait varier le pH (en ajoutant de la soude, par exemple). On demande d'écrire la formule de la forme ionisée majoritaire de l'alanine présente dans la solution lorsque le pH = 6,0 et lorsque le pH = 11,0.
On donne $pK_A = 2{,}3$, K_{A_1} est la constante d'acidité du couple : (acide conjugué de l'amphion)/(amphion) et $pK_{A_2} = 9{,}9$, K_{A_2} est la constante d'acidité du couple : (amphion)/(base conjuguée de l'amphion).
2. *« Tous les acides aminés entrant dans la composition des êtres vivants appartiennent à la série* L. *Après la mort de l'individu, une racémisation se produit et il est possible de dater un échantillon archéologique en comparant le taux de racémisation avec celui d'un échantillon d'âge connu. »*
a. Écrire, dans la représentation de Fischer, la formule développée de la L-alanine.
b. Expliquer les mots : « mélange racémique », « racémisation ».
Donner la formule développée, dans la représentation de Fischer, du composé énantiomère de la L-alanine.

SOLUTION

1. La formule développée de l'alanine s'écrit :

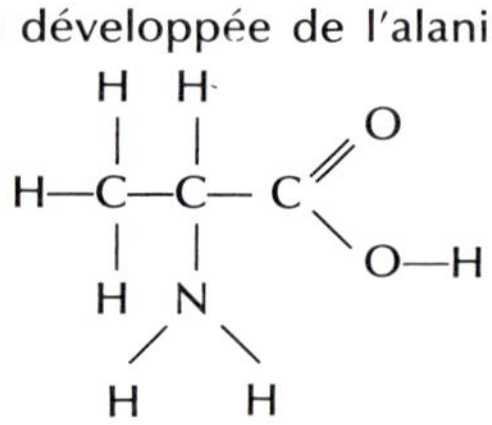

Les couples acide-base mis en jeu dans une solution aqueuse d'alanine sont les suivants :

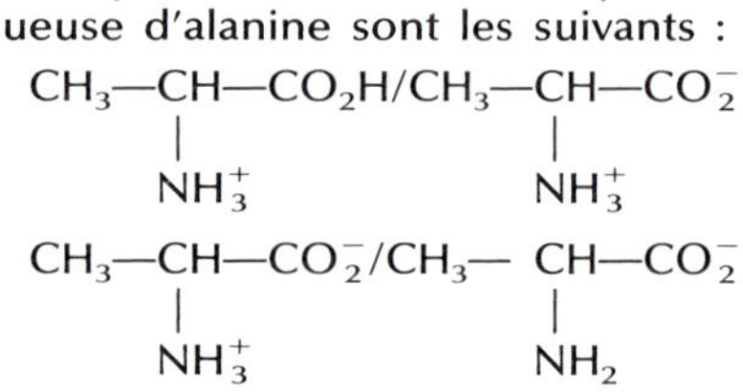

$pK_{A_1} = 2{,}3$

$pK_{A_2} = 9{,}9$

On peut définir les domaines de prédominance des espèces :

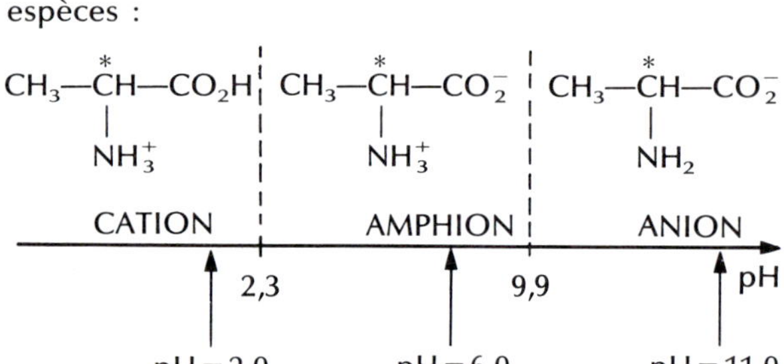

On constate qu'à :
pH = 2 la forme ionisée prépondérante est

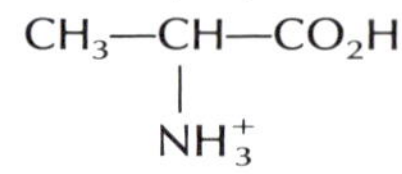

pH = 6 la forme ionisée majoritaire est l'amphion

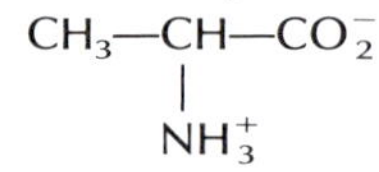

pH = 11, c'est

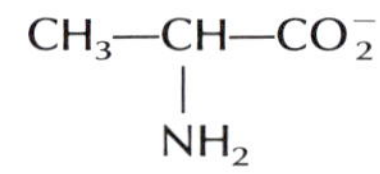

qui est majoritaire
2. Considérons un α-amino-acide du type

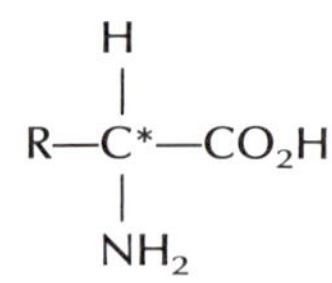

a. Dans la représentation de Fischer CO_2H et R sont disposés en arrière verticalement (CO_2H en haut), H et NH_2 en avant horizontalement. Pour le composé L, le groupe amino NH_2 se projette à gauche

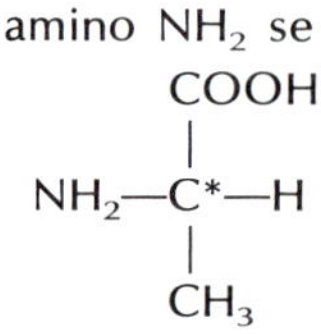

L-alanine

b. La molécule d'alanine existe sous deux formes énantiomères. Un mélange équimolaire de chaque énantiomère constitue un mélange racémique.
On appelle racémisation la transformation progressive d'une partie de l'énantiomère L sous forme d'énantiomère D.

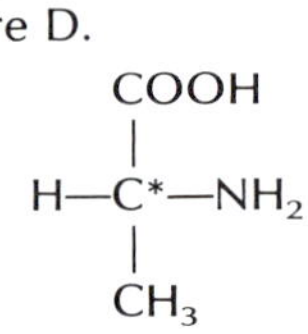

D-alanine

BAC

(Étranger-groupe I; 87)

2 **1.** On considère la valine, acide α-aminé A_1 de formule :

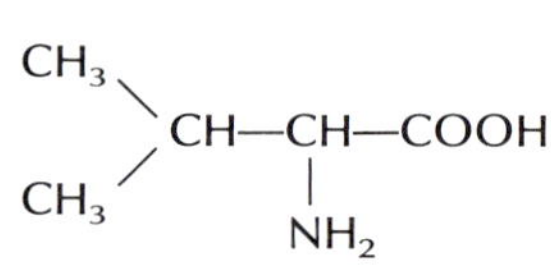

a. Rappeler ce qu'est un acide α-aminé, en présentant les groupes fonctionnels figurant dans cette molécule.
Donner le nom de cet acide en nomenclature systématique.
b. La molécule A_1 est-elle chirale? Justifier la réponse. Donner, en les commentant, les représentations de Fischer des configurations L et D de la valine.

2. Soit un autre acide α-aminé, A_2 de formule :

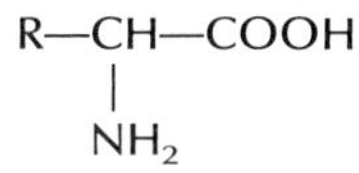

où R est un groupe alkyle C_nH_{2n+1}.
a. Écrire la formule semi-développée plane des deux dipeptides P_1 et P_2, isomères de position, obtenus par la réaction de A_1 sur A_2. Expliquer ce que l'on appelle liaison peptidique, et la représenter en l'encadrant sur chaque formule précédente.

b. Déterminer R sachant que la masse molaire du dipeptide est $M = 188\ g \cdot mol^{-1}$.
On donne $M(C) = 12\ g \cdot mol^{-1}$, $M(H) = 1\ g \cdot mol^{-1}$, $M(O) = 16\ g \cdot mol^{-1}$, $M(N) = 14\ g \cdot mol^{-1}$.

3. On désire préparer seulement le dipeptide dans lequel la liaison s'établit entre le groupement carboxyle de A_1 et le groupement amino de A_2.
a. Quel est le principe du procédé?
b. Combien y a-t-il d'atomes de carbone asymétriques dans ce dipeptide?

4. Si A_1 et A_2 ont été synthétisés « in vitro », on a obtenu pour chacun d'eux le mélange racémique. Définir ce dernier.
Montrer que le dipeptide précédent existe sous 4 configurations différentes.

SOLUTION

1. a. Dans un acide α-aminé, un groupe amino $—NH_2$ et un groupe-carboxyle $—CO_2H$ sont liés au même atome de carbone. La formule développée d'un acide α-aminé (ou α-amino-acide) est donc

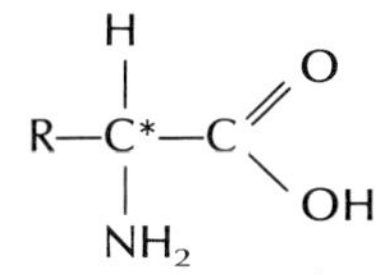

La valine est encore nommée, en nomenclature systématique : acide amino-2, méthyl-3, butanoïque.
b. La molécule A_1 est chirale car elle possède un atome de carbone asymétrique (C*).
En désignant par R' le groupe

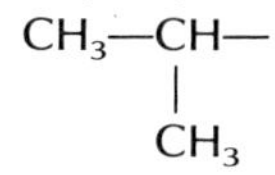

dans la représentation de Fischer, les groupes R' et CO_2H sont placés verticalement (CO_2H en haut) H et NH_2 horizontalement. Si le groupe amino $—NH_2$ est projeté à gauche, on obtient l'énantiomère L, s'il l'est à droite on obtient l'énantiomère D :

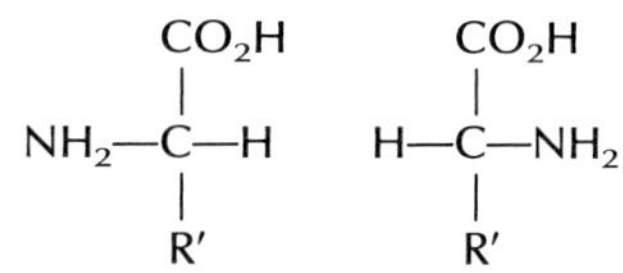

L-valine D-valine

2. Lors de la formation d'un dipeptide, il y a une réaction de condensation qui se produit. Il se crée une liaison entre le carbone du groupe carboxyle de l'un des α-amino-acides et l'azote du groupe amino du second α-amino-acide. Cette liaison est appelée **« liaison peptidique ».**

Par exemple :

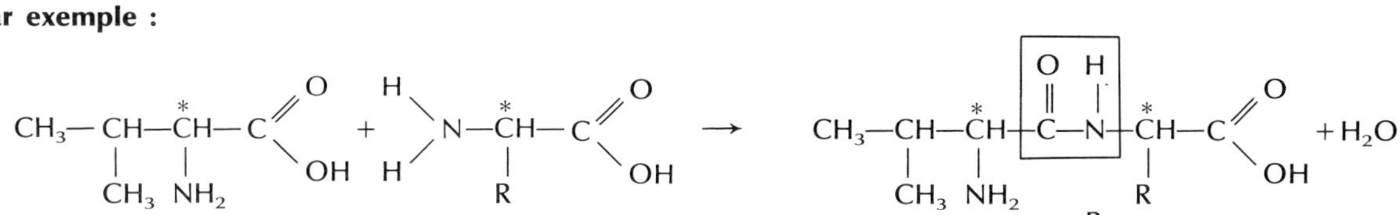

P_1

ou

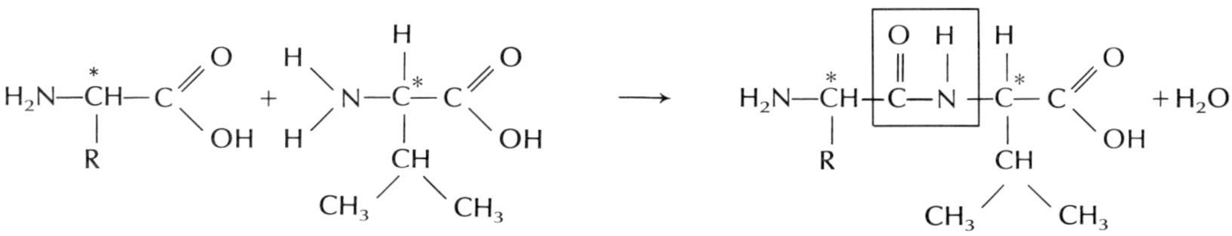

P_2

Le groupe

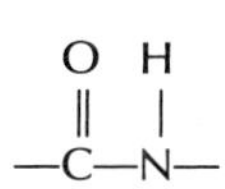

est le groupe amide et la liaison

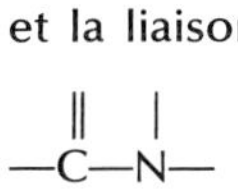

est la liaison peptidique.

La formule brute du dipeptide est $C_{n+7}H_{2n+14}O_3N_2$.
Sa masse molaire vaut donc :

$$M = 12(n+7) + 1(2n+14) + (16 \times 3) + (14 \times 2)$$
$$= 14n + 174$$

D'après le texte $M = 188\ g \cdot mol^{-1}$ donc $n = 1$.
R est donc le groupe méthyle;
A_2 est donc l'acide amino-2 propanoïque (alanine).
3. On souhaite préparer le dipeptide P_1

(H.Val.Ala.OH).

a. Il faut :
— bloquer la fonction amine de la valine (en la transformant en amide);
— activer la fonction carboxyle de la valine (en la transformant en chlorure d'acyle);
— bloquer la fonction carboxyle de l'alanine (en passant à l'ester).
La réaction ayant eu lieu, on régénère les fonctions bloquées par hydrolyse.
b. Le dipeptide P_1 obtenu

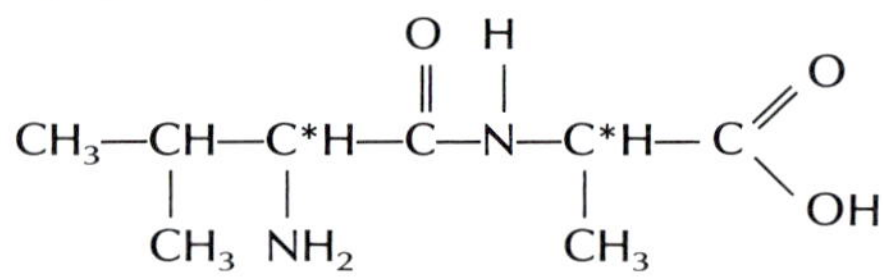

possède 2 carbones asymétriques (C*).

4. On appelle mélange racémique un mélange **équimolaire** des deux énantiomères.

A_1 existe donc sous 2 configurations L et D et de même pour A_2. Le dipeptide existe donc sous 4 configurations différentes (L_1, L_2); (L_1, D_2); (D_1, D_2); (D_1, L_2).

EXERCICES

NOMENCLATURE. IONISATION DANS L'EAU

3 **A_1-A_2-B_1** **a.** Donner les noms systématiques des composés suivants : valine, leucine, sérine.
b. Nommer les composés suivants :

$$NH_2—CH_2CH_2CO_2H$$

$$\underset{\displaystyle NH_2}{CH_3—\underset{|}{C}H—CO_2H}$$

Lequel est un α-amino-acide?

4 **A_1** En prenant l'exemple de l'acide amino-2 propanoïque montrer l'existence d'un carbone asymétrique et représenter l'isomère L.
On considère une solution aqueuse de cet acide. Écrire la formule de l'amphion, du cation et de l'anion susceptibles d'exister dans cette solution.

SYNTHÈSE

5 **A_2** Comment peut-on synthétiser spécifiquement le dipeptide symbolisé par H.Val.Ala.OH?

DÉTERMINATION D'UN PEPTIDE A PARTIR DES AMINO-ACIDES LIBÉRÉS PAR HYDROLYSE

6 **A_2** L'hydrolyse d'un peptide (rupture des liaisons peptidiques) donne deux α-amino-acides : la glycine (acide amino-éthanoïque) et la leucine (acide amino-2 méthyl-2 pentanoïque). Déterminer les formules développées possibles pour ce peptide.

7 **A_2-B_1** L'hydrolyse d'une mole d'un tripeptide donne deux moles de glycine et une mole de leucine. Déterminer la formule développée du tripeptide. La solution est-elle unique? La connaissance des produits d'hydrolyse suffit-elle pour déterminer l'enchaînement des α-amino-acides?

COMPOSITION D'UNE SOLUTION DE GLYCINE A DIFFÉRENTS pH

8 **A_2-B_3** Déterminer pour une solution de glycine, notée HA de concentration apportée 0,10 $mol \cdot l^{-1}$, quelles sont les concentrations en glycine HA, en cation H_2A^+, acide conjugué de HA, et en anion A^-, base conjuguée de HA, selon que la valeur du pH, que l'on fixe au moyen d'une solution tampon convenable, vaut :
a. 6,0. **b.** 2,3; 9,7. **c.** 1,0; 4,0; 8,0; 11,0.
On prendra pour les couples mettant en jeu la glycine : $pK_{A_1} = 2,3$; $pK_{A_2} = 9,7$.
On précisera le caractère majoritaire, minoritaire et ultra-minoritaire des espèces chimiques présentes en solution. HA représente l'entité dipolaire électriquement neutre

$$^+NH_3—CH_2—CO_2^-$$

EXERCICES DU BACCALAURÉAT

9 **A_1-A_2** La glycine et l'alanine ont pour formules respectives :

$$H_2N—CH_2—COOH \quad \text{et} \quad H_2N—\underset{\displaystyle CH_3}{\underset{|}{C}H}—COOH$$

1. Justifier le nom d'acide aminé (ou α-amino-acide) donné à ces substances.

2. En prenant pour exemple l'un des acides aminés proposés, écrire les équations de réaction entre :
— un acide aminé et une solution d'hydroxyde de sodium,
— un acide aminé et une solution de chlorure d'hydrogène.
3. Écrire une réaction de condensation entre une molécule de glycine et une molécule d'α-alanine. Quel type de molécule obtient-on?

(Paris; D-81)

10 **A_1-A_2** La glycine est un acide α-aminé dont le nom est acide amino-éthanoïque dans la nomenclature officielle.
En solution dans l'eau, il est presque exclusivement sous la forme d'un amphion (ou zwitterion).
1. Donner la formule de la glycine, de l'amphion correspondant.
2. Quel est l'acide conjugué de cet amphion? Écrire l'équilibre chimique correspondant. La constante d'acidité est K_{A_1} ($pK_{A_1} = 2{,}3$).
3. Quelle est la base conjuguée de l'amphion? Écrire l'équilibre correspondant. La constante d'acidité est K_{A_2} ($pK_{A_2} = 9{,}7$).
4. De ces trois espèces (amphion, acide, base), quelle est celle qui est majoritaire dans les trois cas suivants : pH = 1; pH = 5; pH = 11?
Cette question sera traitée sans calcul des concentrations des espèces présentes.
5. Écrire les formules développées des dipeptides que l'on peut penser obtenir à partir d'un mélange de glycine et d'alanine (acide amino-2 propanoïque). Mettre en évidence dans ces formules le groupement peptidique de ces composés.

(Amiens; D-81)

11 **A_1-A_2** L'alanine est un acide α-amino-acide de formule

$CH_3CH—COOH$
  |
NH_2

1. a. Donner le nom de cet acide en nomenclature systématique.
b. Dans la solution aqueuse d'alanine, on trouve un ion mixte dipolaire; écrire sa formule développée et donner le terme général désignant cet ion.
c. Écrire les deux couples acide-base correspondant à cet ion mixte.
2. a. De ce que vous connaissez des pK_A associés aux acides carboxyliques et aux amines, pouvez-vous attribuer le pK_A au couple acide-base lui correspondant?
A.N. : $pK_{A_1} = 2{,}3$; $pK_{A_2} = 9{,}9$.
b. Quelle est l'espèce chimique, relative à l'acide aminé, prépondérante à pH = 2, pH = 6, pH = 11.

(Lille; 82-CE)

12 **A_2-C_2** La condensation d'une molécule d'alanine et d'une molécule de glycine de formules semi-développées respectives :

$H_2N—CH—COOH$ (avec CH_3 sur le CH) et $H_2N—CH_2—COOH$

conduit à un dipeptide.
Deux réactions sont possibles.
1. Écrire les équations de ces deux réactions possibles en donnant les formules semi-développées des deux dipeptides que l'on peut obtenir.

2. Soit A l'un des deux dipeptides. Des deux formules trouvées au **1.** on cherche celle qui correspond au composé A. Pour cela, on réalise les expériences suivantes :
a. On traite A par de l'acide nitreux HNO_2, sachant que l'acide nitreux réagit sur un groupe amine primaire suivant la réaction :

$$RNH_2 + HNO_2 \longrightarrow ROH + N_2 + H_2O$$

tout se passant donc comme si le groupe NH_2 était remplacé par le groupe OH.
Écrire les formules possibles pour le composé organique C obtenu par cette réaction.
b. Si on hydrolyse ce composé C, on obtient entre autres de l'acide glycolique $HO—CH_2—COOH$. Donner l'équation de la réaction d'hydrolyse et en déduire parmi les deux formules trouvées au **2. a.** celle qui correspond au composé C.
(On rappelle que l'hydrolyse permet la « coupure » de la liaison peptidique entre les atomes de carbone et d'azote.)
c. Quelle est la formule semi-développée du dipeptide A?

(Paris-Créteil; 83-D)

13 **A_2-B_4** La valine est un acide α-aminé de formule :

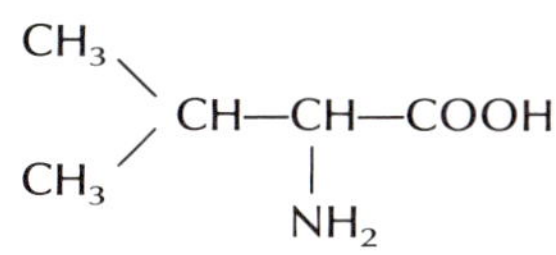

1. Montrer que la valine possède un carbone asymétrique. Quels sont les groupes fonctionnels fixés sur ce carbone? Les nommer. Donner les représentations de Fischer des configurations D et L de la valine.

2. On forme un dipeptide A en faisant agir la valine sur un autre acide α-aminé de formule :

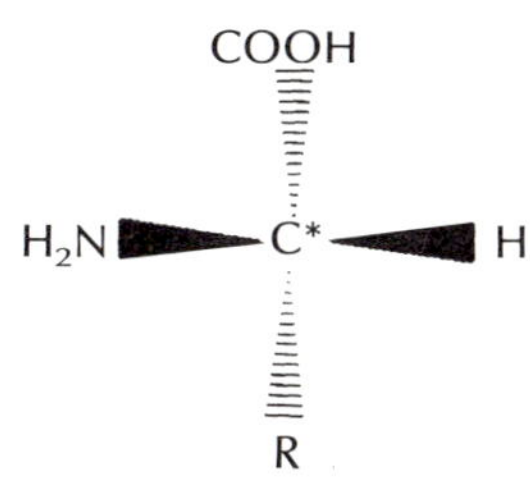

où R est un groupe alkyle C_nH_{2n+1}.
a. Comment faire pour n'obtenir qu'un seul dipeptide?
Donner la formule de ce dipeptide.
b. Déterminer R sachant que la masse molaire du dipeptide A est :

$$M = 174\ g \cdot mol^{-1}$$

c. Combien y a-t-il de carbones asymétriques dans le dipeptide?

(Paris-Créteil; 84-D)

14 A_1-A_2-B_4 **A. 1.** Définir le terme chiralité, dans le cas d'une molécule.

2. Quand dit-on qu'une molécule comporte un carbone asymétrique?
Quelle est la particularité d'une telle molécule?
B. Application :
La glycine et l'alanine sont deux acides α-aminés de formules moléculaires respectives :

$$\underset{\text{(glycine)}}{\text{H—}\underset{\displaystyle NH_2}{\underset{|}{\text{CH}}}\text{—COOH}} \quad \text{et} \quad \underset{\text{(alanine)}}{CH_3\text{—}\underset{\displaystyle NH_2}{\underset{|}{\text{CH}}}\text{—COOH}}$$

1. Ces molécules comportent-elles un carbone asymétrique?
Préciser lequel en justifiant votre réponse.

2. Pour la ou les molécules présentant un carbone asymétrique représenter les énantiomères en perspective (suivant la convention étudiée en cours) et suivant la représentation de Fischer.

3. A partir de la glycine et de l'alanine, on peut fabriquer deux dipeptides. Quels sont ces dipeptides? Choisir l'un d'eux et répondre aux questions suivantes :
a. Écrire la formule du dipeptide choisi et faire apparaître clairement la liaison peptidique.
b. Quels sont les groupes qui ont dû réagir pour former la liaison peptidique?
c. Quels sont donc les groupes à activer et ceux à bloquer le temps de sa synthèse?

4. La molécule du dipeptide choisi à la question **3.** comporte-t-elle un ou plusieurs carbones asymétriques? Si oui, indiquer clairement ce ou ces carbones asymétriques.

(Polynésie; 85-D)

15 A_1-B_1-B_3 On considère une solution aqueuse d'acide amino-2 propanoïque ou alanine.
1. a. Donner la définition du carbone asymétrique et préciser la notion de chiralité.
b. Écrire la formule semi-développée de l'alanine en mettant en évidence le carbone asymétrique.
c. Donner la représentation de Fischer des deux stéréo-isomères de l'alanine.

2. Montrer que cette molécule se transforme, en solution aqueuse, en un ion dipolaire appelé amphion. Écrire les équations chimiques des deux réactions de l'amphion sur l'eau et mettre en évidence les deux couples acido-basiques.

3. Le pK_A de chaque couple acido-basique a pour valeur

$$pK_{A_1} = 2{,}3; \; pK_{A_2} = 9{,}9.$$

a. Sur un axe des pH, indiquer en les justifiant les domaines de prédominance des espèces chimiques appartenant aux deux couples et attribuer un pK_A à chaque couple.
b. On acidifie la solution d'alanine. Dans la nouvelle solution de $pH = 2{,}0$, l'alanine a une concentration molaire $0{,}100 \text{ mol}\cdot l^{-1}$.
Calculer les concentrations molaires des espèces chimiques relatives aux deux couples étudiés.

(Amérique du Nord; 86-D)

16 A_2 Soient les deux acides α-aminés (ou amino-acides) :

$$\underset{\text{Glycine}}{NH_2\text{—}CH_2\text{—COOH}} \quad \text{et} \quad NH_2\text{—}\underset{\displaystyle CH_3}{\underset{|}{\text{CH}}}\text{—COOH} \; \text{Alanine}$$

1. Justifier les termes « acide », « α », « aminé » et donner les noms de ces deux acides selon la nomenclature officielle.

2. On veut faire la synthèse du dipeptide noté gly-ala.
a. Écrire l'équation-bilan correspondante.
Indiquer la liaison peptidique. La molécule de ce dipeptide est-elle chirale? Pourquoi?
b. Quelles sont les fonctions que l'on doit bloquer et activer pour y parvenir? Citer un moyen de blocage et un moyen d'activation de la fonction acide carboxylique. Si cela n'est pas fait, combien de dipeptides obtient-on? (On les identifiera non par leur formule mais en utilisant les termes gly et ala.)
c. Si on prépare le dipeptide H-gly-ala-OH par voie :
— chimique (amino-acides de synthèse) on obtient un mélange racémique. Expliquer ce terme et donner les représentations de Fischer de la H-gly-ala-OH en expliquant brièvement les conventions de cette représentation;
— biochimique (amino-acides naturels) : qu'obtiendra-t-on? Pourquoi?

(Amérique du Nord; 87-D)

17 A_2-B_3-C_2 La leucine et l'isoleucine sont deux acides α-aminés de même formule :

$$R\text{—}\underset{\displaystyle NH_2}{\underset{|}{\text{CH}}}\text{—C}\begin{matrix} \diagup\!\!\diagup O \\ \diagdown OH \end{matrix}$$

dont les groupes alkyle R diffèrent.

Le groupe alkyle de la leucine est notée R_L, celui de l'isoleucine R_I.
1. La masse molaire des deux acides α-aminés est $M = 131 \text{ g}\cdot\text{mol}^{-1}$.
En déduire la formule brute du groupe alkyle.

2. a. Les groupes R_L et R_I possèdent chacun une seule ramification. La leucine possède un carbone asymétrique et l'isoleucine en comporte deux. Écrire la formule développée de chacun des deux acides α-aminés.
b. Donner la représentation de Fischer des deux énantiomères de la leucine (pour ne pas alourdir l'écriture on symbolisera, dans cette question et les suivantes, les groupes alkyle par R_I et R_L).
Préciser quel est l'isomère L et quel est l'isomère D.

3. Montrer que la réaction de condensation de la leucine sur l'isoleucine conduit formellement à deux dipeptides P_1 et P_2. (On ne tiendra pas compte de l'isomérie optique ni dans cette question, ni dans les suivantes.)

4. a. En fait, la réalisation expérimentale de la réaction entre la leucine et l'isoleucine conduit à quatre dipeptides. Pourquoi?
b. On désire synthétiser un des dipeptides P_1 ou P_2. Indiquer succinctement quels sont les moyens expérimentaux qui permettent de n'obtenir que P_1 (ou P_2).

(Paris-Créteil; 87-D)

T.P

Chromatographie sur papier Électrophorèse d'amino-acides

(d'après le bulletin de l'union des physiciens n° 664)

Le contenu de ce T.P. permet d'illustrer qualitativement deux techniques de séparation et d'identification des constituants d'un mélange, techniques très poussées actuellement à la fois dans les laboratoires de recherche mais aussi dans les cellules industrielles de production de chimie fine.
Il s'agit des techniques de chromatographie et d'électrophorèse.

A. CHROMATOGRAPHIE

1. Principe général

Le dispositif comporte en général deux phases :

— une *phase fixe* ou stationnaire qui peut être une matière poreuse ou liquide;

— une *phase mobile* qui migre à travers la phase fixe. Cette phase peut être liquide (chromatographie en phase liquide CPL) ou gazeuse (chromatographie en phase gazeuse CPG ou en phase vapeur CPV). Cette phase mobile dissout l'échantillon à analyser; on appelle solvant ou éluant cette phase mobile.

Il existe deux grandes catégories de chromatographies selon la nature du support :

— *les chromatographies sur couches minces* où la phase stationnaire est un solide poreux en lame mince ou un solide poreux ayant fixé un liquide par capillarité, le tout en lame mince. La phase mobile est liquide;

— *les chromatographies sur colonnes* où la phase stationnaire est un solide poreux ou un solide poreux ayant fixé un liquide par capillarité, le tout contenu dans un tube plus ou moins large, plus ou moins long (de quelques centaines de cm à quelque 100 m). La phase mobile est liquide ou gazeuse.

2. Principe de la chromatographie du T.P.

Le support est une bande de papier spécial (papier Whatman, feuilles de silicagel sur un film plastique de téréphtalate de polyéthylène) ou par défaut une feuille de papier filtre de forme rectangulaire (4 cm × 10 cm si on prend le papier Whatman, de quoi faire le cylindre de longueur 10 cm de la **figure 2** si on prend du papier filtre).

Cette bande de papier plonge dans un solvant S des substances à rechercher **(fig. 1).** Par capillarité le solvant se propage dans le papier à une certaine vitesse.

Sur le chemin de cette propagation on dépose quelques « microgouttes » de mélange à analyser comportant les constituants A, B, C, ... solubles dans S.

Chaque constituant se dissout dans le solvant et migre, avec une vitesse qui le caractérise (mais qui dépend du solvant). Cette vitesse est la même, que le constituant soit seul ou mélangé à d'autres.

Supposons que A migre plus vite que B qui migre plus vite que C... Au bout d'un certain temps les constituants qui ont été déposés sur une même ligne, voire au même endroit (voir **fig. 1**), seraient nettement séparés, chacun ayant migré d'une distance différente. Si ces distances étaient trop semblables l'une de l'autre, il suffirait de laisser la migration se faire beaucoup plus longtemps. Bien sûr, il faudrait veiller aussi à ce que le solvant continue à imprégner le papier.

La **figure 1** montre comment se distribuent les différents aminoacides, dissous dans un mélange de butanol, d'acide éthanoïque et d'eau, sur un chromatogramme sur papier. La leucine, par exemple, migre beaucoup plus vite que la lysine.

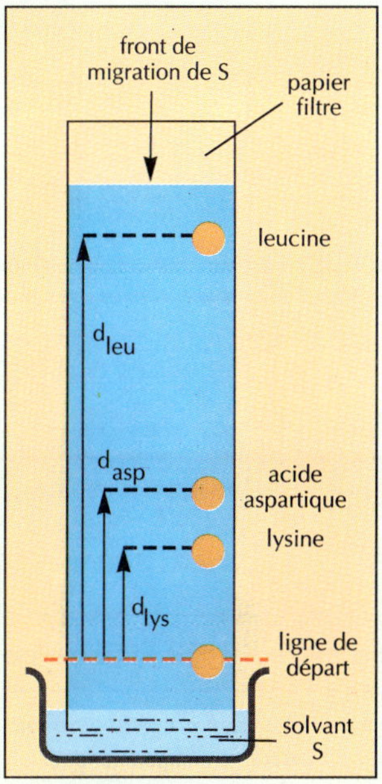

1. *La leucine migre plus vite que l'asparagine qui migre un peu plus vite que la lysine* $d_{leu} \gg d_{asp} > d_{lys}$. *Ce chromatogramme apparaît après révélation.*

La manipulation consiste à rechercher ces trois aminoacides dans les jus de fruits suivants :
— jus d'orange filtré;
— jus de citron filtré;
— jus de tomate filtré.

3. Produits de départ

— Une solution de chacun des trois α-aminoacides recherchés.

Les concentrations choisies sont de l'ordre de 10^{-2} mol·l^{-1} dans un mélange de 90 % d'eau en volume et de 10 % de propanol-2 (il faut de très petites quantités de liquide, quelques gouttes).

— Le solvant S utilisé pour la chromatographie sera constitué d'un mélange de 40 cm^3 de butanol-1 et de 10 cm^3 d'acide éthanoïque que l'on complète à 100 cm^3 de solution avec de l'eau.

4. Matériel expérimental et protocole

— Manipuler avec des gants car la sueur contient des α-amino-acides. La **figure 2** décrit le dispositif utilisé.

Un cylindre de papier filtre, trempé dans un fond de solvant S, déposé dans un grand bécher muni d'un couvercle (boîte de Pétri) afin d'éviter une évaporation trop rapide du solvant.

— On a préalablement marqué au crayon fin la ligne horizontale et les points de dépôt des 6 microgouttes d'échantillons à tester (les trois solutions d'α-amino-acides et les trois jus de fruits). Cette ligne horizontale doit être à environ 1 cm au-dessus du niveau du solvant. Les dépôts sont faits sur la feuille sèche et déroulée à plat, en utilisant des intervalles réguliers repérés au crayon, entre les microgouttes déposées à l'aide d'un compte-gouttes capillaire. Ces microgouttes ne doivent pas diffuser sur un diamètre supérieur à 2 mm (on obtient le capillaire en étirant brutalement un tube de pyrex ramolli à la flamme d'un bec bunsen).

— Pour éviter une diffusion trop importante on sèche chaque goutte au sèche-cheveux.

La seule chose importante est que les amino-acides dissous soient bien localisés sur le papier à égales distances, au départ, de la surface du solvant S.

— Arrêter la chromatographie lorsque le solvant S arrive au bord supérieur de la feuille. Marquer au crayon le front du solvant, c'est-à-dire la ligne atteinte par le solvant.

— Les amino-acides ont été entraînés par le solvant, mais il n'est pas possible de voir leur localisation car ils sont incolores.

— Une solution de ninhydrine (2 g·l^{-1} dans la propanone) permet de révéler les α-amino-acides par une réaction colorée.

Faire passer la feuille une fois sans la solution de révélateur en commençant par la ligne de dépôt des échantillons à tester (la ninhydrine étant *toxique*, travailler avec des gants et des pinces) **(fig. 3).** On peut aussi pulvériser la solution de ninhydrine sur le chromatogramme à révéler.

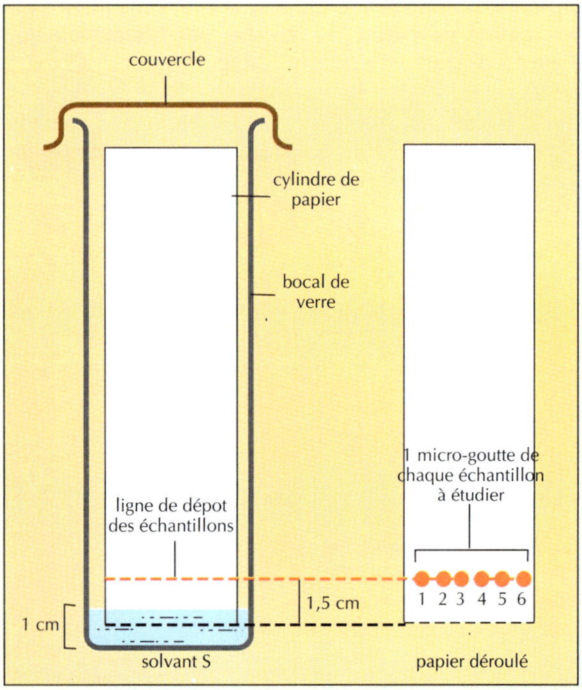

2. *Dispositif de chromatographie « artisanal ». Papier chromatographique déroulé.*

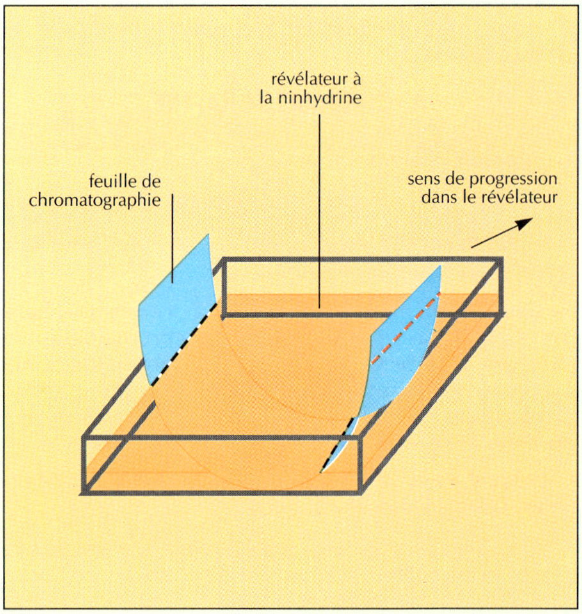

3.

— Sécher rapidement la feuille, soit à l'étuve à 100 °C, soit sur une plaque chauffante montée pour l'occasion.

Les taches de couleur apparaissent à la verticale des points 1 à 6 **(fig. 2),** là où la migration a apporté les α-amino-acides.

5. Conclusions

a. Quels sont les α-amino-acides contenus dans chacun des trois jus de fruits?

b. Quelle est la propriété fondamentale de la chromatographie qui permet de porter la conclusion précédente?

Relire éventuellement le principe du T.P. pour répondre.

B. L'ÉLECTROPHORÈSE

1. Principe

Des ions migrent dans un électrolyte sous l'effet d'un champ électrique. Ils sont ainsi séparés par espèces.

Le sens de migration dépend du signe de la charge des ions et la vitesse de migration, pour un champ électrique donné, dépend de la nature et de la charge de l'ion.

L'amphion ou zwitterion d'un α-amino-acide, globalement électriquement neutre, ne migrera pas.

Les espèces prédominantes de l'α-amino-acide, cation(s), amphion(s), anion(s) dépendent du pH imposé (voir **figure 7** au chapitre 14).

	pK_{A_1}	pK_{A_2}	pK_{A_3}	solubilités en g à 25 °C dans 100 g d'eau
leucine	2,33	9,75	—	2,4
acide aspartique	2,10	3,86	9,82	0,5
lysine	2,18	8,95	10,53	très soluble

4.

2. Protocole expérimental

On utilise une bande de papier à chromatographie (ou papier filtre par défaut) de 2 cm de large et 15 cm de long. Le papier pompe la solution tampon à chaque extrémité dans une cuve où plonge une électrode **(fig. 6).** Il faut 2 h environ sous 100 V (attention tension dangereuse) pour obtenir une migration de plusieurs cm des ions à partir de l'endroit où l'on a déposé l'α-amino-acide. Il faut bien veiller à ne pas laisser sécher la bande de papier en pulvérisant dessus, de temps à autre, un peu de solution tampon conductrice.

A titre d'exercice, se servir des informations suivantes et du T.P. précédent :
— tableau des pK_A des divers couples acide-base de chacun des trois amino-acides utilisés **(fig. 4);**
— tableau des charges des espèces dominantes en solution aqueuse en fonction du pH **(fig. 5).**

2,15 2,35 3,86 8,95 9,8 10,53 pH

<table>
<tr><td>Leu</td><td colspan="2">+</td><td colspan="3">neutre</td><td colspan="2">−</td></tr>
<tr><td>Ac Asp.</td><td>+</td><td colspan="2">neutre</td><td colspan="2">−</td><td colspan="2">2−</td></tr>
<tr><td>Lys</td><td>2+</td><td colspan="3">+</td><td colspan="2">neutre</td><td>−</td></tr>
</table>

5. *Charge des entités dominantes à 25 °C, en solution aqueuse en fonction du pH.*

Proposer une formule pour chaque espèce chargée ou neutre et expliquer la **figure 5** à partir du tableau **figure 4** (cet exercice est codé A_2, B_1, B_4, C_1).

On utilise un tampon à pH 6 environ, de concentration de l'ordre de 10^{-1} mol·l^{-1}. Quelles entités migreront, dans quel sens? Donner leurs formules développées (exercice codé A_2, C).

Écrire un protocole complet d'électrophorèse à pH 6, pour les trois amino-acides utilisés et les trois jus de fruits; se servir de toutes les informations contenues dans le T.P. chromatographie et dans les exercices précédents ainsi que des **tableaux 4** et **5** (cet exercice est très riche en capacités diverses testées : A_1, A_2, B_1, B_2, B_4, C_1, C_2).

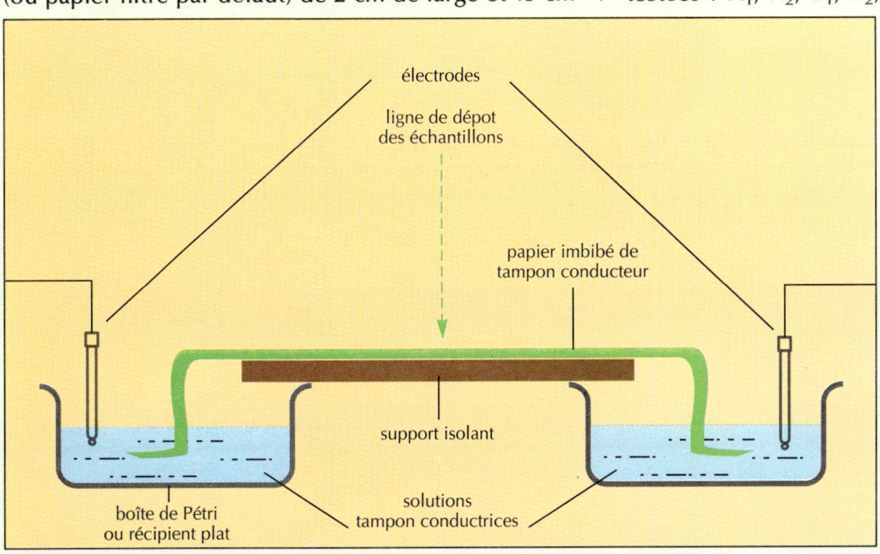

6. *Schéma de principe du montage d'électrophorèse.*

Spectroscopie moléculaire

(hors programme)

Quand le chimiste a séparé un corps pur de son mélange d'origine, le premier travail qu'il effectue consiste à identifier ce corps et donc à déterminer sa formule développée ou sa constitution.

Avant la spectroscopie, il fallait d'abord chercher la formule brute à partir de la masse molaire et de la composition en éléments simples. C'était long, peu précis et il fallait consommer des quantités non négligeables du produit à analyser (de l'ordre du gramme).

Plusieurs techniques spectroscopiques permettent depuis une quarantaine d'années de déterminer la nature des groupes caractéristiques présents dans une molécule : les spectroscopies ultraviolette et infrarouge, la spectroscopie de masse, la résonance magnétique nucléaire ou RMN. La masse molaire est obtenue par la spectrométrie de masse.

Nous allons étudier deux de ces techniques très répandues dans les laboratoires d'analyse et faciles à comprendre intuitivement : la spectroscopie de masse et la spectroscopie infrarouge.

Le succès de ces deux techniques est aussi lié à l'exploitation des résultats qu'elles fournissent par des méthodes informatiques. Un spectre de masse et un spectre infrarouge peuvent en effet être comparés à des milliers de spectres de produits connus et répertoriés dans des banques de données.

L'arsenal informatique couplé à ces deux types de spectrométrie permet d'éviter de fastidieuses comparaisons manuelles et visuelles.

1. La spectroscopie de masse

Les molécules M sont introduites dans une chambre de fractionnement **(fig. 1)** où elles sont soumises à l'impact d'électrons dont l'énergie cinétique de plusieurs dizaines d'électronvolts est nettement supérieure aux énergies de rupture des liaisons entre les atomes de la molécule étudiée (quelques électronvolts).
Les molécules se fractionnent sous cet impact en ions positifs

$$M + e^- \longrightarrow M_1^+ + M_2^+ + 3\,e^-$$

Les ruptures des liaisons intramoléculaires se font au hasard mais statistiquement certaines liaisons, plus fragiles, se rompent plus souvent que d'autres. Par exemple, une molécule de propanone se rompra plus fréquemment autour du groupe C=O, carbonyle, dont la liaison est plus forte que celle des groupes C—C ou C—H. On obtiendra donc une importante proportion d'ions : $\left(CH_3—\underset{\underset{O}{\|}}{C}—CH_3\right)^+$

ou M^+ de masse molaire

$$m = 58\ g \cdot mol^{-1}$$

1. *Schéma d'un spectroscope de masse.*

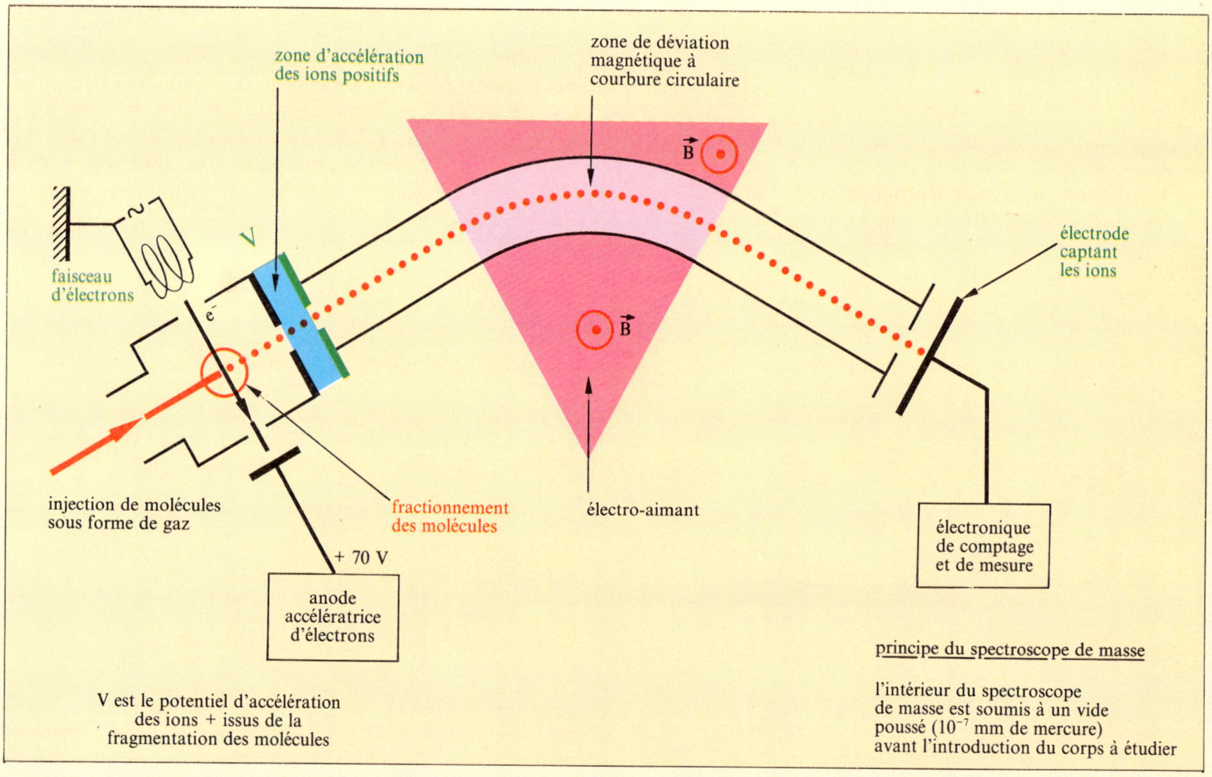

DOCUMENT 5

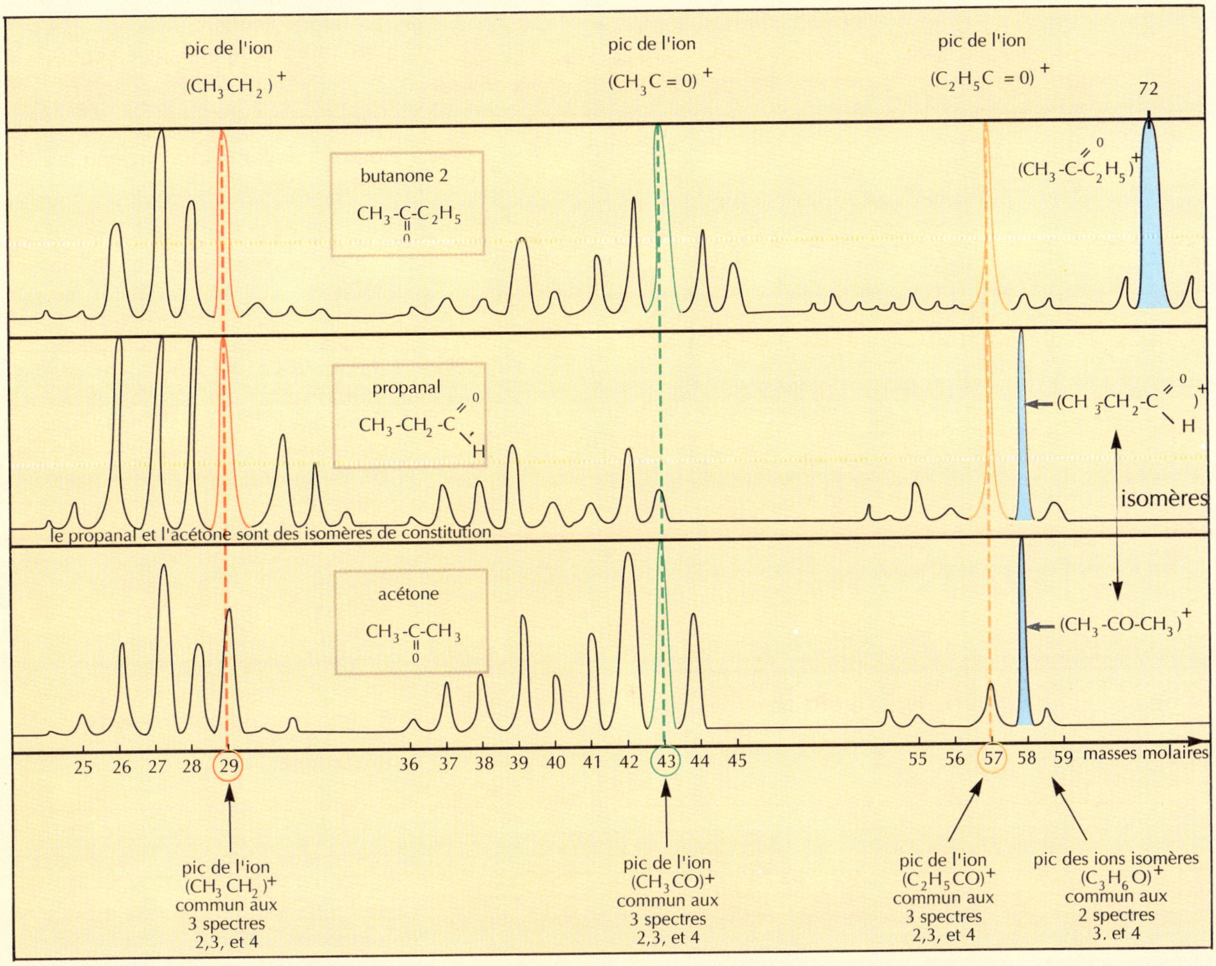

2, 3 et 4. *Spectres de masse de 3 corps différents : la butanone 2, le propanal et l'acétone.*

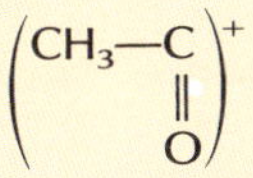

ou M_1^+ de masse molaire $m_1 = 43$ $g \cdot mol^{-1}$ et M_2^+ (CH_3^+) de masse molaire $m_2 = 15$ $g \cdot mol^{-1}$.

Une molécule de propanal se fractionnera aussi plus fréquemment autour du groupement carbonyle. On obtiendra cette fois :

— des ions

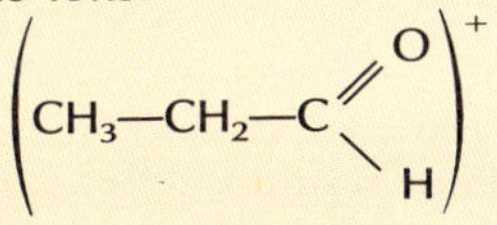

de masse molaire 58 $g \cdot mol^{-1}$;

— des ions $(CH_3—CH_2—C{=}O)^+$ de masse molaire 57 $g \cdot mol^{-1}$;

— des ions $(CH_3—CH_2)^+$ de masse molaire 29 $g \cdot mol^{-1}$

— des ions $(CH_3CH)^+$ de masse molaire 28 $g \cdot mol^{-1}$

— des ions $(CH_3C)^+$ de masse molaire 27 $g \cdot mol^{-1}$

Les ions positifs sont *accélérés* sous une tension V qui permet de leur communiquer une vitesse d'autant plus élevée que leur masse est plus faible. Un électro-aimant *incurve* ensuite les trajectoires de ces ions par l'action de son champ magnétique $\vec{B}$. **La courbure** plus ou moins forte de la trajectoire de chaque ion **dépend de sa masse ;** on obtient donc une séparation en fonction de leurs masses des différents ions qui sont repérés au bout de leur course par leur impact sur un détecteur de sortie.

Pratiquement, on fait varier l'intensité du champ magnétique de l'électro-aimant qui sert de déflecteur et de cette manière on peut faire successivement apparaître sur la **fente de sortie du détecteur** de masse les différents ions positifs classés selon leurs masses respectives.

On obtient donc ce que l'on nomme un **spectre de masse (fig. 2, 3 et 4).** Chaque pic correspond à un ion de masse donnée. L'axe de défilement du spectre est gradué en masses molaires. Le pic de rang le plus élevé le plus important correspond à la masse de la molé-

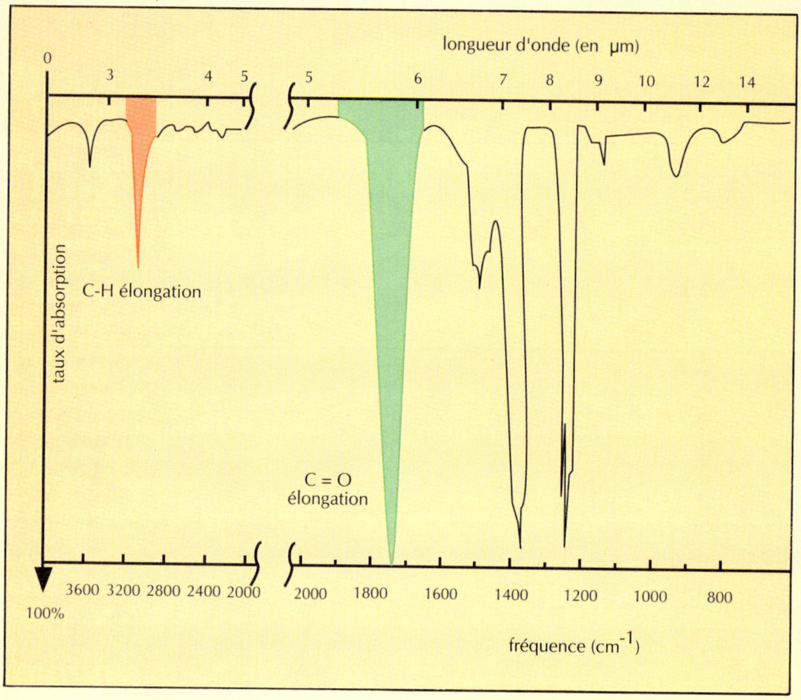

5. *Spectre infrarouge de la propanone* $CH_3-\underset{\underset{\displaystyle O}{\|}}{C}-CH_3$

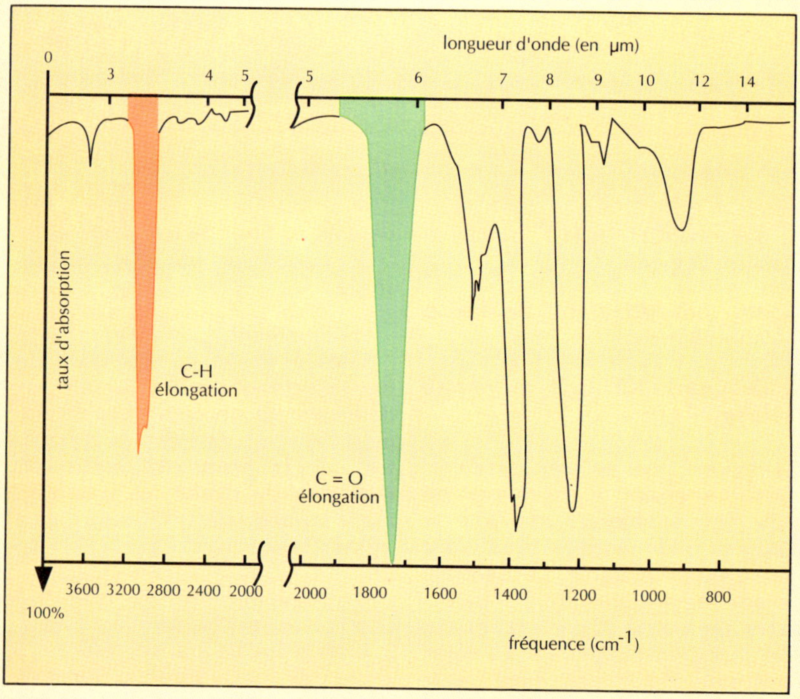

6. *Spectre infrarouge de la butanone-2,* $CH_3-\underset{\underset{\displaystyle O}{\|}}{C}-CH_2-CH_3$

cule elle-même qui a simplement subi l'arrachement d'un électron. La masse molaire de cet ion est à peu près la même que celle de la molécule, la masse de l'électron arraché à cette dernière étant complètement négligeable devant la masse des noyaux atomiques de cette molécule.

$$M + 1\,e^- \longrightarrow M^+ + 2\,e^-$$

On accède ainsi à la *masse molaire*.

Il existe 1 ou 2 pics de faible amplitude et de masse correspondante M+1 ou M+2. Ce phénomène est dû à la présence d'isotopes ^{13}C et ^{14}C du carbone qui existent dans des proportions de l'ordre de 1 % dans le carbone naturel.

Les similitudes et les différences entre les trois spectrogrammes des **figures 2, 3** et **4** se comprennent facilement par la présence dans chacun de ces trois spectres d'ions identiques ou isomères.

2. Spectroscopie d'absorption infrarouge

Dans les molécules les atomes voisins sont liés par des liaisons covalentes simples (exemples : C—C; C—H ou C—O—H) ou des liaisons covalentes multiples (exemples : C═C; C≡C; C═O, etc.). Les deux atomes ainsi couplés peuvent vibrer selon l'axe de la liaison. Les fréquences de ces vibrations que l'on appelle *vibrations de valence ou d'élongation* correspondent au domaine des fréquences infrarouges.

Lorsque l'on éclaire les corps considérés avec de la lumière infrarouge comportant le spectre continu de 1 à 15 µm, par exemple, les radiations qui correspondent aux vibrations de valence sont absorbées.

Sur les **figures 5** et **6** on reconnaît le pic d'absorption de la vibration de valence du carbonyle vers 5,8 µm ou $5{,}8 \cdot 10^{-4}$ cm ou encore en nombre d'onde vers 1 710 cm^{-1} (le nombre d'onde est l'inverse de la longueur d'onde, il est proportionnel à la fréquence).

On reconnaît le pic d'absorption des liaisons C—H vers 3,45 µm ou 2 900 cm^{-1}. Les spectres IR de la propanone et de la butanone-2 se ressemblent à cause des groupes caractéristiques communs C═O et des liaisons C—H. Pour le reste les spectres sont différents mais typiques du corps analysé. On comprend l'utilité de la mise en mémoire informatique de milliers de spectres. La comparaison de ceux-ci avec le spectre inconnu permet une identification rapide et très fiable. On peut signaler quelques fréquences d'absorption caractéristiques des liaisons **(fig. 7).**

Liaison	Nombre d'ondes en cm^{-1}	Importance de l'absorption
C—H alcanes	2 850 à 2950	forte
C—H alcènes	3 000 à 3 100	moyenne
C—O alcools, étheroxydes ou C—OH des acides	1 000 à 1 300	forte
C═O aldéhydes	1 720 à 1 740	forte
C═O cétones	1 705 à 1 725	forte
C═O acides carboxyliques	1 700 à 1 750	forte
O—H alcools sous forme de vapeur ou très dilués dans CCl_4	3 600 à 3 650	forte
O—H alcools liquides associés par liaisons hydrogène	3 200 à 3 400	forte

7. *Absorption infrarouge en fonction de la nature de la liaison.*

Nomenclature en chimie organique

La nomenclature est fixée par un organisme international, l'Union Internationale de Chimie Pure et Appliquée, et adaptée en France par la Commission Française de Nomenclature en Chimie Organique.

Nous nous limitons ici aux dérivés des alcanes.

1. Hydrocarbures

Composés formés uniquement de carbone et d'hydrogène. Les atomes de carbone peuvent former des chaînes :
— ouvertes, linéaires ou ramifiées,
— fermées : on dit alors qu'ils forment un cycle.

2. Alcanes

Ce sont des hydrocarbures qui ne possèdent que des liaisons covalentes simples dans leurs molécules et dont les atomes de carbone forment des chaînes ouvertes. Le **tableau 1** rappelle leur formule générale, C_nH_{2n+2}, et le nom des premiers alcanes linéaires.

FORMULE	NOM
CH_4	méthane
C_2H_6	éthane
C_3H_8	propane
C_4H_{10}	butane
C_5H_{12}	pentane
C_6H_{14}	hexane
C_7H_{16}	heptane
C_8H_{18}	octane
Formule générale symbolisée	C_nH_{2n+2} R—H

1. *Nom des premiers alcanes linéaires.*

3. Groupes alkyle

Lorsque l'on enlève un atome d'hydrogène porté par un atome de carbone en bout de chaîne d'une molécule d'alcane on obtient un groupe alkyle. On obtient le nom d'un tel groupe en remplaçant la terminaison *« -ane »* du nom de l'alcane par la terminaison *« -yle »*.

Par exemple le groupe $—CH_3$ est appelé groupe méthyle.

Le tiret écrit devant CH_3 représente l'électron resté sur l'atome de carbone après l'arrachement d'un atome d'hydrogène. Cet électron est celui qui forme une liaison avec l'électron apporté par un autre atome.

Un groupe alkyle est en général désigné par —R. Lorsqu'il y a plusieurs groupes alkyle, on peut les noter R^1, R^2, R^3, R^4, ...

4. Nomenclature des alcanes à chaînes ramifiées

• Le nombre d'atomes de carbone de la chaîne carbonée la plus longue (dite chaîne principale) détermine le nom de l'alcane.

• Les groupes alkyle substituants sont désignés par des préfixes accolés au nom de l'alcane constituant la chaîne principale.

• La position de ces substituants est indiquée par un indice qui est le numéro du *carbone porteur* de ce substituant. Les atomes de carbone de la chaîne principale sont numérotés d'un bout à l'autre de la chaîne par des chiffres arabes. Il y a deux possibilités de numérotage selon qu'on suit la chaîne dans un sens ou dans l'autre. Voir exemple ci-après.

Le nom du groupe alkyle substituant est suivi d'un tiret et de l'indice de position. La terminaison —e de l'alkyle s'élide. Dans le cas de plusieurs substituants identiques, on utilise le préfixe di, tri, tétra, ...; les indices sont alors séparés par des virgules. **Les substituants sont indiqués dans l'ordre alphabétique.** Cet ordre alphabétique ne prend pas en compte les préfixes di, tri, ...

• Prenons un exemple :

Les deux possibilités de numérotage des atomes de carbone de la chaîne principale sont les suivantes :

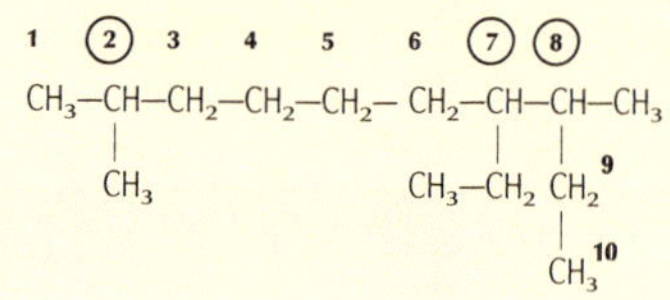

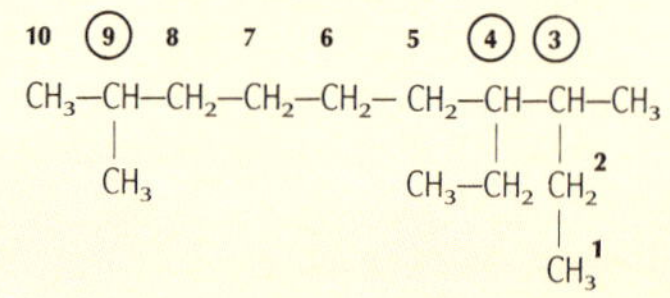

La chaîne principale est à 10 atomes de carbone : ce corps est un décane substitué.

Les substituants sont deux groupes méthyle et un groupe éthyle.

Les deux ensembles d'indices des atomes de carbone porteurs de substituants alkyle sont :
dans le premier cas

② ⑦ ⑧

dans le deuxième cas

③ ④ ⑨

On choisit la succession d'indices qui forme le nombre le plus petit

Il s'agit donc de l'éthyl-7 diméthyl-2,8 décane (la somme des indices de l'ensemble choisi, 17, est supérieure ici à celle du deuxième ensemble, 16). **La somme des indices n'a aucune importance.**

DOCUMENT 6

• **Groupes alkyle substitués**

Pour obtenir le nom du groupe substituant, on considère la chaîne carbonée la plus longue issue de l'atome de carbone (numéroté 1) lié à un atome de carbone de la chaîne principale. On nomme ensuite les groupes substituants de ce groupe alkyle comme les substituants de la chaîne principale.

Exemple :

$$\overset{1}{-CH_2}-\overset{②}{CH}(CH_3)-\overset{3}{CH_2}-\overset{4}{CH_3}$$

est le groupe méthyl-2 butyle.

L'ensemble du nom du groupe substituant de l'alcane est alors en général écrit entre parenthèses.

Deux modes principaux de nomenclature sont possibles : la nomenclature *substitutive* et la nomenclature *radico-fonctionnelle*. La première doit en général être préférée.

5. Nomenclature substitutive

En nomenclature substitutive, **les groupes caractéristiques sont classés dans un ordre de priorité décroissante** (voir tableau 2). **Le groupe prioritaire, dit groupe principal, est désigné par un suffixe. Tous les autres groupes caractéristiques sont désignés par des préfixes.** Quelques groupes caractéristiques ne peuvent être désignés que par des préfixes (tableau 3).

Le groupe carboxyle —COOH est prioritaire devant le groupe amino $—NH_2$: le groupe $—NH_2$ est alors désigné par le préfixe amino.

Le groupe caractéristique principal (désigné par un suffixe) doit avoir l'indice le plus bas possible. C'est donc 1 pour l'atome de carbone du groupe carboxyle —COOH. S'il subsiste un choix, le numérotage est effectué comme pour les alcanes substitués. Par exemple :

$$C_2H_5-CH(NH_2)-CO_2H$$

est l'acide amino-2 butanoïque.

Les préfixes (désignant des groupes R ou des groupes caractéristiques) **sont rangés par ordre alphabétique devant le nom fondamental.**

Les préfixes multiplicatifs (si nécessaire) n'altèrent pas l'ordre alphabétique établi :

Exemple :

$$CHCl_2-C(CH_3)_2-CHCl-CH_2-CH_3$$

trichloro-1,1,3 diméthyl-2,2 pentane.

Classes de composés dans l'ordre de priorité décroissante de leur groupe caractéristique (dans le sens de la flèche).
cation onium (oxonium; ammonium) ↓
acides carboxyliques
anhydrides d'acides
esters
halogénures d'acyles
amides
aldéhydes
cétones
alcools
amines
éthers - oxydes

2.

6. Nomenclature radico-fonctionnelle

Un mot tel que cétone, chlorure, ou alcool, utilisé en tant que suffixe ou comme mot séparé, est celui d'une **classe fonctionnelle.** Un nom radico-fonctionnel est formé avec le nom de groupe (alkyle, acyle...) et le nom d'une classe fonctionnelle.

Cette nomenclature n'est encore utilisée, par la force de l'habitude, que pour les halogénures d'alkyle (halogénoalcanes en nomenclature substitutive), les amines (alkylamines, au lieu d'alcanamines en nomenclature substitutive), les éthers-oxydes (oxydes d'alkyle).

Nous proposons page 240 un tableau résumant les principaux groupes et les modes de formation des noms systématiques des composés dérivés des alcanes.

GROUPES CARACTÉRISTIQUES DÉSIGNÉS PAR DES PRÉFIXES

Classe fonctionnelle	Symbole	Préfixe	
halogénures	-X	halogéno	(1)
chlorures	-Cl	chloro	(1)
bromures	-Br	bromo	(1)
iodures	-I	iodo	(1)
fluorures	-F	fluoro	(1)
alcools	-OH	hydroxy	
amines	$-NH_2$	amino	
composés nitrés	$-NO_2$	nitro	(1)
éthers-oxydes	-OR	R-oxy	(1)

3.

(1) *Ces groupes ne peuvent être désignés que par des préfixes. Le mot halogène recouvre l'un quelconque des éléments de la famille : fluor, chlore, brome ou iode.*

DOCUMENT 6

type d'hydrocarbure ou classe de composé	caractéristique structurale ou groupe caractéristique	COMPOSÉS DÉRIVÉS DES ALCANES		EXEMPLES
		FORMULE	NOM GÉNÉRIQUE	
hydrocarbure à chaîne droite		$R-H$	alc**ane**	$CH_3-CH_2-CH_3$ prop**ane**
groupe hydrocarboné		$R-$	alk**yle**	$CH_3-CH_2-CH_2-$ prop**yle**
hydrocarbure ramifié (sans cycle)		$-\underset{R}{\overset{\vert}{C}}-$	**alkyl**-n alcane	$CH_3-CH_2-CH_2-\underset{CH_2-CH_3}{CH}-CH_2-CH_3$ **éthyl**-3 hexane
hydrocarbure éthylénique	$>C=C<$	C_nH_{2n}	alc**ène**-n	$CH_3-CH=CH-CH_2-CH_3$ pent**ène**-2
hydrocarbure acétylénique	$-C\equiv C-$	C_nH_{2n-2}	alc**yne**-n	$CH\equiv C-CH_2-CH_3$ but**yne**-1
alcool	$-OH$ (hydroxyle)	$R-OH$	alcan**ol**-n	$CH_3\underset{OH}{CH}-CH_2-CH_3$ butan**ol**-2
anion alcoolate	$-O^-$	$R-O^-$	alcan**olate**	$CH_3-CH_2-O^-$ éthan**olate**
groupe alcoxyle		$R-O-$	alc**oxy**	$CH_3-CH_2-CH_2-O-$ prop**oxy**
éther-oxyde	$-C-O-C-$	$R-OR$	**alcoxy**alcane	$CH_3-CH_2-O-CH_2-CH_2-CH_3$ **éthoxy-1 propane**
amine primaire	$-NH_2$ (amino)	$R-NH_2$	alcan**amine**-n (alkyl**amine**)	$CH_3-\underset{NH_2}{CH}-CH_3$ propan**amine**-2 $CH_3-CH_2-NH_2$ éthyl**amine**
amines secondaires et tertiaires	$-\underset{\vert}{N}-$	$R-\underset{R^2}{N}-R^1$	***N*-alkyl**-alcan**amine** (***N*-alkyl**-alkyl**amine**)	$CH_3-CH_2-CH_2-\underset{CH_3}{N}-CH_2-CH_3$ ***N*-éthyl *N*-méthyl**-propan**amine**
		R_2NH	dialkyl**amine**	$H-\underset{CH_3}{N}-CH_3$ diméthyl**amine**
ion ammonium	$-\overset{\vert}{\underset{\vert}{N^+}}-$	R_4N^+	ion tétraalkyl**ammonium**	$CH_3-CH_2-CH_2-\overset{CH_3}{\underset{CH_2-CH_3}{N^+}}-CH_2-CH_3$ cation diéthylméthyl propyl **ammonium**
aldéhyde	$-C\begin{smallmatrix}//O\\ \backslash H\end{smallmatrix}$	$R-C\begin{smallmatrix}//O\\ \backslash H\end{smallmatrix}$	alcan**al**-n	$CH_3-CH_2-C\begin{smallmatrix}//O\\ \backslash H\end{smallmatrix}$ propan**al**
cétone	$-\underset{O}{\underset{\Vert}{C}}-$	$R_1-\underset{O}{\underset{\Vert}{C}}-R_2$	alcan**one**-n	$CH_3-CH_2-CH_2-\underset{O}{\underset{\Vert}{C}}-CH_3$ pentan**one**-2
acide carboxylique	$-C\begin{smallmatrix}//O\\ \backslash OH\end{smallmatrix}$	$R-C\begin{smallmatrix}//O\\ \backslash OH\end{smallmatrix}$	**acide** alcan**oïque**	$CH_3CH_2-C\begin{smallmatrix}//O\\ \backslash OH\end{smallmatrix}$ **acide** propan**oïque**
anion carboxylate	$-CO_2^-$	$R-CO_2^-$	alc**anoate**	$CH_3-CO_2^-$ éthan**oate**
ester (carboxylique)	$-C\begin{smallmatrix}//O\\ \backslash OR\end{smallmatrix}$	$R_1-C\begin{smallmatrix}//O\\ \backslash O-R_2\end{smallmatrix}$	alcan**oate d'alkyle**	$H-C\begin{smallmatrix}//O\\ \backslash O-CH_2-CH_3\end{smallmatrix}$ méthan**oate d'éthyle**
radical acyle	$R-\underset{O}{\underset{\Vert}{C}}-$	$R-\underset{O}{\underset{\Vert}{C}}-$	alcan**oyle**	$CH_3-CH_2-\underset{O}{\underset{\Vert}{C}}-$ propan**oyle**
halogénure d'acyle	$-C\begin{smallmatrix}//O\\ \backslash X\end{smallmatrix}$	$R-C\begin{smallmatrix}//O\\ \backslash X\end{smallmatrix}$	**halogénure** d'alcan**oyle**	$CH_3-C\begin{smallmatrix}//O\\ \backslash Cl\end{smallmatrix}$ **chlorure** d'éthan**oyle**
anhydride d'acide	$-\underset{O}{\underset{\Vert}{C}}-O-\underset{O}{\underset{\Vert}{C}}-$	$R_1-\underset{O}{\underset{\Vert}{C}}-O-\underset{O}{\underset{\Vert}{C}}-R_2$	**anhydride** alcan**oïque**	$CH_3-\underset{O}{\underset{\Vert}{C}}-O-\underset{O}{\underset{\Vert}{C}}-CH_3$ **anhydride** éthan**oïque**
amide primaire	$-C\begin{smallmatrix}//O\\ \backslash NH_2\end{smallmatrix}$	$R-C\begin{smallmatrix}//O\\ \backslash NH_2\end{smallmatrix}$	alcan**amide**	$CH_3-CH_2-C\begin{smallmatrix}//O\\ \backslash NH_2\end{smallmatrix}$ propan**amide**
amide substituée	$-C\begin{smallmatrix}//O\\ \backslash \underset{\vert}{N}-\end{smallmatrix}$	$R_1-C\begin{smallmatrix}//O\\ \backslash \underset{R_3}{O}-R_2\end{smallmatrix}$	***N,N*-dialkyl-**alcan**amide**	$CH_3-C\begin{smallmatrix}//O\\ \backslash \underset{C_2H_5}{N}-CH_3\end{smallmatrix}$ ***N*-éthyl *N*-méthyl** éthan**amide**
amino-acide	$-\underset{NH_2}{C}...C\begin{smallmatrix}//O\\ \backslash OH\end{smallmatrix}$	$-\underset{NH_2}{C}...C\begin{smallmatrix}//O\\ \backslash OH\end{smallmatrix}$	**acide amino**-n alcan**oïque**	$CH_3-\underset{NH_2}{CH}-C\begin{smallmatrix}//O\\ \backslash OH\end{smallmatrix}$ **acide amino** 2 propan**oïque**

3

CINÉTIQUE CHIMIQUE

Corrosion d'une statue (réaction lente).

Implosion (réaction rapide) utilisée pour la destruction d'un immeuble.

15

VITESSE DE FORMATION D'UN CORPS

Considérons une réaction chimique. Il s'agit d'une transformation de la matière au cours de laquelle le système chimique évolue d'un état initial, après mise en contact des réactifs et homogénéisation éventuelle du mélange obtenu, à un état final. Si la réaction est totale, cet état final est réalisé lorsque l'un des réactifs est entièrement consommé.

Lorsque la réaction donne lieu à un équilibre chimique, l'état final est atteint lorsqu'il n'y a plus d'évolution apparente du système chimique. Nous nous sommes, jusqu'à maintenant, limités à écrire l'équation-bilan de cette réaction sans nous préoccuper du temps nécessaire pour passer de l'état initial à l'état final. L'objet de ce chapitre est d'étudier l'évolution du système chimique en fonction du temps en définissant la vitesse de formation d'un produit et de montrer l'influence de certains facteurs tels que la concentration et la température sur cette évolution.

sommaire

A EXEMPLES DE RÉACTIONS « RAPIDES »

1/ RÉACTIONS DE PRÉCIPITATION

a. La réaction servant de test pour l'identification, soit des ions argent, soit des ions chlorure a pour bilan :

$$Ag^+_{(aq)} + Cl^-_{(aq)} \longrightarrow AgCl_{(s)}$$

Lorsque l'on verse une solution aqueuse de nitrate d'argent dans une solution contenant des ions chlorure (solution aqueuse de chlorure de sodium, par exemple), il se forme un précipité blanc de chlorure d'argent dès que les deux solutions contenant les réactifs sont en contact **(fig. 1).**

1. *Formation du chlorure d'argent.*

La réaction étudiée est une réaction rapide : on ne voit pas d'évolution progressive lors de la formation du chlorure d'argent. L'impression visuelle est que la réaction est instantanée.

b. La formation du sulfate de baryum **(fig. 2)** est également une réaction rapide d'équation-bilan :

$$Ba^{2+}_{(aq)} + SO^{2-}_{4\,(aq)} \longrightarrow BaSO_{4\,(s)}$$

2. *Formation du sulfate de baryum.*

2/ RÉACTION D'OXYDORÉDUCTION ENTRE LES IONS FER (II) : Fe^{2+} ET LES IONS DICHROMATE : $Cr_2O_7^{2-}$

Un bécher contient une solution aqueuse d'ions fer (II) acidifiée avec de l'acide sulfurique. On verse dans le bécher une solution aqueuse de dichromate de potassium, de couleur orange **(fig. 3).**

La solution dans le bécher devient verte, couleur caractéristique des ions chrome (III) en solution aqueuse.

L'équation-bilan s'écrit :

$$Cr_2O_{7\,(aq)}^{2-} + 6\,Fe_{(aq)}^{2+} + 14\,H_3O_{(aq)}^{+} \rightarrow 2\,Cr_{(aq)}^{3+} + 6\,Fe_{(aq)}^{3+} + 21\,H_2O$$

3. *Réaction entre les ions fer (II) et les ions dichromate.*

3/ RÉACTION EXPLOSIVE

Un flacon en polyéthylène est rempli d'un mélange comportant en volume 2/3 de dihydrogène et 1/3 de dioxygène. Si on présente une flamme à l'ouverture du flacon, il se produit une détonation. Cette explosion nous paraît instantanée **(fig. 4).**

L'équation-bilan de la réaction s'écrit :

$$2\,H_2 + O_2 \longrightarrow 2\,H_2O$$

4/ RÉACTIONS ACIDE-BASE AVEC LES INDICATEURS COLORÉS

a. Versons de l'eau distillée contenant un peu d'hélianthine dans une solution de chlorure d'hydrogène, la couleur jaune orange de l'hélianthine devient rouge au fur et à mesure de l'homogénéisation du mélange.

b. Versons, de même, une solution d'ammoniac dans de l'eau distillée contenant du bleu de bromothymol. L'indicateur vire du jaune au bleu **(fig. 5).**

Les réactions entre les indicateurs colorés et les ions hydronium ou les ions hydroxyde sont des réactions rapides pour l'observation courante.

Certaines réactions nous semblent instantanées car les produits de ces réactions apparaissent immédiatement lors de la mise en contact des réactifs. Nous dirons que ces réactions sont rapides pour l'observation courante.

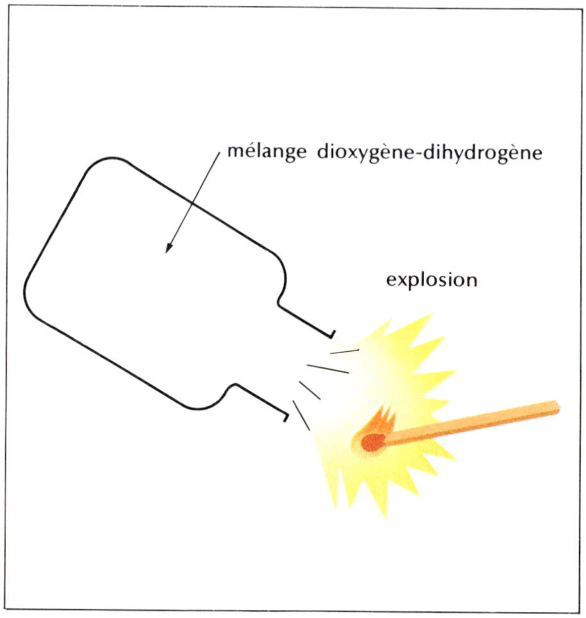

4. *Explosion du mélange dioxygène-dihydrogène. Le volume du flacon ne doit pas dépasser quelques centaines de centimètres cubes et son embouchure ne doit pas être trop étroite; ceci pour éviter l'éclatement du flacon.*

5. *Action des ions hydroxyde sur le bleu de bromothymol.*

B RÉACTIONS «LENTES»

1/ RÉACTION ENTRE LES IONS PERMANGANATE (MnO_4^-) ET L'ACIDE ETHANEDIOÏQUE ($H_2C_2O_4$)

a. Description

Nous mélangeons deux solutions aqueuses S_1 et S_2.

— S_1 est préparée à partir de 40 cm^3 d'une solution d'acide éthanedioïque parfois appelé acide oxalique (concentration $5{,}0 \times 10^{-2}$ $mol \cdot l^{-1}$) et de 2 cm^3 d'acide sulfurique concentré; nous refroidissons la solution S_1.

— S_2 est une solution de permanganate de potassium de volume 20 cm^3 et de concentration

$$2{,}0 \times 10^{-2}\ mol \cdot l^{-1}.$$

Lorsque, au départ, le mélange est homogène la solution est violette (couleur des ions permanganate). Au bout de quelques minutes le contenu du bécher devient marron très peu de temps, puis incolore **(fig. 6)**.

b. Interprétation

Les couples oxydoréducteurs mis en jeu sont MnO_4^-/Mn^{2+} et $CO_2/C_2O_4H_2$. Les potentiels standards d'oxydoréduction sont :

$$E^0_{MnO_4^-/Mn^{2+}} = 1{,}51\ V; \quad E^0_{CO_2/C_2O_4H_2} = -0{,}49\ V$$

6. *Réaction entre les ions permanganate et l'acide éthanedioïque en milieu acide.*

Les ions permanganate peuvent donc oxyder l'acide éthanedioïque.

L'équation-bilan de la réaction s'écrit :

$$2MnO^-_{4(aq)} + 6H_3O^+_{(aq)} + 5H_2C_2O_{4\,(aq)} \rightarrow 2Mn^{2+}_{(aq)} + 10CO_{2\,(aq)} + 14H_2O$$

Cette réaction est lente dans les conditions ordinaires de température.

2/ RÉACTION ENTRE LES IONS THIOSULFATE ($S_2O_3^{2-}$) ET LES IONS HYDRONIUM (H_3O^+)

a. Expérience

Soit une solution de thiosulfate de sodium (concentration $2{,}0 \times 10^{-1}$ $mol \cdot l^{-1}$) contenant les ions thiosulfate $S_2O_3^{2-}$ et sodium Na^+. A 50 cm^3 de cette solution, ajoutons quelques centimètres cubes d'une solution de chlorure d'hydrogène concentré (dix moles par litre). Homogénéisons bien le mélange. Au bout de trente secondes à une minute un trouble blanchâtre apparaît **(fig. 7)**.

7. *Action des ions hydronium sur les ions thiosulfate.*

b. Explication

Ce trouble est dû à la présence de fines particules de soufre solide (soufre colloïdal). On peut noter également l'apparition d'une teinte bleutée peu de temps avant la formation du trouble blanchâtre. Ce phénomène est dû à la diffusion de la lumière sur les fines particules de soufre à ce moment-là en nombre insuffisant pour former le trouble.

Si on laisse évoluer la réaction, le trouble devient jaune pâle car le soufre est formé en plus grande quantité.

Les couples d'oxydoréduction mis en jeu sont :

$$S_2O_3^{2-}/S_{(s)} \quad \text{et} \quad SO_2/S_2O_3^{2-}$$

Il y a à la fois oxydation (en dioxyde de soufre) et réduction en soufre de l'ion thiosulfate. On dit que l'ion thiosulfate se **dismute.**

L'équation-bilan s'écrit :

$$S_2O^{2-}_{3\,(aq)} + 2H_3O^+_{(aq)} \longrightarrow SO_{2\,(aq)} + 3H_2O + S_{(s)}$$

Remarque : on peut également réaliser l'expérience dite « du soleil couchant ».

Un faisceau de lumière cylindrique traverse une cuve à faces parallèles transparentes contenant la solution de thiosulfate de sodium et est arrêté par un écran **(fig. 8)**. A l'instant de date t = 0 on verse dans la cuve quelques centimètres cubes de solution de chlorure d'hydrogène concentré. On peut suivre l'évolution de la réaction en prenant des clichés de l'écran à différents instants.

Le soufre colloïdal provoque la diffusion de la lumière dans toutes les directions. Les radiations de courte longueur d'onde (bleu, violet) sont davantage diffusées latéralement que les autres : la solution apparaît bleutée. Simultanément la lumière transmise qui apparaît sur l'écran est de plus en plus rouge.

8. *Expérience dite « du soleil couchant ».*

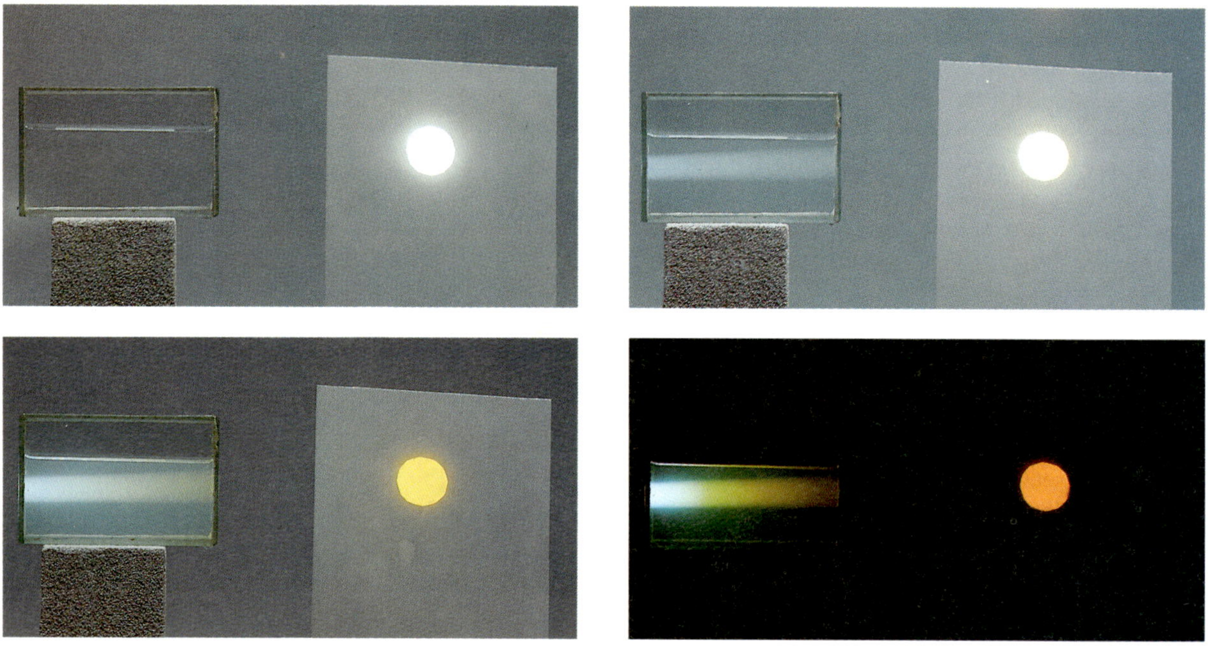

3/ CONCLUSION

Dans certaines réactions, l'état final n'est pas atteint dès la mise en contact des réactifs. Les produits de réaction apparaissent progressivement. Si l'apparition progressive de ces produits est visible à l'œil nu, nous dirons que la réaction est lente pour les observations courantes. Il faut s'assurer que cette apparition progressive n'est pas due à une mauvaise homogénéisation du mélange réactionnel.

C VITESSE DE FORMATION OU DE DISPARITION DES RÉACTIFS

Nous avons montré, sur quelques exemples, que l'on peut classer grossièrement les réactions en deux « catégories » : les réactions « rapides » et les réactions « lentes ». Ce classement est très subjectif : il nous faut donc définir une grandeur qui nous permettra de classer plus précisément les réactions au point de vue de leur rapidité.

1/ VITESSE DE FORMATION D'UN PRODUIT RÉACTIONNEL

1. Définition

Soit, par exemple, la réaction entre les ions permanganate et l'acide éthanedioïque :

$$\underbrace{2MnO^-_{4(aq)} + 6H_3O^+_{(aq)} + 5H_2C_2O_{4(aq)}}_{\text{réactifs}} \rightarrow \underbrace{2Mn^{2+}_{(aq)} + 10CO_{2(aq)} + 14H_2O}_{\text{produits}}$$

Des ions manganèse se forment au cours de cette réaction. La quantité de matière $n(t)$, exprimée en moles, d'ions manganèse augmente au cours du temps : $n(t)$ est une fonction croissante du temps. Comme le volume V du mélange réactionnel ne varie pas, la quantité $\frac{n(t)}{V} = [Mn^{2+}](t)$ est aussi une fonction croissante du temps (V est exprimé en litre, $[Mn^{2+}](t)$ en $mol \cdot l^{-1}$).

Soient $[Mn^{2+}](t_1)$ et $[Mn^{2+}](t_2)$ les concentrations des ions manganèse aux instants t_1 et t_2. Supposons $t_2 > t_1$.

La quantité $\frac{[Mn^{2+}](t_2) - [Mn^{2+}](t_1)}{t_2 - t_1}$ mesure l'accroissement de concentration des ions manganèse par unité de temps, pendant la durée $t_2 - t_1$.

Cette quantité est appelée vitesse moyenne de formation des ions manganèse.

Si l'on fait tendre $t_2 - t_1$ vers zéro, la vitesse moyenne de formation tend vers une valeur appelée vitesse de formation instantanée $v(t)$ (ou vitesse instantanée de formation des ions manganèse).

La vitesse instantanée de formation des ions manganèse à l'instant t est la valeur de la fonction dérivée de $[Mn^{2+}](t)$ au même instant t.

$$v_{Mn^{2+}}(t) = \frac{d[Mn^{2+}](t)}{dt}$$

D'une façon générale, lorsqu'un produit P en solution est formé au cours d'une réaction, et si le volume réactionnel est constant, la concentration $c_p(t)$ de ce produit est une fonction croissante du temps.

La vitesse volumique de formation v(t) d'un produit P à l'instant t est définie comme étant la valeur de la fonction dérivée de $c_p(t)$ à l'instant t.

$$v(t) = \frac{dc_p(t)}{dt} = \frac{d[P](t)}{dt}$$

Cette vitesse s'exprime en **$mol \cdot l^{-1}\ s^{-1}$.**

Remarques : cette définition n'est pas applicable à tous les systèmes chimiques car :

a. Il faut opérer avec des mélanges homogènes. Dans le cas de la réaction entre les ions thiosulfate et les ions hydronium, le soufre, produit de la réaction, apparaît sous la forme d'un solide. On ne peut donc pas définir la concentration du soufre dans le liquide et la définition précédente ne convient pas. Nous écrivons dans ce cas :

$$v(t) = \frac{1}{V}\frac{dn_s(t)}{dt}$$

b. Il faut que le volume du mélange réactionnel soit constant au cours du temps.

2. Détermination pratique

Lorsque la courbe de variation de la concentration d'un produit **(fig. 9)** peut être déterminée expérimentalement, **la vitesse de formation de ce produit, à l'instant *t*, est le coefficient directeur de la tangente à la courbe expérimentale au point d'abscisse *t*.** La vitesse de formation est une grandeur physique qui s'exprime en $mol \cdot l^{-1} \cdot s^{-1}$ mais pour d'autres réactions lentes ou très lentes, on utilise d'autres unités de temps que la seconde.

2/ VITESSE DE DISPARITION D'UN RÉACTIF

1. Définition

Dans la réaction entre les ions permanganate et l'acide éthanedioïque les ions permanganate disparaissent. Nous allons donc définir maintenant une vitesse de disparition des ions permanganate.

Lorsqu'un réactif R disparaît au cours d'une réaction en solution, et si le volume V de la solution est constant, la concentration $c_R(t)$ de ce réactif est une fonction décroissante du temps. On convient de donner à la vitesse de disparition d'un réactif des valeurs positives.

On définit la vitesse instantanée de disparition d'un réactif R par :

$$v_R(t) = -\frac{dc_R(t)}{dt}$$

Cette vitesse s'exprime en **$mol \cdot l^{-1} \cdot s^{-1}$.**

2. Détermination pratique

La vitesse de disparition d'un réactif à l'instant t, est égale à la valeur absolue du coefficient directeur de la tangente à la courbe expérimentale au point d'abscisse t **(fig. 10).**

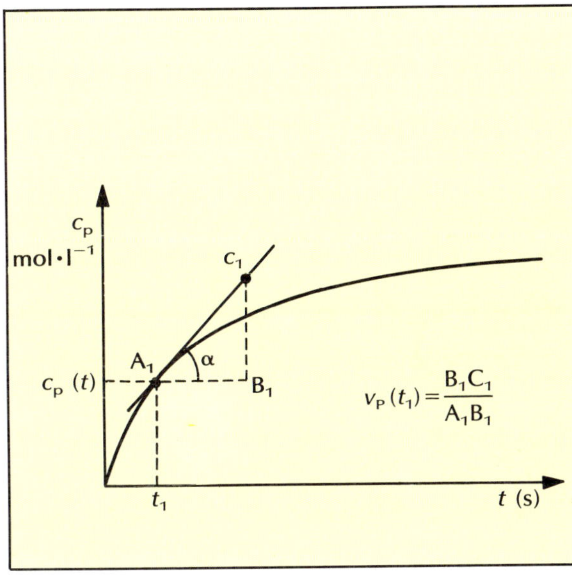

9. *Vitesse de formation du produit. Détermination graphique.*

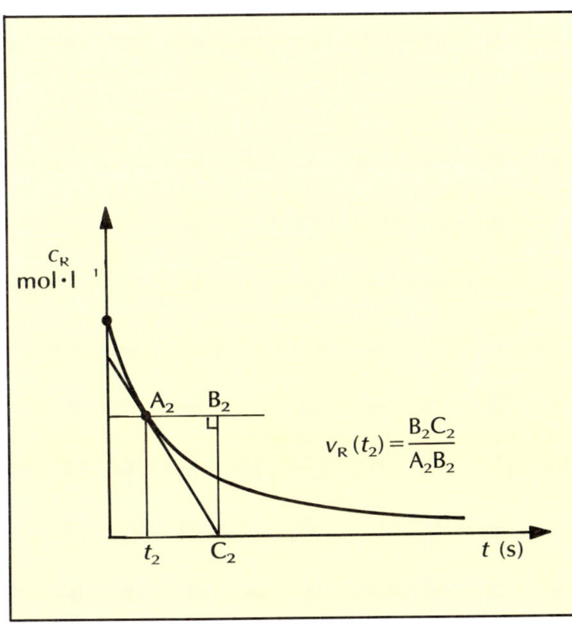

10. *Vitesse de disparition du réactif. Détermination graphique.*

D INFLUENCE DE LA CONCENTRATION DES RÉACTIFS SUR LA VITESSE DE RÉACTION

La vitesse d'une réaction dépend de nombreux facteurs. Nous allons étudier ici l'influence des concentrations des réactifs sur la vitesse de quelques réactions.

1/ RÉACTION ENTRE LES IONS HYDRONIUM ($H_3O^+_{(aq)}$) ET LES IONS THIOSULFATE ($S_2O^{2-}_{3\,(aq)}$)

Le bilan de la réaction s'écrit :

$$S_2O^{2-}_{3\,(aq)} + 2\,H_3O^+_{(aq)} \longrightarrow S_{(s)} + SO_{2\,(aq)} + 3\,H_2O$$

Dans cette réaction, du soufre solide apparaît. Celui-ci trouble la solution qui devient à la longue opaque. La réaction est effectuée dans un bécher et l'on constate qu'un motif dessiné et placé sous le bécher **(fig. 11)** est masqué au bout d'un temps de réaction donné. (On regarde le bécher par dessus.) Ce temps t_d, au bout duquel le motif n'est plus visible, permet d'apprécier si la réaction est plus ou moins rapide.

Nous mesurons les temps t_d pour différentes concentrations de réactifs au départ. Les mesures n'ont de signification que si les béchers utilisés sont identiques et si les volumes totaux V_t des solutions employées sont les mêmes; ces durées dépendent notablement de la température et la comparaison des résultats expérimentaux n'est valable que si les expériences sont réalisées à la même température.

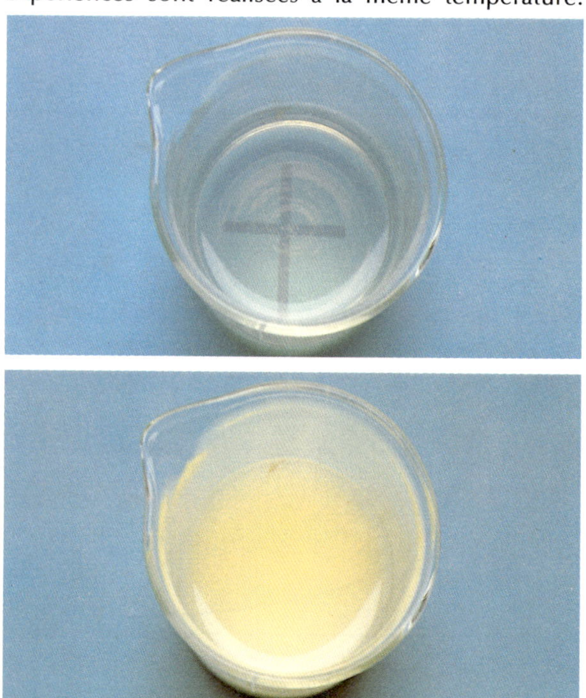

11. *Réaction entre les ions hydronium et les ions thiosulfate.*
Aspect du motif au cours du temps.

On réalise, à 18 °C dans des béchers de 200 cm³ de forme basse, des mélanges de solution de thiosulfate de sodium (volume V_1, concentration $c_1 = 1{,}0 \times 10^{-1}$ mol·l⁻¹) et de chlorure d'hydrogène (volume V_2, concentration $c_2 = 1{,}0$ mol·l⁻¹). Dans une même série de mesures chaque mélange a le même volume par addition adéquate d'eau et la quantité de soufre formée au bout d'un temps infini est la même. Le tableau de la figure rassemble les résultats des expériences.

Dans *la première série* d'expériences ($V_t = 55$ cm³), lorsque la concentration initiale des ions thiosulfate augmente, le temps de disparition t_d du motif diminue et donc la vitesse augmente.

La deuxième série de mesures ($V_t = 60$ cm³) permet de voir que la vitesse augmente aussi, si, pour des concentrations initiales fixes des ions thiosulfate, nous augmentons la concentration initiale des ions hydronium.

La vitesse de formation du soufre augmente quand les concentrations initiales des réactifs augmentent.

		1re série de mesures			2e série de mesures			
	V_1 (cm³)	30	40	50	20	20	20	20
	V_2 (cm³)	5	5	5	10	20	30	40
	V_{H_2O} (cm³)	20	10	0	30	20	10	0
	V_t (cm³)	55	55	55	60	60	60	60
mélange	$c^0_{S_2O_3^{2-}}$ (10^{-2} mol·l⁻¹)	5,5	7,3	9,1	3,3	3,3	3,3	3,3
mélange	$c^0_{H_3O^+}$ (10^{-2} mol·l⁻¹)	9,1	9,1	9,1	17	33	50	67
mélange	t_d (s)	60	44	33	87	75	70	65

12.

2/ RÉACTION ENTRE LES IONS PEROXODISULFATE ($S_2O^{2-}_{8\,(aq)}$) ET LES IONS IODURE ($I^-_{(aq)}$)

1. Réaction

Mélangeons une solution S_1 d'iodure de potassium à une solution S_2 de peroxodisulfate d'ammonium de formule $(NH_4)_2S_2O_8$ de même concentration, environ 10^{-2} mol·l⁻¹; le peroxodisulfate est totalement dissocié en solution aqueuse :

$$(NH_4)_2S_2O_{8\,(s)} \longrightarrow 2\,NH^+_{4\,(aq)} + S_2O^{2-}_{8\,(aq)}$$

La solution devient jaunâtre au début, puis d'une teinte marron de plus en plus foncée au cours du temps **(fig. 13)**. Ces colorations sont dues à l'apparition progressive du diiode.

Équation-bilan de la réaction :

$$2\,I^-_{(aq)} + S_2O^{2-}_{8\,(aq)} \longrightarrow I_{2\,(aq)} + 2\,SO^{2-}_{4\,(aq)}$$

Le sens de la réaction est conforme aux potentiels normaux des couples :

$$E^0(S_2O_8^{2-}/SO_4^{2-}) = 2{,}01\ V > E^0(I_2/I^-) = 0{,}53\ V$$

L'intensité de la coloration permet d'apprécier l'avancement de la réaction.

2. Expérience qualitative

Mélangeons à volumes égaux les solutions S_1 et S_2 de concentration $2{,}0 \times 10^{-1}\ mol \cdot l^{-1}$ **(fig. 13).** Après avoir bien homogénéisé le mélange on partage celui-ci en deux volumes égaux placés chacun dans un tube à essais **(fig. 14 a).** Dans le deuxième tube on ajoute immédiatement une grande quantité d'eau. Les concentrations initiales des ions iodure et des ions peroxodisulfate sont plus grandes dans le premier tube que dans le second. On attend que la couleur de la solution du premier tube devienne assez foncée (deux minutes par exemple) **(fig. 14 b).** A cet instant, on compare la quantité de diiode formée dans chaque tube en égalisant les volumes par addition d'eau dans le premier tube. On constate **(fig. 14 c)** que la couleur de la solution du premier tube est nettement plus foncée que celle de la solution du deuxième tube. Il s'est donc formé en deux minutes plus de diiode dans le premier tube que dans le second. Néanmoins, au bout d'un temps assez long, les deux tubes auront le même aspect.

Ici encore la vitesse initiale augmente lorsque les concentrations initiales des réactifs (ions iodure et peroxodisulfate) augmentent.

13. *Réaction entre les ions peroxodisulfate et les ions iodure.*

3. Étude quantitative de la réaction

a. Principe de l'étude

Nous allons déterminer la concentration du diiode formé au cours du temps. Pour cela nous réalisons un mélange réactionnel dont les concentrations initiales en ions iodure et en ions peroxodisulfate sont connues. Le volume de mélange réactionnel est de l'ordre de 100 à 200 cm^3.

Nous faisons des prélèvements de 10 cm^3 du mélange réactionnel étagés au cours du temps. Nous arrêtons pratiquement la réaction dans le volume prélevé en diluant le prélèvement dans un grand volume d'eau. Nous notons le temps de réaction au moment de cette dilution. Nous dosons ensuite la quantité du diiode formé dans les prélèvements.

Nous déterminons ainsi la concentration du diiode au cours du temps et nous en déduisons la représentation graphique $[I_2] = f(t)$.

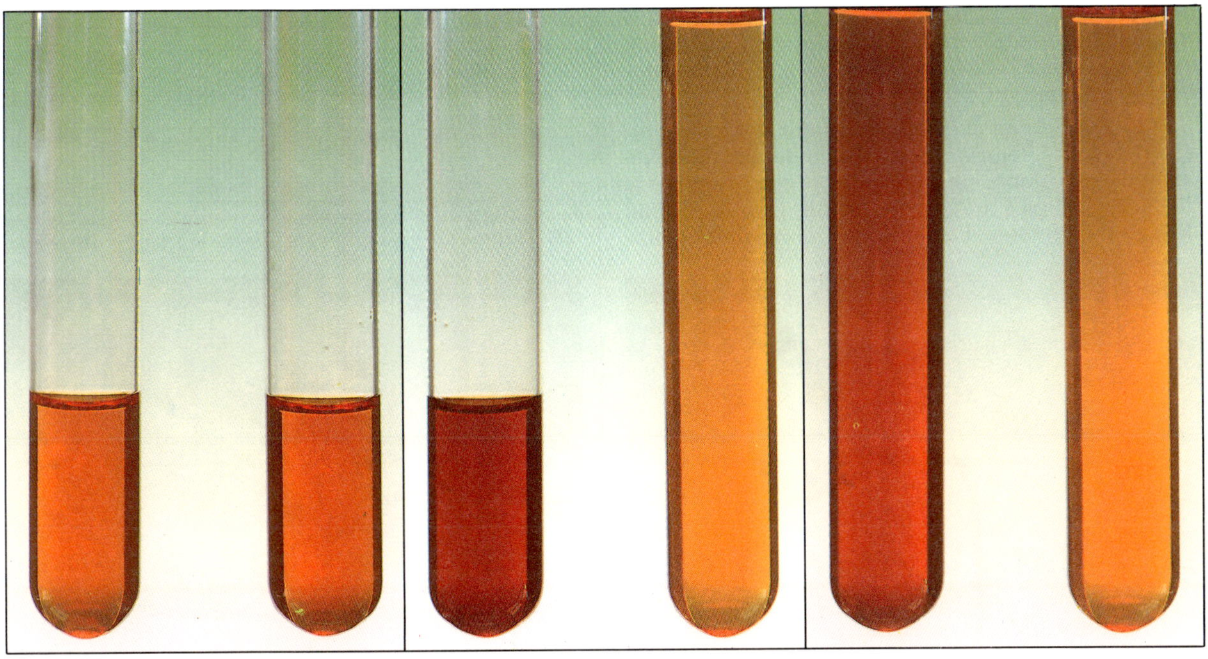

a. **b.** **c.**

14. *Réaction entre les ions peroxodisulfate et les ions iodure. Les deux tubes contiennent le même volume de la même solution (a). On a ajouté une grande quantité d'eau dans le deuxième (b).*

Au bout de deux minutes, on ajoute la même quantité d'eau dans le premier.
On compare les teintes des deux tubes (c).

b. Dosage du diiode

Réaction support

Le diiode formé est dosé avec une solution de thiosulfate de sodium de concentration connue. La réaction d'oxydoréduction entre les ions thiosulfate et le diiode est **rapide** et **totale (fig. 15).**

L'équation-bilan de la réaction support est :

$$\underset{\text{ions thiosulfate}}{2\,S_2O_3^{2-}} + \underset{\text{diiode}}{I_2} \longrightarrow \underset{\text{ions iodure}}{2\,I^-} + \underset{\text{ions tétrathionate}}{S_4O_6^{2-}}$$

Calcul de la concentration du diiode

Soit c_{I_2} la concentration du diiode et V_{I_2} le volume de chaque prélèvement. Chaque prélèvement contient une quantité de matière de diiode : $n_{I_2} = c_{I_2} \times V_{I_2}$.

Soient $c_{S_2O_3^{2-}}$ la concentration des ions thiosulfate et $V_{S_2O_3^{2-}}$ le volume de la solution de thiosulfate de sodium utilisé à l'équivalence. Ce volume contient une quantité de matière d'ions thiosulfate :

$$n_{S_2O_3^{2-}} = c_{S_2O_3^{2-}} \times V_{S_2O_3^{2-}}$$

L'équation-bilan montre que la quantité d'ions thiosulfate utilisée à l'équivalence est double de celle du diiode :

$$n_{S_2O_3^{2-}} = 2n_{I_2}$$

soit $$2\,c_{I_2} \times V_{I_2} = c_{S_2O_3^{2-}} \times V_{S_2O_3^{2-}}$$

d'où $$c_{I_2} = \frac{1}{2}\,c_{S_2O_3^{2-}} \times \frac{V_{S_2O_3^{2-}}}{V_{I_2}}$$

c. Détermination de l'équivalence

Parmi les corps intervenant au cours de la réaction support, seul le diiode est coloré. On ajoute progressivement la solution de thiosulfate à la solution du diiode à doser. La coloration du diiode s'atténue. L'équivalence est atteinte juste à la décoloration complète du diiode.

Cette décoloration est peu nette lorsque l'on approche de l'équivalence : la détermination de celle-ci est donc peu précise. Pour rendre la décoloration plus nette, on ajoute vers la fin du dosage de l'empois d'amidon qui forme une coloration bleue intense en présence de diiode **(fig. 16)** même pour des concentrations faibles de ce corps. Cette coloration disparaît brutalement à l'équivalence et on peut alors déterminer précisément cet état.

15. *Le diiode se décolore instantanément dans une solution de thiosulfate de sodium.*

d. Vitesse d'apparition du diiode

Les résultats expérimentaux sont représentés graphiquement **(fig. 17).** Nous traçons les tangentes en divers points de la courbe et nous voyons que les coefficients directeurs des tangentes diminuent au cours du temps. La vitesse d'apparition du diiode diminue donc au cours du temps. Les réactifs, ions iodure et ions thiosulfate, disparaissent, et leurs concentrations diminuent. L'on constate donc que la vitesse diminue également*. Le tableau de la **figure 18** nous le montre sur un exemple : les concentrations initiales en ions peroxodisulfate et en ions iodure sont respectivement de $1{,}0 \times 10^{-1}$ mol·l^{-1} et $1{,}1 \times 10^{-2}$ mol·l^{-1}.

* *Ceci n'est pas vérifié avec des réactions dans lesquelles la vitesse de réaction dépend également de la concentration d'un ou plusieurs produits de la réaction.*

e. Blocage de la réaction étudiée lors du dosage

Il ne faut pas que la vitesse d'apparition du diiode soit grande lorsque l'on effectue le dosage sinon le diiode continuerait à se former en quantité appréciable et la concentration du diiode déterminée par le dosage ne correspondrait pas à la concentration du diiode au moment du prélèvement. Il faut donc trouver un moyen de ralentir considérablement, voire d'arrêter, la réaction au moment du dosage. On fait une « trempe » du système.

Température 18 °C.

t (min)	0	12	33	56
$[I_2]$ (mol·l^{-1})	0	$2{,}3 \times 10^{-3}$	$4{,}2 \times 10^{-3}$	$5{,}1 \times 10^{-3}$
$V_{I_2} = \dfrac{d(I_2)}{dt}$ (mol·l^{-1}·min^{-1})	$2{,}1 \times 10^{-4}$	$1{,}2 \times 10^{-4}$	$6{,}6 \times 10^{-5}$	$2{,}9 \times 10^{-5}$

18. *Vitesse d'apparition du diiode au cours du temps.*

16. *Action de l'empois d'amidon sur une solution contenant très peu de diiode.*

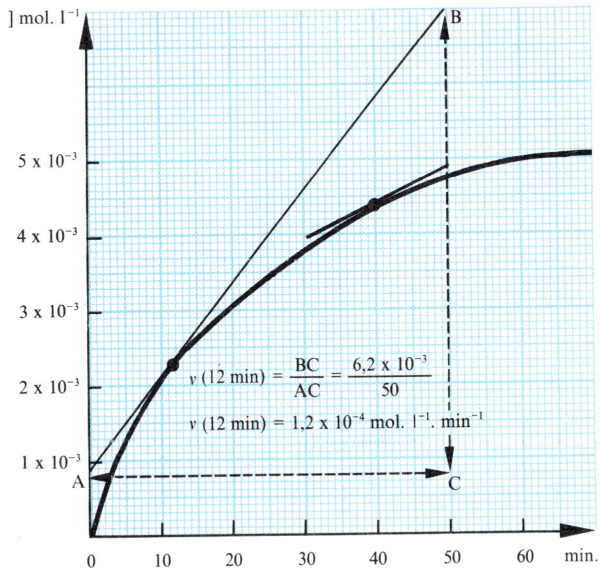

17. *Résultats expérimentaux de la réaction des ions peroxodisulfate sur les ions iodure. Vitesse de formation du produit.*

L'expérience qualitative de la **figure 14** nous a montré que la réaction était considérablement ralentie lorsque l'on diluait fortement le mélange réactionnel. Nous avons utilisé cette propriété en ajoutant 100 à 200 cm^3 d'eau au prélèvement de 10 cm^3 avant d'effectuer le dosage. Une étude précise de la vitesse montre que, lorsque l'on dilue 10 fois, la vitesse est divisée par un facteur 100.

Cette dilution change la concentration du diiode à doser, mais ne change pas la quantité de diiode du prélèvement : rien n'est modifié du point de vue du dosage.

3/ GÉNÉRALISATION

Les résultats que nous avons établis dans les deux réactions étudiées sont généraux.

La vitesse de formation d'un produit à l'instant de date t dépend de la concentration des réactifs à cet instant.
Cette vitesse est d'autant plus grande que la concentration des réactifs à cet instant est grande.

E INFLUENCE DE LA TEMPÉRATURE SUR LA VITESSE DES RÉACTIONS

En classe de Première, lors de l'étude de la réaction d'estérification, nous avons déjà étudié l'influence de la température sur la rapidité de cette réaction. Cette étude a été reprise en chimie organique (chap. 12).

1/ RÉACTION ENTRE LES IONS IODURE ($I^-_{(aq)}$) ET PEROXODISULFATE ($S_2O^{2-}_{8\,(aq)}$)

a. Nous disposons d'une solution d'iodure de potassium et d'une solution de peroxodisulfate de concentrations connues ($1{,}0 \times 10^{-2}$ mol·l^{-1}).

Mélangeons la solution d'iodure de potassium et la solution de peroxodisulfate d'ammonium à volumes égaux. Partageons le mélange réactionnel en deux parts égales, chacune placée dans un tube.

Chauffons le contenu de l'un des tubes à l'aide d'un bec Bunsen. La coloration de la solution chauffée s'intensifie beaucoup plus rapidement que celle de la solution non chauffée **(fig. 19).** L'apparition du diiode est donc plus rapide à des températures plus élevées.

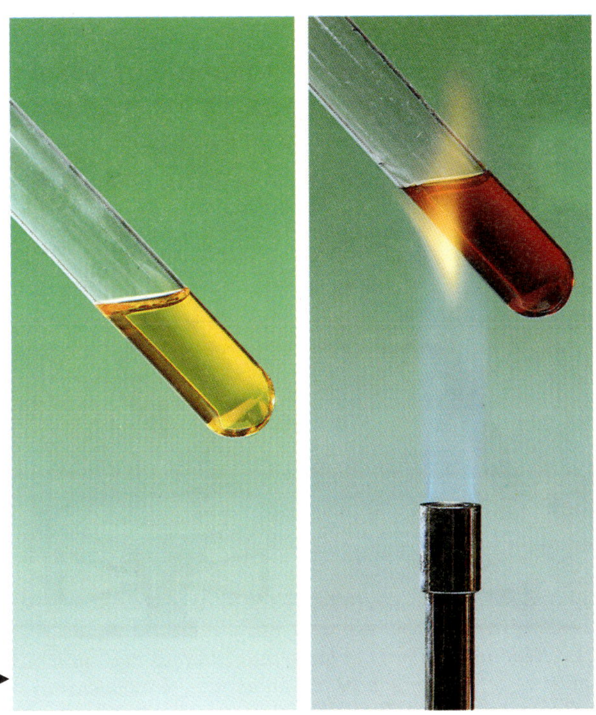

19. *La réaction entre les ions peroxodisulfate et les ions iodure est plus rapide à température élevée.* ▶

b. Réalisons également cette expérience à la température de 0 °C. Deux tubes sont placés dans un bain d'eau et de glace. Le premier contient la solution d'iodure de potassium, le second contient le même volume de solution de peroxodisulfate d'ammonium. Lorsque la température dans ces deux tubes a atteint 0 °C on mélange les deux solutions. L'apparition du diiode dans ce mélange **(fig. 20)** est beaucoup plus lente que dans les mélanges réactionnels de l'expérience de la **figure 19** ou que dans le mélange témoin laissé à température ambiante **(fig. 20).**

20. *La vitesse de réaction entre les ions peroxodisulfate et les ions iodure est très lente à 0 °C; témoin à température ambiante.*

21. *Réaction entre l'acide éthanedioïque en milieu acide et le permanganate de potassium (à température ambiante et à chaud).*

2/ RÉACTION ENTRE LES IONS PERMANGANATE MnO_4^- ET L'ACIDE ÉTHANEDIOÏQUE $H_2C_2O_4$

On prépare une solution S_1 obtenue en mélangeant 20 cm^3 d'une solution d'acide éthanedioïque ($c_1 = 5{,}0 \cdot 10^{-2}$ mol$\cdot$l^{-1}) et 1 cm^3 d'acide sulfurique concentré. On refroidit S_1 pour ramener cette solution à la température de la salle.

On ajoute alors 5 cm^3 d'une solution S_2 de permanganate de potassium ($c_2 = 2{,}0 \cdot 10^{-2}$ mol$\cdot$l^{-1}). On homogénéise le mélange que l'on partage en deux volumes égaux placés chacun dans un tube à essai. Le premier tube est laissé à la température ambiante, le second est placé au bain-marie à 70 °C environ.

La décoloration de la solution est très lente dans le premier tube alors qu'elle est pratiquement immédiate à 70 °C **(fig. 21).**

3/ GÉNÉRALISATION ET APPLICATIONS

a. Les deux exemples précédents nous ont montré que les réactions étudiées sont plus rapides lorsque la température est plus élevée.

La vitesse de formation ou de disparition d'un corps augmente lorsque la réaction est réalisée à une température plus élevée. Ceci est presque général.

Il n'existe que très peu d'exceptions comme par exemple la réaction de bilan :

$$2\,NO_{(g)} + O_{2\,(g)} \longrightarrow 2\,NO_{2\,(g)}$$

b. On utilise couramment cet accroissement de la vitesse des réactions chimiques en se plaçant à des températures plus élevées :

— dans les grandes synthèses industrielles (synthèse du trioxyde de soufre à partir du dioxyde de soufre et de l'oxygène, fabrication du polyéthylène et du polystyrène, ...);

— au laboratoire, pour former plus rapidement un produit de synthèse. La formation d'un ester en est un exemple frappant. On atteint pratiquement la limite de l'équilibre chimique inversable en 15 ans à la température de 15 °C et en 24 heures à la température de 200 °C en partant d'un mélange équimolaire d'acide carboxylique et d'alcool;

— dans la vie courante, parce que l'utilisation d'un autocuiseur permet de diminuer considérablement les temps de cuisson des aliments (on opère à environ 120 °C au lieu de 100 °C). La cuisson est un ensemble de réactions chimiques qui correspondent généralement à la destruction de macromolécules. (Exemple : amidon, peptides, polypeptides, ...).

c. Au contraire, les températures basses diminuent, en général, les vitesses des réactions chimiques. Cet effet est utilisé pour la conservation des aliments par le « froid ».

• Certaines réactions sont dites « **rapides** » lorsque les produits de ces réactions se forment instantanément lors de la mise en contact des réactifs (précipitations, explosions, ...).

En revanche, lorsqu'on peut suivre à l'œil nu l'apparition progressive de ces produits on qualifie les réactions de « **lentes** ».

• Soit une réaction chimique dont l'équation-bilan s'écrit :

$$\underbrace{R_1 + R_2}_{\text{réactifs}} \longrightarrow \underbrace{P_1 + P_2}_{\text{produits}}$$

On définit, lorsque le volume réactionnel est constant :

— la **vitesse volumique de formation** d'un produit P (**fig. 22**) par la relation

$$v(t) = \frac{\mathrm{d}c_P(t)}{\mathrm{d}t} = \frac{\mathrm{d}[P](t)}{\mathrm{d}t} = \frac{B_1C_1}{A_1B_1};$$

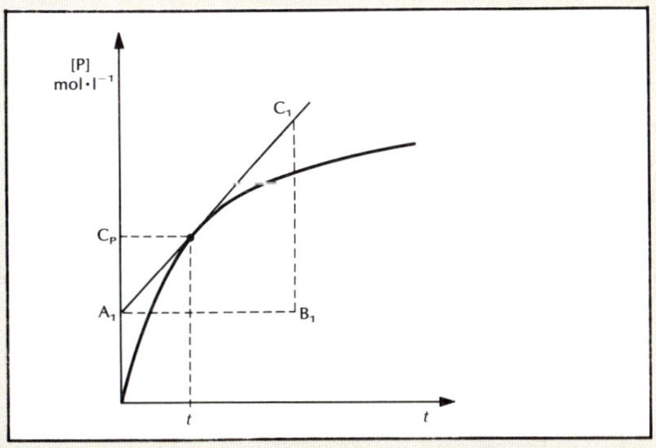

22. *Vitesse de formation du produit.*

— la **vitesse volumique de disparition** d'un réactif R_1 (**fig. 23**) par la relation

$$v(t) = -\frac{\mathrm{d}c_R(t)}{\mathrm{d}t} = -\frac{\mathrm{d}[R](t)}{\mathrm{d}t} = \frac{B_2C_2}{A_2B_2}.$$

• La vitesse de formation d'un produit à l'instant de date t dépend de la concentration des réactifs à cet instant. Cette vitesse est d'autant plus grande que la concentration des réactifs à cet instant est importante. Par exemple la vitesse de formation du soufre lors de la réaction d'équation-bilan :

$$S_2O^{2-}_{3\,(aq)} + H_3O^+_{(aq)} \longrightarrow S_{(s)} + SO_{2\,(g)} + 3\,H_2O$$

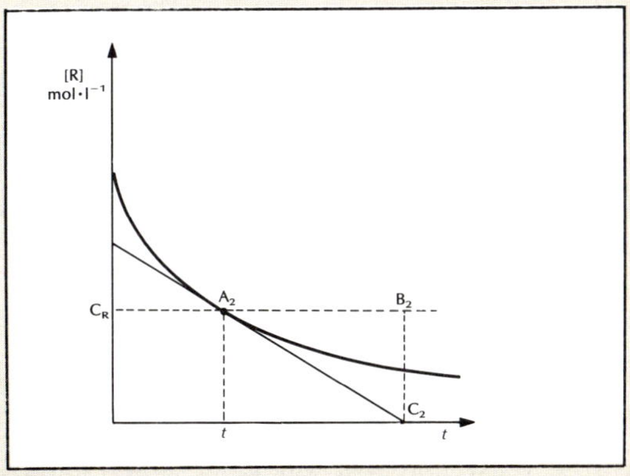

23. *Vitesse de disparition du réactif.*

est plus grande lorsque l'on augmente soit la concentration des ions thiosulfate soit la concentration des ions hydronium.

Il en est de même pour la vitesse de formation du diiode lors de la réaction d'équation-bilan :

$$S_2O^{2-}_{8\,(aq)} + 2\,I^-_{(aq)} \longrightarrow I_2 + 2\,SO^{2-}_{4\,(aq)}$$

• La vitesse de formation ou de disparition d'un corps augmente, de façon générale, lorsque la réaction est réalisée à une température plus élevée.

Ce principe est mis en œuvre :

— dans les grandes synthèses industrielles;

— au laboratoire, par exemple pour la réaction d'estérification;

— dans la vie courante : utilisation d'un auto-cuiseur pour diminuer le temps de cuisson des aliments ou utilisation du « froid » pour leur conservation.

EXERCICES RÉSOLUS

1 Dans un ballon on place 100 cm^3 d'une solution contenant un mélange équimolaire de butanol-2 et d'acide éthanoïque, en présence d'un catalyseur. Le contenu du ballon est maintenu à la température constante de 100 °C. Par dosage acido-basique, on détermine les quantités d'ester formées au cours du temps :

t en min	0	2	4	6	10	15	20
n d'ester (mol)	0	0,010	0,015	0,020	0,028	0,035	0,041

t en min	25	30	35	40	45	50	55
n d'ester (mol)	0,046	0,050	0,053	0,055	0,057	0,059	0,059

1. Tracer la courbe donnant la concentration molaire en ester formé, en fonction du temps.
Échelle de représentation :
— 1 cm représente 0,1 $mol \cdot l^{-1}$.
— 1 cm représente 8 min.
2. Écrire l'équation-bilan de la réaction d'estérification. Donner les noms des réactifs et des produits.
3. Donner brièvement les caractéristiques de cette réaction, et préciser quel catalyseur on peut utiliser.
4. Calculer les vitesses de formation de l'ester, en $mol \cdot l^{-1} \cdot min^{-1}$, aux dates $t_1 = 4$ min et $t_2 = 40$ min. Conclure.

SOLUTION

1. Désignons par n la quantité de matière d'ester formé et par V le volume réactionnel; la concentration molaire de l'ester est donc : $[\text{ester}] = \dfrac{n}{V}$ par définition.
Sachant que $V = 100\ cm^3 = 0{,}1$ litre, à chaque instant la concentration de l'ester est donnée par la relation

$$[\text{ester}] = \frac{n}{0{,}1} = 10\ n \cdot mol \cdot l^{-1}$$

Les différentes concentrations sont déterminées dans le tableau suivant :

t en min	0	2	4	6	10	15	20
[ester] en $mol \cdot l^{-1}$	0	0,10	0,15	0,20	0,28	0,35	0,41

t en min	25	30	35	40	45	50	55
[ester] en $mol \cdot l^{-1}$	0,46	0,50	0,53	0,55	0,57	0,59	0,59

On obtient le tracé suivant du graphe donnant la concentration de l'ester en fonction du temps.

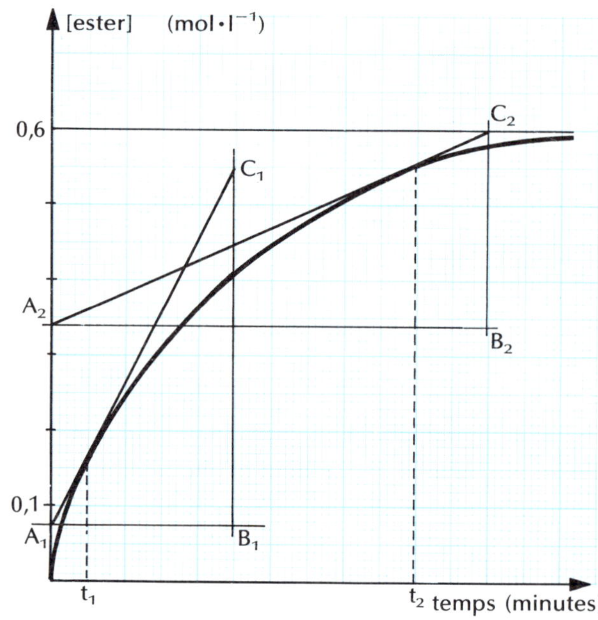

2. L'équation-bilan de la réaction d'estérification s'écrit :

$$CH_3{-}COOH + C_2H_5{-}CHOH{-}CH_3 \rightarrow CH_3{-}COO{-}\underset{\substack{|\\ CH_3}}{CH}{-}C_2H_5 + H_2O$$

acide éthanoïque — butanol 2 — éthanoate de méthyl-1 propyle — eau

3. C'est une réaction lente, athermique et limitée. L'acide sulfurique peut-être utilisé comme catalyseur. La limite de l'équilibre est atteinte plus rapidement mais celle-ci est inchangée.

4. Par définition : $v(t) = \dfrac{d\,[\text{ester}]}{dt}$.
A l'instant de date t_1, on a

$$v(t_1) = \frac{B_1C_1}{A_1B_1} = \frac{0{,}49}{20} = 2{,}45 \cdot 10^{-2}$$

A. N. : $\mathbf{v(t_1) = 2{,}45 \cdot 10^{-2}\ mol \cdot l^{-1} \cdot min^{-1}}$.

A l'instant de date t_2, on a

$$v(t_2) = \frac{B_2C_2}{A_2B_2} = \frac{0{,}27}{48} = 5{,}62 \cdot 10^{-3}$$

A. N. : $\mathbf{v(t_2) = 5{,}6 \cdot 10^{-3}\ mol \cdot l^{-1} \cdot min^{-1}}$.

La vitesse de formation de l'ester diminue quand la concentration des réactifs diminue.

BAC

2 En faisant réagir les ions iodures (I^-) sur les ions peroxodisulfate ($S_2O_8^{2-}$) on obtient de l'iode selon l'équation-bilan :

$$2\,I^- + S_2O_8^{2-} \longrightarrow I_2 + 2\,SO_4^{2-}$$

Pour étudier l'évolution de cette réaction on procède de la façon suivante : A l'instant $t = 0$ on mélange 0,50 l d'une solution d'iodure de potassium (KI) de concentration molaire égale à $4{,}0 \times 10^{-1}$ mol·l^{-1} et 0,50 l d'une solution de peroxodisulfate de potassium ($K_2S_2O_8$) de concentration molaire égale à $2{,}0 \times 10^{-1}$ mol·l^{-1}.
Dans ce mélange, maintenu à 25 °C, sous agitation permanente, on effectue des prélèvements réguliers afin de déterminer par dosage la concentration molaire de l'iode formé à des dates *t*.
On obtient les résultats suivants :

t (min)	0	2,5	5	10	15	20	25	30
$10^2 \times [I_2]/(mol \cdot l^{-1})$	0	0,95	1,70	2,95	3,85	4,57	5,15	5,60

1. Représenter les variations de $[I_2]$ en fonction du temps.
Échelle : 1 cm $\widehat{=}$ 5 min et 1 cm $\widehat{=}$ 10^{-2} mol·l^{-1}.
2. Calculer les concentrations molaires en ions iodure et peroxodisulfate du mélange initial ($t = 0$) et déterminer le temps de demi-réaction (temps nécessaire pour que la moitié des réactifs ait disparu).
3. Quelle est en mol·l^{-1}·min^{-1} la vitesse de formation de l'iode à l'instant $t = 15$ min?
En déduire la vitesse de disparition des ions iodure à cette même date.
4. Pour effectuer cette expérience on a eu soin d'effectuer des prélèvements de 2,0 cm^3 que l'on a dilués immédiatement dans de l'eau glacée avant dosage. Expliquer quels avantages présente ce mode opératoire.

(Antilles-Guyane; juin 85-D)

SOLUTION

1. Voir graphique.

2. A l'instant t = 0, on peut considérer que les réactifs n'ont pas encore réagi. Ils n'ont subi qu'une simple dilution :

$$KI_{(s)} + H_2O \longrightarrow K^+_{(aq)} + I^-_{(aq)}$$
$$c_1 = 4{,}0 \times 10^{-1}\ mol \cdot l^{-1} \qquad V_1 = 0{,}5\ l$$
$$K_2S_2O_{8\,(s)} + H_2O \longrightarrow 2\,K^+_{(aq)} + S_2O^{2-}_{8\,(aq)}$$
$$c_2 = 2{,}0 \times 10^{-1}\ mol \cdot l^{-1} \qquad V_2 = 0{,}5\ l$$

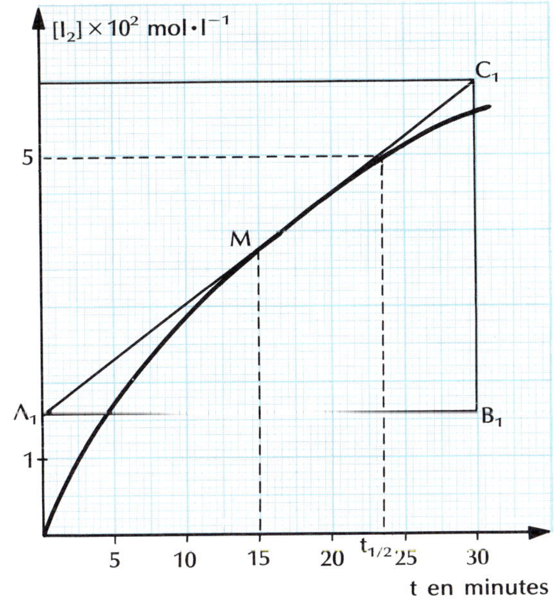

Calculons les nouvelles concentrations des *substances apportées* dans le mélange

$$[I^-_{(aq)}]_0 = \frac{c_1V_1}{V_1 + V_2} = \frac{0{,}4 \times 0{,}5}{1} = 2{,}0 \cdot 10^{-1}\ mol \cdot l^{-1}$$

$$[S_2O^{2-}_{8\,(aq)}]_0 = \frac{c_2V_2}{V_1 + V_2} = \frac{0{,}2 \times 0{,}5}{1} = 1{,}0 \cdot 10^{-1}\ mol \cdot l^{-1}$$

L'équation-bilan d'oxydoréduction est

$$2\,I^- + S_2O_8^{2-} \longrightarrow I_2 + 2\,SO_4^{2-}$$

Lorsque la moitié des ions iodure a disparu il s'est formé du diiode en quantité telle que :

$$[I_2] = \frac{[I^-_{(aq)}]}{2} = \frac{[I^-_{(aq)}]_0}{4} = 5 \cdot 10^{-2}\ mol \cdot l^{-1}$$

Le graphe précédent permet de déterminer le temps de demi-réaction $t_{1/2}$:

$$\mathbf{t_{1/2} = 23{,}5\ min}$$

3. On trace la tangente en M à la courbe

$$v_{I_2} = \frac{B_1C_1}{A_1B_1} \quad \text{soit} \quad v_{I_2} = \frac{(6{,}2 - 1{,}6) \cdot 10^{-2}}{30}$$

$$\mathbf{v_{I_2} = 1{,}5 \cdot 10^{-3}\ mol \cdot l^{-1} \cdot min^{-1}}$$

La vitesse d'apparition du diiode est :

$$v_{I_2} = \frac{d\,[I_2]}{dt}$$

De même $$v_{I^-_{(aq)}} = \frac{-d\,[I^-_{(aq)}]}{dt}$$

Pendant le même temps, il disparaît 2 fois plus d'ions iodure qu'il ne se crée de diiode donc :

$$v_{I^-_{(aq)}} = 2 \cdot v_{I_2}$$

soit $$\mathbf{v_{I^-_{(aq)}} = 3{,}0 \cdot 10^{-3}\ mol \cdot l^{-1} \cdot min^{-1}}$$

4. Avec ce mode opératoire, on stoppe pratiquement la réaction dans le prélèvement effectué. En effet on abaisse fortement la température du milieu réactionnel et on diminue la concentration des réactifs en diluant, ce qui contribue à rendre la vitesse de formation du diiode pratiquement nulle.

EXERCICES

ÉQUATIONS-BILANS DES RÉACTIONS D'OXYDORÉDUCTION DES EXPÉRIENCES DU COURS

3 **A_1-A_2** Établir les demi-équations électroniques des couples mis en jeu et les équations des réactions suivantes :
Action des ions fer (II) sur les ions dichromate.
Action des ions permanganate sur l'acide éthane-dioïque.
Réaction entre les ions thiosulfate et les ions hydronium.
Réaction entre les ions iodure et les ions peroxo-disulfate.
Réaction entre les ions thiosulfate et le diiode.

TEMPS DE DEMI-RÉACTION

4 **A_1-A_2-B_3-C_1** Dans un solvant approprié, on suit l'évolution de la réaction :

$$(CH_3)_3CBr + OH^- \longrightarrow (CH_3)_3COH + Br^-$$

t (s)	0	50	250	500
$[(CH_3)_3CBr]$ $mol \cdot l^{-1}$	0,100	0,099	0,093	0,087

t (s)	1 000	1 500	2 000	2 500
$[(CH_3)_3CBr]$ $mol \cdot l^{-1}$	0,076	0,066	0,057	0,049

1. Tracer la courbe donnant la concentration en alcool en fonction du temps sachant qu'il n'y a pas d'alcool dans le mélange réactionnel au temps $t = 0$ s. Calculer le temps nécessaire pour que la moitié du bromo-2 méthyl-2 propane ait disparu (temps de demi-réaction). Calculer la vitesse d'apparition de l'alcool à cet instant.

2. On fait une nouvelle expérience avec une concentration identique en ions hydroxyde.

t (s)	0	50	250	500	1 000	2 000	2 500
$[(CH_3)_3CBr]$ $mol \cdot l^{-1}$	0,050	0,049	0,046	0,044	0,038	0,028	0,025

Calculer le temps de demi-réaction. Comparer à celui de la question 1. Déterminer les vitesses d'apparition de l'alcool formé au temps $t = 0$ s et au temps de demi-réaction. Comparer ces valeurs avec celle demandée à la question 1 et expliquer les différences constatées.

5 **A_1-B_2-B_3** Une solution aqueuse contient à la date $t = 0$ de l'éthanoate de méthyle de concentration en quantité de matière $1{,}0 \times 10^{-2}$ $mol \cdot l^{-1}$ et de l'hydroxyde de sodium (soude) de concentration en quantité de matière $1{,}0 \times 10^{-2}$ $mol \cdot l^{-1}$. La réaction de saponification se fait suivant le schéma :

$$CH_3COOCH_3 + OH^-_{(aq)} \longrightarrow CH_3COO^-_{(aq)} + CH_3OH$$

Elle est totale et lente. Pour en étudier la cinétique, on détermine les concentrations *en quantité de matière* des ions hydroxyde à certaines dates en dosant des prélèvements effectués sur la solution.

Date (min)	3	5	7	10	15	21	25
$[OH^-]$ $(10^{-3}$ $mol \cdot l^{-1})$	7,4	6,3	5,5	4,6	3,6	2,8	2,5
$[CH_3COO^-]$ $(10^{-3}$ $mol \cdot l^{-1})$							

1. Recopier et compléter le tableau.

2. Tracer la courbe donnant la concentration en quantité de matière des ions éthanoate en fonction du temps.
Échelle : abscisse 1 cm pour 1 min;
ordonnée 2 cm pour 10^{-3} $mol \cdot l^{-1}$.

3. En déduire la vitesse de formation des ions éthanoate aux dates 6 min, 12 min, 18 min.

(Caen; juin 82-D)

6 **A_1-A_2-B_2-B_3** Afin de réaliser une estérification on utilise un mélange constitué d'une mole d'acide éthanoïque et d'une mole d'éthanol.

1. Donner l'équation-bilan de la réaction qui se produit.

2. Pour déterminer la quantité de matière d'ester formé, on dose, à température constante, d'heure en heure, l'acide restant dans le milieu réactionnel et on obtient les mesures suivantes :

Temps en heures	0	1	2	3	4	5	6	7
Quantité de matière d'acide restant n_A (mol)	1,00	0,60	0,40	0,38	0,35	0,34	0,33	0,33
Quantité de matière d'ester formé (mol) $n_E = 1 - n_A$	0							

Reproduire et compléter la dernière ligne du tableau. Justifier la formule $n_E = 1 - n_A$. Tracer directement sur la feuille de copie la courbe donnant la quantité de matière d'ester formé en fonction du temps.
Échelle : 0,1 mole : 1 cm en abscisses;
1 h : 1 cm en ordonnées.
Quelle est la composition du milieu réactionnel au bout de 6 heures?
3. En utilisant la courbe précédente, déterminer :
a. la date à laquelle la moitié de l'alcool initial a été consommée;
b. la vitesse instantanée de formation de l'ester à cette date, exprimée en $mol \cdot h^{-1}$. Comment évolue qualitativement cette vitesse de formation? Pourquoi?

(Nice-Corse; juin 82-D)

7 **A_1-B_2-B_4-C_1** On étudie expérimentalement la vitesse de formation de l'iode au cours de quatre expériences réalisées, à partir des mêmes solutions, dans les conditions décrites ci-dessous :

Expérience	1	2	3	4
Volume d'eau (cm^3)	60,0	80,0	60,0	60,0
Volume de solution aqueuse d'iodure de potassium (cm^3) (agitation)	20,0	10,0	20,0	20,0
Volume de solution aqueuse de peroxodisulfate de potassium (cm^3) (agitation)	20,0	10,0	20,0	20,0
Addition de plusieurs gouttes d'une solution aqueuse de sulfate de fer (II) (agitation)	non	non	non	oui
Température (°C)	20	20	60	20

En prenant l'expérience n° 1 comme référence, indiquer si l'apparition de l'iode obtenu par oxydation de l'ion iodure par l'ion peroxodisulfate est plus ou moins rapide lors de chacune des trois autres expériences.
Justifier chaque réponse. L'ion Fe^{2+} est un catalyseur de cette réaction d'oxydation.
(Voir éventuellement le chapitre 17.)

(Besançon; sept. 81-D)

8 **A_1-B_2** A l'aide de l'exemple de la réaction d'oxydation des ions I^- par des ions peroxodisulfate $S_2O_8^{2-}$:
1. définir la vitesse de formation d'un corps (vitesse moyenne, vitesse instantanée);
2. déterminer les facteurs cinétiques relatifs à la réaction proposée, décrire les expériences permettant de les mettre en évidence.

(Orléans-Tours; sept. 81-CE)

9 **A_1-B_2-B_3-C_1** Les ions iodure sont oxydés lentement par l'eau oxygénée, en milieu acide, selon la réaction (I) :

$$H_2O_2 + 2\,I^- + 2\,H_3O^+ \longrightarrow I_2 + 4\,H_2O \qquad (I)$$

On peut déterminer le temps nécessaire pour qu'il se forme n moles de diiode I_2 en ajoutant à l'avance des quantités fixées de thiosulfate de sodium $Na_2S_2O_3$ qui réagit avec l'iode selon la réaction (II) :

$$I_2 + 2\,S_2O_3^{2-} \longrightarrow 2\,I^- + S_4O_6^{2-} \qquad (II)$$

réaction très rapide qui régénère les ions iodures.

1. On prépare alors une solution contenant :
— 10 ml de solution d'iodure de potassium à $1{,}0\ mol \cdot l^{-1}$,
— assez d'eau pour considérer le volume comme constant,
— une solution acide qui maintient le pH constant,
— 2,0 ml de thiosulfate de sodium à $1{,}0\ mol \cdot l^{-1}$.
A l'instant $t = 0$, on ajoute 1,0 ml d'eau oxygénée à $9{,}88\ mol \cdot l^{-1}$; à l'instant $t_1 = 86$ s apparaît la coloration de l'iode, on ajoute alors 2,0 ml de thiosulfate qui fait disparaître cette coloration; celle-ci réapparaît à la date $t_2 = 183$ s. On ajoute 2,0 ml de solution de thiosulfate, etc., ce qui permet de dresser le tableau de mesures suivant :

t en s	86	183	293	419	570
n (10^{-3} mol)	1	2	3	4	5

t en s	755	996	1 341	1 955
n (10^{-3} mol)	6	7	8	9

a. Expliquer pourquoi cette méthode permet d'obtenir simplement n. Tracer, sur papier millimétré, le graphe représentant les variations de n en fonction du temps.
b. Déterminer $v = \frac{dn}{dt}$ la vitesse de formation du diiode dans la réaction (I) à la date $t = 200$ s. Comment varie la vitesse v au cours du temps? Quel est en fait le facteur qui fait varier la vitesse? Préciser dans quel sens il agit.
c. Quel sera le nombre de moles d'iode formé au bout d'un temps infini? Quelle sera alors la vitesse de réaction?

2. Pour étudier l'influence de la concentration en ion hydronium $[H_3O^+]$ sur la vitesse de réaction (I), on recommence l'expérience précédente dans des milieux ayant des pH différents et on note le temps t'_1 nécessaire à la formation de $n_1 = 1{,}0 \times 10^{-3}$ mole de I_2. On obtient :

pH	$[H_3O^+]$ ($mol \cdot l^{-1}$)	t'_1 en s
1,0	$1{,}0 \times 10^{-1}$	197
1,5	$3{,}16 \times 10^{-2}$	624
2,0	$1{,}0 \times 10^{-2}$	1 970

Comment varie la vitesse de formation du diiode avec la concentration en ions $H_3O^+_{(aq)}$?

3. Citer un autre facteur qui permettrait de faire varier la vitesse de formation de I_2.

(Lyon; juin 82-CE)

10 **A_2-B_2-B_3** A l'instant de date $t=0$, on mélange un volume $V_1=0{,}50$ l d'une solution d'hydroxyde de sodium (soude) de concentration molaire $c_1=2{,}0\times10^{-2}$ mol·l^{-1} avec un volume $V_2=0{,}50$ l d'une solution d'éthanoate d'éthyle (acétate d'éthyle) de concentration molaire $c_2=2{,}0\times10^{-2}$ mol·l^{-1}. Il se forme de l'éthanoate de sodium et de l'éthanol.

1. Écrire l'équation de la réaction.

2. Par dosage acido-basique, on détermine la concentration de l'hydroxyde de sodium restant à l'instant de date *t*. Montrer qu'on peut en déduire la concentration de l'éthanol notée $[CH_3CH_2OH]$ au même instant. Calculer $[CH_3CH_2OH]$ à l'instant de date $t=15$ min, sachant que la concentration molaire d'hydroxyde de sodium est alors

$$[NaOH]=0{,}73\times10^{-2}\ \text{mol}\cdot\text{l}^{-1}.$$

3. Le tableau ci-dessous donne la concentration de l'éthanol en fonction du temps mesuré en minutes.

t (min)	5	10	15	20	25
$[CH_3CH_2OH]$ (10^{-2} mol·l^{-1})	0,11	0,20		0,33	0,38

t (min)	30	35	40	45
$[CH_3CH_2OH]$ (10^{-2} mol·l^{-1})	0,43	0,47	0,50	0,53

t (min)	50	55	60	80
$[CH_3CH_2OH]$ (10^{-2} mol·l^{-1})	0,56	0,58	0,60	0,67

Tracer la courbe de variation de $[CH_3CH_2OH]$ en fonction du temps. Déterminer la vitesse d'apparition de l'éthanol en mol·l^{-1}·min^{-1} aux instants de date $t_1=10$ min et $t_2=60$ min. Comment varie la vitesse au cours du temps? Justifier cette réponse.

(Paris-Créteil; sept. 82-D)

11 **A_1-B_2-B_3-C_1** La série d'expériences décrites ci-dessous a pour but d'étudier la cinétique d'apparition d'un précipité. Celui-ci est caractérisé par l'absorption d'un faisceau lumineux qui traverse une épaisseur constante du milieu réactionnel.
On réalise des mélanges de solutions de thiosulfate de sodium, d'acide chlorhydrique et d'eau.
Les mélanges sont faits dans des béchers identiques.
Il se forme du soufre, le mélange devient trouble, et l'on mesure le temps *t* nécessaire pour qu'un observateur, regardant le bécher par-dessus, ne distingue plus un motif dessiné et placé sous le bécher.
V_1 est le volume d'une solution S_1 de thiosulfate.
V_2 est le volume d'une solution S_2 d'acide chlorhydrique.
V_3 est le volume d'eau pure ajoutée.
Les résultats sont consignés dans le tableau ci-dessous, qui donne le temps *t* en secondes.

	1ère série de mesures			2e série de mesures			
V_1 en cm^3	30	40	50	20	20	20	20
V_2 en cm^3	10	10	10	10	20	30	40
V_3 en cm^3	20	10	0	30	20	10	0
t en s	60	45	33	88	76	70	65

Les solutions utilisées, S_1 et S_2, sont les mêmes pour toutes les expériences.
Les trois volumes, V_1, V_2 et V_3, des liquides amenés à réagir sont, à chaque fois, rapidement mélangés, et le temps *t* est mesuré à partir de l'instant où ce mélange est réalisé.

1. Pourquoi a-t-on ajouté un volume V_3 d'eau?

2. Expliquer comment la mesure du temps permet de comparer les vitesses moyennes d'apparition du soufre entre les instants 0 et *t*.

3. Que peut-on déduire qualitativement de la 1ère série d'expériences?

4. Que peut-on déduire qualitativement de la 2e série d'expériences?

5. Comment pourrait-on augmenter la vitesse d'apparition du soufre?

(Paris-Créteil: sept. 83-D)

12 **A_1-A_2-B_3** **1.** On réalise l'hydrolyse d'un ester à partir d'un mélange contenant 1,00 mole d'ester et 1,00 mole d'eau, on obtient de l'acide éthanoïque et un alcool ROH.
Pour déterminer la quantité d'ester *n* restant dans le mélange, on dose, à température constante, d'heure en heure, l'acide qui se forme; on obtient les résultats suivants :

date *t* (heures)	0	1	2	3	4	5	6	7
quantité d'acide formé (mol)	0	0,15	0,24	0,31	0,35	0,38	0,39	0,39

a. Tracer le graphe représentant la quantité d'ester restant dans le mélange en fonction du temps : $n=f(t)$ en précisant l'échelle adoptée.

b. En appelant vitesse de disparition d'un corps A l'expression $v=-\dfrac{dn}{dt}$ (*n* étant la quantité de A à la date *t*) déduire du graphique la vitesse moyenne de disparition de l'ester entre les dates $t_1=1$ h et $t_2=4$ h puis la vitesse instantanée à la date $t_3=2$ h.

2. L'alcool obtenu au cours de l'hydrolyse a pour formule brute $C_4H_{10}O$.

a. Donner les différentes formules développées, les noms et la classe des différents isomères possibles.

b. On procède à l'oxydation ménagée de cet alcool. Le composé obtenu donne un précipité jaune avec la dinitro-2,4 phénylhydrazine (D.N.P.H.) et ne réagit pas avec la liqueur de Fehling. De quel alcool s'agit-il? Expliquer.
Indiquer la formule développée de l'ester de la question 1.

(Nice-Corse; juin 84-D)

T.P

Réduction du peroxyde d'hydrogène par les ions iodure

1. Principe

Le peroxyde d'hydrogène peut être réduit par les ions iodure, en milieu acide, selon la réaction d'équation-bilan (1) :

$$H_2O_2 + 2\,I^- + 2\,H_3O^+ \longrightarrow 4\,H_2O + I_2 \qquad (1)$$

On peut déterminer le temps nécessaire pour qu'il se forme une quantité n de diiode I_2 en ajoutant à l'avance des quantités fixées de thiosulfate de sodium, de formule $Na_2S_2O_3$, qui réagit avec le diiode selon la réaction d'équation-bilan (2) :

$$I_2 + 2\,S_2O_3^{2-} \longrightarrow 2\,I^- + S_4O_6^{2-} \qquad (2)$$

réaction très rapide qui régénère les ions iodure.

2. Mode opératoire

On prépare, dans un bécher, une solution A contenant :
— 10,0 ml de solution d'iodure de potassium à 0,100 $mol \cdot l^{-1}$;
— 100 ml d'une solution d'acide sulfurique à 0,5 $mol \cdot l^{-1}$ (pour considérer le volume comme constant malgré les rajouts successifs et pour maintenir le pH à une valeur constante);
— 1 ml d'empois d'amidon.

A l'aide d'une burette on ajoute 1,0 ml de thiosulfate de sodium à 0,100 $mol \cdot l^{-1}$.

A l'instant de date $t = 0$, on déclenche le chronomètre et on ajoute 1,0 ml d'eau oxygénée à 10 volumes*. A l'instant de date t_1, la solution se colore en bleu. On rajoute alors immédiatement 1,0 ml de thiosulfate de sodium et on agite, ce qui fait disparaître la coloration due au diiode : celle-ci réapparaît à la date t_2. On ajoute à nouveau 1,0 ml de thiosulfate de sodium : la coloration réapparaît à t_3...

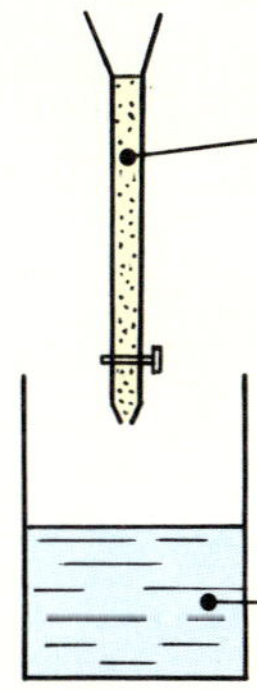

** Une solution de peroxyde d'hydrogène est dite à n volumes si un litre de cette solution libère n litres de dioxygène, mesurés dans les conditions où le volume molaire gazeux vaut 22,4 $l \cdot mol^{-1}$. La réaction support est :*

$$H_2O_2 \longrightarrow H_2O + 1/2\,O_{2\,(g)}$$

3. Interprétation

Dès que le diiode est formé par la réaction (1) il est aussitôt réduit par les ions thiosulfate $S_2O_3^{2-}$ en ions iodure selon la réaction (2) qui est très rapide. Lorsque les ions thiosulfate introduits sont tous consommés, le diiode formé n'est plus réduit et la coloration bleue de la solution apparaît à la date t_1 (le diiode est décelé par l'empois d'amidon).

4. Résultats

a. Expliquer pourquoi cette méthode permet de déterminer simplement n (quantité de diiode qui serait formée selon le bilan de la réaction (1)).

b. A l'instant t_i on observe la i-ème coloration de la solution et on en est au p = (i + 1) i-ème ajout de thiosulfate.

Dresser le tableau suivant :

t en secondes	$t = 0$	$t_1 =$	$t_2 =$	$t_3 =$	$t_4 =$	$t_5 =$	$t_6 =$
p-ième ajout de $S_2O_3^{2-}$	1	2	3	4	5	6	7
$n(H_2O_2)$ consommé	0						

c. Tracer sur papier millimétré le graphe représentant les variations de n en fonction du temps.

d. Déterminer la vitesse de disparition de H_2O_2 $v(H_2O_2) = \frac{dn_{(H_2O_2)}}{dt}$ à la date $t = 300$ s.

Comment varie la vitesse au cours du temps? Pourquoi? Quelle sera la quantité de peroxyde d'hydrogène consommé au bout d'un temps infini?

e. Recommencer la manipulation avec 10 ml de solution d'iodure de potassium à $5 \cdot 10^{-2}$ $mol \cdot l^{-1}$.

Comparer avec les résultats précédents. Conclure.

Décomposition du mouvement. Un mécanisme réactionnel est la décomposition d'une réaction en actes élémentaires.

16

MÉCANISMES DE RÉACTION

Au cours d'une réaction chimique, certaines liaisons entre les atomes des réactifs sont rompues. Des liaisons chimiques nouvelles sont alors réalisées, expliquant ainsi la formation des produits de la réaction chimique considérée. La vitesse de formation d'un produit nous renseigne sur la rapidité de ce réarrangement d'atomes.
Lorsque le chimiste a trouvé comment les liaisons chimiques se rompent, et comment les nouvelles liaisons chimiques se forment, on dit qu'il a établi le mécanisme de la réaction envisagée.

sommaire

A LIAISON CHIMIQUE DANS LES MOLÉCULES

1/ LIAISONS COVALENTES

La liaison covalente entre deux atomes est réalisée par mise en commun d'électrons.

La liaison covalente est simple si une paire d'électrons est mise en commun. Il existe aussi des liaisons covalentes multiples. Les électrons qui participent à ces liaisons sont ceux des couches externes des atomes liés.

Autour du noyau d'un atome lié à d'autres par des liaisons covalentes, il y a généralement autant d'électrons que dans l'atome de gaz inerte dont le numéro atomique est le plus proche de celui de cet atome lié.

Exemples

Les molécules de **dihydrogène (fig. 1)** sont composées de deux atomes d'hydrogène liés par une liaison covalente simple. Autour de chaque noyau d'atome d'hydrogène on compte deux électrons comme dans l'atome d'hélium.

Dans les molécules de **dichlore (fig. 2),** la liaison covalente simple est assurée par la mise en commun de deux électrons (un électron apporté par chaque atome de chlore). Autour de chaque noyau de chlore il y a dix-huit électrons en comptant les électrons de liaison. Ce nombre est le numéro atomique de l'argon.

Dans la molécule de **chlorure d'hydrogène (fig. 3)** la liaison simple est assurée par la mise en commun de deux électrons : l'un provenant de l'atome d'hydrogène et l'autre de l'atome de chlore.

H_2	a	Cl_2	a	HCl
H : H	b	$:\ddot{Cl}:\ddot{Cl}:$	b	$H:\ddot{Cl}:$
H—H	c	Cl—Cl	c	H—Cl

1.2.3. *Partage des électrons dans diverses liaisons covalentes. Seuls les électrons périphériques des atomes constituant les molécules sont représentés en* ***b;*** *en* ***a*** *formules brutes, en* ***c*** *formules développées.*

2/ RUPTURE DE LIAISON

1. Rupture symétrique d'une liaison covalente

Lorsque la rupture d'une liaison covalente simple se fait de façon symétrique nous écrivons les espèces formées avec un point comme $\mathbf{H^\bullet}$***,*** $\mathbf{Cl^\bullet}$***,*** $\mathbf{CH_3^\bullet}$***. Ceci symbolise le fait que l'on a brisé la liaison réalisée par la mise en commun d'un doublet d'électrons pour partager symétriquement ce doublet. Chaque partie de la molécule conserve alors un des électrons du doublet et c'est cet électron que l'on représente par un point.***

Cet électron disponible permet à l'espèce de former éventuellement une liaison de covalence avec une autre espèce du même type. De telles espèces sont appelées **radicaux libres.**

2. Énergie de rupture de liaison

a. Définition

Pour évaluer la solidité d'une liaison entre deux atomes, on mesure l'énergie qu'il faut fournir à la molécule pour rompre cette liaison. On appelle cette énergie, énergie de rupture de liaison.

Ces mesures sont réalisées à l'état gazeux, généralement à pression et température constantes.

b. Ordre de grandeur

L'ordre de grandeur de l'énergie $E_{(A-B)}$ ***à fournir pour rompre la liaison covalente dans une molécule A – B est de l'ordre de quelques électrons-volts*** **(**$1\ \mathrm{eV} = 1{,}6 \times 10^{-19}\ \mathrm{J}$**).**

c. Exemples

Pour rompre la liaison dans une molécule de *dihydrogène,* il faut fournir 4,5 eV :

$H_2 \longrightarrow 2\,H^\bullet$; $\quad E_{(H-H)} = 4{,}5\ \mathrm{eV}$.

Pour le *dichlore* :

$Cl_2 \longrightarrow 2\,Cl^\bullet$; $\quad E_{(Cl-Cl)} = 2{,}5\ \mathrm{eV}$.

Pour le *méthane* :

$CH_4 \longrightarrow CH_3^\bullet + H^\bullet$; $\quad E_{(CH_3-H)} = 4{,}4\ \mathrm{eV}$.

Pour le *dibrome* :

$Br_2 \longrightarrow Br^\bullet + Br^\bullet$; $\quad E_{(Br-Br)} = 2{,}0\ \mathrm{eV}$.

3. Rôle des radiations lumineuses dans la rupture des liaisons

L'énergie nécessaire pour la rupture d'une liaison peut être apportée sous forme électromagnétique.

En effet, la lumière est formée de « grains » d'énergie appelés photons, particules de masse nulle, transportant une énergie symbolisée par E_{ph}.

a. Énergie d'un photon

L'énergie E_{ph} d'un photon d'une radiation électromagnétique de fréquence ν est :

$$E_{ph} = h\nu$$

où h est une constante universelle, appelée **constante de Planck.**

$$\mathbf{h = 6{,}62 \cdot 10^{-34}\ J \cdot s}$$

ν est exprimée en hertz (Hz).

Pour qu'une liaison soit rompue, il faut qu'un photon apporte, à lui seul, une énergie $\mathbf{E_{ph}}$ ***au moins égale à l'énergie nécessaire pour dissocier la molécule :***

$$\mathbf{E_{ph} \geqslant E_{(A-B)}}$$

soit

$$\mathbf{h\nu \geqslant E_{(A-B)}}$$

Sachant que la fréquence ν d'une radiation est liée à sa longueur d'onde λ par la relation $\nu = c\lambda$ (c est la célérité de la lumière et a pour valeur $3{,}00 \times 10^8\ \mathrm{m \cdot s^{-1}}$) il est possible de calculer la longueur d'onde maximale des radiations lumineuses qui permettent de rompre les liaisons des molécules citées ci-dessus.

b. Rupture d'une molécule de dichlore

Écrivons la condition énergétique de rupture.

$$E_{ph} \geqslant E_{(Cl-Cl)} \quad \text{ou} \quad \frac{hc}{\lambda_{(Cl_2)}} \geqslant E_{(Cl_2)}$$

soit $$\lambda_{(Cl_2)} \leqslant \frac{hc}{E_{(Cl_2)}} = \lambda_{0\,(Cl_2)}\,;\quad \lambda_{0\,(Cl_2)} = 495\ \mathrm{nm}.$$

Cette longueur d'onde correspond à la couleur verte du spectre visible. Pour rompre la liaison covalente d'une molécule de dichlore et obtenir deux atomes de chlore, la longueur d'onde des radiations lumineuses doit être inférieure ou égale à 495 nm.

c. Rupture des molécules de dihydrogène et de méthane

Par des calculs du même type, avec des valeurs précises des énergies, on trouve :

$$\lambda_{0\,(H_2)} = 275\ \mathrm{nm}\,;\quad \lambda_{0\,(CH_4)} = 281\ \mathrm{nm}$$

d. Ordre de grandeur des radiations provoquant la rupture des liaisons

Les radiations lumineuses qui apportent l'énergie nécessaire à la rupture des liaisons covalentes doivent posséder une longueur d'onde inférieure à λ_0. Cette longueur d'onde maximale est plus élevée pour les molécules à faible énergie de rupture de liaison (dichlore par exemple) que pour les molécules dont l'énergie de rupture de liaison est plus importante (dihydrogène par exemple).

$$E_{(Cl-Cl)} < E_{(H-H)} \implies \lambda_{0\,(Cl_2)} > \lambda_{0\,(H_2)}$$

Le tableau suivant **(fig. 4)** résume ce paragraphe.

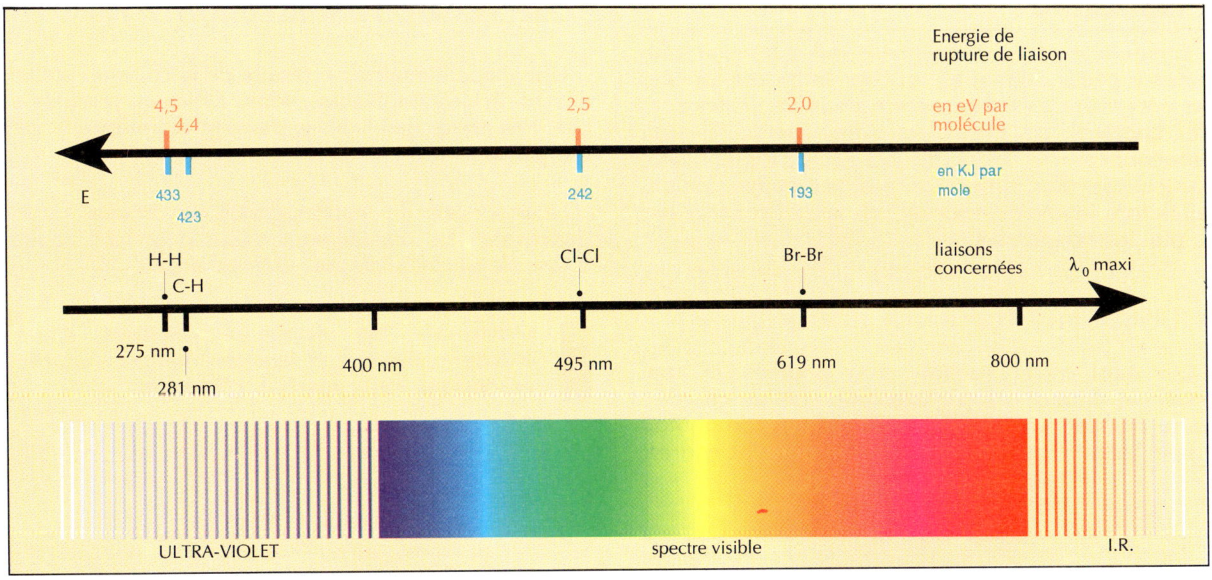

4. *Énergies de rupture de différentes liaisons comparées au spectre des radiations électromagnétiques.*

B ÉTAPES ÉLÉMENTAIRES

La lumière permet de scinder les molécules de dichlore. On dit qu'un photon est absorbé par une molécule de dichlore pour former des atomes de chlore. On traduit la transformation d'une molécule de dichlore en atomes par l'équation :

$$Cl_2 \longrightarrow 2\,Cl^{\bullet}$$

Cette transformation est appelée étape élémentaire parce qu'elle a lieu réellement au niveau de la molécule.

Les étapes élémentaires traduisent la réalité moléculaire, elles montrent, effectivement, les liaisons qui se rompent et celles qui se forment lors du processus de réarrangement des atomes et ne doivent pas être interprétées comme le bilan global d'une réaction chimique.

Pour distinguer l'équation-bilan d'une réaction chimique de l'équation qui traduit une étape élémentaire, nous placerons un trait noir en regard de cette dernière.

Au cours de la première étape élémentaire, on forme des atomes de chlore qui sont des espèces dotées d'une très grande réactivité chimique, car ces atomes possèdent un électron susceptible de participer à l'élaboration d'une liaison covalente.

1/ CHOC DE DEUX PARTICULES

1. Il existe divers types d'étapes élémentaires

Ainsi les atomes de chlore réagissent très facilement avec les molécules de dihydrogène selon l'étape élémentaire dont l'équation s'écrit :

$$|\;Cl^{\bullet} + H_2 \longrightarrow HCl + H^{\bullet}$$

Cette équation signifie qu'un atome de chlore réagit avec une molécule de dihydrogène pour donner une molécule de chlorure d'hydrogène et un atome d'hydrogène. Pour que cela soit possible il faut que l'atome de chlore vienne au contact de la molécule de dihydrogène au cours d'un choc **(fig. 5).**

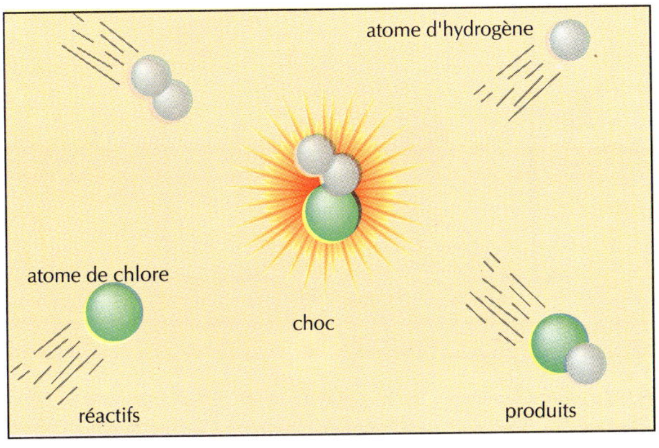

5. *Chocs de molécules et d'atomes lors d'une réaction entre le dihydrogène et le chlore.* ▶

2. Généralisation

Lorsqu'une étape élémentaire fait intervenir plusieurs espèces chimiques, un choc entre ces espèces est nécessaire. Les chocs entre deux particules sont très courants. Les chocs entre trois particules sont beaucoup moins fréquents. Les chocs entre quatre particules et plus, sont rarissimes. Les étapes élémentaires font intervenir souvent une ou deux particules et plus rarement trois.

2/ DISSOCIATION PHOTOCHIMIQUE

On peut traiter l'action d'un photon sur une molécule de dichlore par exemple, comme un choc de ce photon sur la molécule de dichlore (le photon a une quantité de mouvement). On pourrait écrire :

$$\text{photon} + Cl_2 \longrightarrow 2\,Cl^{\bullet}$$

3/ MÉCANISME D'UNE RÉACTION

Une étape élémentaire résulte de la collision entre des particules (molécules, ions, radicaux, photons). Lors des chocs des liaisons peuvent se rompre et se réorganiser différemment.

Le processus de réarrangement des atomes pour transformer les réactifs en produits peut faire appel à une ou plusieurs étapes élémentaires.

L'ensemble des étapes élémentaires d'une réaction chimique et leur chronologie s'appelle mécanisme de la réaction chimique.

C ÉTUDE D'UN MÉCANISME : FORMATION DU CHLORURE D'HYDROGÈNE

1/ EXPÉRIENCE

Cette expérience est très dangereuse. Sa réalisation effective en classe est proscrite par la circulaire IV 67510 du 7 décembre 1967.

Un mélange gazeux équimolaire d'hydrogène et de dichlore est introduit dans une éprouvette à pied dont l'extrémité est bouchée par un morceau de carton mouillé simplement posé. Ces opérations sont faites en dehors des radiations directes du soleil et de celles des tubes fluorescents.

On irradie l'éprouvette avec la lumière produite par la combustion de magnésium **(fig. 6)**.

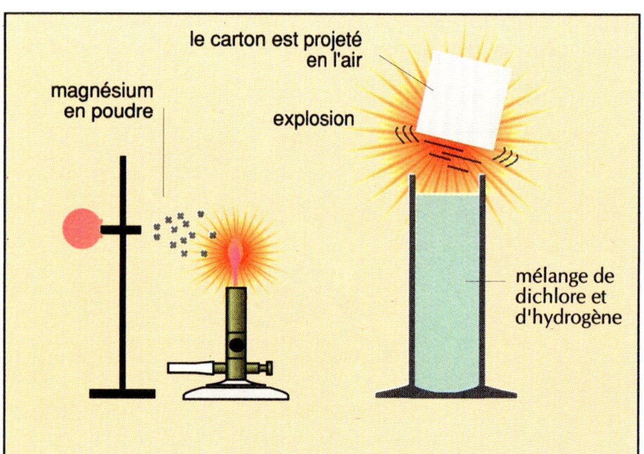

6. *La combustion du magnésium produit un éclair qui déclenche aussitôt une explosion dans l'éprouvette à pied.*

La teinte d'un papier pH mouillé, introduit dans l'éprouvette, met en évidence la présence d'un composé acide qui le rosit (le papier pH mouillé serait décoloré en présence de dichlore).

Le dihydrogène et le dichlore ont donc réagi pour former du chlorure d'hydrogène :

$$H_{2\,(g)} + Cl_{2\,(g)} \longrightarrow 2\,HCl_{(g)}$$

L'équation-bilan précédente n'indique pas le processus selon lequel le réarrangement des atomes s'est effectué.

2/ ROLE DES RADIATIONS LUMINEUSES

Dès que l'on irradie le mélange gazeux de dichlore et de dihydrogène, la réaction a lieu presque instantanément (il y a explosion). Les radiations électromagnétiques permettent de déclencher la réaction à température ordinaire, en brisant des molécules de dichlore.

Parmi les radiations émises lors de la combustion du magnésium, certaines ont une longueur d'onde inférieure à $\lambda_0(Cl_2)$.

La longueur d'onde limite $\lambda_0(H_2)$ pour scinder une molécule d'hydrogène est trop petite. Cette longueur d'onde ne figure pas dans le spectre de la lumière émise lors de la combustion du magnésium.

La lumière émise par la combustion du magnésium permet de rompre les molécules de dichlore en deux atomes, mais est sans action sur les molécules de dihydrogène **(fig. 7)**.

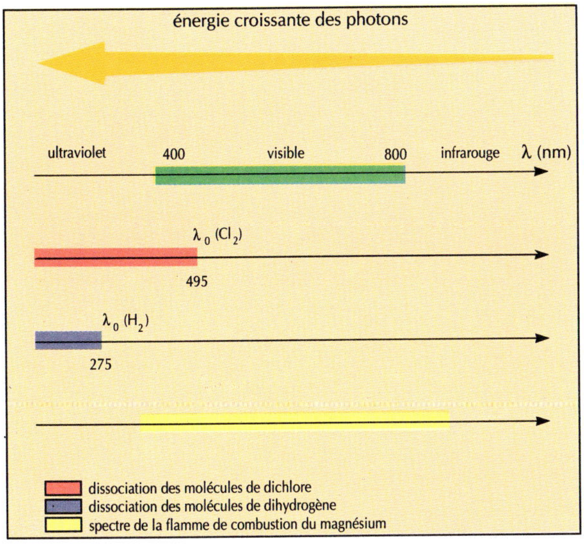

7. *Comparaison des énergies des photons aux énergies nécessaires pour dissocier le dichlore et le dihydrogène.*

3/ MÉCANISME

Les chimistes ont pu déterminer le mécanisme de la réaction en établissant les différentes étapes élémentaires qui interviennent et la façon dont elles s'articulent dans le processus réactionnel.

On peut grouper en trois phases les étapes élémentaires de ce mécanisme.

1. Phase d'initiation : création d'espèces très réactives

C'est la création d'atomes de chlore (radicaux libres $Cl^\bullet$) par action de la lumière sur les molécules de dichlore **(fig. 8).**

$$Cl_2 \longrightarrow 2\,Cl^\bullet \quad (1)$$

2. Phase de propagation : formation des produits avec régénération des espèces réactives

$$Cl^\bullet + H_2 \longrightarrow HCl + H^\bullet \quad (2)$$

$$H^\bullet + Cl_2 \longrightarrow HCl + Cl^\bullet \quad (3)$$

Dans l'étape élémentaire (2) se forment une molécule de chlorure d'hydrogène (produit de la réaction globale) et un atome d'hydrogène. Cet atome d'hydrogène est très réactif et réagit dès qu'il rencontre une molécule de dichlore selon l'étape élémentaire (3). On voit qu'une nouvelle molécule de chlorure d'hydrogène est formée et qu'un atome de chlore est régénéré. Cet atome de chlore va permettre de réaliser à nouveau les étapes élémentaires (2) et (3) et produire un autre atome de chlore. Le cycle pourra recommencer tant que les atomes de chlore n'auront pas disparu dans d'autres étapes que (2) et (3).

Dans les conditions de l'expérience de la **figure 6** un atome de chlore formé dans la phase d'initiation permet de produire de l'ordre de dix mille molécules de chlorure d'hydrogène.

La phase de propagation est schématisée sur la **figure 9.**

Remarque

Des chocs ont évidemment lieu entre des atomes de chlore et des molécules de dichlore et aussi entre des atomes d'hydrogène et des molécules de dihydrogène mais ils ne permettent ni de former des espèces nouvelles ni de faire avancer la réaction.

3. Phase de rupture ou de terminaison : consommation des espèces très réactives

Deux atomes de chlore **(fig. 10)** peuvent se recombiner pour former une molécule de dichlore :

$$Cl^\bullet + Cl^\bullet \longrightarrow Cl_2$$

Cette molécule possède trop d'énergie pour être stable. Elle doit pouvoir céder cet excès d'énergie à une autre molécule M. Mais le choc de trois particules $Cl^\bullet$, $Cl^\bullet$ et M est très peu probable, ce qui explique que la phase de propagation puisse se reproduire un très grand nombre de fois. Le mécanisme est résumé par l'organigramme de la **figure 11.**

Lorsque le mécanisme d'une réaction comporte les trois phases d'initiation, de propagation et de rupture, on dit que cette réaction est une réaction en chaîne.

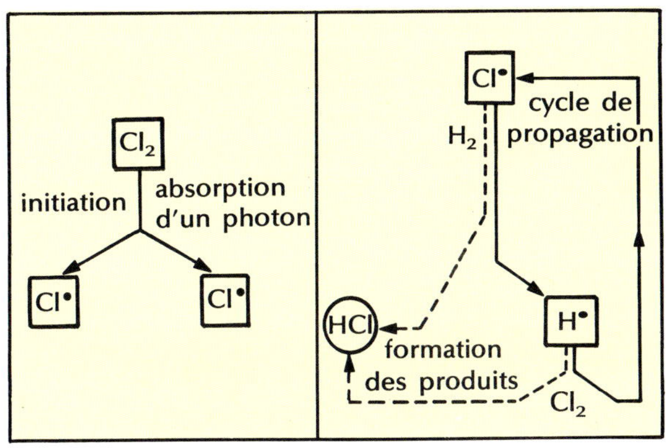

8.9. *Phases d'initiation et de propagation entre le dichlore et le dihydrogène.*

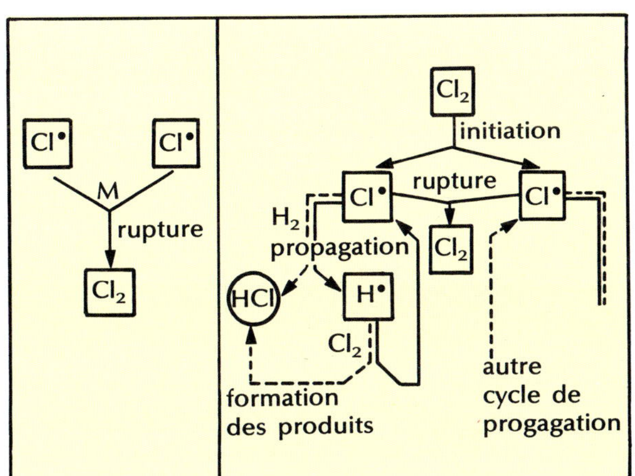

10.11. *Phases de rupture et cycle complet de la réaction entre le dichlore et le dihydrogène.*

La réaction de formation de chlorure d'hydrogène est rapide à température ordinaire lorsque l'on irradie le mélange réactionnel, car la réaction élémentaire la plus difficile à réaliser est celle où l'on scinde la molécule de dichlore, or l'action de la lumière facilite la rupture de cette molécule. Les réactions élémentaires de la propagation sont très rapides, et le grand nombre de molécules de chlorure d'hydrogène formées à partir d'un atome de chlore explique que la réaction est pratiquement instantanée dès que l'on irradie le mélange réactionnel.

4/ AUTRE MODE OPÉRATOIRE

Du dihydrogène enflammé à l'air continue à brûler dans un flacon de dichlore **(fig. 12).** Le dihydrogène est consommé dans la flamme dès qu'il est en contact avec le dichlore. La vitesse de la réaction est limitée par le débit d'arrivée du dihydrogène : il n'y a pas d'explosion.

Ici la formation d'espèces réactives n'est pas initiée par des photons. Dans la flamme, la température est élevée et l'agitation moléculaire très importante. L'énergie cinétique des molécules est grande. Au cours d'un choc entre deux molécules l'une d'elles peut acquérir de l'énergie. Si cette énergie est suffisamment importante, la molécule peut se dissocier **(fig. 13).**

Il faut beaucoup moins d'énergie pour dissocier une molécule de dichlore qu'il n'en faut pour une molécule de dihydrogène et les centres actifs créés au cours de la phase d'initiation seront donc des atomes de chlore :

$$Cl_2 \longrightarrow Cl^\bullet + Cl^\bullet$$

12. *Le dihydrogène enflammé continue à brûler dans un flacon rempli de dichlore.*

Le mécanisme de la réaction dans ce nouveau mode opératoire est également celui d'une réaction en chaîne. Les phases de propagation et de rupture sont inchangées. Seul diffère le mode de formation des centres actifs dans la phase d'initiation.

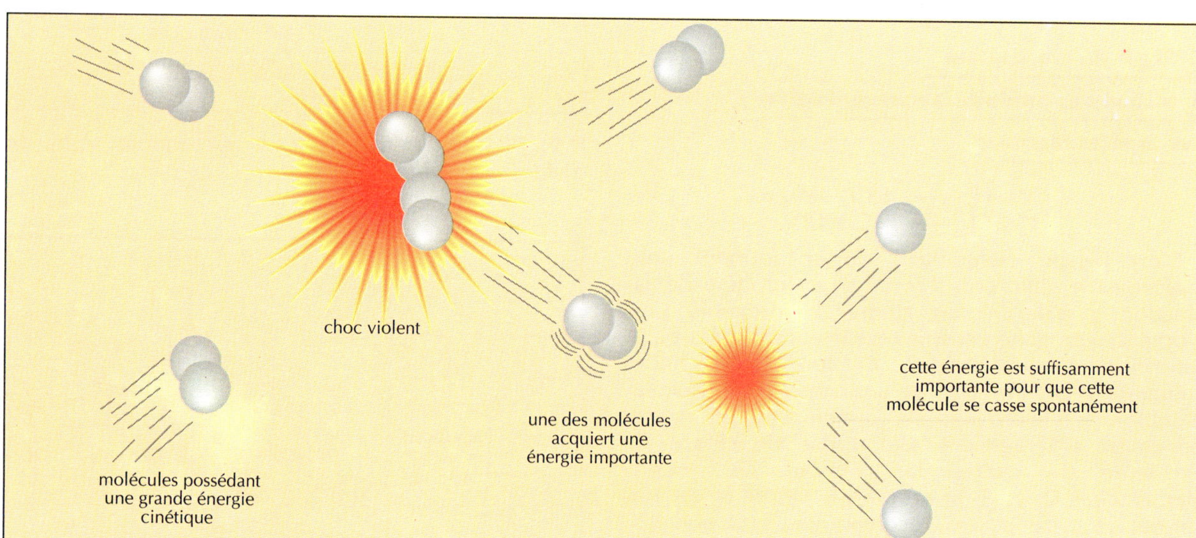

13. *Dissociation d'une molécule chargée d'énergie après un choc.*

D ÉTUDE D'UN MÉCANISME : FORMATION DU CHLOROMÉTHANE

Un seul des paragraphes C ou D est au programme des classes de terminales scientifiques.

1/ EXPÉRIENCE

1. Conditions expérimentales

Un mélange équimolaire de dichlore et de méthane est placé à la lumière du jour sur la cuve à eau salée **(fig. 14).**

L'eau est fortement salée parce que, de cette manière, elle ne dissout pratiquement pas le dichlore : une expérience témoin dans de l'eau *non salée* avec du dichlore seul, sans méthane, peut le prouver car le dichlore s'y dissout lentement.

Il faut éviter d'irradier la cuve avec une lumière trop vive qui peut déclencher une réaction explosive. A l'obscurité complète, on dispose un témoin contenant aussi dichlore et méthane.

2. Réaction

Après quelques heures on constate les faits suivants :

— la couleur verte du dichlore a disparu. Dans l'expérience témoin avec du dichlore seul, la couleur subsiste;

— le volume gazeux a diminué fortement dans l'éprouvette irradiée;

— le pH de l'eau (relevé à la touche sur papier pH) montre que l'eau s'est fortement acidifiée dans cette éprouvette;

— des gouttelettes de liquides nouveaux sont apparues sur le tube. Il s'est donc produit une réaction chimique, amorcée par la lumière, entre le dichlore et le méthane.

3. Analyse des produits réactionnels

L'analyse des produits de la réaction montre qu'il s'est formé, d'une part, du chlorure d'hydrogène très soluble dans l'eau car la solution aqueuse est devenue acide, et, d'autre part, un mélange de quatre produits organiques chlorés :

— le chlorométhane CH_3Cl,
— le dichlorométhane CH_2Cl_2,
— le trichlorométhane $CHCl_3$,
— le tétrachlorométhane CCl_4.

Nous n'étudierons que la réaction prépondérante :

$$CH_{4\,(g)} + Cl_{2\,(g)} \longrightarrow CH_3Cl_{(l)} + HCl_{(g)}$$

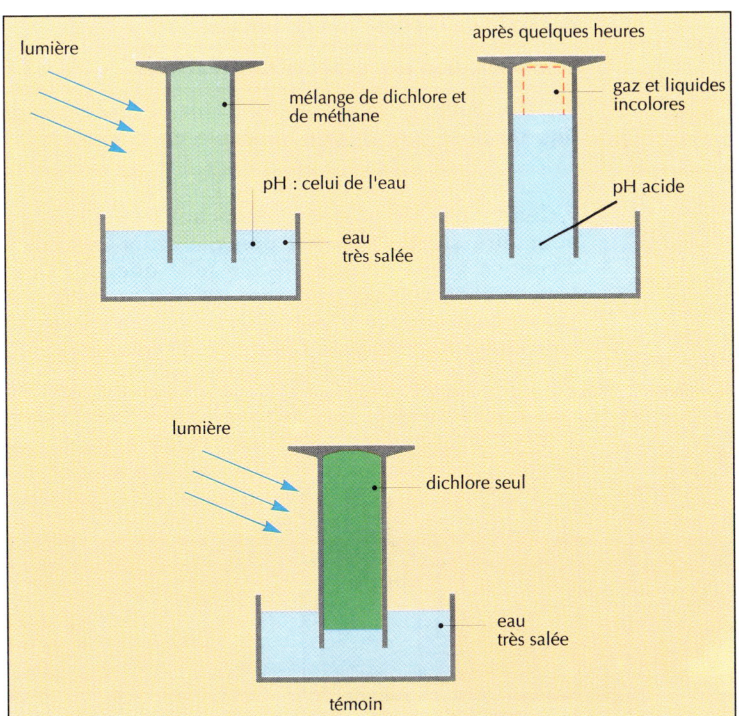

14. *Réalisation de la réaction entre le dichlore et le méthane sous l'action de la lumière.*

2/ ROLE DES RADIATIONS LUMINEUSES

Le fait que la réaction ne se produise pas à l'obscurité, à température ordinaire, et qu'elle ait lieu à la lumière du jour, suggère que le mécanisme comporte une réaction élémentaire par laquelle des espèces réactives sont créées grâce à l'énergie apportée par les radiations lumineuses. Il y a deux possibilités de rupture de liaison formant des espèces réactives :

a. soit la rupture d'une molécule de dichlore pour former deux atomes de chlore;

b. soit la rupture d'une liaison carbone-hydrogène d'une molécule de méthane pour former un atome d'hydrogène et un radical méthyle $CH_3^\bullet$

$$Cl_2 \longrightarrow Cl^\bullet + Cl^\bullet \qquad (1)$$
$$CH_4 \longrightarrow CH_3^\bullet + H^\bullet \qquad (1')$$

La lumière du jour contient des radiations lumineuses capables de scinder les molécules de dichlore **(fig. 15).** Mais il faut des radiations lumineuses d'énergie plus importante pour scinder une liaison carbone-hydrogène. La lumière du jour n'en contient pas et seule la première réaction d'initiation (1) est possible.

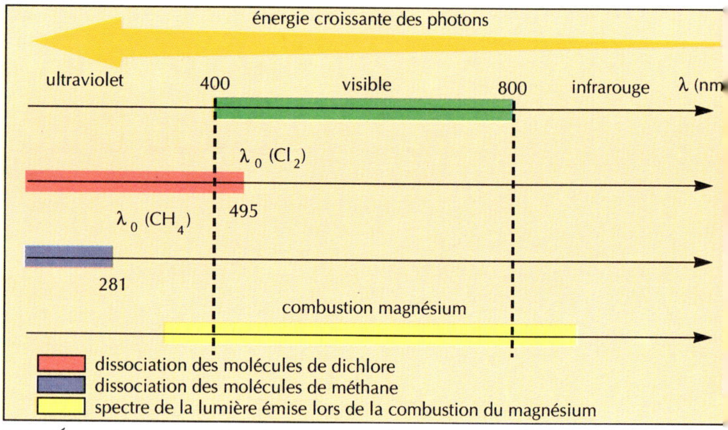

15. *Énergies comparées des photons capables de dissocier le dichlore et le méthane.*

3/ MÉCANISME DE LA RÉACTION

Les chimistes ont pu déterminer le mécanisme de la réaction : ils ont établi les différentes étapes élémentaires qui interviennent et leur chronologie. On peut grouper en trois phases les étapes élémentaires de ce mécanisme.

1. Phase d'initiation : création d'espèces très réactives (ici des radicaux libres)

Il se forme deux atomes de chlore par rupture d'une molécule de dichlore **(fig. 16)** :

$$Cl_2 \longrightarrow Cl^\bullet + Cl^\bullet$$

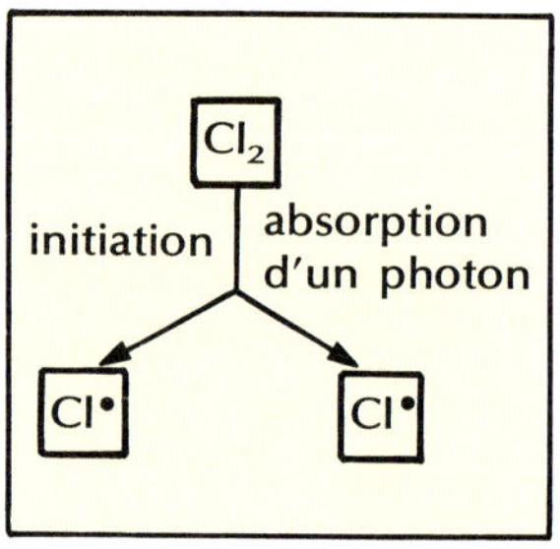

16. *Phase d'initiation de la réaction du dichlore et du méthane sous l'action de la lumière.*

2. Phase de propagation : formation des produits avec régénération des espèces réactives

$$CH_4 + Cl^\bullet \longrightarrow CH_3^\bullet + HCl \qquad (2)$$
$$CH_3^\bullet + Cl_2 \longrightarrow CH_3Cl + Cl^\bullet \qquad (3)$$

Dans l'étape élémentaire (2) il se forme une molécule de chlorure d'hydrogène (produit de la réaction globale) et un radical méthyle. Ce radical est très réactif, et réagit dès qu'il rencontre une molécule de dichlore (étape élémentaire (3)). On voit qu'une molécule de chlorométhane est formée et qu'un atome de chlore est régénéré **(fig. 17).**

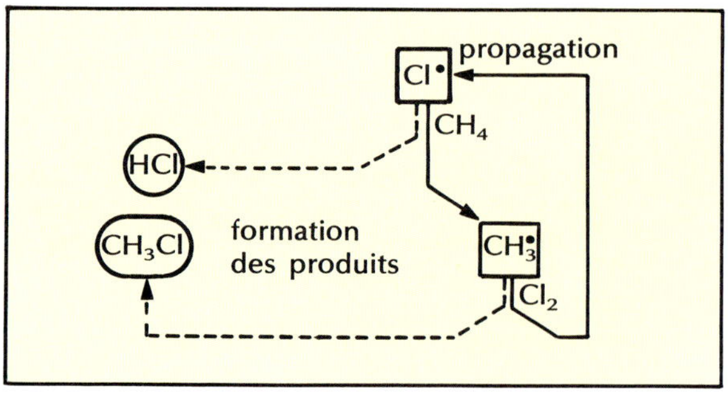

Cet atome de chlore va permettre de réaliser à nouveau les étapes élémentaires (2) et (3) et de produire un autre atome de chlore réactif. Le cycle peut recommencer tant que les atomes de chlore ne disparaissent pas dans un autre type d'étape élémentaire.

Dans les conditions de l'expérience de la **figure 14,** un atome de chlore formé dans la phase d'initiation peut produire plusieurs milliers de molécules de chlorure d'hydrogène et de chlorométhane.

Remarque

Des chocs ont lieu entre des atomes de chlore et des molécules de dichlore, et aussi entre des radicaux méthyle et des molécules de méthane. Ces chocs ne permettent ni de former des espèces nouvelles, ni de faire avancer la réaction.

3. Phase de rupture (ou de terminaison) : consommation des espèces très réactives

Deux atomes de chlore peuvent se recombiner **(fig. 18)** pour former une molécule de dichlore :

$$Cl^\bullet + Cl^\bullet \longrightarrow Cl_2$$

Cette molécule possède cependant trop d'énergie pour être stable. Elle doit pouvoir céder cet excès d'énergie à une autre molécule telle que Cl_2, CH_4. Mais le choc de trois particules est peu probable, ce qui explique que la phase de propagation puisse se reproduire un très grand nombre de fois alors que la phase de rupture est peu favorisée.

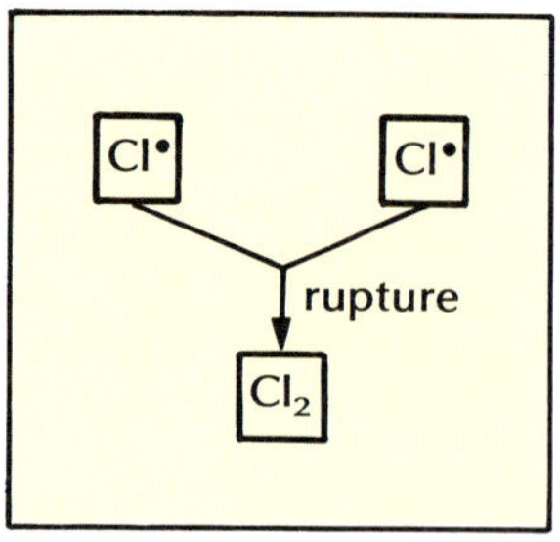

18. *Phase de rupture de la réaction entre le dichlore et le méthane.*

◄ **17.** *Phase de propagation de la réaction entre le dichlore et le méthane.*

4. Mécanisme global de la réaction

Le mécanisme de cette réaction est résumé par l'organigramme de la **figure 19.**

Lorsque le mécanisme d'une réaction comporte les trois phases d'initiation, de propagation et de rupture, on dit que la réaction est une réaction en chaîne.

La réaction de formation du chlorométhane ne se fait pratiquement pas à température ordinaire et à l'obscurité. L'étape élémentaire la plus difficile à réaliser dans le mécanisme est l'étape élémentaire de la phase d'initiation (formation de deux atomes de chlore à partir d'une molécule de dichlore). Cette rupture de la molécule de dichlore est facilitée par l'action de la lumière, le mélange réactionnel peut alors évoluer de façon appréciable.

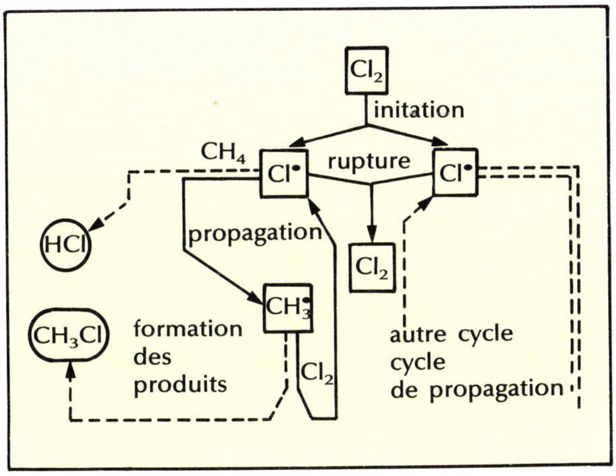

19. *Cycle complet de la réaction entre le dichlore et le méthane sous l'action de la lumière.*

4/ ÉTUDE PLUS COMPLÈTE DE LA PHASE DE PROPAGATION

On peut imaginer deux types de phases de propagation.

1. Premier type

C'est celui que nous avons déjà étudié.

$$CH_4 + Cl^\bullet \longrightarrow HCl + CH_3^\bullet \quad (2)$$
$$CH_3^\bullet + Cl_2 \longrightarrow CH_3Cl + Cl^\bullet \quad (3)$$

2. Deuxième type

Le choc entre une molécule de méthane et un atome de chlore **(fig. 20),** permettrait la formation d'une molécule de chlorométhane et, par conséquent, d'un atome d'hydrogène (étape élémentaire (2')). La régénération d'un atome de chlore se ferait ensuite grâce à un choc entre un atome d'hydrogène et une molécule de dichlore, étape élémentaire (3').

$$CH_4 + Cl^\bullet \longrightarrow CH_3Cl + H^\bullet \quad (2')$$
$$H^\bullet + Cl_2 \longrightarrow HCl + Cl^\bullet \quad (3')$$

Les centres actifs formés dans la phase d'initiation ($Cl^\bullet$) sont reformés dans ces deux types de propagation.

Ces deux types de phase de propagation sont en concurrence notamment par les étapes élémentaires (2) et (2') qui font intervenir les mêmes réactifs et qui constituent le début des phases de propagation. Le premier type de phase de propagation est cependant beaucoup plus fréquent et sera seul à retenir.

5/ AUTRE MODE OPÉRATOIRE; PRATIQUE INDUSTRIELLE

Dans l'industrie, on réalise par élévation de la température la chloration du méthane* et de divers hydrocarbures. Il n'est pas pratique, au point de vue industriel, d'utiliser un mode opératoire faisant intervenir des radiations lumineuses. Ces chlorations, réalisées à température élevée, sont souvent accompagnées d'un craquage. Les divers produits obtenus sont séparés par distillation.

On réalise donc la chloration du méthane à température élevée et à l'obscurité. La formation d'espèces réactives (ou centres actifs) n'est pas initiée par des photons. Lorsque la température est élevée, l'agitation moléculaire est très importante. L'énergie cinétique des molécules grandit. Au cours d'un choc entre deux molécules l'une d'elles peut acquérir de l'énergie. Si cette énergie est suffisamment importante, la molécule peut se dissocier **(fig. 21).**

* *2 % du chlorométhane sont ainsi obtenus et le reste par action de* CH_3OH *sur* HCl.

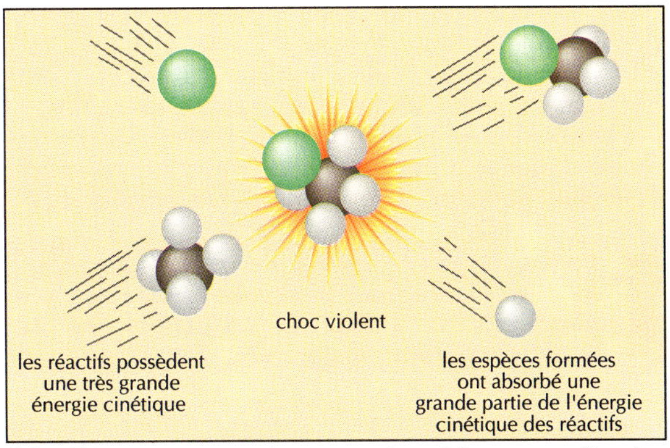

20. *Réaction entre le chlore et le méthane sous l'action des chocs moléculaires.*

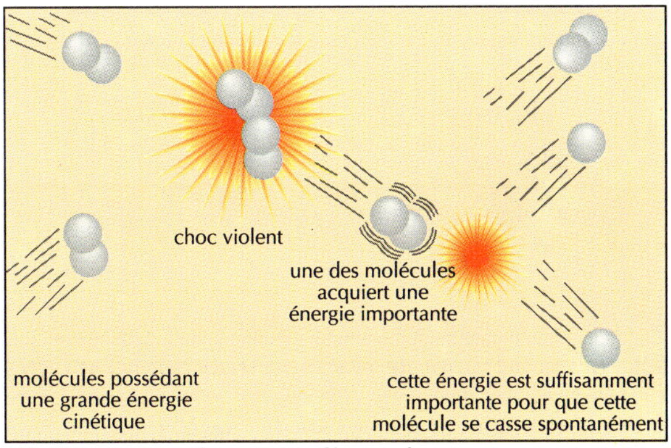

21. *Initiation thermique d'une réaction.*

Il faut beaucoup moins d'énergie pour dissocier une molécule de dichlore que pour rompre la liaison carbone-hydrogène d'une molécule de méthane; les centres actifs créés au cours de la phase d'initiation sont donc des atomes de chlore.

$$Cl_2 \longrightarrow Cl^\bullet + Cl^\bullet$$

Le mécanisme de la réaction, dans ce nouveau mode opératoire, est également celui d'une réaction en chaîne. Les phases de propagation et de rupture sont inchangées. Seul diffère le mode de formation des centres actifs dans la phase d'initiation.

E IMPORTANCE DE LA CONNAISSANCE DU MÉCANISME D'UNE RÉACTION

Nous pouvons comprendre, maintenant, l'influence de la concentration des réactifs et l'influence de la température sur les vitesses de disparition des réactifs ou d'apparition des produits.

1/ INFLUENCE DE LA CONCENTRATION DES RÉACTIFS

Nous venons de voir qu'une réaction chimique se décompose en étapes élémentaires. Celles-ci font intervenir des chocs entre particules. Ces chocs sont nécessaires pour former des espèces nouvelles. Si les chocs sont plus nombreux **(fig. 22)** pendant une durée donnée, la probabilité de former des espèces nouvelles pendant cette même durée augmente.

Lorsque la concentration des réactifs augmente, les chocs entre leurs molécules deviennent plus nombreux, la vitesse de disparition de ces réactifs est alors plus grande.

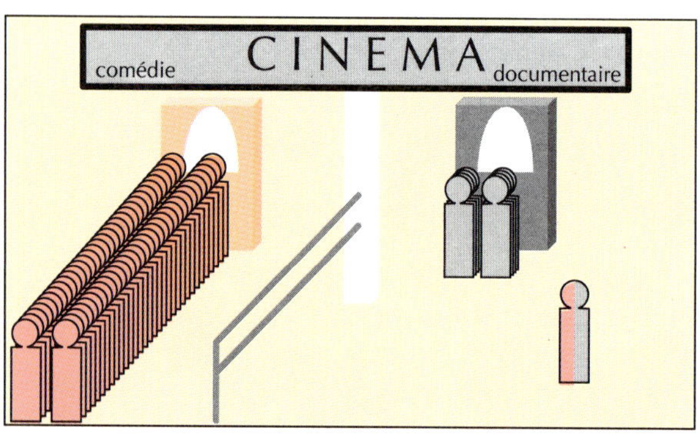

22. *Les probabilités de rencontres sont nettement différentes dans les deux cas. Comparer avec l'influence de la concentration des réactifs sur la vitesse d'une réaction chimique.*

2/ INFLUENCE DE LA TEMPÉRATURE

Dans le cas de la formation du chlorure d'hydrogène, ou de la formation du chlorométhane, l'étape élémentaire la plus difficile à réaliser est celle de la phase d'initiation. A température ordinaire, sans l'aide des radiations lumineuses, cette étape élémentaire ne se fait pratiquement pas. En revanche, à température élevée, la réaction devient beaucoup plus facile car l'énergie cinétique des molécules du milieu réactionnel est suffisamment importante pour former les espèces nouvelles.

Très souvent, au cours d'une réaction lente, il existe une ou plusieurs étapes élémentaires qui nécessitent des chocs violents entre particules pour que la formation d'espèces nouvelles puisse se faire. Cette ou ces étapes élémentaires limitent donc la vitesse de réaction. Lorsque la température s'élève, les chocs violents deviennent plus nombreux et permettent au mélange réactionnel d'évoluer plus rapidement.

3/ CONCLUSION

Les exemples de mécanismes que nous venons d'étudier sont ceux de réactions en chaîne. Il existe bien d'autres types de mécanismes.

Certains d'entre eux font apparaître des espèces intermédiaires comme celles que nous avons vues : $Cl^\bullet$, $H^\bullet$, $CH_3^\bullet$. L'étude de ces espèces intermédiaires et des vitesses de réaction permet de déterminer le mécanisme d'une réaction.

Il est très intéressant de connaître le mécanisme d'une réaction, car on peut alors agir sur sa vitesse, en modifiant certains facteurs, ce qui est très utile pour les réactions industrielles. Parmi ces facteurs, on peut utiliser des substances n'intervenant pas dans le bilan global de la réaction. Elles sont étudiées au chapitre suivant.

L'ESSENTIEL

- La rupture symétrique d'une liaison covalente simple entre deux atomes d'une molécule AB fait apparaître deux **radicaux libres** $A^\bullet$ et $B^\bullet$, espèces très réactives.
- **Pour rompre une liaison A – B il faut fournir une énergie,** notée E_{A-B} et appelée énergie de rupture de liaison. Cette énergie peut être apportée sous forme électromagnétique; elle est alors **transportée par des photons** dont l'énergie est donnée par la formule $\boldsymbol{E_{ph} = h\nu}$ (h est la constante de Planck et ν la fréquence de la radiation utilisée).
- La condition de rupture de la liaison par cette méthode s'écrit :

$$h\nu \geqslant E_{A-B}$$

- Au cours d'une réaction chimique des liaisons sont rompues dans les réactifs et de nouvelles liaisons se forment dans les produits. Cette transformation s'effectue en général au cours **d'étapes élémentaires** qui traduisent, à l'échelle microscopique les réactions se produisant au niveau des molécules. L'ensemble des étapes élémentaires et leur chronologie s'appelle **mécanisme de la réaction.**
- La **synthèse du chlorure d'hydrogène,** à partir du dichlore et du dihydrogène, s'effectue selon le mécanisme suivant :

une **phase d'initiation** au cours de laquelle des radicaux sont créés par action de la lumière sur les molécules de dichlore : $Cl_2 \longrightarrow 2\,Cl^\bullet$

une **phase de propagation** avec formation des produits et régénération des radicaux :

$$Cl^\bullet + H_2 \longrightarrow HCl + H^\bullet$$
$$H^\bullet + Cl_2 \longrightarrow HCl + Cl^\bullet$$

une **phase de rupture** ou de **terminaison** avec consommation des radicaux

$$Cl^\bullet + Cl^\bullet \longrightarrow Cl_2$$

- La **synthèse du chlorométhane** à partir du dichlore et du méthane s'effectue par un mécanisme similaire :

phase d'initiation : $Cl_2 \longrightarrow 2\,Cl^\bullet$

phase de propagation : $Cl^\bullet + CH_4 \longrightarrow CH_3^\bullet + HCl$

$CH_3^\bullet + Cl_2 \longrightarrow CH_3Cl + Cl^\bullet$

phase de rupture : $Cl^\bullet + Cl^\bullet \longrightarrow Cl_2$

- Lorsque le mécanisme d'une réaction comporte les trois phases : initiation, propagation et rupture, on dit qu'il s'agit d'une **réaction en chaîne.**
- La phase d'initiation peut s'effectuer autrement que par l'action de la lumière : l'énergie nécessaire peut être apportée sous forme d'énergie thermique.

1 La formation du monochlorométhane par substitution du chlore sur le méthane est une réaction en chaîne dont le mécanisme peut être représenté par une suite, *donnée ici dans un ordre quelconque,* d'équations chimiques, chacune d'elles traduisant un processus* élémentaire :

$$Cl_2 \longrightarrow 2\,Cl^\bullet \quad (1)$$
$$2\,Cl^\bullet \longrightarrow Cl_2 \quad (2)$$
$$CH_3^\bullet + Cl_2 \longrightarrow CH_3Cl + Cl^\bullet \quad (3)$$
$$2\,CH_3^\bullet \longrightarrow C_2H_6 \quad (4)$$
$$CH_3^\bullet + Cl^\bullet \longrightarrow CH_3Cl \quad (5)$$
$$CH_4 + Cl^\bullet \longrightarrow CH_3^\bullet + HCl \quad (6)$$

1. Indiquer un ordre possible des différentes phases de cette réaction et distinguer les différentes étapes.

2. Comment provoque-t-on la réaction (1)?

SOLUTION

1. L'équation-bilan de cette réaction s'écrit :

$$CH_4 + Cl_2 \longrightarrow CH_3Cl + HCl \quad (I)$$

Cette réaction en chaîne commence par une *phase d'initiation* au cours de laquelle des radicaux sont créés. Cette phase correspond à la réaction (1) puisque deux radicaux $Cl^\bullet$ sont ainsi créés à partir d'une molécule de dichlore.
Ensuite les produits de la réaction (I) sont formés au cours des processus élémentaires (6) puis (3) alors que d'autres radicaux $CH_3^\bullet$ et $Cl^\bullet$ sont formés, ce qui permet à la réaction de se poursuivre. Les processus (6) puis (3) appartiennent donc à la *phase de propagation* de la chaîne réactionnelle.

Lorsque les radicaux $Cl^\bullet$ et $CH_3^\bullet$ sont suffisamment nombreux, ils peuvent se recombiner (selon les réactions élémentaires (2) (4) ou (5)) sans qu'il y ait création d'autres radicaux. Il s'agit donc de la *phase de rupture* (ou de terminaison). On peut donc donner le mécanisme suivant :

$$Cl_2 \longrightarrow 2\,Cl^\bullet \qquad \text{phase d'initiation}$$

$$\left.\begin{array}{l} Cl^\bullet + CH_4 \longrightarrow CH_3^\bullet + HCl \\ CH_3^\bullet + Cl_2 \longrightarrow CH_3Cl + Cl^\bullet \end{array}\right\} \text{phase de propagation}$$

$$\left.\begin{array}{l} Cl^\bullet + CH_3^\bullet \longrightarrow CH_3Cl \\ CH_3^\bullet + CH_3^\bullet \longrightarrow CH_3CH_3 \\ Cl^\bullet + Cl^\bullet \longrightarrow Cl_2 \end{array}\right\} \text{phase de rupture}$$

2. Lors de la phase d'initiation, il doit y avoir rupture de la liaison Cl – Cl. Celle-ci peut-être provoquée par une lumière riche en ultra-violets car les photons des radiations UV ont une énergie supérieure à l'énergie de dissociation de la liaison Cl – Cl d'une molécule de dichlore.

* *ou acte ou réaction*

BAC

2 Dans un certain domaine de température et de pression, la décomposition de l'éthanal est une réaction simple : $CH_3CHO \longrightarrow CH_4 + CO$. Mais, en général, elle constitue une réaction complexe que l'on peut interpréter par le mécanisme suivant :

$$CH_3CHO \longrightarrow CH_3^\bullet + CHO^\bullet \quad (1)$$
$$CH_3^\bullet + CH_3CHO \longrightarrow CH_3CO^\bullet + CH_4 \quad (2)$$
$$CH_3CO^\bullet \longrightarrow CH_3^\bullet + CO \quad (3)$$
$$CHO^\bullet + CH_3CHO \longrightarrow CH_3CO^\bullet + CO + H_2 \quad (4)$$
$$CH_3^\bullet + CH_3^\bullet \longrightarrow C_2H_6 \quad (5)$$

1. Expliquer ce qui distingue une réaction simple d'une réaction complexe.
2. Quels sont les centres actifs qui interviennent dans le mécanisme ci-dessus?
3. L'étape (1) peut être de nature photochimique. Sachant que l'énergie nécessaire à cette étape est de 318 $kJ \cdot mol^{-1}$ calculer la longueur d'onde minimale λ qui doit être présente dans le flux lumineux irradiant l'éthanal.
Données :
Constante de Planck : $h = 6{,}62 \times 10^{-34}\ J \cdot s$.
Célérité de la lumière dans le vide :
$c = 3{,}0 \times 10^8\ m \cdot s^{-1}$
Constante d'Avogadro : $N_A = 6{,}02 \times 10^{23}\ mol^{-1}$.

(Amiens; D-83)

SOLUTION

1. L'équation-bilan d'une réaction $A + B \longrightarrow C$ nous permet, à l'échelle macroscopique, de déterminer la relation qui lie les quantités de matière des réactifs et des produits (d'après les coefficients utilisés pour équilibrer l'équation). Si à l'échelle microscopique l'espèce A rencontre effectivement l'espèce B pour donner l'espèce C, on dit que la **réaction est simple** (ou élémentaire). Ce cas est assez rare et souvent il apparaît des espèces intermédiaires qui ne figurent pas dans l'équation-bilan. La **réaction est alors dite complexe** et le mécanisme de la réaction est représenté par une suite de processus élémentaires (ou étapes élémentaires).
2. Ici les centres actifs sont des radicaux libres :

$$CH_3^\bullet,\ CHO^\bullet,\ CH_3CO^\bullet$$

3. L'énergie minimale apportée par le photon doit être égale à :

$$E_{min} = \frac{318 \times 10^3}{6{,}02 \cdot 10^{23}} = 5{,}3 \cdot 10^{-19}\ J$$

Sachant que l'énergie du photon est égale à $h\nu$:

$$h\nu \geqslant E_{min} \text{ soit } \frac{hc}{\lambda} \geqslant E_{min},\ \lambda \leqslant \frac{hc}{E_{min}}.$$

A.N. :
$$\lambda \leqslant \frac{6{,}02 \cdot 10^{-34} \times 3{,}0 \times 10^8}{5{,}3 \cdot 10^{-19}}$$

$$\lambda \leqslant 3{,}76 \cdot 10^{-7}\ m \quad \text{soit} \quad \boldsymbol{\lambda \leqslant 376\ nm}$$

EXERCICES

MÉCANISME LORS D'UNE ÉLECTROLYSE

3 **A_1-A_2-C_2** Lorsque l'on réalise l'électrolyse d'une solution concentrée d'éthanoate de sodium dans certaines conditions on obtient de l'éthane et du dioxyde de carbone à l'anode. Le mécanisme suivant a été proposé pour rendre compte de cette réaction à l'anode.

$$CH_3CO_2^- \longrightarrow CH_3CO_2^\bullet + e^- \quad (1)$$
$$CH_3CO_2^\bullet \longrightarrow CH_3^\bullet + CO_2 \quad (2)$$
$$CH_3^\bullet + CH_3^\bullet \longrightarrow CH_3{-}CH_3 \quad (3)$$

1. Proposer une demi-équation-bilan électronique à l'anode.

2. Que signifie l'écriture $CH_3^\bullet$?

3. On n'observe pas de formation de $CH_3{-}CO_2{-}CH_3$ résultant de la combinaison entre $CH_3{-}CO_2^\bullet$ et $CH_3^\bullet$. Que peut-on dire de la rapidité de la réaction élémentaire (2)?

BROMATION DE L'HEXANE

4 **A_1-A_2-B_1-B_3** Du dibrome est dissous dans de l'hexane. On éclaire la solution par la lumière d'un arc électrique. La coloration brune due à la présence du brome en solution disparaît après quelques dizaines de minutes.

1. Calculer la longueur d'onde maximale des radiations électromagnétiques capables de briser la molécule de dibrome.

2. L'analyse de la solution après la décoloration montre qu'il se forme des monobromohexanes si la concentration du dibrome n'est pas trop importante. Parallèlement on observe un dégagement de bromure d'hydrogène.
Le mécanisme de la réaction est le suivant :

$$Br_2 \longrightarrow Br^\bullet + Br^\bullet$$
$$Br^\bullet + RH \longrightarrow R^\bullet + HBr$$
$$R^\bullet + Br_2 \longrightarrow RBr + Br^\bullet$$
$$Br^\bullet + Br^\bullet \longrightarrow Br_2$$

R représente un groupe hexyle.
Reconnaît-on un mécanisme de réaction en chaîne? Si oui, indiquer les différentes phases de la réaction. Quelles sont les espèces très réactives intervenant dans cette réaction?

3. Donner la formule et le nom des différents monobromohexanes. Écrire le mécanisme de la réaction de formation du bromo-2 hexane.

INFLUENCE DU MÉCANISME SUR LES PRODUITS FORMÉS DANS UNE RÉACTION

5 **A_1-C_2** On fait agir du bromure d'hydrogène sur le propène dans un solvant polaire : on obtient essentiellement du bromo-2 propane. Dans un solvant peu polaire en présence de peroxyde de butyle, on obtient essentiellement du bromo-1 propane en faisant agir également le bromure d'hydrogène sur le propène.

1. Le mécanisme est-il le même selon le mode opératoire utilisé? Justifier la réponse.

2. Le mécanisme de la réaction d'addition du bromure d'hydrogène sur le propène est le suivant (dans le solvant polaire) :

$$HBr + CH_3{-}CH{=}CH_2 \longrightarrow CH_3{-}CH^+{-}CH_3 + Br^-$$
$$CH_3{-}CH^+{-}CH_3 + Br^- \longrightarrow CH_3{-}CHBr{-}CH_3$$

Indiquer une structure électronique possible de l'espèce carbonée intermédiaire. Ce mécanisme est-il celui d'une réaction en chaîne? Si oui, indiquer les différentes phases du mécanisme.

3. Le mécanisme de la réaction en présence de peroxyde de butyle est le suivant :

$$RO{-}OR \longrightarrow RO^\bullet + RO^\bullet$$
(R représente le groupe butyle)
$$RO^\bullet + HBr \longrightarrow ROH + Br^\bullet$$
$$Br^\bullet + CH_3{-}CH{=}CH_2 \longrightarrow CH_3{-}CH^\bullet{-}CH_2Br$$
$$CH_3{-}CH^\bullet{-}CH_2Br + HBr \longrightarrow CH_3{-}CH_2{-}CH_2Br + Br^\bullet$$
$$Br^\bullet + Br^\bullet \longrightarrow Br_2$$

Indiquer le(s) centre(s) actif(s). S'agit-il d'une réaction en chaîne? Si oui, indiquer les différentes phases de la réaction.

4. Même dans un solvant polaire, si l'on ajoute aux réactifs du peroxyde de butyle, il se forme essentiellement du bromo-2 propane. Avec lequel des deux mécanismes la réaction évolue-t-elle le plus rapidement?

RÉACTIONS AVEC LES HALOGÉNURES D'ALKYLE

6 **A_1-C_2** On compare les réactions :

$$CH_3Cl + Br^- \longrightarrow CH_3Br + Cl^-$$
$$CH_3Cl + I^- \longrightarrow CH_3I + Cl^-$$

Ces deux réactions sont des réactions élémentaires. La vitesse de disparition du chlorométhane est dans chaque cas proportionnelle à la concentration de chaque réactif.

1. Qu'est-ce qu'une réaction élémentaire?

2. Dans un solvant approprié (permettant entre autres de dissoudre tous les réactifs) on a en présence le chlorométhane, des ions bromure et des ions iodure. Lorsque les concentrations des ions iodure et bromure sont égales, la vitesse de formation du bromométhane est 11,7 fois plus faible que celle de l'iodométhane. Quel est, entre l'ion bromure et l'ion iodure, le réactif qui réagit le plus facilement avec le chlorométhane? Expliquer.

3. Les concentrations initiales dans le mélange réactionnel sont :

$$c_0(CH_3Cl) = 0{,}100 \text{ mol}\cdot l^{-1}$$
$$c_0(Br^-) = c_0(I^-) = 0{,}050 \text{ mol}\cdot l^{-1}$$

Quelles sont les concentrations d'iodométhane et de bromométhane formés au bout d'un temps infini (très long)? On supposera qu'il n'y a pas d'autre réaction possible.
Quel est le rapport des concentrations en iodométhane et en bromométhane quelques instants après avoir mélangé les trois réactifs.

7 **A₁-A₂-C₂** On compare les réactions :

$$(CH_3)_3CCl + Br^- \longrightarrow (CH_3)_3CBr + Cl^-$$
$$(CH_3)_3CCl + OH^- \longrightarrow (CH_3)_3COH + Cl^-$$

1. Le mécanisme de formation du bromo-2 méthyl-2 propane est le suivant :

$$(CH_3)_3CCl \longrightarrow (CH_3)_3C^+ + Cl^-$$
$$(CH_3)_3C^+ + Cl^- \longrightarrow (CH_3)_3CCl$$
$$(CH_3)_3C^+ + Br^- \longrightarrow (CH_3)_3CBr$$

Est-ce une réaction en chaîne? Si oui, indiquer les différentes phases du mécanisme.

2. Le mécanisme de formation du méthyl-2 propanol-2 se déduit du précédent en remplaçant l'entité Br par l'entité OH. Écrire ce mécanisme.
On constate que la vitesse initiale de disparition du chloro-2 méthyl-2 propane ne dépend que de la concentration de celui-ci et non pas de celles de l'ion hydroxyde ou de l'ion bromure. Les mécanismes proposés rendent-ils compte de ce phénomène?

3. A concentrations égales en ions hydroxyde et en ions bromure il se forme 2,5 fois plus de bromo-2 méthyl-2 propane que de méthyl-2 propanol-2. A quel niveau dans le mécanisme intervient la différence de réactivité entre les ions hydroxyde et les ions bromure?

SYNTHÈSE THERMIQUE DU BROMURE D'HYDROGÈNE

8 **A₁-C₁** L'équation-bilan de cette synthèse s'écrit :

$$Br_2 + H_2 \longrightarrow 2\,HBr$$

Il s'agit d'une réaction complexe dont le mécanisme est le suivant :

$$Br_2 \xrightarrow{\text{chauffage}} 2\,Br^\bullet \qquad (1)$$
$$Br^\bullet + H_2 \longrightarrow HBr + H^\bullet \qquad (2)$$
$$H^\bullet + Br_2 \longrightarrow HBr + Br^\bullet \qquad (3)$$
$$H^\bullet + HBr \longrightarrow H_2 + Br^\bullet \qquad (4)$$
$$Br^\bullet + Br^\bullet \longrightarrow Br_2 \qquad (5)$$

1. Montrer qu'il s'agit d'une réaction en chaîne en précisant les trois étapes : initiation, propagation, terminaison.

2. En comparant avec le mécanisme de la synthèse du chlorure d'hydrogène, dites en quoi ils diffèrent.

3. Que pensez-vous de la réaction (4)?

4. Peut-on envisager une initiation photochimique?

ADDITION DU BROMURE D'HYDROGÈNE SUR LES ALCÈNES

9 **A₁-A₂-C₁** L'addition du bromure d'hydrogène sur les alcènes, dans certaines conditions expérimentales, se traduit par l'équation-bilan suivante :

$$R—CH=CH_2 + HBr \longrightarrow RCH_2—CH_2—Br$$

Le mécanisme proposé est le suivant :

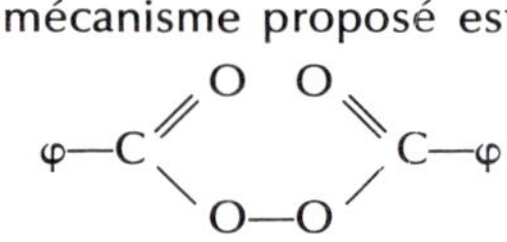

$$\xrightarrow[60°\text{-}80\ °C]{\text{chauffage}} 2\varphi^\bullet + 2\,CO_2 \qquad (1)$$
$$\varphi^\bullet + HBr \longrightarrow \varphi H + Br^\bullet \qquad (2)$$
$$R—CH=CH_2 + Br^\bullet \longrightarrow R—\overset{\bullet}{C}H—CH_2Br \qquad (3)$$
$$R—\overset{\bullet}{C}H—CH_2Br + HBr \longrightarrow R—CH_2—CH_2Br + Br^\bullet \qquad (4)$$

Il est incomplet, la phase de rupture ou de terminaison n'ayant pas été écrite.

1. Proposer une réaction de rupture (5).

2. Montrer que l'ensemble des étapes (1), (2), (3), (4) et (5) est une réaction en chaîne.

3. Quels sont les radicaux libres mis en jeu?

ADDITION DE DIBROME SUR L'ÉTHYLÈNE

10 **A₁-A₂-C₂** En solution aqueuse, la réaction d'addition de dibrome sur l'éthylène a pour équation-bilan

$$Br_2 + CH_2=CH_2 \longrightarrow CH_2Br—CH_2Br$$

On admet que le mécanisme est le suivant :

$$Br_2 + CH_2=CH_2 \longrightarrow \overset{\oplus}{C}H_2—CH_2Br + Br^\ominus \qquad (1)$$
$$Br^\ominus + \overset{\oplus}{C}H_2—CH_2Br \longrightarrow CH_2Br—CH_2Br \qquad (2)$$

S'il existe d'autres ions chargés négativement dans la solution aqueuse (ex. : $Cl^\ominus$, $OH^\ominus$), on obtient en plus du dibromo-1,2 éthane les composés suivants :

$$CH_2OH—CH_2Br \quad \text{et} \quad CH_2Cl—CH_2Br$$

1. Interpréter la formation de ces composés.

2. Quelle est la réaction (1 ou 2) la plus rapide?

11 **A_1-B_3** Étudier au choix l'action du dichlore sur le gaz dihydrogène ou la monosubstitution du chlore sur le méthane.

1. Décrire l'expérience.

2. Écrire l'équation-bilan de la réaction. Préciser les différentes étapes de cette réaction en chaîne.

3. Quel est le rôle de la lumière dans cette réaction? La réaction aurait-elle lieu si le dispositif était éclairé en lumière monochromatique de longueur d'onde $\lambda = 0{,}60\ \mu m$?
— constante de Planck : $h = 6{,}63 \times 10^{-34}$ J·s,
— célérité de la lumière : $c = 3 \times 10^8$ m·s^{-1},
— énergie de dissociation de la molécule de dichlore en deux radicaux $Cl^\bullet$: $E = 4{,}04 \times 10^{-19}$ J.

(Orléans-Tours; 82-CE)

12 **A_1-B_3** La synthèse du chlorure d'hydrogène, HCl, à partir du dihydrogène et du dichlore gazeux est une réaction en chaîne dont le mécanisme fait appel à des centres actifs intermédiaires. La phase d'initiation a lieu lorsque sous l'action de la lumière, une molécule de dichlore se scinde en deux centres actifs.

1. Décrire le dispositif expérimental et les phénomènes observés.

2. Écrire l'équation globale de la réaction; décrire les étapes successives d'initiation, de propagation et d'arrêt.

3. L'énergie de dissociation d'une molécule de dichlore est $E = +2{,}5$ eV.
On envoie une radiation électromagnétique de longueur d'onde $\lambda = 0{,}4\ \mu m$ sur le mélange gazeux. Cette radiation permet-elle de briser la molécule de dichlore? Justifier votre réponse.

Données numériques :
— constante de Planck : $h = 6{,}63 \times 10^{-34}$ J·s,
— célérité de la lumière : $c = 3 \times 10^8$ m·s^{-1},
— charge élémentaire : $e = 1{,}6 \times 10^{-19}$ C.

(Orléans-Tours; 81-D)

13 **A_1-C_2** On s'intéresse au mécanisme radicalaire d'une réaction en chaîne en prenant comme exemple la monochloration du méthane ou la synthèse du chlorure d'hydrogène :

1. Rappeler le rôle du rayonnement ultra-violet dans l'étape d'initiation (formation des centres actifs chlore).

2. Écrire les équations décrivant la phase de propagation de la réaction en chaîne.

3. L'étape de rupture est constituée par l'action des centres actifs les uns sur les autres. Écrire les équations décrivant la rupture de la chaîne.

4. Faire l'inventaire des produits présents dans le milieu réactionnel en cours de réaction.

5. Comment pensez-vous pouvoir agir sur la concentration en centres actifs?

(Clermont-Ferrand; 82-D)

14 **A_1-A_2-C_1** Les synthèses des différents hydracides halogénés HX se traduisent par le même bilan général :

$$H_2 + X_2 \longrightarrow 2\,HX$$

Toutefois certains faits expérimentaux ont montré que ce bilan ne reflète pas le comportement réel des espèces chimiques au cours des différentes réactions. On pense en effet que, lors des différentes synthèses, se produisent les réactions élémentaires suivantes :

Synthèse de HCl	Synthèse de HBr	Synthèse de HI
$Cl_2 \longrightarrow 2\,Cl^\bullet$	$Br^\bullet + H_2 \longrightarrow HBr + H^\bullet$	$I_2 \longrightarrow 2\,I^\bullet$
$H^\bullet + Cl_2 \longrightarrow HCl + Cl^\bullet$	$Br_2 \longrightarrow 2\,Br^\bullet$	$2\,I^\bullet + H_2 \longrightarrow 2\,HI$
$2\,Cl^\bullet \longrightarrow Cl_2$	$H^\bullet + Br_2 \longrightarrow HBr + Br^\bullet$	
$Cl^\bullet + H_2 \longrightarrow HCl + H^\bullet$	$2\,Br^\bullet \longrightarrow Br_2$	
	$H^\bullet + HBr \longrightarrow H_2 + Br^\bullet$	

1. Dans ces réactions, que représentent les symboles marqués d'un point?
En rappelant leur structure électronique, justifier leur réactivité et préciser leur rôle dans ces réactions.
De quelles manières peut-on créer initialement ces espèces chimiques dans le milieu réactionnel?
2. Pour chaque synthèse, on demande de classer les réactions élémentaires de façon à mettre en évidence les différentes étapes fondamentales de chaque mécanisme. Les trois mécanismes sont-ils tous du type « réaction en chaîne »? Justifier votre réponse.

(Antilles-Guyane; 82)

15 **A_2-B_3-C_2** L'oxydation d'un composé organique A conduit au corps B.
Celui-ci, en phase vapeur, est exposé à un rayonnement de longueur d'onde inférieure ou égale à 313 nm, et subit une dissociation photochimique dont les produits sont un mélange équimolaire d'éthane et de monoxyde de carbone.
1. Exprimer en eV l'énergie minimale des photons susceptibles d'initier la dissociation de B.
2. Déterminer la formule moléculaire brute de B.
3. L'oxydation d'un composé organique A', isomère de A, conduit à un corps B' capable de réduire le nitrate d'argent ammoniacal en argent. Identifier A, A', B, B'. Écrire leurs formules développées planes ainsi que leurs noms.
4. L'hydratation d'un alcène permet d'obtenir essentiellement l'un des deux isomères A et A'.
Lequel? Quels sont la formule et le nom de l'alcène correspondant?
Constantes physiques :
Célérité de la lumière : $c = 3{,}0 \times 10^8$ m/s.
Constante de Planck : $h = 6{,}63 \times 10^{-34}$ J.s.
Charge élémentaire : $e = 1{,}6 \times 10^{-19}$ C.

(Bordeaux; 88-D)

16 **A_1** Le chlorure d'hydrogène peut être obtenu par synthèse suivant la réaction d'équation-bilan :

$$H_2 + Cl_2 \longrightarrow 2\,HCl$$

Lors de cette synthèse se produisent entre autres les réactions élémentaires suivantes :

$$2\,Cl^\bullet \longrightarrow Cl_2$$
$$H^\bullet + Cl_2 \longrightarrow HCl + Cl^\bullet$$
$$Cl_2 \longrightarrow 2\,Cl^\bullet$$
$$Cl^\bullet + H_2 \longrightarrow HCl + H^\bullet$$

1. Classer et nommer les différentes étapes de la synthèse du chlorure d'hydrogène.
2. Comment amorce-t-on cette réaction?

(Lille; 88-D)

Pot d'échappement catalytique (pour éviter la pollution de l'atmosphère par certains gaz qui maintenant sont transformés en produits non toxiques).

17 CATALYSEURS

Dans le chapitre 15, nous avons étudié le rôle de la température et de la concentration des réactifs sur la vitesse de formation des produits de la réaction. En classes de Seconde et de Première, afin d'accélérer certaines réactions nous avons été amenés à ajouter fréquemment une substance chimique dans le milieu réactionnel, en plus des réactifs. L'objet de ce chapitre est l'étude de ces substances chimiques appelées ***catalyseurs,*** *utilisées pour modifier la cinétique des réactions.*

sommaire

A MISE EN ÉVIDENCE DU PHÉNOMÈNE DE CATALYSE

1/ LAMPE SANS FLAMME

L'appareillage est constitué par un bécher de 500 cm^3 environ contenant de l'alcool éthylique **(fig. 1)**, un gros bouchon plat posé sur les bords du bécher, ce bouchon plat est traversé par un tube de gros diamètre qui sert de conduit de cheminée. Un tortillon de cuivre peut être introduit dans le tube. Les spires inférieures de ce tortillon doivent se trouver à quelques millimètres de la surface de l'alcool. L'encoche pratiquée dans le bouchon permet de régler l'entrée de l'air dans le bécher. Pour faire fonctionner la lampe, nous chauffons l'alcool jusqu'au début de l'ébullition, la cheminée étant en place, puis après avoir porté l'extrémité du tortillon de cuivre au rouge, nous introduisons celui-ci dans la cheminée. L'incandescence du cuivre persiste, puis se propage sur les spires supérieures. Si le dispositif est bien réglé la lampe ne s'éteint que lorsque l'alcool est épuisé. Le mélange gazeux, dioxygène de l'air et éthanol, réagit à la surface du cuivre pour former essentiellement de l'éthanal :

$$2\,C_2H_5OH + O_2 \longrightarrow 2\,CH_3\text{—}C\overset{\displaystyle O}{\underset{\displaystyle H}{\lessgtr}} + 2\,H_2O$$

Cette réaction est exothermique ce qui permet de maintenir l'incandescence du cuivre. L'incandescence du cuivre permet aussi de vaporiser l'alcool.

Pendant le fonctionnement de la lampe, nous retirons le tortillon de cuivre et nous le laissons refroidir. Si nous l'introduisons à nouveau dans la cheminée, l'incandescence du cuivre ne réapparaît pas. En effet, lorsque nous avons retiré le tortillon de cuivre la réaction n'a pas continué à l'intérieur du tube, et la température ayant fortement baissé, le cuivre n'est plus porté au rouge. Mais si nous portons à nouveau à incandescence le tortillon de cuivre avant de le réintroduire, la réaction peut recommencer.

Nous voyons que la présence du cuivre est nécessaire pour réaliser la réaction et que le cuivre n'est efficace que dans un domaine de température bien précis. Par ailleurs, l'aspect du tortillon de cuivre est presque le même avant l'expérience et à l'issue de celle-ci.

Le cuivre permet à la réaction de se produire, n'intervient pas dans le bilan de la réaction, et n'est pas, apparemment, altéré à la fin de celle-ci.

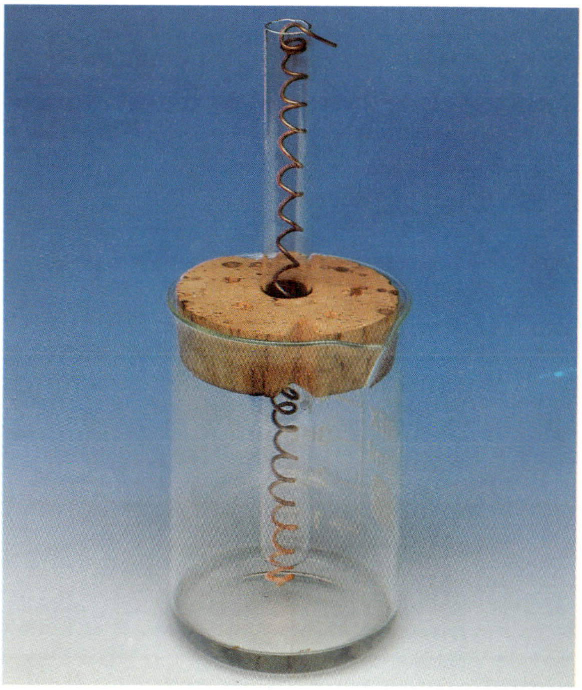

1. *Expérience de la lampe sans flamme. Le fil de cuivre est maintenu à l'incandescence en présence de vapeurs d'alcool et d'oxygène.*

2/ RÉACTION ENTRE LES IONS TARTRATE ET LE PEROXYDE D'HYDROGÈNE

1. Réaction

Formule des ions tartrate :

$$^{-}O_2C—CHOH—CHOH—CO_2^{-}$$

Formule du peroxyde d'hydrogène : H_2O_2.

Le peroxyde d'hydrogène en solution est souvent appelé eau oxygénée.

2. Expérience

Un bécher contient 3 g de tartrate de sodium et de potassium dissous dans 50 cm^3 d'eau distillée. Portons la température de cette solution à 70 °C environ. Ajoutons alors 20 cm^3 d'une solution de peroxyde d'hydrogène à « 20 volumes ». Nous remarquons un dégagement gazeux à peine perceptible, signe de la formation de gaz (dioxyde de carbone). La réaction a donc lieu mais très lentement **(fig. 2).** A ce moment, le chauffage étant arrêté, versons 2 g environ de cristaux de chlorure de cobalt (II) solide (on peut utiliser également du sulfate de cobalt (II)). Ce solide est rose. Au moment de sa dissolution la solution devient rose également **(fig. 3).** Cette couleur est due aux ions cobalt (II).

Au bout de quelques secondes, la solution devient verdâtre et un important dégagement gazeux se produit **(fig. 4).** Apparemment, les ions cobalt (II) ont été transformés et la réaction entre les ions tartrate et le peroxyde d'hydrogène semble évoluer beaucoup plus rapidement.

Après une à deux minutes, le dégagement gazeux s'atténue et la solution reprend sa couleur rose initiale **(fig. 5) :** la réaction s'arrête et les ions cobalt (II) sont régénérés.

Montrons que les ions cobalt (II) n'ont rien perdu de leur efficacité. En effet, si nous rajoutons dans la solution redevenue rose, 3 g de tartrate et 20 cm^3 de peroxyde d'hydrogène à « 20 volumes », la coloration verte réapparaît en même temps qu'un important dégagement gazeux. Par la suite, lorsque le dégagement gazeux s'estompe, la solution redevient rose une nouvelle fois.

Nous voyons donc que :

— les ions cobalt (II) participent à la réaction, car ils forment un composé vert;

— la réaction est plus rapide en présence d'ions cobalt (II);

— les ions cobalt (II) n'apparaissent pas dans le bilan de la réaction puisqu'ils sont régénérés une fois l'évolution de la réaction terminée.

3/ DÉFINITIONS

Un catalyseur est une substance qui modifie la vitesse d'apparition d'un produit d'une réaction sans toutefois apparaître dans l'équation-bilan de cette réaction.

La catalyse est la modification apportée à l'évolution d'une réaction du point de vue de sa vitesse, par un catalyseur.

La catalyse homogène correspond au cas où le catalyseur est dans la même phase (liquide ou gazeuse) que les corps réagissant. Par exemple les ions tartrate, le peroxyde d'hydrogène et les ions cobalt (II) en solution aqueuse, sont en phase liquide.

La catalyse hétérogène correspond au cas où le catalyseur est dans une phase différente des corps réagissant (cas de la lampe sans flamme avec un catalyseur solide, le cuivre, et des réactifs en phase gazeuse, le dioxygène et les vapeurs d'alcool).

2.3.4.5. *Réaction entre les ions tartrate et le peroxyde d'hydrogène.*

4/ AUTRES EXEMPLES DE RÉACTIONS CATALYSÉES

1. Hydratation de l'acétylène

C'est une réaction d'addition dont l'équation-bilan s'écrit :

$$C_2H_2 + H_2O \longrightarrow CH_3CHO$$

On peut utiliser le montage de la **figure 6** ou plus simplement le mode opératoire suivant : dans un flacon souple en polyéthylène rempli d'acétylène, on introduit environ 5 cm^3 d'acide sulfurique concentré dans lequel on a dissous du sulfate de mercure (II), $HgSO_4$. On referme hermétiquement et on agite. Progressivement le flacon s'écrase car la quantité de matière en acétylène diminue.

Si on ouvre le flacon, l'odeur caractéristique de l'éthanal se répand dans la pièce. On peut également utiliser la D.N.P.H. pour caractériser cet aldéhyde.

2. Bromation du toluène

On utilise le toluène $C_6H_5—CH_3$, beaucoup moins toxique que le benzène C_6H_6. C'est une réaction de substitution où un atome de brome remplace un atome d'hydrogène du cycle aromatique.

Sous la hotte, on ajoute quelques gouttes de dibrome Br_2 à environ 2 cm^3 de toluène contenus dans un tube à essai. Après agitation, aucune réaction ne semble se produire. Ajoutons alors une pincée de limaille de fer. Une réaction assez vive se déclenche : la solution se décolore et du bromure d'hydrogène se dégage (on peut le mettre en évidence avec un papier pH humidifié) **(fig. 7).**

Le bromure de fer (III), $FeBr_3$, se forme « in vitro » et joue le rôle de catalyseur :

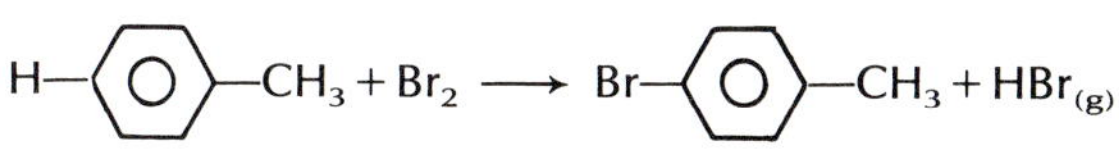

5/ INTERPRÉTATION DU PHÉNOMÈNE DE CATALYSE

Le catalyseur participe à la réaction dans laquelle il est utilisé.

Le mécanisme de la réaction non catalysée est différent du mécanisme de la réaction catalysée.

Très souvent, au cours d'une réaction lente, il existe une ou plusieurs étapes élémentaires nécessitant des chocs violents entre particules pour que la formation d'espèces nouvelles puisse se faire. Ces chocs violents permettent de franchir une barrière d'énergie.

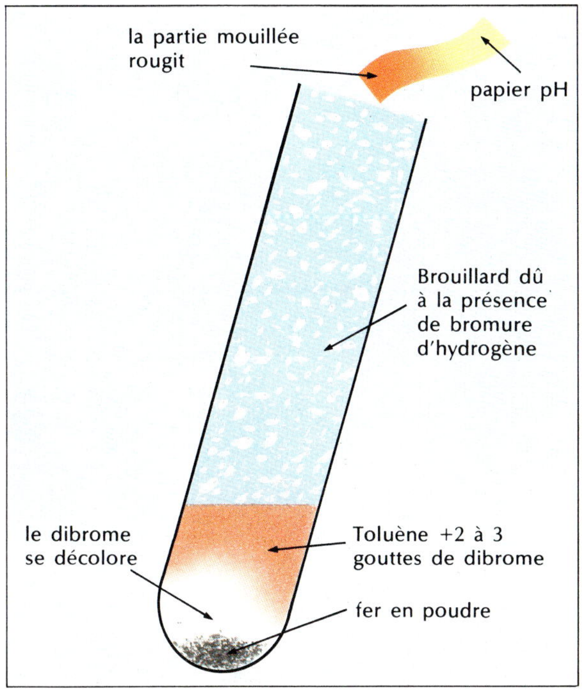

7. Bromation du toluène.

6. Hydratation de l'acétylène.

L'introduction d'un catalyseur a pour effet de remplacer ce type d'étapes élémentaires par d'autres étapes élémentaires faisant intervenir le catalyseur et dont la barrière d'énergie est moindre **(fig. 8)**. Ces nouvelles étapes nécessitent des chocs moins violents et sont beaucoup plus rapides.

Nous pouvons utiliser une première image; pour passer d'une vallée à une vallée voisine la barrière d'énergie à vaincre est plus faible en empruntant un col ou un tunnel qu'en passant par les crêtes.

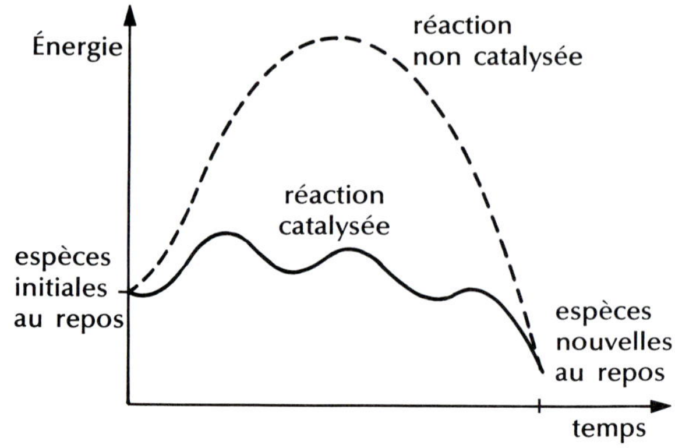

8. *Interprétation graphique du phénomène de catalyse.*

B CATALYSES HOMOGÈNES OU HÉTÉROGÈNES

1/ RÉACTION CATALYSÉE ENTRE LES IONS PEROXODISULFATE $S_2O_8^{2-}$ ET LES IONS IODURE I^- : ROLE DU CATALYSEUR

1. Catalyseurs utilisés

Mélangeons une solution d'iodure de potassium à une solution de peroxodisulfate d'ammonium de même concentration 0,2 $mol \cdot l^{-1}$. Faisons deux parts égales de ce mélange et plaçons-les dans des béchers de mêmes dimensions. Dans le deuxième bécher introduisons quelques gouttes de sulfate de fer (II) **(fig. 9)**.

L'augmentation du volume de la solution qui en résulte est négligeable.

La solution contenant les ions fer (II) (deuxième bécher) devient marron foncé beaucoup plus vite que la solution qui n'en contient pas (premier bécher). La quantité de diiode formée à un instant donné dans le deuxième bécher est plus importante que dans l'autre. Cependant au bout d'un temps très long, les concentrations de diiode sont les mêmes avec ou sans catalyseur.

La réaction entre les ions peroxodisulfate et les ions iodure est donc plus rapide en présence d'ions fer (II).
Les ions fer (II) catalysent la réaction.

On peut faire une expérience similaire en remplaçant les ions fer (II) par des ions cuivre (II) qui exerceront la même action catalytique.

9. *Catalyse de la réaction de l'iodure de potassium avec le peroxodisulfate d'ammonium par le sulfate de fer (II).*

2. Rôle des ions fer (II) dans la catalyse

Nous avons vu qu'un catalyseur pouvait participer à une réaction sans apparaître dans le bilan. Nous allons voir comment les ions fer (II) participent à la réaction.

a. Dans un tube à essais versons une solution de peroxodisulfate d'ammonium et quelques gouttes de sulfate de fer (II). Ajoutons-y alors un peu d'une solution d'hydroxyde de sodium. Une coloration brune, puis la formation d'un précipité rouille permettent de mettre en évidence la présence d'ions fer (III) dans la solution **(fig. 10)**.

10. *Réaction du peroxodisulfate d'ammonium et du sulfate de fer (II).*

Le précipité rouille est de l'hydroxyde de fer (III) formé à partir d'ions fer (III) et d'ions hydroxyde :

$$Fe^{3+}_{(aq)} + 3\,OH^-_{(aq)} \longrightarrow Fe(OH)_{3\,(s)} \qquad \text{(Test)}$$

Les ions fer (III) ont été formés par réaction des ions fer (II) (Fe^{2+} réducteur du couple oxydoréducteur Fe^{3+}/Fe^{2+}; $E^0_{Fe^{3+}/Fe^{2+}} = 0{,}77$ V) avec les ions peroxodisulfate ($S_2O_8^{2-}$ oxydant du couple oxydoréducteur $S_2O_8^{2-}/SO_4^{2-}$; $E^0_{S_2O_8^{2-}/SO_4^{2-}} = 2{,}01$ V)

$$S_2O^{2-}_{8\,(aq)} + \boxed{2\,Fe^{2+}_{(aq)}} \longrightarrow 2\,SO^{2-}_{4\,(aq)} + 2\,Fe^{3+}_{(aq)}$$

b. Le catalyseur ne doit pas apparaître dans le bilan de la réaction.

Les ions fer (III) (Fe^{3+} oxydant du couple oxydoréducteur Fe^{3+}/Fe^{2+}) réagissent avec les ions iodure (I^- réducteur du couple oxydoréducteur I_2/I^-; $E^0_{I_2/I^-} = 0{,}55$ V).

$$2\,Fe^{3+}_{(aq)} + 2\,I^-_{(aq)} \longrightarrow I_{2\,(aq)} + \boxed{2\,Fe^{2+}_{(aq)}}$$

Vérifions que cette réaction est possible. Versons une solution d'ions iodure dans un tube à essais et quelques gouttes d'une solution de sulfate de fer (III). La couleur brune de l'iode apparaît pratiquement immédiatement **(fig. 11)**.

Mettons en évidence également l'apparition d'ions fer (II). Pour cela, ajoutons un peu de toluène (ou de dichlorométhane) dans le tube, le toluène surnage. La solution aqueuse et le toluène ne sont pas miscibles. Bouchons le tube et agitons. La solution aqueuse est décolorée et le toluène se colore en violet **(fig. 12)**. Il n'y a plus de diiode dans la solution aqueuse, car le diiode est beaucoup plus soluble dans le toluène que dans l'eau. Le diiode a une couleur violette dans le toluène; on peut le montrer en dissolvant directement un grain de diiode dans du toluène.

Si nous ajoutons avec précaution une solution assez concentrée d'hydroxyde de sodium il se forme, lorsque cette solution atteint la phase aqueuse, un précipité vert d'hydroxyde de fer (II) **(fig. 13)**, selon l'équation-bilan :

$$Fe^{2+}_{(aq)} + 2\,OH^-_{(aq)} \longrightarrow Fe(OH)_{2\,(s)} \qquad \text{(Test)}$$

11.12.13. *Rôle des ions fer (II) dans la catalyse de la réaction du peroxodisulfate d'ammonium avec l'iodure de potassium.*

La réaction non catalysée des ions peroxodisulfate sur les ions iodure est remplacée par d'autres réactions plus rapides dans lesquelles le catalyseur est impliqué. La réaction catalysée est plus rapide bien que comportant plus d'étapes.

Les équations-bilans s'écrivent :

$$S_2O^{2-}_{8\,(aq)} + \underbrace{2\,Fe^{2+}_{(aq)}}_{\text{le catalyseur participe}} \longrightarrow 2\,SO^{2-}_{4\,(aq)} + 2\,Fe^{3+}_{(aq)}$$

$$2\,Fe^{3+}_{(aq)} + 2\,I^{-}_{(aq)} \longrightarrow I_{2\,(aq)} + \underbrace{2\,Fe^{2+}_{(aq)}}_{\text{le catalyseur est régénéré}}$$

$$S_2O^{2-}_{8\,(aq)} + 2\,I^{-}_{(aq)} \longrightarrow 2\,SO^{2-}_{4\,(aq)} + I_{2\,(aq)}$$

Bilan global où n'apparaît pas le catalyseur.

2/ RÉACTION ENTRE LES IONS PERMANGANATE ET L'ACIDE ÉTHANEDIOÏQUE : AUTOCATALYSE

1. Observation de la réaction

Cette réaction **(fig. 14)** a déjà été étudiée page 245.

Nous mélangeons deux solutions aqueuses S_1 et S_2.

S_1 est préparée à partir de 40 cm^3 d'une solution d'acide éthanedioïque (concentration 5×10^{-2} $mol \cdot l^{-1}$) et de 2 cm^3 d'acide sulfurique concentré; nous refroidissons la solution S_1.

S_2 est une solution de permanganate de potassium de volume 20 cm^3 et de concentration 2×10^{-2} $mol \cdot l^{-1}$.

Lors de l'homogénéisation du mélange, la solution est violette (couleur des ions permanganate). Au bout de quelques minutes le contenu du bécher devient marron, très peu de temps, puis incolore **(fig. 15)**. Le bilan de la réaction est :

$$2\,MnO_4^- + 6\,H_3O^+ + 5\,H_2C_2O_4 \rightarrow 2\,Mn^{2+} + 10\,CO_2 + 14\,H_2O$$

Dans cette réaction il se forme un composé intermédiaire (marron).

2. Formation du composé intermédiaire

a. Hypothèses sur sa nature

L'acide éthanedioïque donne facilement en solution des ions éthanedioate (incolores en solution) $C_2O_4^{2-}$ par réaction acide-base et du dioxyde de carbone par réaction d'oxydoréduction. Le composé intermédiaire marron ne provient donc pas de l'acide éthanedioïque.

Le tableau suivant donne les principales espèces formées à partir de l'élément manganèse.

Espèce	Symbole	Particularité
Manganèse	Mn	Solide métallique
Ion manganèse	Mn^{2+}	Incolore en solution diluée, rose pâle à forte concentration
Dioxyde de manganèse	MnO_2	Solide brun
Ion permanganate	MnO_4^-	Violet
Hydroxyde de manganèse	$Mn(OH)_2$	Solide beige

Le composé intermédiaire semble être le dioxyde de manganèse de couleur brune. Il n'est visible qu'en fin de réaction lorsqu'il n'y a pratiquement plus d'ions permanganate (couleur violette intense) et que ceux-ci sont presque intégralement transformés en ions manganèse.

b. Détermination effective de ce composé

Montrons que l'on peut former le dioxyde de manganèse par une réaction d'oxydoréduction entre les ions permanganate et les ions manganèse. Versons quelques gouttes d'une solution de permanganate de potassium dans une solution de sulfate de manganèse acidifiée **(fig. 15)**.

Le dioxyde de manganèse se forme assez rapidement :

$$3\,Mn^{2+}_{(aq)} + 2\,MnO^-_{4\,(aq)} + 2\,H_2O \rightarrow 5\,MnO_{2\,(s)} + 4\,H^+_{(aq)} \quad (1)$$

14. *Réaction entre les ions permanganate et l'acide éthanedioïque : autocatalyse.*

15. *Formation du composé intermédiaire MnO_2 dans la réaction entre les ions permanganate et l'acide éthanedioïque.*

Si nous ajoutons dans la solution contenant le composé intermédiaire MnO_2, une solution d'acide éthanedioïque, le mélange réactionnel redevient incolore assez rapidement. L'acide éthanedioïque réagit avec le dioxyde de manganèse et forme des ions manganèse et du dioxyde de carbone :

$$MnO_{2\,(s)} + H_2C_2O_{4\,(aq)} + 2\,H^+_{(aq)} \rightarrow 2\,CO_{2\,(aq)} + Mn^{2+}_{(aq)} + 2\,H_2O \quad (2)$$

La réaction entre les ions permanganate et l'acide éthanedioïque est lente au début de la réaction, ensuite les ions manganèse formés permettent de réaliser les réactions (1) et (2) et la réaction devient alors plus rapide. Les ions manganèse, produits de la réaction, ont une influence sur la vitesse : ceci nous suggère d'ajouter des ions manganèse au début de la réaction pour voir comment la vitesse est alors modifiée.

3. Influence des ions manganèse : autocatalyse

Nous réalisons deux mélanges réactionnels contenant de l'acide éthanedioïque, du permanganate de potassium et de l'acide sulfurique comme dans l'expérience de la **figure 14.**

Dans l'un des mélanges nous ajoutons un peu d'une solution de sulfate de manganèse.

La décoloration est beaucoup plus rapide dans le mélange où l'on a ajouté les ions manganèse. L'apport des ions manganèse a permis d'accélérer la réaction.

Les ions manganèse catalysent la réaction entre les ions permanganate et l'acide éthanedioïque. En effet, ceux-ci participent, lorsqu'ils sont présents, à la réaction, car il y a la formation du composé marron. Les ions manganèse sont régénérés puisque la solution finale est incolore. Lorsque la réaction est terminée, on trouve les ions manganèse provenant de la transformation des ions permanganate et, éventuellement, les ions manganèse ajoutés pour accélérer la réaction.

Lorsqu'une réaction chimique est catalysée par l'un des produits de cette réaction, elle est dite autocatalysée. Il s'agit d'une autocatalyse.

3/ RÉACTION D'ESTÉRIFICATION - HYDROLYSE

La réaction d'estérification - hydrolyse a été étudiée en classe de Première et est reprise dans la partie Chimie organique (chap. 12). Cette réaction est catalysée par l'acide sulfurique. Celui-ci augmente sa vitesse, mais ne modifie pas la proportion des corps lorsque la limite de l'équilibre est atteinte **(fig. 16).**

L'acide sulfurique augmente la vitesse d'estérification et la vitesse d'hydrolyse, mais ne modifie pas l'état d'équilibre.

Ceci est général.

Un catalyseur a seulement un rôle cinétique, il modifie la vitesse, mais ne peut pas modifier l'état d'équilibre d'une réaction.

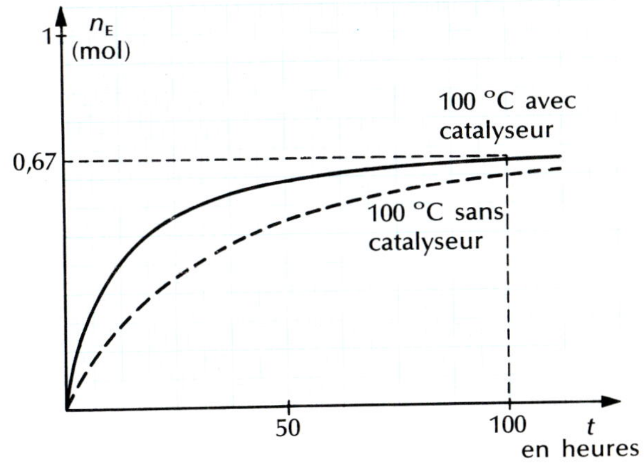

16. *Action du catalyseur dans la réaction d'estérification-hydrolyse. On part à chaque fois d'une mole d'éthanol et d'acide éthanoïque. On appelle n_E la quantité de matière d'ester formé.*

4/ EXEMPLE DE CATALYSE HÉTÉROGÈNE

1. Expériences

Réalisons l'expérience de la **figure 17** entre le dioxygène et le dihydrogène. Le platine est introduit sous forme de mousse et devient rouge aussitôt.

De la buée apparaît sur les parois du tube à la hauteur du platine. Si l'on retire du tube la mousse de platine, dès qu'elle commence à rougir, il est possible de répéter un grand nombre de fois cette expérience et ce, jusqu'à épuisement des réactifs selon le bilan :

$$2\,H_{2\,(g)} + O_{2\,(g)} \longrightarrow 2\,H_2O_{(liq)}$$

L'eau est mise en évidence par la formation de buée. La mousse de platine conserve ses propriétés, car on peut répéter plusieurs fois l'expérience. Ce métal n'apparaît pas dans le bilan de la réaction qu'il favorise. C'est un catalyseur.

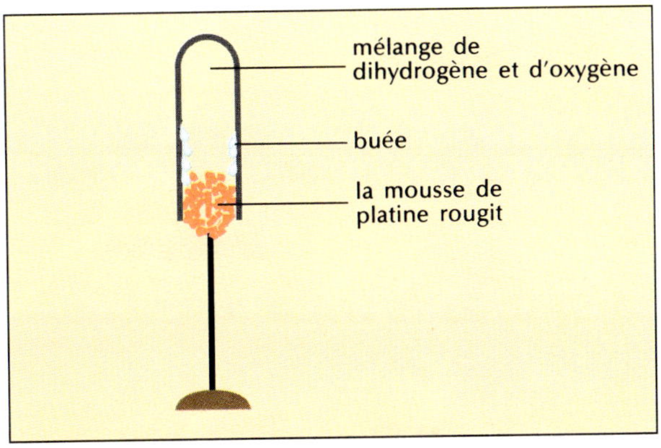

17. *Synthèse de l'eau catalysée par la mousse de platine. Le tube est rempli d'un mélange comportant un volume de dioxygène et deux volumes de dihydrogène.*

Si la mousse de platine reste en place dans le tube, sa température s'élève très rapidement, et provoque ainsi l'explosion du mélange gazeux. A partir de ce moment la réaction ne diffère plus de celle que l'on obtiendrait avec un amorçage thermique par une flamme ou une étincelle.

Le platine est un catalyseur solide, le mélange réactionnel est une phase gazeuse. Il s'agit donc d'une catalyse hétérogène.

Lorsque le platine est sous forme de fil, la mise à incandescence est plus difficile, voire impossible.

2. Interprétation

Le platine sous forme de mousse est beaucoup plus divisé que le platine en fil. Or pour une masse donnée de platine, l'aire de la surface extérieure croît rapidement avec le degré de division. La **figure 18** donne une idée de l'augmentation de cette aire.

On peut atteindre une surface extérieure de l'ordre de 30 m^2 par gramme de platine (noir de platine).

Les expériences précédentes montrent que l'efficacité de la catalyse croît fortement avec l'aire des surfaces de contact entre le catalyseur et les réactifs.

Dans la synthèse de l'eau, les molécules des réactifs gazeux se fixent sur la surface du platine. Les liaisons de ces molécules sont affaiblies, ce qui rend leur rupture plus facile et donc la vitesse de la réaction augmente.

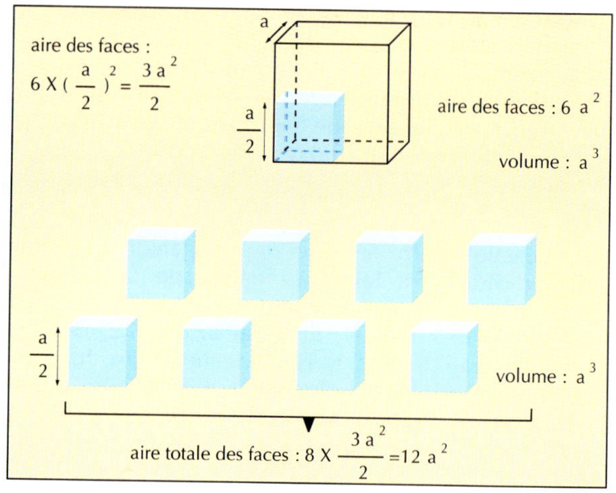

18. *Augmentation de la surface de catalyse en fonction de la division du catalyseur.*

5/ SÉLECTIVITÉ D'UN CATALYSEUR

1. Déshydrogénation de l'éthanol

L'éthanol se transforme en éthanal et en hydrogène à 400 °C en utilisant du cuivre comme catalyseur **(fig. 19).** On dit que l'éthanol est déshydrogéné. Le bilan de la réaction est :

$$CH_3CH_2OH \xrightarrow{Cu} H_2 + CH_3{-}C{\overset{O}{\underset{H}{\lessgtr}}}$$

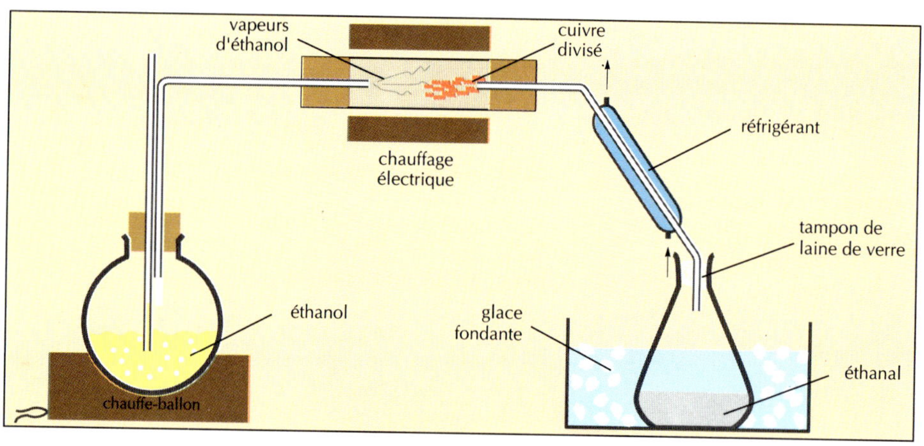

19. *Déshydrogénation de l'éthanol en présence de cuivre.*

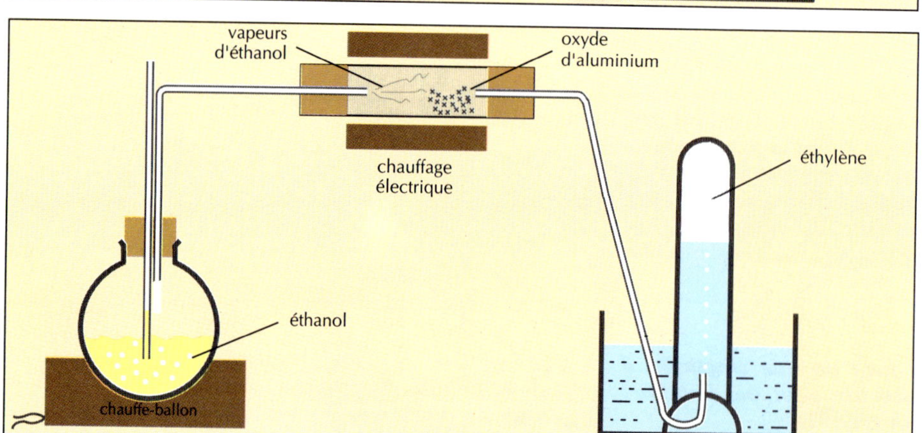

20. *Déshydratation de l'éthanol en présence d'oxyde d'aluminium.*

2. Déshydratation de l'éthanol

A la même température (400 °C), en utilisant de l'oxyde d'aluminium à la place du cuivre, on obtient des produits différents : éthylène et eau **(fig. 20).**

Il s'agit d'une déshydratation selon le bilan :

$$CH_3CH_2OH \xrightarrow{Al_2O_3} H_2O + C_2H_4$$

3. Sélectivité d'un catalyseur

Avec le même réactif, dans les mêmes conditions expérimentales, un changement de catalyseur permet d'obtenir des produits de réaction différents et donc des réactions chimiques différentes.

Un catalyseur donné ne favorise cependant pas toutes les réactions chimiques possibles à partir d'un ensemble donné de réactifs. L'action d'un tel catalyseur est dite sélective.

Cette sélectivité dépend beaucoup du type de catalyseur et du type de réaction chimique à favoriser. Cette propriété de sélectivité permet de sélectionner une réaction parmi plusieurs possibles, suivant le catalyseur choisi. Par exemple, avec l'hydrogène et du monoxyde de carbone, on obtient :

— des hydrocarbures en présence de nickel,

— du méthanol en présence d'oxyde de chrome, etc.

Remarque : l'efficacité d'un catalyseur peut être considérablement diminuée par la présence de certaines substances appelées « poisons » du catalyseur. Du sulfure d'hydrogène, par exemple, introduit dans la lampe sans flamme change l'état de surface du cuivre et ralentit considérablement l'action catalytique de ce métal.

De même, lors de la synthèse du trioxyde de soufre, à partir du dioxyde de soufre et du dioxygène, catalysée par le platine, le trioxyde de diarsenic As_2O_3 est un poison pour le platine.

C IMPORTANCE INDUSTRIELLE ET BIOLOGIQUE DE LA CATALYSE

1/ SYNTHÈSES INDUSTRIELLES

De nombreuses réactions chimiques industrielles nécessitent l'usage de catalyseurs, généralement très sélectifs. Citons :

- La synthèse de l'ammoniac, à partir du diazote et du dihydrogène, avec du fer activé comme catalyseur. Le fer activé contient du fer divisé, 2 à 3 % d'oxyde d'aluminium (Al_2O_3), et 1 à 2 % d'oxyde de potassium (K_2O).
- L'oxydation de l'ammoniac par le dioxygène, pour former le monoxyde d'azote (ce dernier permet l'élaboration de l'acide nitrique). Le catalyseur est du platine tissé en toiles **(fig. 21).**
- L'oxydation du dioxyde de soufre par le dioxygène pour former le trioxyde de soufre dont l'hydratation permet d'obtenir l'acide sulfurique. Le catalyseur est le pentaoxyde de divanadium (V_2O_5).
- Le craquage catalytique des pétroles en vue de fabriquer des hydrocarbures directement utilisables comme les essences.
- La plupart des réactions de synthèse en chimie organique. Dans certaines synthèses industrielles le catalyseur est tenu secret par le fabricant. Aucun brevet n'est déposé, pour ne pas le dévoiler; en effet, il suffirait, par exemple, d'une légère différence de composition pour obtenir un catalyseur avec une efficacité comparable à celui qui serait breveté.

2/ CATALYSE ENZYMATIQUE

Consulter, à ce sujet, le chapitre 14.

Les enzymes, qui sont des protéines, catalysent les réactions se déroulant dans les organismes vivants.

Les processus chimiques naturels (respiration, digestion, synthèse de la matière animale...) sont en effet le plus souvent catalysés par des enzymes.

Ces catalyseurs sont d'une efficacité remarquable et d'une sélectivité absolue, même en quantité infime.

L'industrie agro-alimentaire les utilise fréquemment pour la préparation du pain, des boissons fermentées, ...

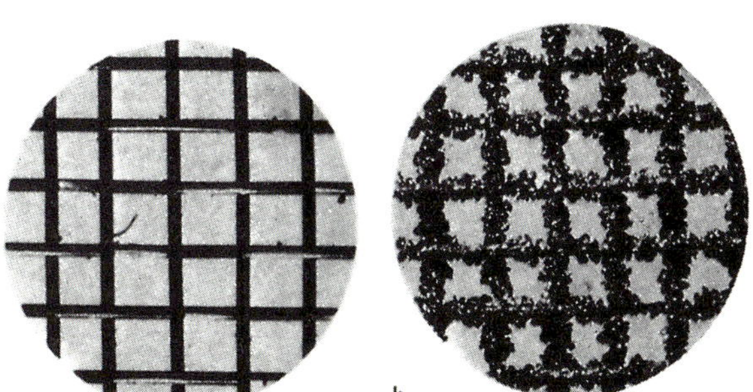

a b

21. *Toile de platine utilisée pour la catalyse de l'oxydation de l'ammoniac par l'oxygène.*
a. *Toile neuve (1 000 mailles par cm^2).*
b. *Toile usagée : l'état de surface est modifié. C'est une preuve expérimentale de la participation du catalyseur à la réaction.*

L'ESSENTIEL

• Un catalyseur est une substance qui augmente la vitesse de formation d'un produit d'une réaction sans apparaître dans l'équation-bilan de cette réaction.

• La catalyse est **homogène** lorsque le catalyseur est dans la même phase que celle des réactifs et est **hétérogène** lorsque le catalyseur est dans une phase différente de celle des réactifs.

• Le mécanisme d'une réaction catalysée est différent de celui d'une réaction non catalysée car le catalyseur est consommé dans certaines étapes élémentaires puis régénéré.

• La réaction, en solution aqueuse, entre les ions peroxodisulfate $S_2O^{2-}_{8\,(aq)}$ et les ions iodure $I^-_{(aq)}$ est catalysée par les ions $Fe^{2+}_{(aq)}$. C'est une catalyse homogène.

$S_2O^{2-}_{8\,(aq)} + \boxed{2\,Fe^{2+}_{(aq)}} \longrightarrow 2\,SO^{2-}_{4\,(aq)} + 2\,Fe^{3+}_{(aq)}$ consommation d'ions Fer (II) (1)

$2\,Fe^{3+}_{(aq)} + 2\,I^-_{(aq)} \longrightarrow I_2 + \boxed{2\,Fe^{2+}_{(aq)}}$ régénération d'ions Fer (II) (2)

Bilan global : $S_2O^{2-}_{8\,(aq)} + 2\,I^-_{(aq)} \longrightarrow 2\,SO^{2-}_{4\,(aq)} + I_2$ le catalyseur n'apparaît pas. (3)

• Lorsqu'une réaction chimique est catalysée par l'un des produits qui se forme, on dit qu'elle est **autocatalysée.** La réaction entre les ions permanganate et l'acide éthanedioïque est une autocatalyse : les ions $Mn^{2+}_{(aq)}$, produits de la réaction, servent de catalyseur.

• Un catalyseur est souvent sélectif : à partir des mêmes réactifs et dans des conditions expérimentales identiques, les produits obtenus dépendent de la nature du catalyseur utilisé.

EXERCICES RÉSOLUS

1 On réalise l'estérification de 1,00 mole d'éthanol par 1,00 mole d'acide éthanoïque à 100 °C en l'absence puis en présence d'une faible quantité d'ions hydronium H_3O^+ provenant d'acide sulfurique. On note la quantité n (en mol) d'ester formé en fonction du temps t; on obtient :

Temps (h)	0	1	3	6	9	12	15
n sans H_3O^+	0	0,12	0,23	0,33	0,37	0,39	0,41
n avec H_3O^+	0	0,47	0,64	0,65	0,66	0,66	0,66

1. Écrire l'équation de la réaction.
2. Tracer dans les deux cas et dans le même repère les graphes $n = f(t)$.
3. Évaluer graphiquement dans les deux expériences la vitesse de formation (ou plus exactement le débit de formation) de l'ester $v = \frac{dn}{dt}$ à l'instant $t = 0$. En déduire le rôle des ions H_3O^+; de quel type de catalyse s'agit-il?
4. Dans la seconde expérience, quelle est la composition du mélange pour $t > 15$ heures? Quelle est alors la valeur de v? L'éthanol réagit-il encore sur l'acide?
5. Pour t très grand, quelle serait la valeur de n dans la première expérience? Pourquoi?
6. On reprend l'expérience en mélangeant, à $t = 0$, 1 mole d'éthanol et 1 mole d'acide éthanoïque mais en ajoutant une grande quantité d'acide sulfurique concentré H_2SO_4. L'acide sulfurique intervient-il seulement en tant que catalyseur? Justifier votre réponse.

SOLUTION

1. L'équation-bilan de la réaction s'écrit : $C_2H_5OH + CH_3CO_2H \rightleftarrows CH_3C(=O){-}O{-}C_2H_5 + H_2O$

éthanol — acide éthanoïque — éthanoate d'éthyle

2.

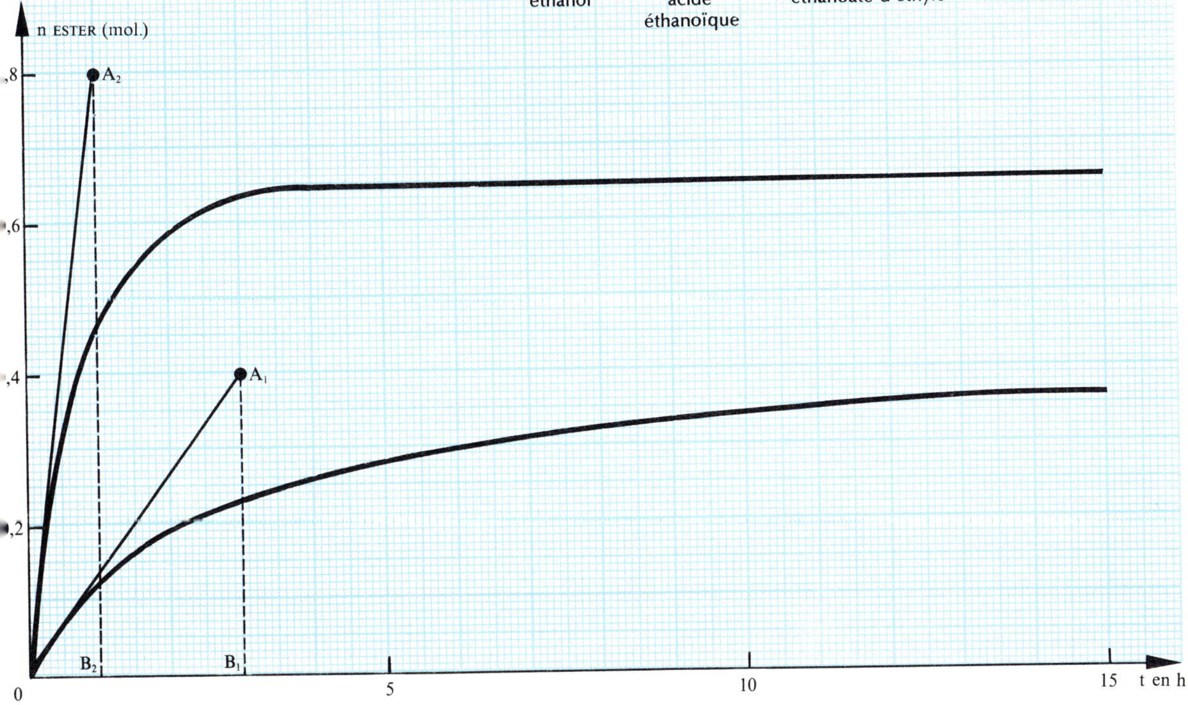

3. En traçant les tangentes aux deux graphes à l'origine, on peut déterminer les deux vitesses à l'instant de date $t=0$.

$$v_1 = \frac{A_1B_1}{OB_1} = \frac{0,4}{3} \simeq 0,13 \text{ mol}\cdot\text{h}^{-1}$$

$$v_2 = \frac{A_2B_2}{OB_2} = \frac{0,8}{1} = 0,8 \text{ mol}\cdot\text{h}^{-1}$$

La présence d'ions H_3O^+, même en faible quantité, augmente fortement la vitesse de formation de l'ester et permet d'atteindre plus rapidement l'état d'équilibre. Les ions hydronium sont donc un **catalyseur** pour cette réaction. Les réactifs et le catalyseur étant dans la même phase liquide, il s'agit d'une **catalyse homogène.**

4. Dans l'expérience avec catalyseur, l'équilibre est atteint au bout de 9 heures : la quantité de matière d'ester formé n'évolue plus. $v = \frac{dn}{dt} = 0$: la vitesse de formation de l'ester est nulle. En fait comme il s'agit d'un équilibre chimique, il se forme en permanence autant d'ester par la réaction d'estérification qu'il s'en détruit par la réaction inverse d'hydrolyse pendant le même intervalle de temps : l'éthanol continue donc à réagir sur l'acide éthanoïque.

5. En attendant suffisamment longtemps, on atteindrait le même état d'équilibre lors de la première expérience soit :

$$n_{\text{ESTER}} = n_{\text{EAU}} = \frac{2}{3} = 0,66 \text{ mol}$$

et $$n_{\text{ETHANOL}} = n_{\text{ACIDE}} = 0,34 \text{ mol}$$

6. L'acide sulfurique va toujours jouer le rôle de catalyseur mais en plus il va agir comme déshydratant et la formation d'ester sera favorisée.

BAC

2 On se propose d'étudier la cinétique chimique de la réaction autocatalysée de l'acide éthanedioïque (ou acide oxalique) $H_2C_2O_4$ sur les ions permanganate MnO_4^- en solution aqueuse acide.

A la date $t=0$, on mélange dans un bécher 50 cm³ d'une solution acidifiée de permanganate de potassium $KMnO_4$ (de concentration molaire $1,0 \cdot 10^{-3}$ mol·l⁻¹) avec 50 cm³ d'une solution d'acide éthanedioïque (de concentration $1,0 \cdot 10^{-1}$ mol·l⁻¹); l'équation de la réaction est :

$$5\,H_2C_2O_4 + 2\,MnO_4^- + 6\,H^+ \rightarrow 10\,CO_2 + 2\,Mn^{2+} + 8\,H_2O$$

1. Citer les couples d'oxydoréduction qui interviennent et comparer les forces des espèces oxydantes correspondantes.

2. Calculer la quantité d'ions MnO_4^- présentes dans le mélange au début de la réaction, ainsi que la concentration molaire correspondante $[MnO_4^-]$; en déduire la quantité d'acide oxalique nécessaire pour réduire tout le permanganate. En a-t-on suffisamment dans le mélange initial?

3. Ci-joint la courbe représentant les variations de la concentration molaire $[Mn^{2+}]$ en fonction du temps. Définir la vitesse instantanée de formation de l'ion Mn^{2+} et déterminer graphiquement cette vitesse aux dates $t=120$ s; $t=285$ s; $t=330$ s (joindre obligatoirement à la copie la courbe portant les constructions faites).

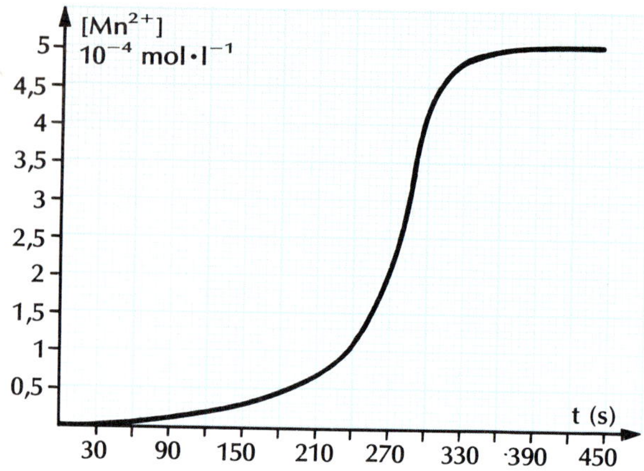

4. En s'aidant des résultats de la question 3, interpréter l'allure de la courbe.

(Besançon; juin 87-D)

SOLUTION

1. Les couples mis en jeu au cours de cette réaction d'oxydoréduction sont :
le couple MnO_4^-/Mn^{2+} :

$$MnO_4^- + 8\,H^+ + 5\,e^- \rightleftarrows Mn^{2+} + 4\,H_2O$$

le couple $CO_2/H_2C_2O_4$:

$$2\,CO_2 + 2\,H^+ + 2\,e^- \rightleftarrows H_2C_2O_4$$

Lorsqu'une réaction d'oxydoréduction se produit spontanément, c'est l'oxydant le plus fort qui réagit avec le réducteur le plus fort.
Des deux oxydants mis en jeu, c'est donc l'ion permanganate MnO_4^- qui est plus fort que CO_2.

2. La solution de permanganate de potassium est constituée d'ions MnO_4^- et K^+ en quantités égales.
A $t=0$,

$$[MnO_4^-]_0 = c_1 = 1{,}0\cdot10^{-3}\ mol\cdot l^{-1}.$$

La quantité de matière en ions MnO_4^- est égale à $n_1 = c_1V_1$ si on appelle V_1 le volume de la solution de permanganate de potassium.

$$\boldsymbol{n_1 = 5\cdot10^{-5}\ mol}$$

Lorsque l'on rajoute un volume V_2 d'une solution d'acide éthanedioïque (oxalique) avant toute réaction, les ions MnO_4^- vont subir une dilution.

$$[MnO_4^-] = \frac{c_1V_1}{V_1+V_2}$$

$$[MnO_4^-] = \frac{1\cdot10^{-3}\times50\cdot10^{-3}}{100\cdot10^{-3}}$$

$$\boldsymbol{[MnO_4^-] = 5\cdot10^{-4}\ mol\cdot l^{-1}}$$

D'après l'équation-bilan, pour 2 moles d'ions MnO_4^- il faut 5 moles de molécules d'acide oxalique $H_2C_2O_4$.
Pour n_1 moles d'ions MnO_4^- il faudra donc

$$n_2 = \frac{5\times n_1}{2} = \frac{5\times5\cdot10^{-5}}{2} = 1{,}25\cdot10^{-4}\ mol$$

de molécules d'acide. Au départ on a apporté

$$n'_2 = c_2V_2 = 10^{-1}\times50\cdot10^{-3} = 5\cdot10^{-3}\ mol$$

Comme $n'_2 > n_2$, il y aura suffisamment d'acide oxalique pour réduire tous les ions permanganate.

3. La vitesse instantanée de formation de l'ion manganèse Mn^{2+} est

$$v(t) = \frac{d[Mn^{2+}]}{dt}$$

et représente le coefficient directeur de la tangente à la courbe au point d'abscisse t_1.

Sur la courbe, on trace les tangentes à la courbe aux points d'abscisse $t_1=120$ s, $t_2=285$ s et $t_3=330$ s.

$$v_1\,(t_1=120\ s) = \frac{B_1C_1}{A_1C_1} = \frac{0{,}8\times10^{-4}}{250} = 3{,}2\cdot10^{-7}\ mol\cdot l^{-1}\cdot s^{-1}$$

$$v_2\,(t_2=285\ s) = \frac{B_2C_2}{A_2C_2} = \frac{1{,}75\cdot10^{-4}}{15} \simeq 1{,}2\cdot10^{-5}\ mol\cdot l^{-1}\cdot s^{-1}$$

$$v_3\,(t_3=330\ s) = \frac{B_3C_3}{A_3B_3} = \frac{0{,}6\cdot10^{-4}}{75} = 8\cdot10^{-7}\ mol\cdot l^{-1}\cdot s^{-1}$$

4. Il s'agit d'une réaction autocatalysée puisque les ions Mn^{2+} catalysent cette réaction.
Le point A_2 d'abscisse $t_2=285$ s est un point d'inflexion pour la courbe. La vitesse augmente pour $0<t<285$ s puis diminue pour $285\ s<t<390$ s. Pour $t\geqslant390$ s elle est nulle. Au départ la vitesse est très faible mais au fur et à mesure que les ions Mn^{2+} sont produits ils catalysent la réaction : la vitesse augmente. Toutefois, au-delà de $t=285$ s, les concentrations des réactifs diminuant de plus en plus, la vitesse diminue malgré le catalyseur.

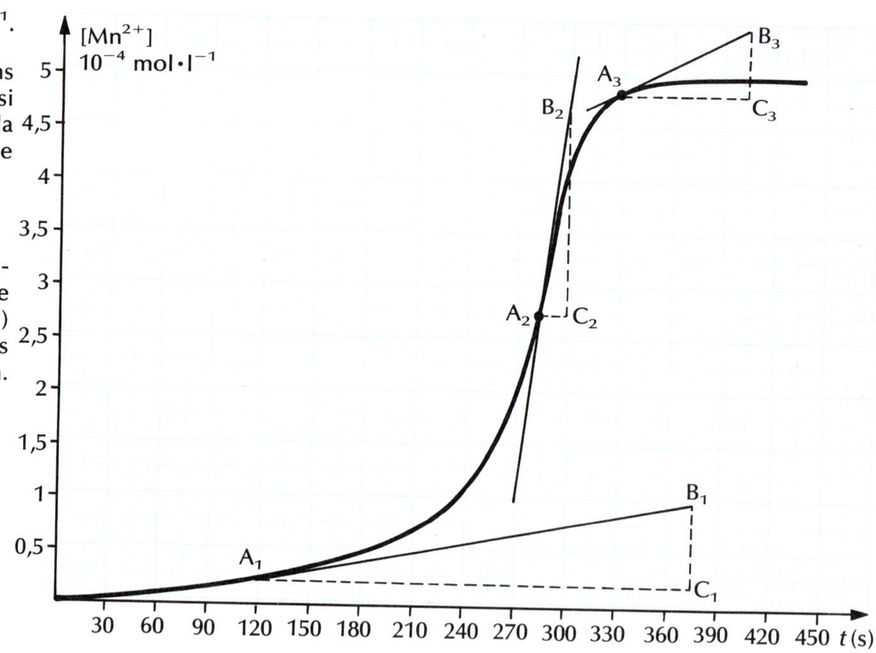

CHOIX D'UN CATALYSEUR

3 **C_1** Nous avons vu que la réaction entre les ions peroxodisulfate et les ions iodure était catalysée par les ions fer (II). Peut-elle l'être pour les ions fer (III)? Expliquer.

4 **A_1-A_2-C_1** Le peroxyde d'hydrogène H_2O_2 se décompose en dioxygène (O_2) et en eau :

$$2\,H_2O_2 \longrightarrow O_2 + 2\,H_2O$$

1. Établir les demi-équations électroniques des couples H_2O_2/H_2O et O_2/H_2O_2.

$$E^0_{H_2O_2/H_2O} = 1{,}77\ V,\ E^0_{O_2/H_2O_2} = 0{,}68\ V$$

2. Montrer que la réaction de décomposition du peroxyde d'hydrogène est possible.

3. La réaction est catalysée par les ions fer (III). Indiquer les réactions d'oxydoréduction qui peuvent intervenir dans cette catalyse ($E^0_{Fe^{3+}/Fe^{2+}} = 0{,}77$ V). (Donner des réactions permises d'après les valeurs des potentiels normaux d'oxydoréduction.)

4. Cette réaction peut-elle être catalysée par les ions fer (II).

5. Même question avec les ions iodure ($E^0_{I_2/I^-} = 0{,}55$ V).

RECHERCHE D'UN CATALYSEUR

5 **A_1-A_2-C_1** On peut fabriquer le bromobenzène en faisant réagir du dibrome, du benzène et de la poudre de fer. Le mécanisme est le suivant :

$$2\,Fe + 3\,Br_2 \longrightarrow 2\,FeBr_3 \text{ (équation-bilan)}$$
$$FeBr_3 + Br_2 \longrightarrow FeBr_4^- + Br^+$$
$$Br^+ + C_6H_6 \longrightarrow C_6H_6Br^+$$
$$C_6H_6Br^+ \longrightarrow C_6H_5Br + H^+$$
$$FeBr_4^- + H^+ \longrightarrow FeBr_3 + HBr$$

1. Écrire l'équation-bilan de la réaction de formation du bromobenzène à partir du benzène et du dibrome.
2. Le fer est-il un catalyseur? Si oui, expliquer pourquoi; si non, quel est le catalyseur? Justifier la réponse.

6 **A_1-A_2-C_1** Le dioxyde de soufre gazeux peut être transformé en trioxyde de soufre par action de l'oxygène en présence de pentaoxyde de divanadium (V_2O_5). Pour schématiser le mécanisme on a proposé la suite de réactions (bilans) suivantes.

$$SO_2 + \underset{\text{brun}}{V_2O_5} \longrightarrow SO_3 + \underset{\text{bleu}}{2\,VO_2}$$
$$SO_2 + V_2O_5 \longrightarrow \underset{\text{vert}}{VOSO_4} + VO_2$$
$$VOSO_4 + VO_2 + \frac{1}{2}\,O_2 \longrightarrow V_2O_5 + SO_3$$

1. Écrire le bilan de la réaction.
2. Indiquer le catalyseur et les espèces intermédiaires en justifiant la réponse.
3. La modification du catalyseur au cours de la catalyse est-elle visible?

POSSIBILITÉ DE CATALYSE

7 **A_2-B_1-C_1-C_2** Peut-on trouver un catalyseur pour la réaction :

$$H_2 + Zn^{2+}_{(aq)} \longrightarrow Zn + 2\,H^+_{(aq)}$$

Même exercice avec les réactions :

$$2\,Ag^+_{(aq)} + Cu \longrightarrow Cu^{2+}_{(aq)} + 2\,Ag$$
$$2\,Fe^{2+}_{(aq)} + 2\,H^+_{(aq)} \longrightarrow 2\,Fe^{3+}_{(aq)} + H_2$$
$$2\,I^-_{(aq)} + Fe^{2+} \longrightarrow I_{2\,(aq)} + Fe$$

AUTOCATALYSE

8 **A_2** Les ions permanganate, en milieu acide, oxydent lentement l'acide éthanedioïque. Le bilan de la réaction s'écrit :

$$5\,H_2C_2O_4 + 2\,MnO_4^- + 6\,H^+ \longrightarrow 10\,CO_2 + 2\,Mn^{2+} + 8\,H_2O$$

On mélange rapidement 20 cm^3 d'une solution acide à $5 \cdot 10^{-3}$ mol$\cdot$l^{-1} de permanganate de potassium à 30 cm^3 d'une solution aqueuse à $5 \cdot 10^{-2}$ mol$\cdot$l^{-1} d'acide éthanedioïque.
1. Calculer la quantité de matière d'ions permanganate initialement présents dans le mélange.
2. En déduire la quantité de matière d'acide éthanedioïque qui n'a pu être oxydée au cours de la réaction.

9 **A_1-A_2-B_3** L'expérience montre que l'hydrolyse d'un ester comme le méthanoate d'éthyle (formiate d'éthyle) est catalysée par les acides. On considère l'hydrolyse en milieu aqueux du méthanoate d'éthyle en utilisant l'acide méthanoïque comme catalyseur.

1. Écrire l'équation-bilan d'hydrolyse.

2. On se propose d'étudier la vitesse de formation de l'alcool en fonction de la quantité d'acide méthanoïque utilisée comme catalyseur. On prend 1 l de mélange réactionnel préparé en introduisant 10^{-2} mole d'ester dans l'eau pure et :
cas n° 1 : 10^{-4} mole d'acide méthanoïque;
cas n° 2 : 10^{-2} mole d'acide méthanoïque.

Les résultats sont les suivants :

	t (min)	0	10	20	30	40
[alcool] ($mol \cdot l^{-1}$)	cas n° 1	0	$4 \cdot 10^{-2}$	$7{,}8 \cdot 10^{-2}$	$9{,}2 \cdot 10^{-2}$	$9{,}8 \cdot 10^{-2}$
	cas n° 2	0	$2{,}5 \cdot 10^{-2}$	$4{,}5 \cdot 10^{-2}$	$6 \cdot 10^{-2}$	$6{,}7 \cdot 10^{-2}$

Dans les deux cas envisagés :

1. Construire la courbe [alcool] = f(t); on prendra comme échelles :
en abscisse : 1 cm pour 2 minutes;
en ordonnée : 1 cm pour 10^{-3} $mol \cdot l^{-1}$.

2. Déterminer graphiquement la vitesse instantanée de formation de l'alcool aux dates $t_1 = 0$ et $t_2 = 20$ minutes. Quel est le cas le plus avantageux du point de vue cinétique? Justifier la réponse.

(Amiens; sept. 81-CE)

10 **A_2** Dans un bécher contenant 100 ml d'une solution d'acide éthanedioïque (ou oxalique), de concentration molaire $5{,}0 \cdot 10^{-3}$ $mol \cdot l^{-1}$, on ajoute un peu d'acide sulfurique, puis, à l'aide d'une burette graduée, on laisse tomber un volume V_p d'une solution de permanganate de potassium de concentration molaire $2{,}0 \cdot 10^{-2}$ $mol \cdot l^{-1}$. La décoloration s'interprète par l'équation-bilan suivante :

$$5\,COOH-COOH + 2\,MnO_4^- + 6\,H^+ \rightarrow 10\,CO_2 + 2\,Mn^{2+} + 8\,H_2O$$

1. Pour $V_p = 1{,}0$ ml, on observe la décoloration au bout de 40 secondes.
Calculer la vitesse moyenne de disparition de l'ion permanganate, exprimée en $mol \cdot l^{-1} \cdot s^{-1}$ (on considérera que le volume total dans le bécher reste à peu près constant).

2. On laisse tomber un deuxième millilitre de permanganate; la durée de la décoloration n'est plus que de 25 s. Calculer la nouvelle vitesse de disparition de l'ion permanganate. Comment peut-on expliquer cette différence?

(Besançon; sept. 81-CE)

11 **A_2-B_3-C_1** On réalise l'oxydation des ions iodure I^- par les ions peroxodisulfate $S_2O_8^{2-}$, en suivant la concentration molaire en diiode [I_2] en fonction du temps, pour diverses conditions expérimentales.

Expérience 1 : concentrations initiales :
$[I^-] = 2{,}00 \cdot 10^{-2}$ $mol \cdot l^{-1}$; $[S_2O_8^{2-}] = 1{,}00 \cdot 10^{-2}$ $mol \cdot l^{-1}$;
température 20 °C.
Expérience 2 : concentrations initiales :
$[I^-] = 4{,}00 \cdot 10^{-2}$ $mol \cdot l^{-1}$; $[S_2O_8^{2-}] = 2{,}00 \cdot 10^{-2}$ $mol \cdot l^{-1}$;
température 20 °C.
Expérience 3 : concentrations initiales :
$[I^-] = 2{,}00 \cdot 10^{-2}$ $mol \cdot l^{-1}$; $[S_2O_8^{2-}] = 1{,}00 \cdot 10^{-2}$ $mol \cdot l^{-1}$;
température 35 °C.
Expérience 4 : concentrations initiales :
$[I^-] = 4{,}00 \cdot 10^{-2}$ $mol \cdot l^{-1}$; $[S_2O_8^{2-}] = 2{,}00 \cdot 10^{-2}$ $mol \cdot l^{-1}$;
température 35 °C.
Expérience 5 : concentrations initiales :
$[I^-] = 2{,}00 \cdot 10^{-2}$ $mol \cdot l^{-1}$; $[S_2O_8^{2-}] = 1{,}00 \cdot 10^{-2}$ $mol \cdot l^{-1}$;
température 20 °C; on a rajouté quelques gouttes d'une solution de sulfate de fer (III) dans le mélange réactionnel.
Les résultats obtenus sont rassemblés sur le graphique ci-dessous.

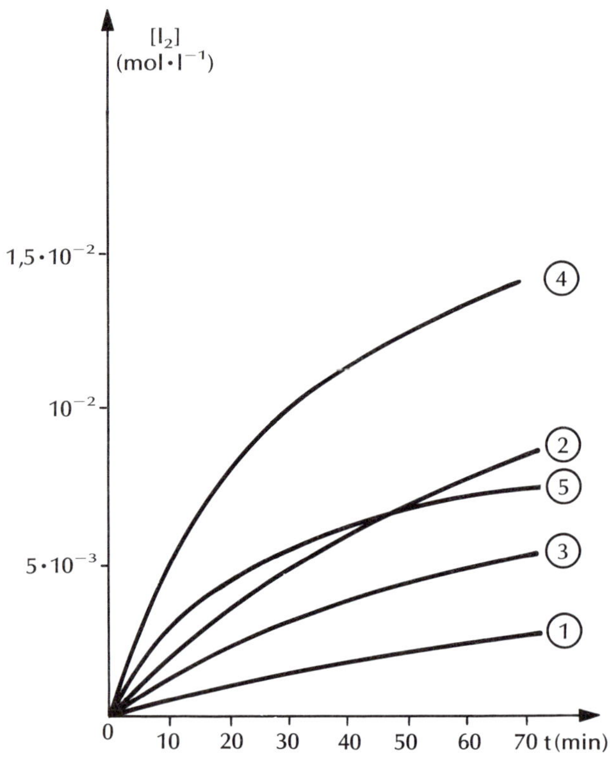

1. Définir la vitesse instantanée de la réaction et déterminer, par une méthode graphique, sa valeur à l'instant initial, pour les expériences 1 et 4.

2. Montrer comment les cinq expériences ci-dessus permettent de mettre en évidence les différents facteurs dont dépend la vitesse de réaction.

(Strasbourg; juin 82-CE)

12 **A_2-B_3** Les ions permanganate, en milieu acide, oxydent lentement l'acide oxalique. Le bilan de la réaction s'écrit :

$$5\,H_2C_2O_4 + 2\,MnO_4^- + 6\,H^+ \rightarrow 10\,CO_2 + 2\,Mn^{2+} + 8\,H_2O$$

On mélange rapidement 20 cm^3 d'une solution acide à $5 \cdot 10^{-3}$ $mol \cdot l^{-1}$ de permanganate de potassium à 30 cm^3 d'une solution aqueuse à $5 \cdot 10^{-2}$ $mol \cdot l^{-1}$ d'acide oxalique.

1. a. Calculer la quantité de matière d'ions permanganate initialement présents dans le mélange.
b. En déduire la quantité de matière d'acide oxalique qui n'ont pu être oxydées au cours de la réaction.

2. Le graphique ci-joint indique l'évolution au cours du temps de la quantité de matière d'ions MnO_4^- présents au cours de la réaction qui s'effectue à température constante. *Le graphique donné doit être rendu avec la copie.*

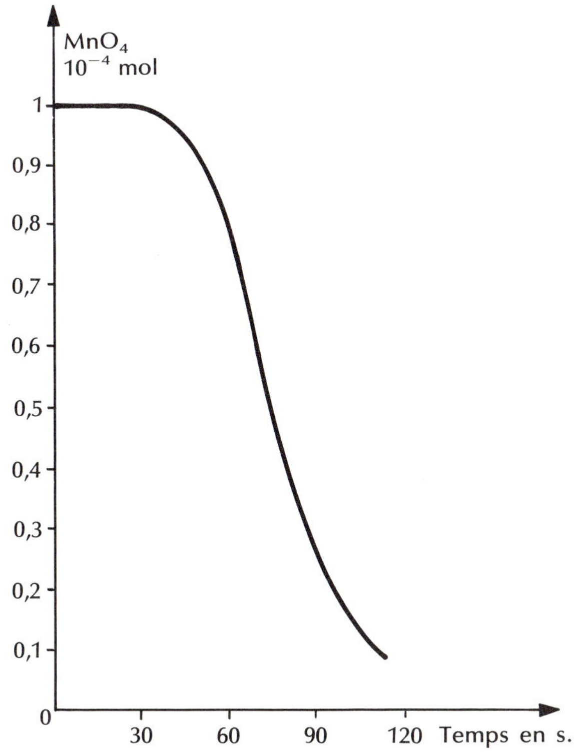

a. Définir la vitesse de disparition de l'ion permanganate.
b. Déduire du graphique la valeur de cette vitesse à l'instant $t = 60$ s.
3. Le graphique fait apparaître une variation importante de la vitesse de réaction dans l'intervalle de temps 30 s, 60 s. Comment peut-on l'expliquer?

(Toulouse; juin 82-CE)

13 **A_1-B_2-C_1** On sait que le peroxyde d'hydrogène (ou eau oxygénée) H_2O_2 fait partie de deux couples oxydoréducteurs dont les équations sont :

$$H_2O_2 + 2H^+ + 2e^- \rightleftarrows 2H_2O$$

$$H_2O_2 \rightleftarrows O_2\nearrow + 2H^+ + 2e^-$$

Afin d'étudier la décomposition d'une solution de peroxyde d'hydrogène dans certaines conditions expérimentales, on ajoute du chlorure de fer (III), jaune pâle, à cette solution. On fait alors les sept constatations suivantes :

1. Il se produit un dégagement gazeux.
2. Ce dégagement gazeux commence quand on ajoute du fer (III).
3. Ce dégagement gazeux est du dioxygène.
4. Tant que dure le dégagement gazeux, la solution prend une teinte verte passagère.
5. Lorsque le dégagement gazeux cesse, il suffit de verser de nouveau du peroxyde d'hydrogène pour que ce dégagement reprenne, ce phénomène pouvant se reproduire aussi souvent que l'on veut.
6. Le pH ne varie pas.
7. La solution reprend sa teinte jaune pâle lorsque le dégagement gazeux cesse.
A. Quelle est la définition d'un catalyseur?
B. Parmi les sept constatations faites ci-dessus, citez-en deux (en justifiant brièvement les raisons de votre choix :
a. qui donnent des renseignements sur le bilan de la décomposition du peroxyde d'hydrogène,
b. qui montrent que le chlorure de fer (III) est un catalyseur de cette réaction,
c. qui donnent des informations sur le mode d'action de ce catalyseur.

(Paris-Créteil-Versailles; sept. 83-CE)

14 **A_1-B_3-C_1** Pour suivre la cinétique d'oxydation des ions iodure I^- par les ions peroxodisulfate $S_2O_8^{2-}$ on détermine la concentration molaire $[I_2]$ de l'iode formé au cours du temps. Dans toutes les expériences les concentrations molaires initiales en ions iodure et peroxodisulfate sont identiques. On obtient, pour trois expériences conduites dans des conditions différentes, les trois courbes représentées sur la figure ci-dessous.

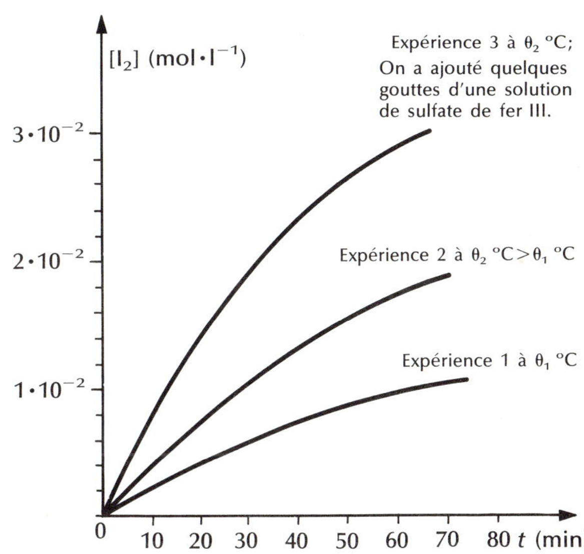

1. Définir la vitesse instantanée de formation de l'iode et la calculer pour $t = 25$ min dans les trois cas.
2. Montrer que ces trois courbes permettent de mettre en évidence le rôle de deux facteurs cinétiques. Lesquels?
3. Les couples oxydoréducteurs mis en jeu sont

$$S_2O_8^{2-}/SO_4^{2-} \quad \text{et} \quad I_2/I^-$$

Écrire l'équation-bilan de la réaction.

T.P

Décomposition du peroxyde d'hydrogène en présence d'un catalyseur

1. Principe

En présence de dioxyde de manganèse MnO_2, utilisé comme catalyseur, le peroxyde d'hydrogène se décompose en eau et en dioxygène selon la réaction d'équation-bilan :

$$H_2O_2 \xrightarrow{MnO_2} H_2O + \frac{1}{2} O_2(g)$$

La quantité de peroxyde d'hydrogène restante à la date t est dosée par les ions permanganate MnO_4^- (qui servent d'indicateur de fin de réaction) dont la concentration est $1{,}00 \cdot 10^{-2}$ mol·l^{-1}.

Les couples d'oxydoréduction mis en jeu sont :

$$2\,H_2O + H_2O_2 \rightleftarrows 2\,H_3O^+ + 2\,e^- + O_2$$
$$E_1^0 = 0{,}68 \text{ V}$$

$$MnO_4^- + 8\,H_3O^+ + 5\,e^- \rightleftarrows Mn^{2+} + 12\,H_2O$$
$$E_2^0 = 1{,}51 \text{ V}$$

La réaction d'oxydoréduction qui se produit est totale et son équation-bilan est :

$$2\,MnO_4^- + 5\,H_2O_2 + 6\,H_3O^+ \longrightarrow 5\,O_2(g) + 2\,Mn^{2+} + 14\,H_2O$$

2. Mode opératoire

a. Dosage de la solution de peroxyde d'hydrogène utilisée.

On prépare la solution de H_2O_2 utilisée ultérieurement en prélevant 10,0 ml de peroxyde d'hydrogène à 30 volumes et en complétant à 100,0 ml avec de l'eau distillée. Soit S la solution obtenue.

On détermine la quantité de matière de H_2O_2 contenue dans un prélèvement de 1,0 ml de solution S. Pour cela on ajoute au prélèvement 10 ml d'acide sulfurique ($c = 10^{-1}$ mol·l^{-1}) et 10 ml d'eau.

L'équivalence est atteinte lors du dosage avec la solution de $KMnO_4$ ($c = 1{,}00 \cdot 10^{-2}$ mol·l^{-1}) lorsqu'on obtient une coloration rose.

En déduire la quantité de matière de H_2O_2 contenue dans 1 ml de solution S et comparer avec l'indication donnée par le fabricant.

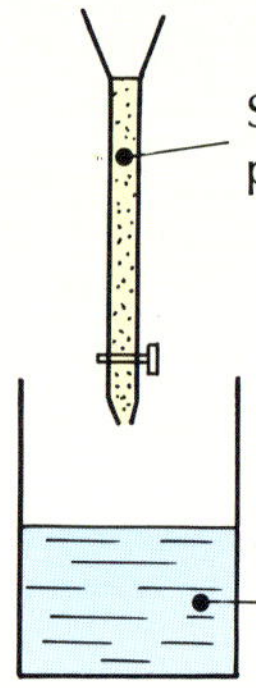

b. Dosage du peroxyde d'hydrogène restant au cours du temps.

Dans un erlenmeyer on verse les 99 ml de solution S restante et on place dans un cristallisoir contenant de la glace. On attend que la température se stabilise approximativement à 0 °C.

On ajoute 0,5 g de dioxyde de manganèse, on agite et on déclenche simultanément le chronomètre. A intervalles de temps réguliers, on prélève 1,0 ml de la solution contenue dans l'erlenmeyer et on verse dans le bécher contenant les 10 ml d'acide sulfurique et les 10 ml d'eau (par dilution, on stoppe pratiquement la réaction). On note alors l'instant de date t correspondant (s'arranger pour que t soit successivement 5 min, 10 min, 20 min, 30 min, 40 min...). On dose le prélèvement avec la solution de permanganate de potassium et on relève les volumes V_i nécessaires pour obtenir l'équivalence.

3. Résultats

a. A partir des volumes V_i mesurés, déduire les quantités de matière $n_{H_2O_2}$ contenues dans 1 ml de solution S au cours du temps et compléter le tableau suivant :

t en min	0	5	10	20	30	40	50
$n_{H_2O_2}$ restante							

b. Tracer le graphe représentant les variations de $n_{H_2O_2}$ en fonction du temps.

c. Déterminer la vitesse de disparition de H_2O_2 à $t_1 = 5$ min et $t_2 = 40$ min.

d. Conclusion.

4. Autre manipulation possible :

utilisation du chlorure de fer (III) comme catalyseur

On prépare un mélange constitué de 10 ml d'eau oxygénée à 30 volumes et de 85 ml d'eau. A l'instant $t = 0$ on ajoute 5,0 ml de chlorure de fer (III) : la solution de peroxyde d'hydrogène est donc diluée 10 fois. On effectue des prélèvements de 1,0 ml que l'on verse dans un mélange de 10 ml d'eau et de 5 ml d'acide sulfurique de concentration $c = 5 \cdot 10^{-2}$ mol·l^{-1} (trempe du système) et on effectue le dosage comme précédemment.

RÉPONSES AUX EXERCICES

Chapitre 1

7
$HCl_{(g)} + H_2O \longrightarrow H_3O^+ + Cl^-$;
$[H_3O^+] = 2 \cdot 10^{-2}$ mol·l^{-1}; $n = 10^{-2}$ mol. $V_{HCl} = 0{,}244$ l.

10
$[OH^-] = 5 \cdot 10^{-5}$ mol·l^{-1} donc $[H_3O^+] = 2 \cdot 10^{-10}$ mol·l^{-1} soit pH = 9,7 > 6,2. Couleur jaune.

16
1. $[Ca^{2+}] = 1{,}12 \cdot 10^{-2}$ mol·l^{-1};
$[Mg^{2+}] = 2{,}72 \cdot 10^{-3}$ mol·l^{-1}; $[K^+] = 7{,}67 \cdot 10^{-5}$ mol·l^{-1};
$[Na^+] = 3{,}48 \cdot 10^{-4}$ mol·l^{-1}; $[HCO_3^-] = 6{,}33 \cdot 10^{-3}$ mol·l^{-1};
$[Cl^-] = 1{,}69 \cdot 10^{-4}$ mol·l^{-1}; $[SO_4^{2-}] = 1{,}10 \cdot 10^{-2}$ mol·l^{-1};
$[NO_3^-] = 1{,}61 \cdot 10^{-5}$ mol·l^{-1}.
2. $[Na^+] = 5{,}13 \cdot 10^{-1}$ mol·l^{-1} et $[Cl^-] = 5{,}13 \cdot 10^{-1}$ mol l^{-1}.

Chapitre 2

6
$V_f = 201$ cm^3; $V_{eau} = 161$ cm^3.

10
$V = 76{,}8$ cm^3.

15
$V + V_0 = 396$ cm^3; $V = 346$ cm^3.

18
1. $n = 2{,}56 \cdot 10^{-2}$ mol; $c = 2{,}56 \cdot 10^{-2}$ mol·l^{-1}.
$Ca(OH)_2 \longrightarrow Ca^{2+} + 2OH^-$ avec $[OH^-] = 10^{-14}$: $[H_3O^+]$
$= 5{,}02 \cdot 10^{-2}$ mol·l^{-1}.
Si l'ionisation est totale on doit obtenir
$$[OH^-] = 2c = 5{,}12 \cdot 10^{-2} \text{ mol·l}^{-1}$$
ce qui est, aux incertitudes près, vérifié.

Chapitre 3

4
$CH_2ClCO_2H + H_2O \rightleftarrows CH_2ClCO_2^- + H_3O^+$.
$[H_3O^+] = 1{,}13 \cdot 10^{-2}$ mol·l^{-1};
$[OH^-] = 8{,}91 \cdot 10^{-13}$ mol·l^{-1};
$[CH_2ClCO_2^-] = 1{,}13 \cdot 10^{-2}$ mol·l^{-1};
$[CH_2ClCO_2H] = 8{,}87 \cdot 10^{-2}$ mol·l^{-1}.
$CH_3CO_2H + H_2O \rightleftarrows CH_3CO_2^- + H_3O^+$.
$[H_3O^+] = 1{,}26 \cdot 10^{-3}$ mol·l^{-1};
$[OH^-] = 7{,}94 \cdot 10^{-12}$ mol·l^{-1};
$[CH_3CO_2^-] = 1{,}26 \cdot 10^{-3}$ mol·l^{-1};
$[CH_3CO_2H] \approx 10^{-1}$ mol·l^{-1}.
L'acide chloroéthanoïque est plus dissocié que l'acide éthanoïque.

10
1. pH = 2,1, soit $[H_3O^+] \approx 8 \cdot 10^{-3}$ mol·l^{-1} = c' donc pH = $-\lg c'$; HNO_3 est entièrement dissocié.
2. A partir de $c = 1{,}0$ mol·l^{-1}, on devrait obtenir pH ≈ 0 : l'acide benzoïque est un acide faible.
3. $\dfrac{[C_6H_5CO_2^-]}{c} = \dfrac{8 \cdot 10^{-3}}{1} = 8 \cdot 10^{-3}$ soit 0,8 %.
4. $C_6H_5CO_2H + H_2O \rightleftarrows C_6H_5CO_2^- + H_3O^+$.

15
1. $[H_3O^+] = 2{,}82 \cdot 10^{-12}$ mol·l^{-1};
$[OH^-] = 3{,}55 \cdot 10^{-3}$ mol·l^{-1};
$[(C_2H_5)_2NH_2^+] = 3{,}55 \cdot 10^{-3}$ mol·l^{-1};
$[(C_2H_5)_2NH] = 6{,}45 \cdot 10^{-3}$ mol·l^{-1}.
2. 35,5 %.

18
1. B, E, C, D, A.
2. $[H_3O^+] = 4{,}0 \cdot 10^{-4}$ mol·l^{-1};
$[OH^-] = 2{,}5 \cdot 10^{-11}$ mol·l^{-1};
$[CH_3CO_2^-] \approx 4{,}0 \cdot 10^{-4}$ mol·l^{-1};
$[CH_3CO_2H] = 9{,}6 \cdot 10^{-3}$ mol·l^{-1}; $\alpha = 4 \cdot 10^{-2}$ (soit 4 %).
3. $[H_3O^+] = 2{,}82 \cdot 10^{-4}$ mol·l^{-1};
$[OH^-] = 3{,}55 \cdot 10^{-11}$ mol·l^{-1};
$[Na^+] = [Cl^-] = 5{,}0 \cdot 10^{-3}$ mol·l^{-1};
$[CH_3CO_2^-] \approx 2{,}82 \cdot 10^{-4}$ mol·l^{-1};
$[CH_3CO_2H] = 4{,}72 \cdot 10^{-3}$ mol·l^{-1}.
$\alpha' = 5{,}6 \cdot 10^{-2}$; $\alpha' = 5{,}6$ %; $\alpha' > \alpha$: la dilution favorise la dissociation.

Chapitre 4

3
$CH_3CO_2H + H_2O \rightleftarrows CH_3CO_2^- + H_3O^+$
$2H_2O \rightleftarrows H_3O^+ + OH^-$
$[H_3O^+] = 1{,}0 \cdot 10^{-3}$ mol·l^{-1} (minoritaire)
$[OH^-] = 1{,}0 \cdot 10^{-11}$ mol·l^{-1} (ultra-minoritaire)
$[CH_3CO_2^-] = 1{,}0 \cdot 10^{-3}$ mol·l^{-1} (minoritaire)
$[CH_3CO_2H] = 4{,}9 \cdot 10^{-2}$ mol·l^{-1} (majoritaire)
$pK_A = pH + \lg \dfrac{[CH_3CO_2H]}{[CH_3CO_2^-]} = 4{,}7$.

8
$C_2H_5NH_2$, $C_2H_5NH_3^+$, H_3O^+, OH^-.
$[H_3O^+] = 2{,}5 \cdot 10^{-12}$ mol·l^{-1}
$[OH^-] = 4{,}0 \cdot 10^{-3}$ mol·l^{-1}
$[C_2H_5NH_3^+] = 4{,}0 \cdot 10^{-3}$ mol·l^{-1}
$[C_2H_5NH_2] = c - [C_2H_5NH_3^+] = 2{,}6 \cdot 10^{-2}$ mol·l^{-1}
$pK_A = 10{,}8$; $K_A = 1{,}6 \times 10^{-11}$.

18.
Après mélange, les concentrations $[HCO_2^-]$ et $[HCO_2H]$ sont égales, donc pH = pK_A.
Or 3,0 < pH < 4,6 donc 3,0 < pK_A < 4,6.

22
1. pH = 2,7 donc $[H_3O^+] \approx 2 \cdot 10^{-3}$ mol·l^{-1}.
Pour obtenir $2 \cdot 10^{-3}$ mole d'ions H_3O^+ il faut : $2{,}0 \cdot 10^{-3}$ mole d'acide chlorhydrique, $2{,}5 \cdot 10^{-2}$ mole d'acide éthanoïque et $5{,}0 \cdot 10^{-3}$ mole d'acide chloroéthanoïque
donc $\xrightarrow[\text{acide de plus en plus fort}]{CH_3CO_2H < CH_2ClCO_2H < HCl}$
2. $pK_A = 2{,}9$.
3. Plus le pK_A est petit, plus l'acide est fort donc l'acide monochloroéthanoïque est plus fort que l'acide éthanoïque.

26
1. L'acide le plus fort possède le pK_A le plus faible : c'est CCl_3CO_2H.
L'acide le plus faible possède le pK_A le plus élevé : c'est CH_3CO_2H donc $CH_3CO_2^-$ est la base conjuguée la plus forte.
2. a. $[H_3O^+] = 1{,}6 \cdot 10^{-4}$ mol·l^{-1};
$[OH^-] = 6{,}3 \cdot 10^{-11}$ mol·l^{-1}; $[Cl^-] = 3{,}3 \cdot 10^{-2}$ mol·l^{-1};
$[Na^+] = 6{,}7 \cdot 10^{-2}$ mol·l^{-1}; $[HCO_2^-] = 3{,}3 \cdot 10^{-2}$ mol·l^{-1};
$[HCO_2H] = 3{,}3 \cdot 10^{-2}$ mol·l^{-1}.
b. On a pH = pK_A ($[HCO_2^-] = [HCO_2H]$) donc $pK_A = 3{,}8$.

33
1. Si pH = 2,5 on a $[H_3O^+] = 10^{-2,5} \approx 3{,}2 \cdot 10^{-3}$ mol·l^{-1}.
Pour l'acide AH on a pH = $-\lg c$ donc AH est un acide fort.
2. Pour l'acide chloro-2 propanoïque $c = 5{,}9 \cdot 10^{-3}$ mol·l^{-1}
$[H_3O^+] = [CH_3CHClCO_2^-] = 3{,}2 \cdot 10^{-3}$ mol·l^{-1}
$[CH_3CHClCO_2H] = 2{,}7 \cdot 10^{-3}$ mol·l^{-1}.
Pour l'acide chloro-3 propanoïque $c = 1{,}2 \cdot 10^{-1}$ mol·l^{-1}
$[CH_2Cl{-}CH_2{-}CO_2^-] = [H_3O^+] = 3{,}2 \cdot 10^{-3}$ mol·l^{-1}
$[CH_2ClCH_2CO_2H] = 1{,}17 \cdot 10^{-1}$ mol·l^{-1}.
3. Pour l'acide chloro-2 propanoïque
$$K_{A_2} = \frac{(3{,}2 \cdot 10^{-3})^2}{2{,}7 \cdot 10^{-3}} \approx 3{,}8 \cdot 10^{-3} \quad \text{et} \quad pK_{A_2} = 2{,}4$$
et pour l'acide chloro-3 propanoïque
$$K_{A_3} = \frac{(3{,}2 \cdot 10^{-3})^2}{1{,}17 \cdot 10^{-1}} \approx 8{,}8 \cdot 10^{-5} \quad \text{et} \quad pK_{A_3} = 4{,}1.$$
L'acide chloro-2 propanoïque est l'acide le plus fort.
4. La substitution halogénée entraîne une diminution du pK_A donc une augmentation de la force de l'acide.
L'acide est d'autant plus fort que l'atome de chlore est plus proche du groupe $-CO_2H$.

34
1.
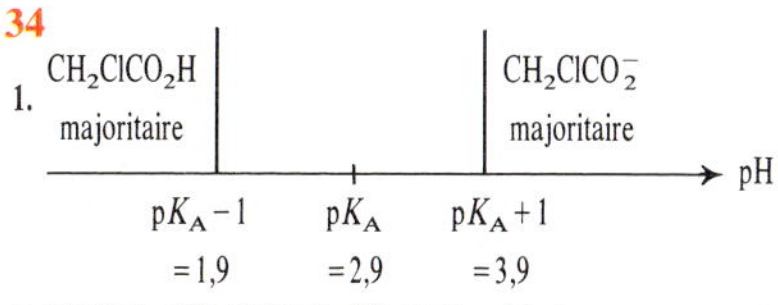

2. $[H_3O^+] = [CH_2ClCO_2^-] = 7{,}9 \cdot 10^{-3}$ mol·l^{-1}
$pH = pK_A + \lg \dfrac{[CH_2ClCO_2^-]}{[CH_2ClCO_2H]}$.
On obtient $[CH_2ClCO_2H] = 5{,}0 \cdot 10^{-2}$ mol·l^{-1}
$c = [CH_2ClCO_2^-] + [CH_2ClCO_2H] \approx 5{,}8 \cdot 10^{-2}$ mol·l^{-1}.
3. On veut pH = pK_A = 2,9 donc $[CH_2ClCO_2^-] = [CH_2ClCO_2H]$.
Désignons par AH l'acide et par ANa le monochloroéthanoate de sodium.

Les nouvelles concentrations sont
$$a = \frac{c_a V_a}{V_a + x} \quad \text{et} \quad b = \frac{c_b x}{V_a + x} = [Na^+]$$
$$[A^-] + [OH^-] = [H_3O^+] + [Na^+] = [H_3O^+] + b$$
$$[A^-] = b + [H_3O^+]$$
$$[A^-] + [AH] = a + b \quad \text{donc} \quad [AH] = a - [H_3O^+].$$
Comme $[A^-] = [AH]$ on a $b + [H_3O^+] = a - [H_3O^+]$.
Soit $a - b = 2[H_3O^+]$
$$c_a V_a - c_b x = 2(V_a + x)[H_3O^+]$$
$$c_a(V_a - 2[H_3O^+]) = x(c_b + 2[H_3O^+])$$
$$x = \frac{c_a(V_a - 2[H_3O^+])}{c_b + 2[H_3O^+]} = \frac{5 \cdot 10^{-2}(50 \cdot 10^{-3} - 2{,}5 \cdot 10^{-3})}{10^{-1} + 2{,}5 \cdot 10^{-3}} = 2{,}32 \cdot 10^{-2}$$
$$x = 23{,}2 \text{ cm}^3.$$

37
1. $[H_3O^+] = [F^-] = 2{,}24 \cdot 10^{-3}$ mol·l^{-1};
$[HF] = \dfrac{[H_3O^+][F^-]}{K_A} = 7{,}59 \cdot 10^{-3}$ mol·l^{-1};
$c_0 = [HF] + [F^-] = 9{,}83 \cdot 10^{-3}$ mol·l^{-1};
$\alpha = \dfrac{[F^-]}{c_0} = 0{,}228$ soit 22,8 %.
2. $c'_0 = c_0 \times \dfrac{1}{2000} = \dfrac{9{,}83 \cdot 10^{-3}}{2000} = 4{,}91 \cdot 10^{-6}$ mol·l^{-1};
5,2 ≤ pH ≤ 5,4;
$10^{-5,4} < [H_3O^+] < 10^{-5,2}$;
$\dfrac{10^{-5,4}}{c'_0} \leq \alpha' \leq \dfrac{10^{-5,2}}{c'_0}$,
A.N. : $0{,}81 \leq \alpha' \leq 1{,}28$. Comme $\alpha' \leq 1$ on a :
$0{,}81 \leq \alpha' < 1$
5,3 ≤ pH ≤ 5,4.
La dilution a fait progresser l'ionisation.
HF se comporte comme un acide fort.

Chapitre 5

3
$H_3O^+ + OH^- \longrightarrow 2H_2O$.
$n_{OH^-} = 5 \cdot 10^{-2}$ mol; $n_{H_3O^+} = 2 \cdot 10^{-2}$ mol :
il reste $3 \cdot 10^{-2}$ mol d'ions OH^-.
$[OH^-] = 1{,}5 \cdot 10^{-1}$ mol·l^{-1}; $[H_3O^+] = 6{,}66 \cdot 10^{-14}$ mol·l^{-1};
pH = 13,2.

5
1. Incolore ⟶ rouge violacé.
2. $c_1 = \dfrac{c_2 V_2}{2V_1} = 4{,}00 \cdot 10^{-3}$ mol·l^{-1}.
3. Sulfate de sodium Na_2SO_4; $m = 1{,}14 \cdot 10^{-2}$ g.
4. pH = 2,1.

9
1. $[Na^+] = 3$ mol·l^{-1}; $[OH^-] = 2$ mol·l^{-1};
$[Cl^-] = 1$ mol·l^{-1}.
2. $c_a = 1{,}33$ mol·l^{-1}.
3. $[Na^+] = [Cl^-] = 1{,}2$ mol·l^{-1}.

11
1. Tous les ions OH^- introduits ont été consommés.
2. $[Na^+] = 3{,}3 \cdot 10^{-4}$ mol·l^{-1}; $[Cl^-] = 1{,}3 \cdot 10^{-3}$ mol·l^{-1};
$[H_3O^+] = 1{,}0 \cdot 10^{-3}$ mol·l^{-1}; $[OH^-] = 1{,}0 \cdot 10^{-11}$ mol·l^{-1}.
3. Solutions identiques :
$c_{HCl} = 1{,}5 \cdot 10^{-3}$ mol·l^{-1} et $c'_{NaCl} = 1{,}0 \cdot 10^{-3}$ mol·l^{-1}.

19
1. $HNO_3 + H_2O \longrightarrow H_3O^+ + NO_3^-$; $m \approx 0{,}40$ g.
2. a. $H_3O^+ + OH^- \longrightarrow 2H_2O$.
b. $n_{H_3O^+} = 1{,}32 \cdot 10^{-3}$ mol; $n_{OH^-} = 5 \cdot 10^{-4}$ mol.
$[H_3O^+] = \dfrac{n_{H_3O^+} - n_{OH^-}}{V} = \dfrac{8{,}2 \cdot 10^{-4}}{40 \cdot 10^{-3}} \approx 2{,}0 \cdot 10^{-2}$ mol·l^{-1}.
c. $[H_3O^+] \approx 2{,}0 \cdot 10^{-2}$ mol·l^{-1};
$[OH^-] = 5{,}0 \cdot 10^{-13}$ mol·l^{-1}; $[NO_3^-] \approx 7{,}9 \cdot 10^{-3}$ mol·l^{-1};
$[Cl^-] = 2{,}5 \cdot 10^{-2}$ mol·l^{-1}; $[Na^+] = 1{,}25 \cdot 10^{-2}$ mol·l^{-1}.

Chapitre 6

3
1. $V_a = 20{,}0$ cm^3; $V_b = 80{,}0$ cm^3;
$[H_3O^+] = 3{,}2 \cdot 10^{-4}$ mol·l^{-1}; $[OH^-] = 3{,}2 \cdot 10^{-11}$ mol·l^{-1};
$[Na^+] = 3{,}2 \cdot 10^{-2}$ mol·l^{-1} ≈ $[CH_2ClCO_2^-]$;
$[CH_2ClCO_2H] = 8{,}0 \cdot 10^{-3}$ mol·l^{-1}.

2. $V_b = 50{,}0\ cm^3$; on obtient les mêmes concentrations qu'en **1.**
3. Les solutions sont identiques.
En 1 : $n_{AH} = 4 \cdot 10^{-3}$ mol; $n_{Na^+} = 3{,}2 \cdot 10^{-3}$ mol.
En 2 : $n_{AH} = 0{,}8 \cdot 10^{-3}$ mol; $n_{Na^+} = n_{A^-} = 3{,}2 \cdot 10^{-3}$ mol.

5

a. $V_b = 20{,}0\ cm^3$; **b.** $V_b = 8{,}8\ cm^3$; **c.** $V_b = 40{,}06\ cm^3$.

8

1. $c_1 + 2c_2 = 0{,}3\ mol \cdot l^{-1}$; il y a 10^{-2} mol d'oxalate de calcium dans 100 cm³.
Soit 10^{-1} mol dans 1 litre donc

$$c_2 = 0{,}1\ mol \cdot l^{-1} \quad \text{et} \quad c_1 = 0{,}1\ mol \cdot l^{-1}.$$

Ce qui correspond à $6{,}0\ g \cdot l^{-1}$ d'acide éthanoïque et à $9{,}0\ g \cdot l^{-1}$ d'acide oxalique.

12

a. La courbe montre que $V_E = 10{,}0\ cm^3$.
b. $HCO_2H + OH^- \longrightarrow HCO_2^- + H_2O$;
c. $[HCO_2H]_0 = 10^{-1}\ mol \cdot l^{-1}$; $pK_A = 3{,}7$.
d. $[H_3O^+] = 1{,}3 \cdot 10^{-4}\ mol \cdot l^{-1}$;
$[OH^-] = 7{,}9 \cdot 10^{-11}\ mol \cdot l^{-1}$;
$[Na^+] = [HCO_2^-] = 3{,}75 \cdot 10^{-2}\ mol \cdot l^{-1}$;
$[HCO_2H] = 2{,}5 \cdot 10^{-2}\ mol \cdot l^{-1}$.

16

1. $V_a = 38{,}7\ cm^3$; $V_b = 61{,}3\ cm^3$; $\dfrac{[H_3O^+]}{[Na^+]} < 10^{-2}$.
2. $V'_{acide} = 62{,}0\ cm^3$; $V'_{soude} = 38{,}0\ cm^3$.
3. Solution tampon.

19

1. a. $[H_3O^+] = [A'] = 1{,}26 \cdot 10^{-3}\ mol \cdot l^{-1}$;
$[AH] = 8{,}74 \cdot 10^{-3}\ mol \cdot l^{-1}$; $pK_A \approx 3{,}7$.
b. $M_{(AH)} = 46\ g \cdot mol^{-1}$; l'acide est HCO_2H.
2. a. $V_b = 3{,}3\ cm^3$; **b.** $V_E = 10\ cm^3$; **c.** il ne convient pas (le pH_E n'appartient pas à la zone de virage de cet indicateur).

23

1. $[H_3O^+] = 5{,}0 \cdot 10^{-5}\ mol \cdot l^{-1}$;
$[OH^-] = 2{,}0 \cdot 10^{-10}\ mol \cdot l^{-1}$;
$[CH_3CO_2^-] = 2{,}6 \cdot 10^{-2}\ mol \cdot l^{-1}$;
$[CH_3CO_2H] = 7{,}4 \cdot 10^{-2}\ mol \cdot l^{-1}$;
$[HCO_2^-] = 7{,}4 \cdot 10^{-2}\ mol \cdot l^{-1}$;
$[HCO_2H] = 2{,}6 \cdot 10^{-2}\ mol \cdot l^{-1}$.
2. $pK_A = 3{,}85$.

Chapitre 7

4

a. 10,0 cm³; **b.** 12,8 cm³; **c.** 20,4 cm³; **d.** 24,4 cm³.

6

1. $c_b = 5{,}0 \cdot 10^{-2}\ mol \cdot l^{-1}$. **2.** $pK_A = 9{,}1$. **3.** H_3O^+, OH^-, B, BH^+.
$[H_3O^+] \approx 1{,}3 \cdot 10^{-11}\ mol \cdot l^{-1}$; $[OH^-] \approx 7{,}9 \cdot 10^{-4}\ mol \cdot l^{-1}$;
$[BH^+] \approx 7{,}9 \cdot 10^{-4}\ mol \cdot l^{-1}$; $[B] \approx 5 \cdot 10^{-2}\ mol \cdot l^{-1}$.

12

1. $[H_3O^+] = 5{,}0 \cdot 10^{-3}\ mol \cdot l^{-1}$;
$[OH^-] = 2{,}0 \cdot 10^{-12}\ mol \cdot l^{-1}$; $[Cl^-] = 5{,}0 \cdot 10^{-3}\ mol \cdot l^{-1}$.
2. H_3O^+, OH^-, Cl^-, $C_6H_5NH_2$, $C_6H_5NH_3^+$.
$[H_3O^+] = 2{,}5 \cdot 10^{-5}\ mol \cdot l^{-1}$; $[OH^-] = 4{,}0 \cdot 10^{-10}\ mol \cdot l^{-1}$;
$[Cl^-] = 5{,}0 \cdot 10^{-3}\ mol \cdot l^{-1}$; $[C_6H_5NH_3^+] = 5 \cdot 10^{-3}\ mol \cdot l^{-1}$;
$[C_6H_5NH_2] = 5 \cdot 10^{-3}\ mol \cdot l^{-1}$.
$c = [C_6H_5NH_2] + [C_6H_5NH_3^+] = 1{,}0 \cdot 10^{-2}\ mol \cdot l^{-1}$;
$m = 0{,}93$ g.

15

1. a. $C_2H_5NH_2 + H_2O \rightleftarrows C_2H_5NH_3^+ + OH^-$.
$[H_3O^+] = 2{,}5 \cdot 10^{-12}\ mol \cdot l^{-1}$;
$[OH^-] = 4{,}0 \cdot 10^{-3}\ mol \cdot l^{-1} = [C_2H_5NH_3^+]$;
$[C_2H_5NH_2] = 2{,}5 \cdot 10^{-2}\ mol \cdot l^{-1}$.
b. $c = 2{,}9 \cdot 10^{-2}\ mol \cdot l^{-1}$; $n = 2{,}9 \cdot 10^{-2}$ mol; $m = 1{,}31$ g.
2. a. $C_2H_5NH_2 + H_3O^+ \longrightarrow C_2H_5NH_3^+ + H_2O$.
b. $V = 26{,}2\ cm^3$.

17

1. a. $[H_3O^+] = 7{,}9 \cdot 10^{-12}\ mol \cdot l^{-1}$;
$[OH^-] = 1{,}3 \cdot 10^{-3}\ mol \cdot l^{-1} = [NH_4^+]$;
$[NH_3] \approx 1{,}0 \cdot 10^{-1}\ mol \cdot l^{-1}$.
b. $pK_A = -\lg K_A = 9{,}2$.
2. $[H_3O^+] = 1{,}6 \cdot 10^{-10}\ mol \cdot l^{-1}$;
$[OH^-] = 6{,}3 \cdot 10^{-5}\ mol \cdot l^{-1}$;
$[Cl^-] = [NH_4^+] = 1{,}5 \cdot 10^{-2}\ mol \cdot l^{-1}$;
$[NH_3] = 6{,}0 \cdot 10^{-2}\ mol \cdot l^{-1}$.

19

1. a. Par la méthode des tangentes, on détermine le point équivalent E.
$pH_E < 7$: l'amine est une base faible.
b. A la 1/2 équivalence $pH = pK_A$: on trouve $pK_A \approx 10{,}6$.
2. $c_a V_{a,e} = c_b V_b$, soit $c_b \approx 5{,}0 \cdot 10^{-2}\ mol \cdot l^{-1}$.
CH_3NH_2 : méthanamine (méthylamine);
$CH_3NH_2 + H_3O^+ \longrightarrow CH_3NH_3^+ + H_2O$.
3. $[H_3O^+] = 1{,}0 \cdot 10^{-10}\ mol \cdot l^{-1}$;
$[OH^-] = 1{,}0 \cdot 10^{-4}\ mol \cdot l^{-1}$;
$[Cl^-] \approx 2{,}9 \cdot 10^{-2}\ mol \cdot l^{-1}$;
$[CH_3NH_3^+] \approx [Cl^-] = 2{,}9 \cdot 10^{-2}\ mol \cdot l^{-1}$;
$[CH_3NH_2] = 7{,}0 \cdot 10^{-3}\ mol \cdot l^{-1}$.

20

1. a. $CH_3NH_2 + H_2O \rightleftarrows CH_3NH_3^+ + OH^-$.
b. $CH_3NH_3^+/CH_3NH_2$: ion méthylammonium/méthylamine.
c. $[H_3O^+] = 1{,}0 \cdot 10^{-11}\ mol \cdot l^{-1}$;
$[OH^-] = 1{,}0 \cdot 10^{-3}\ mol \cdot l^{-1} = [CH_3NH_3^+]$;
$[CH_3NH_2] = 2{,}5 \cdot 10^{-3}\ mol \cdot l^{-1}$.
2. a. $CH_3NH_2 + H_3O^+ \longrightarrow CH_3NH_3^+ + H_2O$.
$[H_3O^+] = 7{,}9 \cdot 10^{-5}\ mol \cdot l^{-1}$; $[OH^-] = 1{,}3 \cdot 10^{-10}\ mol \cdot l^{-1}$;
$[Cl^-] \approx \dfrac{c'V'}{V}$; $[CH_3NH_3^+] \approx 3{,}5 \cdot 10^{-3}\ mol \cdot l^{-1}$;
$[CH_3NH_2] \approx 1{,}1 \cdot 10^{-9}\ mol \cdot l^{-1}$.
b. $[Cl^-] = [CH_3NH_3^+] + [H_3O^+] - [OH^-] \approx 3{,}6 \cdot 10^{-3}\ mol \cdot l^{-1}$.
$V' = \dfrac{V \times (Cl^-)}{c'} = \dfrac{1 \times 3{,}6 \cdot 10^{-3}}{10^{-1}} = 3{,}6 \cdot 10^{-2}\ l\ (V' \ll V)$.

22

1. $NaOH_{(s)} \longrightarrow Na^+ + OH^-$; $NH_4Cl_{(s)} \longrightarrow NH_4^+ + Cl^-$;
$NH_4^+ + H_2O \rightleftarrows NH_3 + H_3O^+$:
$NH_4^+ + OH^- \longrightarrow NH_3 + H_2O$.
Espèces : Na^+, Cl^-, NH_4^+, NH_3, H_3O^+, OH^-.
On pose $V + V' = V_s = 0{,}1$ l.
$[H_3O^+] = 1{,}0 \cdot 10^{-10}\ mol \cdot l^{-1}$; $[OH^-] = 1{,}0 \cdot 10^{-4}\ mol \cdot l^{-1}$;
$[Na^+] = \dfrac{cV}{V_s}$; $[Cl^-] = c'\left(1 - \dfrac{V}{V_s}\right)$.
$[NH_4^+] + [NH_3] = c'\left(1 - \dfrac{V}{V_s}\right)$.
A.N. : $[NH_4^+] + [NH_3] = 0{,}5(0{,}1 - V) = [Cl^-]$; $[Na^+] = 0{,}1\,V$;
$[NH_4^+] + [H_3O^+] + [Na^+] = [Cl^-] + [OH^-]$ donc
$[NH_4^+] = 0{,}05 - 0{,}5\,V - 0{,}1\,V + 10^{-4} = 5{,}01 \cdot 10^{-2} - 0{,}6\,V$.
$[NH_3] = 0{,}1\,V - 10^{-4}$.
2. $V = 81{,}1\ cm^3$ et $V' = 18{,}9\ cm^3$.
3. On mesure $V' = 18{,}9\ cm^3$ avec une burette de 25 cm³ graduée au 1/10 cm³ et on verse dans une fiole jaugée de 100 cm³. On complète jusqu'au trait de jauge avec l'hydroxyde de sodium.

24

1. a. $RNH_2 + H_2O \rightleftarrows RNH_3^+ + H_2O$; **b.** RNH_3^+/RNH_2.
2. a. $RNH_2 + H_3O^+ \longrightarrow RNH_3^+ + H_2O$; $M \approx 86\ g \cdot mol^{-1}$;
$R = C_5H_{11}$;

```
      H
      |
CH3—C*—NH2.
      |
     C3H7
```

b. $[H_3O^+] = 2{,}5 \cdot 10^{-11}\ mol \cdot l^{-1}$;
$[OH^-] = 4{,}0 \cdot 10^{-4}\ mol \cdot l^{-1}$; $[Cl^-] = 1{,}9 \cdot 10^{-1}\ mol \cdot l^{-1}$;
$[RNH_3^+] \approx [Cl^-] = 1{,}9 \cdot 10^{-1}\ mol \cdot l^{-1}$;
$[RNH_2] = 1{,}9 \cdot 10^{-1}\ mol \cdot l^{-1}$.
$pH = pK_A = 10{,}6$. C'est un mélange tampon.

29

1. $V_i = 5\ cm^3$; pipette de 5 ml et fiole jaugée de 100 ml.
2. $C_2H_5NH_3^+$: ion éthylammonium;
$n_A = n_B$ soit $c_A V_A = c_B V_B$; $c_B = 0{,}10\ mol \cdot l^{-1}$.
3. $[H_3O^+] = 5 \cdot 10^{-11}\ mol \cdot l^{-1}$; $[OH^-] = 2 \cdot 10^{-4}\ mol \cdot l^{-1}$;
$[Cl^-] = 3 \cdot 10^{-2}\ mol \cdot l^{-1}$; $[C_2H_5NH_3^+] = 3 \cdot 10^{-2}\ mol \cdot l^{-1}$;
$[C_2H_5NH_2] = 1 \cdot 10^{-2}\ mol \cdot l^{-1}$; $pK_A = 10{,}8$.
4. La 1re courbe : pour $V_a = 20\ cm^3$ $[A] = [B]$ et $\dfrac{[B]}{[A]}$ diminue.

Chapitre 8

11

$C_5H_{10}O_2$

$HCO_2C_4H_9$	méthanoate de butyle
$HCO_2—CH_2—CHCH_3—CH_3$	méthanoate de méthyl-2 propyle
$HCO_2—CHCH_3—C_2H_5$	méthanoate de méthyl-1 propyle
$HCO_2—C(CH_3)_3$	méthanoate de diméthyl-1,1 éthyle
$CH_3—CO_2—C_3H_7$	éthanoate de propyle
$CH_3—CO_2—CH(CH_3)_2$	éthanoate de méthyl-éthyle
$C_2H_5—CO_2—C_2H_5$	propanoate d'éthyle
$C_3H_7—CO_2—CH_3$	butanoate de méthyle
$HC(CH_3)_2—CO_2—CH_3$	méthyl-2 propanoate de méthyle.

20

$C_4H_8 + Br_2 \longrightarrow C_4H_8Br_2$.
L'alcène est le méthyl-2 propène.

Chapitre 9

5

$M = 73\ g \cdot mol^{-1}$; $C_4H_{10}O$; butanol-2 : $CH_3—CHOH—C_2H_5$.
Isomères : butanol-1; méthyl-2 propanol-1; méthyl-2 propanol-2.

6

C_3H_8O : propanol-2.

11

On résoud le système $x + y = 34$ (1) et $\dfrac{x}{46} + \dfrac{y}{44} = 0{,}75$ (2)
$x = 23$ g, $y = 11$ g (x = masse d'éthanol).

14

1. 60 g de carbone; 12 g d'hydrogène; 16 g d'oxygène; $C_5H_{12}O$.
2.

```
C2H5—CH—CH2OH (méthyl-2 butanol-1);
     |
     CH3

CH3—CH—CH2—CH2OH (méthyl-3 butanol-1)
    |
    CH3

C(CH3)3—CH2OH (diméthyl-2,2 propanol-1)

      CH3
      |
C2H5—C—OH (méthyl-2 butanol-2);
      |
      CH3

(CH3)2—CH—CHOH—CH3 (méthyl-3 butanol-2).
```

3. B : aldéhyde ou cétone.
4. B : cétone donc A est un alcool secondaire : méthyl-3 butanol-2.
B : méthyl-3 butanone-2.

16

1. $C_nH_{2n}O + \dfrac{3n-1}{2}\,O_2 \longrightarrow n\,CO_2 + n\,H_2O$
$\dfrac{1}{14n + 16} = \dfrac{2{,}45}{44 \times n}$ donc $n = 4$.
2. C_4H_8O : aldéhyde ou cétone.
3. A est un aldéhyde.
4. A : méthyl-2 propanal

```
                 O
                //
CH3—CH(CH3)—C
                \
                 H
```

19

A : butène-2 $CH_3—CH{=}CH—CH_3$;
B : butanol-2 $CH_3—CH_2—CHOH—CH_3$;
C : butanone $CH_3—CH_2—CO—CH_3$;
A' : butène-1 $CH_2{=}CH—C_2H_5$;
B' : butanol-1 $CH_3—CH_2CH_2—CH_2OH$;
C' : $CH_3—CH_2—CH_2CHO$: butanal;
E : acide butanoïque $CH_3—CH_2—CH_2—CO_2H$.

20

1. A et B sont des alcools (I) ou (II).
2. A' et B' : aldéhydes ou cétones.
3. a. A'' : cétone; B'' : acide carboxylique.
A ⟶ A' avec peu d'oxydant; A ⟶ A'' avec oxydant en excès donc A est un alcool secondaire et B un alccol primaire.
b. $CH_3CHOHCH_3$ = A = propanol-2; A' = CH_3COCH_3 propanone.
c. $C_3H_7CO_2H$: acide butanoïque; $(CH_3)_2CH—CO_2H$ acide méthyl-2 propanoïque; $C_3H_7CH_2OH$: butanol-1; $(CH_3)_2CH—CH_2OH$ méthyl-2 propanol-1.

23

1. $CH_2{=}CH—C_2H_5$ (butène-1);
$CH_3—CH{=}CH—CH_3$ (butène-2);
$CH_2{=}C(CH_3)_2$ (méthyl-2 propène)
2. L'hydratation du butène-1 conduit à un seul alcool.
3. D : aldéhyde; B : alcool (I); non.

4. C : alcool (II); E = cétone.
5. A = butène-1; B = butanol-1 ($CH_3-CH_2-CH_2-CH_2OH$);
C = butanol-2 ($CH_3-CH_2-CHOH-CH_3$);
D = butanal ($CH_3-CH_2-CH_2-CHO$);
E = $CH_3-CO-C_2H_5$: butanone.
6. C possède un C* : isomérie optique (énantiomères).

Chapitre 10

7

1. a. $C_xH_{2x+1}-NH_2$ soit C_xH_yN avec $y = 2x+3$.
b. $M = 12x + (2x+3) + 14 = (14x+17)\,g\cdot mol^{-1}$.
Si dans 100 g d'amine on a 23,7 % soit 23,7 g d'azote on a l'égalité : $\frac{23{,}7}{100} = \frac{14}{14x+17}$. On obtient $x = 3$ donc C_3H_9N.
c. $CH_3-CH_2-CH_2-NH_2$ propanamine-1 (amino-1 propane)
$CH_3-CH(CH_3)-NH_2$ propanamine-2 (amino-2 propane)
d. Il s'agit de la propanamine-2 (B).
2. Plus le pK_A du couple est petit, plus l'acide est fort et plus la base conjuguée est faible.

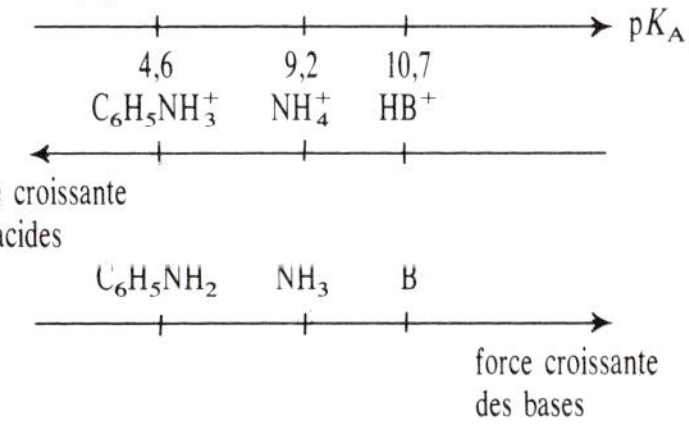

13

1. $RNH_2 + H_3O^+ \longrightarrow RNH_3^+ + H_2O$.
2. $M = 59\,g\cdot mol^{-1}$ et C_3H_9N.
3. $CH_3-CH_2-CH_2-\bar{N}H_2$ (I)
$CH_3-CH(CH_3)-\bar{N}H_2$ (I)
$C_2H_5-\bar{N}(CH_3)-H$ (II)
$CH_3-\bar{N}(CH_3)-CH_3$ (III).

15

1. $CH_3NH_2 + H_2O \rightleftarrows CH_3NH_3^+ + OH^-$
2. $[H_3O^+] = 1{,}0 \times 10^{-2}\,mol\cdot l^{-1}$;
$[OH^-] = 1{,}0\cdot 10^{-2}\,mol\cdot l^{-1}$; $c = 0{,}2\,mol\cdot l^{-1}$.
$[CH_3NH_3^+] \approx [OH^-] = 1{,}0\cdot 10^{-2}\,mol\cdot l^{-1}$;
$[CH_3NH_2] = 1{,}9 \times 10^{-1}\,mol\cdot l^{-1}$.
3. Non, base faible $CH_3NH_3^+$: ion monométhylammonium.
4. $pK_A = pH + \lg \frac{[CH_3NH_3^+]}{[CH_3NH_2]} = 10{,}7$.
Plus le pK_A est élevé, plus la base est forte.
CH_3NH_2 est plus forte que NH_3.
5. $V = 20\,cm^3$.

Chapitre 12

5

1. A t = 0 $1{,}2\cdot 10^{-2}$ mol d'acide et d'alcool.
A t $9{,}6\cdot 10^{-3}$ mol d'acide et d'alcool; $2{,}4\cdot 10^{-3}$ mol d'ester et eau.
2. $V = 5{,}0\,cm^3$.

7

1. 2. $(CH_3)_3-C-OH$ méthyl-2 propanol-2 (III)
$(CH_3)_2-CH-CH_2OH$ méthyl-2 propanol-1 (I).
3. a. Réaction lente, limitée et athermique.
b. 4,8 % : alcool tertiaire donc méthyl-2 propanol-2.

Chapitre 14

7

Il y a 3 possibilités :
H—Gly—Gly—Leu—OH
H—Gly—Leu—Gly—OH
H—Leu—Gly—Gly—OH.
La connaissance des produits d'hydrolyse ne suffit donc pas pour déterminer l'enchaînement des α-amino-acides.

11

1. a. Alanine : acide amino-2 propanoïque.
b. Amphion (Zwitterion) $CH_3-CH(NH_3^+)-CO_2^-$.
c. $CH_3-CH(NH_3^+)-CO_2H / CH_3-CH(NH_3^+)-CO_2^-$ (1)
$CH_3-CH(NH_3^+)-CO_2^- / CH_3-CH(NH_2)-CO_2^-$. (2)
2. a. Le $pK_A = 2{,}3$ est attribué au couple (1) (acide/ion carboxylate) et $pK_A = 9{,}9$ est attribué au couple (2) (ion ammonium/amine).
b. A pH = 2 l'espèce prépondérante est le cation
$CH_3-CH(NH_3^+)-CO_2H$;
à pH = 6 c'est l'amphion $CH_3-CH(NH_3^+)-CO_2^-$;
à pH = 11 c'est l'anion $CH_3-CH(NH_2)-CO_2^-$.

15

1. a. Atome de carbone lié à 4 atomes ou groupes d'atomes différents. La molécule n'est pas superposable à son symétrique par rapport à un plan.

b. 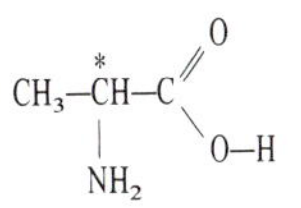

c. 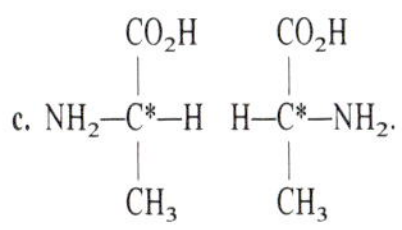

2. 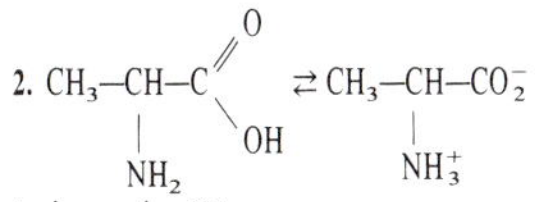
(voir exercice 11).

3. a.

CATION	pKA_1	AMPHION	pK_{A_2}	ANION	
	2,3		9,9		pH.

b. [cation] = $6{,}7\cdot 10^{-2}\,mol\cdot l^{-1}$;
[amphion] = $3{,}3\cdot 10^{-2}\,mol\cdot l^{-1}$;
[anion] = $4{,}2\cdot 10^{-10}\,mol\cdot l^{-1}$.

Chapitre 15

7

Expérience 2
On opère à la même température que 1 et sans catalyseur.
Les concentrations des réactifs ont été divisées par deux donc la vitesse d'apparition de I_2 est inférieure à celle de l'expérience 1.
Expérience 3
Par rapport à la réaction 1, on a élevé la température donc la vitesse d'apparition de I_2 est supérieure à celle de l'expérience 1.
Expérience 4
On a les mêmes concentrations et la même température qu'en 1 mais on utilise un catalyseur Fe^{2+}.
La vitesse d'apparition de I_2 est donc supérieure à celle de l'expérience 1 (voir chap. 17).

9

1. a. Dans la solution, à t = 0, on a :
— des ions I^- dont la quantité est $n_{0_{I^-}} = 10^{-2}$ mol;
— des molécules H_2O_2 dont la quantité est
$$n_{H_2O_2} = 9{,}88\cdot 10^{-3}\ mol.$$
Il y a également $2\cdot 10^{-3}$ mol d'ions $S_2O_3^{2-}$.
D'après (II) ces ions font disparaître 10^{-3} mol de molécule de diiode formées par (I).
Lorsque la coloration du diiode apparaît il s'est formé $n = 10^{-3}$ mol de I_2 *(qui ne sont plus à l'état de I_2 mais transformés en ions I^- par la réaction II).*
Lorsqu'on ajoute à nouveau 2 ml de thiosulfate, la coloration du diiode apparaîtra quand $n = 2\cdot 10^{-3}$ mol de I_2, etc.

b. $v \approx 9{,}5\cdot 10^{-6}\,mol\cdot s^{-1}$.
La vitesse de formation de I_2 diminue au cours du temps; $[I^-]$ est constante mais $[H_2O_2]$ diminue donc v diminue.
c. Lorsque la totalité de H_2O_2 aura été consommée, la réaction cessera et d'après (I) $n_{I_2} = n_{H_2O_2} = 9{,}88\cdot 10^{-3}$ mol.
La vitesse sera alors nulle.
2. $v = \frac{n_1}{t_1'} = \frac{10^{-3}}{t_1'}$. On obtient pour v : $5{,}1\cdot 10^{-6}\,mol\cdot s^{-1}$, $1{,}6\cdot 10^{-6}\,mol\cdot s^{-1}$, $5{,}1\cdot 10^{-7}\,mol\cdot s^{-1}$.
On remarque que $\frac{v}{[H_3O^+]} = C^{ste} = 5{,}1\cdot 10^{-5}$.
La vitesse de formation de I_2 est proportionnelle à la concentration en ions hydronium.
3. La température (en général la vitesse de formation d'un produit augmente quand la température croît).

Chapitre 16

3

1. $2\,CH_3CO_2^- \longrightarrow CH_3-CH_3 + 2\,CO_2 + 2e^-$.
2. $CH_3^\bullet$: radical, espèce très réactive (le groupe CH_3 conserve un des électrons de la liaison covalente simple entre les 2 atomes de carbone 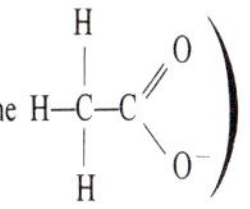
3. La réaction élémentaire (2) est très rapide, ce qui empêche les radicaux $CH_3^\bullet$ et $CH_3CO_2^\bullet$ de se combiner.

7

1. Ce n'est pas une réaction en chaîne (espèces réactives non régénérées).
2. $(CH_3)_3CCl \longrightarrow (CH_3)_3C^+ + Cl^-$ (1)
$(CH_3)_3C^+ + Cl^- \longrightarrow (CH_3)_3CCl$ (2)
$(CH_3)_3C^+ + OH^- \longrightarrow (CH_3)_3COH$. (3)
Si la première réaction élémentaire est beaucoup plus lente que les autres, les mécanismes proposés permettent de montrer que la vitesse de disparition du chloro-2, méthyl-2 propane ne dépend pas des concentrations en ions hydroxyde et bromure.
3. C'est dans l'attaque du carbocation $(CH_3)_3C^+$ par Br^- ou OH^-.

10

1. Il y a formation du carbocation $\overset{\oplus}{C}H_2-CH_2Br$ qui est un centre actif.
S'il y a dans la solution aqueuse des ions $Cl^{\ominus}$, $OH^{\ominus}$ en plus des ions $Br^{\ominus}$ formés selon (1), ceux-ci vont réagir avec le carbocation $\overset{\oplus}{C}H_2-CH_2Br$ et on obtiendra :
CH_2Br-CH_2Br CH_2OH-CH_2Br CH_2Cl-CH_2Br
selon une réaction du type (2).
2. La réaction (1) est lente et la réaction (2) est beaucoup plus rapide (réaction entre des ions de signes opposés).

Chapitre 17

4

1. $H_2O_2 + 2H_3O^+ + 2e^- \longrightarrow 4H_2O$ $E_1^0 = 1{,}77$ V
$O_2 + 2H_3O^+ + 2e^- \longrightarrow H_2O_2 + 2H_2O$ $E_2^0 = 0{,}68$ V.
2. Le peroxyde d'hydrogène est à la fois l'oxydant et le réducteur le plus fort. La réaction qui a lieu est donc :
$$H_2O_2 + H_2O_2 \longrightarrow O_2 + 2H_2O.$$
3. $2H_2O + H_2O_2 + 2Fe^{3+} \longrightarrow 2Fe^{2+} + 2H_3O^+ + O_2$
$H_2O_2 + 2Fe^{2+} + 2H_3O^+ \longrightarrow 2Fe^{3+} + 4H_2O$.
4. Oui, il faut échanger l'ordre des réactions.
5. C'est impossible, I_2 n'est pas assez oxydant.

5

1. $C_6H_6 + Br_2 \longrightarrow C_6H_5Br + HBr$.
2. Le fer n'est pas le catalyseur puisqu'il n'est pas régénéré.
$FeBr_3$ est le catalyseur (il est transformé en $FeBr_4^-$ puis régénéré à la fin).

10

1. $v_1 = -\frac{\Delta[MnO_4^-]}{\Delta t} = \frac{2\cdot 10^{-4}}{40} = 5\cdot 10^{-6}\,mol\cdot l^{-1}\cdot s^{-1}$.
2. $v_2 = \frac{2\cdot 10^{-4}}{25} = 8\cdot 10^{-6}\,mol\cdot l^{-1}\cdot s^{-1}$.
Il s'agit d'une autocatalyse : les ions Mn^{2+} formés lors du 1er ajout catalysent la réaction.

Tableaux de solubilité

Les composés des tableaux de solubilité sont solides à l'état naturel, et sont dissociés en ions hydratés en solution aqueuse.

Le **tableau A** donne le nom et la formule de quelques composés dont la solubilité est supérieure à 0,1 mole de composé par litre de solution.

Composé	Formule
Chlorure d'aluminium	$AlCl_3$
Chlorure de baryum	$BaCl_2$
Chlorure de calcium	$CaCl_2$
Chlorure de cuivre (II)	$CuCl_2$
Chlorure de fer (II)	$FeCl_2$
Chlorure de fer (III)	$FeCl_3$
Chlorure de sodium	$NaCl$
Chlorure de zinc	$ZnCl_2$
Nitrate d'aluminium	$Al(NO_3)_3$
Nitrate d'argent	$AgNO_3$
Nitrate de baryum	$Ba(NO_3)_2$
Nitrate de calcium	$Ca(NO_3)_2$
Nitrate de cuivre (II)	$Cu(NO_3)_2$
Nitrate de fer (III)	$Fe(NO_3)_3$
Nitrate de sodium	$NaNO_3$
Nitrate de zinc	$Zn(NO_3)_2$
Nitrate de plomb	$Pb(NO_3)_2$
Sulfate d'aluminium	$Al_2(SO_4)_3$
Sulfate de cuivre (II)	$CuSO_4$
Sulfate de fer (II)	$FeSO_4$
Sulfate de fer (III)	$Fe_2(SO_4)_3$
Sulfate de sodium	Na_2SO_4
Sulfate de zinc	$ZnSO_4$
Sulfure de sodium	Na_2S

A.

Le **tableau B** donne la solubilité exprimée en $mol \cdot l^{-1}$ de quelques composés.

Ceux-ci sont peu ou très peu solubles dans l'eau et on peut les faire précipiter facilement dans ce liquide.

Composé	Solubilité $mol \cdot l^{-1}$
Chlorure d'argent	$1{,}3 \times 10^{-5}$
Sulfate d'argent	$4{,}0 \times 10^{-2}$
Carbonate d'argent	$5{,}9 \times 10^{-4}$
Sulfure d'argent	$4{,}3 \times 10^{-18}$
Carbonate de calcium	$1{,}1 \times 10^{-4}$
Sulfate de calcium	$5{,}0 \times 10^{-3}$
Carbonate de baryum	$1{,}0 \times 10^{-4}$
Sulfate de baryum	$1{,}1 \times 10^{-5}$
Carbonate de fer (II)	$7{,}8 \times 10^{-6}$
Sulfure de fer (II)	$1{,}8 \times 10^{-7}$
Carbonate de cuivre (II)	$2{,}2 \times 10^{-5}$
Sulfure de cuivre (II)	$1{,}8 \times 10^{-16}$
Carbonate de plomb	$7{,}9 \times 10^{-6}$
Chlorure de plomb	$1{,}6 \times 10^{-2}$
Iodure de plomb	$6{,}3 \times 10^{-4}$
Sulfate de plomb	$1{,}3 \times 10^{-4}$
Sulfure de plomb	$3{,}5 \times 10^{-11}$
Sulfure de zinc	$7{,}0 \times 10^{-10}$

B.

Le **tableau C** donne la solubilité de quelques hydroxydes.

La solubilité des hydroxydes dépend beaucoup du pH.

Lorsqu'on dissout un hydroxyde dans l'eau, l'introduction des ions hydroxyde modifie le pH.

Celui-ci est le plus souvent supérieur à 7.

Hydroxyde	Solubilité dans l'eau ($mol \cdot l^{-1}$)	Solubilité $mol \cdot l^{-1}$
d'aluminium	7×10^{-7}	4×10^{-1} à pH = 12
d'argent	$1{,}4 \times 10^{-4}$	2×10^{-6} à pH = 12
de baryum	$2{,}7 \times 10^{-1}$	5×10^{-3} à pH = 14
de calcium	$2{,}7 \times 10^{-2}$	5×10^{-2} à pH = 12
de cuivre (II)	2×10^{-5}	2×10^{-11} à pH = 12
de fer (II)	$5{,}8 \times 10^{-6}$	8×10^{-12} à pH = 12
de fer (III)	10^{-17}	10^{-2} à pH = 2
de plomb	$5{,}0 \times 10^{-6}$	
de sodium	totalement soluble	
de zinc	$3{,}5 \times 10^{-6}$	2×10^{-2} à pH = 14

C.

Ions : tests

1. Test de l'ion nitrate : $NO^-_{3(aq)}$

$$8\,H_3O^+_{(aq)} + 2\,NO^-_{3\,(aq)} + 3\,Cu_{(s)} \longrightarrow 3\,Cu^{2+}_{(aq)} + 2\,NO_{(g)} + 12\,H_2O$$

puis

$$NO_{(g)} + \frac{1}{2}\,O_{2\,(g)} \longrightarrow NO_{2\,(g)}$$

2. Test de l'ion chlorure : $Cl^-_{(aq)}$

$$Ag^+_{(aq)} + Cl^-_{(aq)} \longrightarrow AgCl_{(s)}$$

3. Test de l'ion sulfate : $SO^{2-}_{4\,(aq)}$

$$Ba^{2+}_{(aq)} + SO^{2-}_{4\,(aq)} \longrightarrow BaSO_{4\,(s)}$$

4. Test de l'ion aluminium : $Al^{3+}_{(aq)}$

$$Al^{3+}_{(aq)} + 3\,OH^-_{(aq)} \longrightarrow Al(OH)_{3\,(s)}$$

puis

$$Al(OH)_{3\,(s)} + OH^-_{(aq)} \longrightarrow Al(OH)^-_{4\,(aq)}$$

5. Test de l'ion zinc : $Zn^{2+}_{(aq)}$

$$Zn^{2+}_{(aq)} + 2\,OH^-_{(aq)} \longrightarrow Zn(OH)_{2\,(s)}$$

puis

$$Zn(OH)_{2\,(s)} + 2\,OH^-_{(aq)} \longrightarrow Zn(OH)^{2-}_{4\,(aq)}$$

6. Test de l'ion argent : $Ag^+_{(aq)}$

$$Ag^+_{(aq)} + OH^-_{(aq)} \longrightarrow Ag(OH)_{(s)}$$

qui noircit rapidement

7. Test de l'ion plomb : $Pb^{2+}_{(aq)}$

$$Pb^{2+}_{(aq)} + 2\,I^-_{(aq)} \longrightarrow PbI_{2\,(s)}$$

8. Test de l'ion fer (III) : $Fe^{3+}_{(aq)}$

$$Fe^{3+}_{(aq)} + 3\,OH^- \longrightarrow Fe(OH)_{3\,(s)}$$

9. Test de l'ion fer (II) : $Fe^{2+}_{(aq)}$

$$Fe^{2+}_{(aq)} + 2\,OH^- \longrightarrow Fe(OH)_{2\,(s)}$$

10. Test de l'ion cuivre (II) : $Cu^{2+}_{(aq)}$

$$Cu^{2+}_{(aq)} + 2\,OH^- \longrightarrow Cu(OH)_{2\,(s)}$$

DOCUMENT 7

1.

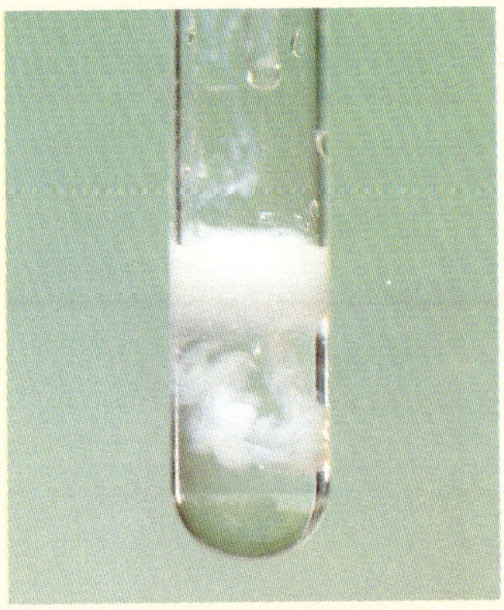
2.

3.

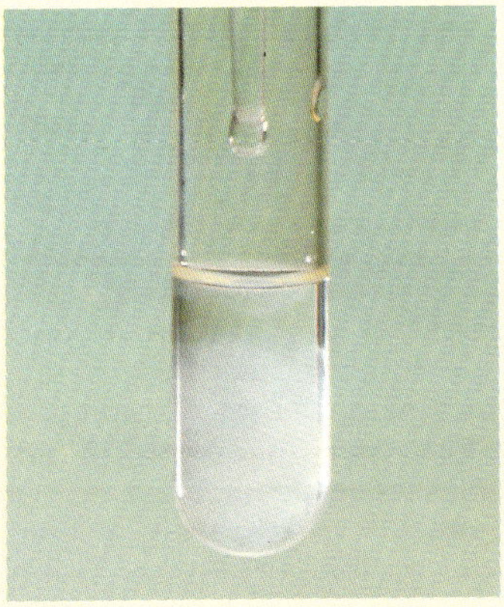
4 a.

4 b.

5 a.

5 b.

6.

7.

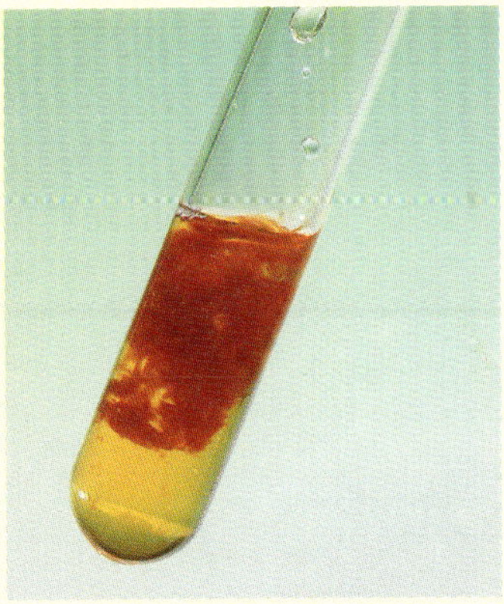
8.

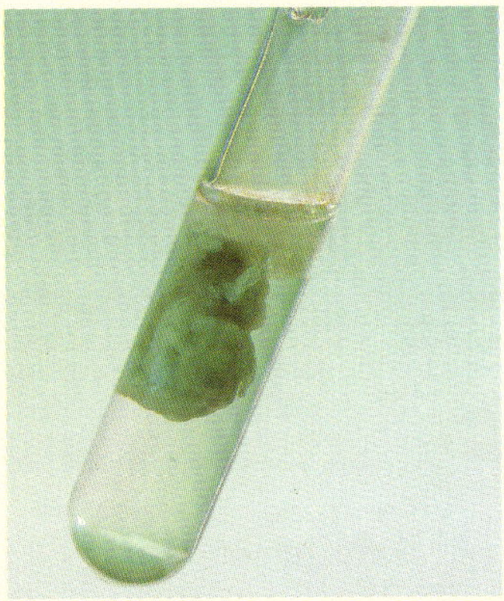
9.

10.

Substances dangereuses

Les produits chimiques sont étiquetés selon les directives de la Communauté Européenne qui prescrivent des symboles particuliers et des conseils spéciaux pour assurer une manipulation sans risque.

Il existe un code :
R suivi d'un nombre pour les risques encourus.

Exemple : R 11 très inflammable.

S suivi d'un nombre pour les prescriptions à observer (conseils de prudence).

Exemple : S 16 conserver à l'écart de toute source d'ignition. Ne pas fumer.

Quelques explications brèves sur les différents symboles de danger utilisés sont données par la suite.

Nous espérons pouvoir contribuer ainsi à la sécurité dans les laboratoires et dans la vie courante.

1. Type de risques

Substances explosives (E)

Danger : sous conditions données ces produits présentent un danger d'explosion déterminé.
Exemples : dichromate d'ammonium, acide picrique.

Substances corrosives (C)

Danger : le contact avec ces produits conduit à la destruction des tissus vivants et des matériaux.
Exemples : acide sulfurique, dibrome, hydroxyde de sodium.

Substances comburantes (O)

Danger : les produits comburants favorisent l'inflammation des matières combustibles ou entretiennent les incendies de façon à en entraver l'extinction.
Exemples : permanganate et dichromate de potassium, chlorate de potassium.

Substances nocives (Xn) ou irritantes (Xi)

Danger : l'absorption de ces produits se manifeste par des lésions de moindre gravité.
Exemples :
— pyridine, alcool à brûler (nocifs);
— chlorure d'éthanoyle, ammoniac (irritants).

Substances facilement inflammables (F) et extrêmement inflammables (F+)

Danger : risque d'inflammation dans des conditions particulières.
Exemples : phosphore, propane, benzène.

Substances toxiques (T) et très toxiques (T+)

Danger : ces produits provoquent presque toujours des lésions graves ou même la mort, soit par inhalation, par ingestion ou par contact avec la peau.
Exemples : trioxyde d'arsenic, chlorure de mercure (II), benzène, aniline, méthanol.

2. Comportement des produits

On peut expliquer facilement l'action de plusieurs types de produits dangereux, selon leurs propriétés chimiques.

Lorsque l'on utilise couramment certains produits, il convient de se documenter sur les dangers éventuels en lisant les indications sur l'emballage d'origine. Ces indications sont constituées par le(s) dessin(s) et les phrases types, imprimés sur fond orange.

Il faut être particulièrement vigilant si la mention « danger d'effets cumulatifs » existe car l'absorption fréquente et répétée, même de très petites quantités de tels produits, en respirant des vapeurs par exemple, si elle ne provoque pas de troubles immédiatement perceptibles peut être la cause de très graves maladies à la longue.

Exemple : benzène.
Sa fixation sur la moelle épinière est irréversible et entraîne une dégradation du système nerveux.

Sur l'étiquette figurent les dessins symbolisant les substances toxiques (T) et inflammables (F). Les indications suivantes y sont notées :

R 45 : peut causer le cancer.
R 11 : très inflammable.
R 23/24/25 : toxique par inhalation, contact avec la peau et par ingestion.
R 48 : risques d'effets graves pour la santé en cas d'exposition prolongée.
S 53 : éviter l'exposition.
Se procurer les instructions spéciales avant utilisation.
S 16 : conserver à l'écart de toute source d'ignition. Ne pas fumer.
S 29 : ne pas jeter les résidus à l'égout.
S 44 : en cas de malaise consulter un médecin.

Le nitrobenzène est également très toxique. Il présente un danger d'effets cumulatifs (R 33).

Les acides
Les acides purs ou très concentrés sont déshydratants, ce qui favorise leur action sur les molécules organiques de la peau ou des tissus vivants.

Les acides purs ou concentrés sont corrosifs.
Il faut toujours verser l'acide concentré dans l'eau, et jamais l'eau dans l'acide, pour éviter les projections dangereuses lors du mélange.

Certains acides sont volatils (HCl) ou émettent des vapeurs corrosives (HNO_3). Il faut donc éviter d'en respirer les vapeurs ou d'ouvrir un flacon d'acide trop près du corps ou du visage.

Exemple : acide nitrique à 65 %.
On peut voir sur l'étiquette le dessin symbolique pour les espèces corrosives, ainsi que les phrases types des risques et de la sécurité :

R 35 : provoque de graves brûlures.
S 2 : conserver hors de la portée des enfants.
S 23 : ne pas respirer les vapeurs.
S 26 : en cas de contact avec les yeux, laver immédiatement et abondamment avec de l'eau et consulter un spécialiste.
S 27 : enlever immédiatement tout vêtement souillé ou éclaboussé.

Les bases
Les bases contenant des ions hydroxyde sont très avides d'eau. A l'état solide, elles déshydratent les tissus avec lesquels elles sont en contact et s'y dissolvent.

Les ions hydroxyde en solution très concentrée rompent très facilement les molécules d'esters (saponification) et d'amides.

Les tissus vivants sont formés à partir de tels composés et sont détruits par les bases concentrées.

Les attaques de tissus vivants par les hydroxydes alcalins sont très graves car les lésions sont souvent irréversibles.

Exemples : hydroxyde de sodium en solution aqueuse à 35 %.
Sur l'étiquette, le dessin relatif aux matières corrosives est côtoyé par :

R 35 : provoque de graves brûlures.
S 2 : conserver hors de la portée des enfants.
S 26 : en cas de contact avec les yeux, laver immédiatement et abondamment avec de l'eau et consulter un spécialiste.
S 27 : enlever immédiatement tout vêtement souillé ou éclaboussé.
S 37/39 : porter des gants appropriés et un appareil de protection des yeux.

Les oxydants
Les réactions avec des réducteurs ou des combustibles sont violentes et très exothermiques.

Exemple : chlorate de potassium (désherbant). C'est un comburant (O). Il est nocif (Xn).

R 9 : peut exploser en mélange avec des matières combustibles.
R 20/22 : nocif par inhalation et ingestion.
S 2 : conserver hors de portée des enfants.
S 13 : conserver à l'écart des aliments et des boissons y compris ceux pour animaux.
S 16 : conserver à l'écart de toute source d'ignition. Ne pas fumer.

Les réducteurs
Tous les combustibles sont des réducteurs. Il ne faut jamais les stocker au voisinage des oxydants ou des comburants. Un cas particulièrement délicat est celui des composés ioniques contenant un réducteur et un oxydant.

Exemple : nitrate d'ammonium.
Une élévation locale de température peut déclencher la réaction.
(Nantes 1987)

Toxicologie
Les ions métalliques et les métaux « lourds » : mercure, chrome, plomb, cadmium modifient le métabolisme humain (une dose de 0,5 g de composé au mercure provoque la mort).

Couples acide/base et oxydoréducteurs

Tableau de valeurs de pK_A de quelques couples à 25 °C

	Acide	pK_A	Base	
acides forts	HI		I^-	bases indifférentes
	$HClO_4$		ClO_4^-	
	HBr		Br^-	
	H_2SO_4		HSO_4^-	
	HCl		Cl^-	
	HNO_3		NO_3^-	
	H_3O^+		**H_2O**	
acides faibles	CCl_3CO_2H	0,7	$CCl_3CO_2^-$	bases faibles
	$H_2C_2O_4$ (acide oxalique)	1,25	$HC_2O_4^-$	
	$CHCl_2CO_2H$	1,3	$CHCl_2CO_2^-$	
	*bleu de thymol**	1,6	(I)	
	HSO_4^-	1,9	SO_4^{2-}	
	H_3PO_4	2,15	$H_2PO_4^-$	
	$^+H_3N—CH_2—COOH$	2,35	$^+H_3N—CH_2—CO_2^-$ (glycine)	
	CH_2ClCO_2H	2,9	$CH_2ClCO_2^-$	
	HF	3,2	F^-	
	*hélianthine**	3,5	(I)	
	HCO_2H	3,75	HCO_2^-	
	*bleu de bromophénol**	4,2	(II)	
	$C_6H_5CO_2H$	4,2	$C_6H_5CO_2^-$	
	$HC_2O_4^-$	4,3	$C_2O_4^{2-}$ (oxalate)	
	$C_6H_5NH_3^+$	4,6	$C_6H_5NH_2$ (aniline)	
	CH_3CO_2H	4,75	$CH_3CO_2^-$	
	*vert de bromocrésol**	4,9	(II)	
	$CO_2 + H_2O$	6,4	HCO_3^-	
	$H_2PO_4^-$	7,2	HPO_4^{2-}	
	*bleu de bromothymol**	7,3	(II)	
	*phénolphtaléine**	8,7	(II)	
	*bleu de thymol**	9,2		
	NH_4^+	9,25	NH_3	
	$^+H_3N—CH_2—CO_2^-$	9,8	$NH_2—CH_2—CO_2^-$	
	C_6H_5OH	9,9	$C_6H_5O^-$	
	HCO_3^-	10,4	CO_3^{2-}	
	$C_2H_5NH_3^+$	10,75	$C_2H_5NH_2$	
	$(C_2H_5)_3NH^+$	10,8	$(C_2H_5)_3N$	
	*jaune d'alizarine**	11,0		
	$(C_2H_5)_2NH_2^+$	11,1	$(C_2H_5)_2NH$	
	HPO_4^{2-}	12,4	PO_4^{3-}	
	H_2O		**OH^-**	
acides indifférents	CH_3OH		CH_3O^-	bases fortes
	C_2H_5OH		$C_2H_5O^-$	
	NH_3		NH_2^-	
		pK_A		

(Flèches latérales : force de l'acide ↑ ; force de la base ↓)

Indicateurs colorés; le nombre de protons mis en jeu est indiqué à droite.

DOCUMENT 9

Tableau des potentiels normaux d'oxydoréduction de quelques couples à 25 °C

oxydants de plus en plus forts (↑) — réducteurs de plus en plus forts (↓)

	Oxydant	E° *(volt)*	Réducteur	
oxydants plus forts que $O_{2\,(g)}$	F_2	2,85	F^-	**réducteurs moins forts que H_2O**
	peroxodisulfate $S_2O_8^{2-}$	2,01	SO_4^{2-}	
	MnO_4^-	1,68	$MnO_{2\,(s)}$	
	MnO_4^-	1,51	Mn^{2+}	
	Au^{3+}	1,50	Au	
	$Cl_{2\,(g)}$	1,36	Cl^-	
	$Cr_2O_7^{2-}$	1,33	Cr^{3+}	
	CrO_4^{2-}	1,33	Cr^{3+}	
	$O_{2\,(g)}$	**1,23**	**H_2O**	
oxydants plus forts que H_3O^+ et moins forts que $O_{2\,(g)}$	$MnO_{2\,(s)}$	1,21	Mn^{2+}	**réducteurs moins forts que $H_{2\,(g)}$ et plus forts que H_2O**
	$Br_{2\,(l)}$	1,07	Br^-	
	Pt^{2+}	1	Pt	
	NO_3^-	0,96	$NO_{(g)}$	
	Hg^{2+}	0,86	$Hg_{(l)}$	
	Ag^+	0,80	Ag	
	Fe^{3+}	0,77	Fe^{2+}	
	$I_{2\,(aq)}$	0,55	I^-	
	Cu^+	0,52	Cu	
	Cu^{2+}	0,34	Cu	
	méthanal HCHO	0,19	CH_3OH méthanol	
	éthanal CH_3CHO	0,19	CH_3CH_2OH éthanol	
	SO_4^{2-}	0,17	$SO_{2\,(aq)}$	
	Cu^{2+}	0,16	Cu^+	
	acide méthanoïque HCO_2H	0,12	CH_3OH méthanol	
	ion tétrathionate $S_4O_6^{2-}$	0,08	$S_2O_3^{2-}$ thiosulfate	
	acide méthanoïque HCO_2H	0,06	HCHO méthanal	
	acide éthanoïque CH_3CO_2H	0,03	CH_3CH_2OH éthanol	
	H_3O^+	**0,00**	**$H_{2\,(g)}$** *(par convention)*	
oxydants moins forts que H_3O^+	acide éthanoïque CH_3CO_2H	−0,12	CH_3CHO éthanal	**réducteurs plus forts que $H_{2\,(g)}$**
	Pb^{2+}	−0,13	Pb	
	Ni^{2+}	−0,23	Ni	
	Fe^{2+}	−0,44	Fe	
	$CO_{2\,(aq)}$	−0,49	$C_2O_4H_2$ acide oxalique	
	Cr^{3+}	−0,74	Cr	
	Zn^{2+}	−0,76	Zn	
	Al^{3+}	−1,66	Al	
	Na^+	−2,71	Na	
	Ca^{2+}	−2,87	Ca	
	K^+	−2,92	K	

L'état physique (solide : (s); espèce solvatée : (aq)) n'a été indiqué que dans les cas prêtant à hésitation.

Classification périodique des éléments

Référence : Usuel de Chimie de Monsieur Bernard.

Période / couche	1	2	3	4	5	6	7	8	9	10	11	12	13	14	15	16	17	18
1 (K)	1 **H** 1,0 Hydrogène																	2 **He** 4,0 Hélium
2 (L)	3 **Li** 6,9 Lithium	4 **Be** 9,0 Béryllium											5 **B** 10,8 Bore	6 **C** 12,0 Carbone	7 **N** 14,0 Azote	8 **O** 16,0 Oxygène	9 **F** 19,0 Fluor	10 **Ne** 20,2 Néon
3 (M)	11 **Na** 23,0 Sodium	12 **Mg** 24,3 Magnésium											13 **Al** 27,0 Aluminium	14 **Si** 28,1 Silicium	15 **P** 31,0 Phosphore	16 **S** 32,1 Soufre	17 **Cl** 35,5 Chlore	18 **Ar** 39,9 Argon
4 (N)	19 **K** 39,1 Potassium	20 **Ca** 40,1 Calcium	21 **Sc** 45,0 Scandium	22 **Ti** 47,9 Titane	23 **V** 50,9 Vanadium	24 **Cr** 52,0 Chrome	25 **Mn** 54,9 Manganèse	26 **Fe** 55,8 Fer	27 **Co** 58,9 Cobalt	28 **Ni** 58,7 Nickel	29 **Cu** 63,5 Cuivre	30 **Zn** 65,4 Zinc	31 **Ga** 69,7 Gallium	32 **Ge** 72,6 Germanium	33 **As** 74,9 Arsenic	34 **Se** 79,0 Sélénium	35 **Br** 79,9 Brome	36 **Kr** 83,8 Krypton
5 (O)	37 **Rb** 85,5 Rubidium	38 **Sr** 87,6 Strontium	39 **Y** 88,9 Yttrium	40 **Zr** 91,2 Zirconium	41 **Nb** 92,9 Niobium	42 **Mo** 95,9 Molybdène	43 **Tc** 98,9 Technétium	44 **Ru** 101,1 Ruthénium	45 **Rh** 102,9 Rhodium	46 **Pd** 106,4 Palladium	47 **Ag** 107,9 Argent	48 **Cd** 112,4 Cadmium	49 **In** 114,8 Indium	50 **Sn** 118,7 Étain	51 **Sb** 121,8 Antimoine	52 **Te** 127,6 Tellure	53 **I** 126,9 Iode	54 **Xe** 131,3 Xénon
6 (P)	55 **Cs** 132,9 Césium	56 **Ba** 137,3 Baryum	57 **La** 138,9 Lanthane	72 **Hf** 178,5 Hafnium	73 **Ta** 180,9 Tantale	74 **W** 183,9 Tungstène	75 **Re** 186,2 Rhénium	76 **Os** 190,2 Osmium	77 **Ir** 194,2 Iridium	78 **Pt** 195,1 Platine	79 **Au** 197,0 Or	80 **Hg** 200,6 Mercure	81 **Tl** 204,4 Thallium	82 **Pb** 207,2 Plomb	83 **Bi** 209,0 Bismuth	84 **Po** 209 Polonium	85 **At** 210 Astate	86 **Rn** 222 Radon
7 (Q)	87 **Fr** 223 Francium	88 **Ra** 226 Radium	89 **Ac** 227 Actinium	104 **Ku** 260 Kurchatovium	105 **?** 260 Hahnium													

Lanthanides	58 **Ce** 140,1 Cérium	59 **Pr** 140,9 Praséodyme	60 **Nd** 144,2 Néodyme	61 **Pm** 145 Prométhium	62 **Sm** 150,4 Samarium	63 **Eu** 152,0 Europium	64 **Gd** 157,3 Gadolinium	65 **Tb** 158,9 Terbium	66 **Dy** 162,5 Dysprosium	67 **Ho** 164,9 Holmium	68 **Er** 167,3 Erbium	69 **Tm** 168,9 Thulium	70 **Yb** 173,0 Ytterbium	71 **Lu** 175,0 Lutétium
Actinides	90 **Th** 232,0 Thorium	91 **Pa** 231 Protactinium	92 **U** 238,0 Uranium	93 **Np** 237 Neptunium	94 **Pu** 244 Plutonium	95 **Am** 243 Américium	96 **Cm** 247 Curium	97 **Bk** 247 Berkélium	98 **Cf** 251 Californium	99 **Es** 254 Einsteinium	100 **Fm** 257 Fermium	101 **Md** 258 Mendélévium	102 **No** 259 Nobélium	103 **Lr** 257 Lawrencium

Légende : 16 **S** 32,1 Soufre — numéro atomique ; Symbole de l'élément ; masse atomique ($g \cdot mol^{-1}$) ; nom de l'élément.

INDEX

TABLE DES ILLUSTRATIONS
CHIMIE TERMINALES C, D, E

Les photos des pages : 8, 9, 10, 19, 21, 22, 32, 33, 34, 52, 62, 86, 114, 115, 121, 126, 127, 129, 138, 141, 145, 146, 147, 152, 164, 169, 176, 177, 179, 181, 188, 194, 209, 215, 216, 243, 244, 245, 246, 248, 249, 250, 251, 252, 266, 277, 278, 279, 280, 281, 282, 297 sont signées M. Riby.

Couverture ph. © C. O'Rear/Woodfin Camp/Cosmos.

Achevé d'imprimer sur les presses d'Intergraphie - 42000 Saint-Etienne -
Dépôt légal n° 11 479 - Novembre 1989